Unreal Engine虚幻引擎数字设计丛书

Unreal Engine 5 与二维游戏设计

林华 主编 | 钟景浩 副主编

清華大学出版社
北 京

内容简介

本书主要讲解使用UE5（Unreal Engine 5）引擎开发2D游戏，介绍UE5制作2D内容所需要的全部技术知识。

全书内容包括：使用UE5开发2D游戏需要掌握的基础知识（第1～6章），包括UE5的安装、项目结构分析、界面布局，也包括针对2D项目的特殊设置；2D游戏项目实例（第7～9章），每章都是一个完整的2D游戏，从易到难地介绍2D内容制作的各技术方向；最后第10章介绍使用UE5制作2D交互艺术作品，以及游戏之外的交互内容。书中的实例都提供配套的资源和源代码。

本书适合UE5引擎的初学者、独立游戏开发者和有兴趣使用UE5引擎制作交互内容的读者，也适合学校作为交互艺术设计、游戏开发等专业的初级课程。

图书在版编目(CIP)数据

Unreal Engine 5与二维游戏设计 / 林华主编. —北京：清华大学出版社，2024.4
（Unreal Engine虚幻引擎数字设计丛书）
ISBN 978-7-302-66032-3

Ⅰ.①U…　Ⅱ.①林…　Ⅲ.①虚拟现实—程序设计②游戏程序—程序设计　Ⅳ.①TP391.98

中国国家版本馆CIP数据核字(2024)第070774号

责任编辑： 王中英
封面设计： 杨玉兰
版式设计： 方加青
责任校对： 徐俊伟
责任印制： 丛怀宇

出版发行： 清华大学出版社
网　址： https://www.tup.com.cn，https://www.wqxuetang.com
地　址： 北京清华大学学研大厦A座　**邮　编：** 100084
社 总 机： 010-83470000　**邮　购：** 010-62786544
投稿与读者服务： 010-62776969，c-service@tup.tsinghua.edu.cn
质 量 反 馈： 010-62772015，zhiliang@tup.tsinghua.edu.cn
印 装 者： 涿州汇美亿浓印刷有限公司
经　销： 全国新华书店
开　本： 188mm×260mm　**印　张：** 23　**字　数：** 533千字
版　次： 2024年4月第1版　**印　次：** 2024年4月第1次印刷
定　价： 109.00元

产品编号：097635-01

主　编

林　华

副主编

钟景浩

编委（以中文姓氏笔画为序）

于　众　孙载斌　任芊颖　刘泽斌　刘　博

陈建婷　邵　兵　赵　雪　赵爽冰　褚　达

什么是数字游戏和数字游戏设计

从文明史和文化史的宏观角度来看，游戏是人类文明和艺术起源的一个分支，因此游戏具有十分重要的意义。人类的社会实践不仅包含对物质生产的需求，还包含对精神生活的需求，而游戏和娱乐活动也是人类精神生活需求的一个重要组成部分。游戏是人类的本性之一，不同时代的人们玩着不同的游戏。计算机图形学的出现，为人与计算机之间的交流与互动开辟了新的天地。随着它的发展，使得艺术渐渐与计算机结合在了一起，并与其他计算机技术一同在 20 世纪 70 年代为人类带来了一个全新的娱乐方式——**数字游戏**，也被称为第九艺术。

我认为**数字游戏**是两个或多个游戏对手之间，在以计算机科学技术为平台的特定环境中（数字游戏环境中）进行一种有规则的、以试图赢得胜利或者获取娱乐为目标的，自愿地、并在快乐中学会某种本领的交互式游戏活动。**数字游戏设计**则是以计算机硬件和软件为平台，通过策划、设计、编程、制作和测试等环节，来完成和实现数字游戏的过程和结果。

数字游戏可以给玩家带来快乐，是深受年轻人喜欢的一种娱乐方式，随着全球互联网的发展以及电脑、智能手机、平板电脑等电子设备的更新换代，游戏载体和类型不断丰富，游戏品质不断提高，各种游戏类型均有庞大的受众群体，全球游戏市场迅速崛起，市场规模逐步扩大。数字游戏已发展为一个巨大的产业，在全球范围内，十年前就已经超过了电影票房和音乐演唱会的收入，在我国同样如此。

数字游戏设计教育

随着数字游戏产业的发展壮大，与游戏设计和制作相关人才的需求越来越急迫，对人才的素质要求也越来越高，数字游戏产业面临人才的饥荒。数字游戏产业和游戏市场的需求，必然会影响学校的教育和人才培养的方向。但是到目前为止，中国高等院校的数字游戏设计教育还十分落后。

数字游戏是计算机科学和艺术与设计的结合，它融合了文学、美术、建筑、景观、艺术设计、音乐、电影、动画、人工智能、计算机技术等许多方面的技术和艺术。数字游戏与影视和动画不同，游戏是通过双向或多向实时交互闯关进行的，因而游戏的情节是不固定和非线性的。数字游戏是跨科学和艺术的，它集最新的计算机技术与最前卫的视觉艺术和艺术设计于一体，且数字游戏的设计和制作难度远高于电影和动画。

什么是游戏引擎

在游戏开发的早期，基本上都是由一个或者几个程序员从头到尾完整地开发一个游戏。随着数字游戏开发的发展，游戏开发者们看到，不同的游戏软件中有很多功能相同的代码，为了减少重复劳动，程序员们把在多个游戏中一样的功能、一些已经编写好的、能够重复使用的代码封装在一起，这些能实现特定功能的通用程序库就成了早期**游戏引擎**的原型。所以，游戏引擎就是指一些已编写好的、可编辑电脑游戏系统或者一些交互式实时图像应用程序的核心组件。这些系统为游戏设计者提供编写游戏所需的各种工具，其目的在于让游戏设计者能容易和快速地写出程序，而不用每个游戏都从零开始开发。

大多数游戏引擎包含以下系统：二维图像和三维图像的渲染引擎、物理引擎和碰撞检测系统、用户界面键映射和其他界面组件、音频引擎、脚本引擎、动画引擎、照明、着色器、阴影、对象材质和其他视觉组件、虚拟现实工具、人工智能、网络引擎以及场景管理等。这些工具中的每一个都可以实现快速开发，它使游戏设计师专注于游戏设计和制作，而无须高超的技术和专业的编程技能，甚至几个人的小团队都可以进行数字游戏的开发，从而大大加速了数字游戏设计与制作的进程。

关于本系列图书

正是由于上述原因，我们选择 Unreal Engine 游戏设计引擎编撰了基于 Unreal Engine 5（UE5）引擎的系列图书。本系列图书的特点是，摆脱了传统软件教材以“菜单”“命令”为主的介绍，转而基于常见的游戏项目进行写作。本书第 7 ～ 9 章一步一步地详细介绍三个比较典型的和常用的二维游戏设计方法；第 10 章加以拓展，跨出游戏设计，介绍“数字二维交互艺术设计”，因为 Unreal Engine 引擎不仅可以设计和制作数字游戏，而且还可以兼顾建筑设计、景观设计、室内设计、产品设计以及 AR、VR 等领域的设计和制造。同时，影视制作行业、广播行业以及 AI 驾驶和 AI 训练等领域都可以使用 Unreal Engine 引擎，甚至在军事、医学、工业、教育、科研、科普、培训等诸多领域的严肃游戏设计中也有广泛应用，并可以实现和获得超出预期的效果。

鉴于此，希望读者不要局限于图书所教授的数字二维游戏设计、数字三维游戏设计、影视动画设计与制作和虚拟现实设计等领域，一定要把基于游戏引擎所学习到的设计和制作方法拓展开来，向军事、医学、工业、教育、科研、科普、培训等诸多领域进行跨学科的应用。这样，在更好地服务于上述更加广大应用领域的同时，也会为自己找到更加广阔的就业空间。

林华

2024 年 1 月于清华园

目录

第 5 章 UE5 引擎 Paper2D 插件 ······ 73

第 6 章 UE5 2D 开发初始设置 ······ 97

第 9 章 在 UE5 中用 2D 骨骼动画技术制作塔防游戏 ………………………283

第 10 章 基于 UE5 的数字二维交互艺术设计 ……………………342

第 1 章　UE5 介绍

本章将介绍游戏引擎和 Unreal Engine 5（简称 UE5）。包括什么是游戏引擎，UE5 有什么特点，有哪些使用 UE5 制作的成功项目，如何下载安装 UE5，运行 UE5 有什么硬件和软件的需求等问题。另外，本章也会回答很多初学 UE5 的人所关心的一些其他问题。如果你是第一次接触 UE5，建议你从本章开始顺序阅读。

本章重点

- 什么是游戏引擎
- UE 的发展历史及特点
- UE 在其他行业中的运用
- 运行 UE5 的硬件和软件需求

1.1　什么是游戏引擎

下面是维基百科对游戏引擎的定义：

游戏引擎是指一些已编写好的可编辑电脑游戏系统或者一些交互式实时图像应用程序的核心组件。这些系统为游戏设计者提供编写游戏所需的各种工具，其目的在于让游戏设计者能容易和快速地做出游戏程序而不用从零开始。大部分游戏引擎都支持多种操作系统平台，如 Linux、Mac OS X、Windows。大多数游戏引擎包含以下系统：渲染引擎（即“渲染器”，含二维图像引擎和三维图像引擎）、物理引擎、碰撞检测系统、音效、脚本引擎、电脑动画、人工智能、网络引擎以及场景管理等。

在游戏开发的早期，基本上都是独立的程序员从头到尾完整地开发一个游戏，或者几个志同道合的朋友一起合作开发。随着开发的游戏越来越多，代码中出现了很多功能相同的内容。为了能够重复使用这些已经编写好的代码，程序员把一些能够通用的、在多个游戏中都一样的功能，封装在了一些库中。这些能实现特定功能的通用程序库成为了早期游戏引擎的原型。

开始时，这些功能库只是实现一些内存管理、控制显示设备、绘图等基础的功能。随着游戏越来越复杂，这些功能库也在不断地扩展。例如，为游戏设计者所提供的各种编辑工具，对新出现的不同游戏设备的跨平台兼容性等。这些库主要包含以下部分。

1.1.1　实时渲染器

说到游戏引擎，大家通常会想到强大的渲染效果（如图 1-1 所示）。其实渲染效果是游戏引擎通过控制硬件设备的显示设备来实现的（该设备通常是显卡）。单纯的渲染效果并不能称为一个游戏引擎。渲染功能只是游戏引擎所包含的一个功能模块。通常把控制渲染这部分功能叫作引擎的渲染器。根据引擎的支持和侧重点不同，渲染器可以渲染二维的内容，也可以渲染三维的内容。

当游戏引擎的渲染器只支持二维内容的渲染时，这个游戏引擎就可以归类为 2D 游戏引擎。如果游戏引擎的渲染器支持三维游戏内容的渲染，这个引擎就可以归类为 3D 游戏引擎。

图 1-1　UE 引擎实时渲染效果

大多数的 3D 游戏引擎也同时支持 2D 内容的渲染。但反过来 2D 游戏引擎支持 3D 内容渲染的情况就不太常见。这要看引擎的定位和渲染器的实现方式。

1.1.2　物理引擎

随着游戏越来越真实，物理引擎在游戏引擎当中的地位也越来越重要。简单地说，物理引擎负责的功能是控制一个虚拟物体像真实的物理世界中的物体一样产生各种真实的物理效果。

在游戏引擎中只需要设置一个虚拟物体的物理属性，然后交给物理引擎控制这个虚拟物体，虚拟物体就能像真实世界的物体一样产生逼真的物理效果了(如图 1-2 所示)。例如，物体之间的碰撞、同一个物体上多个关节的物理效果（如铁链、绳索等）以及当游戏玩家控制角色在不同的地面上走动时产生的不同运动速度和效果表现。

图 1-2　UE5 的 Chaos 物理破碎效果

当前，物理引擎应用最多的情况就是布娃娃系统。在设置虚拟角色时，可以设置角色身上的各种关节，然后设置这些关节的旋转角度、重量、移动速度等物理属性。当把这个设置好的角色交给物理引擎时，物理引擎就能够模拟这个虚拟角色在虚拟世界中产生的各种不同的物理效果，就像真实的人体那样。

物理引擎是现代化的游戏引擎的标配。在游戏制作过程中的很多表现都是依靠物理引擎来驱动的。例如，枪械发射的子弹、虚拟载具的运行等。

1.1.3　人工智能引擎

随着游戏越来越真实，游戏中 AI 的制作也越来越复杂。当前成功的游戏引擎都会具备人工智能的功能。这些人工智能引擎用来模拟非玩家控制角色的行为。

逼真的 AI 系统（如图 1-3 所示）能够让玩家在体验虚拟游戏世界时更具有沉浸感。当前有非常多的方法来制作游戏中的人工智能，常见的有状态机、行为树等。除了引擎提供的人工智能引擎之外，一般的游戏引擎也支持开发者自定义人工智能引擎来实现更逼真的非玩家角色的行为。

图 1-3　UE5 的 AI 导航系统

注意：游戏引擎中的 AI 功能不同于其他行业中流行的 AI 术语。在互联网和科技行业，AI 通常意味着模拟人的行为，包括行为、语音、视觉等是真正的人工智能；而游戏中的AI，多数时候是预定好的行为状态机，不能够真实地思考，只是让玩家感觉到真实而已。当前也有很多前卫的企业在用真正的AI算法训练游戏中的NPC，让游戏中的NPC具备真正的人工智能。这种使用AI算法实现游戏中NPC的AI的方式，由于训练成本高，还在研究阶段，相信不久就会有这种方式实现的游戏面世。

1.1.4 网络引擎

随着网络的普及和联网对战类游戏的流行，对网络功能的支持也是衡量一个游戏引擎功能完整性的重要标准。

随着计算机的普及出现了基于局域网的多人游戏。这时能够进入同一局游戏的玩家，受物理上局域网内游戏设备的数量的限制，之前的《反恐精英》《暗黑破坏神》《魔兽争霸》《红色警戒》等都属于这种网络架构的游戏。

随着互联网的普及，用户能够在不同的位置将世界上任何一台计算机接入互联网了。这时，现在意义上的多人游戏就出现了。它基于当前的互联网架构，让完全不需要物理接触的多个玩家使用网络进行同一局游戏。

多数游戏引擎都提供了网络功能（如图1-4所示），但是网络功能和其他引擎功能不同的一点是根据具体游戏的设计，网络架构的设计也有很大差异。当前游戏引擎提供的网络功能基本都是基于房间类型的网络功能。这种网络类型特别适合FPS、RTS等类型的游戏，但不适合MMORPG这种需要大量玩家同时在线的游戏。MMORPG游戏类型需要根据单个游戏的功能需求来进行特殊的优化设计处理。所以现代的游戏引擎都可以使用HTTP、Socket、WebSocket等通用的网络功能来实现具体游戏的网络功能和玩法。

图1-4 UE5网络功能

1.1.5 声音渲染器

和游戏引擎中的图像渲染器一样，游戏中的声音也需要统一快速地处理。图像是通过显卡来进行渲染的，而声音则是通过声卡来进行处理的。除了要处理不同声卡硬件播放声音的功能之外，游戏引擎也会提供各种功能性的工具，来帮助游戏表现出更有沉浸感的声音和音效。

人们通常会关注图像渲染器多一些，因为图像是直观视觉感受，但是声音对沉浸感的表现也非常重要。在某些游戏类型中，例如恐怖游戏，声音的表现力甚至远远超过了图像。因为人在生理上的听觉系统的感应功能要比视觉系统丰富得多。

通过声音渲染器，除了可以播放一个声音之外，还可以对这些声音进行各种修饰和编辑（如图1-5所示）。例如，同一个声音在卧室、空旷的演讲厅、有瀑布的洞穴、开放的室外等环境下播放的效果是完全不一样的。功能完整的游戏引擎会提供各种各样的功能，以方便对这些不同环境下声音的播放进行正确的设置。

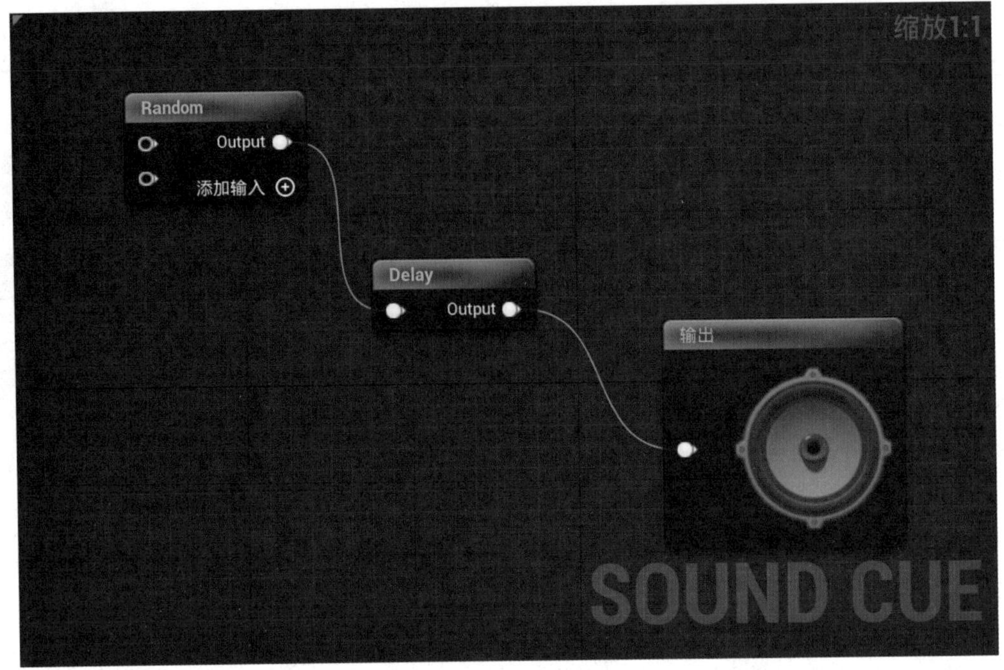

图 1-5　UE5 音频编辑器

1.1.6　脚本引擎

因为游戏需要实时的反馈并需要和系统的硬件直接进行交互，对性能的要求非常高，所以游戏引擎通常都是使用 C++ 这种更接近底层的语言来编写。但是 C++ 学习难度较高，日常开发游戏中出现问题的可能性也非常大，不利于快速开发。所以游戏引擎通常会提供一种脚本语言来简化开发难度，提高开发效率。

当前在游戏开发中，最流行的脚本语言是 C# 和 Lua，也有一些其他的语言被用在游戏引擎的脚本系统中，如 Python、JavaScript、TypeScript 等。有些游戏引擎会为了某种需要而自定义一种独有的脚本语言。这些脚本语言各有优缺点，但通常情况下，都比 C++ 更加简单易用。

随着游戏引擎的易用性越来越好，当前有些游戏引擎还会提供一种可视化的脚本语言（如图 1-6 所示）。这种可视化的脚本语言不需要像传统语言那样编写代码，而是通过链接一些图表、节点的方式来实现游戏的逻辑。使用可视化的脚本语言，更加降低了游戏开发的难度，让大多数人不用花费非常多的学习时间，就能够直接开发游戏，大大降低了游戏开发的难度。

除了上面列出的游戏引擎功能之外，游戏引擎还包含很多的功能，例如粒子系统、场景管理、动画系统、材质系统、场景编辑器等。可以说游戏引擎就是游戏开发的基础代码库和工具箱。在当前游戏设备越来越多、游戏功能越来越丰富的情况下，根据游戏的功能需求选择合适的游戏引擎，并在引擎的基础上进行开发，是当前绝大多数游戏开发者和游戏公司的开发方法。

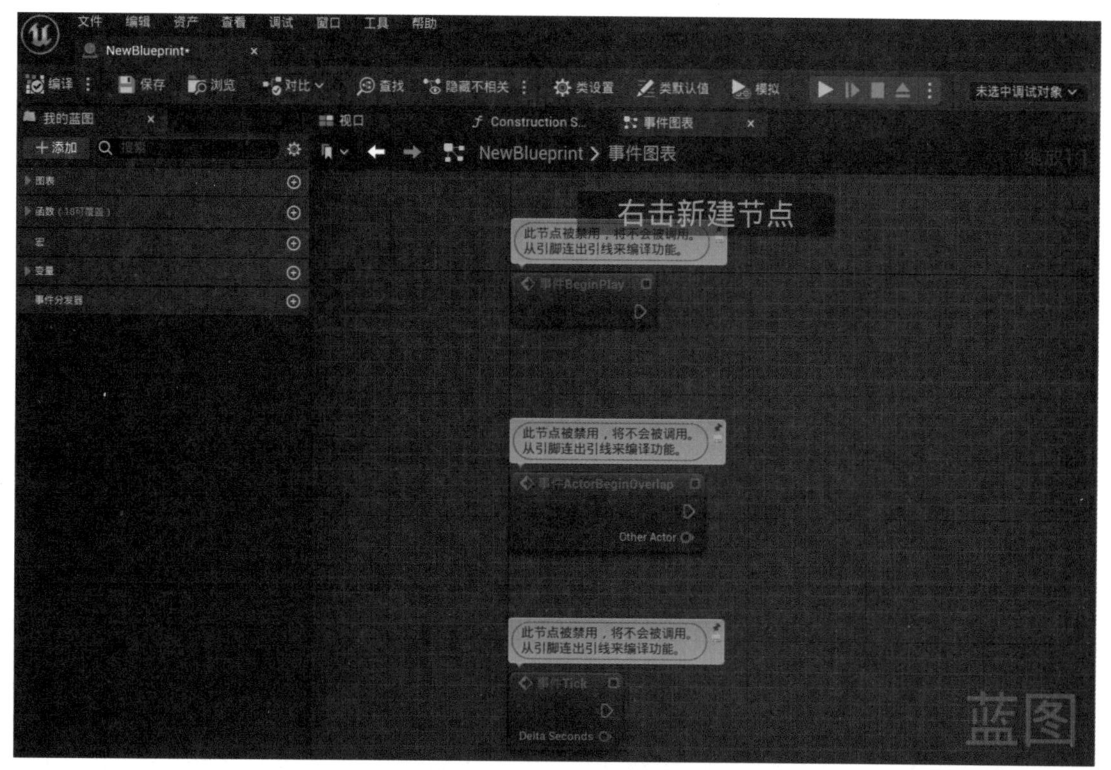

图 1-6 UE5 可视化蓝图编辑器

1.2 UE 的发展历史

前面提到过 UE 已经发展很多年了，而且在不断演化中。技术、画面效果、开发工具等都在不断变得更加符合游戏开发的需要，甚至引领游戏的发展方向。这里总结一下 UE 过去的重要版本，以及基于这些版本发布的游戏，从时间的角度更好地了解 UE。

1.2.1 第一代UE

UE 最开始被用在 1998 年发布的一款第一人称的射击游戏 Unreal（如图 1-7 所示）中。这款游戏是 Epic 公司的现任 CEO Tim Sweeny 研发的。游戏从 1995 年开始研发，代码库中包含了现在的游戏引擎中几乎所有的功能，例如碰撞侦测、灯光、纹理等。这款游戏的代码中还提供了一个关卡编辑器，叫作 UnrealEd（一直到 UE 3 还在使用 UnrealEd 这个名字，如图 1-8 所示）。UnrealEd 支持实时的 Constructive solid geometry（BSP 功能一直延续到 UE4，UE5 中已经有更新的工具代替）编辑，允许关卡制作人员实时改变关卡布局。2000 年，Epic 更新了 UnrealEd，包括能够支持更高数量的多边形、支持骨骼动画、支持大地形等功能，这可以算作 UE 的第一代。

图 1-7 虚幻竞技场

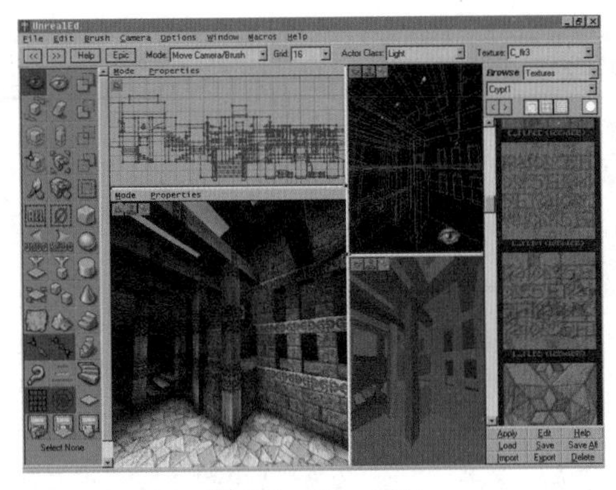

图 1-8　UnrealEd

使用 UE 的游戏大多数出现在 1998—2003 年，在那个时期游戏引擎的重要性还没有现在这么重要。因为那时需要引擎操作的功能没有今天这么多，游戏的开发规模也没有今天这么大。多数的游戏作品都是小型的游戏工作室开发的，使用的是自制的引擎（当时还没有引擎的概念，最多算一套可复用的代码库），使用 UE 开发的产品有 10 多款。

1998 年的《星际迷航 下一代：克林贡仪仗队》（如图 1-9 所示）、2000 年的《星际迷航 深空 9：堕落》、2001 年的《哈利波特与魔法石》、2002 年的《哈利波特与密室》等著名 IP 游戏都是使用 UE 开发的。迪士尼等公司也使用 UE 开发了自己 IP 的游戏产品。当然，还有著名的《毁灭公爵》。由此可见，UE 自出现以来，就受到了开发者的关注与喜爱。

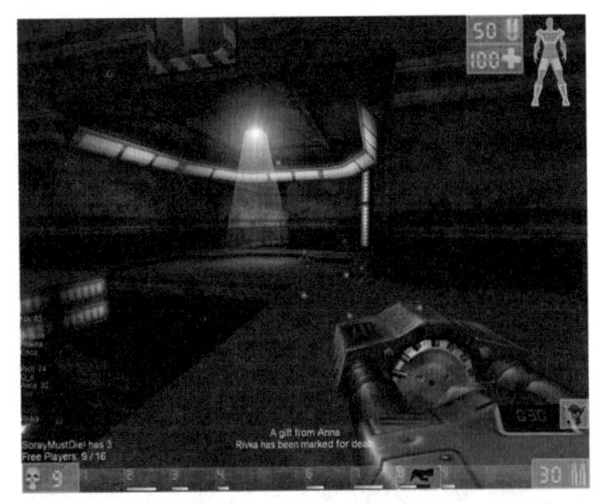

图 1-9　1998 年的《星际迷航 下一代：克林贡仪仗队》界面

1.2.2　UE2～UE2.5

2002 年，在 Unreal Tournament 2003 这款游戏中 UE2 正式登场。第二代引擎中添加了 Matinee 游戏过场动画编辑工具（非常强大的过场动画编辑器，在 UE4.12 版本中被新的 Sequencer 编辑器代替。Sequencer 编辑器是目前市面上功能最强大的过场动画编辑器，很多动画工作室用它来制作动画片和电影预演），3D Max 和 Maya 的导出工具来支持 UE2 自定义的文件格式、物理引擎等。对应的关卡编辑器也更名为 UnrealEd2。在 Unreal Tournament 2004 中，Epic 又对 UnrealEd2 进行了更新，添加了粒子系统，并添加了 64 位的支持，新版本更新为 UE2.5。

还记得 2010 年火爆网吧的游戏《天堂 2》（如图 1-10 所示）吗？它使用的就是 UE2.5。这款游戏在当时凭借出色的画面质量，获得了一致好评。这也是国内开发者关注并使用 UE 的开始。UE2.5 提供了一套 MOD 工具，（可以修改虚幻竞技场的内容，这种类型的工具叫作 MOD 工具），很多人从这个版本开始了解使用 UE 的。当时正是 MMO 类型游戏的顶峰时期，有实力的大型网络游戏开发商都购买了 UE2.5 的引擎授权，或用来开发，或用来学习。

图 1-10　《天堂 2》游戏界面

UE2 和 UE2.5 时代出现了大量的优秀作品，著名的就有五六十款之多，例如《生化奇兵》（如图 1-11 所示）系列。

图 1-11　《生化奇兵》游戏界面

法国育碧公司的著名 IP《汤姆·克兰西》（如图 1-12 所示）系列的 11 部都是使用 UE2 开发的。

图 1-12　《汤姆·克兰西》游戏界面

1.2.3 UE3

2004 年，Epic 公司发布了 UE3，这个版本最大的更新是从固定功能管线升级到了完整的可编程 Shader 管线。所有的灯光计算从 per-vertex 替换成了 per-pixel，并且提供了 HDR 渲染的支持。最初，UE3 只支持 Windows、PS3 和 Xbox360 三个平台。随着移动平台的用户越来越多，移动硬件性能也越来越强大。2010 年，Epic 使 UE3 可以支持 iOS 和 Android，并发布了 iOS 上具有里程碑意义的 3D 游戏《无尽之剑》。UE3 的生命周期非常长而且在发布之后不断地添加新功能。

在 UE3 时代，使用 Unreal Engine 的游戏产品就更多了，其中著名的游戏就有 300 款左右，有几个重要的 IP，例如《战争机器》系列（如图 1-13 所示）、《质量效应》系列（如图 1-14 所示）、《蝙蝠侠》系列（如图 1-15 所示）、《无主之地》系列（如图 1-16 所示）、《无尽之剑》系列、《镜之边缘》（如图 1-17 所示）等都取得了巨大的成功。很多在 UE2 时代就开始使用 Unreal Engine 的产品，都继续使用 UE3 制作续作。可以说 UE3 在游戏行业中取得了巨大的成功，也成为游戏开发行业的基石引擎。

图 1-13　《战争机器 3》

图 1-14　《质量效应 3》

图 1-15　《蝙蝠侠》

图 1-16 《无主之地 3》

图 1-17 《镜之边缘》

1.2.4 UDK

因为 UE4 的授权费用非常昂贵，为了照顾 UE3 的 Modder 开发者和独立开发者，2009 年 Epic 发布了 UE3 的免费版本，叫作 UDK（Unreal Development Kit，如图 1-18 所示）。2010 年 UDK 添加了 iOS 的支持。

图 1-18 UDK 引擎作品

因为授权方式等原因，很少有大的公司使用 UDK 开发商业项目。但是因为 UDK 是免费的，在玩家社区和 MOD 社区 UDK 被大量地使用来制作独立小游戏和一些研发预算不太高的游戏。从 UDK 开始，UE 也开始从一个封闭的商业授权引擎，逐渐开始变为对普通开发者更友好的开放引擎。

1.2.5 UE4

从 2003 年开始，UE4 就已经在计划开发中了。2008 年，Tim Sweeny 宣布 UE4 的开发基本完成。2014 年的 GDC 展会中，UE4（如图 1-19 所示）正式发布。UE4 的目标设备是第八代的游戏机、PC 和高性能的 Android 设备，包含了非常多的新特性。例如，当引擎运行的时候，C++ 代码可以热更新，大大加快了开发迭代时间；新的蓝图可视化脚本代替了之前版本的 Kismet Unreal Script（通过脚本控制游戏逻辑的系统），可以快速地可视化开发游戏逻辑而不需要使用 C++ 代码。UE4 使用新的授权协议，开始时开发者只需要每月支付 19 美元，就能访问并使用 UE4 的所有功能，包括 C++ 源代码。用户可以从 GitHub 网站上下载所有的引擎源代码进行学习。之后，Epic 宣布 UE4 对学校的使用者免费。2015 年 3 月，Epic 宣布对所有的开发者免费，对超过 3000 美元收入的产品收取 5% 的版税并发布了 Unreal Marketplace，让开发者可以在上面销售内容，形成了完整的高品质游戏开发生态系统。之后，Epic 对产品收入分成的上线提高到了 100 万美元，也就是说用 UE4 开发的产品，总收入不超过 100 万美元，则不需要支付给 Epic 分成。这对中小型开发公司来说，几乎相当于免费了。

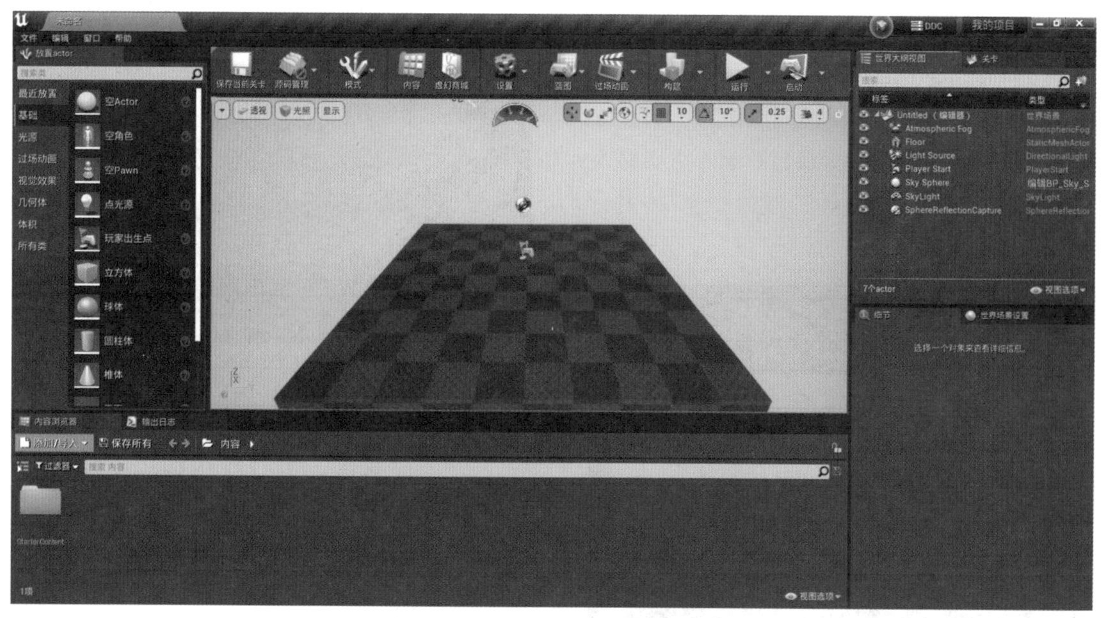

图 1-19　全新的 UE4 引擎界面

从 UE4 公开以来，已经有接近 300 款的游戏宣布使用 UE4 引擎。除了之前一直使用 UE 的公司外，日本的很多游戏研发公司也放弃了自研引擎开始使用 UE4。最著名的要数《街头霸王 5》。作为无数玩家的回忆，这次的《街头霸王 5》（如图 1-20 所示）使用 UE4 作为开发引擎在视觉上给了玩家全新的感受。

图 1-20　《街头霸王 5》

一些经典的 MMO 产品也在 UE4 全平台高画质的特性下，把原先端游的 IP 移植到手机游戏上，例如《天堂 2：革命》（如图 1-21 所示）、《黑色沙漠》、《剑灵》等在手机上的效果甚至远远超过原来的端游。

图 1-21　《天堂》移动版

另外随着 VR、AR 行业的发展，UE4 也第一时间完全兼容这些新的平台。多数高画质高质量的 VR 游戏都是使用 UE4 作为开发引擎。UE4 还把自己开发的 VR 游戏 *Robo Recall*（如图 1-22 所示）以 MOD 的形式提供给开发者，开发者可以免费学习 VR 游戏的开发技巧。

图 1-22　VR 游戏 *Robo Recall*

得益于UE4的多平台能力，原本为PC平台的Oculus Cift开发的*Robo Recall*（如图1-23所示），很快就被移植到了Oculus新的VR一体机平台Oculus Quest上。成为最好玩的Oculus Quest游戏之一，并且画质没有明显的下降。

图1-23 Oculus Quest商店的*Robo Recall*

还记得《虚幻竞技场》吗？最新的《虚幻竞技场》是以MOD的方式提供下载，开发者不仅可以参考学习，还可以直接加入到开发中，实在是太酷了，而这一切都是免费的。

《虚幻竞技场4》（如图1-24所示）应该是Epic进行的一场开放性开发的试验。具体内容可以到《虚幻竞技场4》的Wiki上查看。因为这种类型的游戏已经好多年没有玩法上的创新了，商业价值已不太大，但是这种类型的游戏有巨大的粉丝数量。所以Epic把开发权全部给了游戏社区，即玩家可以决定游戏开发的走向，还可以自己动手亲自制作游戏的玩法、道具等。这个试验现在还在进行，能从另一个角度思考游戏开发者与游戏玩家社区之间的关系。

图1-24 《虚幻竞技场4》

如果你是一个对游戏开发者和游戏玩家的关系感兴趣，并在思考应该给玩家何种自由度的开发者，可以关注《虚拟竞技场4》项目的开发，也许能学习到一些这方面的经验。

从能够拿一个20多年的著名游戏IP来进行创新式的游戏开发来看，Epic公司确实对游戏、对玩家充满了无限的狂热。

最后，使用UE4引擎开发的最出名的游戏，是当前在欧美地区最火爆的《堡垒之夜》（如图1-25所示）。这是Epic公司开发的多人“吃鸡”游戏。通过开发《堡垒之夜》，Epic把所有在游戏中需要的功能反馈给UE，让UE4引擎更加方便易用。Epic的团队也会经常做一些《堡垒之夜》的技术分享。

图1-25 《堡垒之夜》

最近，Epic把《堡垒之夜》中用到的所有后端技术，打包重新制作成了EOS（Epic Online Server），供开发者免费使用，这样游戏开发的后端也被 Epic 免费提供。可以从 https://dev.epicgames.com/zh-CN/services 访问 EOS 的官方服务。

1.2.6 Epic Games Store

2018 年，Epic 创建了 Epic Games Store（如图 1-26 所示）开始销售游戏，并提出了 12% 的销售分成，对游戏开发者来说这大大提高了收入。

新的游戏商店分成比例在游戏业界造成了巨大的轰动。当前游戏行业的分成比例通常是 30%，如 Steam、苹果商店和 GooglePlay。玩家用 100 美元购买的游戏，商店获得 30% 的分成，剩下的由游戏发行商和游戏开发商在去掉营销和各种费用之后分享，因为现在游戏宣传发行的费用非常高，开发商通常只能拿到 10% ~ 20%，国内平台的分成比例还会更高，这严重损害了游戏开发者的利益。

鉴于游戏平台当前几乎是垄断地位，开发者在平台面前非常弱势。Epic Games Store 的分成比例，对业内来说就像一个勇者，向恶龙发起了挑战。就如 Tim Sweeny 所说，Epic 相信，只要开发者成功了，Epic 就会成功。经过几年的运行，Epic Games Store 的用户数量已经非常多了，越来越多的开发者选择在 Epic 的 Games Store 上发行自己的游戏。

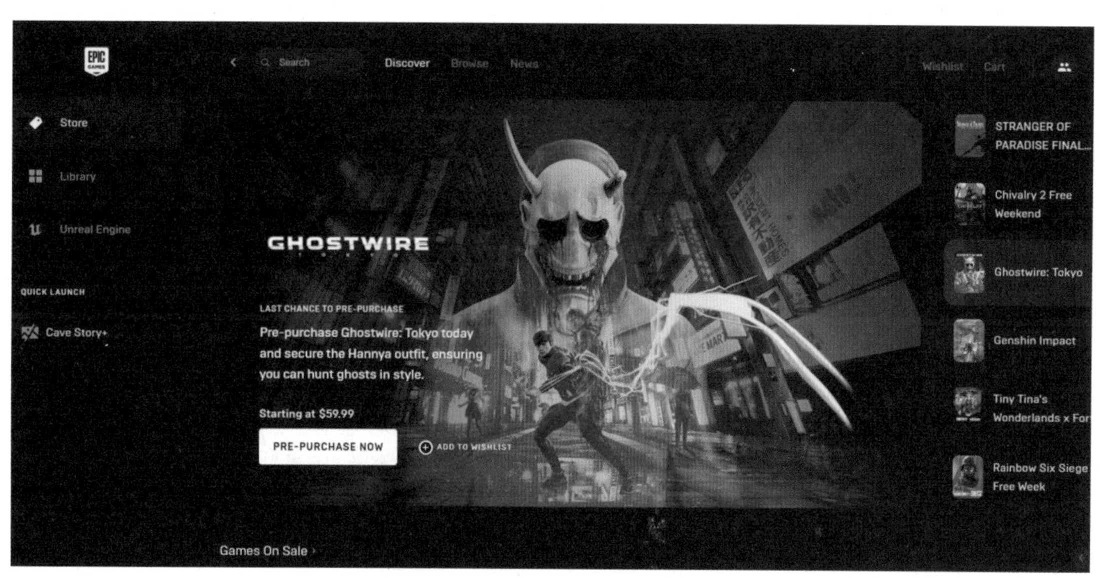

图 1-26 Epic Games Store 商店首页

1.2.7 UE5

2020 年 5 月，Epic Games 通过“Lumen in the Land of Nanite”在 PlayStation 5 上实机运行的演示 Demo 视频，对 UE5 进行了首次展示。2021 年 5 月底，UE5 推出了第一个预览版本，时隔一年，Epic 的用户终于能体验到这个有史以来功能最强大的游戏引擎了。

除了引擎之外，Epic 还开放了演示的项目的所有源文件。用户可以直接下载学习。随后，Epic 又放出了使用 UE5 开发的 PS5 游戏《黑客帝国》（如图 1-27 所示）的真机运行演示，充分展示了 UE5 强大的渲染性能。

图 1-27 《黑客帝国》运行界面

当前 Epic 正在不断地优化稳定 UE5 的过程中。在本书编写时经历了多个版本，从 EA1 到 EA2 到 Preview1 再到 Preview2，版本更新非常快。2022 年 4 月 15 日，Epic 发布了 UE5 正式版。当前，最新的 UE5 的版本为 5.2。很多游戏开发商都已经表达了对 UE5 的浓厚兴趣，如前面提到的《黑客帝国》。国内的 3A 游戏开发商游戏科学，也在第一时间发布了他们使用 UE5 制作的《黑神话》的真机视频。开发《巫师》系列的波兰游戏开发商 CDProject，也表示下一代的《巫师》系列作品将使用 UE5 进行开发（如图 1-28 所示）。

图 1-28 《巫师》

相信随着 UE5 越来越完善，越来越多的游戏开发商都会选择使用 UE5 引擎。

游戏行业发展非常迅速，在短短的几年中，腾讯代理的“吃鸡”大作《绝地求生》改为了《和平精英》并正式运营，取得了非常好的成绩。完美世界 UE4 手游作品《龙族幻想》也已上线。几乎绝大部分的国内游戏开发商都组建了 UE4/UE5 项目团队，或将要有使用 UE4 的作品上线。Epic 也加强了中国地区的推广力度，在知乎、bilibili、微信等平台都有了官方服务。官方网站也进行了数次改版，对中文的支持更加友好。所有这些都极大地简化和方便了中文地区用户的学习和使用成本。开发游戏，从未像今天这样方便快捷。

1.3 UE 在其他领域的应用

在上面的内容中，了解了 UE 在游戏行业中的应用和地位。除了在游戏行业开发高品质的游戏，还有许多其他的行业也在大量使用 UE 引擎。本节来看一下哪些行业使用 UE，从而知道学习 UE5 之后，除了游戏行业，还有哪些行业可以选择。

1.3.1 建筑设计、景观设计、室内设计等设计行业

传统的建筑设计行业使用 3DSMax、Maya 等传统的工具制作效果和设计。每次做完设计，需要渲染的时间是非常多的。随着实时渲染效果的提升，建筑设计领域开始流行使用实时引擎来渲染设计效果。例如，室内效果图制作、景观设计、建筑外景设计等。需要查看渲染效果的领域都有 UE 引擎的参与（如图 1-29 所示，就是用 UE4 实现的建筑可视化效果）。使用 UE4/UE5 引擎的实时渲染功能大大加速了制作流程，原先需要一周的工作时间才能完成的效果，现在仅仅需要几个小时就可完成，并且效果非常好。和传统的制作方式相比，可视性的作品拥有了实时性和互动性，能带给客户更强的沉浸感。像建筑行业、设计行业以及装修行业使用

UE4/UE5 引擎都会给产品带来极大的品质提升。

图 1-29　UE4 建筑可视化

1.3.2　影视制作行业

之前的影视制作流程，都是从好莱坞发展出来的离线渲染制作流程，从脚本、分镜、动态分镜、布局、LookDev（程序员视角）、Preview（预览），到角色建模、角色绑定、材质贴图、灯光材质渲染等一系列流程都有完整的制作方式和规范。国内的影视制作行业基本参照了好莱坞的这套流程，这套流程已经经过了无数项目的验证。

但是离线渲染流程的一个最大的问题就是它是线性的。上一个流程如果出现错误或者未完成，下一个流程就无法进行。如果强行并行制作的话，可能会导致整个项目的失败。

当前，国内影视电影产业已经把 UE4/UE5 引擎的非线性制作流程引入流程当中。UE4/UE5 在制作流程中实时渲染的所见即所得的功能，大大减少了渲染时间。当前国内大的影视制作公司都已经筹备或者组建了完整的 UE 团队，并摸索出了自己的制作流程。现在，在视频网站上播放的大部分 3D 动画片、番剧等都使用了 UE4/UE5 来渲染（如图 1-30 所示，是 UE4 光线追踪演示短片的一个截屏）。

图 1-30　UE4 光线追踪演示短片

现今，新上映的网络动画片或者番剧都在使用 UE4/UE5 的非线性制作流程，在渲染时间和成本方面极大提高自身的竞争力（如图 1-31 所示）。

图 1-31　韩国 LOCUS 动画片《柔美的细胞小将》

1.3.3　广播行业

与影视制作行业类似的是广播行业。观众看到的视频内容如综艺节目、新闻节目、天气预报等制作也逐渐地开始使用 UE4/UE5 或者准备加入 UE4/UE5 的制作流程（如图 1-32 所示）。新的 UE 版本加入了很多专门针对广播内容的产品特性，能实时地将人物表演与虚拟场景道具融合在一起，这样广播节目表演只需要绿幕、演员和传统的拍摄技术就能够实时观察到最终成片的效果，或者直接用这个效果来进行直播，省掉了舞台搭建和后期制作的成本，并且制作时间也更加快速，能实现很多传统拍摄方法无法实现的效果（如图 1-33 所示），UE 对广播行业产生了巨大的推动作用。

图 1-32　UE4 制作实时广播节目，真人与虚拟场景结合

图 1-33　UE4 实时播放天气预报，真人与虚拟环境相结合

图 1-34　UE5 汽车可视化

1.3.4　产品设计和制造领域

汽车行业等传统制造领域，其传统的制作方式是制作草图、效果图、3D 制作，然后建模出图，成品多以图片或者视频片段呈现。

Epic 为这些传统制造领域的设计人员特别开发了一个特殊的 Unreal Studio 版本。这个版本对传统的制作软件资产的兼容性非常好，可以直接把 3DSMax、Maya 或者其他工业类的设计软件所生成的模型导入 UE4/UE5 当中实时查看（如图 1-34 所示），其非常方便，而且不会产生细节丢失。

当设计文件准备完成后，可以在 UE4/UE5 当中渲染或者制作交互内容，极大地方便了传统行业的设计师。

在新的版本中，Studio 版本的功能已经完全合并进了普通的 UE4/UE5 当中。

1.3.5　AI驾驶、AI训练等领域

在新兴的 AI 领域中，UE 所扮演的角色是帮助 AI 训练。例如，在自动驾驶中，需要测试或训练自动驾驶 AI，不可能把试验中的 AI 驾驶放到真正的生活环境中做测试，这太危险。此时需要一个和真实世界一样的环境来帮助 AI 学习（如图 1-35 所示）。在使用 UE 之前，这个工作通常会建

设一个没有人的试验性质的路段，让AI驾驶在上面跑，不仅成本非常高而且样本还很有限。因为封闭的路段不可能像真实的路段那样有各种突发事件。另一种方式是通过录制好的视频来帮助AI学习，这样同样成本很高。因为拍摄的视频内容是一样的，不会改变或者发生突发事件。

图1-35　基于UE4的Carla自动驾驶模拟平台

在当前自动驾驶领域中，普遍用3D引擎来制造一个和真实环境一样的虚拟环境。把生成环境的内容给自动驾驶的AI学习，通过不断地学习，AI的判断就会越来越准确。

Carla是一个使用UE的开源自动驾驶模拟平台。如果对自动驾驶训练制作感兴趣的话，可以在Github上找到它的开源主页。网址是https://github.com/carla-simulator/carla，Carla的官网是：http://carla.org/。

1.3.6　AR、VR领域

最近几年，VR、AR行业硬件和平台快速发展。需要大量的优质内容，而这些内容都可以用UE进行创作（如图1-36所示）。

图1-36　工业光魔《星战》主题VR

AR、VR内容并不仅仅局限于游戏，它已经渗透到了所有的领域和行业。VR内容是创建了一个新的虚拟世界，而AR是在现实世界的基础上加入新的虚拟内容。

目前，有大量的公司使用AR、VR来做产品的升级。例如，教育行业，把原先书本上枯燥的内容放到一个虚拟的、有趣的环境当中。学生通过探索这个世界或者与世界当中的角色交互来学习新的知识（如图1-37所示）。又如，在医学院外科手术的学习过程当中，使用VR技术来制作手术模拟训练，医学院的学生可以随时随地地在VR中进行手术的模拟训练和近距离多次观摩老师的操作。

图1-37　在微软hololens2上UE实现的AR效果

以上是当前使用UE的几个主要行业。当然还有很多其他的行业和领域，此处就不再一一列举。可以看到，凡是需要虚拟内容或者需要交互内容的行业，UE都可以使用并超出期待的完成工作。传统的离线制作的方式，终将被UE这种实时的可交互的方式所代替。

1.4　UE5游戏引擎的功能

UE5（Unreal Enging 5，UnrealEngine的第五代）是Epic公司开发的一款非常强大的次世代3A级3D游戏引擎，UE5之前的版本，已经在顶级商业游戏中使用验证过多年了，是游戏开发中顶级的3D游戏引擎之一。

UE5 是 UE 的最新版本，除了上面列举的各种游戏引擎的功能之外，UE5 添加了非常多独特又强大的功能。

1.4.1 Lumen

新版本中的 Lumen 功能（如图 1-38 所示），能够快速地实现全局光照的效果和反射效果，是专门为下一代的控制台和 PC 等高性能游戏设备提供的光照功能。

图 1-38　UE5 Lumen 全局光照

1.4.2 Nanite

Nanite 功能（如图 1-39 所示）能够直接导入高多边形面数的几何体。除了更丰富的细节表现之外，还不需要像之前一样，对高多边形物体进行拓扑和烘培，大大降低了高细节游戏场景的制作时间，改变了整个游戏行业制作游戏环境的工作流程。

图 1-39　UE5 Nanite 超精细几何图形

1.4.3 Virtual Shadow maps

新的阴影映射方法可以提供一致的高分辨率阴影。虚拟阴影贴图（如图 1-40 所示）经过专门设计，可以与高度精细的 Nanite 制作的场景和大型动态照明的开放世界配合使用。

图 1-40　UE5 Virtual Shadow maps

新的 UE5 引擎，在前版本的基础上通过自身不断的改善再次震惊了业界。除了前面提到的功能，还有开放地图、动画绑定、MetaSounds 声音系统、编辑器工作流程提升等大量新功能。当前正在开发和计划要开发的游戏作品中，有很多已经把引擎切换为了 UE5。可以预见当 UE5 正式发布之后，一定会有更多的知名游戏作品采用 UE5 引擎制作。

1.5 UE5 的特点

非常多的游戏开发厂商选择了 UE5 作为它们的开发引擎，UE5 也是众多游戏公司所期待的引擎，那么和其他游戏引擎相比，UE5 有什么特点能吸引这些专业的开发者呢？

1.5.1 高品质全功能

UE 本身的品质经过了长时间的考验。UE5 是一套完整的游戏开发工具包，包括设计工具、美术工具、程序代码工具等。作为一个有 20 年历史的商业引擎，在无数的商业项目开发中，经受住了各种考验。搜索官方 Marketplace 可以看到多数都是第三方硬件或者第三方平台的 SDK，真正的功能性插件比较少（如图 1-41 所示），这是因为 UE5 引擎已经实现了大多数游戏常用的功能，很少需要其他开发者的插件补充了。

图 1-41 Epic Marketplace 中的代码插件

1.5.2 工作流功能强大，耦合性低

UE5 在工作流程上总是创新者，它把游戏开发中的各个内容分成了不同的模块，各个模块之间耦合性低。例如，设计师可以只负责设计，而不需要程序的干预就可以工作并查看最终的运行效果。艺术家也可以自己使用 UE5 制作符合项目标准的美术资产而不需要其他人的配合，每种资产都有它们自己的编辑器。编辑器相互之间不受影响，这样无论是几个人的独立团队，还是几百人的大型项目团队都能很方便地使用（如图 1-42 所示）。

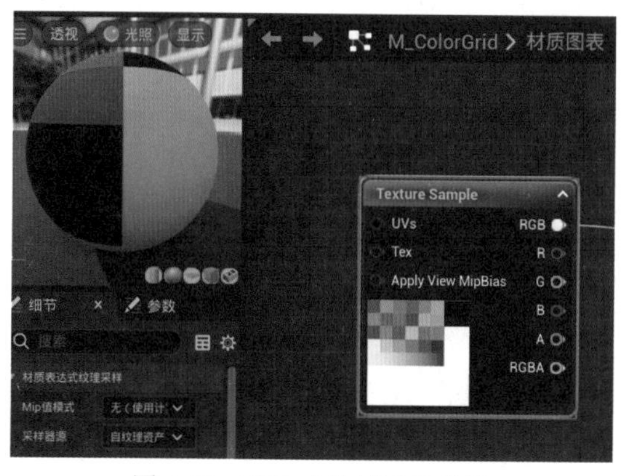

图 1-42 UE5 中的材质编辑器

1.5.3 顶级的视觉效果，最高端的图形渲染技术

随着 DirectX12 和 RTX 的流行， UE5 在画面上相比于其他引擎也具有更出色的效果（如图 1-43 所示）。很多顶级的团队都在使用 UE5，越多的用户使用对引擎的需求就越高。Epic 的专注方向也在视觉品质上，每年的 GDC 会议 Epic 都会发布一些能挑战传统离线渲染器效果的作品。除了顶级游戏团队之外，很多的动画特效公司也使用 UE5 来完成以前离线渲染的工作。随着 UE5 Lumen 和 Natine 功能的加入，UE5 当前的渲染效果没有其他引擎可以比拟。

图 1-43 RTX 实时光线追踪效果演示

1.5.4 友好的社区，良好的文档及技术支持

良好的文档、友好的社区，对开发人员来说至关重要。没有什么能比直接接触源代码并直接和开发者沟通更酷的了。UE5 开放源码的授权大大增加了研发团队的灵活性，可以根据自己的需要定制引擎。而 Epic 为了帮助开发者，除了在线文档、Wiki、论坛、在线问答之外（如图 1-44 所示），还经常举办各种技术分享活动。在问答和论坛中，经常可以看到 Epic 的官方开发人员。论坛里大家讨论的主题，往往就是下一个版本的功能。有的甚至是游戏开发者给 Epic 提供的代码补丁（是的，得益于源码开放，游戏开发者可以给 Epic 官方推送 Bug 补丁）。在每次发布新版本的时候，有很多感谢的名单，这个名单就是对当前版本做过贡献的开发者的感谢。Epic 经常会召开开发者线下聚会，在这些活动中，用户可以直接跟引擎开发者面对面沟通交流。

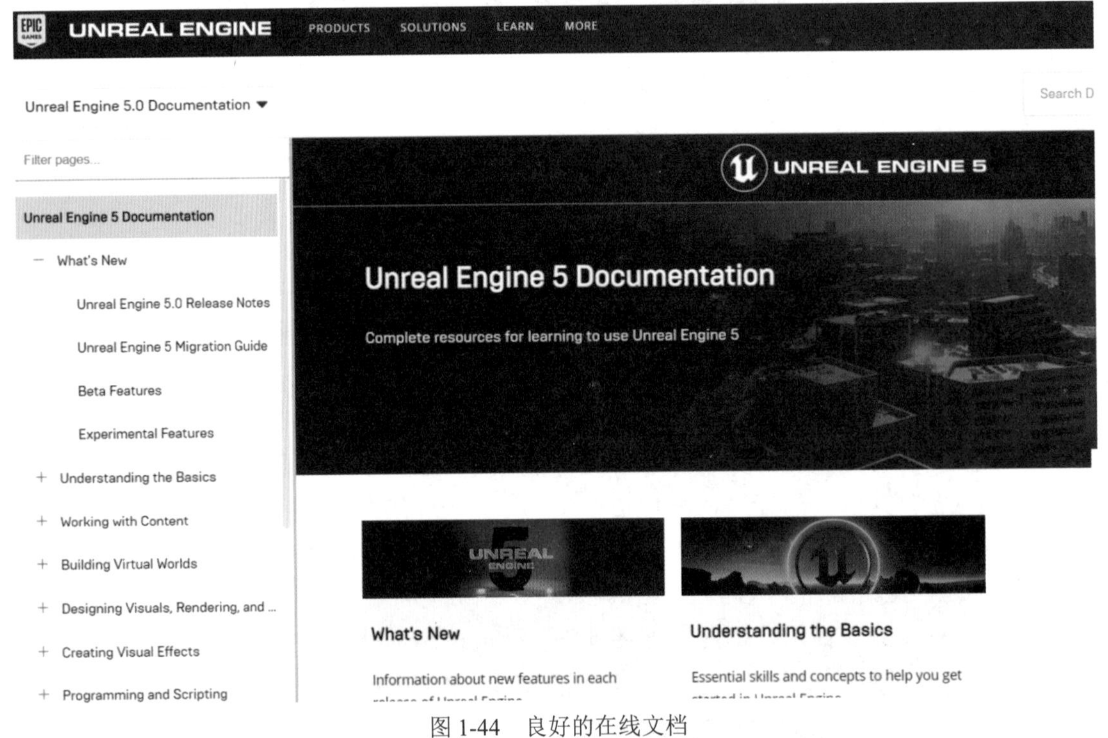

图 1-44　良好的在线文档

1.5.5 强大的跨平台能力

当前的游戏运行环境已经发生了变化。作为游戏公司不能只是单一地考虑一个平台。目前，手机平台借助手机游戏已成为了所有游戏中用户量最大的一个平台，更别说那些各种 VR 平台、AR 平台、MR 平台以及还有各种游戏主机等，需要考虑的事情实在太多。而 UE5 良好的跨平台特性很好地解决了这个问题（如图 1-45 所示），它的编辑器可以运行在 Windows、mac OS X 和 Linux（通过自己编译源代码）中，实现创作环境的跨平台。通过 UE5 打包的应用支持发布到 Windows、mac OS、Linux、Android、iOS、Switch、PS4、Xbox one 等多个平台。也就是说开发者只

需要编写一次游戏代码就能打包发布到多个平台运行。

图 1-45 UE5 支持的游戏平台

1.5.6 灵活的授权模式

UE5 是一款免费使用的引擎，在使用 UE5 盈利之前不需要为 UE5 花费任何的费用。相对于之前版本买断授权的方式，UE5 提供的是一种收入分成的授权。UE5 引擎本身提供的所有的功能都是免费的，不需要购买授权就可以使用它所有的功能。在游戏运营流水超过 100 万美元之后，需要支付项目流水的 5% 作为 UE5 的授权费用。这为中小企业乃至独立开发者提供了巨大的吸引力。之前版本的 UE 授权费用都是百万级别的，普通的公司根本无法承受，导致这些公司要么使用其他授权费用相对低的引擎，要么从零开始自研引擎。现在不需要任何的花费，个人开发者都可以使用这款世界顶级的游戏引擎，而所付出的代价，就是游戏成功之后，支付项目流水的 5% 给 Epic 公司。当然，对于大型企业来说，5% 的流水是非常昂贵的，比如现在流行的吃鸡类游戏，头部产品的盈利已经到了每月几亿美元，那么 5% 的份额还是巨大的（2020 年除夕，腾讯公司的《王者荣耀》单日流水大约 20 亿元人民币，打破了游戏日流水的纪录）。对这样的公司，Epic 还提供了自定义引擎授权的选项，当然这需要和 Epic 客户经理单独的进行沟通商定授权细节。

关于授权信息详细内容，可查询 https://www.UE.com/en-US/download?lang=en_US&state=%2F5.0%2Fzh-CN%2F

除了上面提到的特性之外，还有蓝图功能，专业的 Sequencer 非线性动画编辑器，媲美影视级的 Niagara 粒子系统和电影级的后期处理效果，大量的模板和学习资源等。这些功能都远远地超过了其他引擎。所以，UE5 是当前游戏开发和实时渲染的首选引擎。

1.6 使用 UE5 的软件和硬件需求

在开始介绍运行 UE5 需要的具体软硬件需求之前，先来看一下 Epic 公司对游戏引擎的设计哲学。

Epic 的开发者认为相对于硬件、软件来说游戏开发者的时间才是最宝贵的资源，而且是不可再生的。硬件会随着时间的推移越来越强大，价格也越来越便宜。目前一台高配置的游戏主机，价格在 1 万～ 3 万元。一次性投入至少可以使用 1 ～ 2 年。而一个高级游戏开发者的薪水每个月可以轻松到 5 万元，所以相对于开发者不可再生的时间成本来说，硬件投入占比是非常小并且是可持续分摊的。为硬件投入也是非常划算的。所以 Epic 的设计理念——能让机器做的，就尽量让机器完成，最大限度地节省开发者的宝贵时间。

在这个理念的支持下 UE5 引擎相对于其他的引擎需要的硬件需求会更多一些。

在安装 UE5 引擎之前先看一下 UE5 对操作系统和硬件有什么具体要求。

1.6.1 安装UE5的软件需求

安装UE5，操作系统必须是 Windows 10 以上版本，64 位的系统（UE5 编辑器不支持 32 位系统）。

另外，微软已经官方宣布停止对

Windows 7 和 Windows 8 的更新和技术支持，所以，不管是否使用 UE5，都应该尽量避免使用 Windows 7 和 Windows 8 系统。

Windows 10 和 Windows 11 采用了滚动更新策略，在使用 UE5 时应该确保 Windows 系统更新到最新版本。如果运行最新的操作系统都吃力的话，那么 UE5 也很难流畅地运行。

如果使用 Mac 系统的话，应该使用最新版的系统。在 Mac 系统下应该升级到硬件能够支持的最新的 Mac 系统版本。

如果要使用 C++ 开发，Windows 系统上要安装 Visual Studio 2019 或以上版本。Max 系统上要安装 XCode 的最新版本。

1.6.2 硬件需求

1.CPU

CPU 方面，Epic 推荐 2.5GB 以上的四核心处理器 Intel 或者 AMD。也就是说 CPU 至少需要 4 核运行 UE5 才能比较流畅。UE5 编辑器在使用过程中，后台会做一些 Shader 编译，保存资源，烘培光照贴图等比较消耗 CPU 性能的工作，所以 CPU 处理性能越高越好。一块高性能的 CPU 是日常使用 UE5 编辑器流畅的保证。

2.GPU

UE5 毕竟是游戏引擎，显卡是最重要的硬件，GPU 的性能直接关系到使用 UE5 编辑器时的流畅性。官方推荐最低 Nvidia Geforce GTX470 以上或者是 AMD Readon 6870 以上，支持 DirectX11 的显卡。现在来看，这两块显卡的性能都太低了无法良好地运行 UE5。

现在市场上在售的显卡中，能够流畅运行 UE5 引擎的，最新的显卡是 40 系列的 4050、4060 等。

从 4.22 版本开始，UE 支持光线追踪功能，这个功能要求使用 2060 以上的显卡（新一代的显卡多了光线追踪芯片。Nvidia 公司为了普及光线追踪功能，也给 GTX1060 以上的显卡添加了光线追踪功能，但是由于没有光追硬件，所以也只是能够运行而已，速度、性能和稳定性都无法保证）。为了追求最流畅的开发体验，提高制作者的工作效率，很多 UE5 的开发团队配置的机器都是 RTX3080/RTX3090 的顶级显卡。

如果现在购买使用 UE5 的电脑最好是最新一代的显卡。在预算够用的情况下，购买性能更强的显卡。如果是旧一些的电脑，用来学习只要满足 UE5 的最低需求就可以运行。

> 注意：在集成显卡上虽然也可以打开 UE5 编辑器，但是基本上非常卡顿，并且经常崩溃，无法操作。所以不建议使用集成显卡运行 UE5。

> 注意：不管使用什么显卡，请尽量在硬件提供商的官网将驱动升级到经过微软认证的最新版。常用的显卡驱动下载地址为：
>
> Nvidia：https://www.nvidia.cn/Download/index.aspx?lang=cn
>
> AMD：https://www.amd.com/zh-hans/support

3. 内存

Epic 要求内存至少有 8GB 才能够安装 UE5 引擎，但是实际运行下来，至少需要 16GB 内存才能够比较流畅地运行 UE5。32GB 是一个中档的配置，处理一般的项目足够了。在一些极端的情况下，处理比较大型的场景烘培时内存还是会占满，所以UE5的工作站一般会配备64GB以上的内存。官方的开放世界演示场景如果要全特效打开的话也需要有64GB的内存。所以，在预算允许的情况下，32GB是满足需求的最低保障。

4. 硬盘

硬盘至少要有100GB的空白硬盘空间。最新版的引擎默认安装完之后总共有接近60GB的空间，还不算一些可选安装选项（如图1-46所示）。如果你的系统上面有多个UE版本的话，占用的磁盘空间是非常大的。另外如果要从源代码编译安装UE5，那么150GB的可用空间是必需的。UE5最好是安装在速度比较快、容量比较大的硬盘上面。固态硬盘是最好的，否则会非常的慢。建议使用最少512GB的SSD硬盘。

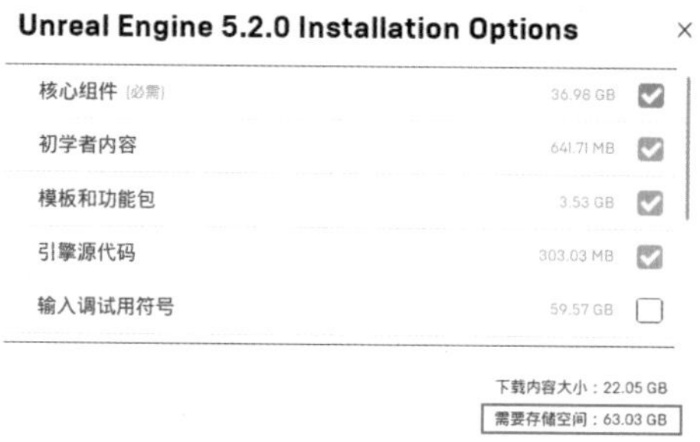

图1-46　UE5.2.0安装占用硬盘空间

要想流畅地运行UE5，硬件需求比较高。很多初学者都没有概念，结果买了不合适的主机，影响了学习和工作。硬件时刻在更新，如果是为了使用UE5开发项目而购买主机的话，那么在预算范围之内，性能越高越好。如果仅仅是爱好，想学习一下UE5，那么一般独显的主机就能够运行，不必在硬件面前打起了退堂鼓。

另外，本书主要讲解2D游戏开发制作，不需要特别强大的硬件配置。基本上能够安装UE5并流畅操作就可以完成本书的内容。

1.6.3 关于用笔记本计算机学习使用UE5

有一些读者需要在笔记本电脑上运行UE5。具体原因有很多，例如经常出差、需要到各地的分公司做技术支持、学生宿舍比较拥挤、需要带电脑上下班等。正好我经历过一段这样的情况，所以这里可以讨论一下这个问题。

首先，Epic官方不推荐使用笔记本，主要是基于性能的原因，特别是苹果公司的笔记本，即使带独立显卡的也不推荐（如图1-47所示），因为MacBook Pro机身过于轻薄，导致在运行UE5时散热噪声非常大，长时间使用不利于机器和人的健康。另外，即使是配备独立显卡的MacBook Pro，显卡性能也非常有限。必须使用MacBook Pro进行UE5游戏开发的情况，就是应用平台是iOS、MacOS、iTV这些Apple独占平台。如果你的应用要发布到苹果的这些平台的话，必须有一台Mac系统的电脑。即使如此，也推荐平时在PC上开发，只有打包时切换到Mac系统上。UE5提供了远程打包功能，只要你有一台任意性能的Mac电脑，就可以通过这台电脑做认证，使用PC打包。

关于Apple公司的笔记本电脑的另一个问题是最近Apple公司在自己的产品中使用了ARM架构的CPU M1。当前UE5官方并不支持这种架构。虽然可以有方法让UE5运行在这种CPU的电脑上，但仍不建议使用M1架构的产品做UE5的开发。

图 1-47　Macbook Pro 过于轻薄的机身和超高的屏幕分辨率，在运行 UE5 时会非常吃力

去掉 Mac 笔记本和 Windows 平台的轻薄笔记本之后，剩下的只有高端的游戏笔记本可选择了。从主机配置来看，对应的笔记本配置应该为至少 4 核心、2060 的 GPU、512GB 的 SSD 硬盘，及至少 16GB 内存。在这个范围中，HP、外星人、微星、华硕、联想都有比较合适的机型选择。

总之，在能使用台式机的情况下，还是尽量使用台式计算机，如果实在没办法使用台式机，那么一定要选择配置、性能、散热等都够用的笔记本电脑。不要追求轻薄的笔记本电脑，UE5 运行在轻薄本上的体验非常糟糕。

总结

本章的内容到这里就结束了。在本章主要介绍了一下什么是游戏引擎和 UE5 游戏引擎、UE 的历史以及特点，最后讨论了 UE5 的软件和硬件需求，这些都是介绍性的内容。主要是帮助更好地理解 UE5 游戏引擎并做好安装和下载前的准备。下一章将带大家在计算机上真正地安装UE5 引擎。

问答

（1） UE5 有什么特点？

（2）UE5 制作的游戏，能发布到哪几种平台上？

（3）除了用 UE5 制作游戏之外，UE5 还能做什么？

思考

（1）为什么现在开发游戏必须使用游戏引擎？

（2）为什么其他行业能够使用游戏引擎来制作可视化的内容呢？

练习

（1）搜索一下其他的游戏引擎，看 UE5 和它们相比都有哪些特点。

（2）尝试关注 Epic 的官方渠道，如论坛、知乎、公众号等。

第 2 章　UE5 的安装与使用

本章将详细讲解如何安装 UE5 引擎。Epic 把 UE5 做成了一个完整的游戏开发生态系统。所以，除了安装 UE5 引擎，本章还将讨论一些与 UE5 引擎配合的其他软件，如 Marketplace、Unreal Game Launcher 等，让你对整个 UE5 引擎的生态系统有更深的了解，方便管理项目和获取第三方的资源。

本章重点

- 注册 Epic 官方账号
- 安装 Epic Game Launcher
- 安装 UE5 引擎
- Epic Game Launcher 的使用

2.1 注册 Epic 官方账号

在安装 UE5 引擎之前，需要先注册 Epic 的官方账号。Epic 提供的所有服务都是以账号为基础的，包括安装 Epic Game Launcher，在 Marketplace 中购买第三方资源，在 Game Store 中购买游戏等都需要一个能够标识身份的账号。所以使用 UE5 的第一步就是注册 Epic 账号。

（1）打开浏览器，在地址栏中输入 https://www.unrealengine.com。按 Enter 键后，即会出现 UE 的官方网站。一般默认会跳转到中文界面（如图 2-1 所示）。

图 2-1　Epic 中文官方网站

（2）如果默认是英文界面，可以单击右上角的地球图标，选择“简体中文 [SIMPLIFIED CHINESE]”，切换为中文官网（如图 2-2 所示）。

图 2-2　切换 Epic 官网语言

（3）单击“登录”按钮（如图 2-3 所示）会跳转到登录页面。

图 2-3　开始登录

（4）如果之前已经注册过 Epic 的账号，在这里单击 “登录 EPIC GAMES”，输入注册时使用的邮箱地址和 Epic 账号的密码，单击“登录”按钮，就可以直接登录了。如果还没有注册账号，那么单击最下面的“注册”超链接，在弹出的对话框中选择“使用电子邮件地址登录”按钮，就可以开始注册流程了（如图 2-4、图 2-5 所示）。

图 2-4　登录选项

图 2-5　开始电子邮件地址注册

注意：注册的 Epic 账号，可以用来登录 UE5 网站、Epic Game Launcher 启动器、论坛以及保存在 Marketplace 里购买过的商品等功能。所以一定要保存好。如果忘记了密码，可以单击“忘记密码”按钮找回密码。

（5）在注册界面中填写必要的信息，单击“继续”按钮，Epic 会给你填写的电子邮箱发送一封确认邮件，按照邮件里的提示继续操作，激活账户就可以了（如图 2-6 所示）。

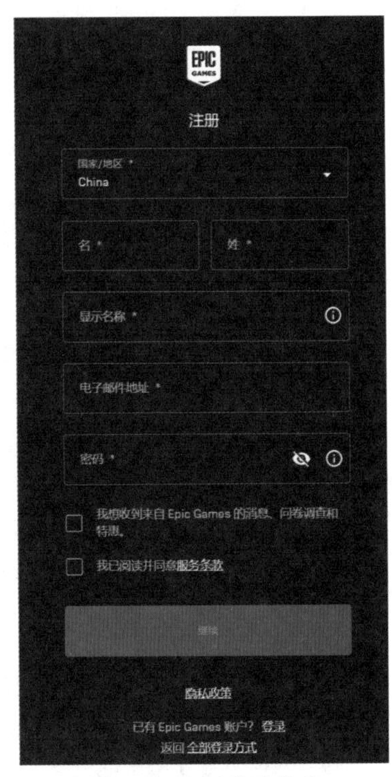

图 2-6　填写登录信息

注意：因为要和 Epic 做交易（涉及买卖模型、动作、游戏源码、游戏资产销售游戏等需要银行卡信息），所以这里的注册信息，尽量如实填写，以免后期造成不必要的麻烦。

在创建完账户之后，再次进入首页，这时应该已经是登录状态了。如果没有登录，单击“登录”按钮，再次输入账号和密码，就可以登录了。登录后你的用户名显示在原先登录按钮的位置上（如图 2-7 所示）。

图 2-7　登录后页面

注意：Epic最近开启了手机认证。如果出现要求输入手机号码的情况，一定要输入常用的手机号。中国区的手机号码要在号码前面输入“+86”。当在其他设备登录或者其他情况需要重新登录时，Epic会给你绑定的手机号发送验证码。建议尽快在官网的个人中心上开启手机认证，方便多设备登录。

2.2　下载安装Epic Game Launcher

注册好Epic的账户之后，还需要安装Epic Game Launcher，才能开始安装UE5引擎。Epic使用Epic Game Launcher来管理UE的不同版本和项目，也通过Epic Game Launcher提供Marketplace、Game Store等服务。虽然有其他的办法在不安装Epic Game Launcher的情况下使用引擎，但是还是不建议这么做，建议一定要安装Epic Game Launcher，通过Epic Game Launcher来使用Epic提供的各种服务。

下面就来带大家一步一步地安装Epic Game Launcher。

2.2.1　下载Epic Game Launcher

确定当前在Epic网站上是登录状态，然后单击右上角的“下载”按钮（如图2-8所示）。

图2-8　下载Epic Installer

网站将跳转到最终用户许可协议界面，选择“发行许可”并单击下方“立即下载”按钮，单击后默认签署最终用户许可协议并开始下载Epic Game Launcher（如图2-9所示）。

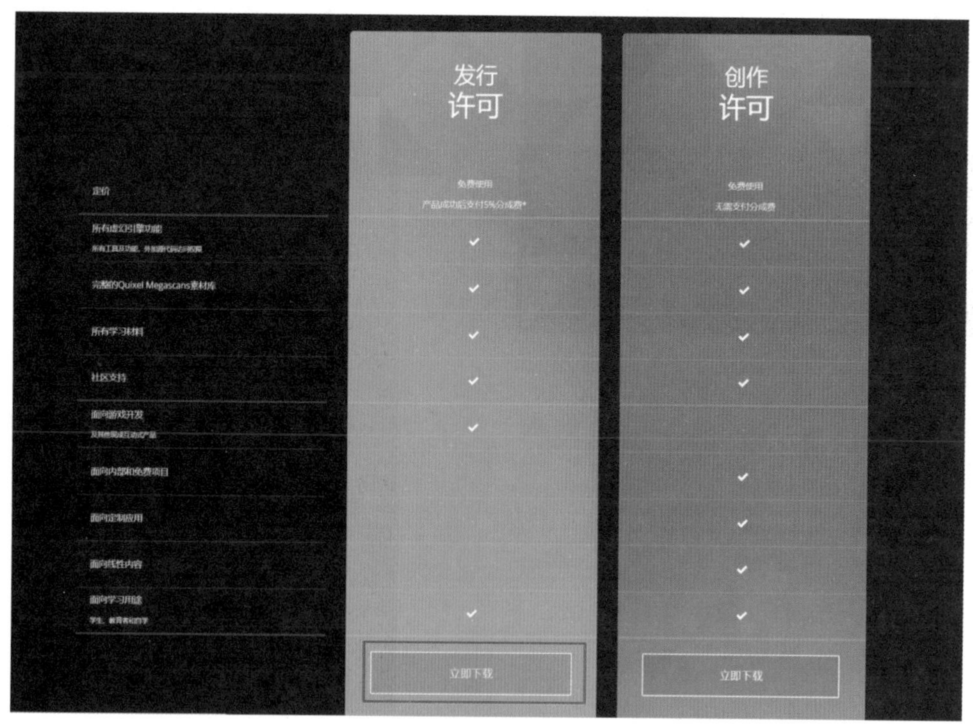

图2-9　单击“立即下载”按钮下载Epic Installer

单击“立即下载”按钮后，Epic Installer开始下载，在浏览器的下载管理中可以看到正在下载的文件（如图2-10所示）。

图2-10　正在下载安装器

如果想要查看最终用户许可协议的内容，可以单击“查看EULA”按钮查看（如图2-11所示）。

图2-11　UE用户协议

如果Epic Game Launcher没有自动开始下载，那么在弹出的页面中单击“重新下载”按钮就可以开始手动下载了（如图2-12所示）。

图2-12　手动开始下载

2.2.2　安装Epic Game Launcher

Epic Game Launcher下载完成之后，双击安装程序就可以进行安装了。和其他软件安装一样在安装的过程中选择默认选项就可以了（如图2-13所示）。

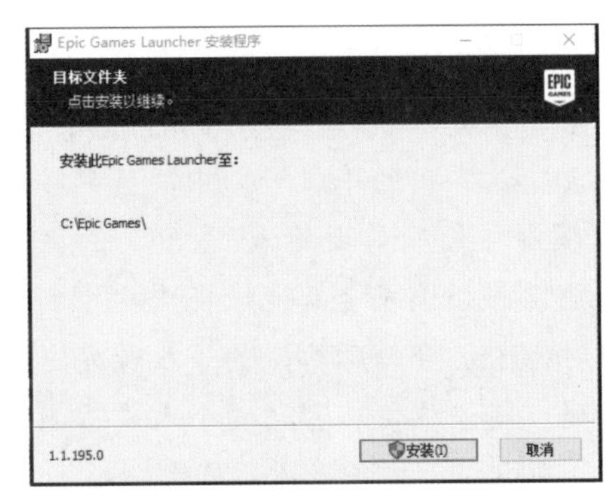

图2-13　安装Epic Game Launcher

注意：Epic Game Launcher与UE5引擎最好安装在速度比较快、容量比较大的硬盘上。有条件的尽量准备一块容量足够的SSD硬盘。

2.2.3　登录Epic Game Launcher

（1）Epic Game Launcher安装完成之后，双击打开桌面上的Epic Game Launcher。Epic Game Launcher将显示登录页。

如果仔细观察，可以发现这个页面和官网上的登录页是一样的。选择SIGN IN WITH EPIC GAMES选项（如图2-14所示）。

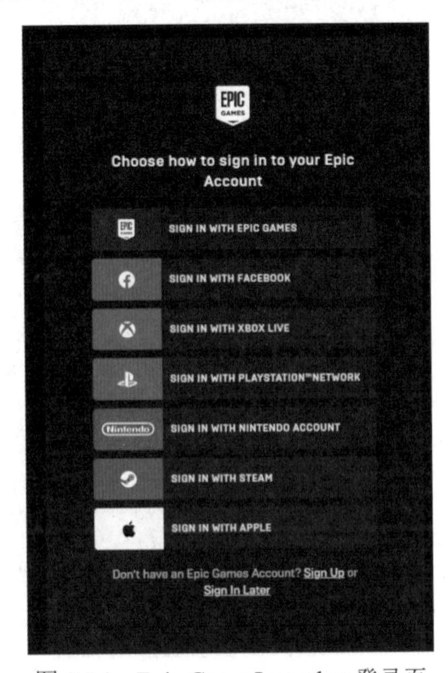

图2-14　Epic Game Launcher登录页

（2）输入你在 Epic 官网注册的账号和密码，单击 LOG IN NOW 按钮（如图 2-15 所示）。

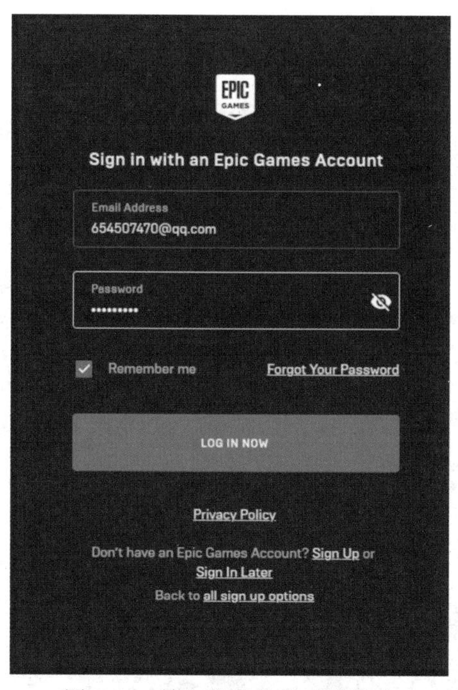

图 2-15　输入登录信息开始登录

（3）如果是第一次登录，Epic Game Launcher 会进行双步验证（如图 2-16 所示），通常有一些小游戏或者是给手机发送一个验证码，按照提示操作即可（如图 2-17 所示）。

图 2-16　Epic Game Launcher 正在验证账号

注意：正常情况下登录应该很快完成。如果一直卡在正在验证的界面中，试着关闭登录窗口，确认网络通畅，然后右击 Epic Game Launcher 图标，在弹出的快捷菜单中选择“以管理员身份运行”选项，通常能解决问题。

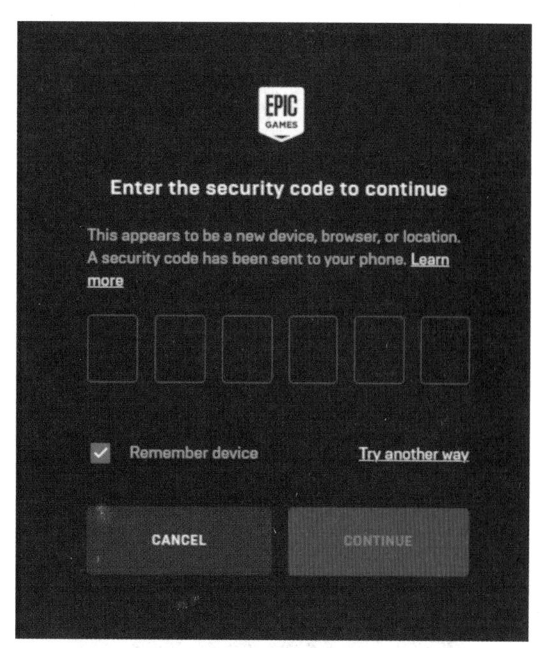

图 2-17　使用手机验证码进行双步验证

2.3　安装 UE5

Epic Game Launcher 提供的功能非常丰富。因为 UE5 比较大，所以先下载 UE5。当引擎在下载安装时，可以先看 2.4 节，了解一下 Epic Game Launcher 的主要功能。

（1）打开 Epic Game Launcher 后，单击左侧“虚幻引擎”选项，进入引擎内容，然后在右侧上方的标签页中选择“库”标签。这里是 Epic Game Launcher 管理多个虚幻引擎和项目的地方（如图 2-18 所示）。

图 2-18　引擎版本库界面

（2）单击引擎版本右面的 + 号按钮，会在下方添加一个引擎槽（如图 2-19 所示）。

图 2-19　单击 + 号创建新的引擎槽

（3）在引擎槽中通过版本号后面的下三角按钮可以选择需要安装的虚幻引擎版本，这里选择 5.1.1 版本。然后回到引擎槽中，单击“安装”按钮开始安装 UE5 引擎（如图 2-20 所示）。

图 2-20　选择 5.1.1 版本进行安装

（4）单击“安装”按钮后，Epic Game Launcher 会询问引擎要安装的位置（如图 2-21 所示）。

图 2-21　选择引擎要安装到的位置

（5）选择一个空间足够、速度最快的硬盘（不必和 Epic Game Launcher 在同一个目录下），然后单击“安装”按钮，Epic Game Launcher 就开始下载选择的版本的引擎了（如图 2-22 所示）。

图 2-22　引擎开始安装

（6）在左侧的 Download 面板中，可以查看下载进度和速度。一般下载的速度都会比较快，但是 UE5 的体积比较大，根据网速的不同，可能需要下载一段时间（如图 2-23 所示）。

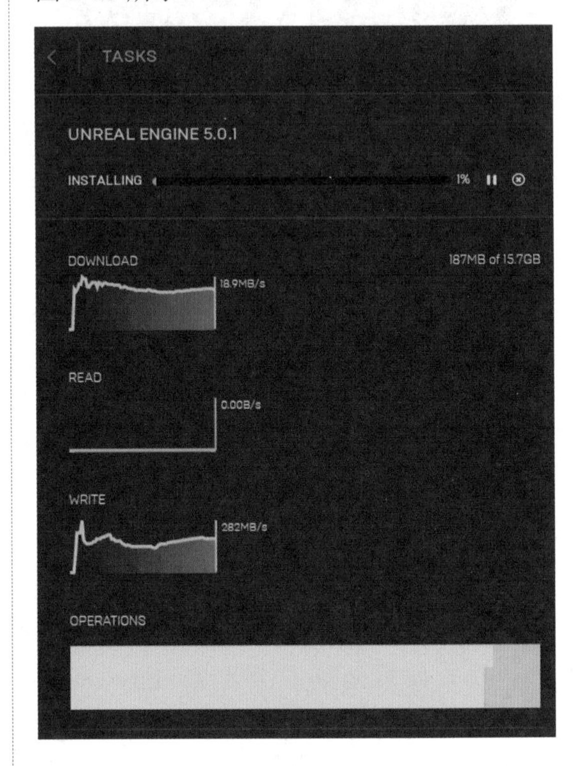

图 2-23　查看下载安装进度

（7）下载完成之后，Epic Game Launcher 会自动安装引擎。当安装完成之后，引擎槽上就变为黄色的“启动”按钮了。单击“启动”按钮就可以打开安装好的引擎（如图 2-24 所示）。

图 2-24　引擎安装完成后，出现“启动”按钮代表引擎可以启动

2.4　Epic Game Launcher的主要功能

Epic除了使用Epic Game Launcher来管理引擎和项目外，玩家用来购买游戏的Epic Game Store（简称EGS）功能也在Epic Game Launcher的“商城”标签页中。由于EGS和学习UE5引擎无关（EGS是游戏商店，如图2-25所示），所以下面只介绍Epic Game Launcher中与UE5引擎学习使用有关的内容。

图2-25　商城和库是游戏商店功能

2.4.1　News

单击“虚幻引擎”标签之后，右侧第一个标签页面是News界面。Epic在这个界面里发布虚幻引擎有关的新闻。经常关注这个页面以了解Unreal Engine最新的动态。例如，当有新版本发布的时候，这里总是第一时间推送相关消息。最新的功能、讲座、社区中示例项目等，都会在这里发布。总之这个页面要经常来看一下（如图2-26所示）。

图2-26　引擎新闻页

2.4.2　示例

“示例”标签里是Epic提供的免费学习内容，在这里能找到关于引擎的文档和一些教学内容。还有视频、实例项目等是学习UE5非常好的资源（如图2-27所示）。

图 2-27　Learn 标签里有丰富的示例内容

2.4.3　虚幻商城

第三个标签“虚幻商城”是 Epic 的在线资源商店，在这里开发者可以购买其他人设计好的模型、动作，甚至是游戏源码等，可以极大地减少重复制作的工作量（如图 2-28 所示）。

图 2-28　Marketplace 页面

在线商店是 Unreal Engine 的优势之一，里面有各种高质量的内容，为开发者提供了自由交易的途径。任何有专业技能的人都可以把自己的作品上传到 Marketplace，如果其他的游戏制作者有需要的话，可以直接购买这件作品。Epic 收取这次交易额的一部分作为分成。这给暂时没有能力或者没有时间开发完整游戏的一些用户，提供了一个盈利的机会。例如 3D 模型艺术家可能没有技能来创作一款完成的游戏，但是他的模型制作能力非常好，他可以把自己创作的模型放在商店里面供其他有需要的人去下载。另外一个游戏开发工程师，有很强的代码能力，但是没有制作模型的能力。这时，他可以以非常低的价格直接购买这个模型放入自己的游戏中。

“虚幻商城”中包含各种各样的内容，除了模型、贴图、代码框架之外，还有音效、字体、各种功能库等所有跟游戏开发相关的功能。合理使用在线商店能极大地减少开发成本。例如，在线商店的一个次世代级的模型通常只要几十美元，但是如果从零开始制作，一般公司制作一个次世代模型的成本通常在 5 万～ 20 万美元。

提示：从 2019 年开始，Epic 每个月都会选择一些优质内容给引擎开发者免费使用，通常会在每个月的月初提供。经常关注“新闻”页面，不要错过这些精品内容哦。

2.4.4　库

“库”标签页面是最常使用的地方。在这里可以管理安装、卸载多个版本的引擎。在“我的工程”分组中，管理曾经工作过的项目。“保管库”分组包含了在“虚幻引擎”或者“示例”中购买和下载过的内容（如图 2-29 所示）。

图 2-29　库标签页

2.5　修改 Epic Game Launcher 设置

Epic Game Launcher 和 UE5 本身支持多国语言，默认安装完成之后的语言是系统的语言。

2.5.1　修改Epic Game Launcher 语言

在 Epic Game Launcher 左侧的标签栏中，单击“设置”标签，在语言一栏中，可以选择 Epic Game Launcher 的语言，选择中文作为 Epic Game Launcher 语言（如图 2-30 所示）。

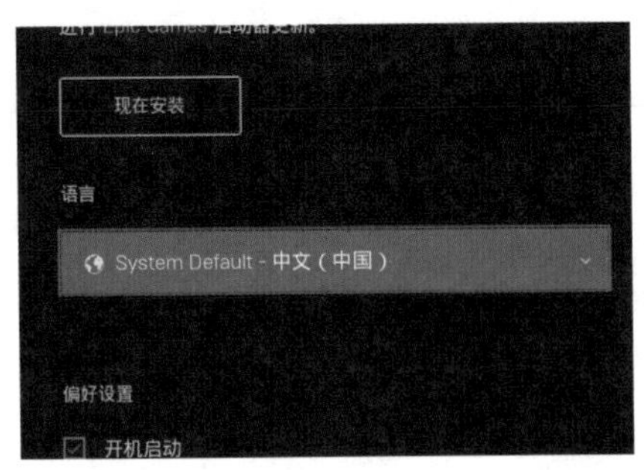

图 2-30　修改 Epic Game Launcher 语言

2.5.2　修改Epic Game Launcher缓存目录

当在虚幻商城中购买下载了很多项目的时候，这些项目的缓存会留在 Epic Game Launcher 的安装目录，以后安装这些资源就不用重新下载了。但这些缓存资源一般比较大，占用很多的硬盘空间。可以选择删除这些缓存，或者将缓存存储到其他空间比较大的磁盘中。

单击左侧“设置”按钮，单击“编辑保存库缓存位置”选项，会弹出路径选择器，在这里可以选择缓存文件的存放目录。或者进入当前缓存目录中，删除缓存文件（如图 2-31 所示）。

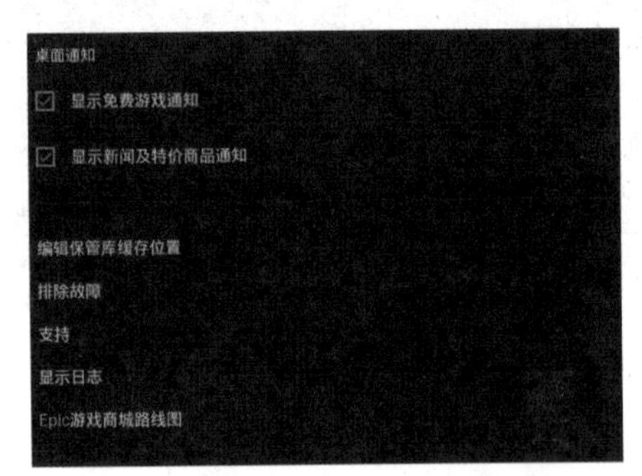

图 2-31　自定义下载缓存的位置

注意：UE5 更新版本非常的快，本书编写时，经历了多个版本。使用其他的版本不会对书中内容有所影响，建议使用 UE5 的最新版本进行学习。

总结

本章带大家安装了 UE5，介绍了 Epic Game Launcher 和引擎有关的功能的用法。下一章开始就正式进入 UE5 引擎内容的学习了。如果你还没有安装好 UE5 引擎，在进入下一章之前，确保安装了 UE5。下一章将会创建第一个 UE5 项目，并讲解 UE5 项目的基础组成部分。

问答

（1）安装 UE5 的最好方法是什么？

（2）Epic Game Launcher 的作用是什么？

（3）Epic 官方的账号能做什么？

思考

（1）可以不使用 Epic Game Launcher 直接启动 UE5 引擎吗？尝试一下。

（2）安装好的引擎能在磁盘中移动位置吗？如果能，说一下如何做。如果不能，说一说为什么。

（3）制作好的游戏可以在 Epic Game Store 中发布吗？

练习

（1）尝试从“示例”面板中，下载几个教学内容包。

（2）当你读到这本书的时候，UE5 一定已经推出了更新的版本，尝试下载最新的版本，并找出新版本更新了哪些内容。

第3章　第一个UE5项目及项目结构分析

前面介绍了UE5引擎，注册了Epic账号，安装好了Epic Games启动程序，并在Epic Game启动程序中安装好了UE5引擎。本章会创建你的第一个UE5项目。UE5引擎管理UE5项目是通过虚幻项目浏览器进行的，包括创建新项目、移除项目等。本章将详细讲解虚幻项目浏览器的用法，另外还会分析一下一个基本的UE5项目是由哪些文件组成的。最后，将讲解UE5的插件管理器。UE5引擎的功能大多数是通过插件实现的，可以通过添加或者删除UE5引擎的插件来控制UE5的功能。

本章重点

- 什么是UE5项目
- 如何创建项目
- 如何设置创建项目时的参数
- UE5项目使用的引擎版本
- UE5插件管理
- 修改UE5编辑器设置

3.1　开启UE5项目浏览器

在桌面上双击UE5的图标，或者在Epic Games启动程序中单击“启动”按钮，就能够打开UE5引擎了。因为没有告诉UE5要打开哪个项目，所以，默认情况下，UE5引擎会开启虚幻项目浏览器（如图3-1所示）。

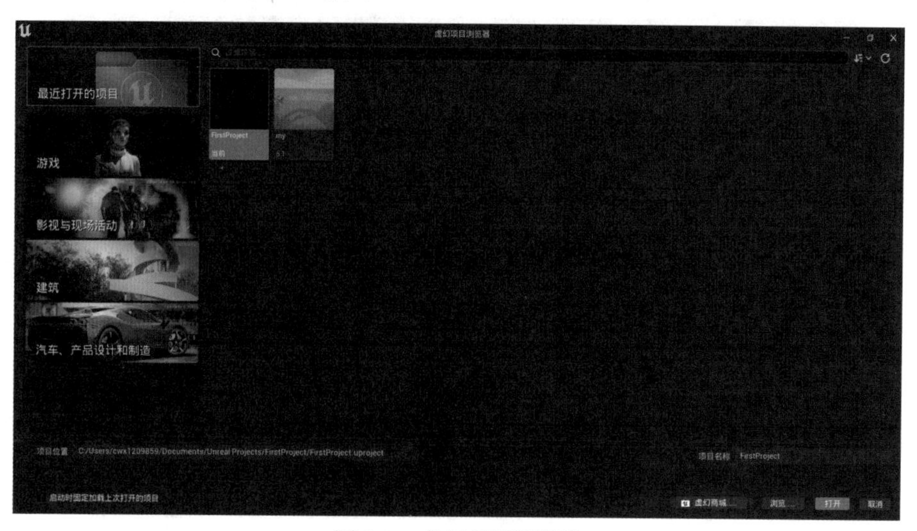

图3-1　虚幻项目浏览器

3.2 虚幻项目浏览器界面介绍

UE5 重新设计了虚幻项目浏览器。新的虚幻项目浏览器界面布局更加合理，使用起来也更加方便。这一节介绍一下虚幻项目浏览器基本的使用方法。

下边是虚幻项目浏览器的功能分区（如图 3-2 所示）。

图 3-2 虚幻项目浏览器功能分类

3.2.1 “最近打开的项目”

“最近打开的项目”标签是管理现有项目的。选中这个标签，将能看到最近打开过的项目（如图 3-3 所示）。

注意：并不是所有硬盘上的项目都可以显示。要在最近的项目中显示项目，这个项目至少要在 UE5 引擎中打开一次。这类似于 Epic Games 启动程序中“库”标签下的“我的工程”分类。如果项目比较多，可以在上方的搜索栏中，通过填写项目名搜索的方式，直接搜索到需要编辑的项目。

每一个图标都代表了一个项目。默认和引擎版本一致的项目，会正常显示。如果项目使用的引擎版本，不是当前的 UE5 引擎版本，则图标会以灰色显示。不要直接打开灰色的项目，UE5 引擎打开不同版本的项目时，会启动切换项目版本的逻辑。如果不小心改变了引擎版本，可能会导致项目损坏。并且从低版本引擎升级到高版本引擎的过程，是不可逆的。

将光标放到一个项目图标上停留一段时间，会弹出项目基本信息提示框，包括项目支持哪个平台、项目的存放路径、项目使用的引擎版本等。这对于需要精确判定编辑的是哪个项目非常有用（如图 3-4 所示）。

图 3-3 最近打开过的项目

图 3-4　弹出项目基本信息提示框

如果需要编辑的项目没有在这里显示，那是因为这个项目不是通过本机的 UE5 创建的。例如，拷贝的其他人的项目。如果要让这个项目在这里显示，可以在要显示项目的目录中，双击项目的 .uproject 文件，使用 UE5 引擎打开一次，或者单击最下面的“浏览”按钮，浏览到项目的位置，选择 .uproject 文件，单击“打开”按钮（如图 3-5 所示）。

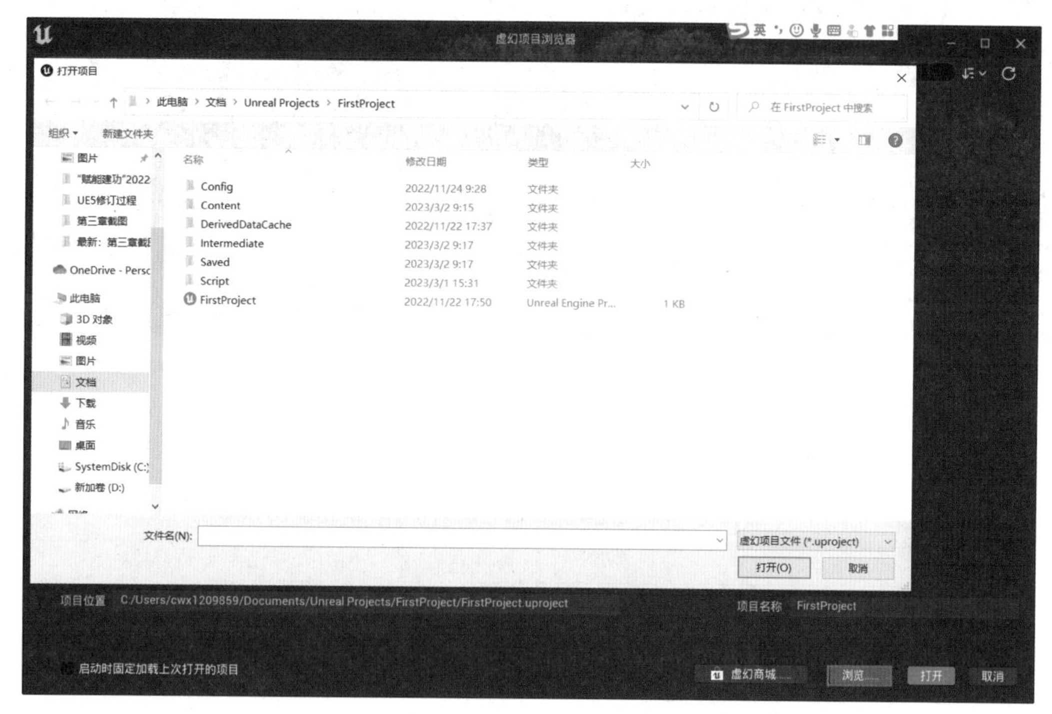

图 3-5　通过浏览打开项目

提示：如果想每次从 Epic Game 启动程序中打开引擎时自动进入上一次编辑的项目，而不显示虚幻项目浏览器窗口，可以勾选“启动时固定加载上次打开的项目”，这样每次打开 UE5，都会自动进入上次打开的 UE5 项目（如图 3-6 所示）。如果要取消这个设置，可以从文件菜单中选择“打开项目”，再次打开项目浏览器，关闭这个设置。

启动时固定加载上次打开的项目

图 3-6　勾选“启动时固定加载上次打开的项目”

3.2.2　“游戏”标签

“游戏”标签里是新建游戏项目的地方，在这里可以选择新建项目的初始设置。如UE5提供的游戏项目模板，是使用蓝图还是C++编辑项目，是否包含开始内容（开始内容是UE5引擎提供的一些基础资源，方便开始制作游戏），项目是否打开光线追踪功能，项目的目标平台和品质等级等（如图3-7所示）。

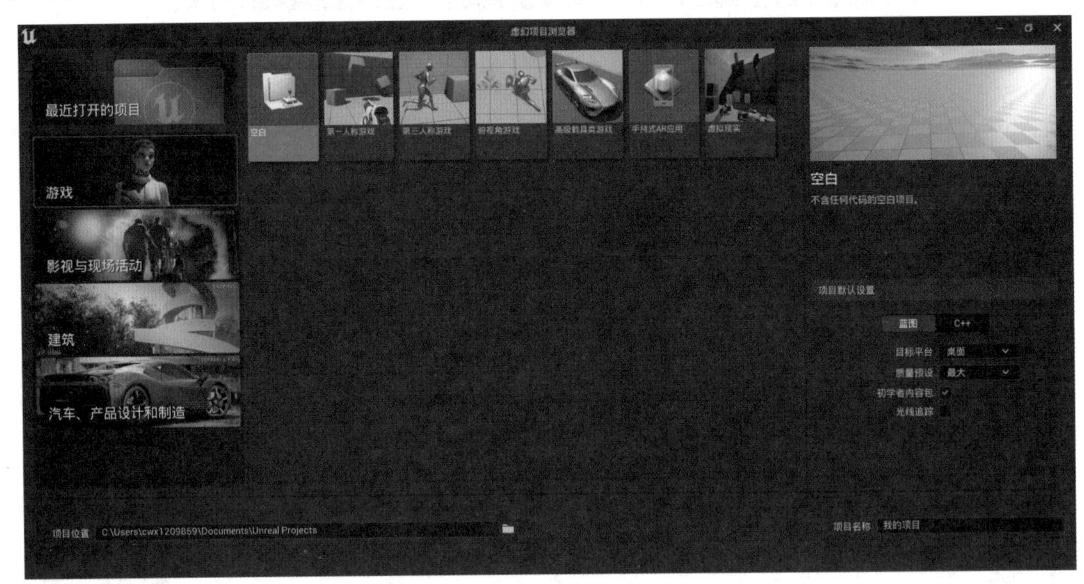

图 3-7　创建项目游戏标签

在这里，可以通过选择一些基础的参数，快速地创建一个游戏项目。表3-1详细介绍了每个游戏模板都包含什么样的功能。

表 3-1　UE5 默认模板及模板提供的功能

模板类型	模板功能
空白	没有模板内容，空白的项目
第一人称游戏	第一人称模板，实现了第一人称移动、跳跃、开枪等基础功能
第三人称游戏	第三人称模板，实现了第三人称的控制系统。类似于《古墓丽影》的操作方式
俯视角游戏	自顶向下的模板，类似于《暗黑破坏神》这样的RPG游戏，玩家视角从上面往下面看
手持式AR应用	手持AR模板，实现了安卓手机和苹果手机上，AR功能的模板
虚拟现实	虚拟现实模板。实现了HTC Vive、Occlus CV1和Sony PS VR等VR设备的基本控制。VR类游戏可以从这里开始
高级载具类游戏	赛车、载具类游戏模板，实现了车辆载具的物理控制

使用这些模板创建游戏可以方便快速地开始一个游戏项目的开发。

注意：模板中包含了某一类型游戏的一些基础代码。根据项目是蓝图的还是C++的，这些基础的代码的实现方式也分为蓝图或者C++，可以在这些功能的基础上继续开发。

3.2.3　“影视与现场活动”标签

“影视与现场活动”标签主要用于处理视频、影视、广播的模板设计（如图3-8所示）。

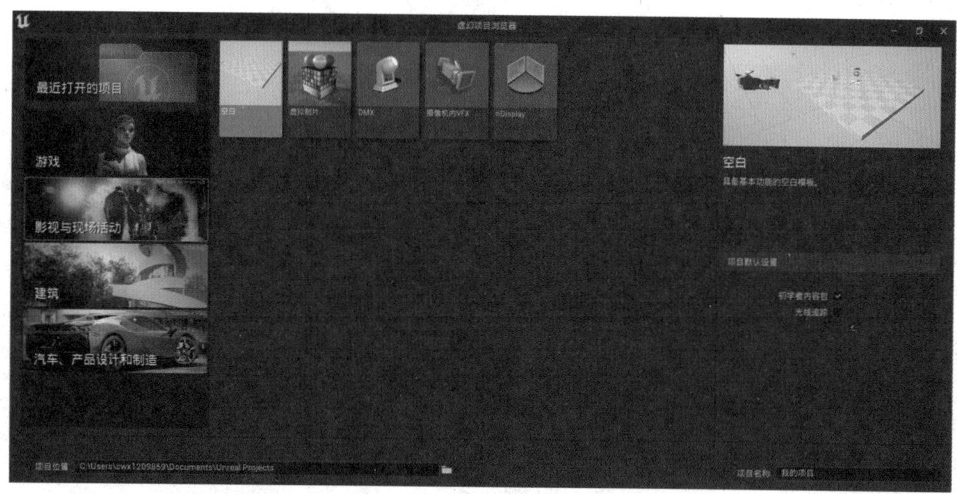

图3-8　方便处理视频的模板

UE5在影视制作中的使用已经越来越普遍了，所以UE5为影视类的项目提供了专用的模板。

3.2.4　“建筑”标签

“建筑”标签主要用于做建筑可视化以及建筑预览的模板（如图3-9所示）。

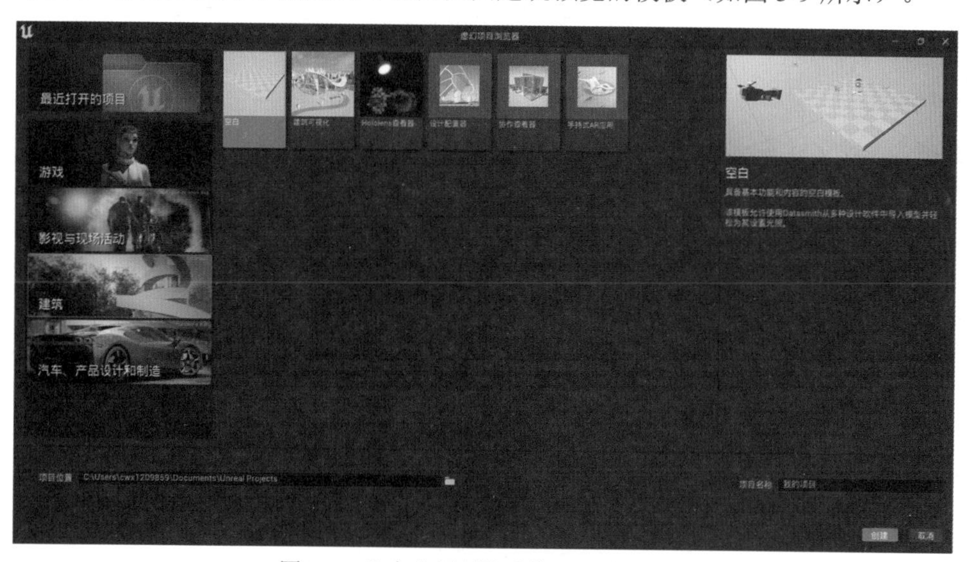

图3-9　几个方便制作建筑可视化的模板

3.2.5 “汽车、产品设计和制造”标签

“汽车、产品设计和制造”标签（如图 3-10 所示）是用来做产品设计和自动驾驶的模板。

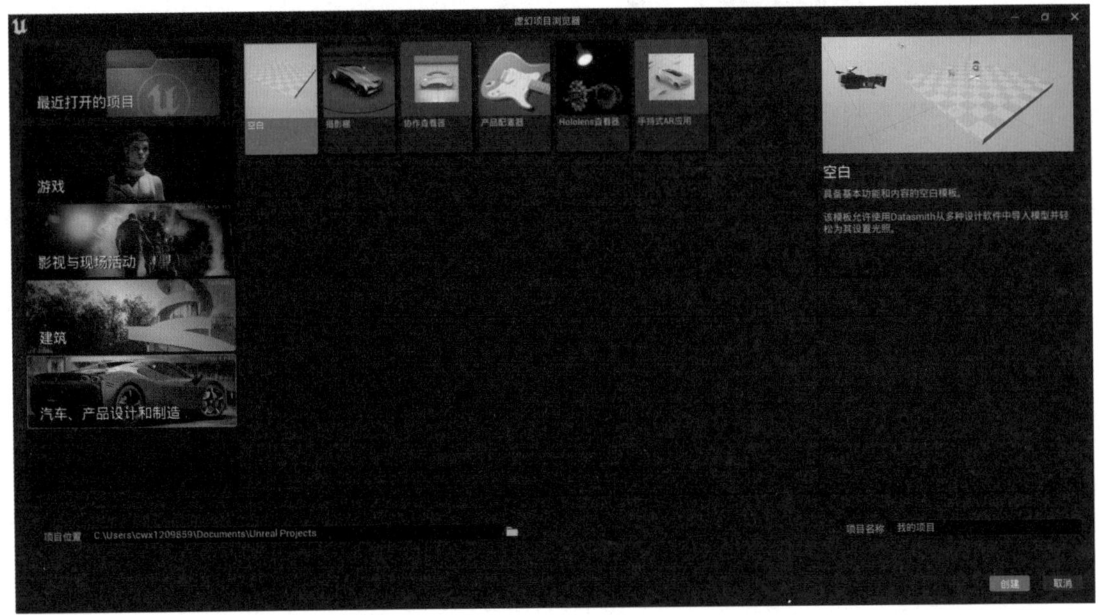

图 3-10　产品设计和自动驾驶的基础模板

注意：所谓的模板，包含一些初始设置、插件配置、基础代码等。并不是说做某一类项目都必须使用哪个模板。模板的功能，都可以后期在 UE5 中自己配置。模板只是在初始时提供的一个框架方便开发而已，不是必需品。

3.3　创建项目

虚幻项目浏览器已经介绍完毕，下面开始创建第一个 UE5 项目。首先切换到虚幻项目浏览器的“游戏”标签。

3.3.1　选择模板类型

在创建一个新项目之前，需要考虑使用什么类型的项目模板。3.2 节已经介绍了不同类型模板的含义，模板是 UE5 默认提供的一些功能的实现，这些功能可以作为新项目开发的起点，可以节省一些工作量，当然完全可以不用模板，选择空白项目，所有功能都从零开始实现。

因为这是第一个项目，不需要使用任何模板提供的功能，所以选择“空白”（如图 3-11 所示）。

图 3-11　使用空白模板创建项目

3.3.2　设置项目默认设置

在项目默认设置中（如图 3-12 所示）设置项目的细节。

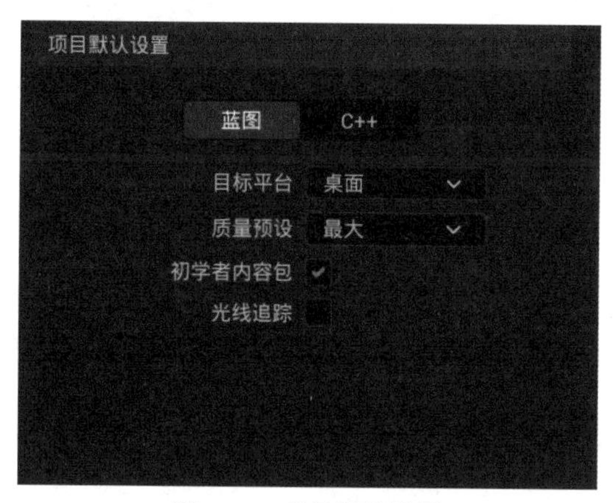

图 3-12　项目默认设置

3.3.3　项目默认配置说明

1. 蓝图或 C++

本书使用蓝图进行游戏逻辑制作，不涉及 C++ 内容，所以第一个选择蓝图。

当开始创建一个新的项目的时候，首先要考虑这个项目是使用蓝图还是 C++。蓝图用可视化蓝图节点来完成游戏逻辑；而 C++ 用经典的 C++ 代码的方式来完成逻辑。它们之间是互通的，一个项目中既可以有蓝图，也可以有 C++ 代码，如果选择蓝图，项目创建完成之后，可以添加 C++ 代码；如果选择 C++，项目创建完成之后也可以添加蓝图代码。那么在创建项目的时候，选择蓝图或 C++ 有什么区别呢？

区别就是，如果选择蓝图，那么所有的底层功能和模板提供的功能都是用蓝图实现的；如果选择 C++，那么所有的底层功能和模板提供的功能都是用 C++ 实现的。

如果使用 C++，那么 Windows 平台需要安装 Visual Studio 2019。在 Mac 平台下，需要最新版本的 XCode。如果之前没有任何使用 C++ 的经验，蓝图是一个更好的选择。当熟悉了基本的蓝图的功能和编辑器的功能后，在有需要的情况下，可以慢慢地转移到 C++ 代码实现某些功能。使用蓝图完全可以开发出功能完整的游戏。C++ 能完成的工作大部分蓝图也能完成。只有极少数的情况下，必须要使用 C++，如插件的编写、使用第三方 C++ 库等，蓝图在易用性上比 C++ 要方便很多。本书不会涉及 C++ 编程，所有内容都是用蓝图完成的。

2. 目标平台和质量预设

“目标平台”和“质量预设”是项目的目标平台和品质级别。

“质量预设”里有两个选项：最高质量和可扩展质量。最高质量会打开所有的后处理和图形功能，适合注重画质的游戏；可扩展质量关闭了一些对性能要求比较高的功能，以最大化游戏运行的速度。第一个项目选择默认就可以，UE5 引擎是可以跨平台的，所以这两个配置都可以在项目设置中修改。它在这里的用处是根据选择的初始平台，对引擎进行一些初始的配置。

3. 初学者内容包

“初学者内容包”选项包含一些初始资源，方便理解项目组成。在正式开发时，一般不会选择“初学者内容包”，因为“初学者内容包”会使项目包体变大，而这些资源在正式项目中也不一定需要。只有在学习的时候，才需要包含这些内容，方便学习时找到合适的资源。也可以在项目创建完成之后添加“初学者内容包”。

4. 光线追踪

“光线追踪”用于打开光线追踪功能。光线追踪功能需要使用 Nvidia 显卡的光追硬件，至少要有 RTX 20x0 系列的显卡。光线追踪和之前介绍的 UE5 Lumen 没有关系，默认不选择。

> 注意：光线追踪是一个比较新的功能，它的主要作用是使用实时的光线追踪硬件的计算替代场景中原先需要烘培灯光的功能。光线追踪能大大增强灯光的表现力，这个功能需要支持光线追踪的显卡硬件才能使用，在 UE5 项目创建完成后，也可以手动地打开和关闭光线追踪功能。本书不会涉及光线追踪的内容，所以这里不要勾选这个选项。

注意这里所有的设置都可以后期在项目设置中进行修改。所以在项目开始时，如果无法判断选择什么样的设置，也没有关系，可以等后期确定了再进行修改。但是因为这是第一个游戏项目，所以需要按照本书的选项进行设置。

3.3.4 设置项目名称和项目位置

设置好项目设置后，需要选择项目文件存放的位置和项目的名称。

“项目位置”设置为剩余空间比较大的磁盘，“项目名称”命名为 FirstProject（如图 3-13 所示）。

图 3-13 “项目位置”和“项目名称”

虽然项目位置和项目名称可以任意设置，但在设置时有以下几个问题需要注意：

（1）位置中不要出现中文名称和其他非法字符，如空格、符号等，尽量控制位置简短。

（2）项目名称是整个项目的名字，非常重要，且不容易修改，一定要在最开始确定好。后期如果要改名字，也不要整体地改项目名称，而是在项目设置中修改游戏的显示名称。

（3）项目名也要遵守命名规则，只使用字母、数字和下画线。

（4）项目名必须用字母或下画线开头，不能使用数字开头。

（5）项目名和位置加起来的位置字符长度不要过长。项目名称最多支持32个字符，位置加项目名最多255个字符，所以尽量缩短这两个加起来的字符数量。

（6）如果使用C++，那么之后的C++代码中的类名、符号等都会根据项目名称创建，非常难以修改，所以最好一次性设置好。之后不要修改，项目名要做到见文知意，避免test、work01之类的名称，FirstProject也不是一个好名称。但这里只是演示，正式工作中不要这么使用。

当一切设置完毕后，就可以单击“创建”按钮，创建第一个项目。UE5会关掉虚幻项目浏览器，开始加载新创建的项目。第一次加载时间可能会长一点，要耐心等待。

当UE5界面出现之后，一个基础的UE5项目就创建完成了（如图3-14所示）。下一节将查看创建项目的过程中会创建哪些文件。

图3-14 项目创建完成后打开的默认界面

3.4 UE5 项目结构分析

当创建完成一个 UE5 项目之后，UE5 会在硬盘上自动创建一个新的目录和一些文件。本节来分析一下这些文件，以便更好地理解 UE5 是如何组织一个项目的。

3.4.1 什么是UE5项目

之前一直在说创建一个 UE5 项目，那么什么是一个 UE5 项目（如图 3-15 所示）？

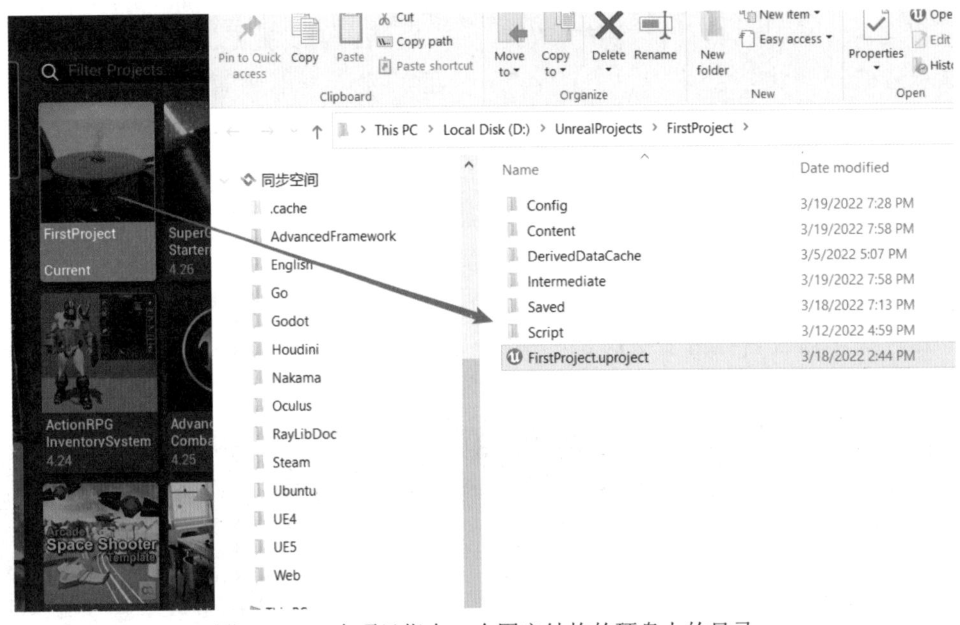

图 3-15　一个项目指向一个固定结构的硬盘上的目录

在 UE5 中，项目是一个自成体系的、保存所有组成游戏的内容和代码的目录统称。在虚幻项目浏览器中创建一个项目，UE5 就会创建一个和项目名称一样的文件夹，这个文件夹和它包含的所有内容就叫作一个UE5项目。项目是 UE5 处理一个工程的最高级别，一个游戏就是一个项目，一个项目中不能有多个游戏工程，一个游戏也不能属于多个项目。可以简单地理解为一个项目就是要制作的一个游戏，一个 UE5 编辑器一次只能够打开一个项目，项目是 UE5 组织开发的最高层的单元。

3.4.2 项目目录结构

创建项目完成之后，来看一下 UE5 创建的项目中都包含哪些文件。在文件资源管理器中，找到项目目录，可以看到项目的结构（如图 3-16 所示），其中，Derived DataCache 是项目在运行时产生的缓存，Script 文件夹是专门用来放脚本的文件夹，后面不再介绍二者。

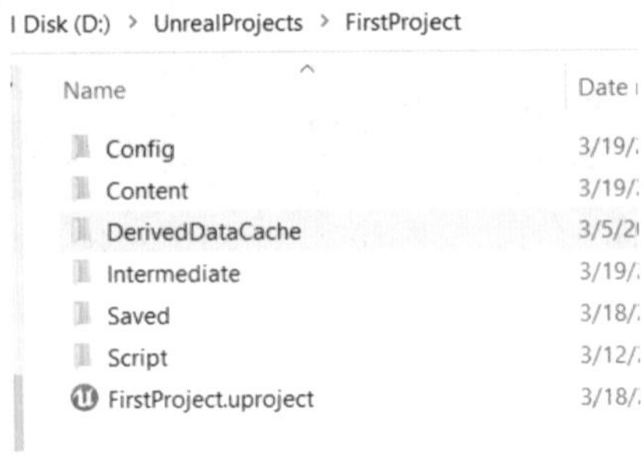

图 3-16　新创建项目的目录布局

也可以在项目浏览器，或者Epic Games启动程序的“我的项目”类别下，在项目图标上右击，在弹出的快捷菜单中选择“在文件夹中显示”，会使用系统的浏览器打开项目路径（如图3-17所示）。

图3-17　在浏览器中显示项目

当前默认的项目布局非常简单，因为还没有加入任何自己的功能，每个文件夹或文件都是有用的。记住一个重要的注意事项，不要用电脑的文件浏览器修改UE5项目目录中的文件，切记！！在4.6节，会详细讲解为什么不能这样做，现在先来看一下默认项目中包含的文件夹的作用。

1. Config文件夹

Config文件夹包含引擎和项目的配置文件，包括引擎如何渲染、如何接受玩家输入等。正常情况下，这里面的文件不需要直接修改，而是通过UE5编辑器的项目设置面板修改。

2. Content文件夹

Content文件夹包含游戏所使用的所有资产，包括模型、动画、贴图、声音、脚本等。在引擎中所有能使用的资产都包含在这个文件夹中。

3. Intermediate文件夹

Intermediate文件夹是引擎运行过程中，生成文件的临时目录。比例代码生成过程中产生的临时中间文件，可以删除这个文件夹来减小项目的空间大小。每次UE5打开项目，都会重新生成新的中间文件。

4. Saved文件夹

Saved文件夹为引擎运行中需要保存的内容，例如自动保存的关卡文件、截屏文件等，可以删除。

5. FirstProject. uproject文件

FirstProject. uproject文件记录了一些项目需要的内容，如使用的引擎版本，项目使用的插件等，不可删除。一般认为，FirstProject. uproject文件就是UE5的项目文件，但这是不严谨的。FirstProject. uproject文件、Config文件夹、Content文件夹这三个内容，是构成一个UE5项目必不可少的内容。如果少了任何一个，UE5都不会把这个文件夹当作一个UE5项目。

3.5　改变UE5项目版本

随着时间的推移，UE5的版本会一直更新，我们的项目也会经历不同的引擎版本。UE5为我们提供了一套版本切换的工具。这一节我们就讲解一下，如何改变项目使用的引擎版本。

3.5.1　查看引擎版本

当从未在本机上打开过一个UE5项目时，如何判定这个项目所使用的UE5版本呢？项目的uproject文件是一个文本文件，里面存储了项目所使用的UE5版本，使用任意的文本浏览器（记事本、VSCode等）打开这个文件，就能够看到这个项目所使用的UE5版本（如图3-18所示）。

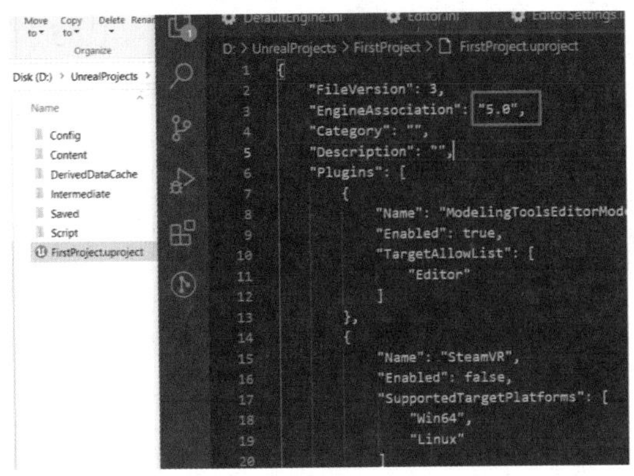

图 3-18　用文本编辑器打开 uproject 文件查看引擎版本

3.5.2　版本字符串不可用的情况

当项目使用源码版创建的时候，EngineAssociation 后面的字符串是一串 GUID 文本或者为空，而不是具体的引擎版本号（如图 3-19 所示）。

```
{
    "FileVersion": 3,
    "EngineAssociation": "",
    "Category": "",
    "Description": "",
    "Modules": [
        {
            "Name": "PartyMaster",
            "Type": "Runtime",
            "LoadingPhase": "Default"
        }
    ]
```

图 3-19　项目版本号为空

这是因为源码版管理引擎是通过 GUID 管理的。如果项目放在源码引擎中，这里就是空的。标志着项目版本随着父目录里的引擎版本而定，这样就无法得知项目使用的引擎的具体版本了。

这种情况下，需要与项目创建者沟通，才能获得具体的 UE5 版本。源码版虽然没有具体的引擎版本号，但只要引擎版本一样，项目还是能够兼容的。

3.5.3　切换引擎版本

如果需要切换一个引擎的版本，UE5 提供了相应的工具。在 uproject 文件上右击，在弹出的快捷菜单中选择 Switch Unreal Engine version（如图 3-20 所示）。

图 3-20　在 uproject 文件上右击切换引擎版本

在弹出的 Select Unreal Engine Version 对话框中，选择你需要的引擎版本（如图 3-21 所示）。单击 OK 按钮，就可以进行版本切换了。

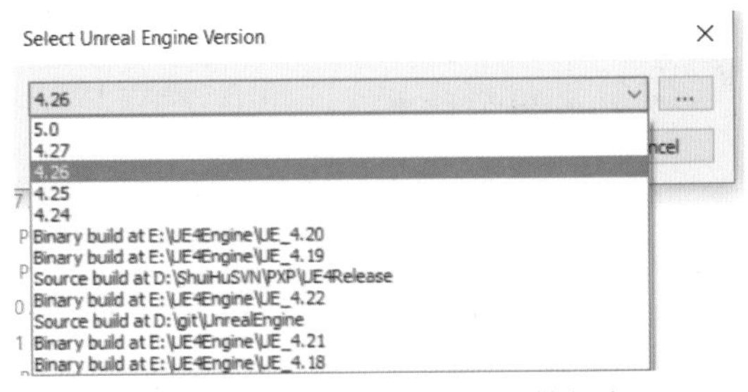

图 3-21　选择要切换到的引擎版本

版本切换虽然很简单，但是有很多的注意事项：

- 目前只支持 UE4.27 版本的项目切换为 UE5 项目，其他版本不支持。
- 如果要将 UE4.27 之前的版本切换为 UE5 项目，可以先把早期版本切换为 UE4.27，再切换为 UE5。
- 如果项目中使用了某些 UE5 没有的插件，会导致项目无法打开。
- 如果要转换的项目使用了 C++ 代码，而 C++ 中使用了 UE5 中没有的 API，则源码转换会失败，导致项目无法转换完成。

- 只能从低版本转换为高版本，无法反过来转换，转换只是改变引擎版本。但在 UE5 中创建的资产，低版本无法识别。
- 在做任何版本转换之前，需提前备份。转换完成后，需要测试所有功能正常，版本转换才算成功。

3.6　UE5 插件管理

讲解完 UE5 项目相关的内容之后，下面再来看一下 UE5 的插件管理。

如果系统上安装了 Steam 或者 SteamVR 的客户端，可能你已经注意到了，UE5 启动时会自动打开 Steam 客户端，这个功能就是通过 UE5 的 Steam 插件实现的。

当 UE5 启动时，UE5 中默认的插件都会顺序加载，当加载到 Steam 插件时，Steam 插件会寻找当前系统中是否安装了 Steam 客户端和 SteamVR。如果 Steam 插件发现系统中有这些程序，就会将它们自动打开。

如果不是开发 SteamVR 游戏或者 Steam 游戏的话，是不需要每次都打开这些客户端的。我们可以通过 UE5 的插件管理器来把 SteamVR 的插件关闭，这样当 UE5 启动时就不会再自动加载这个插件了。

> 注意：最新版本的 UE5 默认已经不加载 Steam 插件了。但是这里所说的内容，仍然适用于任何插件。

3.6.1　打开插件管理器

打开之前创建的第一个项目，有两种方法可以打开插件管理器。

（1）通过 UE5 的菜单栏选择“编辑”→“插件”打开插件管理器（如图 3-22 所示）。

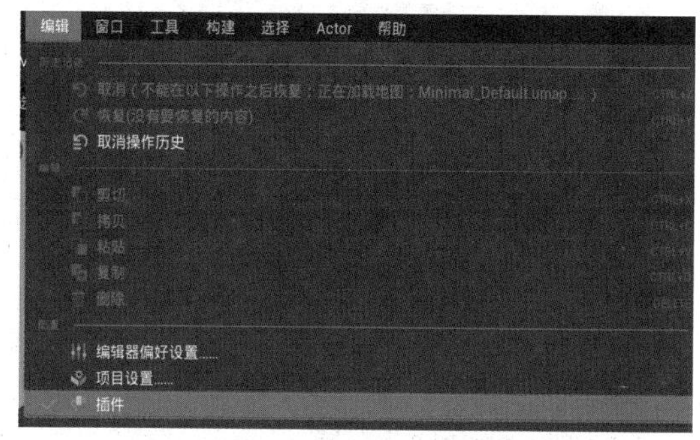

图 3-22　通过“编辑”菜单打开“插件”管理器

（2）在工具栏的最右边，单击“设置”，在下拉列表中选择“插件”，也可以打开插件管理器（如图 3-23 所示）。

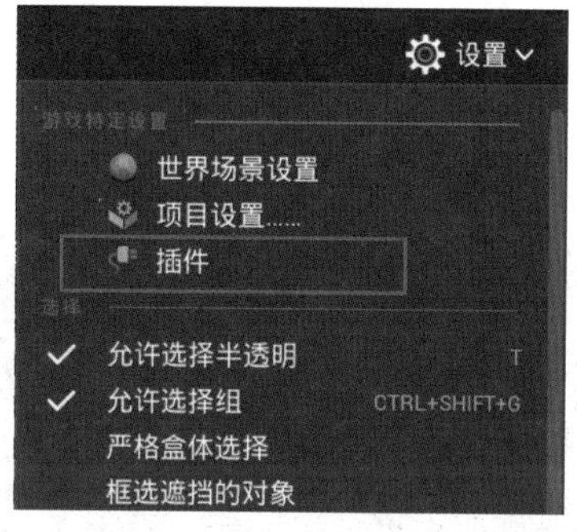

图 3-23　通过工具栏“设置”打开插件管理器

3.6.2　插件分类

UE5 引擎由大量插件组成，很多功能都是通过插件实现的。插件分为自己安装和内建插件两种，内建插件是引擎本身自带的插件，自己安装的插件是用户安装的插件。

如图 3-24 所示，在左侧的列表栏中，可以看到每个插件都会进行归类放置在一定标签下。“所有插件”下是我们当前系统中的插件，总共有 422 个。

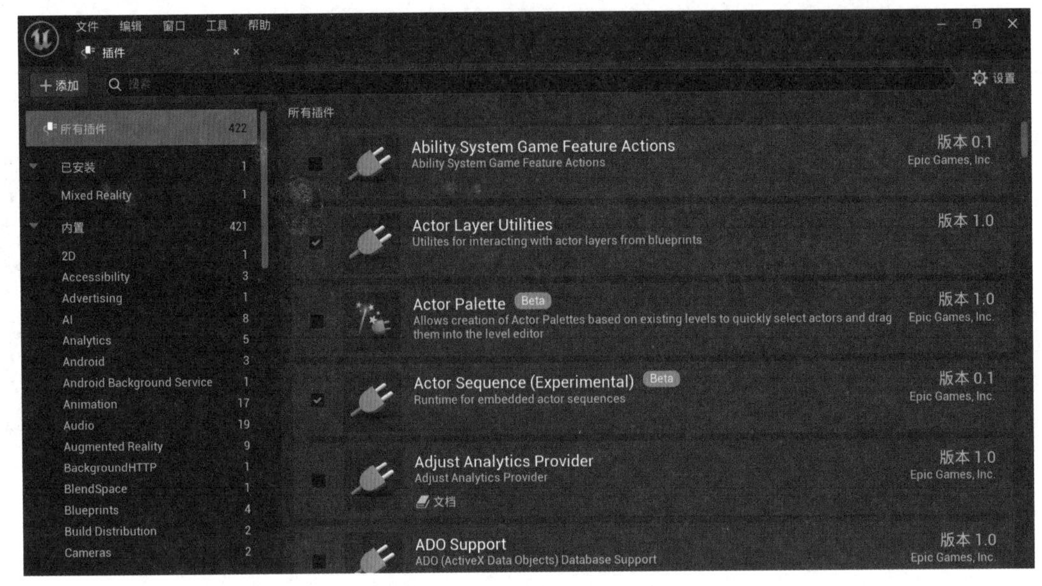

图 3-24 插件管理器界面

在左侧列表中，找到“内置”列表，这里是所有引擎内置的插件。根据功能的不同，放到了不同的类别中。找到 Virtual Reality 虚拟现实标签并单击，所有内置的关于虚拟现实的插件都放在这里。往下拖动可以看到默认 Oculus VR 和 SteamVR 都是打开的，UE5 可以直接使用这两个插件提供的功能（如图 3-25 所示）。

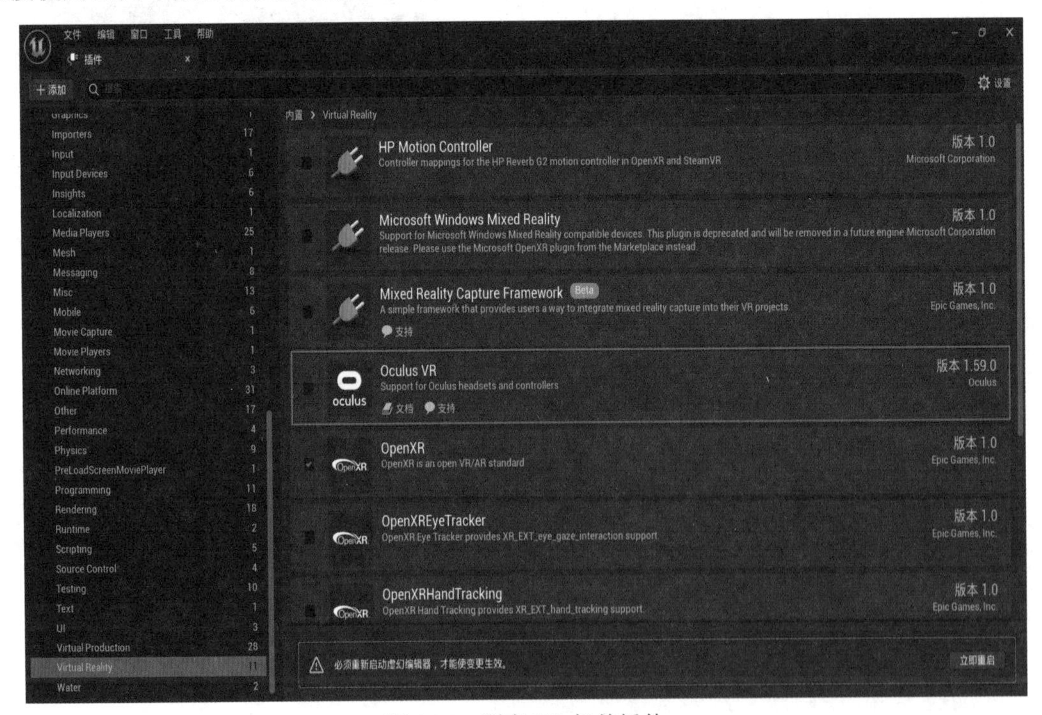

图 3-25 所有 VR 相关插件

将 SteamVR 和 OculusVR 取消勾选，更改插件打开关闭的设置需要重启 UE5 引擎。在插件管理器最下面，会弹出需要重启的提示（如图 3-26 所示）。单击“立即重启”，UE5 会自动重启。

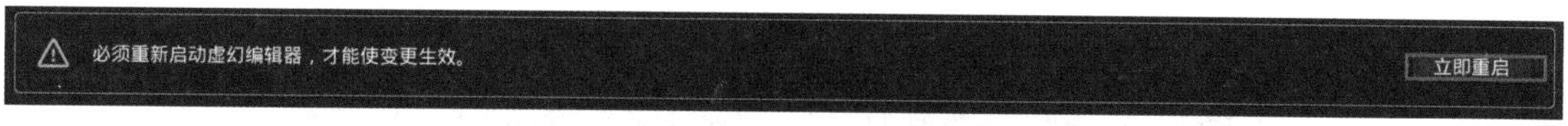

必须重新启动虚幻编辑器，才能使变更生效。 立即重启

图 3-26 系统提示需要重启

注意：有的插件之间会有依赖，如一个插件的打开依赖于另一个插件是否打开。如果关掉的插件被另一个插件引用的话，UE5 也会提示关闭相应的插件。

3.6.3 uproject文件控制插件功能

在 UE5 重启成功之后，打开项目文件夹，用文本编辑器打开 FristProject.uproject，查看 uproject 的改变。

如图 3-27 所示，可以看到，在 uproject 文件的 Plugins 字段中，多了一些内容。SteamVR 的 Enabled 属性，标注为 false，这是我们刚刚关闭的插件。因为这些插件在引擎默认的设置下是打开的，当关闭后，uproject 文件记录了这些插件的状态，并把 Enabled 字段的属性设置为 false。如果手动修改 false 为 true，这个插件就会在下次打开项目的时候自动加载了。

```
{
    "FileVersion": 3,
    "EngineAssociation": "5.0",
    "Category": "",
    "Description": "",
    "Plugins": [
        {
            "Name": "ModelingToolsEditorMode",
            "Enabled": true,
            "TargetAllowList": [
                "Editor"
            ]
        },
        {
            "Name": "SteamVR",
            "Enabled": false,
            "SupportedTargetPlatforms": [
                "Win64",
                "Linux"
            ]
        }
    ]
}
```

图 3-27 uproject 文件中多了插件相关内容

所以，uproject 文件中的 Plugins 字段，是 UE5 手工管理插件的地方。内置的插件，默认是引擎自动管理是否加载的。如果在 uproject 文件中手动设置插件的配置，就可以用手工编辑的方式控制插件是否加载。通常，很少需要使用手工编辑的方式控制插件是否加载。但这在项目后期跨平台编译中，是比较常用的一个选项。因为在某些平台上，某些插件没有作用。特别是一些与硬件相关或者与平台相关的插件。如果某个平台上没有某个插件的话，在编译时就会报错，这时就需要手工地关闭一些插件。

3.7 编辑器设置

在正式地进入 UE5 的学习之前，我们还有最后一个内容需要学习，就是如何配置 UE5 编辑器。

UE5 的编辑器可定制化非常多，建议在初始学习的时候，保持编辑器的默认配置，以避免无意的改动影响 UE5 编辑器的行为。这里需要讲解一下如何改变编辑器的语言和自动保存这两个配置。

3.7.1 改变编辑器默认语言

UE5 编辑器默认是根据系统地区设置语言的，所以，首次打开编辑器，界面很可能是中文的。前面的章节已经说过如何修改 Epic Games 启动程序为英文版，这里再来看一下如何改变 UE5 为英文版。

（1）单击“编辑”菜单，选择“编辑器偏好设置”打开编辑器偏好设置面板（如图 3-28 所示）。

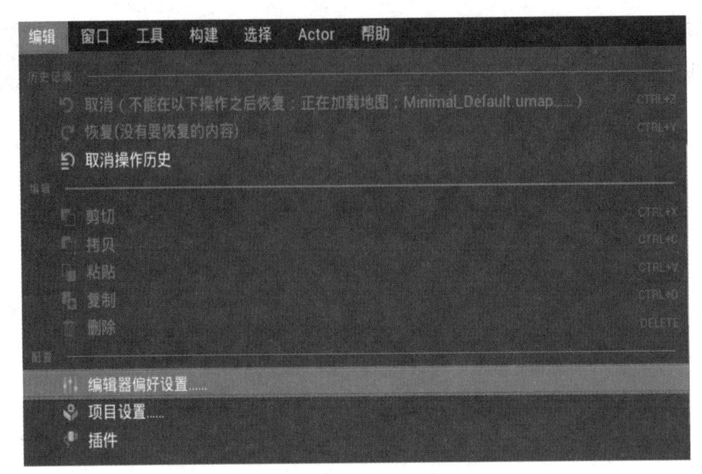

图 3-28　打开编辑器偏好设置

（2）在左侧菜单栏中，选择“区域和语言”选项。在“编辑器语言”中选择“英文”，就可以切换为英文界面了。同样如果选择“中文（简体）”就可以切换回中文界面（如图 3-29 所示）。

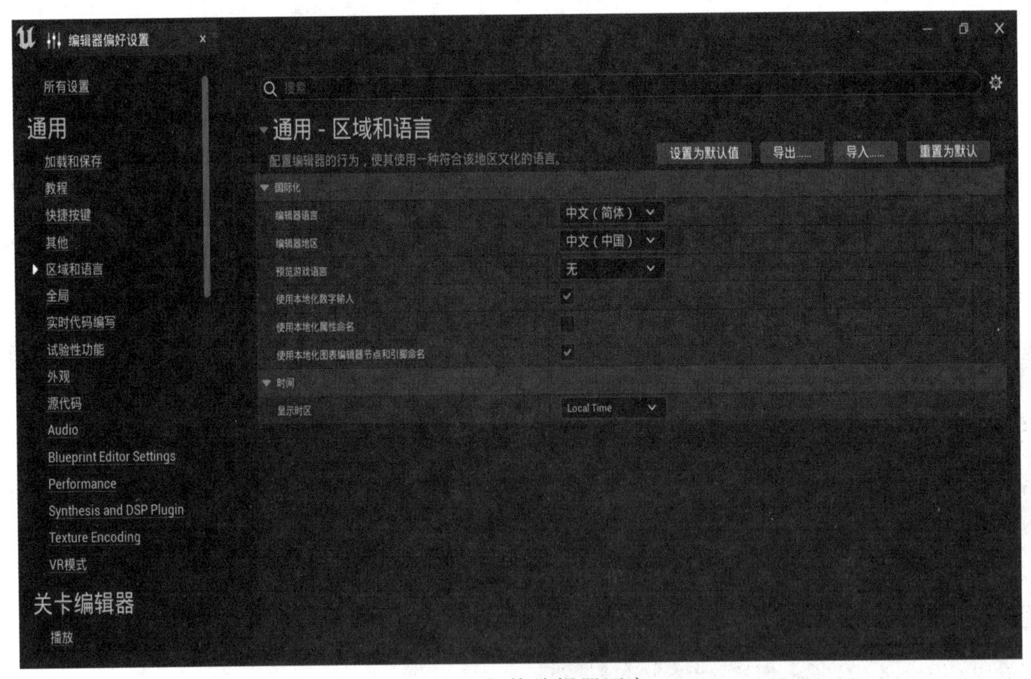

图 3-29　切换编辑器语言

（3）“编辑器地区”也可以设置为“中文（中国）”。这里的设置指的是编辑器的时间标识、货币标识等符号和习惯的设置，例如，美国的货币符号 \$ 切换为中文后是￥符号。这里可以暂时不修改。

修改完后，不需要重启，编辑器的语言就切换好了。

3.7.2 改变编辑器默认自动保存的行为

UE5 引擎会自动保存当前的地图文件。可以通过配置编辑器，改变这种默认的保存行为。打开编辑器设置，找到并选择“通用”菜单下的“加载和保存”选项（如图 3-30 所示）。

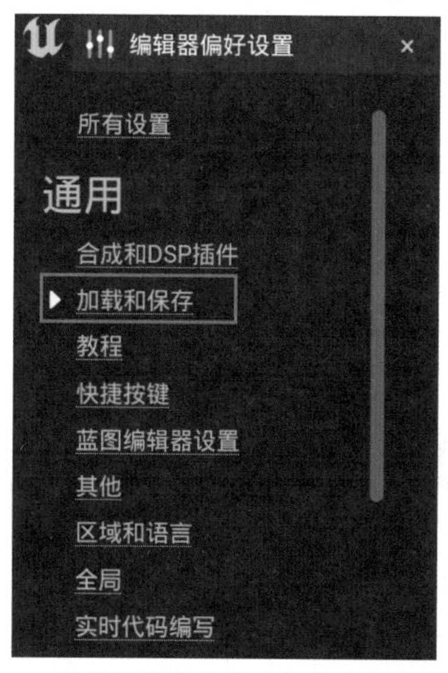

图 3-30 编辑器设置中的“加载和保存”选项

如图 3-31 所示，在右侧的“自动保存”菜单中，可以控制编辑器自动保存的行为。

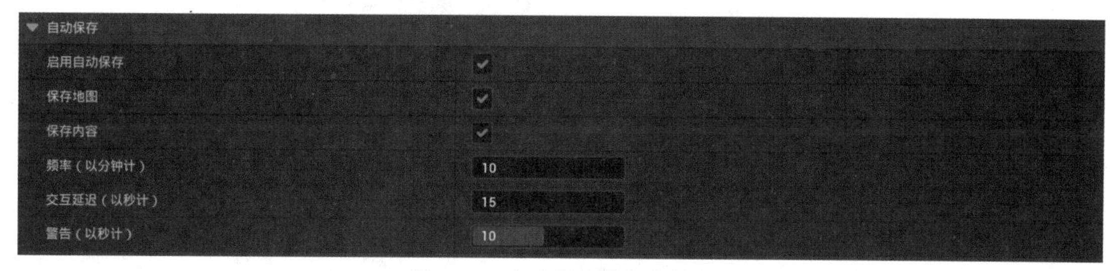

图 3-31 自动保存的相关设置

- 启用自动保存：是否打开自动保存功能。
- 保存地图：自动保存是否保存关卡文件。
- 保存内容：自动保存是否保存“内容”目录下的资源修改。
- 频率（以分钟计）：多长时间自动保存一次。默认的 10 分钟对于处理资源有限的机器来说太频繁了。可以把间隔时间改长一些。
- 交互延迟（以秒计）：在最后的交互完成多长时间后，开始计算保存间隔。
- 警告（以秒计）：当要开始自动保存时，右下角会弹出提示框，这个提示框显示多长时间后开始自动保存。

可以根据机器的具体配置来调节自动保存的设置。如果经常遭遇自动保存非常卡的情况，可以考虑把自动保存关闭。但是，一定记得经常手动保存以避免工作内容丢失。

3.7.3 还原编辑器设置

在编辑器设置被大量调整之后，很可能会遇到默认情况下编辑器行为不正确的问题，尤其是随意调整了不知道含义的参数时。所以，在调试编辑器设置之后，除了自己明确要设置的选项要保留下来外，其他的建议及时地恢复到默认设置，以避免不明的错误。

还原编辑器默认设置非常简单，只需要单击右上角的“重置为默认”按钮就可以了，如图 3-32 所示。

设置为默认值　导出......　导入......　重置为默认

图 3-32　还原 UE5 编辑器默认设置

UE5会自动地加载默认的编辑器配置。我们所做的所有设置都会恢复到默认状态。如果碰到编辑器行为不符合预期的情况，建议手工恢复一下编辑器设置。

总结

本章介绍了 UE5 的虚幻项目浏览器的使用、创建新项目的方法、组成项目的基本结构、插件管理器的使用，以及几个配置 UE5 编辑器的方法。多尝试一下这些设置，如果设置错了，还可以使用最后介绍的还原编辑器默认设置的方法。

问答

（1）组成一个 UE5 项目的最小文件结构是什么样的？

（2）UE5 项目是指什么？

（3）项目模板与项目是什么关系？

（4）什么是插件？

思考

（1）可以手动编辑 uproject 文件吗？为什么？

（2）UE5 编辑器偏好设置中的设置保存在哪里？

练习

（1）除了自动保存、语言设置外，编辑器偏好设置中还能够设置哪些内容？试一下。

（2）创建一个 UE4.26 的项目，试着转换为 UE5 版本。

（3）试着调整一下编辑器的颜色，再把颜色设置回默认状态。

（4）使用第一人称射击游戏模板创建一个第一人称的项目。

第4章　UE5引擎界面布局与基础操作

在之前的章节中，已经安装了UE5引擎，并创建了第一个UE5项目。在开始使用UE5进行游戏项目制作之前，还需要学习一些UE5编辑器的基本操作。UE5是一款功能强大、结构非常复杂的游戏开发软件。在开始制作游戏之前，没有必要把所有的操作都记清楚。正确的学习方式是，首先了解UE5编辑器组织工具的方式，当需要某个功能时，知道去哪里寻找，随着使用越来越多，就会越来越熟练。所以，本章的重点是介绍UE5编辑器常用的功能和规律性的组织功能的方式。读者可以随时回本章查看这些内容。

本章重点

- UE5界面布局
- 自定义UE5界面
- 视口操作
- 在视口中对Actor进行操作
- 大纲面板
- 内容浏览器

4.1　UE5界面布局

在介绍UE5编辑器默认的界面布局之前，本书一开始说过UE5是一个非常复杂的3D游戏开发软件，每一个功能都对应一个或者多个界面。现在大家对UE5还不熟悉，没有必要强行记住每一个按钮的功能，这是不现实的，也不是好的学习方法。

理想的学习方式是，首先大体了解一下UE5编辑器界面布局的规律，知道哪一类的功能会放在什么地方。之后，当需要详细调整某一个功能的时候，能够很快地找到对应的界面位置就可以了。

4.1.1　UE5默认界面布局

这一节先带大家认识UE5默认的界面布局。当打开一个默认项目时，UE5编辑器默认的布局如图4-1所示。

1. 菜单栏

UE5的菜单栏和其他软件的菜单栏类似，包含文件管理、设置、窗口管理等功能。4.2节会重点讲解菜单栏中的某些常用功能。

2. 工具栏

关卡编辑器的工具栏包含编辑关卡时的常用功能。和其他软件有非常大的不同，工具栏的多数功能都是针对UE5关卡编辑所特定的，4.3节详细介绍工具栏的功能。

3. 大纲面板

大纲面板以文本列表的方式显示场景中的所有Actor，和视口中的所有Actor是一一对应的，只是显示方式不同。

图 4-1　UE5 默认界面布局

注意：什么是 Actor？所有能够放入关卡中的内容都是一个 Actor，如静态模型、后处理体等。只要能放入关卡，那么它就必然是一个 Actor 或者是 Actor 的子类。可以暂时把 Actor 理解为能放入场景的对象。

4. 细节属性面板

细节属性面板包含当前选中 Actor 的详细信息和所有角色的变换，以及所有所选 Actor 的可设置属性。

5. 视口

视口面板是编辑器中间占面积最大的区域，也是观察虚拟世界的窗口。使用 UE5 引擎编辑器，主要操作都在视口面板中进行，4.4 节会详细介绍视口面板的操作。

6. 内容浏览器

选择最下方的“内容浏览器”抽屉按钮，会打开内容浏览器。项目的所有资产都在内容浏览器中以相应的方式显示出来。资产的增加、移动等所有相关操作，都在这里进行。内容浏览器非常重要，4.6 节专门介绍内容浏览器的使用。

这里先简单地介绍一下这些面板的大体位置和功能。在后面的几节内容中，会详细地介绍每一个部分的功能和用法。在实际的使用中，很快会发现 UE5 编辑器的功能分门别类、各司其职，划分得非常清晰合理，也非常易于使用。

4.1.2　UE5自定义界面布局

在使用 UE5 编辑器的时候，可以根据工作需要调整编辑器的界面布局。UE5 编辑器的布局是高度可配置的，通常通过以下几种方法来控制和调整编辑器的布局。

1. 调整面板大小

将光标放在面板的边缘，等光标变为方向箭头后，可以拖动面板边缘来改变面板大小。通常可以左右拖动方向箭头改变面板的宽度，也可以上下拖动方向箭头改变面板的高度（如图 4-2 所示）。

图 4-2 自定义面板大小

2. 移动面板位置

拖动面板的标签可以移动面板，当移动到其他面板上之后，会出现指示器，指示器提示可以把当前的面板放在下面编辑器的哪个位置（如图 4-3 所示）。

图 4-3 自定义面板位置

当决定了面板要放在现有面板的位置后，松开鼠标左键，面板就停靠在新的位置了（如图 4-4 所示）。

图 4-4 并排两个面板

3. 停靠面板

在面板标题上右击，在弹出的快捷菜单中选择“停靠到侧边栏”，UE5 会根据当前面板在布局中的位置，把面板停靠到不同的方向（如图 4-5 所示）。

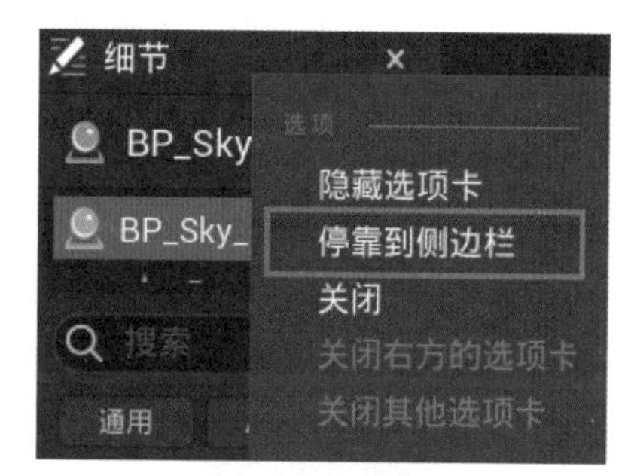

图 4-5 停靠到侧边栏

停靠之后的面板，将不再占用界面空间（如图 4-6 所示）。每次使用，可以单击停靠的面板名称，面板会自动弹出（如图 4-7 所示）。

图 4-6 停靠后的面板

图 4-7　停靠面板后选择展开面板

面板弹出后，可以直接使用。使用完成后，选择界面中的其他内容，面板会自动隐藏。

当不需要面板隐藏的时候，可以在侧栏上右击，在弹出的快捷菜单中选择“离开侧边栏”，面板就会切换为普通面板（如图 4-8 所示）。

图 4-8　离开侧边栏

4. 显示隐藏面板标题

有些面板的标题栏默认是隐藏的，例如视图面板。在视图面板左上方，有一个蓝色的小三角形，如果面板上有这个三角形，就代表这个面板的标题栏是隐藏的（如图 4-9 所示）。单击左上角的小三角形，隐藏的标题栏就显示出来了。对于要隐藏的标题栏，在标题栏上右击，在弹出的快捷菜单中选择“隐藏选项卡”，就能够隐藏标题栏（如图 4-10 所示）。隐藏标题栏能够更节省界面空间。

图 4-9　标签隐藏后变为蓝色三角形

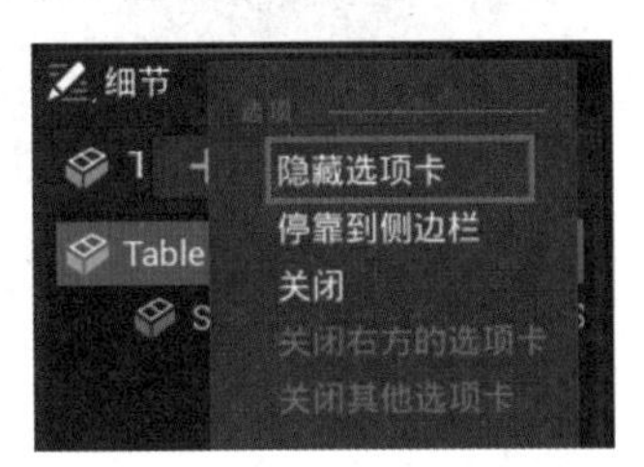

图 4-10　隐藏面板标签

根据自己的工作需要来自定义布局，最大化生产效率，是自定义布局的主要目的。本书为了方便讲解，将全部采用默认布局。

4.1.3　保存已调整好的布局

在针对某种显示设备或某个具体的编辑任务，调整好编辑器的布局之后，为了避免之后重复的调整，可以把调整好的布局保存下来。

使用“窗口”菜单，在“保存布局”中，选择“另存布局”会弹出保存布局命名的对话框（如图 4-11 所示）。

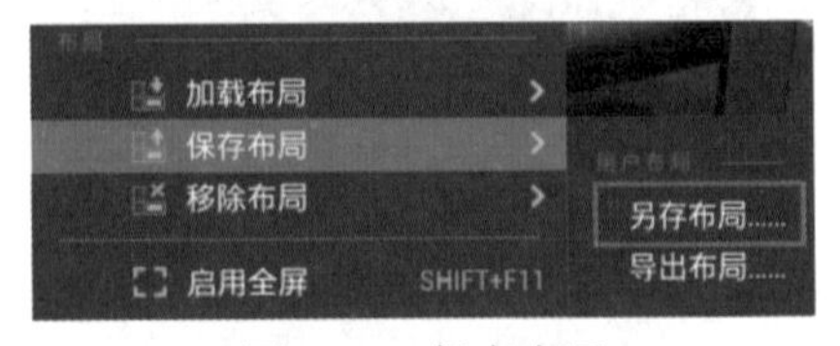

图 4-11　保存布局

在弹出的对话框中，对布局进行命名，然后单击“保存”按钮，就可以保存当前的视图布局了（如图 4-12 所示）。

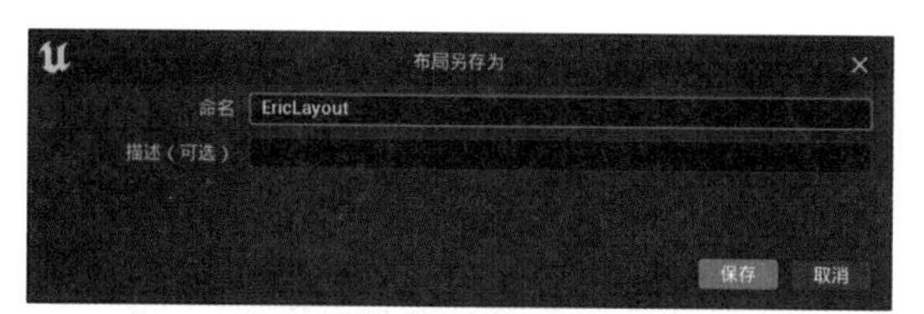

图 4-12　命名要保存的布局

当选择“保存”后，UE5 窗口右下角会弹出提示，显示文件保存路径（如图 4-13 所示）。

图 4-13　提示布局文件保存的位置

4.1.4　读取保存的布局文件

当保存好自定义的布局之后，在“窗口”菜单→“加载布局”中，就可以看到刚刚保存的布局了。它在“用户布局”分类下面。选择布局的名字，就能随时加载回保存布局时的布局状态（如图 4-14 所示）。

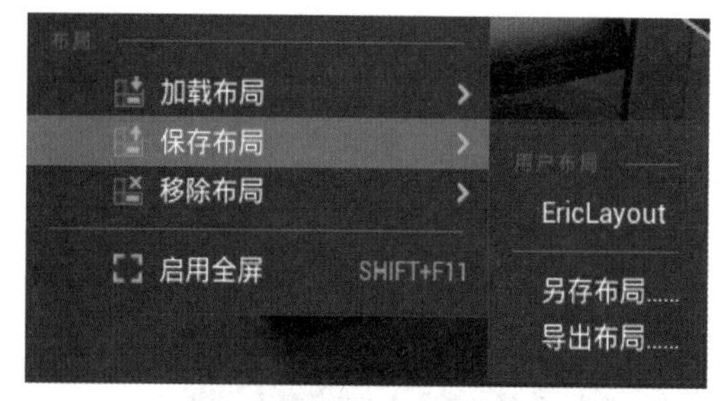

图 4-14　读取保存的布局

4.1.5　加载默认布局

如果界面布局调整得比较乱了，需要返回 UE5 编辑器打开时的默认布局，可以通过“窗口”菜单，选择“加载布局”→“默认编辑器布局”，来加载 UE5 编辑器刚打开时的默认布局（如图 4-15 所示）。

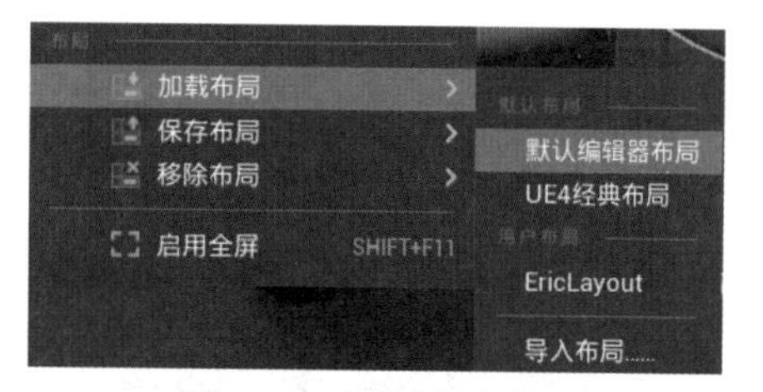

图 4-15　读取默认布局

注意：有时候由于系统问题，或者 UE5 编辑器本身的问题，有些面板会打不开，或者有些下拉菜单无法打开，这时可以试着加载一下编辑器默认布局，然后重启编辑器，通常会解决大部分因为界面产生的问题。

提示：UE5 的工作面板和窗口非常多，双显示器对提升工作效率非常有帮助。多数的 UE5 开发者都配置了双显示器或者三显示器。当前显示器价格较低，建议在能力允许的情况下，最好配备双显示器。

4.2　菜单

在讲解完 UE5 编辑器的布局之后，接下来讲解常用菜单的内容。

4.2.1　“文件”菜单

“文件”菜单提供的大多数软件都提供的文件操作功能，例如，新建一个关卡，或者打开一个已有的关卡（如图 4-16 所示）。

什么是关卡？UE5 是以关卡的方式来组织一个项目的。一个项目下面会包含很多的关卡。可以把关卡当作一个地图。任何时刻，UE5 必须处在一个具体关卡中，然后根据需要在不同的关卡中切换。

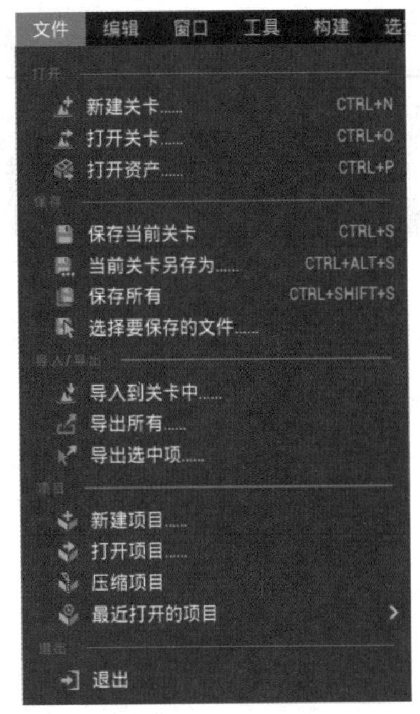

图 4-16　文件菜单

试想一个最普通的游戏，通常会有开始菜单、大厅、游戏关卡等不同的部分，这些部分通常都对应一个关卡。当在 UE5 中创建完一个项目之后，就要根据游戏的不同需求，创建不同的关卡。

1. 新建关卡

选择“新建关卡”后，会弹出“新建关卡”对话框（如图 4-17 所示）。

图 4-17　“新建关卡”对话框

这里提供了一些新建关卡的模板。其中包括 Open World、空白开放世界、Basic、空白关卡四种基础关卡。

最常用的是空白关卡，它不包含任何内容。Basic 也比较常用，它包含了一个基本的环境和一个地板。Open World 和空白开放世界关卡类型，默认开启了 UE5 针对大地图提供的“世界分区”技术。如果不是开发大型的开放世界关卡，则没有必要选择这两种关卡类型。

2. 打开关卡

使用“打开关卡”，会弹出一个对话框，选择要打开的关卡（如图 4-18 所示）。

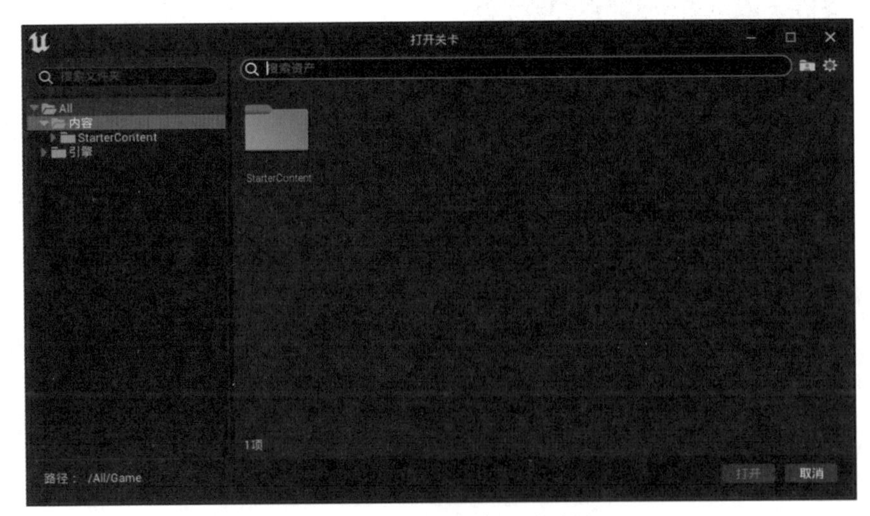

图 4-18　“打开关卡”对话框

“打开关卡”对话框和内容浏览器非常类似。一般在内容浏览器中，通过双击要打开的关卡来打开不同的关卡，所以很少使用这里的“打开关卡”菜单项。

3. 保存当前关卡

保存当前的关卡需要注意的问题是，这个菜单项仅对当前打开的关卡进行保存，如果对一些其他的资产内容做了修改，如改变了模型材质的颜色、改变了模型的碰撞体等，这个菜单项是不会保存这些修改的。记住，它仅仅保存当前打开的关卡，无法保存除关卡外其他资产的修改。

4. 保存所有

如果保存当前项目的所有修改，就必须选择“保存所有”菜单项。它的快捷键是 Ctrl+Shift+S，这个菜单项才是把所有项目中的修改都保存下来的方法。这是需要特别注意的一点，因为 UE5 会处理多种资源，默认在一个关卡上面工作，修改的是关卡，同时还会有动画资源、声音资源、UI 资源、模型等资产的修改调整，都需要保存。

5. 导出所有

通常会有把 UE5 的关卡，导出到其他 3D 软件中修改的需求。这时可以通过“导出所有”，把整个关卡导出为一个 FBX 文件，然后在其他 3D 软件中导入这个 FBX 文件进行修改来解决。

同样的，“导出选中项”是把当前在关卡中选择的 Actor 导出为 FBX。这两个功能为不同的软件和 UE5 交换资源提供了一种方法。

4.2.2　“编辑”菜单

“编辑”菜单和其他的软件几乎相同，放置了一些编辑的常用功能。常见的取消（撤销上一步操作）和恢复（重做上一步操作），还有粘贴、拷贝、删除、剪切这些常见的功能，都在这个菜单下（如图 4-19 所示）。

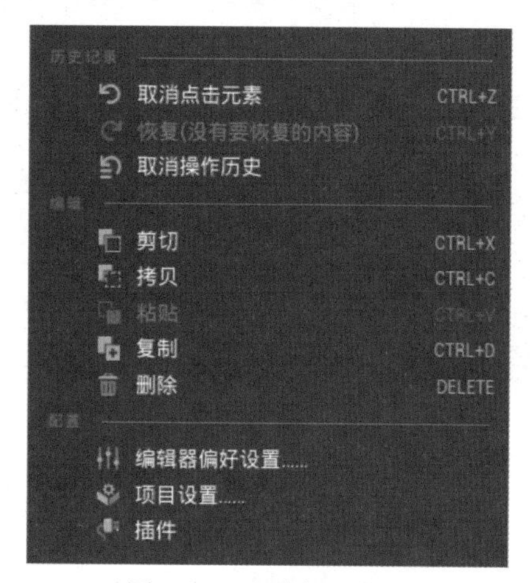

图 4-19　“编辑”菜单

1. 复制

在视口中选择一个 Actor，然后选择“编辑”→“复制”，会在当前选择的 Actor 旁边，创建一个新的 Actor。这是一种快速复制的方法，快捷键是 Ctrl+D（如图 4-20 所示）。

图 4-20　通过 Ctrl+D 快捷键快速创建角色

2. 项目设置

“项目设置”是对当前的项目进行设置的面板（如图 4-21 所示）。

图 4-21 “项目设置”面板

UE5 中针对整个项目能够设置的选项非常多。在后面制作游戏案例的章节中，会详细地介绍需要用到的设置选项。这里只需要知道，“项目设置”是对整个项目的整体进行设置的面板即可。

4.2.3 “窗口”菜单

“窗口”菜单是 UE5 编辑器控制窗口显示的地方。之前在自定义用户界面的时候，已经介绍过“布局”菜单中的几个选项了。“窗口”菜单中其他的选项，几乎都是控制某个编辑器或者面板是否打开的（如图 4-22 所示）。

例如，“视口”选项可以打开多个视口，“内容浏览器”选项可以打开多个内容浏览器。选择“放置 Actor”（如图 4-23 所示）可以打开类似于UE5之前版本的放置面板，方便用户往关卡中添加资源。

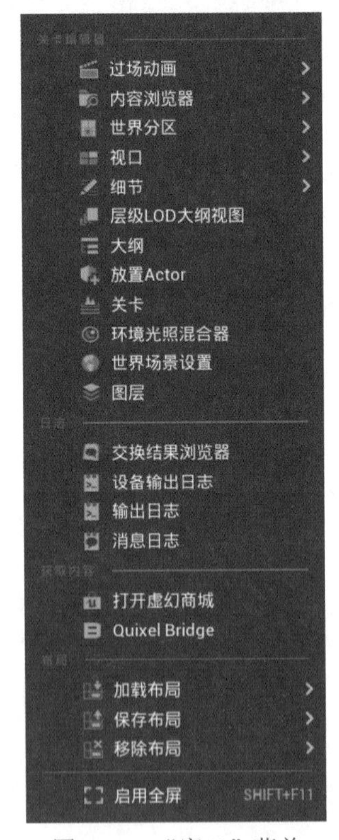

图 4-22 “窗口”菜单

图 4-23　“放置 Actor”面板

总之，“窗口”菜单下面的功能都是关于打开 / 关闭面板的，如果暂时找不到某个功能面板，可以直接到“窗口”菜单下查看需要的面板是否打开。

Quixel Bridge

Quixel Bridge 是 UE5 新增的功能，它可以直接链接到 Quixel 的网站（如图 4-24 所示）。Quixel 网站是一个非常精细的扫描 PBR 资产库，里面有非常高质量的资产，可以直接在 UE5 中使用。Quixel 的所有服务都可以使用 Epic 账号直接登录。

图 4-24　UE5 内置 Quixel Bridge

4.2.4　“工具”菜单

“工具”菜单中是 UE5 提供给开发者在开发过程中使用的一些工具，例如新建 C++ 类，或者打开一些开发中使用的面板。本书暂时不讲解这些内容。

4.2.5　“构建”菜单

“构建”菜单中是对整个关卡进行构建的命令（如图 4-25 所示）。

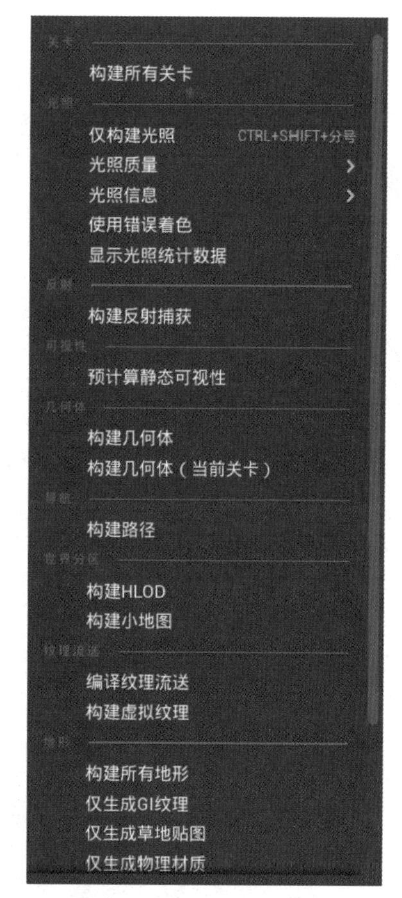

图 4-25　“构建”菜单

UE5 是实时引擎，有很多针对实时性能的优化功能。当制作完关卡之后，UE5 对某些在运行时比较消耗的功能提供了烘培功能，把动态的内容烘培成静态的。在实时运行时，就不需要每帧都进行计算了。

另外，能够烘培出来的内容，也通常比实时的内容效果更好一些。

4.2.6 “选择”菜单

“选择”菜单（如图 4-26 所示）里面都是关于选择的内容，当在视口或者大纲视图中，使用普通的选择功能无法满足需求时，可以查看“选择”菜单中的功能。例如，“选择属于同类的所有 Actor”会选择与当前选择 Actor 使用同样的材质的所有 Actor。

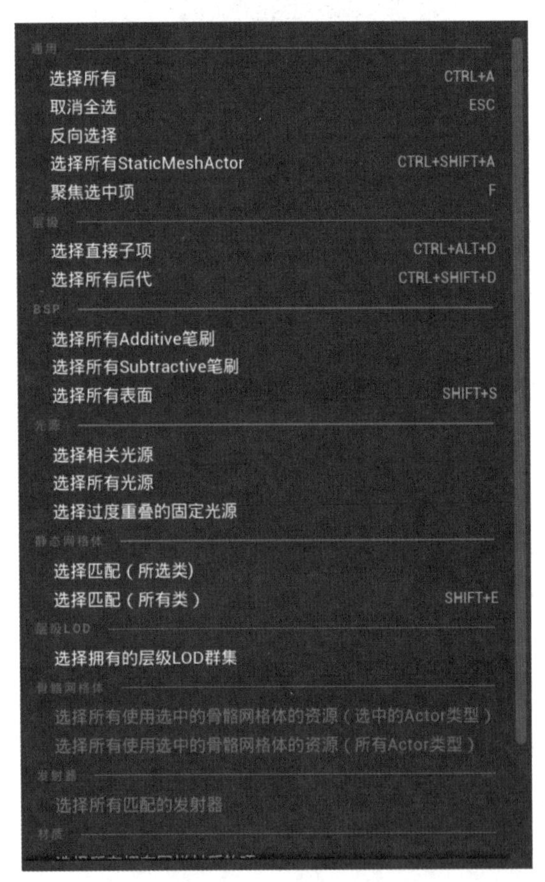

图 4-26 “选择”菜单

“选择”菜单中的“聚焦选中项”是最常用的功能，它的快捷键是 F。功能是在视口中最大化显示当前选择的 Actor。

4.2.7 “帮助”菜单

“帮助”菜单是一些帮助内容（如图 4-27 所示），可以直接访问对应的帮助网页。例如，“文档主页”会跳转到 UE5 引擎说明文档的首页。“论坛”会打开 UE5 官方论坛的首页，而“问答”会打开问答的首页。可以直接在问答中提问。

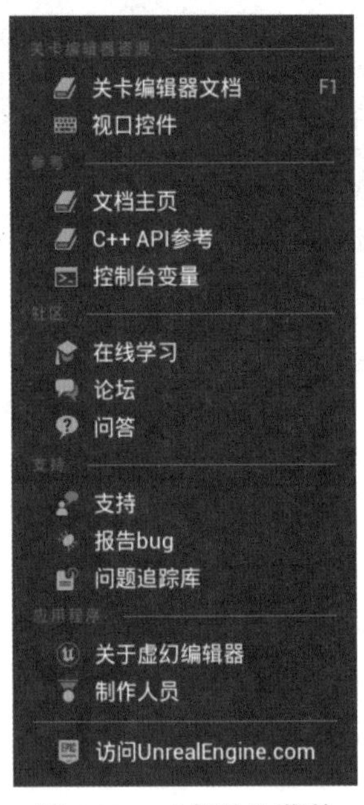

图 4-27 “帮助”菜单

4.3 工具栏

在菜单栏的下面，就是 UE5 的工具栏（如图 4-28 所示）。

图 4-28 UE5 工具栏

工具栏可以提供快速的访问功能。但是，UE5 引擎的工具栏和其他的软件不同，它包含的功能大多数是 UE5 引擎独有的。

首先看一下工具栏上面的标签，标签显示了UE5编辑器当前打开的关卡。同时，UE5编辑器右上角是当前项目的名字。通过这两个名称，可以确定当前正在编辑的关卡是哪个（如图4-29所示）。

图4-29 关卡标签

4.3.1 编辑器模式

UE5编辑器在编辑关卡的时候，除了放置Actor之外，还可以进行很多其他的操作，每种操作都有一个独立的模式，最常用的就是默认的“选择模式”（如图4-30所示）。在选择模式下，可以在视口中单击进行选择。

图4-30 编辑器“选择模式”

UE5编辑器还有很多其他的模式。

- “地形”是编辑地形的模式。
- “植物”是放置植物的模式。在这个模式下，可以对植物进行大批量的、精确的放置。
- “网格体绘制”模式是对网格体进行顶点绘画的模式，通常配合材质来使用。
- “建模”模式是UE5新加入的编辑模型的功能。对一些简单的模型，可以直接使用这个建模功能在UE5中进行制作修改，免去了在其他软件中制作，再导入到UE5中的步骤。
- “破裂”模式是专门用来制作破碎的模式。如物品被子弹击碎之后的破损，就可以在这个模式下制作。
- “笔刷编辑”模式是对BSP笔刷进行编辑的一个模式。UE5中，已经逐渐使用建模功能代替BSP笔刷功能，所以尽量避免使用BSP制作的模型。
- “动画”模式，切换到动画制作的模式。

每一种模式都有一个特定的工作任务，最常用的就是选择模式。

4.3.2 快速添加到项目按钮

快速添加到项目按钮（左上角带绿色加号的按钮）是把UE5引擎内置的资产添加到关卡中的方法，如添加灯光、摄影机等。另外，可以通过单击选择“放置Actor面板”，打开一个放置Actor的面板，更方便使用（如图4-31所示）。

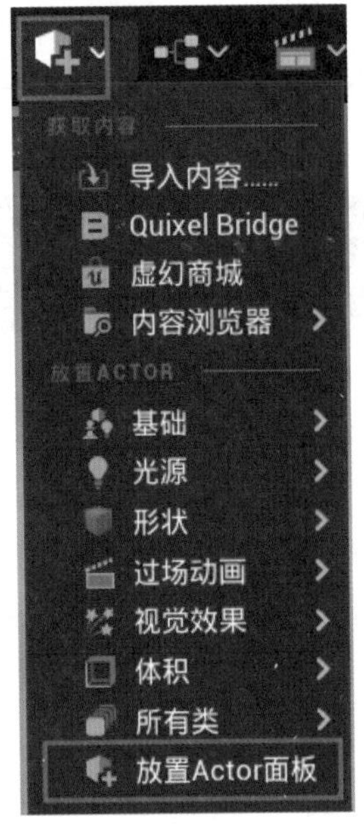

图 4-31　放置 Actor 面板

4.3.3　蓝图按钮菜单

蓝图按钮菜单中，最常使用的就是“打开关卡蓝图”（如图 4-32 所示）。

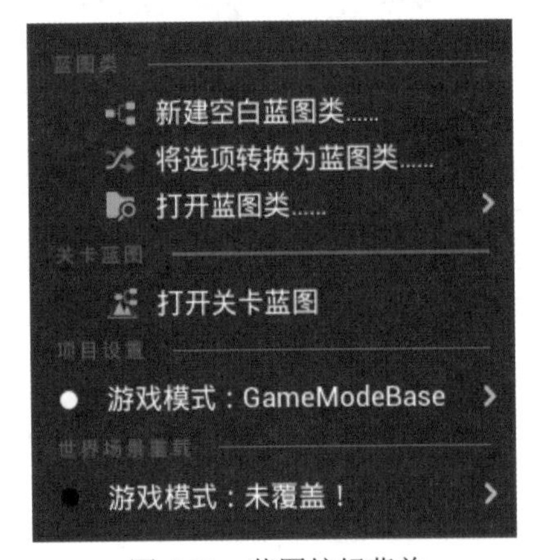

图 4-32　蓝图按钮菜单

什么是蓝图?

蓝图是UE5提供的可视化的编程语言。在本书后面的实例中，将全部使用蓝图来完成游戏的逻辑。这里，把蓝图看作一种可以控制 Actor 行为的脚本语言即可。

4.3.4　过场动画按钮菜单

通过动画按钮（如图 4-33 所示）可以给关卡添加过场动画。

图 4-33　“过场动画”按钮菜单

什么是过场动画?

过场动画是 UE5 非常强大的非线性序列编辑功能。它能够实现过场动画，甚至是动画片的制作。

4.3.5　播放控制按钮

播放控制按钮（如图 4-34 所示）跟视频播放器的外观是一样的，可以在这里直接播放当前正在编辑的关卡，也就是运行当前关卡。

图 4-34　播放控制按钮

当选择播放后，其实就是使 UE5 编辑器以游戏的方式运行当前正在编辑的关卡。随后 UE5 进入运行模式，像游戏一样的运行当前关卡（如图 4-35 所示）。

图 4-35　PIE 模式运行游戏中

工作中一定要分清楚当前UE5所处的是播放模式还是编辑模式。默认是在编辑模式，所以关卡中有很多的辅助编辑关卡的线、图标显示。而当游戏在运行模式的时候，所有的辅助性的内容就都消失了。另外，对任何Actor的修改也会在运行结束后消失，不会被保存。这两种模式的差别，主要是在编辑模式下，需要有一些帮助编辑关卡的元素，而在运行模式下，需要极致的性能，所有与游戏无关的内容都不会显示。在编辑模式中，可以按键盘上的G键来临时地把编辑模式的一些辅助内容隐藏，模拟显示运行时的效果。

当处在运行模式时，可以选择播放控制按钮上的红色停止按钮，或者按键盘上的Esc键，来退出运行模式。

4.3.6　平台按钮菜单

在平台按钮菜单中，可以选择要将项目打包到的不同的平台（如图4-36所示）。当选择任意一个的平台之后，UE5会把当前的整个项目进行打包，并输出为选择平台的相应格式，在对应的平台上就可以运行制作完成的游戏了。

图4-36　平台按钮菜单

当然，不同的平台打包需要不同的设置。本书后面的实例中，会带大家进行常见的几个平台的项目打包。让大家制作的作品能运行在不同的平台之上。

4.4　视口面板

在编辑器的中间，占据显示面积绝大部分的面板是3DViewport（视口）面板。这是最常用的面板，使用UE5的大多数时间都是在视口中工作。这一节，将详细介绍一下视口的操作方式、不同的视口类型、视口的显示模式以及如何在视口中操作Actor等内容。

4.4.1　视口操作

因为UE5是一个3D引擎，所以如何在虚拟的三个空间中，进行移动摄影机来查看场景就变成了一个非常重要的操作。经历20多年的发展，UE5的操作方式也在进化，变得多样且流畅。总的来说，在UE5中操作视口，有以下几种方式。

1. 鼠标的单手操作

在视口中按住鼠标左键，然后上下拖动鼠标，可以在虚拟的场景中前后移动摄影机（如图4-37所示）。左右拖动鼠标，可以旋转虚拟的摄影机。按住鼠标的右键可以对视图中的虚拟摄影机进行上下左右的旋转。

图4-37　单手移动视图

同时按住鼠标左键和右键，可以对视口的摄影机进行平移。这个功能也可以使用鼠标中键代替。

因为Unreal Engine在20多年前开始开发，那时带有中键的鼠标并不是主流，多数鼠标只有左右键。所以，Unreal Engine

保留了左键和右键同时按下的功能。同时期的 3D 动画软件 Maya，也有类似的操作特征。

2. FPS 游戏类型的操作方式

FPS 游戏类型的操作非常像玩第一人称射击游戏时候的操作。用户可以像玩游戏一样，操作视口内的虚拟摄影机。

进入 FPS 视图操作的方法是按住鼠标的右键，然后使用键盘上的 W、S、A、D 这些游戏中常用的键来移动虚拟摄影机，观察场景（如图 4-38 所示）。当然可以使用键盘上的箭头键来代替，但是因为箭头键离左手比较远，所以比较少用。

图 4-38 FPS 方式移动视口

当在 FPS 模式移动摄影机的时候，可以按键盘上的 E 键上升摄影机，或是 Q 键下降摄影机。

3. Maya 的操作模式

上面说的两种操作模式，适合大范围的观察场景。如果要精细地观察关卡中的一个 Actor，就需要一种能精细观察的操作模式。该操作模式叫作 Maya 风格的操作模式，因为它和主流的 3D 动画软件 Maya 的操作模式一样，主要依靠 Alt 键 + 鼠标的左、中、右键（如图 4-39 所示）。

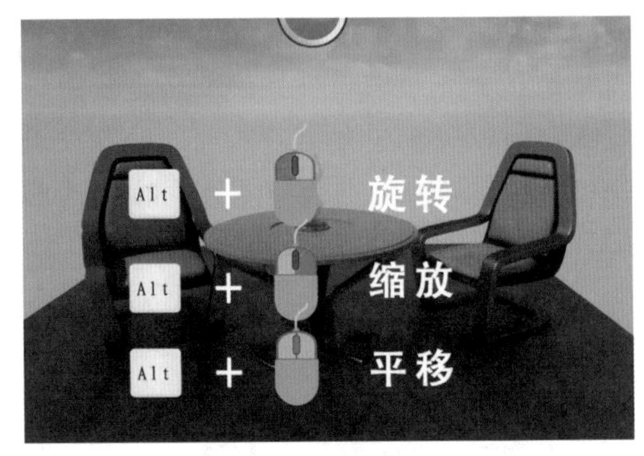

图 4-39 Maya 操作方式

按住键盘上的 Alt 键，然后按下鼠标左键是进行旋转虚拟摄影机。

按住键盘上的 Alt 键，然后按下鼠标右键是进行前后移动虚拟摄影机。

按住键盘上的 Alt 键，然后按下鼠标中键是进行平移虚拟摄影机。

对 Maya 的使用者来说，这种方式是非常方便的，几乎不需要适应。

Maya 操作模式优点是，当需要仔细地观察一个场景中的一个 Actor 的时候，可以先选择这个 Actor，然后按 F 键把它最大化，使选择的 Actor 在视口中居中，然后按下 Alt 键配合鼠标的左中右键，对这个 Actor 进行全方位的观察。这种操作模式，非常适合精细化的操作。

三种视图的操作方式，在实际使用中，需要灵活地掌握，变成肌肉记忆。当需要什么操作时，不需要思考需要什么样的操作方法，直接就能操作，来查看想要的观察的角度。

注意：因为显示器是平面的，所以通过显示器观察关卡实际上就是通过一个虚拟的摄影机观察关卡，这个摄影机的拍摄范围刚好就是视口范围。

4.4.2　视口的视图类型

当操作视口的时候，视口的显示模式是透视模式。在视口工具栏上面也显示了当前是透视模式，这种模式类似于现实生活中观察世界所看到的真实物体，它符合近大远小的特征（如图 4-40 所示）。

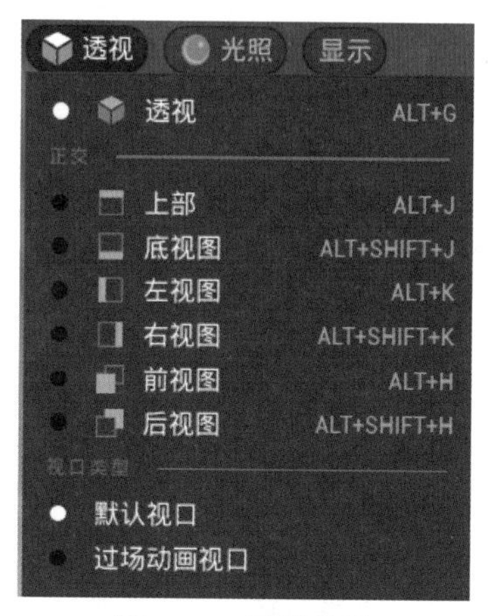

图 4-40　视图类型

还有一些其他的视图类型可以方便操作 UE5。尤其是在一些三维软件中，经常会看到四视图的显示模式，从上、下、左、右四个角度来观察关卡。

通过视图菜单，可以切换到不同视角的视图。例如，选择“上部”，就是进入从顶往下看的视图（如图 4-41 所示）。

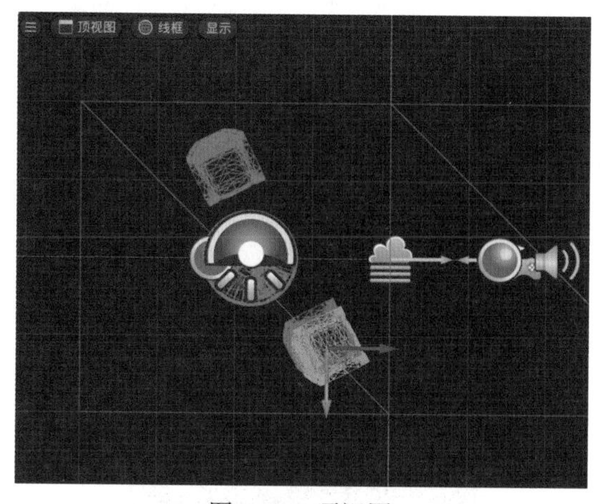

图 4-41　顶视图

4.4.3　视口布局

默认 UE5 是单视图结构，就是说，同一时刻只能有一个视图。通过使用视口选项中的“布局”功能（如图 4-42 所示），可以把单个视口，分为几个不同的区域。

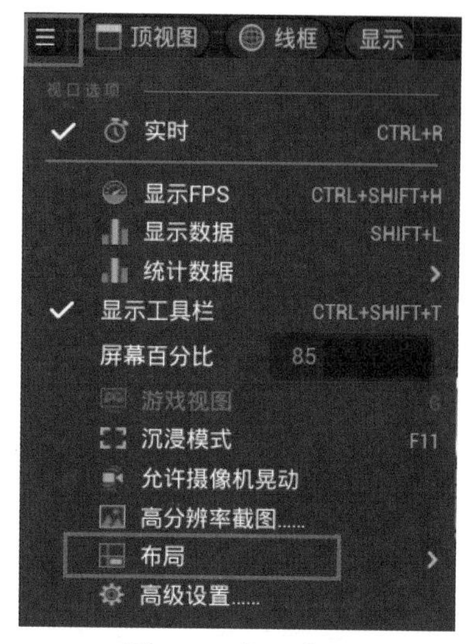

图 4-42　视口布局

例如，选择四平分的布局后，单个的视口就变为四个视口，且可以分别设置每一个区域的视图类型（如图 4-43 所示）。

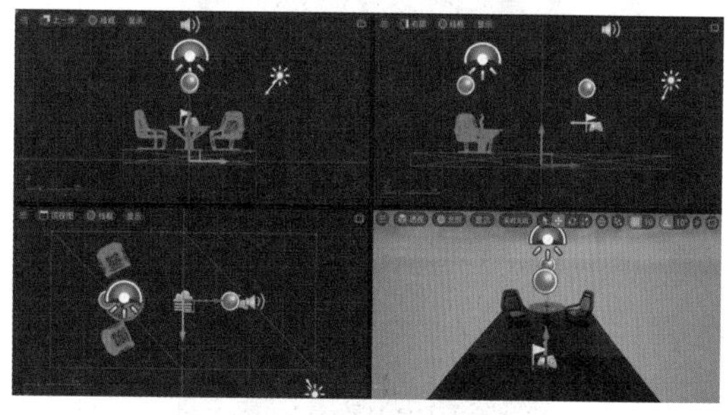

图 4-43　四视图布局

注意：因为 UE5 不是 3D 建模软件或编辑软件，需要使用这种视口布局的情况不多。一般使用单个视口的布局就足够了，在需要切换不同视图类型的时候，可以使用快捷键切换相应的视图。

4.4.4 快速切换视图类型

切换视口类型非常频繁之后，快捷键也显得有些烦琐了。UE5 支持环形菜单方式的切换。

按住 Ctrl 键，同时按住鼠标中键，拖动鼠标，画出一条线，然后松开鼠标中键。根据所画的线的方向，UE5 会切换到对应的视图。如果线是向上的，会切换到顶视图；如果线是向下的，会切换到底视图；如果线是朝向左下角的斜线，它就会切换到透视图。

这种方式，叫作环形菜单的切换方式，在 Maya、Blender3D 等 3D 软件中比较常见。使用环形菜单比使用快捷键或者是选择菜单要快得多。

4.4.5 视口显示模式

在正常的透视图下，视口的显示模式是“光照”模式，也就是全受光的模式（如图 4-44 所示）。

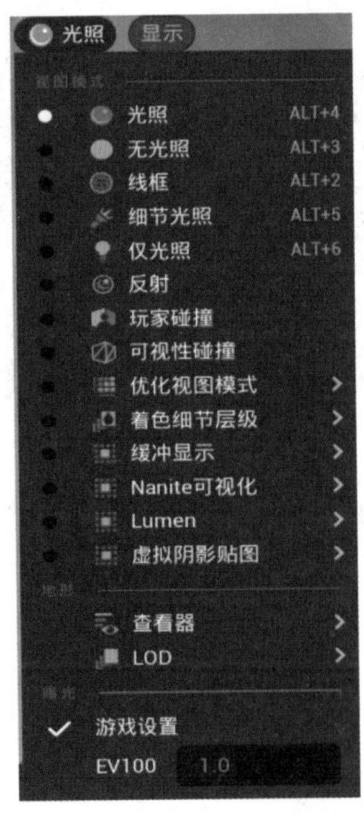

图 4-44 视口显示模式

在正交视图下，如顶视图，默认的显示模式是“线框”模式。

默认是什么样的模式，与视图类型有关。可以修改显示模式，例如“无光照”模式。切换到“无光照”之后，视图中会取消所有的光照，并显示材质 Color 通道上面的颜色。这种模式对于排除场景中灯光的影响，对模型材质进行颜色的调整非常有用。在关卡中暂时没有灯光的情况下，也经常使用这种方式来查看场景。

除了这几个显示模式之外，UE5 提供了非常多的显示模式，这些特殊的显示模式都有特定的用法，在某些情况下可以说是专用视口显示模式。后期在遇到特殊的显示模式的时候，将详细讲解。

4.4.6 视图中Actor的操作

前面讲了非常多视口的操作。使用视口最重要的功能是在视口中操作 Actor。可以说，所有的视口功能都是为这个目标服务的。本节将讲解如何在视口中操作 Actor。

1. 添加删除 Actor

在工具栏中选择快速添加到项目按钮，单击选择要做场景中添加的 Actor，就可以直接把选择的 Actor 添加到关卡了（如图 4-45 所示）。

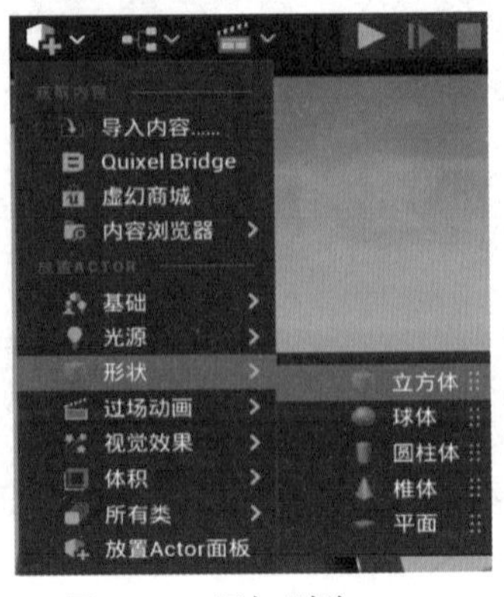

图 4-45 添加删除 Actor

如果在内容浏览器中，也可以直接拖动需要的资产到视口中，把资产添加到关卡中（如图 4-46 所示）。

图 4-46　从内容浏览器中添加 Actor

若要删除 Actor，可以选择需要移除的 Actor，然后按键盘上的 Delete 键。UE5 会直接把选中的 Actor 从关卡中移除。

2. 变换 Actor

将 Actor 放入关卡之后，默认会出现移动的 Gizmo。拖动相应的箭头，就可以移动 Actor 在关卡中的位置（如图 4-47 所示）。

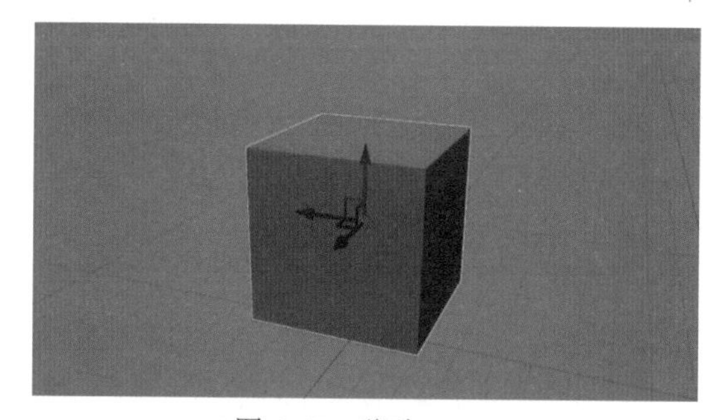
图 4-47　移动 Actor

移动、旋转和缩放统称为变换。每一个 Actor 都有一个变换属性。在细节面板中，可以看到变换的文字描述，它以数值的方式详细记录了当前 Actor 在世界中的变换值（如图 4-48 所示）。

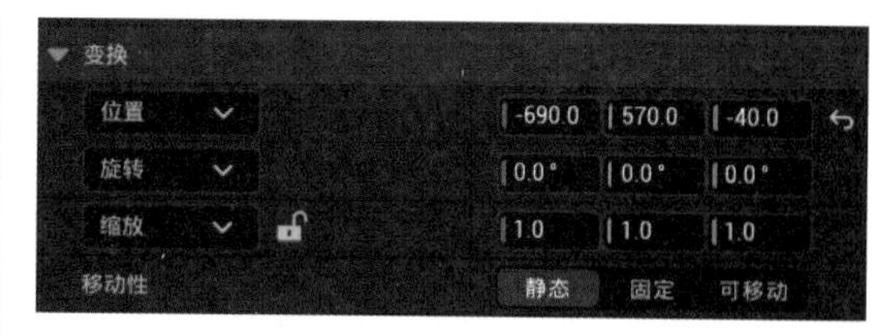

图 4-48　细节面板中的变换属性

通过选择变换按钮、旋转按钮或者缩放按钮，可以切换到不同的工具（如图 4-49 所示）。它们的快捷键分别是：

W——移动工具；

E——旋转工具；

R——缩放工具。

图 4-49　变换按钮

工具的使用都是通过拖动相应的轴来实现变换，可以自己尝试一下。

3. 捕捉设置

尝试过在关卡中变换 Actor 之后，可能你已经注意到了。不管是移动、旋转，还是缩放，都不是平滑的，只能在一定的幅度上变化 Actor，这是因为捕捉默认是开启的。可以选择捕捉前面的蓝色按钮，把捕捉关闭，也可以选择捕捉按钮后面的数值，来改变捕捉间隔（如图 4-50 所示）。这对移动、旋转、缩放三种变换捕捉，都是有效的。

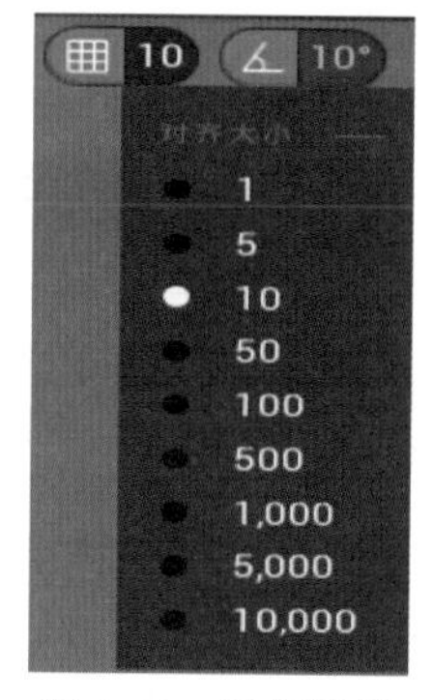

图 4-50　捕捉设置

4. 快速复制角色

之前介绍过使用快捷键 Ctrl+D 可以快速地创建 Actor。还有一种配合变换的快速复制 Actor 的方法。在移动时，按住 Alt 键，再进行拖动（如图 4-51 所示），能够快速地复制出新的 Actor，这种方式有时比使用快捷键 Ctrl+D 更快速方便。

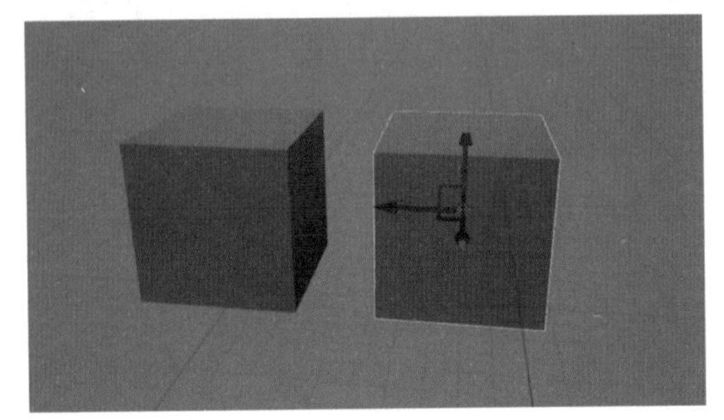

图 4-51　Alt+ 移动鼠标快速复制角色

4.5 大纲面板

讲解了视口面板后，接着来看一下大纲面板。大纲面板是关卡中所有 Actor 的一个文本列表表示。在当前关卡中放置好的 Actor，都会在大纲面板中以文字列表的方式出现，且一一对应。大纲面板和视口互相配合，都是编辑管理关卡的工具。下面讲解大纲面板常用的功能。

4.5.1 对Actor进行重命名

通常，在关卡中放置 Actor 的时候不太关心 Actor 的名称，但是在某些情况下，对 Actor 进行重命名或者名称管理是非常重要的。例如，某些游戏逻辑依赖关卡中某个具体名称的 Actor。

可以在大纲面板中对 Actor 进行名称的管理（如图 4-52 所示）。

图 4-52　在大纲面板中重命名 Actor

选择要重命名的 Actor，按键盘上的 F2 键，就可以输入新的名称了。按 Enter 键确定名称的修改。

4.5.2 通过名称搜索物体

有了名称管理之后，就可以通过名称来管理 Actor 了，尤其是一些特殊的 Actor 或者在视口中非常难选择的 Actor。例如，雾这种没有具体实体的 Actor。

在大纲面板最上面的搜索栏中，输入要搜索的 Actor 的名字，就能过滤掉和输入字符无关的所有 Actor，非常方便（如图 4-53 所示）。

图 4-53　在大纲面板中搜索 Actor

4.5.3 通过文件夹管理项目结构

大纲面板除了以文字方式查看当前关卡中的 Actor 之外，还能使用文件夹对当前关卡中的 Actor 进行管理。

选择创建文件夹按钮，可以创建一个新的文件夹（如图 4-54 所示）。文件夹的名称可以自定义。创建完文件夹之后就可以把具体的 Actor 通过拖动放置在一个文件夹当中了。

图 4-54　在大纲面板中创建文件夹

文件夹并不会对关卡中的 Actor 的实际位置产生影响，它只是用来组织场景 Actor 的工具，对游戏运行也没有实际的影响。

4.5.4　创建父子关系

大纲面板的另一个作用是可以快速地创建父子关系。

选择要作为子物体的 Actor，按住鼠标左键拖动，放置父物体上，松开鼠标左键，父子关系就指定了。父物体前面出现了下拉三角形，代表它的层级下面有子物体（如图 4-55 所示）。

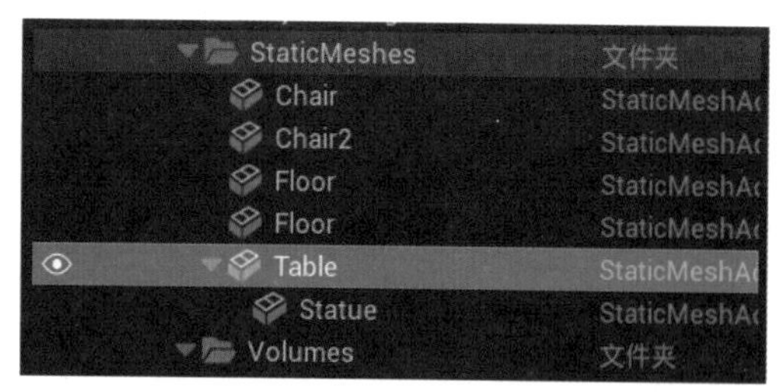

图 4-55　在大纲面板中指定父子关系

父子关系的使用，最主要的是父子的继承关系。简单来说，是子随父动。当移动父物体的时候，子物体跟随父物体变换，但是当变换子物体的时候，对父物体没有影响。

这个规律在很多情况下都有用处。例如，把桌上的雕塑指定为桌子 Actor 的子物体，然后移动桌子，雕塑也会一起移动，并保持了雕塑原先和桌子的相对位置（如图 4-56 所示）。

图 4-56　移动父物体，子物体跟随父物体移动

4.6　内容浏览器

最后来看一下默认是隐藏状态的内容浏览器（如图 4-57 所示）。

图 4-57　内容浏览器

4.6.1 显示内容浏览器

UE5 中，内容浏览器默认是抽屉方式的。可以通过选择左下角“内容侧滑菜单”，或者通过快捷键 Ctrl+ 空格键打开这个面板。

内容浏览器非常常用，所以一般处于打开状态。当“内容侧滑菜单”显示的时候，选择右上方的“停靠在布局中”，在布局中停靠，内容浏览器就会一直显示在界面下方了（如图 4-58 所示）。

图 4-58 内容浏览器停靠在布局中

4.6.2 内容资源管理

在前面 Project 章节介绍过，项目的内容文件夹是所有项目使用的资产，要通过 UE5 的内容浏览器来管理。内容浏览器中的文件与硬盘上“内容”目录中的文件相对应。

在内容浏览器的任意一个目录或者文件上右击，在弹出的快捷菜单中选择“在浏览器中显示”（如图 4-59 所示），系统就会打开文件浏览器，并导航到这个文件目录中。

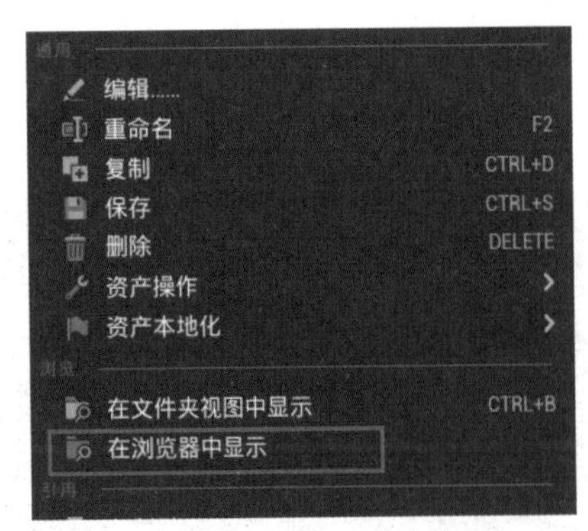

图 4-59 在系统浏览器中显示选中的资产

UE5 有自己管理文件的机制，为了维护各个文件之间的引用关系，UE5 幕后做了很多工作。所以，千万不要在系统的文件浏览器中去做重命名、移动、拷贝等这些操作，否则会破坏 UE5 的引用关系，造成引用丢失。

在“内容”目录中的所有操作，都应该通过内容浏览器来进行。如要对一个资产进行重命名操作，首先在内容浏览器中选择要重命名的资产，然后按键盘上的 F2 键，可以对资产进行重命名。当重命名完成后，按 Enter 键确认。使用“在浏览器中显示”功能，在文件浏览器中打开包含资产的目录，就能看到磁盘上的文件同样也被重命名了（如图 4-60 所示）。

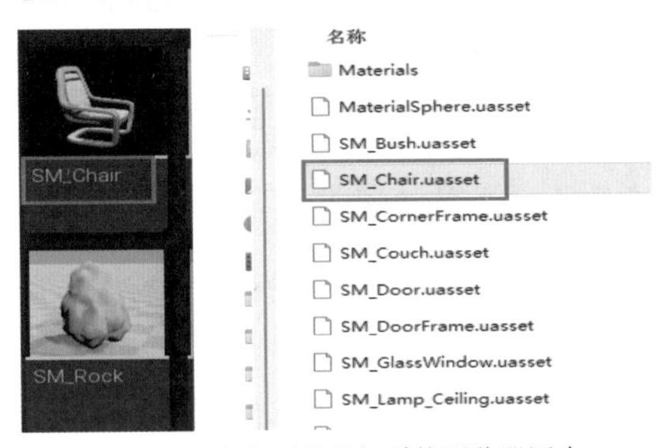

图 4-60 内容浏览器与系统浏览器同步

4.6.3 保存新建或修改过的资产

内容浏览器的主要作用，是管理 UE5 内置的资源类型的创建和外部导入的资产。

在内容浏览器的“内容”目录下，右击可以快速地创建 UE5 支持的内置资源类型。

这里为了演示，选择“材质”，创建一个新的材质资源（如图 4-61 所示）。

这种新创建的资源，左下角有一个梅花符号，代表这个资源没有进行保存（如图 4-62 所示）。

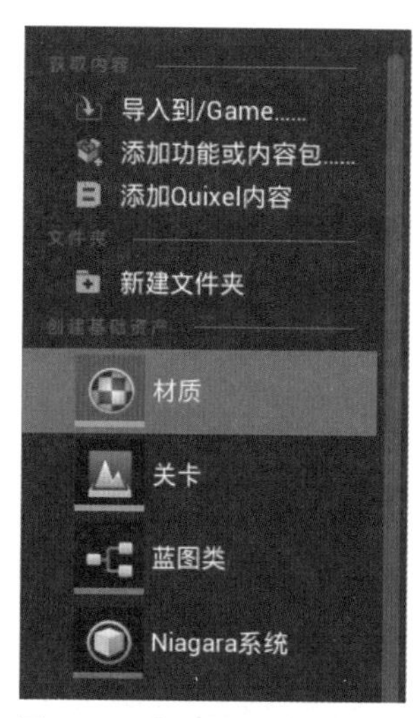

图 4-61 创建新的材质资产

图 4-62 新创建的资产在内容浏览器中显示

当前在这个未保存的资产上右击，在弹出的快捷菜单中选择“在浏览器中显示”，在文件浏览器中显示，是看不到硬盘上的文件的，因为这个资产从未被保存过。如果要保存内容浏览器中的资产，需要选择文件菜单中的“保存所有”选项，或者单击内容浏览器的工具栏上的“保存所有”按钮（如图 4-63 所示），就会把项目中没有保存的资源都进行保存。

图 4-63 选择“保存所有”保存所有修改

或者可以右击未保存的资产，在弹出的快捷菜单中选择“保存”，对修改过的资产进行单独的保存（如图 4-64 所示）。

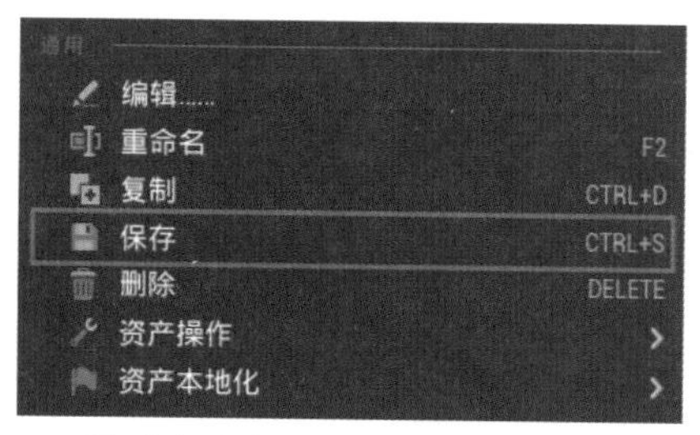

图 4-64 通过在资产上右击，在弹出的快捷菜单中选择“保存”选项来保存单个资产

剩下的内容浏览器的使用方法，和普通的系统浏览器提供的管理文件的方法差异不大。当用到某个功能的时候，再详细讲解。

总结

在使用 UE5 制作内容之前，虽然没有必要把所有细节都先搞清楚，但一些重要的操作区域的使用方法，还是需要了解。本章覆盖的内容比较广泛，从自定义界面到视口操作再到大纲面板和内容浏览器。其中，视口操作是重要的内容，因为会一直使用视口来操作 UE5 关卡。内容浏览器的内容也要熟练掌握，否则可能造成资产的丢失，甚至项目文件的损坏。

问答

（1）如何保存自定义的关卡布局？

（2）UE5 编辑器有哪些模式？

（3）什么是视口布局？

（4）简单说什么是父子关系及使用父子关系的例子。

思考

（1）为什么编辑器有多个模式？

（2）新创建的资源为什么在硬盘上找

不到？它们保存在哪了？

（3）可否利用父子关系制作钟表上旋转的指针？父子关系还有什么用法？

练习

（1）用基本的立方体，创建一个复杂一些的关卡，然后看自己能否通过肌肉记忆，快速地查看场景中的任何 Actor。

（2）试将保存好的布局，发送给其他使用 UE5 的用户使用。

（3）尝试下其他的编辑器模式，了解 UE5 提供的其他功能。

第 5 章　UE5 引擎 Paper2D 插件

第 4 章介绍了 UE5 引擎编辑器的基本布局和使用方法。在使用视口时，就能观察到 UE5 引擎是一款全 3D 的游戏引擎。使用 UE5 开发 2D 游戏，可以通过使用 UE5 提供的 Paper2D 插件来完成。本章会详细讲解 UE5 开发 2D 游戏的优点，并详细介绍 Paper2D 插件提供的开发 2D 游戏的功能。

本章重点

- UE5 开发 2D 游戏的优点
- 精灵的使用
- 精灵的原理
- 材质
- Flipbook 动画
- 瓦片集与瓦片贴图

5.1　为什么用 UE5 开发 2D 游戏

5.1.1　2D游戏的发展

2D 游戏作为一个大的游戏品类，从游戏诞生就一直存在（当然早期是使用字符代替图形）。在 21 世纪初，人们曾经普遍认为 2D 游戏终将会被 3D 游戏取代，但实际上，直至今日仍不断有优秀的 2D 游戏出现，2D 游戏的玩家不但没有减少反而在逐年增加。下面是 2D 游戏进化过程中，在技术上有明显变化的几种 2D 游戏表现类型。

1. 纯 2D 游戏

纯 2D 游戏，是指使用最传统的 2D 游戏开发方法制作的游戏。这种游戏没有使用 3D 显卡的加速能力，所以画面是纯 2D 的，也很难做到大量的资源同时渲染。早期的游戏大部分是 2D 的（如图 5-1 所示）。

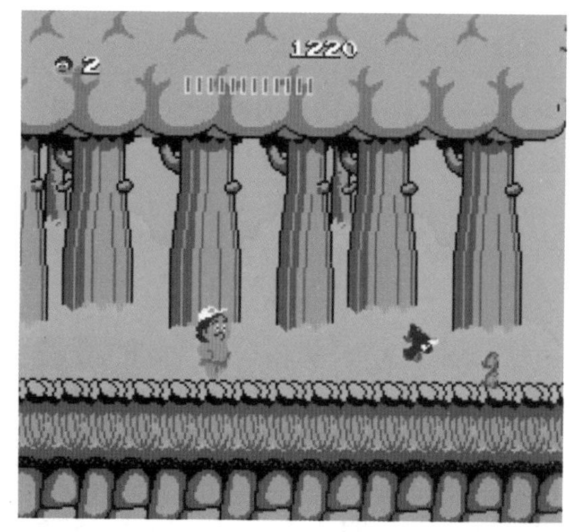

图 5-1　FC 游戏《冒险岛》

早期的游戏机以及 2000 年之前的 PC，多数都使用纯 2D 的游戏开发方式。

2. 2.5D 游戏

随着电脑性能的进步和 3D 显示卡的出现，计算机能够渲染更多的图形。同时 3D 动画制作软件加入制作流程中，也让游戏的画面越来越真实。这时，游戏虽然还是 2D 的，但是游戏画面却在尽力地模拟 3D

效果的游戏产品。这种游戏从技术上分类，叫作2.5D游戏（如图5-2所示），即虽然看起来像3D，也有3D效果，但归根到底，还是2D的游戏产品。这种游戏类型，其实是固定了摄影机视角的2D游戏，所以也叫斜45度视角游戏，或者称为Isometric视角游戏。

图5-2　2.5D视角《暗黑破坏神2》重制版

3. 3D化的2D游戏

之后随着3D技术的不断进步，很多游戏类型都可以通过3D化的方式来表现，可以轻易地超过2D游戏的效果。但是，传统的2D游戏通过3D的技术手段达到了更高的表现水平（如图5-3所示）。

图5-3　使用3D技术的2D游戏《奥日与暗黑森林》

现在，已经很少没有3D加速功能的2D引擎了。制作2D游戏，即使不使用3D引擎，也会使用3D加速的功能。所以，现在能看到的2D游戏的新作品，大部分是在3D引擎的功能上模拟2D游戏的表现。甚至有的游戏为了表现一种复古的艺术化风格效果，会在3D引擎的基础上，做很多定制的开发，来模拟2D游戏的效果。

最近比较流行的动作平台游戏《铲子骑士》（如图5-4所示）表现出了浓浓的FC风格。但是这款游戏，确实是使用3D游戏引擎制作的。

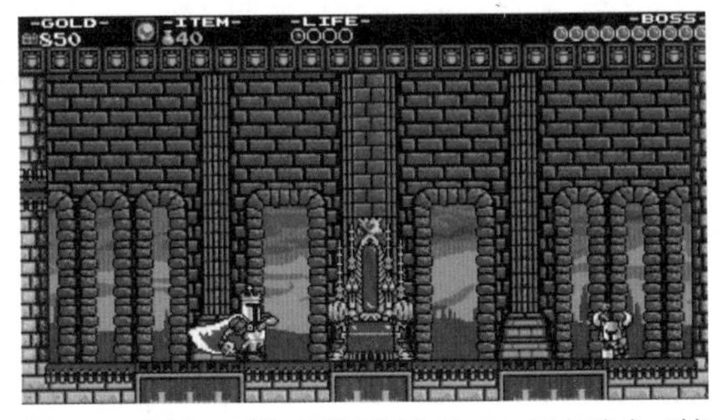

图5-4　使用3D游戏引擎制作的2D复古游戏《铲子骑士》

可以说，当前的2D游戏，绝大多数都是使用3D引擎或者使用3D技术制作的。很少有开发者选择使用老式的制作2D游戏的技术来制作今天的2D游戏。

5.1.2　2D游戏的优点

2D游戏在游戏3D化的大背景下，依然长盛不衰，是因为2D游戏有一些3D游戏没有的优点。下面来分析一下，为什么2D游戏依然不能被3D游戏代替的原因。

1. 容易上手

2D游戏通常玩法比较经典，大多数人不需要复杂的学习就能轻易上手。并不是每个人都是游戏高手，有大量的玩家属于非核心玩家，他们也有游戏娱乐的需求。这些玩家通常不要求游戏必须是3A游戏，但需要容易上手且足够好玩。2D类型的游戏特别适合制作成一些玩法纯粹、画面可爱的游戏（如图5-5所示）。

图 5-5 iOS 平台游戏《超级幻影猫》

2. 容易在玩法上创新

2D 游戏资源的制作比 3D 游戏简化得多，而且游戏不受 3D 建模软件的限制，这样更容易制造出独特画面风格的游戏。资源制作上节省出来的时间和预算，可以投入到玩法的打磨和创新中。所以，在同样的制作预算下，2D 游戏开发更简单也更容易创造出更好的玩法（如图 5-6 所示）。

图 5-6 《小鳄鱼爱洗澡》很好地利用了触屏的特性

3. 轻量，随时随地可玩

2D 游戏资产通常比较轻，所以相对于 3D 游戏来说，2D 游戏通常包体比较小。包体比较小，通常意味着下载更快，单击游戏图标后进入游戏也更快。所以 2D 游戏比 3D 游戏更轻量（如图 5-7 所示）。在游戏过程中，不必忍受长时间的读取过程和风扇的咆哮声。相反，3A 游戏通常对电脑或者游戏设备有一定的要求，至少会要求有一块性能比较好的显卡，这在一些轻薄笔记本，办公 PC 上是不具备的，所以 2D 游戏通常受众更广。

图 5-7 几乎可以在任何平台运行的《植物大战僵尸》

4. 无眩晕、操作复杂等问题

3D 游戏通常有近大远小的透视视图，这种视图在模拟空间感时效果很好，但当视角旋转时，可能会引起一部分人眩晕。这是人的生理结构决定的，并无法完全解决。在越逼真的环境下，眩晕的情况出现得越多（如图 5-8 所示）。而且 3D 游戏往往制作预算庞大，游戏系统和操作方式都非常复杂，这也影响了一部分玩家倾向于选择 2D 游戏。

图 5-8 《半条命 2》越真实的游戏，眩晕的可能性越大

5.1.3 学习2D游戏开发的优点

由于游戏开发的复杂性，通常建议初学者从2D游戏开发开始学习。如果有需要，再慢慢过渡到3D游戏开发。这主要有下面几个原因。

1.排除复杂的3D功能，专注游戏开发

现代的3D游戏是建立在3D图形学、3D数学的基础上的，而建立在3D图形学基础上的3D游戏开发工作流程也非常复杂，并且在商业游戏开发中，这些都不是一个人能够全部掌握的。

2D游戏，虽然只比3D游戏少了一个深度的轴向，但难度却降低了好几个级别。更有利于学习者快速地理解游戏开发的核心本质，而不必纠结复杂的3D功能。

如今，游戏引擎承担了绝大多数复杂的底层工作，实在没有必要先了解底层的实现机制，再去制作游戏。最好的方式是根据自己要实现的效果来查看引擎是如何实现的，从而直接开发游戏。

2.资源使用量少，不必纠缠于复杂的资产制作

2D游戏通过使用2D资产而不是3D资产，可以最大限度地避开3D美术制作给游戏开发学习带来的不必要的干扰。

之前说过，3D资产的制作流程非常复杂，如设定、三维模型制作、贴图绘制、材质制作、模型绑定、动画制作等，每一步都需要有庞大的专业知识储备。通常这些工作也是由不同职责的团队员工分工制作完成的。

如果一开始学习游戏制作就被这些资产的制作所束缚，将很难学习到完整的游戏开发流程。

2D游戏开发，除了所使用的资产不同之外，其他的游戏逻辑、游戏中具体任务的处理方法都基本相同。

3.所有在2D游戏开发中学到的技巧都可以无缝平移到3D游戏

使用3D游戏引擎来开发2D游戏，所使用的引擎功能是非常接近的。所以，只要掌握了2D游戏开发，然后通过把资产置换为3D资产，同时在制作过程中添加深度的考量，就很容易把一款2D游戏切换为同类型的3D游戏。

在2D游戏当中实现的游戏玩法、过关条件、加分奖励等功能，在3D游戏中都是一样的，所以这就是推荐先从2D游戏开发开始再学习3D游戏开发的原因。

5.1.4 使用UE5开发2D游戏的优点

当前，市场上有非常多的游戏引擎，专注于2D游戏的引擎也有很多。那么，为什么使用UE5来开发2D游戏呢？下面讲解一下使用UE5开发2D游戏的优点。

1.全功能的次世代游戏开发引擎

UE5是非常高端的3D次世代游戏引擎，它几乎包含了当前业界所有主流的和超前的游戏开发功能。能够学习使用最高端的游戏引擎，为学习者之后的方向，提供了无限的可能。例如，前面章节介绍过的使用Unreal Engine的行业和相关领域都可以成为学习者之后的方向。

既然要学习一种新技术，为什么不学习最好的，应用范围和未来更有潜力的呢？这一条，UE5就把其他的大部分引擎都甩在了后面。

2.可视化的蓝图节点编辑器

UE5的蓝图可视化脚本功能，让使用者不必编写代码，通过节点之间的连接，就可以制作出完整的游戏，这大大加快了学习游戏开发所需要付出的时间成本。游戏开发者从未像今天一样简单，游戏开发中，编程语言的门槛被彻底降低了。

3. 功能丰富的 2D 功能

UE5 引擎为了制作 2D 游戏，专门开发制作了一款叫作 Paper2D 的插件，Paper2D 插件本章后面会着重介绍。这个插件实现了 UE5 开发 2D 游戏所需要的全部功能，包括 Sprite、Flipbook（图像序列）、Tile 贴图等 2D 游戏专属功能。

4. 在 2D 游戏中使用全 3D 功能

UE5 是一个非常高端的 3D 次世代引擎，在 2D 游戏中，除了专属的 2D 功能之外，UE5 的所有其他功能都是可以在 2D 游戏中使用的。例如，材质 Shader 功能以及特效功能都可以在 2D 游戏中使用。实际上，近段时间出现的画面优秀的 2D 游戏，也都综合使用了 3D 功能来制作。

作为学习者来说，从 2D 游戏入手学习游戏开发，比 3D 游戏要快得多，学习 2D 游戏开发，可以更快地帮助大家学习 UE5 并掌握游戏制作的方法，而不用限制于 UE5 各种 3D 功能的细节当中。这是 UE5 制作 2D 游戏的优势。

5.2　Paper2D 插件介绍

从本节开始，将会具体介绍 Paper2D 插件。之前已经了解到，UE5 是一个全 3D 的游戏引擎，在 UE4.4 版本之前是没有 2D 功能的。之前要使用 UE 开发 2D 游戏，只能人为地舍弃掉第三个深度轴，使用 3D 的技术方式来模拟 2D 引擎的工作方式。

使用 3D 引擎的技术方式来开发 2D 游戏，多少有些不方便。例如，在 2D 游戏变化演进的过程中，出现过很多开发方式，在行业中也有很多方便 2D 游戏开发的工具和开发方法。Paper2D 插件就是在 UE5 的基础上，使用 UE5 的实现方式，制作出符合 2D 游戏开发的开发工具和开发方法，来方便 2D 游戏开发。UE5 搭配 Paper2D 插件，组成了一个完成的 2D 游戏开发环境。

5.2.1　打开Paper2D插件

既然 Paper2D 是插件，就可以使用之前讨论过的插件管理器，来管理 Paper2D 的加载。

首先，通过编辑菜单中的插件菜单项，打开插件管理器。在左侧找到 2D 类别，在右侧可以看到 Paper2D 是默认打开的状态（如图 5-9 所示）。

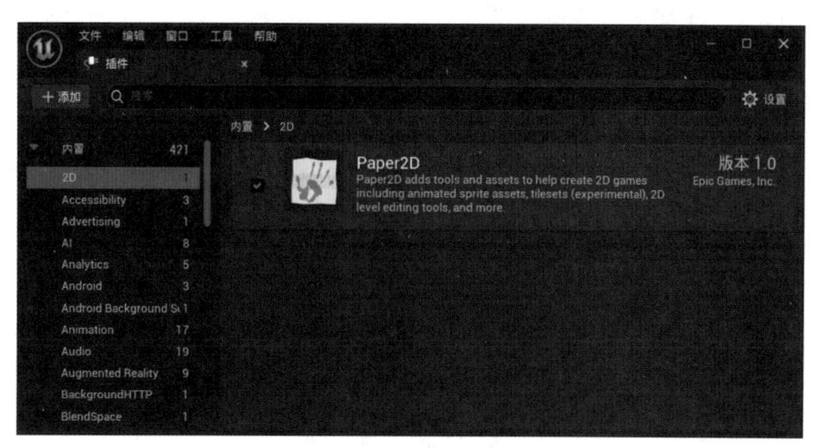

图 5-9　Paper2D 插件

在继续下面的内容之前，需确保Paper2D插件是打开的。如果没有手工关闭Paper2D插件的话，它默认为勾选状态。

5.2.2 Paper2D插件提供的内容

Paper2D插件勾选之后，在内容浏览器中，就能看到Paper2D添加的资产类型了（如图5-10所示）。

图5-10 Paper2D提供的资产类型

可以在这里直接选择需要的资产类型来创建Paper2D资产。这些资产类型本章后面会逐一介绍。这里先介绍Paper2D插件本身提供的资产。

如果要查看一个插件的内容，默认在内容浏览器当中是查看不到的。需要勾选内容浏览器的“显示插件内容”选项，才能够在内容浏览器中查看某个插件的具体内容。

选择内容浏览器右上角的“设置”菜单，勾选“显示插件内容”选项，因为Paper2D是引擎内置的插件，所以还需要勾选“显示引擎内容”选项（如图5-11所示）。

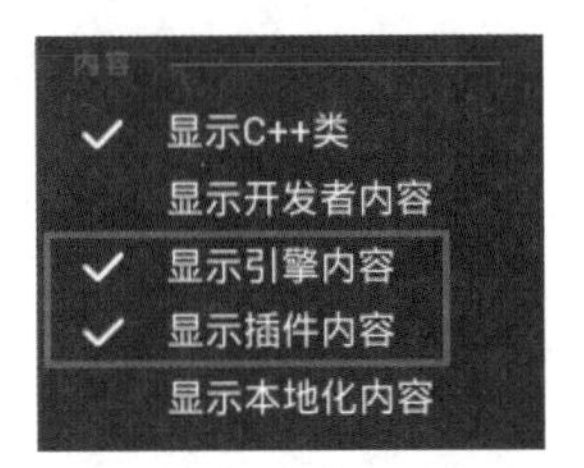

图5-11 引擎自带的插件需要同时显示引擎内容

这两个选项同时勾选后，就能够在内容浏览器中查看所有引擎内置的内容和插件提供的内容了。在Plugins目录下寻找Paper2D，可以看到有两个文件夹（如图5-12所示）。

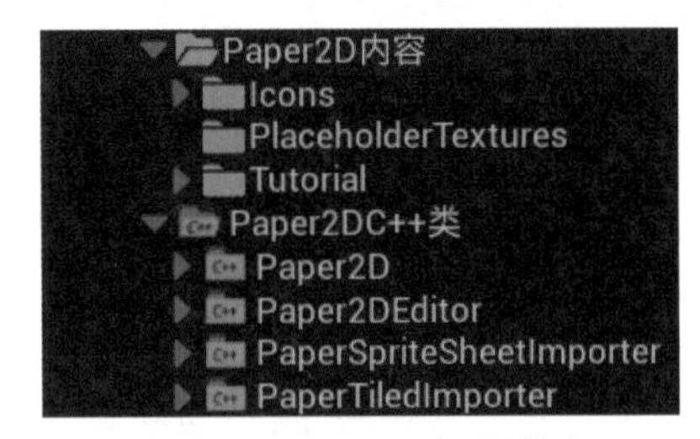

图5-12 Paper2D插件

其中“Paper2DC++类”是实现Paper2D的C++代码。如果不是需要研究或者修改Paper2D的内部实现，则不用关心这里。“Paper2D内容”就是Paper 2D插件所提供的默认的资产了。

Paper2D为了支持自己的资产类型，在创建时有默认的设置，提供了很多默认的资产（如图5-13所示）。其中，DummySprite是默认的精灵。这些资产很少使用，但是要清楚地知道这些资产的存在，这对准确地理解Paper2D的运作方式非常重要。

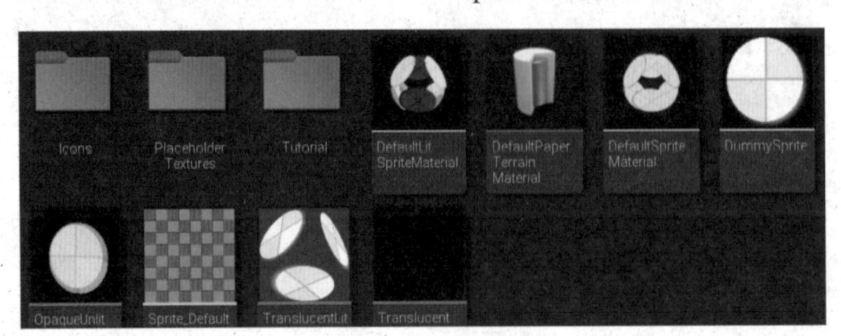

图5-13 Paper2D内容

5.2.3 Paper2D插件提供的基础材质

Paper2D 提供的内容中，最重要的是适合 2D 游戏使用的材质。下面讲解 Paper2D 是如何使用这些基础材质的。

在内容浏览器的空白区域右击，在弹出的快捷菜单中选择 Paper2D → Sprite，创建一个新的精灵资产（如图 5-14 所示）。

图 5-14 创建精灵资产

为新创建的 Sprite 资产起一个合适的名字，精灵资产命名通常以“Sprite”或者“S”开头（如图 5-15 所示）。

在“默认材质”中，可以看到，这个资产默认使用了一个材质（如图 5-16 所示）。

图 5-15 精灵资产默认为空

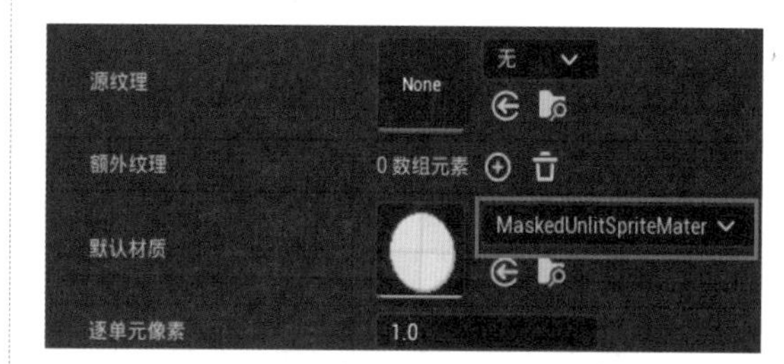

图 5-16 精灵资产使用的材质

选择精灵资产的材质下方的“浏览到资产”按钮，UE5 会在内容浏览器中显示这个资产（如图 5-17 所示）。

图 5-17 精灵资产引用了 Paper2D 内容中的材质

从这里可以知道，虽然并没有为精灵指定任何的纹理，但Paper2D还是为这个精灵指定了一个默认的材质。材质的视觉表现控制了精灵的显示效果，例如是否接受灯光、是否透明等。

Paper2D提供了很多功能不同的默认材质。在讲解完如何根据纹理创建精灵后，大家可以尝试一下替换为不同材质，精灵的显示效果有何不同。另外，大家也可以自己编写需要的效果的材质，来替换默认材质，以达到控制游戏画面风格的效果。

5.3 Sprite

Sprite（精灵）是Paper2D中最常用、最重要的功能。

首先，Sprite是2D游戏开发当中最常用的抽象术语，具有非常长的历史。早期的游戏开发中可视性的部分都是一些图片或者像素的集合，这些图片或者像素的集合表现了游戏中的场景、角色、道具等不同的游戏对象。早期的游戏硬件通常性能比较低，性能不足以显示太多的图像，所以出现了一种专门的硬件来加速图像的显示。填充在这种硬件里面的图像就叫作Sprite。

随着计算机性能的不断进步，通过CPU可以直接显示或合成图片了，专用的硬件就没有存在的意义了，但是Sprite这个术语还是保留了下来。现在的Sprite，通常形容能够在屏幕显示的一个具体的对象，如一个角色。

这些能够在屏幕上显示的对象，具有一个2D坐标来控制显示在屏幕的什么位置。另外，这个2D坐标能根据用户的输入来改变图像本身，或者移动Sprite的位置，这样Sprite就有了动画属性。

5.3.1 UE5中的Sprite

UE5中的Sprite和传统2D游戏开发中的Sprite还有一些区别。因为UE5中，一个完整的游戏对象，例如玩家控制角色叫作一个Actor（角色）。而Sprite是一种资产类型，用来描述角色的可视部分。Sprite在UE5中，主要是和其他的资产类型做区分的。为了更好地了解UE5中的Sprite，需要了解UE5是如何处理图像资源的。

5.3.2 图片与纹理

大家平时见的最多的是叫作Image的图片（如图5-18所示），在互联网或者在电脑上，见到最多的除了文字就是图片。

图5-18　普通的图片

UE5支持很多类型的图片，包括bmp、jpeg、png、tga等，可以把UE5支持的任意的图片类型导入到UE5中。

在文件浏览器中找到要导入到UE5中的图片，将光标移动到图片上，按住鼠标左键拖动到内容浏览器中，当光标变为一个小+号的时候，就代表UE5可以导入这个图片。松开鼠标左键，UE5就开始导入图片了（如图5-19所示）。

导入完成后的图片是Texture（纹理）类型的（如图5-20所示）。

图 5-19 导入纹理资产

图 5-20 导入的纹理

导入 UE5 之后的图片，成为了“纹理”。纹理是一种 3D 引擎特有的格式，通常更适合显卡硬件使用。当然，为了方便显卡处理纹理对象，3D 引擎对纹理也有很多的要求。

- 纹理大小最好是 2 的 N 次方，才能方便显卡压缩解压缩，以读取处理图像数据。
- 纹理具有 Mipmap 特性，根据距离摄影机的远近读取不同分辨率的纹理以加快纹理显示。
- 纹理一般通过材质赋给 3D 模型生效。
- 针对程序运行时的硬件，纹理有不同的硬件优化格式。

这些要求里面，纹理大小是 2 的 N 次方是最重要的，只有具有 2 的 N 次方的纹理，才能利用硬件加速的特性。2 的 N 次方，通常就意味着，纹理的大小必须是 32×32、64×64、128×128、256×256、1024×1024 等尺寸的大小。现代的硬件也允许长宽不相等的纹理，如 64×512、1024×512 等。

如果导入的图像大小不是 2 的 N 次方，显卡也能够处理。不过，在处理之前，引擎会先把图像拉伸为 2 的 N 次方、这会造成资源的浪费。所以，导入 UE5 的纹理，一般都要求符合 2 的 N 次方的要求。

双击导入进来的纹理，会打开纹理编辑器。右边的细节面板的上面会显示纹理的相关细节（如图 5-21 所示）。

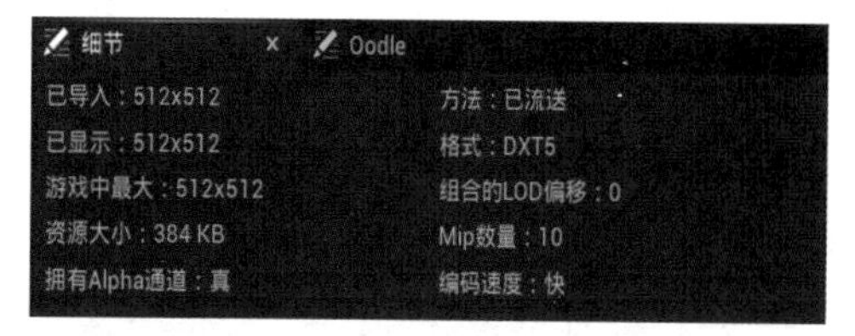

图 5-21 纹理细节属性

这里详细显示了导入时纹理的大小、纹理的压缩格式、有多少 Mip 等信息。

在新导入的纹理上右击，在弹出的快捷菜单中选择“保存”，把新导入的纹理保存在硬盘上（如图 5-22 所示）。然后再右击，在弹出的快捷菜单中选择“在浏览器中显示”。

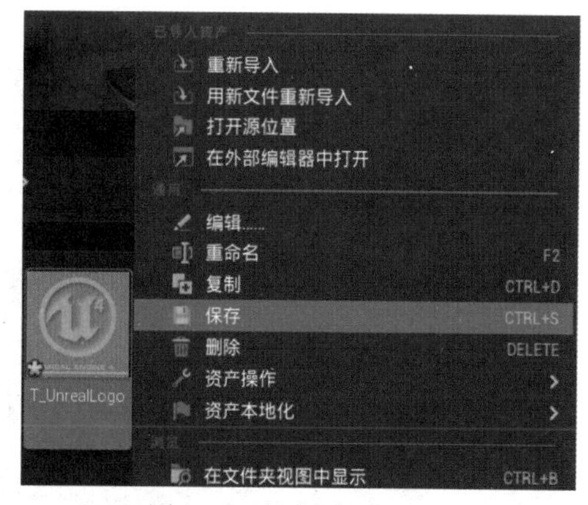

图 5-22 保存导入的纹理

可以看到导入之前的图像大小为 1MB，而保存的纹理大小为 72.8KB，文件扩展名也变为了 uasset（如图 5-23 所示）。这足以说明，导入进来的纹理和原先的 Image 不是一样的文件，纹理做了很多的优化。

T_UnrealLogo.uasset

选中 1 个项目 72.8 KB　　1 个项目　选中 1 个项目 1.00 MB

图 5-23　对比硬盘上原图片和导入后的纹理

5.3.3　创建Sprite

下面讲解在纹理的基础上创建一个Sprite。

在新导入的纹理上面右击，在弹出的快捷菜单中选择“Sprite 操作”→“创建Sprite”（如图 5-24 所示）。

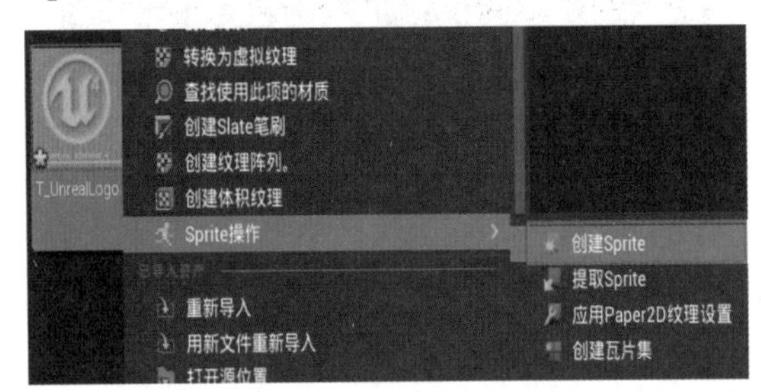

图 5-24　在纹理的基础上创建 Sprite

选择“创建 Sprite”后，UE5 会自动创建一个使用了导入的纹理的 Sprite（如图 5-25 所示）。

图 5-25　创建完成的 Sprite

在新创建的 Sprite 上右击，在弹出的快捷菜单中选择“保存”，保存 Sprite 资源到硬盘上。然后在文件浏览器中查看纹理和 Sprite（如图 5-26 所示）。

可以看到 Sprite 又比纹理小了很多。在内容浏览器中，双击新创建的 Sprite，打开 Sprite 编辑器（如图 5-27 所示）。

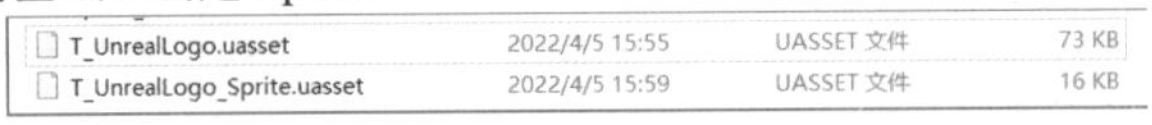

T_UnrealLogo.uasset	2022/4/5 15:55	UASSET 文件	73 KB
T_UnrealLogo_Sprite.uasset	2022/4/5 15:59	UASSET 文件	16 KB

图 5-26　在浏览器中查看纹理和 Sprite

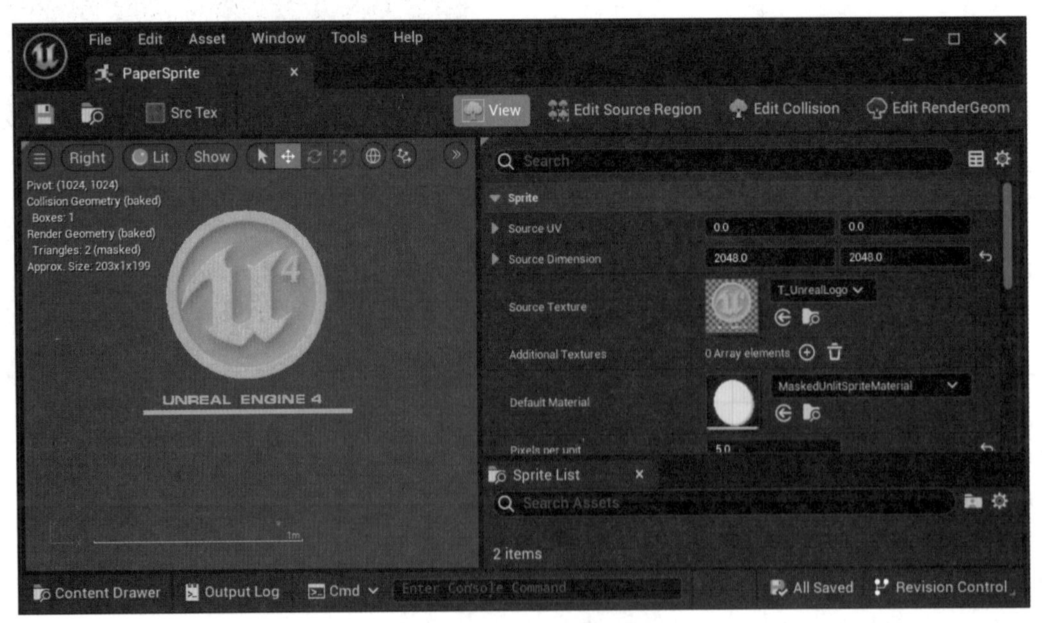

图 5-27　Sprite 编辑器

在 Sprite 编辑器的右侧，可以看到“源纹理”引用的是导入进来的纹理。

这就说明了，Sprite 资源类型引用了纹理资源类型。同时在 Sprite 资源类型上，有很多属性来配置如何使用纹理资源。

Sprite 不包含纹理，只是使用某一个纹理。同一个 Sprite，可以使用不同的纹理。

在 Sprite 资产上右击，在弹出的快捷菜单中选择“引用查看器”，会显示这个 Sprite 资产所引用的资源（如图 5-28 所示）。

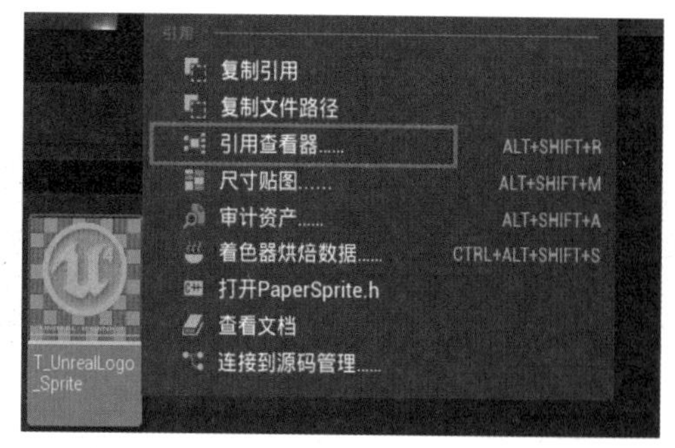

图 5-28 查看 Sprite 资产引用的资源

在引用查看器（如图 5-29 所示）中可以看到，Sprite 资产不仅引用了纹理资源，还引用了 Paper2D 插件提供的材质资源。

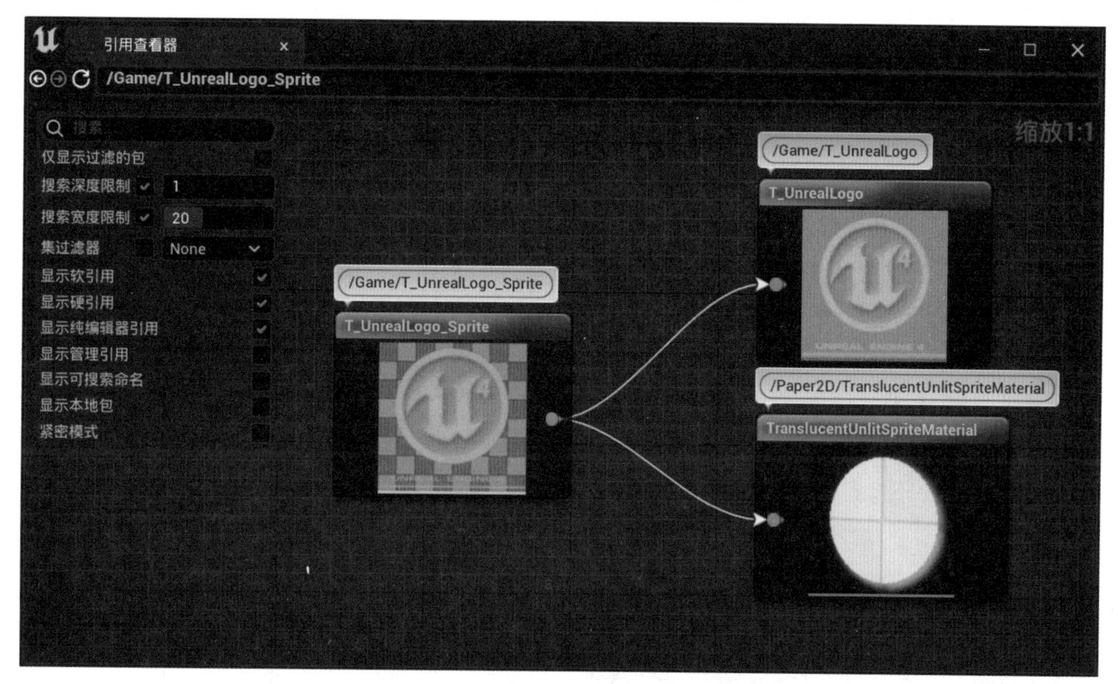

图 5-29 Sprite 资产引用了两个资源

图片、纹理和 Sprite 之间的不同在这里就非常清晰了。它们都是资源类型，但用途不一样。根据用途的不同，很多的属性也不一样。

5.4 Sprite 设置

5.3 节介绍了如何创建 Sprite，本节将介绍如何设置 Sprite，以得到更好的 Sprite 显示效果。默认情况下，Sprite 创建完成之后，就可以直接拖放到关卡中进行使用了。但是 Sprite 还有很多的设置用来控制 Sprite 的外观、行为和渲染。

5.4.1 Sprite大小

双击打开一个 Sprite，在打开的 Sprite 编辑器的右侧可以看到 Sprite 的属性。其中，

“逐单元像素”是用来控制 Sprite 最终的渲染大小的（如图 5-30 所示）。

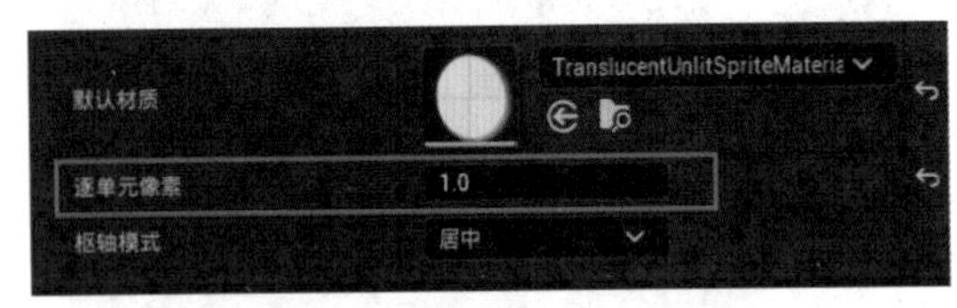

图 5-30 设置 Sprite 大小

3D 引擎有很明确的单位的概念。一般单位和现实生活中的单位一一对应。UE5 是 3D 引擎，所以单位非常重要。3D 引擎依靠单位来计算大小、速度以及各种物理计算等。UE5 的单位称作 Unreal Unit（简称为 UU）一个 UU 对应现实中的 1 厘米。

这里的“逐单元像素”是每个单位中有多少像素。当前纹理的尺寸为 512×512 像素，也就是长和宽都有 512 像素。这里默认设置为 1，意思是 Sprite 会占据 512 个虚幻单位。所以放置场景中，Sprite 的大小是 512×512 厘米（长和宽都是 5.12 米）。

可以把这个 Sprite 放置场景中查看尺寸是不是 512 厘米（如图 5-31 所示）。

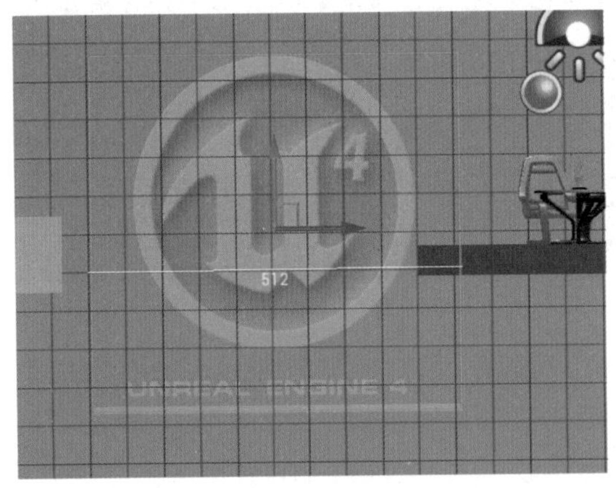

图 5-31 测量 Sprite 在场景中的尺寸

当在正交视图中时，按住鼠标中键，可以切换到测量工具，测量 Sprite 的大小。

在开始制作美术资源之前，一定要了解 Sprite 的大小，并统一配置“逐单元像素”。切忌任意设置 Sprite 大小，否则当 Sprite 变多之后，会变得很难统一。

5.4.2 自定义Sprite渲染形状

UE5 是 3D 引擎，纹理要渲染到场景中，必须通过材质指定给模型的方式。那么，Sprite 是如何渲染出来的呢？

在场景中查看 Sprite，会看到外面有橘黄色的外框（如图 5-32 所示）。

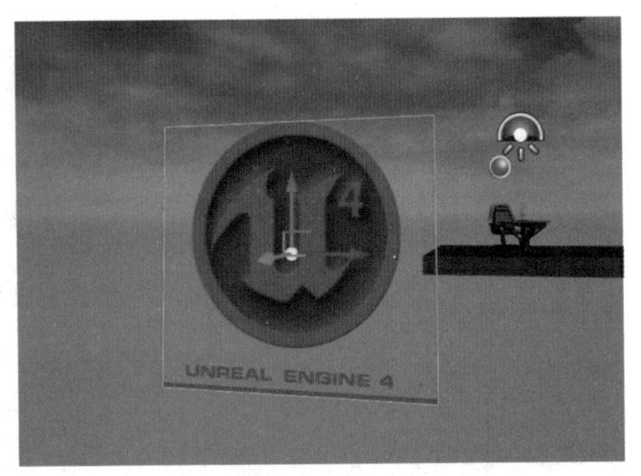

图 5-32 Sprite 的默认渲染几何体

这个外壳，就是 Paper2D 自动创建的模型，默认是正方形的。这个默认生成的模型，可以修改。在 Sprite 编辑器的右上角切换到“编辑渲染几何体”模式，在这个模式下可以修改要渲染的模型（如图 5-33 所示）。

修改的方法在视口的左上角显示出来了。按 Shift 键添加一个点。选择点后，按 Delete 键删除。双击点，会选择点所链接的多边形。

通过一些简单的编辑，可以把渲染模型编辑为如图 5-34 所示的样子。

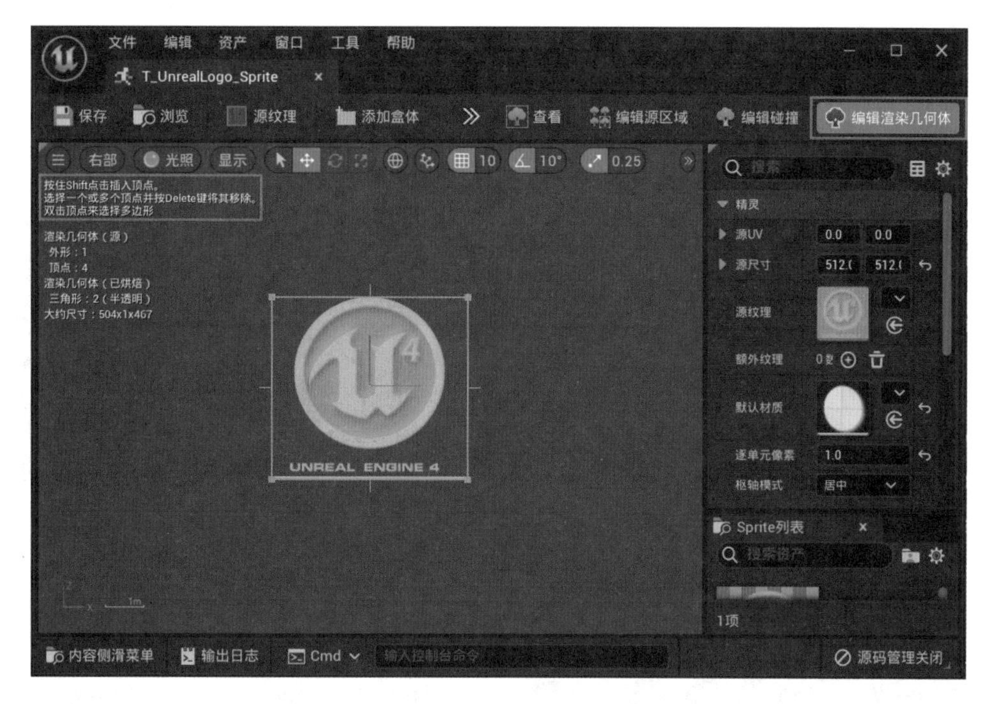

图 5-33　编辑渲染几何体

图 5-34　渲染几何体编辑完成

回到视口中，可以看到场景中渲染Sprite的模型也改变了（如图 5-35 所示）。

图 5-35　视口中的渲染几何体线框

那么，为什么要修改渲染的形状呢？

多数情况下要修改渲染形状是跟性能有关的。在 3D 引擎中，透明的区域也是会进行计算的。当有多个透明区域重叠的时候，虽然在视觉上，这些区域都是不可见的，但是显卡却需要对这些透明的区域进行计算。通过自定义渲染形状，可以把需要渲染的透明区域缩减到最小，以避免无意义的计算。

5.4.3　自定义Sprite碰撞

除了可以自定义渲染形状之外，Sprite 还可以自定义碰撞区域。在视口的“显示”菜单中，选择“碰撞”，或者使用快捷键 Alt+C，就可以在视口中显示所有的碰撞体，碰撞体会以线框显示。因为没有设置，所以这里显示的是默认的四方形（如图 5-36 所示）。

图 5-36　Sprite 的默认碰撞体

为了查看碰撞体的作用，把 Sprite 放置在地板的上方，保证 Sprite 因为重力下落时能碰到地板（如图 5-37 所示）。

图 5-37　放置 Sprite 在地板的上方

在 Sprite 选择的状态下，查看细节面板中的物理属性，勾选“模拟物理”（如图 5-38 所示）。这样程序在运行时，这个 Sprite 就会根据物理规律下落了。

图 5-38　打开 Sprite 物理属性

选择工具栏播放区最后面的三个点，勾选“模拟”（如图 5-39 所示）。这个功能是在视口中运行物理、动画等功能，但不运行游戏。快捷键是 Alt+S。

图 5-39　模拟播放

查看视口中 Sprite 的运动规律，碰撞是发生在碰撞体上的，而与具体的纹理、渲染形状无关（如图 5-40 所示）。

图 5-40　Sprite 的物理运动

碰撞形状是可以自定义的。为了更精确地表示 Sprite 的物理形状，在 Sprite 编辑器中，切换到“编辑碰撞”面板（如图 5-41 所示）。

编辑碰撞体的方法和编辑渲染形状的方法一样，具体的操作方法也显示到了视口的左上角（如图 5-42 所示）。

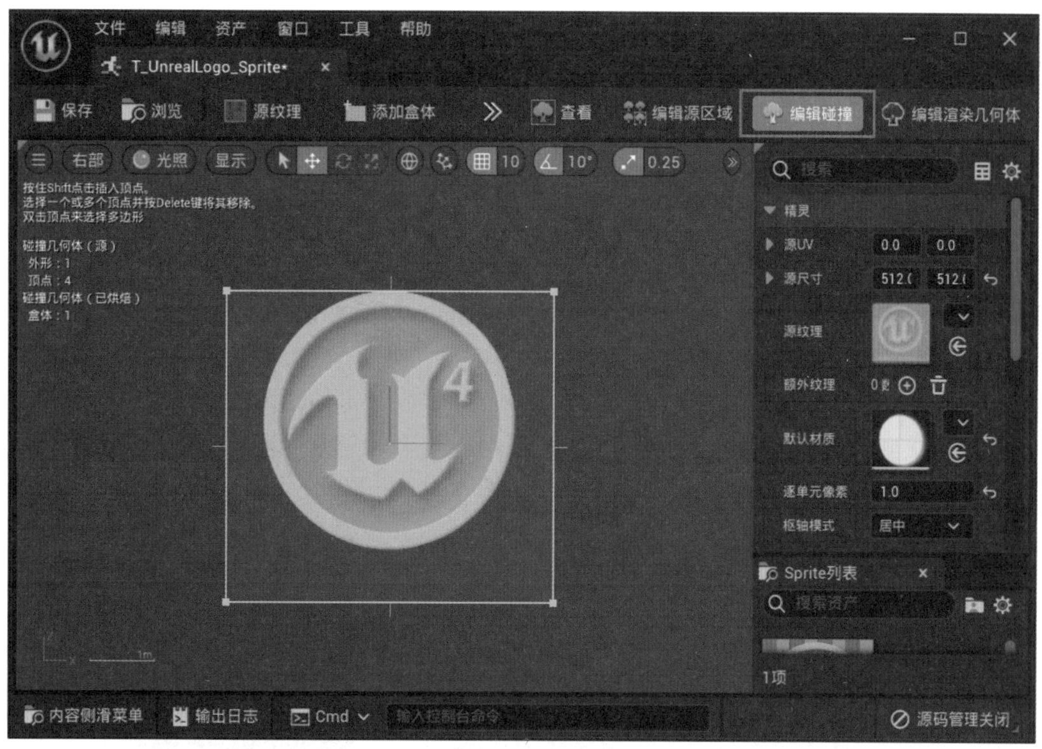

图 5-41　编辑碰撞体

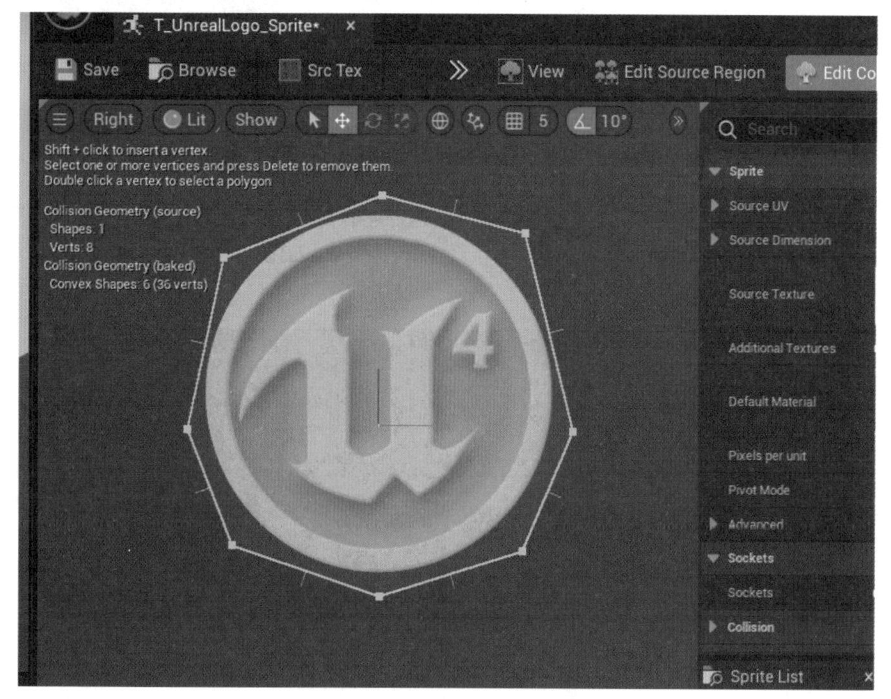

图 5-42　碰撞体编辑完成

保存编辑好的 Sprite，然后切换到主视口，通过模拟运行来查看 Sprite 的物体运动，现在发生碰撞的区域已经基本和图形贴合了（如图 5-43 所示）。

图 5-43　物理以碰撞体为基础进行运算

那么，为什么要编辑碰撞集合体，而不是默认就生成一个和图形边缘一样的碰撞体呢？这也是因为性能。首先，并不是所有的 Sprite 都需要碰撞。默认生成一个简单的碰撞体有助于性能的优化。其次，物理计算非常消耗系统资源。即使自定义更加贴合的碰撞体，也不需要完全和图形贴合。一般编辑一个近似的简化版的碰撞体就足够了。

5.5　使用单张纹理创建多个 Sprite

在 2D 游戏制作过程中，美术制作完成的图片通常会合并到一张纹理当中。这张合并在一起的图片称作 Sprite 图集（如图 5-44 所示）。

图 5-44　Sprite 图集

UE5 也支持这种类型的纹理制作 Sprite。下面来看一下，使用 Sprite 图集制作 Sprite 的方法。

首先把 Sprite 图集的图片导入到 UE5 中，这个步骤和单张的图片是一样的（如图 5-45 所示）。

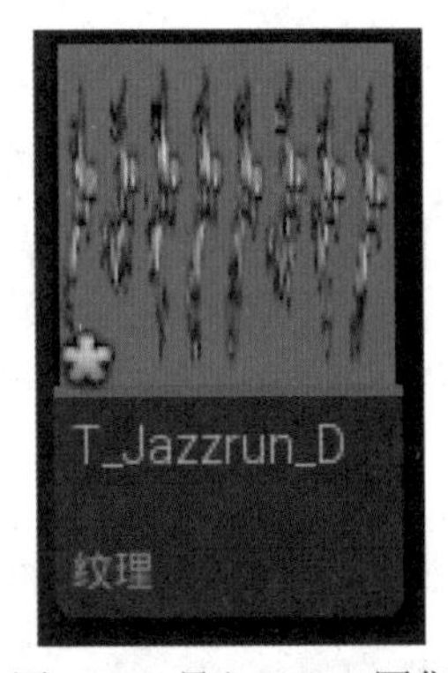

图 5-45　导入 Sprite 图集

在新导入的纹理上右击，在弹出的快捷菜单中选择“Sprite 操作”→“提取 Sprite”（如图 5-46 所示）。

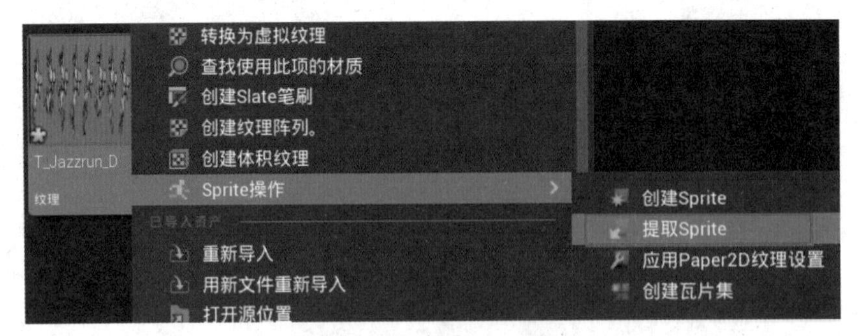

图 5-46　“提取 Sprite”

UE5 会打开提取 Sprite 对话框，在左侧的视口中可以看到 UE5 已经自动地识别部分 Sprite。但是，识别出来的 Sprite 尺寸是不对的，需要自己调整一些设置。在右侧的细节面板中，将 Sprite 提取模式设置为“网格”方式（如图 5-47 所示）。

图 5-47 设置以网格的方式提取 Sprite

在“网格”设置中设置网格的细节。默认的 CellWidth（单个网格宽度）是 550，代表整个纹理的宽度是 550。在这个图片中，总共有 8 个 Sprite 要提取，所以在“单元宽度”中，输入 550/8，然后按 Enter 键，UE5 会自动计算出 Sprite 的宽度。然后在“数字单元 X”中，输入 8 代表要提取 8 个 Sprite（如图 5-48 所示）。

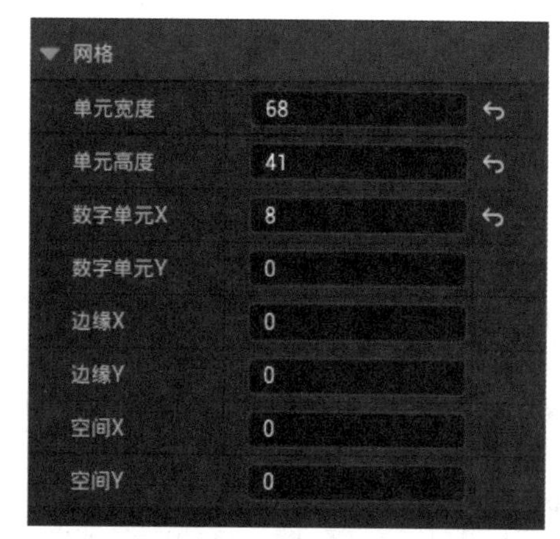

图 5-48 设置网格信息

设置完成后，左侧的视口已经显示了提取的结果，单击右下角的“提取 ......”按钮，开始提取 Sprite。提取完成后，回到内容浏览器中可以看到 8 个不同的 Sprite 就已经被提取出来了（如图 5-49 所示）。

图 5-49 提取 Sprite

那么，为什么会有这种多个 Sprite 放在一张纹理上的制作方法呢？首先是性能的需求，多个图片会消耗系统资源来读取图片，而把所有的 Sprite 放在一张图片上，在使用的时候只需要读取这一张图片就可以了，这大大减少了读取图片的消耗。另外，2D 游戏通常有数量众多的图片资源，通过使用 Sprite 图集把相似的图片组合在一张图片上有助于大型项目的管理。

Sprite 图集的制作通常需要配合专用的软件。当前，最常用的是 TexturePacker，这不在本书的讨论范围中。UE5 支持直接导入 TexturePacker 导出的 Sprite 图集，有兴趣的读者可以在 TexturePacker 的官方网站上找到相应的资料。地址为：

https://www.codeandweb.com/texturepacker。

5.6 图像序列

上一节在一个 Sprite 图集中，创建了许多 Sprite，这些 Sprite 表现的是一个连续跑步的动画，如果要播放这个动画，则需要使用一种叫作“图像序列”的工具。

图像序列类似于小时候在课本的一角画上不同的图片，通过快速翻书的方式，动画就能播放起来，这也是传统动画片播放的方式。

UE5 中，制作图像序列非常简单，在内容浏览器中，选择要组成动画的多个 Sprite，然后右击，在弹出的快捷菜单中选择“创建图像序列”（如图 5-50 所示）。

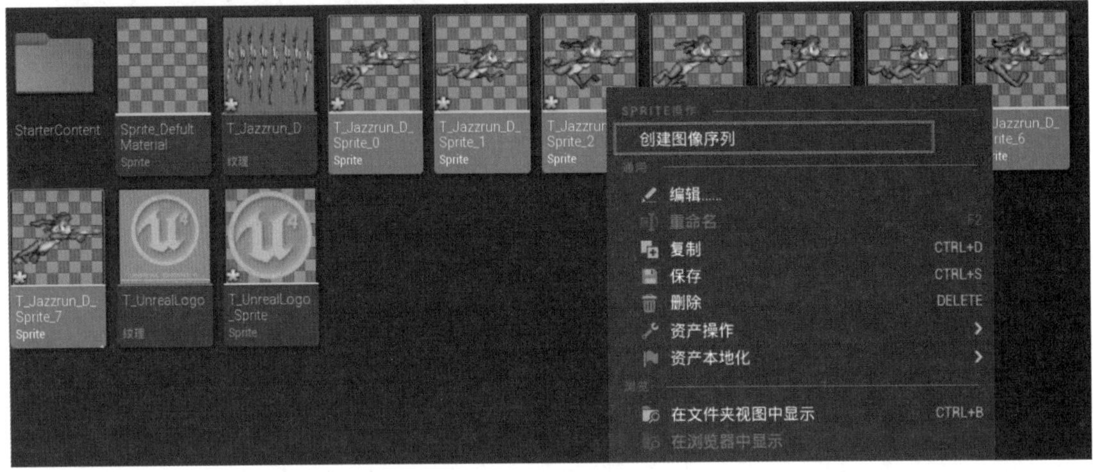

图 5-50 创建图像序列

图像序列是一种新的资源类型，创建完成后，可以对这个资产进行命名（如图 5-51 所示）。

图 5-51 图像序列资源

在图像序列上双击，可以打开图像序列编辑器，这里可以对图像序列进行精确地设置调整（如图 5-52 所示）。

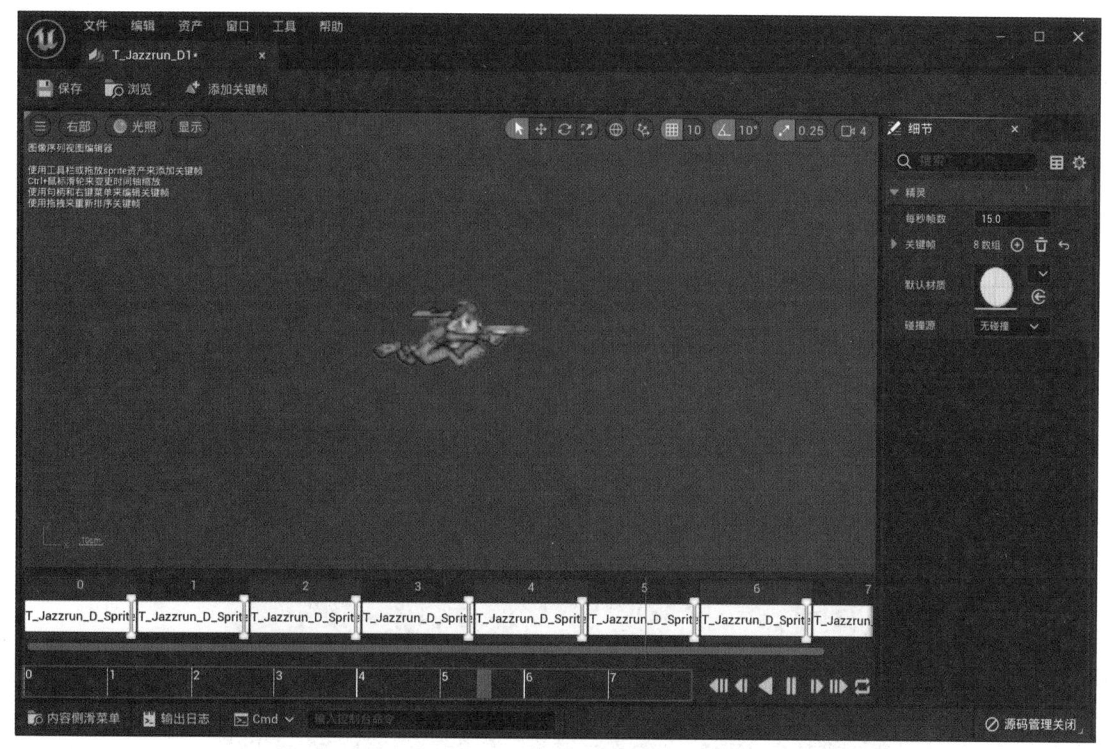

图 5-52　图像序列编辑器

首先，在右侧的细节面板中可以设置动画播放的速度，默认是每秒钟播放 15 帧（如图 5-53 所示）。

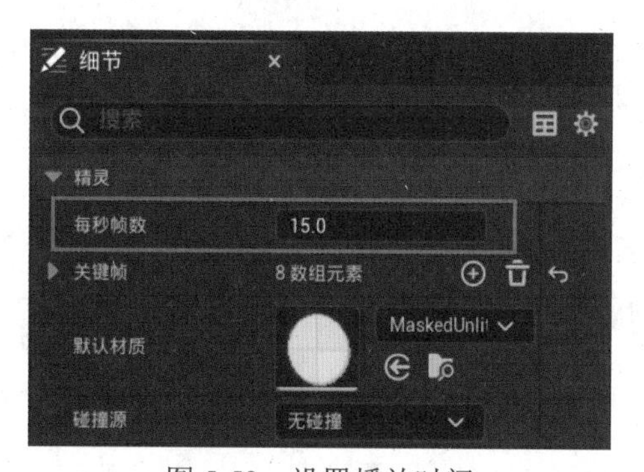

图 5-53　设置播放时间

通过拖动时间线上面帧的左右手柄，可以控制单帧的播放长度（如图 5-54 所示）。

图 5-54　拖动单帧的播放时间

另外，可以随时从内容浏览器中通过把新的帧拖动到时间线上来添加新的帧（如图 5-55 所示）。

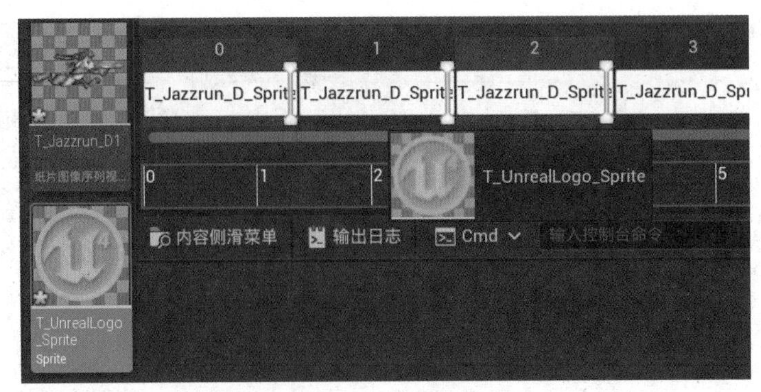

图 5-55　添加新的动画帧

添加到图像序列中的所有帧，实际上就是把帧的信息添加进一个数组中。可以在细节面板中找到关键帧数组，对每一帧进行单独的设置（如图 5-56 所示）。

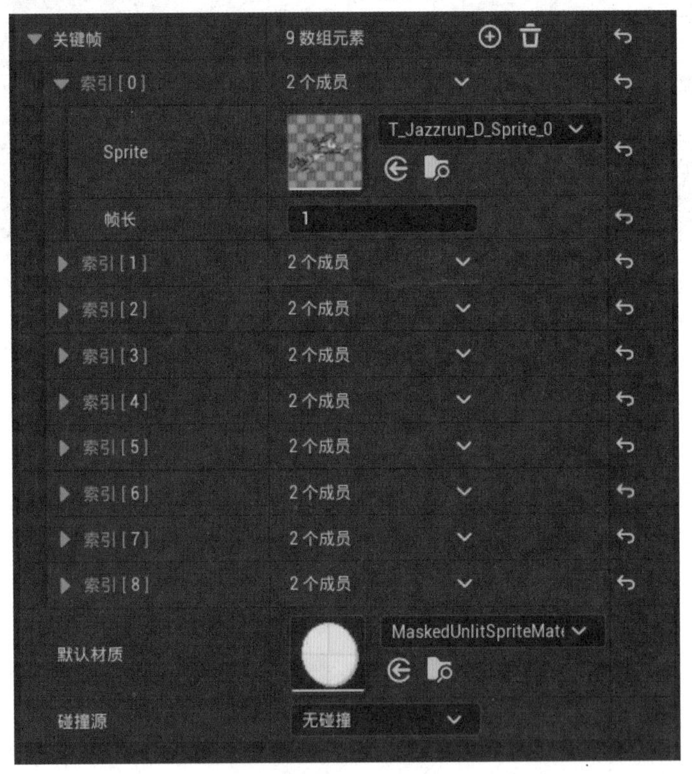

图 5-56　图像序列关键帧数组

当创建完图像序列后，可以直接拖动图像序列添加到关卡中来播放（如图 5-57 所示）。

图 5-57　关卡中的图像序列

5.7　瓦片与瓦片集

本节来看一下 Paper2D 提供的 2D 开发的另一个功能：瓦片和瓦片集。在 2D 游戏中（尤其是早期 2D 游戏）完整地显示超大的地图受限于性能问题是很难完成的。所以，早期的地图是由一块一块的图像拼起来的，因为这种方式把每一个小的图像块作为一个元素进行整体的拼接非常像贴瓷砖的过程。所以，小块的图像被称作瓦片，由瓦片组合起来的地图叫作瓦片地图。

瓦片地图是在早期处理 2D 游戏的场景时一种特殊的处理方法。到今天这种处理地形的方法依然能够带来很多怀旧复古的游戏体验，还可以节省开发预算，所以依然非常流行（如图 5-58 所示）。

图 5-58　瓦片制作的关卡

Paper2D 提供了完整的瓦片贴图的制作工具。要制作瓦片贴图，首先要制作瓦片。

瓦片和 Sprite 非常相似。只是 Sprite 通常在图像序列中使用，而瓦片只能在瓦片贴图中使用。

5.7.1　创建瓦片集

首先导入本章的资源 sheet.png，这是一张包含了多个瓦片的纹理（如图 5-59 所示）。

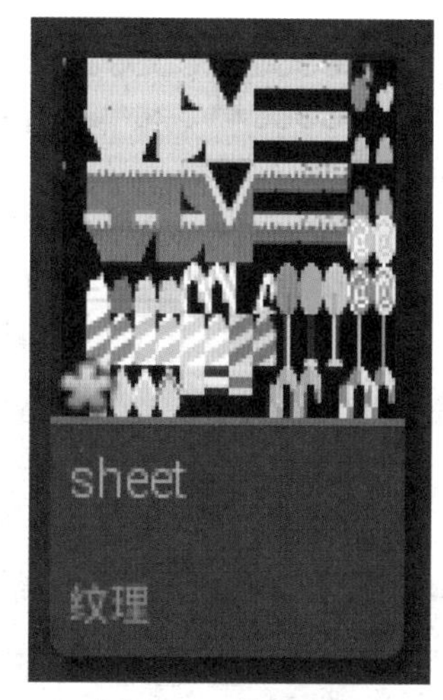

图 5-59　导入纹理

在导入的纹理上右击，在弹出的快捷菜单中选择“Sprite 操作”→创建瓦片集（如图 5-60 所示）。

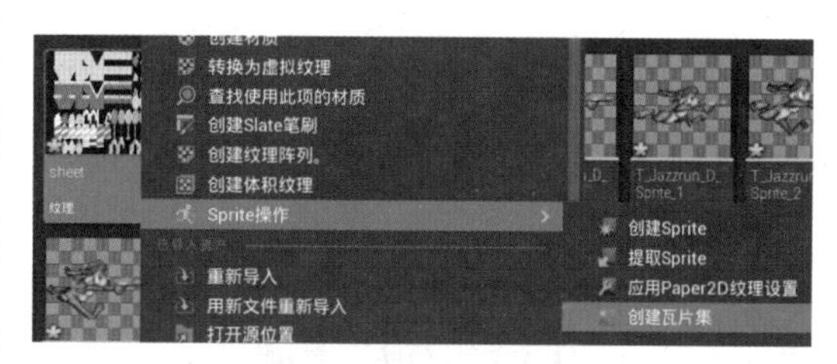

图 5-60　创建瓦片集

新的瓦片集类型的资源会被创建（如图 5-61 所示）。

图 5-61　瓦片集资产

双击新创建的瓦片集，打开瓦片集编辑器（如图 5-62 所示）。

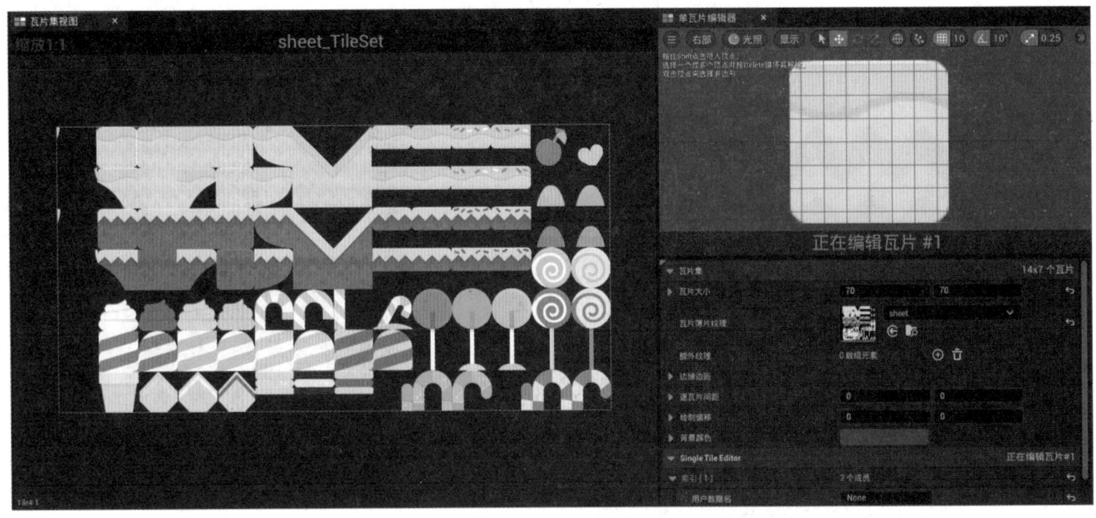

图 5-62　瓦片集编辑器

瓦片集编辑器的左边是瓦片，右边上面是瓦片的预览，下面是整个瓦片集的设置。

当前导入的纹理每一个瓦片的大小是70像素，所以在右下角的“瓦片大小”中输入70，然后用鼠标选择左侧的瓦片，在右上角查看一个瓦片是否完整地显示了。如果瓦片显示的是完整的图块，瓦片集就设置好了。单击“保存”按钮，保存这个瓦片集。

瓦片集的设置比较少，基本上把单个瓦片的大小设置完成后就可以使用了。

5.7.2　设置瓦片碰撞区域

单个瓦片的设置最主要的是设置碰撞区域。

在右侧选择一个瓦片然后选择工具栏上的“碰撞瓦片”，开始设置瓦片的碰撞区域（如图 5-63 所示）。

图 5-63　瓦片编辑器中的“碰撞瓦片”按钮

选择完“碰撞瓦片”之后，就可以和Sprite一样设置碰撞区域了。注意单个瓦片默认是没有碰撞的，要编辑碰撞需要首先添加一个基本的碰撞形状（如图 5-64 所示）。

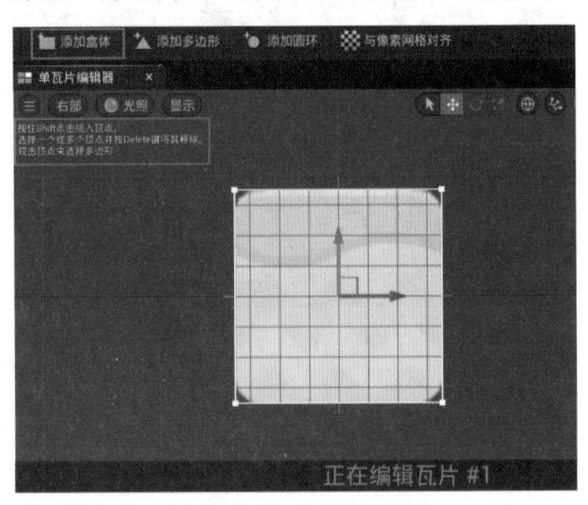

图 5-64　添加盒体碰撞

其他的编辑方法和Sprite一样，这里不再赘述。

5.7.3　使用瓦片集创建瓦片贴图

瓦片贴图也是一种特殊的资产类型。一般通过在瓦片集上右击，在弹出的快捷菜单中选择“创建瓦片贴图”来创建瓦片贴图（如图 5-65 所示）。

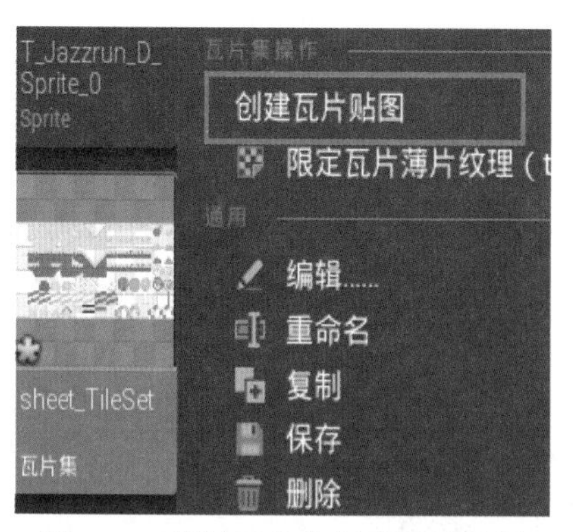

图 5-65　通过瓦片集创建瓦片贴图

瓦片贴图创建完成后，双击新创建的瓦片贴图资产，可以打开瓦片贴图编辑器（如图 5-66 所示）。

瓦片贴图编辑器左侧是选择要使用的瓦片的区域；中间是贴图的绘制区域；右侧是细节设置面板。默认的贴图的绘制区域太小了，绘制不了太大的地形（如图 5-67 所示）。

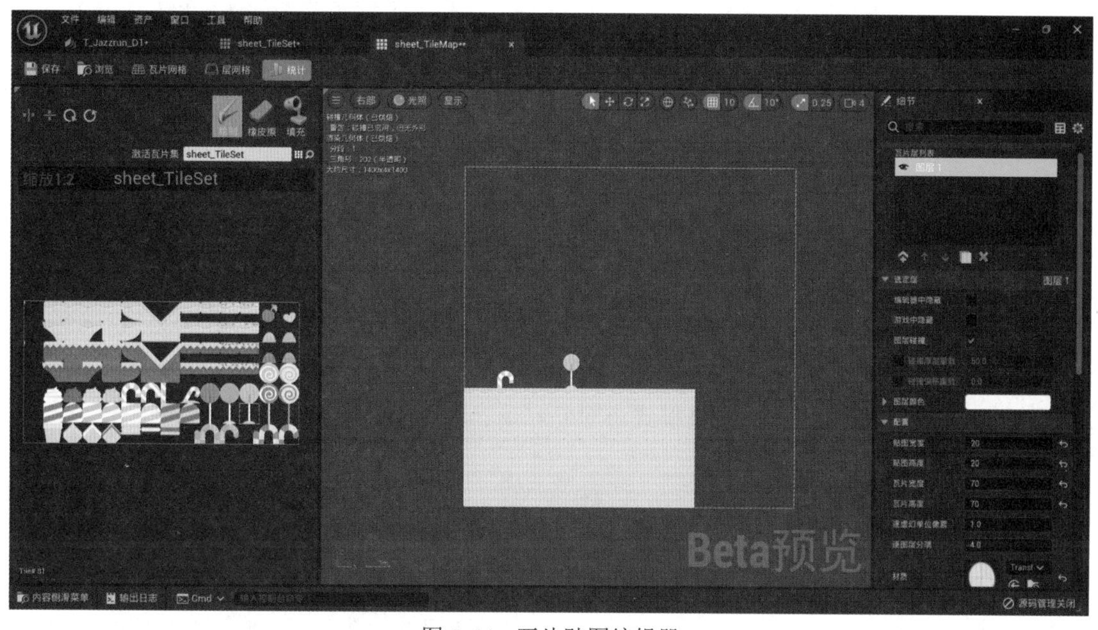

图 5-66　瓦片贴图编辑器

图 5-67　默认贴图大小

先通过设置贴图的宽度和高度来设置贴图的大小。注意，这里的数值是指有多少个瓦片。如设置 20×20，就是在宽和高的方向上，都能放置 20 个瓦片（如图 5-68 所示）。

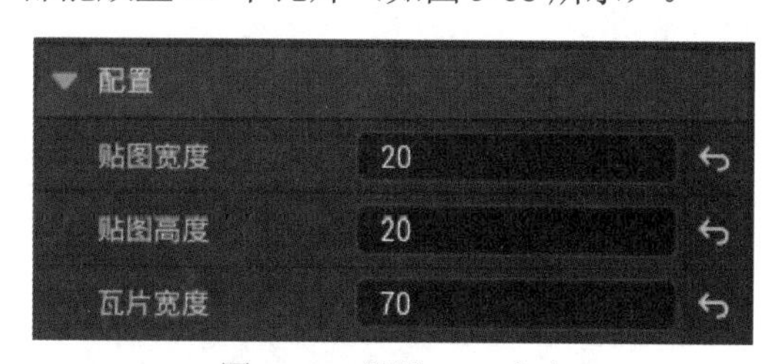

图 5-68　设置 map 大小

一个瓦片的宽度是 70，那么这个贴图的总大小就是 70×20=1400 像素。

在左侧选择需要的瓦片，然后在中间的贴图区域，单击或拖动，就可以进行绘制了（如图 5-69 所示）。

图 5-69　编辑瓦片贴图

关于瓦片贴图的详细绘制方法，非常简单，这里总结一下：

（1）单击，绘制瓦片。

（2）右击，平移视图。

（3）在选择瓦片的时候，可以使用鼠标拖动选择多个要绘制的瓦片。

（4）按 E 键可以切换到擦除模式。

（5）按 B 键可以切换到绘制模式。

（6）按 G 键可以切换到填充模式。对绘制背景非常有效。

（7）在贴图上，按 Shift 键，可以快速选择贴图中使用的多个瓦片进行绘制。

（8）通过 Shift 键选择空白区域，可以当作擦除画笔使用。

对贴图绘制完成后选择保存，就可以把贴图拖入到场景中直接使用了（如图 5-70 所示）。

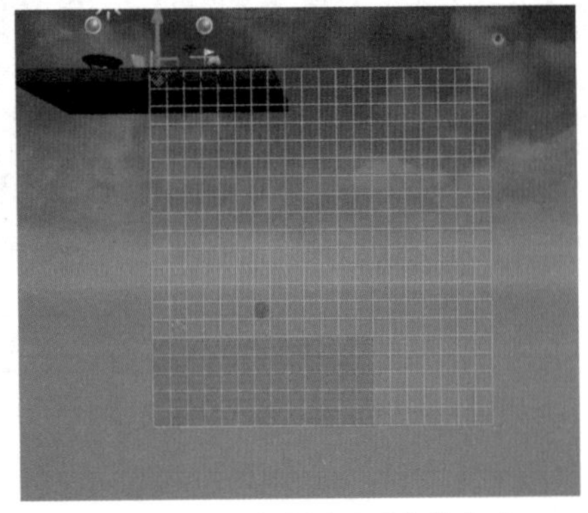

图 5-70　瓦片贴图显示在关卡中

总结

本章介绍了 Paper2D 的使用方法，包括为什么要使用 Paper2D，在 2D 游戏开发中常用的技术术语，Paper2D 提供的功能，等等。基本上讲到了所有 Paper2D 的特性，这些功能只有在制作 2D 游戏的时候才会用到，这也是使用 UE5 开发 2D 游戏和 3D 游戏之间最大的区别。本章讲过的内容在后面实例中还会多次遇到，所以对于不理解的内容可以在具体使用的时候再回过头来查看。

问答

（1）什么是 Sprite？

（2）Paper2D 提供的默认资源在哪里？

（3）什么是瓦片？

（4）为什么要自定义碰撞？

思考

（1）Paper2D 是如何在 3D 引擎中制作 2D 功能的？

（2）纹理是如何变为 Sprite 显示在场景中的？

（3）Paper2D 的内容能在 3D 环境中运行吗？

（4）如果没有 Paper2D，怎么制作 3D 游戏？

练习

（1）随书的资源有一些学习用的瓦片集，试着制作相应的瓦片贴图。

（2）随书提供了一下角色 Sprite 图集，试着制作出相应的图像序列。

第 6 章　UE5 2D 开发初始设置

第 5 章介绍了 Paper2D 插件提供的 2D 功能。在正式开始制作游戏项目之前还有一些内容需要提前设置。例如，之前制作的 Sprite 在运行时会有模糊的问题，之前一直是直接使用 3D 摄影机，在 UE5 中如何设置 2D 摄影机等类似的问题，这些问题几乎在所有的 2D 项目中都会遇到，所以这里把这些需要提前设置的内容都提取出来放在本章里，方便在以后遇到同类问题时直接查看。

本章重点

- 解决 Sprite 模糊
- 设置后处理自动曝光
- 纠正 2D 资源与游戏中的颜色偏差
- 处理瓦片贴图的接缝
- 处理透明 Sprite 的排序
- 设置 2D 摄影机

6.1 Sprite 模糊

在第 5 章制作图像序列的时候，大家应该注意到了，创建好的图像序列放到关卡中，Sprite 是模糊的。第 5 章已经讲解过图像、纹理和 Sprite 之间的关系。所以，根据一个 Sprite 从图片到显示在屏幕上的过程，能否推断一下 Sprite 模糊的问题最大的可能性是出在哪个环节呢？

通过之前的内容，可以很容易地推断出这种模糊很可能是因为纹理的优化设置导致的。因为从图片到显示在显示器这个过程中，只有从图片到纹理的转变，真正地发生了改变。

双击之前导入的 T_Jazzrun_D 纹理，检查一下纹理的设置（如图 6-1 所示）。

从细节面板中可以看到因为纹理不是 2 的 *N* 次方，所以 Mip 数量是 1。在“压缩设置”中的设置是“默认”，这个设置会让 UE5 根据项目运行的平台来压缩纹理，而纹理一旦被压缩就会变得模糊（如图 6-2 所示）。

手动修改一下纹理的压缩设置，将“纹理组”设置为“2D 像素（未过滤）”，“压缩设置”设置为“用户界面 2D（RGBA）”，UE5 对“用户界面 2D（RGBA）”的压缩会尽量保证不丢失细节（如图 6-3 所示）。

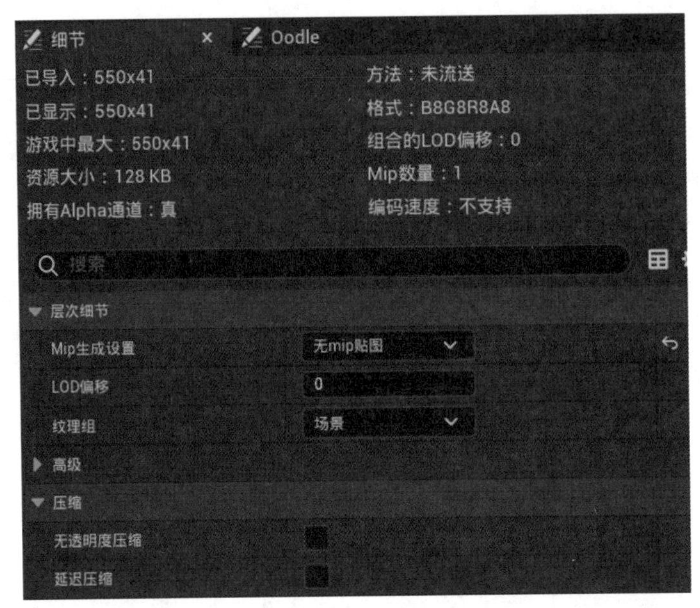

图 6-1　默认导入的纹理设置

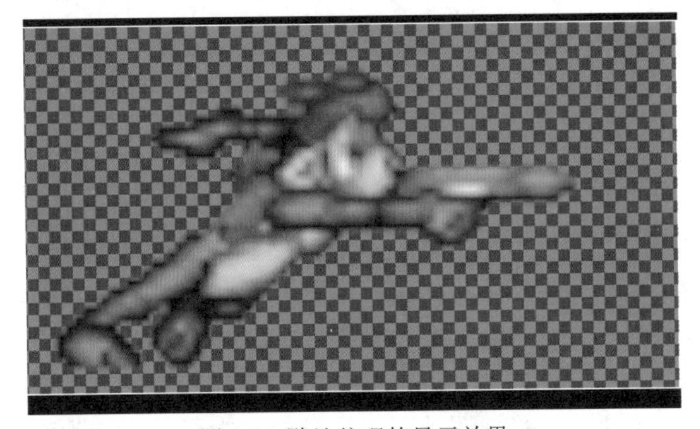

图 6-2　默认纹理的显示效果

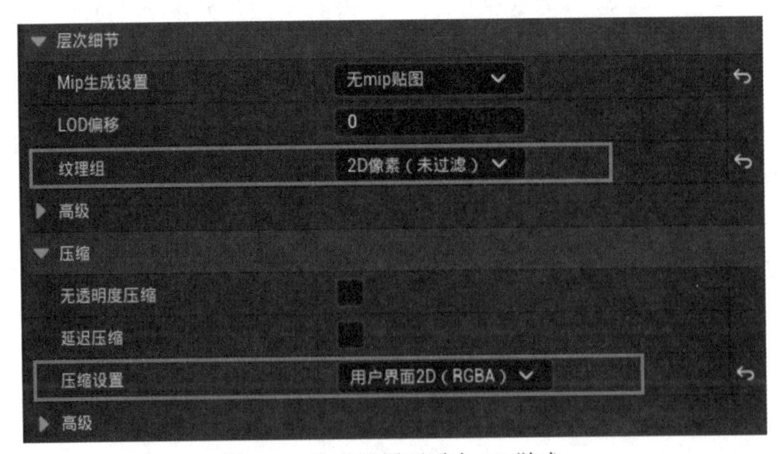

图 6-3　纹理设置更适合 2D 游戏

在“纹理”中“过滤器”设置为“最近”。这个选项设置在一个像素显示的时候是否要考虑周围像素。设置为“最近”能完整地显示像素画效果，如果不是像素画的图像这里可以保持默认设置（如图 6-4 所示）。

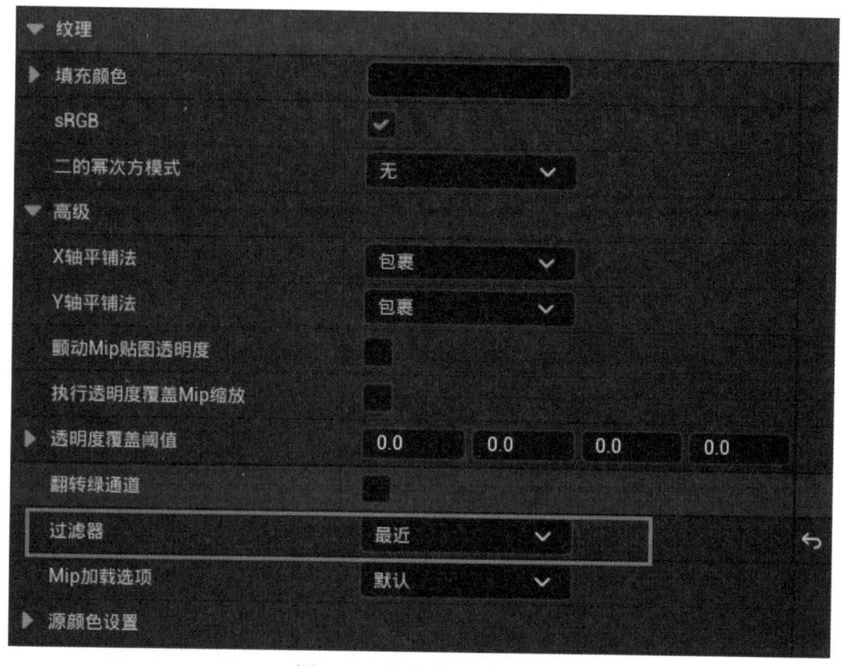

图 6-4　设置纹理过滤器

设置完成后查看左侧的缩略图可以看到图片已经像素化了（如图 6-5 所示）。

图 6-5　完全重现图片像素化效果

虽然能够对单张的纹理进行更适合 2D 游戏的设置，但是如果有大批量的纹理需要设置，这个过程还是很烦琐的。Paper2D 插件提供了一个快速的设置，可以一键对纹理进行设置。在要设置的纹理上右击，在弹出的快捷菜单中选择“Sprite 操作”→“应用 Paper2D 纹理设置”（如图 6-6 所示）。

图 6-6　应用 Paper2D 纹理设置

选择完成之后，双击“纹理”打开纹理编辑器，检查一下，Paper2D 给自动设置了哪些属性。

对于 2D 游戏开发来说，几乎全部的纹理都要使用这种设置。所以，应用 Paper2D 纹理设置的动作在导入纹理之后就应该马上执行，而不用关心之后是否会用到其他设置。如果明确纹理有其他用途，可以之后再设置回其他的状态。

6.2 后处理自动曝光

UE5 为了展示最佳效果，默认情况下开启自动曝光功能，该功能是模拟人眼视觉的一种方式。回忆一下，当在休息的时候突然关闭卧室灯光，人的眼睛会感到一片黑暗什么都看不清，但是在黑暗中待一段时间后，只要室内有极其微弱的光眼睛又能逐渐看清黑暗环境下的物体了，在从暗变亮的情况下也是一样。这是人眼自适应功能。

UE5 模拟了人眼这种功能。当画面突然变亮或者变暗，UE5 会慢慢地改变视图中的亮度来模拟人眼的效果。例如，在默认的 Minimal_Default 关卡中，在如图 6-7 所示的视角，看到整个地面是很暗的。

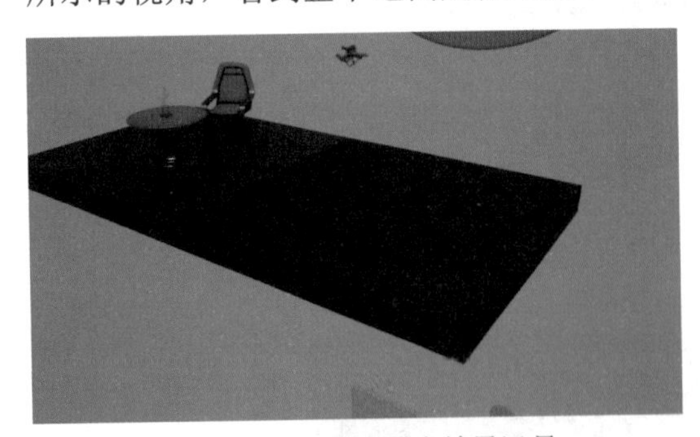

图 6-7　关卡默认曝光效果远景

当移动摄影机到地面，稍微等一下可以看到地面慢慢变亮了（如图 6-8 所示）。

图 6-8　关卡默认曝光效果近景

自动曝光虽然效果很好，但在编辑关卡时，变化的环境亮度已经到了影响判断整个关卡亮度的程度。在制作 2D/3D 游戏的过程中，这种变化是非常不利于观察整个场景设计的。因为灯光在随时发生变化，并且变化的幅度非常大。

所以在制作关卡前，一般要先把自动曝光的功能进行关闭，在编辑完关卡之后，再根据游戏需要决定是否打开。

关闭自动曝光的方式是比较简单的。自动曝光这个步骤是在后处理中计算的，所以只要找到对应的后处理就可以在后处理的基础上关闭自动曝光。

6.2.1 通过后处理体角色关闭自动曝光

一般关卡中的后处理是由后处理体决定的。在大纲中切换使用类型方式排列，然后寻找类型为 PostProcessVolume 的后处理体（如图 6-9 所示）。

当前的关卡中有一个后处理体，选择这个后处理体，在细节面板中查看这个后处理体是否影响整个关卡（如图 6-10 所示）。

图 6-9　通过 Actor 类型寻找后处理体

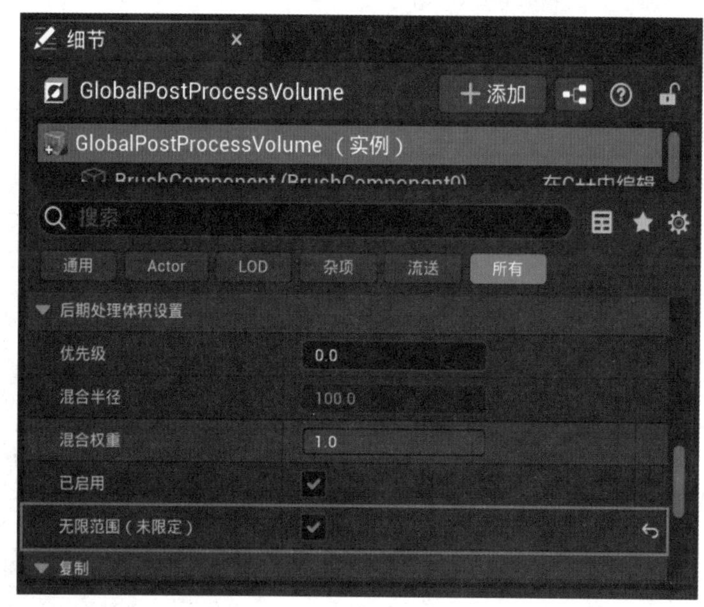

图 6-10　后处理体是否影响全局

后处理体的“无限范围（未限定）”代表了这个后处理体不受其体积影响而是对整个关卡有影响，这就是要调整的后处理体。

在细节面板中，找到 Exposure（曝光）栏，把里面的“最低亮度”和“最高亮度”都设置为 1.0，这样无论自动曝光怎么变结果值都是 1.0，这间接达成了自动曝光不改变亮度的目的（如图 6-11 所示）。

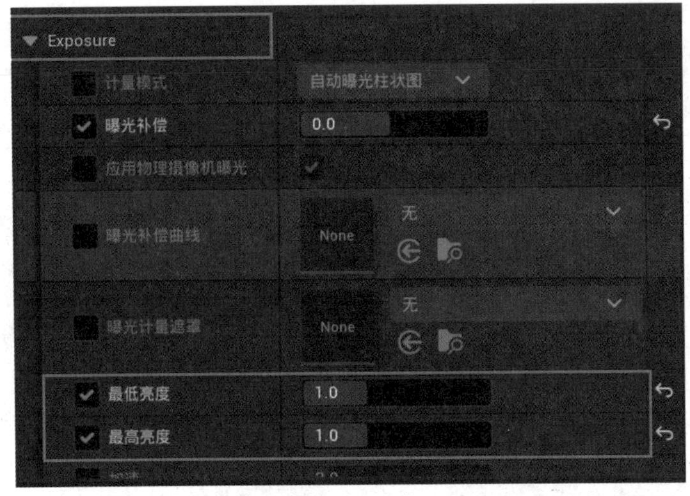

图 6-11　设置“最低亮度”和“最高亮度”

修改完成后，到视口中移动摄影机的位置观察亮度。如果设置正确视口中的亮度应该始终保持不变（如图 6-12 所示）。

图 6-12　稳定的曝光效果

6.2.2　通过视口工具菜单关闭自动曝光

这里来看一下另一种关闭自动曝光的方法。

首先把 6.2.1 节中的设置先还原，因为自动曝光确实影响编辑关卡，所以 UE5 提供了一个快速的方式来临时固定自动曝光的亮度值。这个工具在视口工具栏的显示工具栏菜单中（如图 6-13 所示）。

在视图显示模式菜单中默认的“曝光”是使用“游戏设置”，这里指的就是游戏中的后处理的曝光设置。

如果把“游戏设置”去掉勾选，视口就会使用 EV100 中设置的曝光值。EV100 是一个固定的比值，设置为 0 时和 6.2.1 节在后处理中的设置相等。

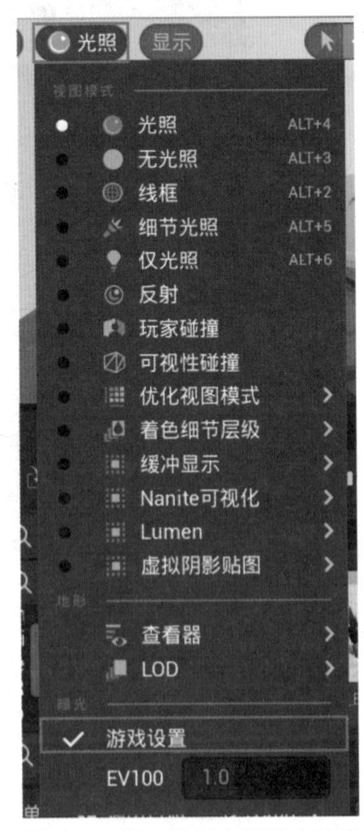

图 6-13　视口设置中的曝光设置

可以在显示菜单中使用一个固定的值来控制曝光度，但是这里的设置只在编辑器中有效。在游戏中还是使用后处理的方式，所以使用这里提供的固定曝光值可以避免频繁地修改后处理体。

6.2.3　使用项目设置的自动曝光控制亮度

很多时候在制作关卡时并没有往关卡里添加后处理体，但是自动曝光依然存在。这是因为，如果关卡中没有后处理体影响最终的曝光，那么UE5会使用引擎默认的后处理体设置来控制自动曝光。这相当于还有一个默认的后处理。要控制关闭自动曝光，默认的后处理设置也要检查一下。

从编辑菜单中选择“项目设置”，在弹出的“项目设置”面板中导航到渲染类别，右侧找到“默认设置”分类，这里是当关卡中没有后处理或者摄影机没有被后处理影响的情况下的默认后处理设置(如图6-14所示)。

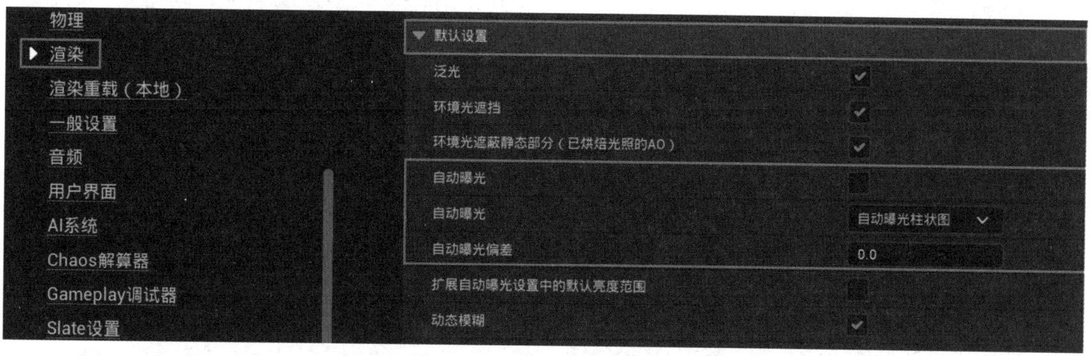

图 6-14　默认后处理中的曝光设置

将“自动曝光”后面的勾选去掉，然后设置“自动曝光偏差”的值为0.0。这时曝光亮度与显示菜单中的EV100的值为0时相同（如图6-15所示）。

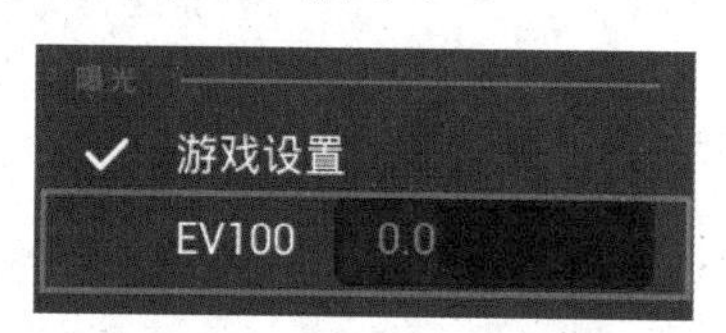

图 6-15　通过对比EV100的值来确定自动曝光设置是否生效

自动曝光内部实现非常复杂，使用的算法也不同。幸运的是不需要理解更深入的实现原理就能流畅控制自动曝光了。这里，再总结一下自动曝光设置的优先级。

（1）如果视口光照菜单使用EV100。则不管关卡中的后处理是如何设置的，只在编辑器中有用。

（2）如果场景中有合适的后处理，则使用场景中的后处理体的曝光设置。

（3）如果场景中没有后处理体，则使用项目设置中的默认设置。

6.3　导入UE5后的Sprite变色

本节将讲解在游戏制作时遇到比较多的一个问题，就是在美术完成设计制作，导入UE5后，颜色偏差较大的问题。

6.3.1　UE5颜色矫正工具

为说明这个问题，可以使用UE5引擎提供的颜色矫正工具。

在内容浏览器设置中，打开显示引擎内容（如图6-16所示）。

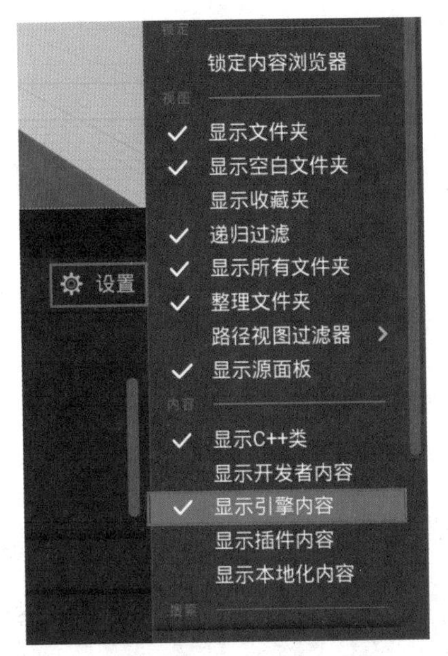

图 6-16　显示引擎内容

然后在内容浏览器左侧的源列表中选择“引擎”，代表要搜索引擎中的内容，然后在右侧上方的搜索栏中输入 ColorCalibrator（颜色矫正），UE5 就会在自带的内容中，搜索所有与 ColorCalibrator 有关的内容（如图 6-17 所示）。

图 6-17　搜索颜色矫正模型

当搜索到 SM_ColorCalibrator 后就找到了用来矫正颜色的工具了，把这个模型拖动到关卡中（如图 6-18 所示）。

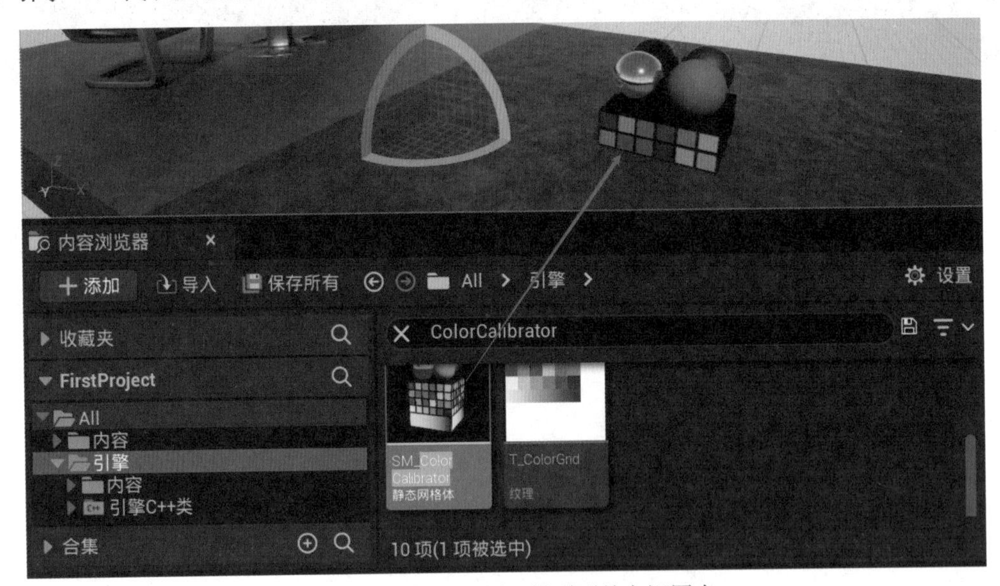

图 6-18　添加颜色矫正模型到关卡视图中

然后在内容浏览器中再次选择 SM_ColorCalibrator，双击打开模型编辑器（如图 6-19 所示），在右侧可以看到矫正模型的色彩格是由一个叫作 M_ColorGrid 的材质实现的。

图 6-19　寻找工具颜色所使用的材质

双击材质的图标，打开材质编辑器，在材质编辑中寻找 TextureSample 节点，单击这个节点，然后在左下角的细节面板中寻找使用的纹理，一旦找到，双击纹理的图标就能在纹理编辑器中打开使用的纹理了（如图 6-20 所示）。

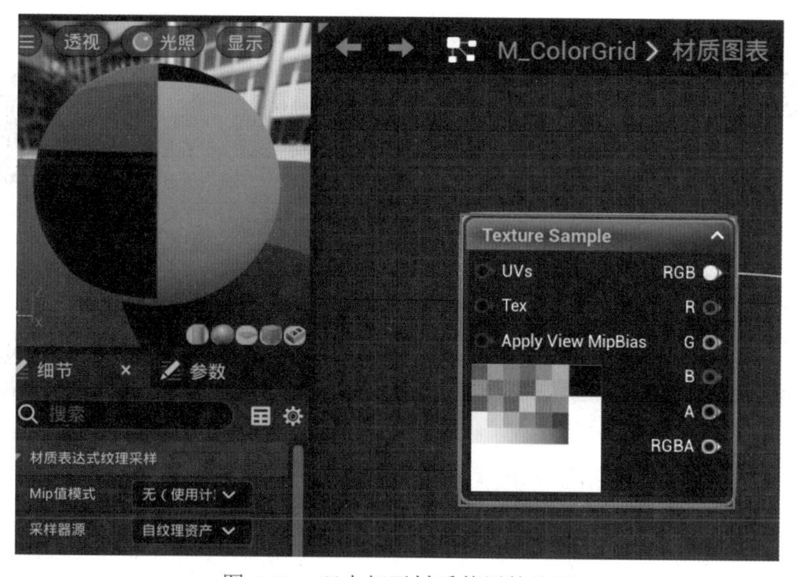

图 6-20　双击打开材质使用的纹理

将纹理并排放在视口旁边对比，能明确地观察到关卡中物体的颜色与纹理贴图的颜色的差别（如图 6-21 所示）。

图 6-21　对比分析场景中的效果与纹理本身的颜色

这里分析一下关卡中贴图颜色变化的规律：

- 饱和度降低。
- 两部变灰，颜色变暗。
- 颜色变偏暖。

6.3.2　颜色产生变化的原因

UE5 是 3D 游戏引擎，纹理贴图需要放在 3D 空间中渲染。3D 空间包含了灯光照射、反射、环境雾的影响等 2D 环境下不存在的问题。在显示菜单中，选择“无光照模式”就能看到。如果只是显示颜色，颜色是相同的（如图 6-22 所示）。

图 6-22　只显示颜色的情况下，纹理颜色和关卡中是一致的

造成这种现象还有另一个重要的原因，因为 UE5 引擎的“色调映射器”会尽量模仿电影的质感，这种画面颜色在 3D 游戏中会有比较好的效果，但在制作 2D 游戏时就会出现色差问题。

6.3.3　解决色彩改变

关于如何解决颜色变化问题已经有比较多的讨论，但基本上无法完全解决这个问题，例如比较多的方法是使用命令进行关闭“色调映射器”。在 UE5 中是无法完全关闭或者说用强制方法关闭“色调映射器”的，有太多的效果依赖“色调映射器”去处理。关闭“色调映射器”会导致其他效果出错。关闭“色调映射器”只适合在关卡中使用命令临时关闭，来查看“色调映射器”对最终效果造成的影响。

在视口的显示菜单中，选择“后期处理”→“色调映射器”，可以控制在视口中是否显示“色调映射器”效果（如图6-23所示），使用这种方式也可以查看“色调映射器”对最终画面的影响。

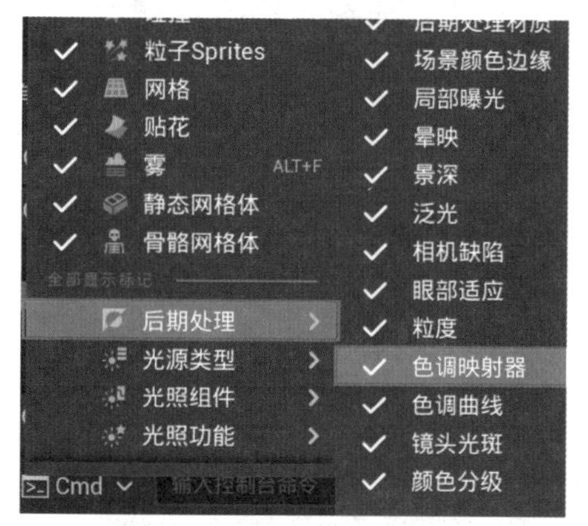

图6-23　通过视口菜单临时关闭后处理中的“色调映射器”

通过关闭或者打开“色调映射器”观察两种不同的效果。在关闭“色调映射器”后颜色明显更准确（如图6-24所示）。

图6-24　“色调映射器”打开和关闭时的效果

通过这种方式只能临时查看“色调映射器”打开和关闭的效果，无法完全关闭色调映射器。所以最好的方式是通过调节后处理来尽可能地模拟美术的设计效果，这样既保证了UE5的功能不受影响，也能最大程度地解决色彩偏差的问题。

首先在视口的显示菜单中把“色调映射器”效果打开，然后在关卡中找到影响全局的后处理体，在细节面板中要调整多个值，来让最终的效果尽量接近原图。首先找到Global类别，勾选“对比度”，单击三角箭头打开细节设置，将数值调整到1.57。勾选“伽玛”选项，单击三角箭头打开细节设置，将数值调整为0.96；勾选“饱和度”选项，单击三角箭头打开细节设置，将数值调整为1.25（如图6-25所示）。

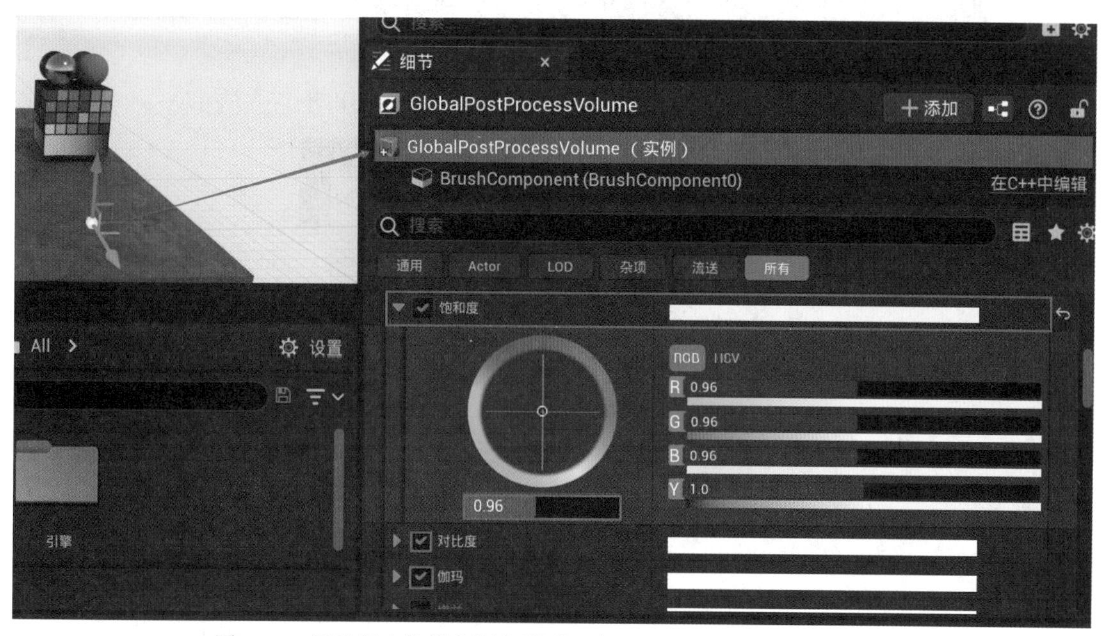

图6-25　后处理中的颜色渐变类别。全局可以设置整个画面的颜色

然后找到“电影”选项，勾选“趾部”选项并将数值修改为0，勾选“肩部”选项并将数值修改为1（如图6-26所示）。

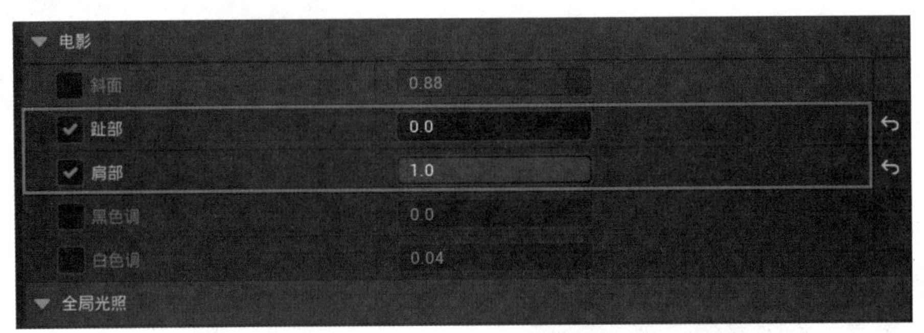

图6-26　后处理中的电影设置（“色调映射器”使用这里的设置）

选择关卡中的方向光，将“光源颜色”设置为纯白色。“强度”设置为7.0lux。因为灯光对物体有影响所以这里需要先排除灯光的影响（如图6-27所示）。

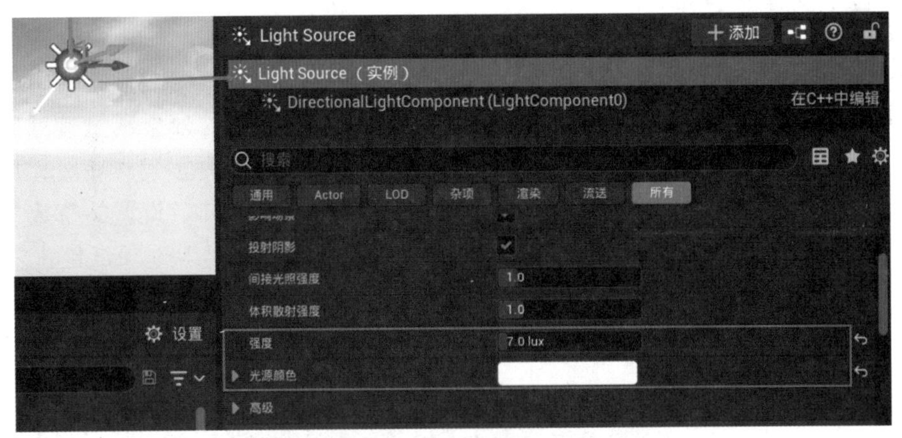

图6-27　改变光源颜色和强度

完成设置后再把视口和图片放在一起查看颜色是否接近（如图6-28所示）。

图6-28　调节后处理后的颜色对比

可以发现视口中的颜色和原图的颜色已经非常接近了（如图6-28所示）。注意，通过这种方式，无法100%还原原图的色彩，只要最终达到可接受的效果就可以了。可以看到调整完后，颜色相比于原图还是有一些偏暖，色彩也更鲜艳一些。这些都可以通过后处理的数值再进行精细的调节。

通过修改后处理来还原美术设计是目前最合适的改变色彩的方法。在开始制作一个项目之前，最好使用这个方法对整个游戏的颜色进行一下矫正。之后可以在矫正的基础上进行其他的调整，例如改变整个画面的色相、通过调整颜色制作日夜循环等。

6.4 UE5 2D摄影机设置

从开始到现在一直使用的是3D摄影机。在2D游戏中，通常使用2D摄影机。本节将会讲解如何设置UE5的2D摄影机。

首先来看一下UE5是如何选择摄影机的。先检查一下默认的关卡里面有没有摄影机，发现并没有（如图6-29所示）。

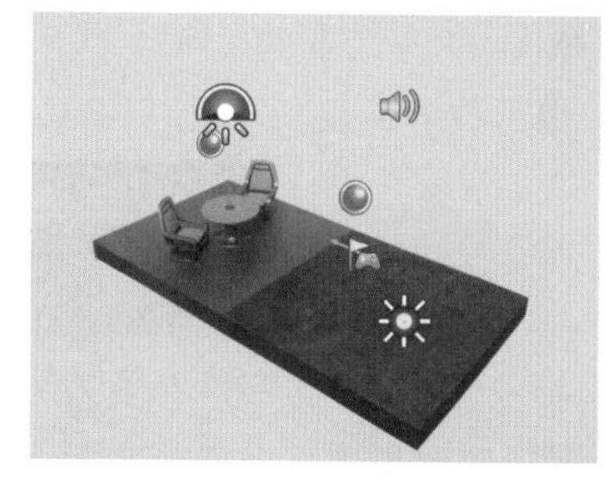

图6-29 默认的关卡中并没有摄影机

UE5运行时会根据项目设置中的选项创建一个Pawn角色，这个Pawn角色一般代表玩家，打开“项目设置”面板，在左侧找到“地图和模式”类别，查看“默认Pawn类”。如果关卡没有设置特殊的游戏模式，就使用这里设置的默认的游戏模式（如图6-30所示）。

图6-30 运行游戏时使用默认的Pawn

回到关卡编辑器，单击播放按钮播放当前关卡，在界面右上角的大纲视图中查看当前关卡中的角色。当关卡运行时，会自动创建一个“默认Pawn”，这是默认游戏模式中设置的默认Pawn。这个默认的Pawn就是在运行游戏时玩家控制的游戏角色（如图6-31所示）。

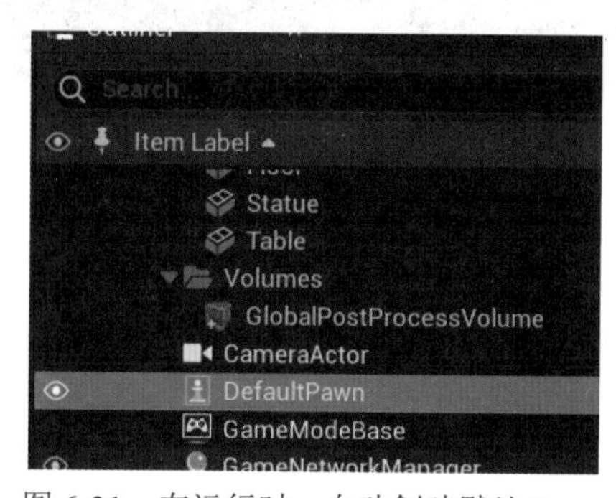

图6-31 在运行时，自动创建默认Pawn

在播放工具栏中单击“弹出”按钮，会把控制权从 Pawn 的身上移除，恢复正常操作（如图 6-32 所示）。

图 6-32　从游戏窗口弹出控制允许普通的编辑器操作

控制视口到稍微远一点的地方，会看到 Pawn 角色默认是个球体。而在游戏时，摄影机在球的中心，所以看不到球体，但是通过旋转视口，能看到球的投影（如图 6-33 所示）。

图 6-33　Pawn 是个默认的球体

默认 Pawn 是一个 Actor，它里面没有摄影机。可以通过在内容浏览器中搜索“默认 Pawn”找到这个类。这是一个 C++ 类，可以通过双击使用 VisualStudio 打开，查看这个类的实现方式，这里不再深究 C++ 代码的实现（如图 6-34 所示）。

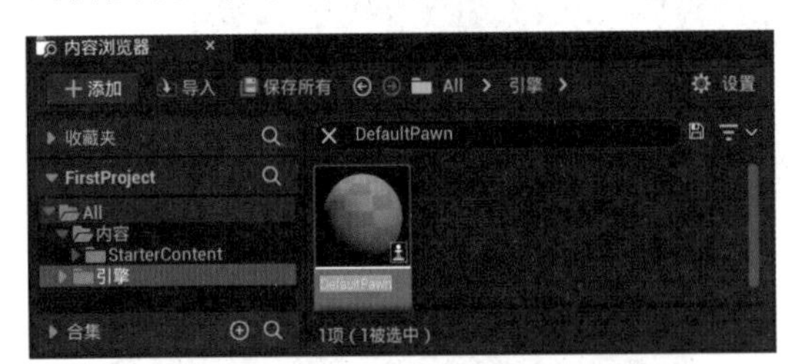

图 6-34　默认 Pawn 是引擎自带的 C++ 内容

当游戏在运行时，如果没有找到指定的摄影机类，默认会使用生成 Pawn 的视角作为摄影机的位置进行显示。

可以添加一个摄影机角色来代替 Pawn 作为游戏中的视角。在工具栏上单击“快速添加到项目”按钮，然后选择“所有类”→“摄像机 Actor”，这会在关卡中添加一个摄影机角色（如图 6-35 所示）。

图 6-35　添加摄影机角色

把新添加的摄影机角色放到如图 6-36 所示的位置。

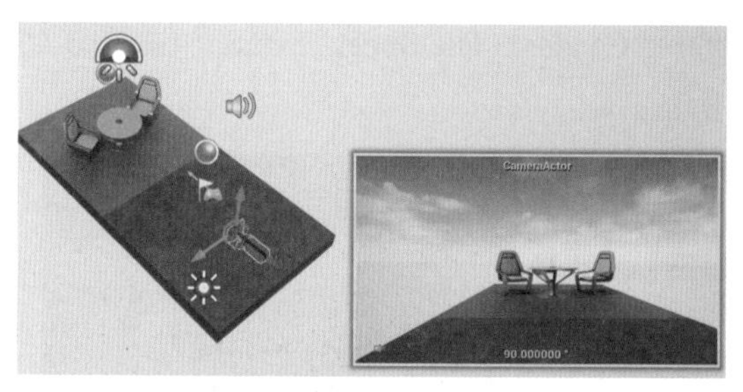

图 6-36　调整放置摄影机位置

这时单击播放按钮播放游戏，游戏中的视角并没有变化，这是因为并没有把这个新添加的摄影机设置为玩家要使用的摄影机。在视图中选择摄影机角色，在细节面板中找到“自动玩家激活”，将“为玩家自动启用”设置为“玩家0”，也就是对第一个玩家使用这个摄影机（如图 6-37 所示）。

图 6-37　设置当 Player0 运行时摄影机自动激活

再单击播放按钮播放游戏关卡，可以看到当前已经使用新创建的摄影机作为玩家视野了。因为把摄影机放在了 StartPlayer 角色的后面，所以也能看到默认 Pawn 的球体。按相应的按键还能看到玩家到默认 Pawn 的控制（如图 6-38 所示）。

图 6-38　通过摄影机观察游戏世界

默认的摄影机角色是透视摄影机，在细节面板中找到“投射模式”并改为“正交”模式（如图 6-39 所示）。

图 6-39　修改摄影机投影模式

再次进行播放可以看到使用的摄影机已经是正交模式了，这也是 2D 游戏要使用的摄影机模式（如图 6-40 所示）。

图 6-40　2D 游戏现实效果

使用正交模式后再前后移动摄影机，已经不能改变视图的大小和前后了，这是正交模式的特点。如果要改变 2D 视图的大小可以通过“正交宽度”来改变，这里设置的是正交摄影机宽度的一半的尺寸（如图 6-41 所示）。

图 6-41　通过正交宽度控制摄影机视口的尺寸

例如，默认的正交宽度设置为 512，那么正交摄影机渲染的范围的宽度就是 1024 个单位。

注意：可以直接把摄像机角色放置在关卡中，也可以在需要摄像机的角色中添加一个摄像机组件。实现的效果是一样的，默认的摄像机 Actor，也是一个包含摄像机组件的 Actor（如图 6-42 所示）。

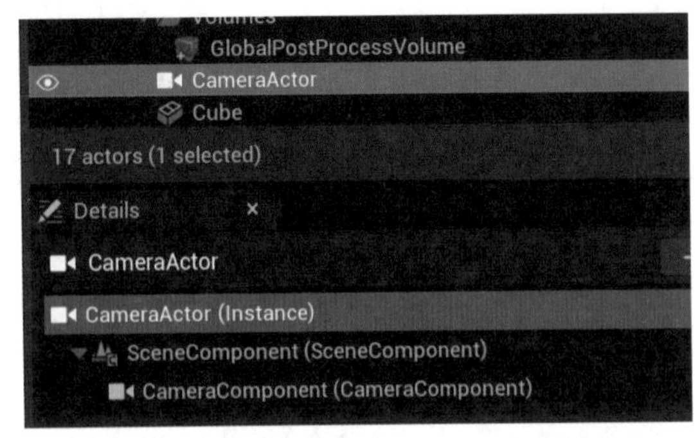

图 6-42　摄像机 Actor 包含了一个摄像机组件

6.5　UE5 瓦片贴图缝隙处理

在第 5 章学习使用瓦片集创建瓦片贴图时，如果跟着课程创建过瓦片贴图，并把瓦片贴图放入关卡中运行，就会发现瓦片贴图会出现瓦片边缘无规律的抖动（如图 6-43 所示）。

图 6-43　瓦片边缘出现缝隙

出现这种裂缝是因为纹理压缩的问题。像处理 Sprite 模糊一样，选择“Sprite 操作”→“应用 Paper2D 纹理设置”，应用 Paper2D 纹理设置，应用后再运行游戏，这些闪动的线就不见了（如图 6-44 所示）。

图 6-44　修复了一些缝隙问题

有时，即使应用了 Paper2D 纹理设置还是会出现瓦片边缘闪动的现象。尤其是在纹理不是 2 的 *N* 次方的情况下。Paper2D 提供了一个工具，可以快速修复这种问题。

在瓦片集上右击，在弹出的快捷菜单中选择“Condition Tile Sheet Texture”（如图 6-45 所示）。

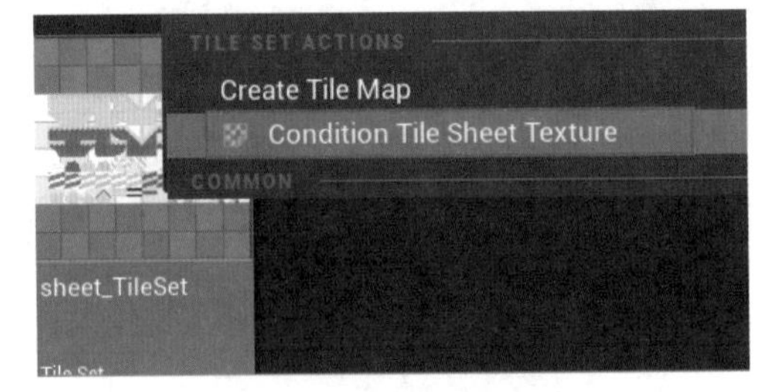

图 6-45　限定瓦片薄片纹理

Paper2D 会根据瓦片集使用的纹理复制出一张新的纹理，并且平移原先纹理上的像素确保复制出来的纹理的大小是 2 的 *N* 次方（如图 6-46 所示）。

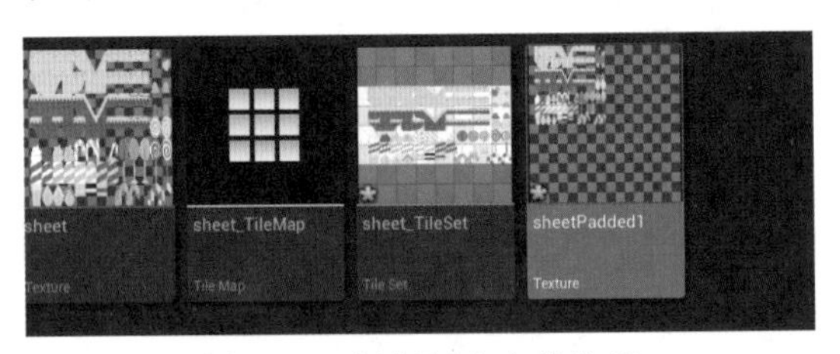

图 6-46　新复制出来的纹理

复制完成后，瓦片集自动地替换上新复制出来的纹理。双击新复制出来的纹理查看细节设置（如图 6-47 所示）。

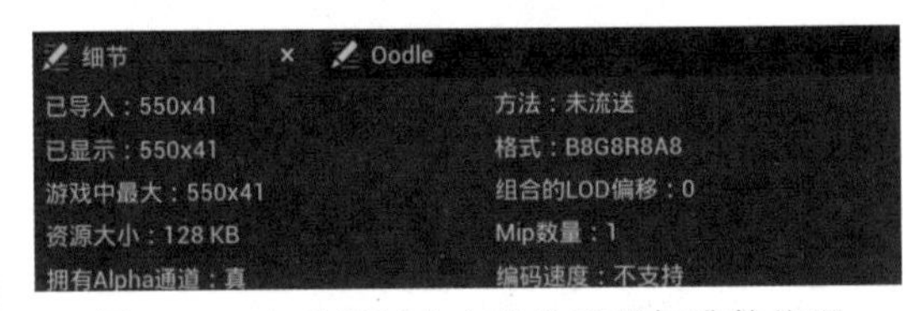

图 6-47　自动复制出来的纹理是标准的纹理

复制出来的纹理大小是 2 的 *N* 次方，这时再运行游戏就可以看到原先的边缘闪动消失了。

> 注意：最好在导入纹理时就使用 2 的 *N* 次方的纹理，避免后期的调整和修改。自动复制出来的纹理会出现很多问题。例如，每次更新都需要重新复制，复制完成后纹理空间会产生浪费等。所以最好在美术制作时就使用 2 的 *N* 次方的纹理。

6.6 Sprite透明排序

如果大量使用Sprite很快就能发现Sprite前后的遮挡顺序出错了。如图6-48所示，在一个Y轴的位置多次复制同一个Sprite，则Sprite的显示顺序就会不断随着摄影机的变化无规律变化（如图6-48所示）。

图6-48　在同一个深度上的Sprite，渲染顺序不确定

这是透明物体的排序问题导致的。在UE5中半透明物体默认的显示顺序是由与摄影机的距离决定的。摄影机越近，代表这个半透明物体越靠近观察者，会被首先渲染。可以在项目设置的渲染类别中查看“半透明排序规则”来确定。默认使用Y轴方向的距离来判定（如图6-49所示）。

这就给Sprite排序提供了一种方法：只要确保最先显示的Sprite的顺序与距离摄影机的顺序是一致的，Sprite的渲染顺序就是正确的了。如图6-50所示是按照距离排好的Sprite。

图6-50　按前后排列Sprite，渲染顺序就正确了

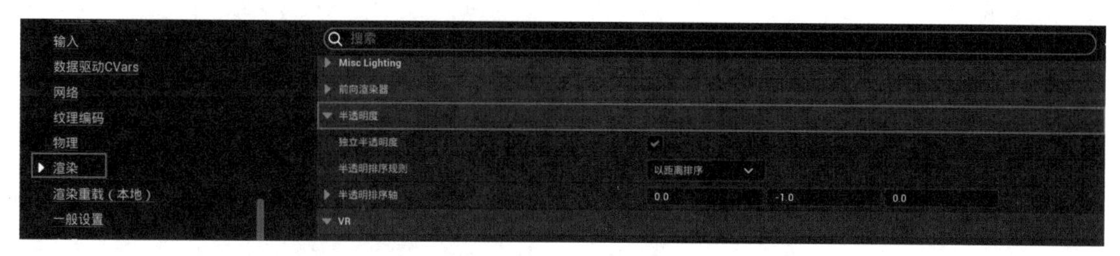

图6-49　项目默认的渲染排序规则

6.6.1　2D层捕捉

为了简化这种前后的排序，UE5提供了2D层系统，首先要把2D层系统打开。

打开项目设置面板，在左侧的类别中找到“编辑器”→“2D”，在右侧设置“启用对齐图层”为勾选状态（如图6-51所示）。

然后回到视口中在视口右上角就多出了2D捕捉的菜单，打开菜单查看2D捕捉提供的功能（如图6-52所示）。

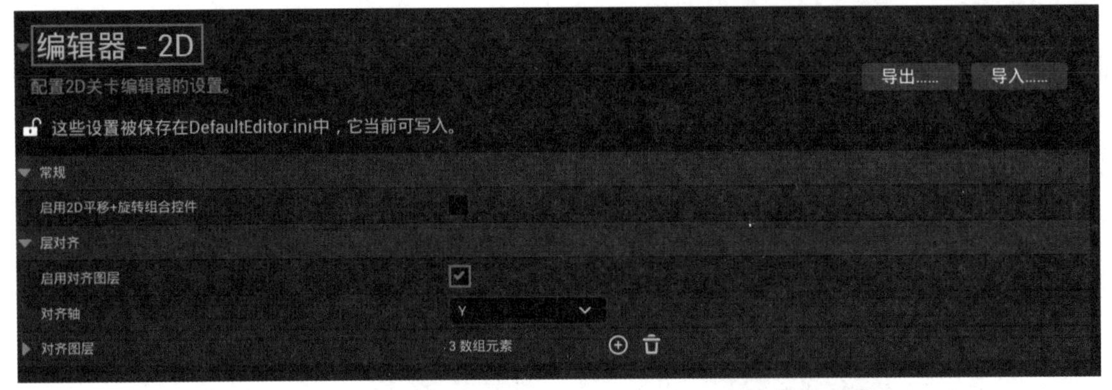

图 6-51　在 2D 设置面板中，打开“启用对齐图层”

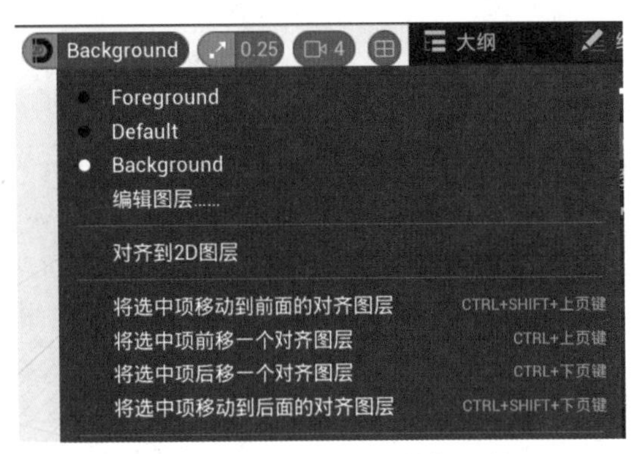

图 6-52　视口中的 2D 捕捉工具

默认提供了三个层，这也是 2D 游戏最常用的三个层。如果需要更多的层，可以在项目设置中进行设置。通过 2D 层捕捉系统就可以比较容易地对 Sprite 在关卡中的位置进行约束。

技巧：2D 游戏的开发中，使用双试图会极大地提高开发效率（如图 6-53 所示）。通常在一个视图中查看 2D 效果，在一个透视图中进行2D游戏的关卡布局。

图 6-53　2D 游戏通常使用双布局，方便查看效果和编辑

6.6.2　透明渲染顺序

当两个 Sprite 在一个图层上的时候代表它们距离摄影机的距离是一样的。但仍然会出现渲染顺序跳动的问题，这时需要对同一图层上的 Sprite 进行更精细的渲染顺序控制。三个 Sprite 在一个图层上，此时它们的渲染顺序无法预测（如图 6-54 所示）。

图 6-54　同一图层上的 Sprite 还是会出现渲染顺序问题

选择最后面的 Sprite，虽然此时这个 Sprite 当前在最后渲染，但不代表它永远在最后，它的渲染顺序随时会改变（如图 6-55 所示）。

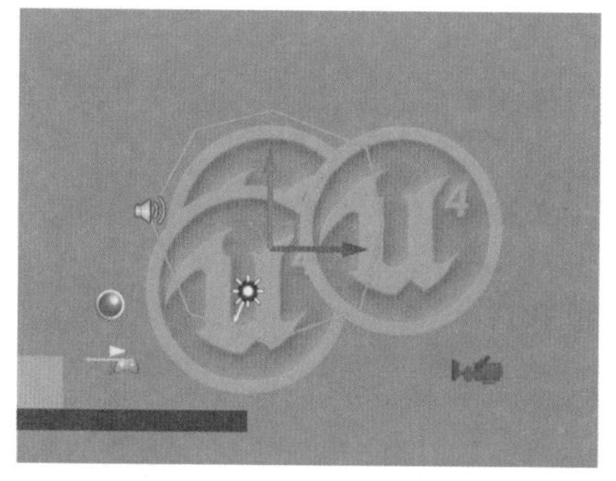

图 6-55　选择最后面的 Sprite

在细节面板中找到渲染类别，然后选择 Advanced，在下面找到“半透明排序优先级”，设置为 1（如图 6-56 所示）。

自定义深度模板值	0
半透明排序优先级	1
半透明排序距离偏移	0.0
边界缩放	1.0
自定义深度模板写入遮罩	默认

图 6-56　设置“半透明排序优先级”

回到视图中，这时无论如何移动 Sprite，设置为 1 的 Sprite 都会在其他 Sprite 之前渲染。

可以按类型设置，如玩家角色永远在最前，其次是敌人角色，最后是场景道具。或者可以按照其他的条件动态地设置 Sprite 渲染顺序。如根据 Actor 在屏幕垂直方向上设置透明排序优先级等。“半透明排序优先级”提供了一个控制同距离（层）Sprite 渲染顺序的方法（如图 6-57 所示）。

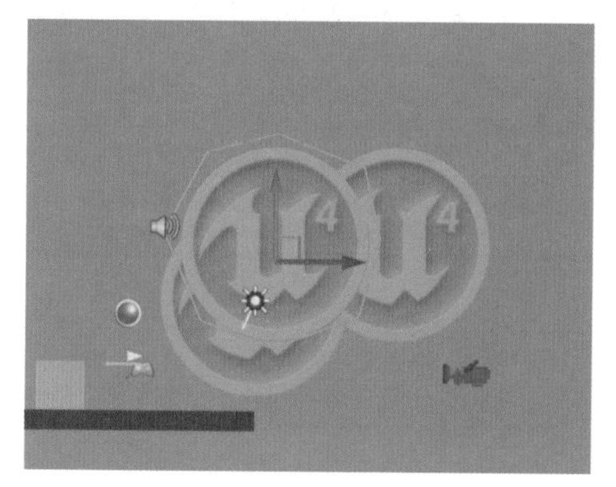

图 6-57　排序优先级越大，越渲染在前面

总结

本章总结了几种在使用 Paper2D 或者开发 2D 游戏中经常遇到的问题的解决方法，在之后的项目制作中不再详细讲解这些问题的解决方法。如果有需要，可以回到本章来查看。从下一章开始，不再讲解基础的技术内容，而是开始具体游戏实例的制作。

问答

（1）造成瓦片贴图模糊的原因是什么？

（2）什么是自动曝光？

（3）色调映射器做了什么？

（4）像素化是什么意思？

（5）2D 摄影机和 3D 摄影机有什么区别？

思考

（1）既然后处理改变了这么多内容，可不可以直接关掉？

（2）为什么 Sprite 需要排序？

（3）Sprite 应该按照什么规则排序？

练习

（1）对比 Sprite 模糊和 Sprite 像素化的效果，并思考，是否必须使用 Sprite 像素化。

（2）调整其他的后处理设置，模拟黑夜和白天交替的效果。

第7章 用UE5开发《俄罗斯方块》休闲游戏

通过前面章节的学习，终于完成了实际制作游戏之前所有的前置知识的学习。从本章开始，将进入实际的游戏制作实例中。本章将和大家一起制作一款非常流行的休闲游戏——《俄罗斯方块》。通过制作该游戏，把一个游戏从创意分析、玩法归纳制作到最终打磨完成的整个环节一一展示给大家，以此来说明在游戏开发的过程中，每个环节都负责什么内容。读完本章，读者除了可以掌握《俄罗斯方块》休闲游戏的开发之外，还能够理解游戏是如何从创意开始，一步一步开发制作的。理解这些基本技能，就可以把它们应用在其他的游戏开发当中。学会了分析游戏玩法，能够开阔制作游戏的思路，任何功能的实现都会游刃有余。

本章重点

- 如何分析提炼游戏玩法
- 如何拆分玩法为不同的功能实现
- 游戏的核心架构
- UE5玩法的基础类
- 使用蓝图实现各种功能
- 打包输出为不同平台的可执行文件

7.1 游戏玩法分析

从零开始开发一款《俄罗斯方块》游戏，是本章的主要目的。之所以选择《俄罗斯方块》，首先是因为这款游戏流行度非常高，在分析游戏玩法或者实现的时候，方便读者快速地理解。其次，《俄罗斯方块》游戏的玩法比较简单，方便归纳总结游戏制作的方法。这些归纳出来的方法是所有游戏都通用的，在后续任何其他类型的游戏开发上都能够发挥价值。

作为一款经典的游戏，《俄罗斯方块》已经流行了30多年，这30多年中，无论游戏怎样创新变化，依然有大量的玩家在休闲时间会玩上一把。这款游戏能够流行这么长的时间，有一个重要原因是玩法相对来说比较简单，非常容易上手。游戏的基本玩法如图7-1所示。

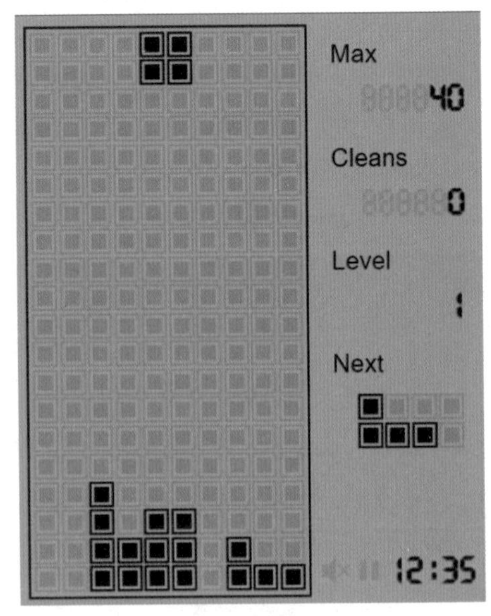

图7-1 早期的《俄罗斯方块》

7.1.1 简单描述《俄罗斯方块》玩法

根据图 7-1 的演示，《俄罗斯方块》的基本玩法是这样的：有一个背景，方块只能在背景中左右移动或者旋转，方块不停下落，落到最下面后，生成新的方块。当背景网格的横向上有一行全部被填满时，此行消失，玩家得分。当新的方块达到背景网格的最上方时，游戏结束。

短短的几句话，就能描述《俄罗斯方块》的核心玩法。如果要制作该游戏，还需要在上面描述的基础上，进行更细化的规则总结。在开始制作游戏前，需要再细分一下上面描述的玩法。

7.1.2 详细总结《俄罗斯方块》玩法

（1）游戏运行在一个背景网格上，背景网格有宽和高。默认网格是空的，当玩家控制的方块停止运动后，会填充到背景网格上。

（2）同一时间内，只有一个方块在网格中缓慢地下降，当方块降到网格底部或者是降到现有的背景网格中的方块上的时候，方块停止移动，填充为网格上已有的方块。

（3）当方块停止移动后，检查背景网格上的每一行是否被方块填满。如果背景网格的某一行被方块填满，则被填满的行中的方块消失，当前行上面的行顺序往下降，玩家得分。

（4）当方块停止移动后，如果方块落在背景中的位置超出背景网格的最高点，代表新落下的方块超出了背景网格，游戏结束。

（5）当方块停止移动后，游戏没有结束，则继续生成下一个方块。

（6）玩家可以左右移动方块来控制方块在网格中的位置。

（7）玩家可以旋转方块来控制方块本身的旋转。

（8）玩家可以按下加速来加速方块下落的速度。

（9）每个方块由 4 个正方体组成，排列为不同的形状，有不同的颜色，但功能相同。

以上所有的逻辑和规则，构成了一款《俄罗斯方块》游戏。只要实现所有上面列出的逻辑，《俄罗斯方块》游戏也就差不多完成了。

注意：不要一开始就直接打开 UE5 开始编码。任何复杂的游戏都可以进行拆分。把一个复杂的游戏拆分成简单的规则后，只要对简单的规则进行实现即可。如果不能从逻辑上把一个游戏机制拆解为更简单的条件或者状态，那么在引擎中也是无法完成整个游戏的开发的。这和使用的引擎或者编程语言没有关系。而是对复杂问题简化分析的一种方法。所以，在开始制作游戏之前，通常需要先编写设计文档，良好的设计文档，保证了游戏开发的顺利进行。

7.2 创建项目

有了游戏的基础玩法的描述，这一节就可以开始创建项目了。

7.2.1 项目设置

打开 UE5 引擎，在弹出的项目管理器中单击“游戏”按钮，在右边单击“空模板”按钮，这个项目不需要任何其他模板中的功能（如图 7-2 所示）。

图 7-2　新建游戏项目

在项目类型中单击“蓝图”选项，“目标平台”选择“桌面”选项，“质量预设”选择“最大”选项，“初学者内容包”和“光线追踪”都不要勾选（如图 7-3 所示）。

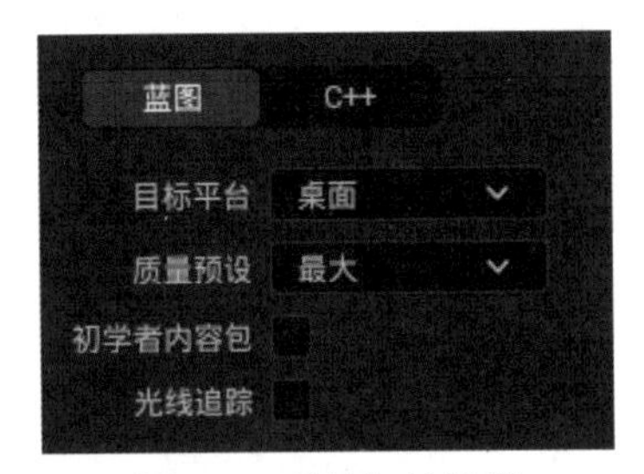

图 7-3　项目初始设置

接着选择项目保存的位置和项目名字。这里使用 Ch_07_Tetris 作为项目名。确认无误后，单击“创建”按钮。等待一段时间，UE5 创建项目完成后会自动打开。

7.2.2　创建2D空关卡

项目打开后，默认打开的 3D 关卡不符合 2D 游戏的制作需求，需要重新创建一个空关卡。

选择“文件”菜单，单击“新建关卡”按钮（如图 7-4 所示）。

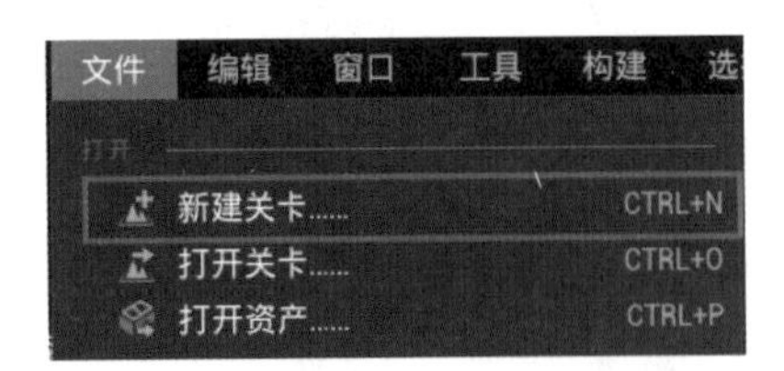

图 7-4　新建关卡

在弹出的对话框“新建关卡”里选择“空白关卡”（如图 7-5 所示）。

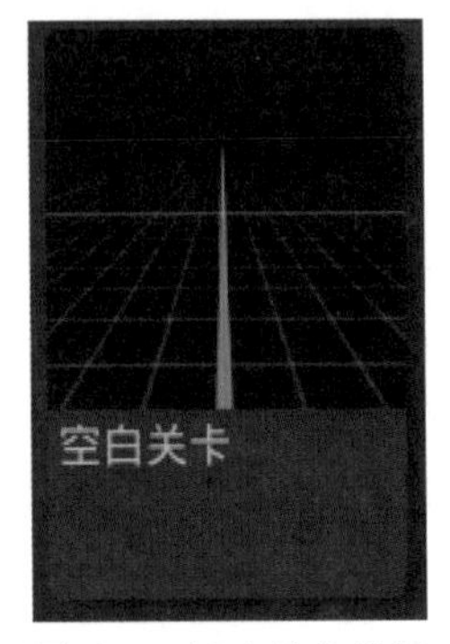

图 7-5　新建关卡模板

在内容浏览器中，右击“内容”目录，在弹出的快捷菜单中选择“新建文件夹”，创建一个新的文件夹，将新建的文件夹命名为 Maps（如图 7-6 所示）。

图 7-6　新建 Maps 文件夹

然后按快捷键 Ctrl+S，保存当前关卡。在弹出的“存储为 ...”对话框中，把当前的关卡保存在 Maps 目录下面并命名为 Game（如图 7-7 所示）。

图 7-7　关卡保存到内容浏览器中

7.2.3　创建关键游戏蓝图

创建完需要的关卡后，接着创建 UE5 游戏中最重要的几个玩法蓝图。这些蓝图在任何游戏中都存在，是基础架构性的蓝图。这里先创建它们，后面会逐一讲解。

1. 创建 GameInstance 类

在内容浏览器中，创建另外一个文件夹并命名为 Blueprints。双击打开 Blueprints 文件夹，右击文件夹内空白处，在弹出的快捷菜单中选择“蓝图类”，创建蓝图（如图 7-8 所示）。

图 7-8 新建蓝图类

在弹出的“蓝图创建”对话框中，选择“所有类”，并在输入栏输入“game instance”，搜索 GameInstance（游戏实例）类（如图 7-9 所示）。

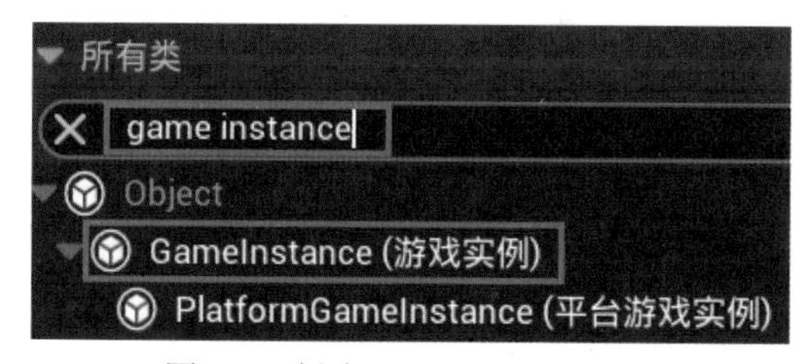

图 7-9 创建 GameInstance 子类

搜索到 GameInstance 类后，单击 GameInstance 选择这个类作为父类，后单击“选择”，将新创建的类命名为 BP_Tetris_GameInstance。

2. 创建游戏模式类

继续在 Blueprints 文件夹中右击，在弹出的快捷菜单中选择“蓝图类”创建蓝图，在新弹出的“创建蓝图”对话框中单击“游戏模式基础”，将新创建的蓝图的父类设置为“游戏模式基础”（如图 7-10 所示）。

游戏模式基础

图 7-10 父类设置为“游戏模式基础”

在内容浏览器中，将新创建的蓝图类命名为 BP_Tetris_GameMode（如图 7-11 所示）。

图 7-11 BP_Tetris_GameMode

3. 创建玩家 Pawn 类

Pawn 类是 UE5 中表示 NPC 或者玩家的类，大多数游戏都会有一个在游戏模式中指定默认要创建的 Pawn 存在。

接下来创建一个 Pawn 类作为《俄罗斯方块》的默认玩家角色。在内容浏览器中右击，在弹出的快捷菜单中选择“蓝图类”创建蓝图。在弹出的对话框中单击 Pawn，设置新创建的蓝图类的父类为 Pawn 类（如图 7-12 所示）。

图 7-12 创建 Pawn 蓝图类

在内容浏览器中，将新创建的类命名为 BP_Tetris_PlayerPawn（如图 7-13 所示）。

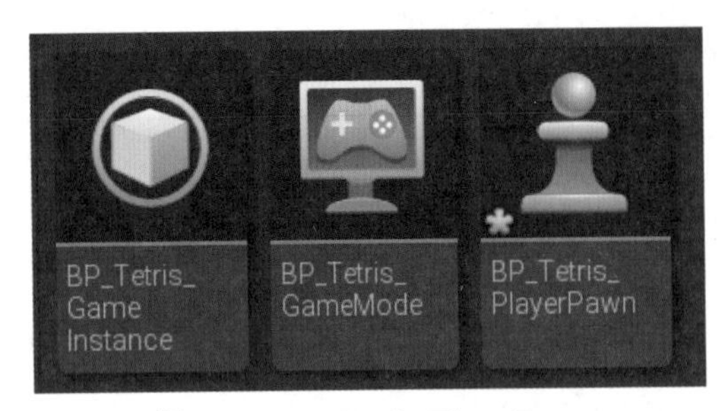

图 7-13 BP_Tetris_PlayerPawn

至此，所有框架相关的类就创建完成了。

7.2.4 设置UE5使用新创建的玩法类

创建完框架相关的玩法类，还要设置一下，才能让 UE5 引擎使用这些新创建的类。

1. 设置全局默认的游戏模式（游戏模式）

选择编辑菜单中的“项目设置”，打开项目设置面板。

在项目设置面板的左侧选择“地图与模式”类别，在右侧的“默认模式”类别下，将默认的游戏模式设置为新创建的 BP_Tetris_GameMode（如图 7-14 所示）。

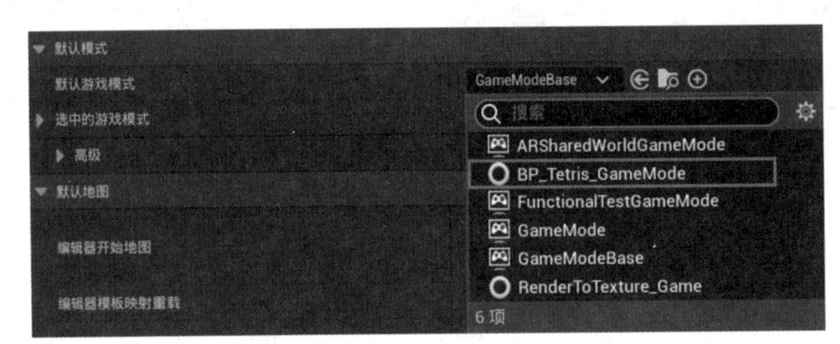

图 7-14 设置默认的游戏模式类为 BP_Tetris_GameMode

2. 设置默认玩家 Pawn

设置完默认的游戏模式后，单击“选中的游戏模式”前面的三角形按钮，打开细节选项。在“默认 pawn 类”中选择 BP_Tetris_PlayerPawn，这是设置游戏模式默认要生成哪个蓝图 Pawn 作为玩家（如图 7-15 所示）。

设置默认的 Pawn 类，也可以通过 BP_Tetris_GameMode 直接设置。在内容浏览器中，双击 BP_Tetris_GameMode，打开蓝图编辑器（如图 7-16 所示）。

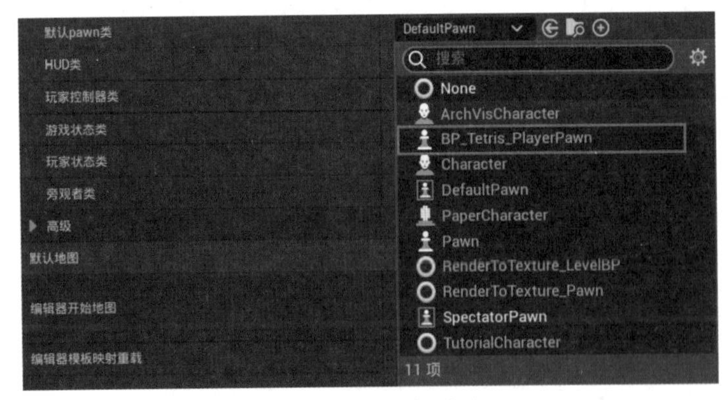

图 7-15 设置默认的玩家类

图 7-16 双击 BP_Tetris_GameMode

在 BP_Tetris_GameMode 蓝图编辑器的右侧，找到“类”选项卡，在这里可以指定需要的“默认 pawn 类”（如图 7-17 所示）。

图 7-17　在“类”的默认面板中查看“默认 pawn 类”

3. 设置默认运行的关卡

在项目设置面板的“地图与模式”类别中还有一个重要的设置，就是“默认地图”的设置。在《俄罗斯方块》游戏中，自始至终只有一个 Game 地图。所以无论是“编辑器开始地图”，还是“游戏默认地图 ”，都选择 Game 地图。这样无论是打开 UE5 编辑器，还是最终打包好运行游戏，都会自动打开 Game 地图（如图 7-18 所示）。

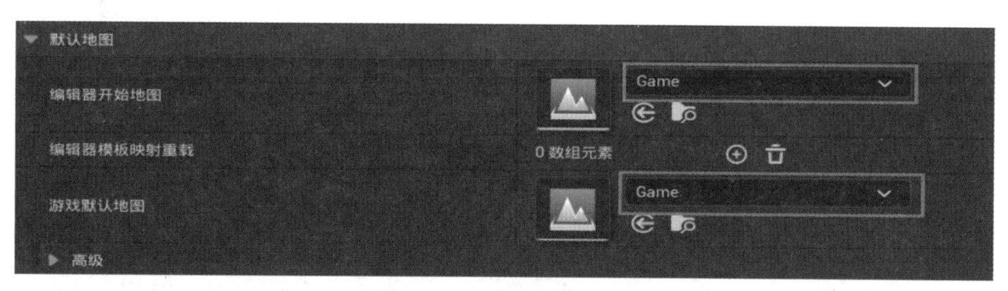

图 7-18　设置默认关卡

4. 设置游戏使用的 GameInstance

在项目设置面板的“地图与模式”类别中，在页面最下面找到“游戏实例”类别，在“游戏实例类”中选择 BP_Tetris_GameInstance（如图 7-19 所示）。

图 7-19　设置 Bp_Tetris_GameInstance

当所有类都设置完成后，单击工具栏上的播放按钮，运行当前关卡。在 UE5 编辑器的大纲面板中查看设置的类是否自动创建了（如图 7-20 所示）。

如果没有自动创建这些类，则可能是中间步骤出错。请从 7.2.3 节开始检查。

图 7-20　运行时自动创建的游戏类

7.2.5 创建游戏相关类

根据7.1节的分析，《俄罗斯方块》项目除了上面引擎需要的玩法类之外，还有一些游戏相关的蓝图类需要创建。

首先创建背景网格类。这个类负责显示背景的网格、追踪已经放入网格中的小方块、计算游戏是否结束、创建新的方块等任务。这需要一个完整的蓝图类来处理这些逻辑。

在Blueprints文件夹中，右击空白处，在弹出的快捷菜单中选择“蓝图类”，父类选择Actor，将其命名为BP_Grid。

在背景网格中，会有一个方块一直往下运动。这个方块除了往下降落，还有左右移动、旋转等功能。它也需要一个单独的类来表示。

在Blueprints文件夹中，右击创建“蓝图类”，父类选择Actor，将新创建的蓝图类命名为BP_Tetris。

BP_Tetris是由4个小方块组成的。当4个小方块落到网格上或者背景网格中现有的小方块上时，这4个小方块就添加到背景网格中，所以这些组成方块的小方块也适合用一个蓝图来表示。

在Blueprints文件夹中右击，在弹出的快捷菜单中选择“蓝图类”，父类选择Actor，将新创建的蓝图类命名为BP_Tile。

这三个蓝图类就是和《俄罗斯方块》游戏相关的游戏类。创建完成后如图7-21所示。

单击内容浏览器中的“保存所有”按钮，保存所有的修改。下一节导入游戏需要的外部资源。

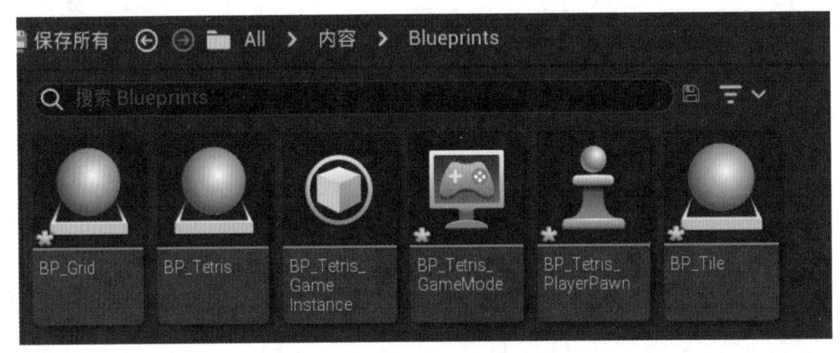

图7-21　创建蓝图类

7.2.6 导入资源

为了合理地导入资源，在“内容”目录中单独创建一个Arts目录，在Arts目录中分别创建Sound和Textures目录，用来存储声音和纹理（如图7-22所示）。

图7-22　创建资源文件夹

1. 导入纹理

打开本书自带的资源文件，找到Texture目录，这个目录是所需要的纹理文件。

在“内容浏览器”中打开Arts→Textures目录，然后将自带的Texture目录下的三个TGA文件拖放到内容浏览器中（如图7-23所示），UE5会自动将三个纹理分别导入。

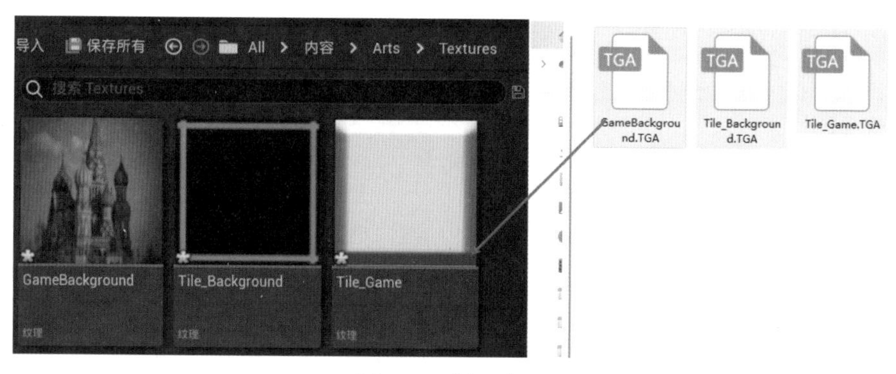

图 7-23　导入纹理

选择新导入的三张纹理，右击，在弹出的快捷菜单中选择“Sprite 操作”，然后选择“应用 Paper2D 纹理设置”，对这些纹理应用最适合 Paper2D 的设置（如图 7-24 所示）。

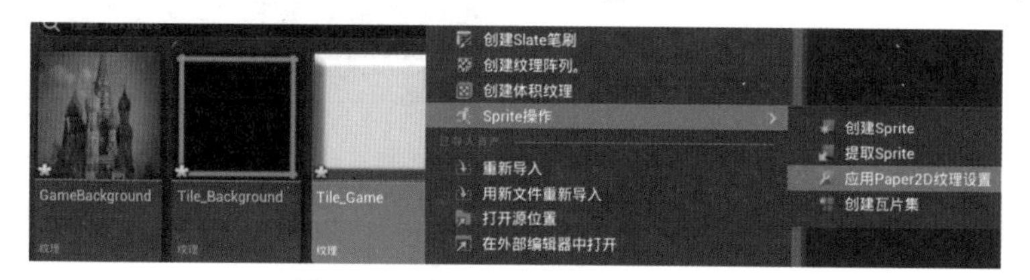

图 7-24　应用 Paper2D 纹理设置

再次在三个纹理选择的基础上右击，在弹出的快捷菜单中选择“Sprite 操作”，在子菜单中选择“创建 Sprite”。通过新导入的纹理创建 paper2D 的 Sprite（如图 7-25 所示）。

图 7-25　创建精灵

导入成功后，单击“保存所有”保存所有的修改。

2. 导入声音资源

打开本书自带的资源文件，在 Music 文件夹中有项目需要的音频资源。选择所有的音频文件，导入到“内容浏览器”→“内容”→ Sound 中（如图 7-26 所示）。

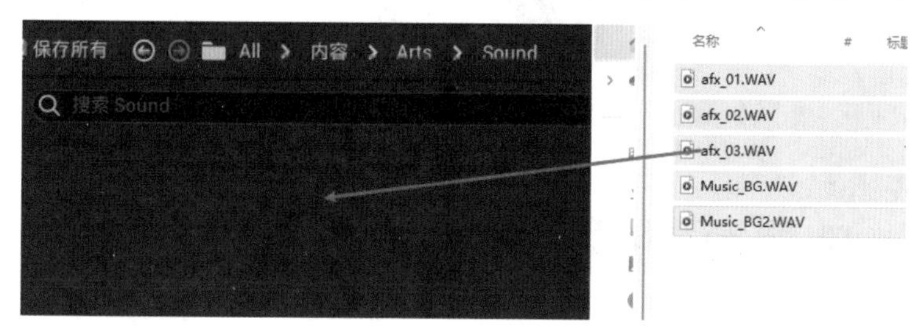

图 7-26　导入音频资产

音频文件导入之后，可以把鼠标指针放置在音频文件的图标上，会出现播放按钮（如图 7-27 所示）。

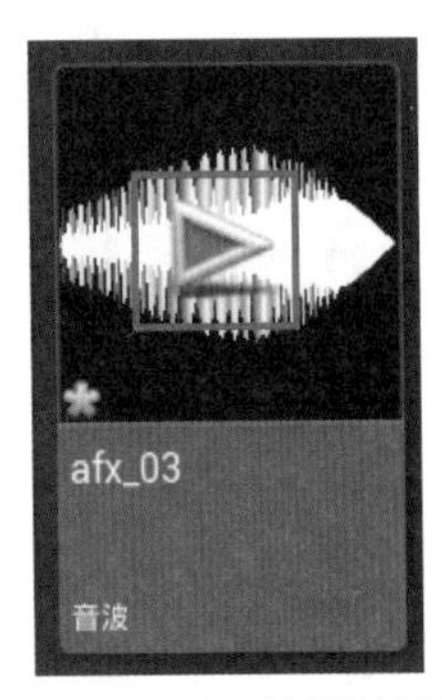

图 7-27　出现播放按钮

单击播放按钮，可以对音频进行预览播放。单击“停止”按钮，停止播放音频。方便直接在 UE5 中查看音频，而不用打开外部的播放器。

确认音频播放正确后，单击“保存所有”，保存项目中所有的修改。

7.3　装饰场景

素材已经导入完成，下面将使用导入的素材对当前游戏关卡进行简单的装饰布局。

在内容浏览器中找到 Game Background_Sprite 背景 Sprite，直接把这个背景 Sprite 拖入场景中（如图 7-28 所示）。

图 7-28　添加背景

在右侧的细节面板中把背景 Sprite 的“变换”面板里“位置”的值都设置为 0.0。把背景 Sprite 放在场景中默认的原点上。

7.3.1　设置后处理自动曝光

第 6 章中，已经介绍过自动曝光的处理，这里不再详细讨论，如果记不清细节，可以回到第 6 章查看。这里直接添加一个全局的后处理体，在细节面板中，找到“无限范围（未限定）”，让它处于选定状态（如图 7-29 所示）。

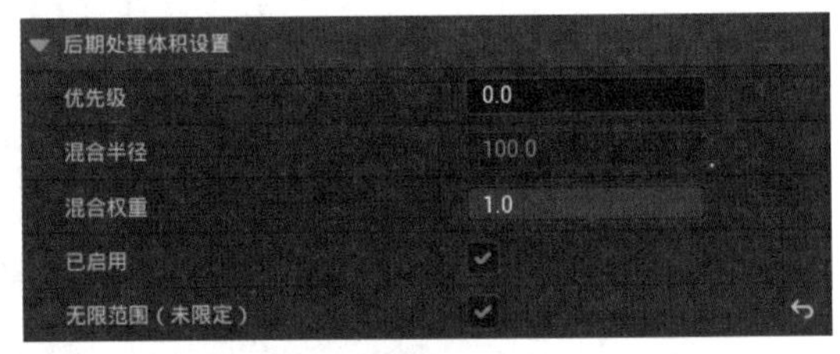

图 7-29　设置后处理体全局生效

将自动曝光的“最高亮度”和“最低亮度”都设置为 1.0（如图 7-30 所示）。

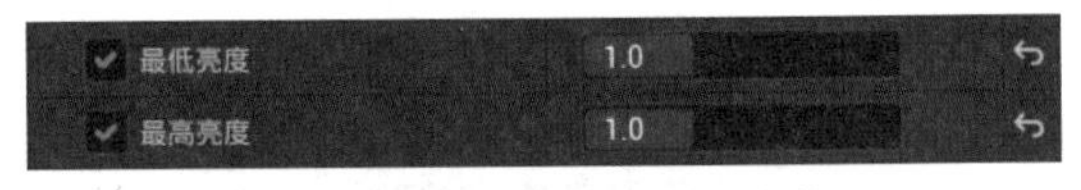

图 7-30　设置自动曝光参数

单击播放按钮播放当前关卡，确保编辑模式和运行模式下，看到的亮度是一样的。

7.3.2　设置色调映射器

选择后处理体，在细节面板中找到 Global 类别，勾选“对比度”，打开细节设置，将数值调整到 1.57；勾选“伽玛”，打开细节设置，将数值调整为 0.96；勾选“饱和度”，打开细节设置，将数值调整为 1.25。然后找到“电影”选项，勾选“趾部”并将数值修改为 0；勾选“肩部”并将数值修改为 1。这样就最大程度地避免了色调映射器对颜色造成的误差。具体细节可以参考第 6 章 6.3.3 节。

7.3.3 其他后处理设置

设置完前面两项内容，当前的编辑器还有一些不符合 2D 游戏开发的设置，需要进一步调整。

打开设置面板，在左侧类别中选择“渲染”类别，找到“后处理”类别。这里是在没有后处理的情况下引擎使用的默认效果。把“泛光”“自动曝光”“环境光遮蔽”“动态模糊”全部取消勾选（如图 7-31 所示）。

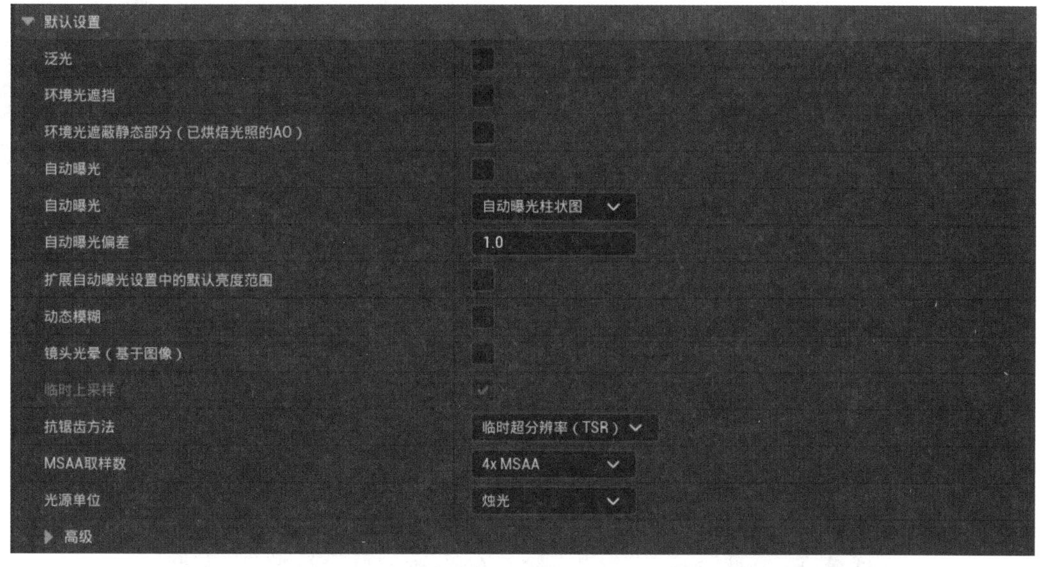

图 7-31 关闭渲染设置中的默认后处理效果

然后关闭项目设置，选择关卡中的后处理体，按照上面的设置再在后处理上设置一次。重启一下 UE5 编辑器，播放的效果就跟原先的设计图非常接近了。

注意：有时后处理明明设置好了，在播放时却不正确。这时只要重启一下 UE5 编辑器，问题基本就能解决。

7.3.4 添加背景音乐

在内容浏览器的 Sound 文件夹中，找到导入的背景音乐，这里选择 Music_BG，然后直接拖入场景中，UE5 会自动创建一个 AmbientSound 的角色来播放声音。再次单击播放运行游戏，音乐会自动播放（如图 7-32 所示）。

图 7-32 添加背景音乐

如果音量过大，可通过右侧细节面板音效里“音量乘数”来调节音量大小（如图 7-33 所示）。

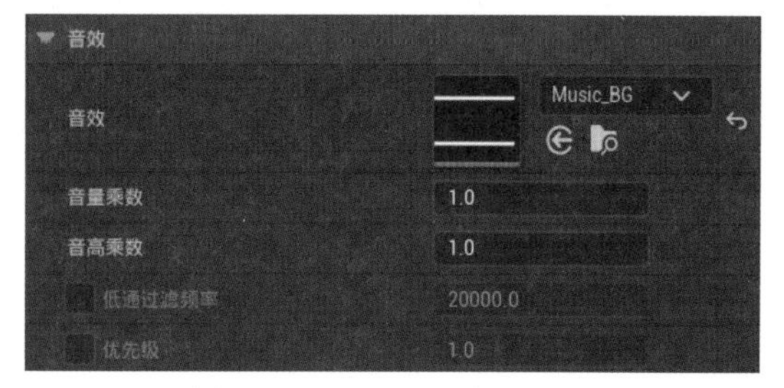

图 7-33 设置背景音乐音量

7.4 设置摄影机

第 6 章中已经学习过如何创建 2D 摄影机了。这一节，要把 2D 摄影机放在 Pawn 中。UE5 是通过摄影机来观察场景的，如果当前的 Pawn 中没有摄影机，则会使用当前 Pawn 的某些设置，显示视口内容。

7.4.1 设置玩家使用的Pawn角色

在内容浏览器中找到 BP_Tetris_PlayerPawn，把它拖入视口中。在右侧细节面板“变换”中找到“位置”，将数值设置为 X=0.0，Y=400，Z=0.0。这保证新放入的 BP_Tetris_PlayerPawn 在背景前面一点的位置。

放好 BP_Tetris_PlayerPawn 后，单击工具栏中的播放按钮，观察右侧大纲视图，会看到两个 BP_Tetris_PlayerPawn，一个是刚刚放到场景中的，另一个是游戏模式配置在播放的时候自动生成的（如图 7-34 所示）。

图 7-34　运行后关卡中有两个 BP_Tetris_PlayerPawn

选择放在场景中的 PlayerPawn，然后在右侧细节面板找到 Pawn 类别里边的“自动控制玩家”，把它设置为“玩家 0”，这样玩家进入游戏的时候就用这个 Pawn 作为自己的角色，游戏模式不再创建默认的 Pawn（如图 7-35 所示）。

图 7-35　设置关卡中的 BP_Tetris_PlayerPawn 为玩家 Pawn

7.4.2 添加玩家Pawn的摄影机组件

因为目前 BP_Tetris_PlayerPawn 中还没有摄影机组件，所以在播放当前关卡时，会把这个 Pawn 的方向作为摄影机的方向。

下面为 BP_Tetris_PalyerPawn 添加摄影机组件，精确地设置摄影机参数，让它更适合 2D 游戏的开发。

在内容浏览器中，双击 BP_Tetris_PlayerPawn，在蓝图编辑器中打开这个蓝图。

因为蓝图创建完成后并没有修改任何的逻辑，所以 UE5 会默认这个蓝图为数据蓝图，打开一种精简的数据编辑模式。单击“打开完整的蓝图编辑器”，在左上角的组件面板中单击“+ 添加”，输入 Camera，搜索并添加 Camera 组件。添加完成后，在组件面板中可以看到多了一个 Camera 组件（如图 7-36 所示）。

图 7-36 添加 Camera 组件

在蓝图编辑器面板的中间选择视口，这里和关卡视口一样，是以可视化的方式查看当前 Actor。摄影机模型显示代表添加摄影机组件成功（如图 7-37 所示）。

在蓝图编辑器的工具栏上单击“编译”“保存”（如图 7-38 所示），然后返回到主场景中。

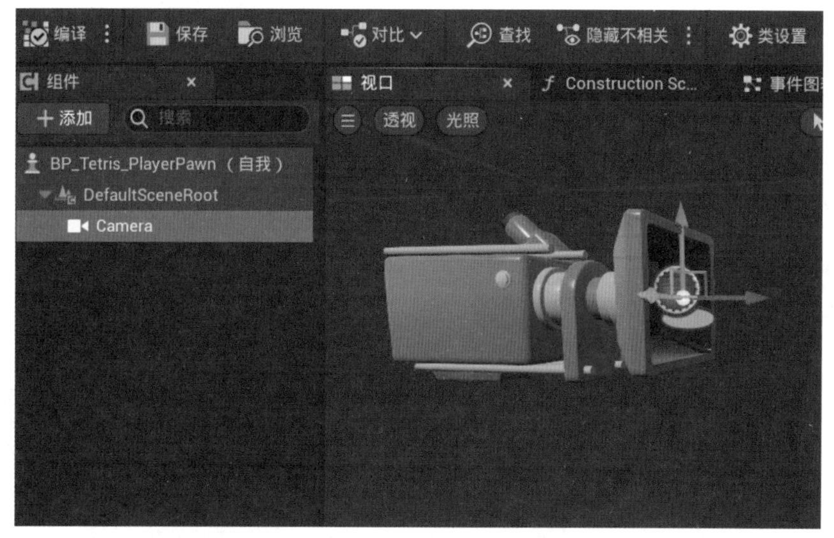

图 7-37 Camera 组件的摄影机模型显示

图 7-38 编译、保存蓝图

当选中的 Pawn 有摄影机的组件时，视口右下角就会出现当前摄影机的预览画面。

当前角色的方向是不正确的。选择关卡中的 BP_Tetris_PlayerPawn，然后旋转 90 度（如图 7-39 所示）。

图 7-39 修改摄影机方向

7.4.3 设置摄影机组件参数

当前的摄影机是放在 BP_Tetris_PlayerPawn 角色中的一个组件。所以要设置摄影机，应该打开 BP_Tetris_PlayerPawn 的蓝图编辑器，选择 Camera 组件，在组件中进行设置。

选择摄影机组件，将右侧细节面板中的“摄像机设置”里面的投射模式改为“正交投影”。

然后设置“正交宽度”为 1280，调整后的摄影机，已经是能把整个背景图都正常显示的 2D 摄影机了（如图 7-40 所示）。

图 7-40　设置正交摄影机宽度

单击蓝图编辑器上的“编译”“保存”。回到关卡编辑器，单击播放按钮。在播放的同时，左右拖动视口边框改变视口的大小，观察摄影机的行为是否正确（如图 7-41 所示）。

图 7-41　播放查看摄影机设置

7.5　创建背景网格

根据 7.1 节的分析，《俄罗斯方块》游戏需要一个 BP_Grid 的角色来管理很多的游戏逻辑。这一节就通过蓝图来添加 BP_Grid 的具体功能。

从本节开始将会使用大量的蓝图功能。读者放心，本书中所用到的蓝图功能，都是非常容易理解的。在遇到某个第一次出现的蓝图的功能或者用法的时候，会在下面的内容中详细讲解蓝图功能。读者可以先按照步骤完成具体的功能，然后在后面的蓝图讲解的部分学习蓝图的基础。

7.5.1　添加网格到关卡

之前已经提前创建了 BP_Grid 角色。在内容浏览器的 Blueprints 文件夹下，拖动 BP_Grid 到场景中，为了让网格在背景上显示，在右侧的细节面板设置中，把 BP_Grid 角色的位置设置为 X=0.0，Y=40.0，Z=0.0。

7.5.2　为背景网格添加的长度和宽度

双击 BP_Grid，单击“打开完整的蓝图编辑器”，进入 BP_Grid 的蓝图编辑器。要创建 Grid 背景的网格图片，首先要定义长和宽的变量，分别代表在宽度和高度上都有几个方块。

在蓝图编辑器的左下角，找到“我的蓝图”面板，找到变量类别，单击 + 按钮，添加变量，会创建一个默认的变量。将新创建的变量命名为 Width（宽），然后在右边把变量类型改成整数（如图 7-42 所示）。

图 7-42　设置变量名称和类型

接下来再创建另外一个变量，将其命名为 Height（高），变量类型会自动继承上一次的设置，类型是整数。在右侧的细节面板中，观察最下方的默认值（如图 7-43 所示）。

图 7-43　变量新加入后，不能设置默认值

这里提示要设置默认值，就必须先编译蓝图。单击工具栏上的“编译”按钮（如图 7-44 所示）。

图 7-44　“编译”按钮

编译成功后，“编译”按钮会出现绿色的对号图标，代表编译成功。再到细节面板中，就可以为变量赋值了（如图 7-45 所示）。

图 7-45 设置变量默认值

将 Width 设置为 10，Height 设置为 18，编译并保存蓝图。

1. 什么是变量

这一节，在蓝图编辑器中分别添加了两个变量：Width 和 Height。那什么是变量呢？

可以把变量理解为快递的盒子。快递盒子里可以放任意的物品，也可以把物品从快递盒子中取出来。

创建一个名称为 Width 的变量的意思是创建一个有收货地址栏的快递盒。名称 Width 可以理解为收货地址。在程序的其他部分，可以通过 Width 这个变量名称访问或者改变它里面保存的值。

2. 什么是变量类型

不同的快递盒能够放不同的快递。例如有一个冰箱，把它放在发送文件的信封中，肯定是放不下的。所以必须使用一个支持冰箱大小的快递盒来包装冰箱。

在创建变量的时候也是一样的。通常会给变量指定一个类型，来说明什么样类型的数据可以放到这个变量中。

默认创建的变量类型都是布尔类型。这种类型只有两个值：True 和 False。不是真就是假，这在进行条件判断的时候非常有用。

而 Width 和 Height 用来规定在背景网格的横向和纵向各有多少个方块。这样的数值用整数来表示是最合适的。所以前面把 Width 和 Height 的类型都设置为整数类型，整数类型的变量里面只能存储整数。

3. 什么是默认值

当一个变量创建完成后，还没有对变量赋值之前，去取变量的值，系统会返回一个默认值。这个默认值根据变量类型的不同而不同。如整数类型默认值就是 0，而布尔类型的变量默认值是 False。

可以在编译后对默认值进行设置，如把 Width 设置为 10。设置完默认值后，在第一次访问 Width 变量的值时，就能够得到默认的值，也就是 10。

默认值提供了一个初始化变量的机会。对创建的任何变量，都要仔细设计其默认值。

7.5.3 创建背景方块

下面根据设置的 Width 和 Height，创建背景网格中的背景方块。

1. 添加自定义事件

在组件面板中，单击“+ 添加”添加组件按钮，输入 PaperGroupedSprite 单击“添加”。这个组件是显示多个同样的 Sprite 的组件（如图 7-46 所示）。

图 7-46 添加 PaperGroupedSprite 组件

在蓝图编辑的中间部分，切换到“事件图表”标签。这里是编写蓝图逻辑的地方。在事件图表的空白处右击，输入“t.”，能快速找到“添加自定义事件”节点，单击该节点把“添加自定义事件”添加到事件图表中（如图7-47所示）。

图7-47 快速创建自定义事件

命名新加入的自定义节点为CreateBackgroundGrid。到这里就成功地添加了一个自定义的事件（如图7-48所示）。

图7-48 创建自定义的CreateBackgroundGrid事件

2. 循环添加背景方块

下面将遍历背景网格中的每一个方块，并创建对应的Sprite。首先将Height拖动到面板中，在弹出的上下文菜单中单击“获取Height”，然后按住鼠标左键拖动出连接线，释放鼠标左键，在弹出的上下文菜单中输入For Loop，搜索到对应节点后单击创建一个For Loop循环，将CreateBackgroundGrid与For Loop循环相连（如图7-49所示）。

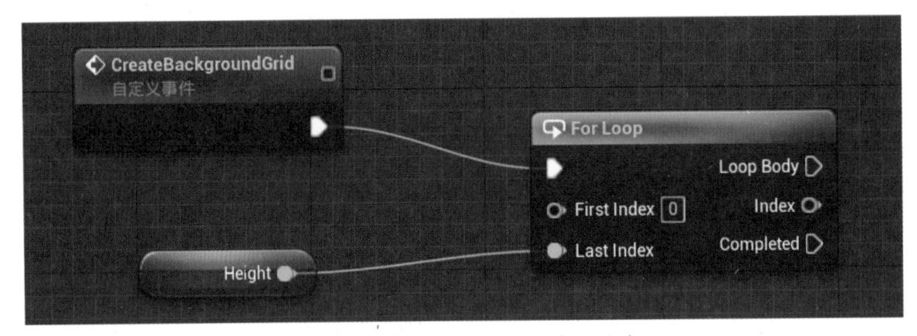

图7-49 创建For Loop循环节点

因为UE5的For Loop默认是从0开始计数的，所以对于For Loop的Last Index索引，正确的数值应该是Height−1，否则会多循环一次。在事件图标中拖动Height的数据线，在上下文中输入“-”，搜索“减”节点，这个节点对应数学上的减法操作。对Height的数值减1，然后把减节点的输出连接到For Loop节点的Last Index上。这样在执行For Loop节点时，循环的Index依次是0，1，2，3，4，5，6，7，8，9。正好从第0行开始，依次遍历10行（如图7-50所示）。

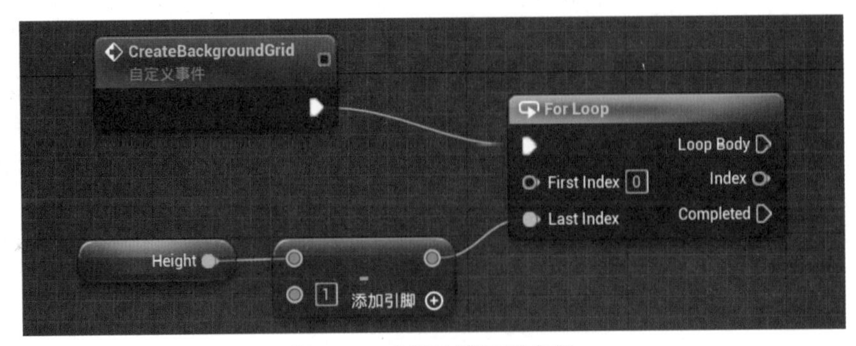

图7-50 完整地遍历所有行

在第一个循环执行时，针对每一行都需要再执行第二个循环，就是每一行上的列。和Height一样，需要对Width执行一遍循环（如图7-51所示）。

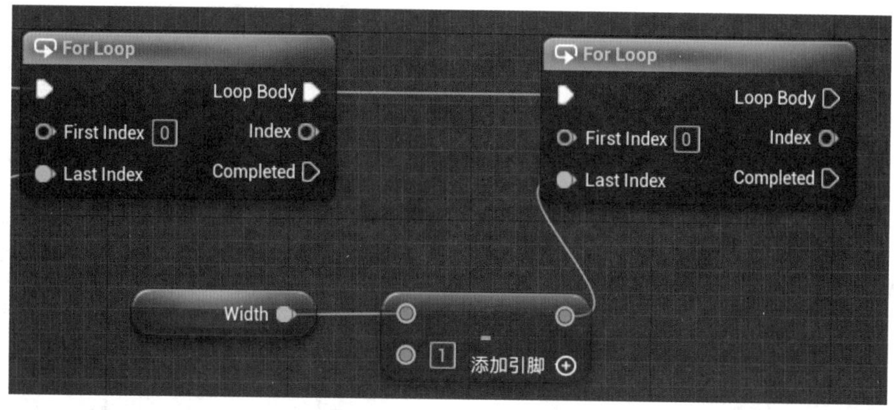

图7-51　遍历每一行的每一列

接下来在组件面板中选择Paper Grouped Sprite组件，把它拖动到图表中，再拖动出数据线，从弹出的上下文菜单中搜索Add Instance（添加实例），单击添加这个节点到事件图表中，连接第二个For Loop的LoopBody（循环体）（如图7-52所示）。

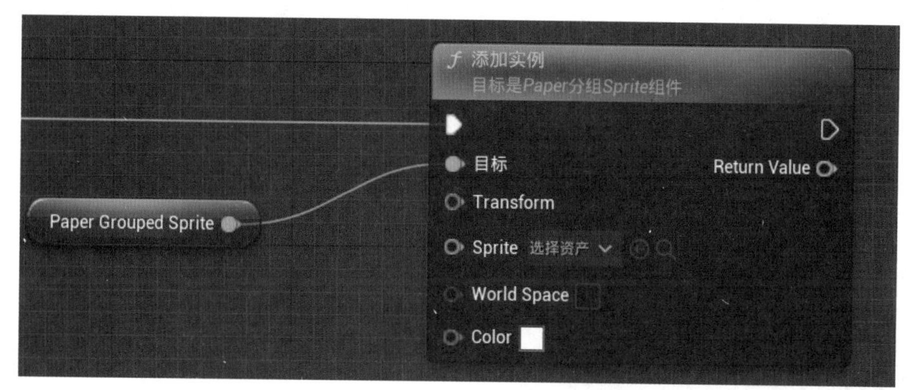

图7-52　对每一行每一列都添加一个Sprite实例

图7-52的作用是，执行Paper Grouped Sprite上的Add Instance（添加实例）事件。因为是在for循环中，这个事件执行的次数是10×18 = 180次。也就是每一个网格上的方块，都会执行这一次。刚好在这里添加方块的Sprite。在Add Instance节点的Sprite设置中，选择背景方块精灵Tile_Background_Sprite（如图7-53所示）。

图7-53　设置Paper Grouped Sprite“组件”使用的Sprite

Add Instance 节点需要知道在什么位置创建 Sprite，所以需要设置 Transform 属性。右击 Add Instance 中 Transform 输入槽，在弹出的快捷菜单中选择“分割结构体引脚”，将 Transform 分离。一个 Transform 结构是由位置旋转缩放三个结构组成的。所以分离后可以对这三个部分分别赋值（如图 7-54 所示）。

图 7-54　分离 Transform 结构

首先设置一下 Add Instance 的 Scale。把 Transform Scale 设置为 0.25。这样每次添加的 Sprite 都是 25 像素，也是 25 个虚幻引擎单位大小（如图 7-55 所示）。

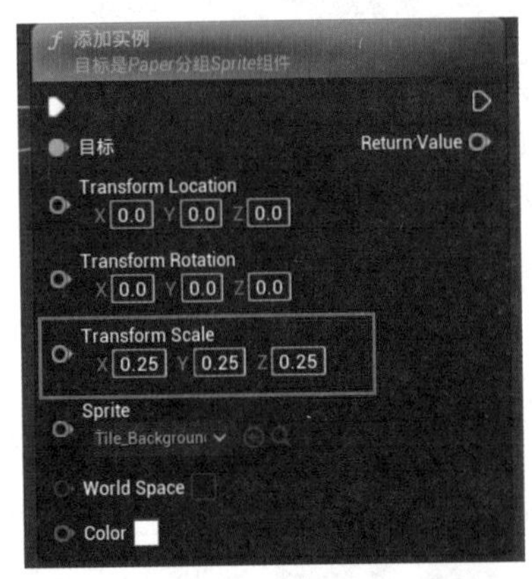

图 7-55　设置 Instance Sprite 的缩放

对每一个方块的位置也需要处理。每增加一行高度就增加 25× 行数；每增加一列就增加 25× 列数。

在 Location 上右击，再次选择“分割结构体引脚”，把 Location 分隔开。Location 是向量 3D 的变量，它由 *X*、*Y*、*Z* 三个浮点数组成（如图 7-56 所示）。

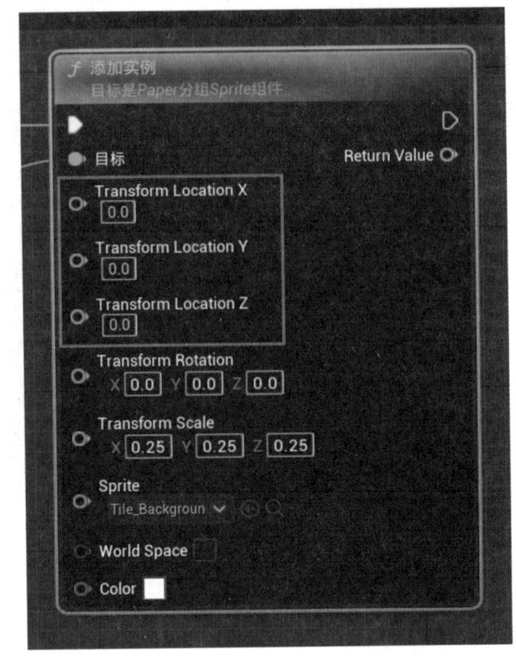

图 7-56　再次分离 Location 结构

对于 For Loop 来说，当前正在进行的循环的索引号，在 for 循环的 Index 数据上输出。例如第一行 index 输出 0，第 5 行 index 输出 4。按照刚才的分析，在 Width 上的每一个循环把 Index 的值乘以 25，然后赋值给 Add Instance 的 Location X。对于高度也是同样原理，把高度循环的 Index 乘以 25，赋值给 Location 的 *Z* 值（如图 7-57 所示）。

3. 调用自定义的添加方块事件

当前 BP_Grid 已经有了创建背景方块的功能，但是这个事件并没有被调用。如果要让 BP_Grid 创建背景方块，就要在合适的时机运行这个事件。

因为 BP_Grid 是放在关卡中的，在放进关卡之后就应该能看到背景网格上的方块，所以调用 Create Background Grid 事件的最合适的时机是在构造脚本函数中。在“我的蓝图”的函数类别中，找到“构造脚本”，双击打开（如图 7-58 所示）。

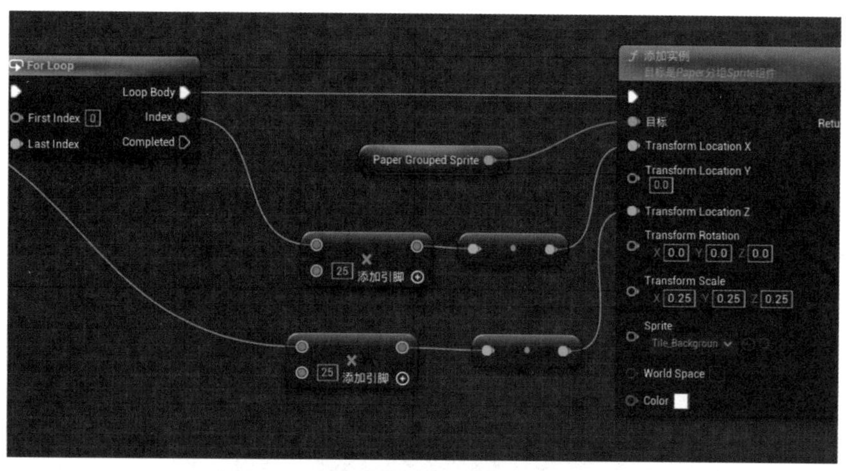

图 7-57 每一行的高度在 Z 轴上增加 25

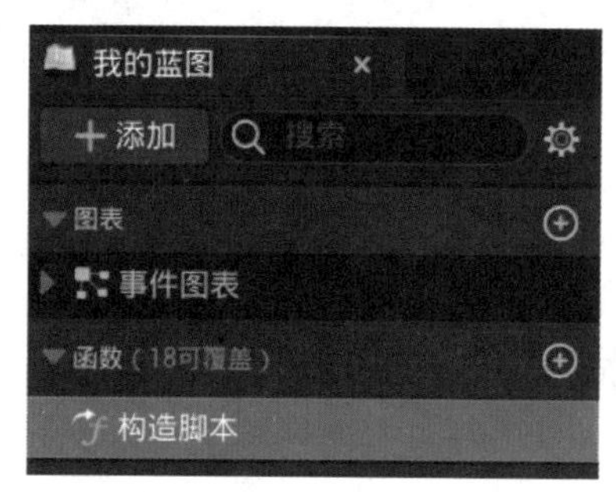

图 7-58 双击构造脚本打开构造脚本函数编辑器

构造脚本是一个非常特别的函数，它在需要构建这个蓝图实例的时候调用。调用的时机包括关卡加载时、蓝图实例新添加到关卡中时、蓝图出现变动需要重新添加到关卡中时。

所以在构造脚本中调用 Create Background Grid 事件，会让 BP_Grid 在加入关卡中后，立即调用 Create Background Grid 事件，从而创建出背景方块。

在构造脚本的空白处右击，在弹出的上下文菜单中搜索 Create Background Grid，搜索节点后单击“添加”。然后连接 Construction Script 的输出流到 Create Background Grid 的输入流中（如图 7-59 所示）。

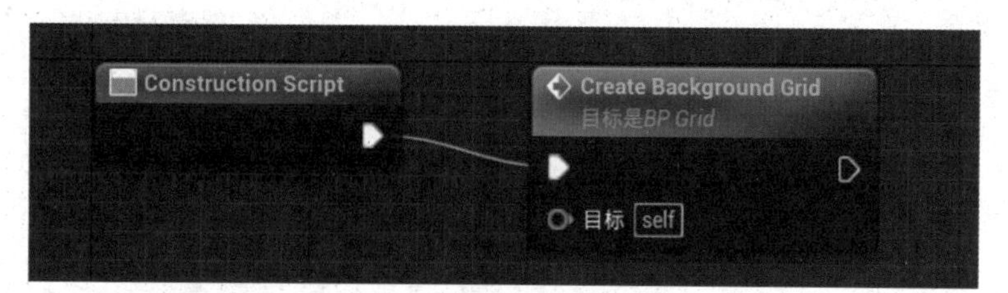

图 7-59 在构造函数中，调用 Create Background Grid 事件

重要说明：

你可能已经注意到了，蓝图图表编辑器中的自定义事件节点的名字，和定义时的名字有点不同。在蓝图图表编辑器中，为了可读性，UE5 默认对节点名称的显示进行了优化。主要的优化方式有：

- 自动把下画线改为空格，如 BP_Tetris 会显示为 BP Tetris。
- 自动在单词首字母大写的函数名和变量名中间添加空格。如 CreateBackgroundGrid 显示为 Create Background Grid。
- 自动把小写的变量名的首字母改为大写，如 isJump 显示为 Is Jump 等。

这些优化措施让图表编辑器中的节点看起来更整洁，本书后面不再对这种情况单独说明，正文文字中将统一按照优化后的形式来写。由于这种优化显示问题，蓝图编辑器截图中的名称和原始名称会有稍微不一致的情况，所有后面出现这种情况的地方，请以定义的原始名称为基础进行理解。

再回到关卡中，可以看到 BP_Grid 已经生成好了背景的方块（如图 7-60 所示）。

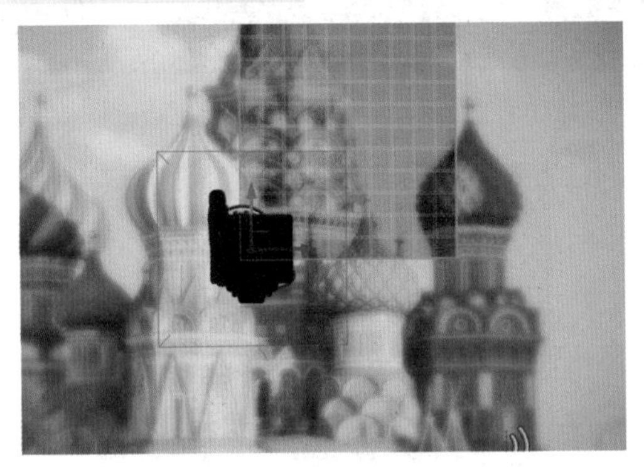

图 7-60　构造函数自动生成了背景网格

但是现在背景方块的位置是不对的。它从世界位置的 0×0×0 开始创建。我们需要背景网格的中心在世界坐标的 0×0×0 的位置。所以在创建背景方块之前，需要先根据宽度和高度，设置一下 BP_Grid 的位置。找到 Create Background Grid 事件，在第一个循环的前面右击，搜索添加“设置 Actor 位置”节点，该节点的作用是设置 BP_Grid 在关卡中的世界坐标位置。根据 Width 和 Height 的位置，首先除以 2，得到中间的方块的数量，然后乘以 −25，往左下方平移。*Y* 轴设置为 40，让背景网格比背景图片向前 40 个单位（如图 7-61 所示）。

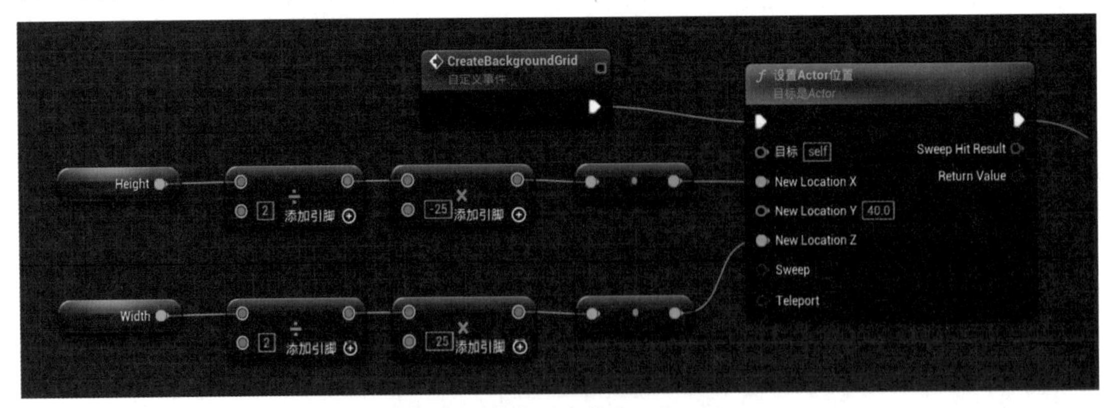

图 7-61　往左下方移动 BP_Grid

设置完成后，把后面循环的代码再次连接上，然后编译保存。回到关卡编辑器中，播放当前关卡，BP_Grip 就居中显示了（如图 7-62 所示）。

图 7-62　居中显示的 BP_Grid

7.6　BP_Grid 创建方块

接下来要从 BP_Grid 中创建出往下落的方块。双击 BP_Gird（网格），打开蓝图编辑器。在中间的事件图表的空白位置右击，创建一个新的自定义事件，命名为 CreateTetris（如图 7-63 所示），UE5 优化后会显示为 Creat Tetris。

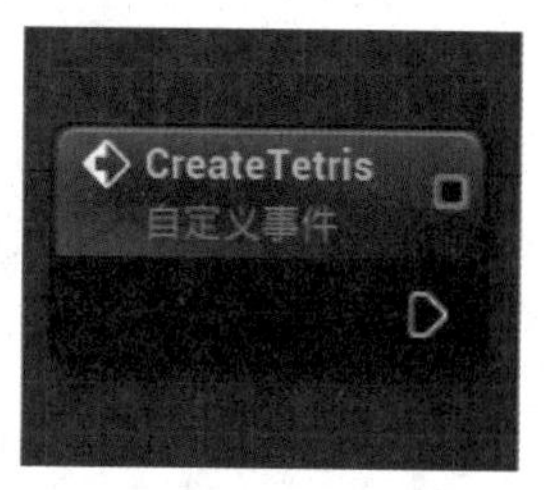

图 7-63　创建 CreateTetris 自定义事件

在 Create Tetris 节点的后面右击，搜索 Spawn Actor，搜索添加 Spawn Actor from Class（从类生成 Actor）节点。将 Create Tetris 与 Spawn Actor from Class 连接起来，在 Spawn Actor from Class 的 Class 选择框中选择 BP_Tetris（如图 7-64 所示）。

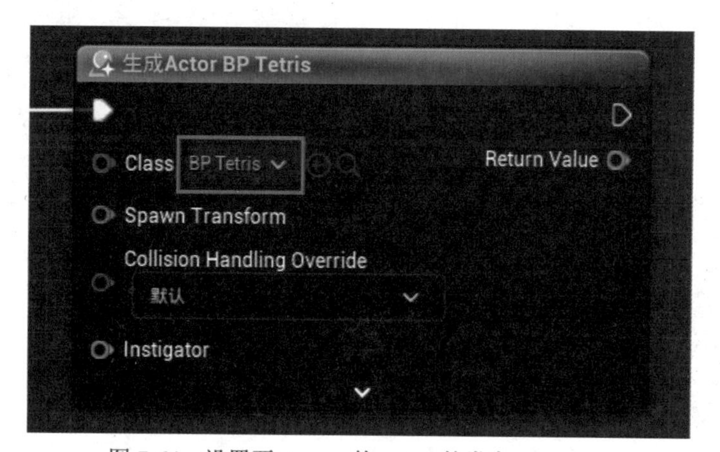

图 7-64　设置要 Spawn 的 Actor 的类为 BP_Tetris

设置要生成的蓝图类之后，还需要设置新生成角色的 Transform。右击 Spawn Transform Location 的“分割结构体引脚”将其分离开，方便分别设置位置。在 BP_Grid 的基础上，寻找 Width 在中间、Height 在比最高行还高一行的位置。BP_Grid 在开始的时候有一个位移，所以这里要把这个位移算进来（如图 7-65 所示）。

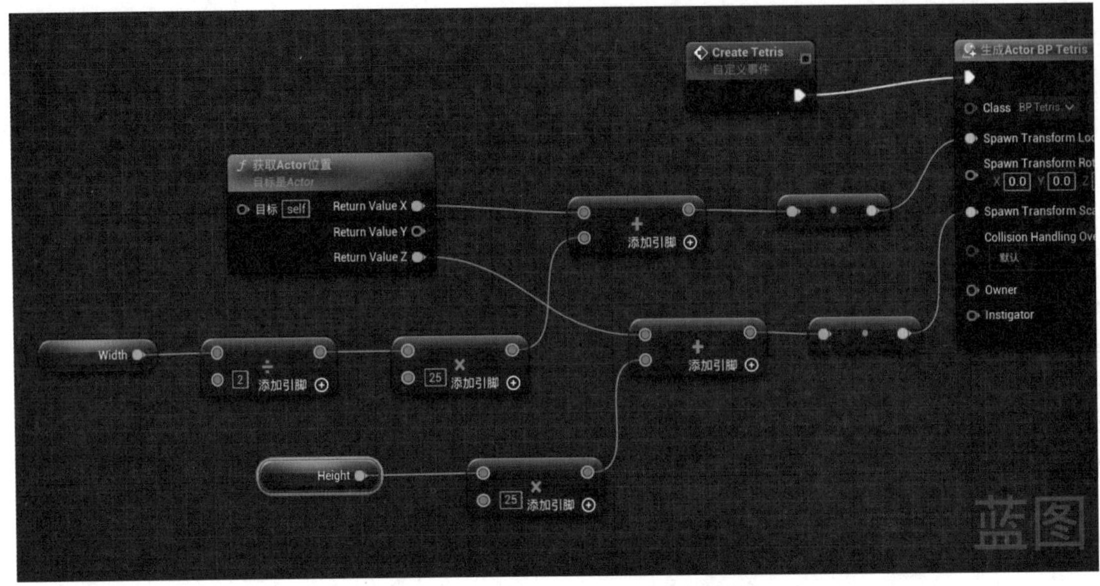

图 7-65 设置新生成 BP_Tetris 的位置

生成 BP_Tetris 的功能就完成了。要让这个事件起作用，还需要在合适的时机调用这个事件。这次是在游戏开始运行后生成一个 Tetris（Create Tetris），所以合适的位置是“事件开始运行”函数。“事件开始运行”函数在关卡加载完成后，开始绘制第一帧画面之前，调用一次（如图 7-66 所示）。

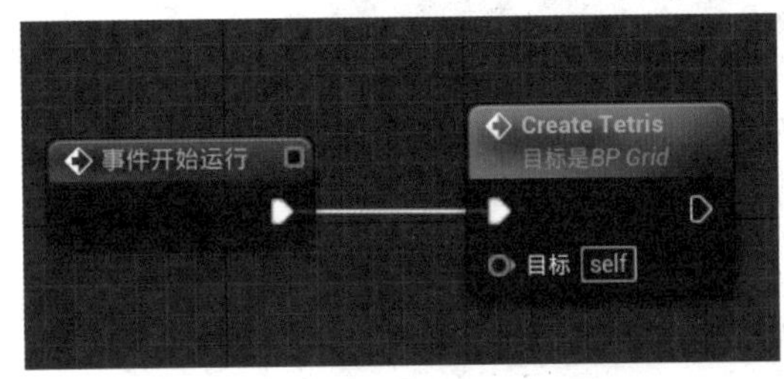

图7-66 在“事件开始运行”函数中，调用 Create Tetris

编译保存蓝图。回到关卡编辑器，单击运行。观察大纲视图，如果创建 BP_Tetris 的事件成功了，在大纲中能看到 BP_Grid 创建的 BP_Tetris 角色（如图 7-67 所示）。

图 7-67 在大纲面板中观察是否生成了 BP_Tetris

7.7 添加 BP_Tetris 自动下落功能

7.7.1 添加预览模型

因为 BP_Tetris 里还没有任何可视化的内容，所以当前还不能在游戏运行的时候看到它。一般出现这种需要的资源没有完成，但是当前的功能又依赖未完成资源的情况时，可以考虑添加使用可替换资源。

添加可替换资源的原理是，先使用一个临时的资源，用临时的资源来制作当前的功能。等最终的资源制作完成后，直接替换为最终资源。

下面为BP_Tetris添加一个临时模型，让BP_Tetris在游戏中可见。双击BP_Tetris，打开蓝图编辑器，在组件面板中，单击“添加”按钮，添加一个立方体组件，然后调整细节面板中表示大小的数值，改为0.25。再次运行游戏，就可以看到可视化的内容了（如图7-68所示）。

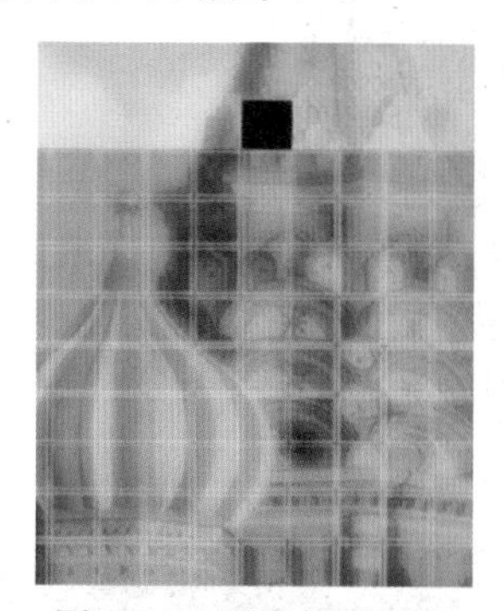

图7-68　预览模型效果

7.7.2　让BP_Tetris向下移动

进入BP_Tetris的事件图表中，找到事件Tick，这个事件每一帧都运行一次。在蓝图里面添加浮点类型的一个变量，命名为MoveTimeCount（移动时间的数量），编译蓝图后，设置变量的默认值为0.5。再创建一个浮点类型的变量，命名为PassedTime（当前已经通过的时间），默认值为0（如图7-69所示）。

图7-69　添加PassedTime变量

将Passed Time拖到图表中，选择获取Passed Time，然后从Passed Time拖出连接线，输入+，搜索添加浮点+浮点节点，连接Delta Seconds和Passed Time，把结果赋值给Passed Time（如图7-70所示），这样每一帧都会更新记录当前过去了多少时间。

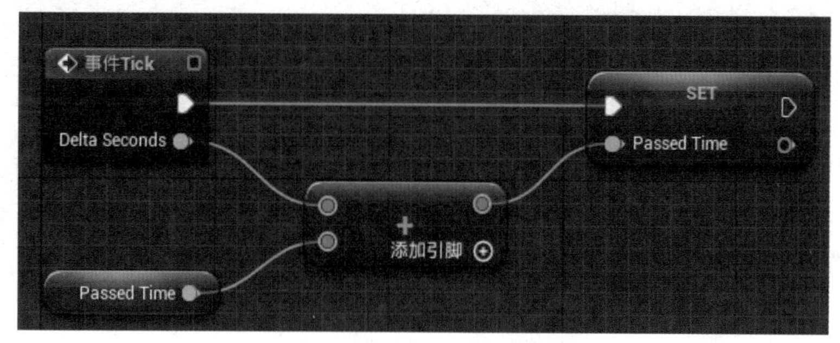

图7-70　更新PassedTime变量

从Set Passed Time拖出连接线，搜索添加浮点+浮点节点，把Move Time Count拖动到图标中，与Passed Time比较。对比较出来的结果进行判断，如果Passed Time大于Move Time Count，说明可以往下移动一格了；如果没有则继续等待执行下一帧（如图7-71所示）。

当可以往下移动一格时，先把Passed Time重置为0，以便下一帧开始重新计算然后搜索添加“添加Actor世界偏移”节点，该节点在当前的位置上添加一个位移，可以实现向下移动BP_Tetris（如图7-72所示）。

要添加的移动位移是一个向量3的参数。往下移动一格是25个单位，在“添加Actor世界偏移”节点的Delta Location里的*Z*轴输入−25，连接到执行流中（如图7-73所示）。

编译保存BP_Tetris，回到关卡编辑器，单击运行按钮，应该能够看到BP_Tetris每隔0.5

秒就自动往下移动一格（如图 7-74 所示）。

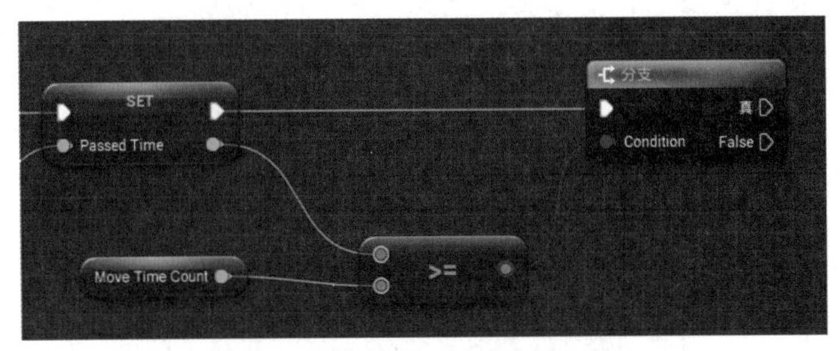

图 7-71　判断是否需要触发向下移动

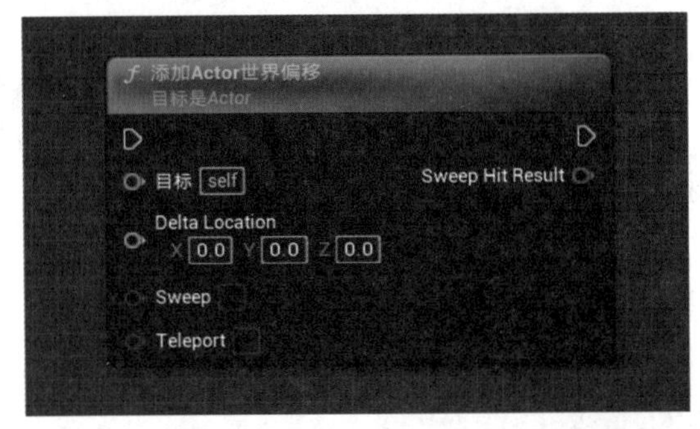

图 7-72　“添加 Actor 世界偏移”节点来控制移动

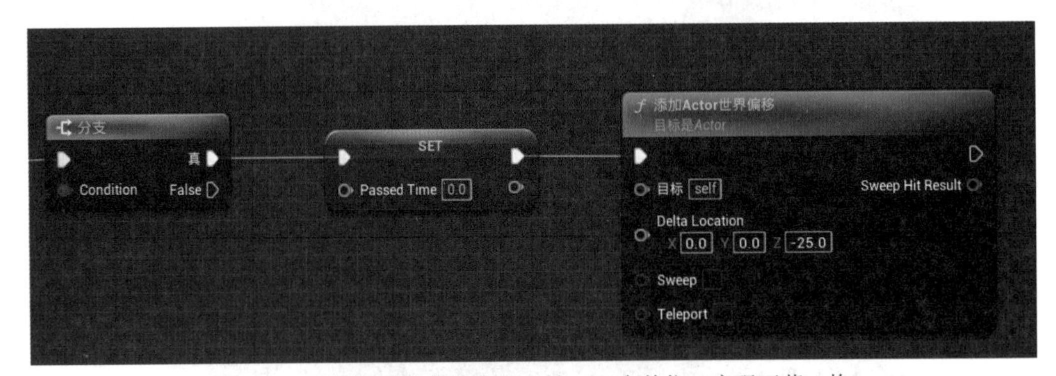

图 7-73　设置移动的位移为沿 Z 轴 −25 个单位，实现下落一格

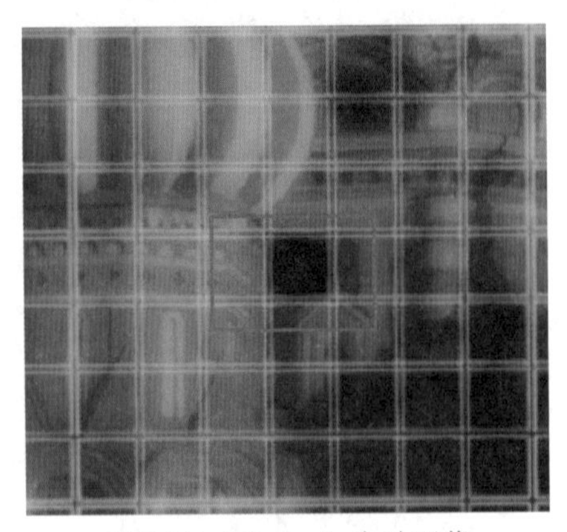

图 7-74　BP_Tetris 自动下落

7.8　完成 BP_Tile 功能

7.7 节中已经完成一个自上而下不断往下降落的 BP_Tetris，临时使用了一个立方体来代表一个方块中的一个小方框。本节来完成 BP_Tile 的功能。

7.8.1　设置BP_Tile的基础组件和属性

在内容浏览器中，双击 BP_Tile 打开蓝图编辑器，在组件面板中单击“+ 添加”按钮，添加 Paper Sprite 组件。选择 Paper Sprite 组件，在右侧的细节面板中设置精灵组件的源 Sprite 为 Tile_Game_Sprite（如图 7-75 所示）。

图 7-75　设置“精灵”组件使用的精灵

导入的精灵是 100×100 个单位大小的，还需要缩放一下，把缩放属性设置为 0.25。

基本的 BP_Tile 的外观就设置完成了。在使用之前，BP_Tile 还需要根据 BP_Tile 所在的 BP_Tetris 类型设置颜色。如果 BP_Tile 是添加到背景网格中，颜色要比在 BP_Tetris 中稍微灰暗一些。

7.8.2　BP_Tetris的不同类型

根据 BP_Tetris 的不同类型给 BP_Tile 设置颜色，BP_Tetris 一般具有如图 7-76 所示的几种形状。

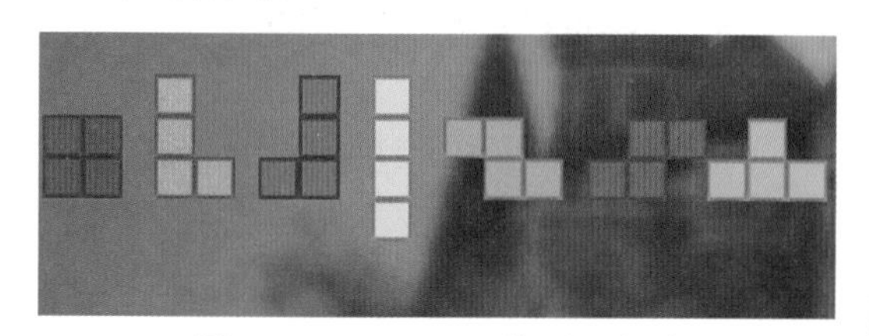

图 7-76　BP_Tetris 的不同类型

不管什么版本的《俄罗斯方块》，最基础的方块都是图 7-76 列出来的这些形状。仔细观察这些方块的规律：

（1）每个方块都由 4 个小方块构成，只是放置位置不同。

（2）每个方块的第一个开始小方块都是固定的（如图 7-77 所示）。

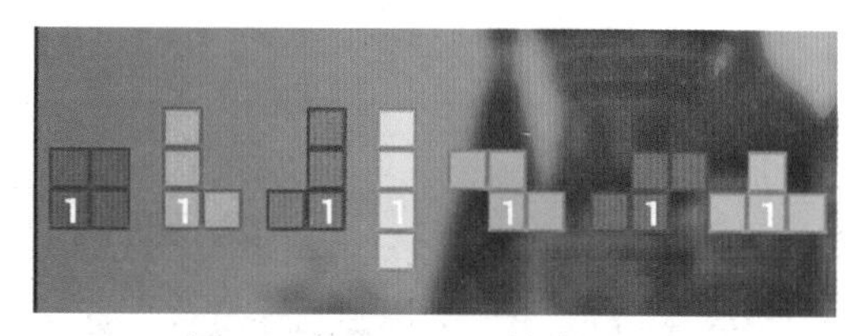

图 7-77　BP_Tetris 的中心 Tile

（3）不同的 Tetris 都形似一个字母（如图 7-78 所示）。

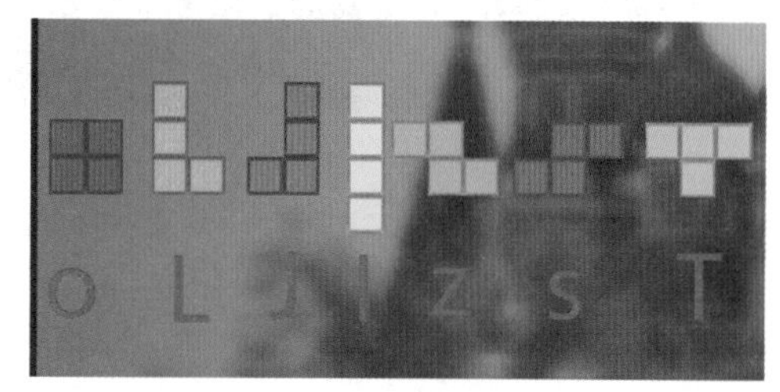

图 7-78　每一个类型可以对应一个字母

7.8.3　使用枚举区分类型

按照上面的分析，可以使用枚举类型来作为 BP_Tetris 的类型。回到内容浏览器，在 Blueprint 文件夹中右击，选择蓝图类别下的“枚举”，创建一个枚举类型（如图 7-79 所示）。

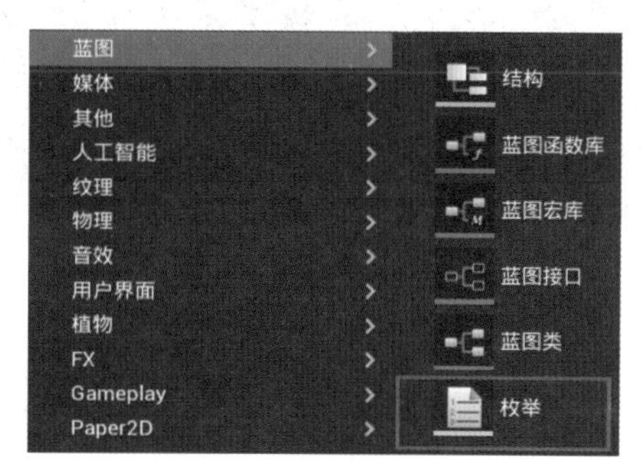

图 7-79　创建枚举类型

把新创建的枚举类型命名为ETetris Type。枚举类型开头的E是习惯用法，代表这是一个枚举类型。双击新创建的枚举类型，打开类型编辑器。单击上方的“添加枚举器”按钮，添加新的类型。单击“添加枚举器”6次，创建6个枚举元素，然后把“显示命名”分别设置为前面总结的6个字母（如图7-80所示）。

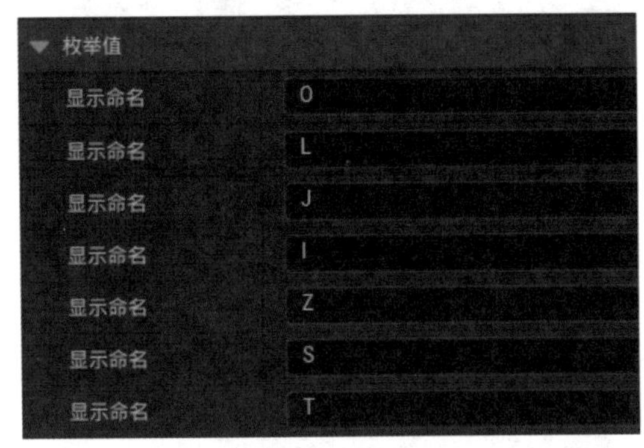

图7-80　枚举类设置

7.8.4　为BP_Tile添加类型变量

回到BP_Tile的蓝图编辑器，在“我的蓝图”面板中，单击变量后面的+按钮，添加新的变量。变量命名为TetrisType（优化后会加空格），在后面的类型选择按钮弹出的面板中，输入ETet进行搜索，搜索出最新添加的枚举类型后，单击“确认”按钮，把变量的类型修改为新的ETetris Type枚举类型（如图7-81所示）。

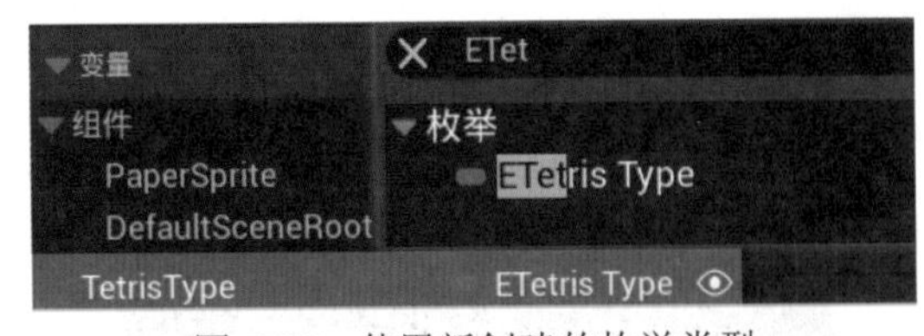

图7-81　使用新创建的枚举类型

单击“编译”按钮，就能在细节面板中设置Tetris Type的默认类型了（如图7-82所示）。

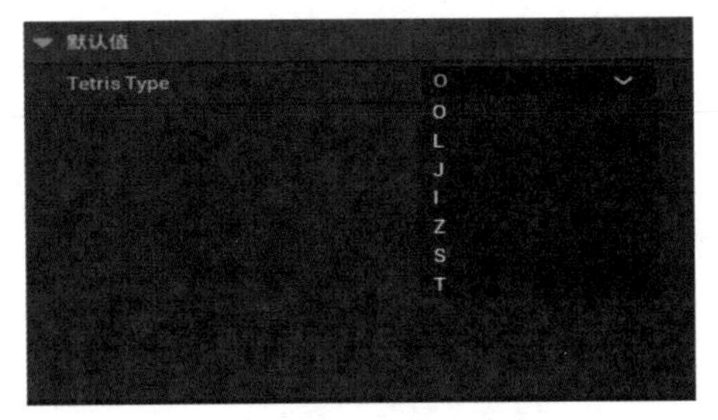

图7-82　选择枚举类型的默认值

对于BP_Tile来说，BP_Tile的类型和BP_Tetris是一致的，由BP_Tetris设置BP_Tile的类型，要让变量Tetris Type在生成Actor的时候能够设置，选择Tetris Type变量，在右侧的细节面板中勾选“可编辑实例”和“生成时公开”，这样设置后，在其他的地方生成BP_Tile，就能同时设置Tetris Type的值了（如图7-83所示）。

图7-83　把枚举变量设置为“生成时公开”

另外BP_Tile还需要一个布尔类型的变量In Grid，来标识当前的BP_Tile是在BP_Tetris中，还是在BP_Grid中，如图7-84所示。

图7-84　InGrid变量

这个变量也需要在生成时设置，所以勾选“可编辑实例”和“生成时公开”。

7.8.5　根据类型设置颜色

在BP_Tile的事件图标中，添加一个自定义事件，命名为SetTileType（优化后名字中会加空格）。选择新创建的SetTileType事件，在右侧的细节面板的输入栏中，单击“+”按钮，添加两个输入参数，一个是 ETetris Type 枚举类型的 Type，另一个是布尔类型的 Is in Grid。输入参数是在调用事件时提供，谁调用了这个事件，谁负责给输入参数赋值（如图 7-85 所示）。

图 7-85　设置 SetTileType 输入参数

把 Paper Sprite 组件拖到事件图标中，因为要设置 Sprite 的颜色，所以拖出 Paper Sprite 的数据流，搜索添加“设置 Sprite 颜色”节点，和 Set Tile Type 相连（如图 7-86 所示）。

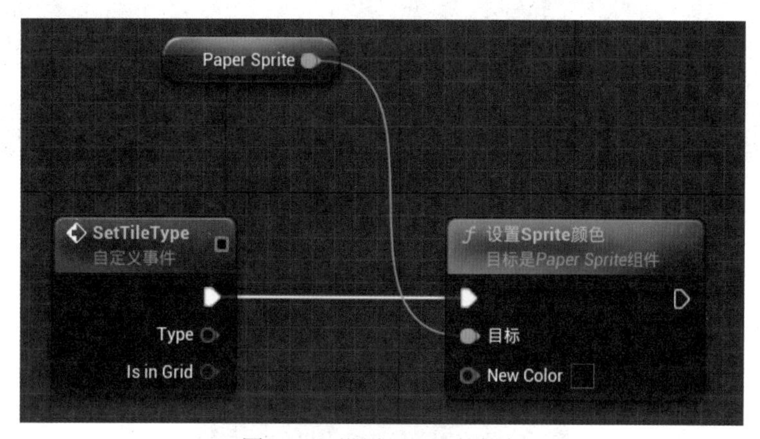

图 7-86　设置 Sprite 的颜色

拖出输入参数 Type，搜索“选择”节点，添加到图表中。“选择”节点会根据 Index 的不同，返回不同的值。这里返回什么值还没有确定（如图 7-87 所示）。

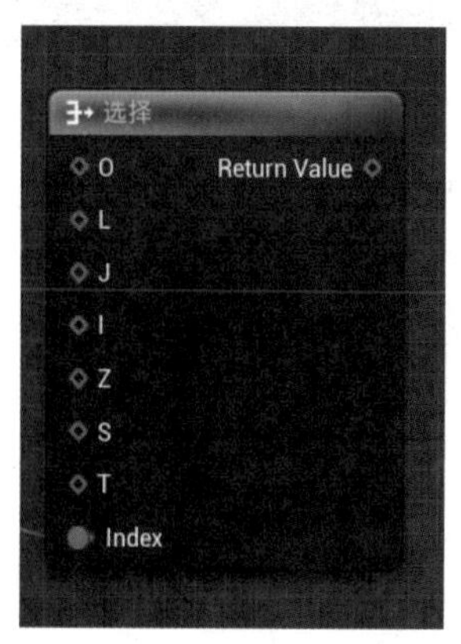

图 7-87　根据输入的 Index 返回不同的值

把“选择”节点的 Return Value 和设置 Sprite 颜色的 New Color 连接，“选择”节点

的输出的类型就自动变为颜色类型了。双击类型后面的色块，为每种类型都设置一格颜色（如图 7-88 所示）。

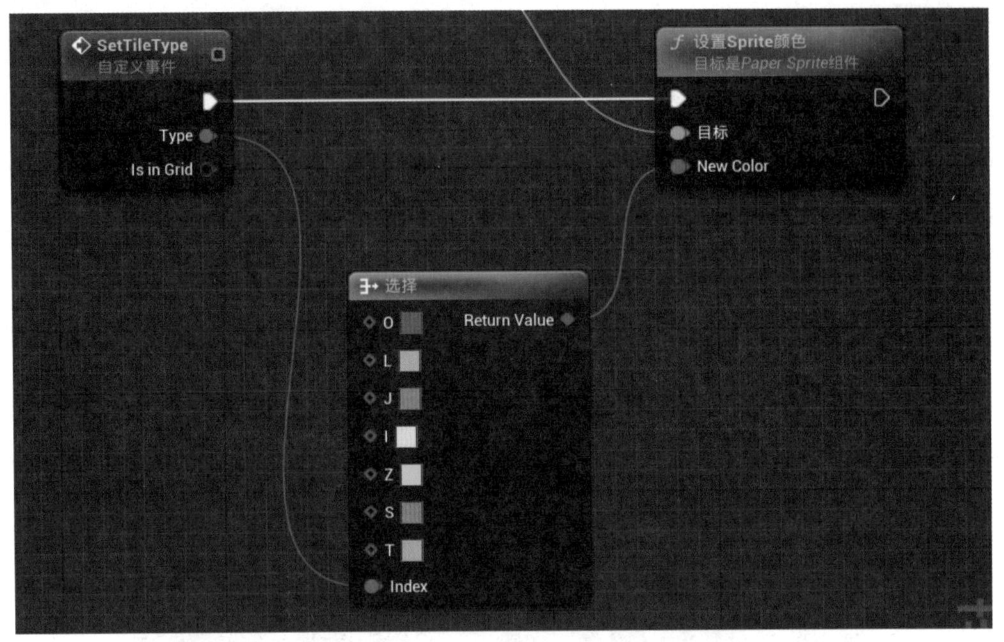

图 7-88　设置不同类型返回的不同值

现在事件函数已经能根据不同的 Tetris 类型设置不同的颜色了。接下来根据 BP_Tile 是否在网格中来设置不同的颜色。拖出“选择”节点的返回值，搜索添加“插值（线性颜色）”节点（如图 7-89 所示）。

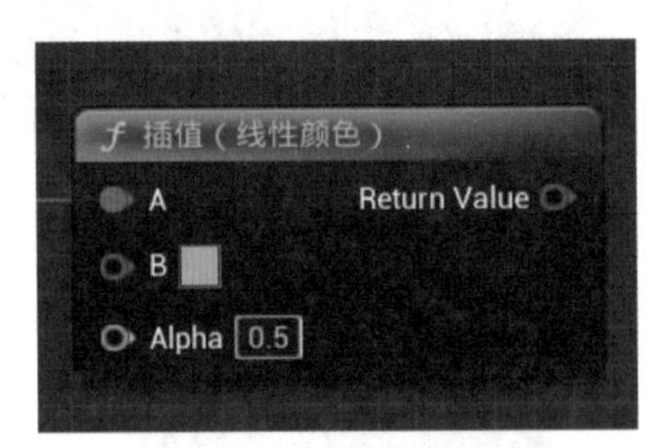

图 7-89　添加“插值（线性颜色）”节点

把任何一个颜色和一个灰色插值后，颜色就变得更灰和更暗。可以通过 Alpha 的值控制混合的强度，这样就有了两个颜色：一个是在选择几点钟直接设置的颜色；另一个是直接设置的颜色和灰色的插值的颜色。使用 Is In Grid 输入参数，再添加一个“选择”节点，来选择这两个颜色。当 Is In Grid 为“真”时，代表 BP_Tile 在 Grid 中，选择插值后的颜色。当 Is In Grid 为 False 时，代表 BP_Tile 在 BP_Tetris 中使用直接在节点中设置的颜色。最终把选择好的颜色连接到“设置 Sprite 颜色”节点的 New Color 参数（如图 7-90 所示）。

Set Tile Type 事件函数设置好后，也需要在合适的地方调用它。打开 BP_Tile 的构造脚本，在这里调用 Set Tile Type。两个输入参数分别为 BP_Tile 的变量 Tetris Type 和 In Grid，这两个变量在生成时可以设置（如图 7-91 所示）。

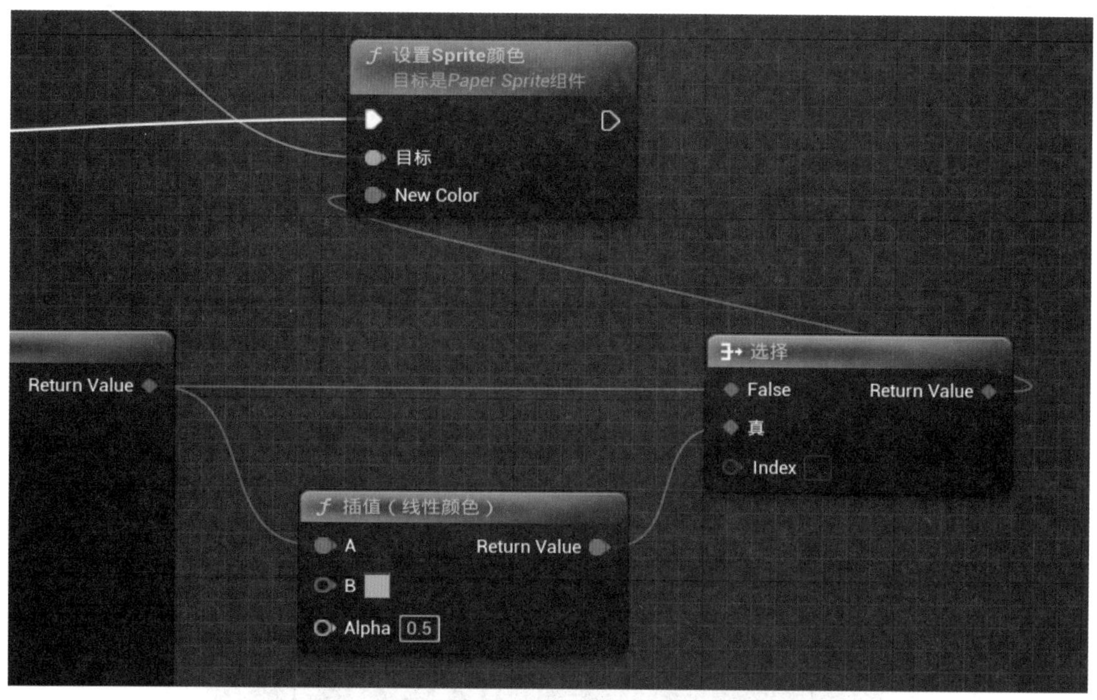

图 7-90　根据是否在网格中选择不同的颜色

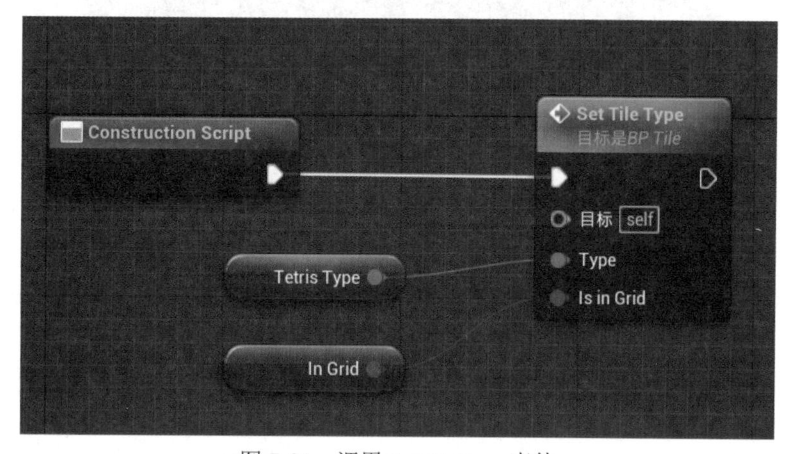

图 7-91　调用 SetTileType 事件

7.9　随机生成不同类型的 BP_Tetris

下面来完成每次生成不同类型的 BP_Tetris 的功能。

7.9.1　添加SetTetrisType事件函数

打开 BP_Tetris 蓝图，要生成不同类型的 BP_Tetris，要有一个变量记录当前 BP_Tetris 的类型。添加类型为 ETetrisType 的变量 Tetris Type，并设置 Tetris Type 变量的“可编辑实例”和“生成时公开”为勾选状态（如图 7-92 所示）。

图 7-92　添加 TetrisType 变量

创建一个新的事件，命名为 Set Tetris Type，给事件一个 ETetris Type 类型的输入参数。这个事件函数也需要在合适的地方调用它。对 BP_Tetris 来说，当它生成的时候，就知道自己的类型了，所以在构造脚本中调用是合适的。Tetris Type 变量暴露在生成的时候，也就是在调用 Construction Script 之前，这个值已经被赋值，所以可以在 Construction Script 中使用这个变量的值（如图 7-93 所示）。

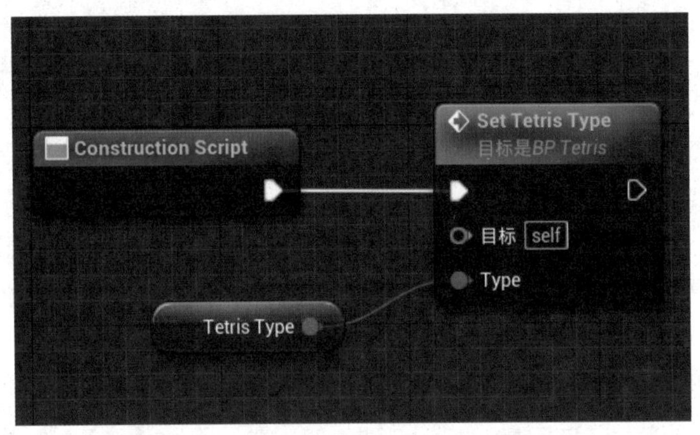

图 7-93　调用 Set Tetris Type 自定义事件

7.9.2　添加子角色组件

之前为了能够在关卡中看到BP_Tetris，在组件中添加了一个临时的预览模型。回到 BP_Tetris 的组件面板，把临时预览模型的组件删掉。

单击“+ 添加”按钮，搜索添加“子 Actor 组件”（如图 7-94 所示）。

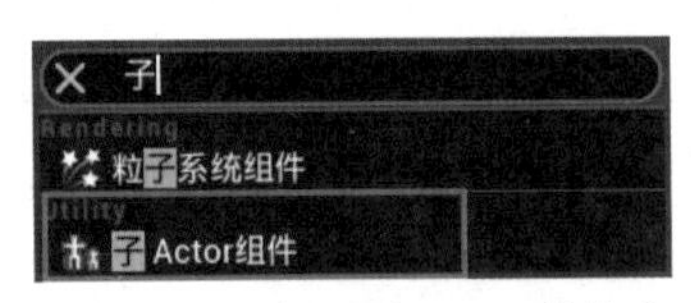

图 7-94　添加“子 Actor 组件”

因为 BP_Tile 是一个蓝图类，它的父类是 Actor，所以要把它添加在其他的蓝图中，必须使用子 Actor 这个特殊的组件。在细节面板中，设置子 Actor 类为 BP_Tile。这样在运行时，BP_Tile 会自动被实例化出来（如图 7-95 所示）。

当第一个子 Actor 组件设置完成后，按 F2 键重命名为 Tile1，然后在选择 Tile1 组件的情况下，按快捷键 Ctrl+D，快速复制出另外三个子角色组件（如图 7-96 所示）。

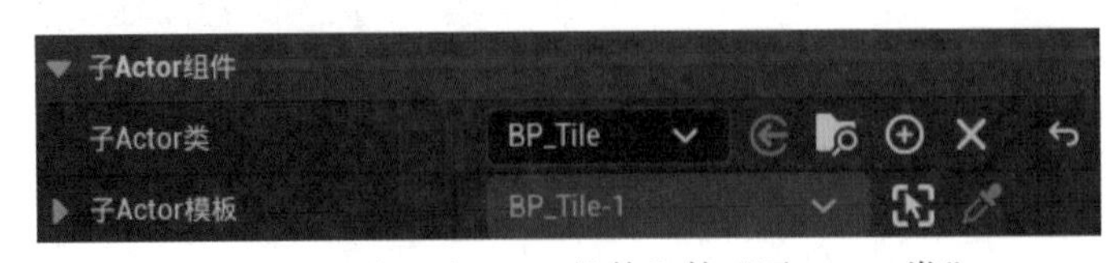

图 7-95　设置“子 Actor 组件”的“子 Actor 类”

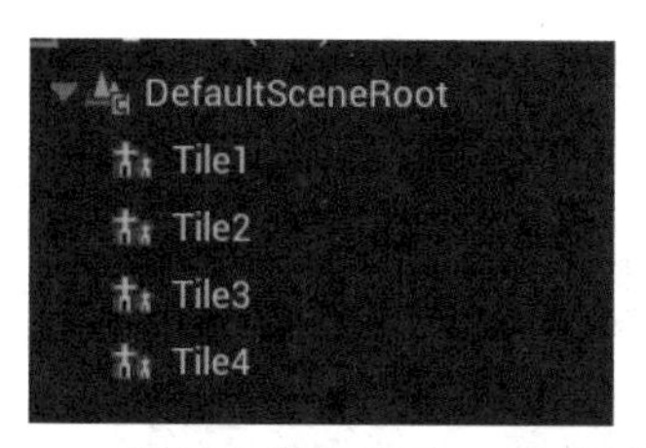

图 7-96　复制出多个“子 Actor 组件”

7.9.3　根据类型设置BP_Tile颜色

每一个子角色组件中都包含一个 BP_Tile 的实例。要设置 BP_Tetris 的颜色，就是设置子角色组件中的 BP_Tile 的颜色。

找到 Set Tetris Type 事件，把 Tile1 组件拖动到事件节点的后面，拖出数据流，搜索添加“获取 Child Actor”节点。这个节点返回子角色组件中包含的真正的子角色（如图 7-97 所示）。

图 7-97　找到子 Actor 引用的具体 Actor

“获取 Child Actor”返回的角色类型是 Actor。要访问 BP_Tile，需要把得到的 Actor 实例使用 CastToBP_Tile（类型转换为 BP_Tile）节点做一下转换，转换为 BP_Tile。拖出数据流，搜索添加“类型转换为 BP_Tile”节点（如图 7-98 所示）。

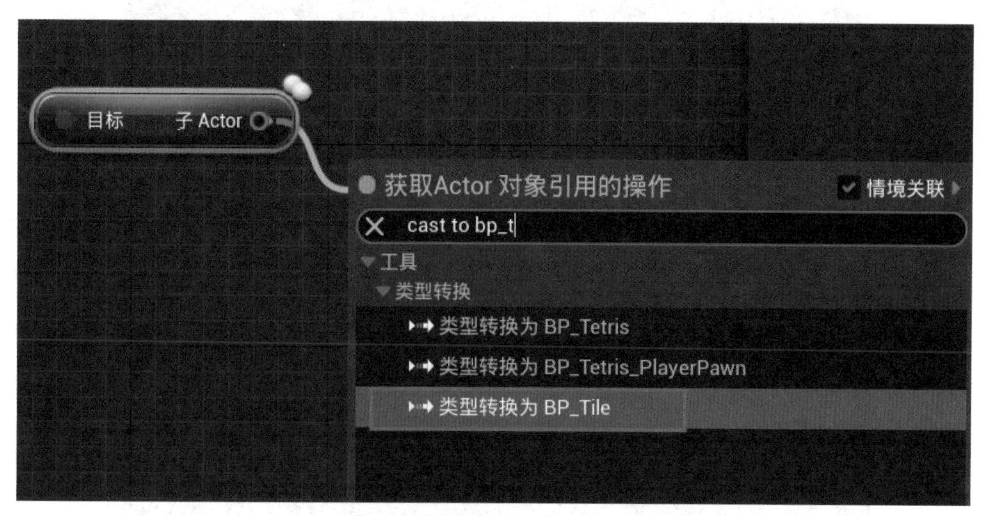

图 7-98　转换 Actor 为 BP_Tetris

默认的 Cast 节点，都有白色箭头形状的执行帧，代表程序的执行流程（如图 7-99 所示）。

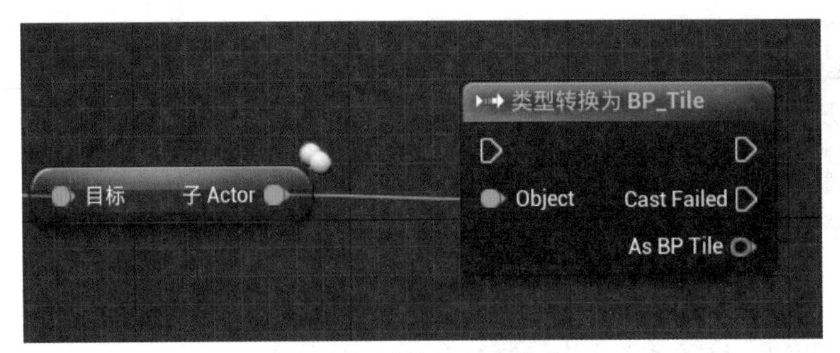

图 7-99　默认的 Cast 节点

当不需要执行流程，只需要这个节点的返回的时候，可以在节点上右击，在弹出的快捷菜单中选择“转换为纯类型转换”，把这个节点转换为纯类型转换（如图 7-100 所示）。

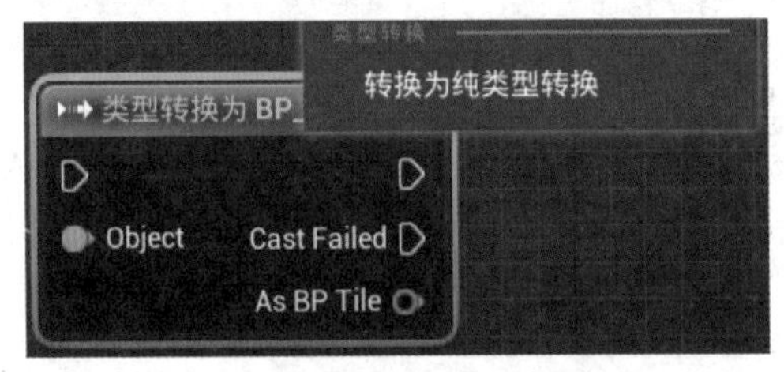

图 7-100　转换为纯 Cast 节点

转换完成的节点，不再有执行流，只保留输出参数。这对简化事件图表中的执行流非常有帮助（如图 7-101 所示）。

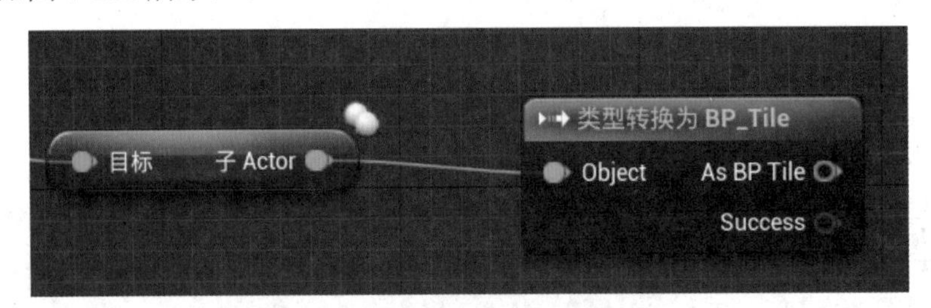

图 7-101　只有数据，没有执行流

拿到 BP_Tile 的对象实例后，就可以直接调用它的事件了。拖出数据流，搜索添加 Set Tile Type 节点，就能调用在 BP_Tile 中创建的根据类型改变颜色的函数了（如图 7-102 所示）。

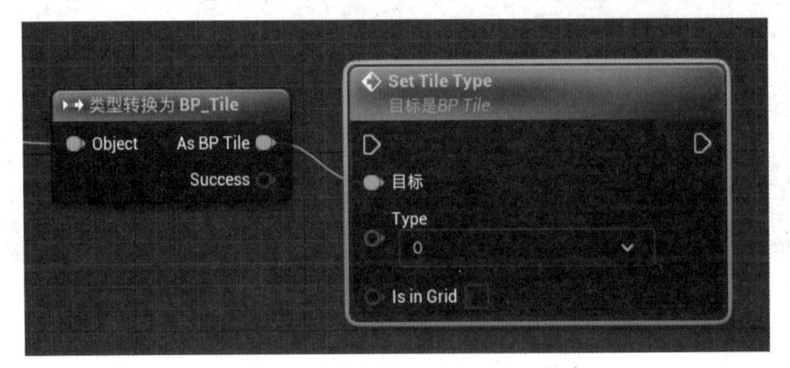

图 7-102　自定义的 Set Tile Type 节点

只要传入 Type 参数，就能设置 Tile1 的颜色（如图 7-103 所示）。

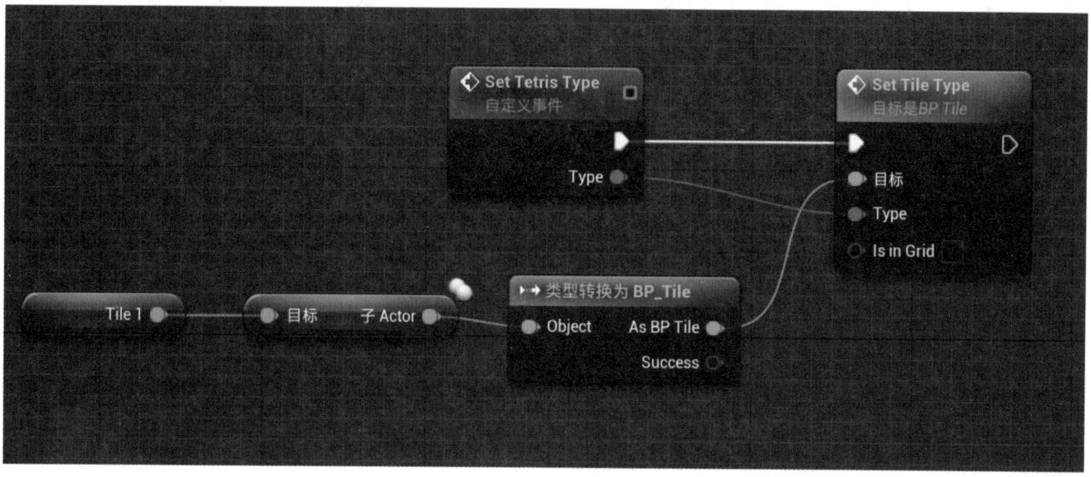

图 7-103　根据 BP_Tetris 的类型设置 BP_Tile 的类型

一个 BP_Tile 设置完成后，可以把这些设置颜色的节点全选择，按快捷键 Ctrl+C 拷贝，把鼠标指针移动到空白处，按快捷键 Ctrl+V 粘贴。拷贝完成后，只需要把 Tile1 替换为 Tile2 就可以了。这里可以使用快速方法替换，按住鼠标左键，从组件面板中拖动 Tile2 到图表视图中的 Tile1 节点上，释放鼠标，就能自动替换节点了（如图 7-104 所示）。

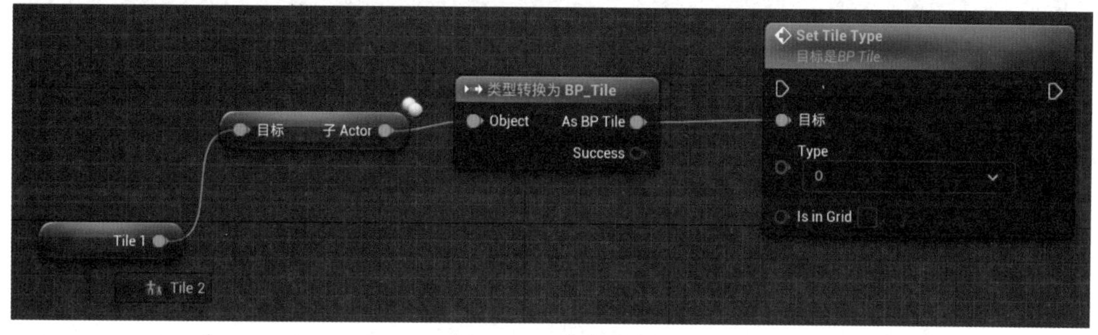

图 7-104　替换节点

连接程序的执行流，并把 Type 指定给第二个 Tile2 的 Set Tile Type 节点。继续这个过程，当调用 Set Tetris Type 时，Tile1 ～ Tile4 的颜色都需要设置。

7.9.4　转换图表为函数

依次调用 Set Tile Type 后，图表已经变得有些拥挤了。因为这些节点的目标相同，都是为了设置整个 BP_Tetris 的颜色，可以把这些节点都放在一个函数中。UE5 提供了一种快速的方式，能够把图表视图中的节点转换为函数。

选择所有设置颜色的节点，右击，在弹出的快捷菜单中选择“折叠到函数”。UE5 会把这些节点都转换到一个函数中（如图 7-105 所示）。

对转换完的函数进行重命名，这里设置为 Set All Tile Color（如图 7-106 所示）。

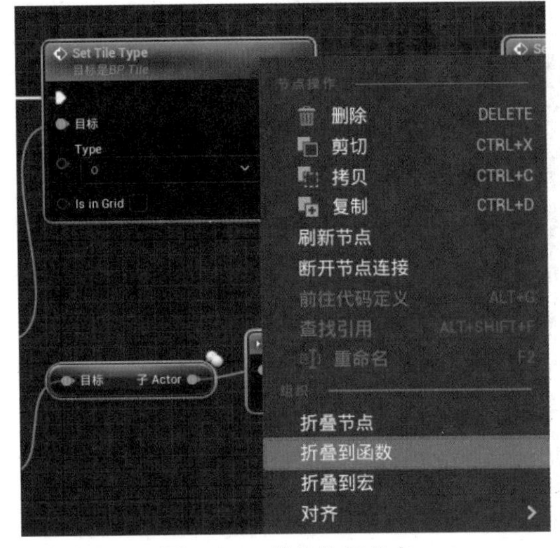

图 7-105　转换选择节点

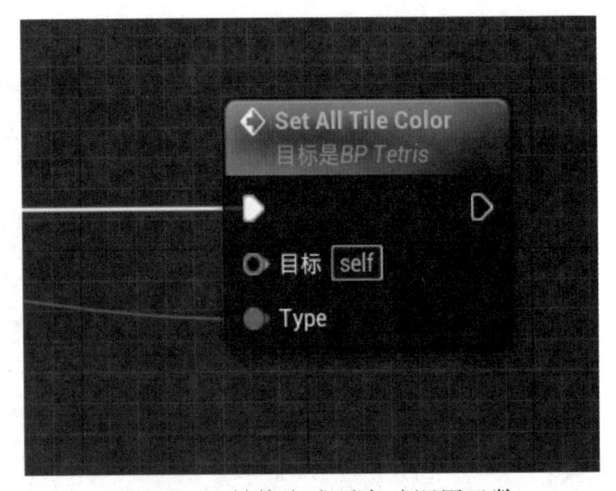

图 7-106　转换完成后自动调用函数

双击打开 UE5 自动创建的函数，检查逻辑是否正确（如图 7-107 所示）。

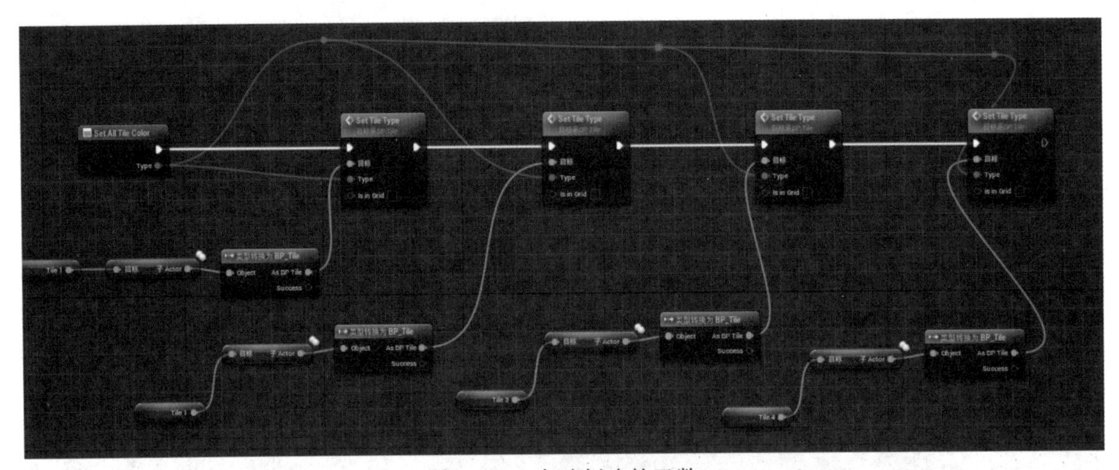

图 7-107　自动创建的函数

通过这种转换的方式，原先在事件图表中的多个节点，就自动转换为一个函数。在平时的工作中，使用这样的方式，不但让事件图表更整洁，而且能让制作者思考某一部分的代码到底有什么用，应该怎么归类划分，逻辑上也会更加清晰。

7.9.5　根据类型设置BP_Tile位置

上面的内容设置了 4 个 BP_Tile 的颜色。根据类型不同，还需要设置 4 个 BP_Tile 的位置。回到事件图表中，按住鼠标左键接着 Set Tetris Type 拖出 Type，释放鼠标。在弹出的上下文菜单中搜索添加 Switch 节点。Switch 是一个流程控制节点，它根据传进来的不同参数执行不同的路径（如图 7-108 所示）。

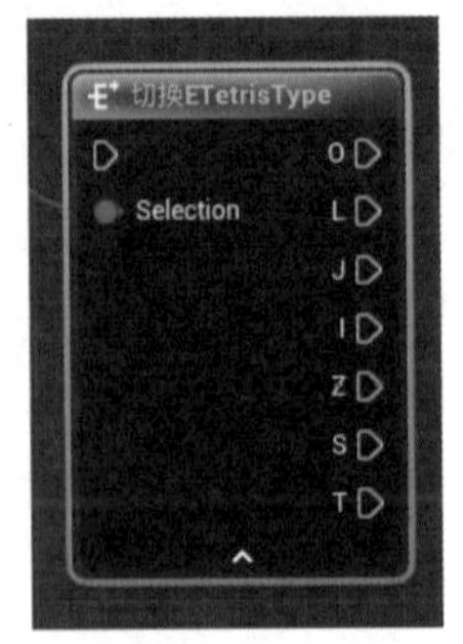

图 7-108　Switch 节点根据 Selection 的不同执行不同的输出流

如果传进来的 Selection 的 ETetris Type 的枚举值为 O，就需要改变 Tile2、Tile3、Tile4 的位置，让它们组成一个方块（如图 7-109 所示）。

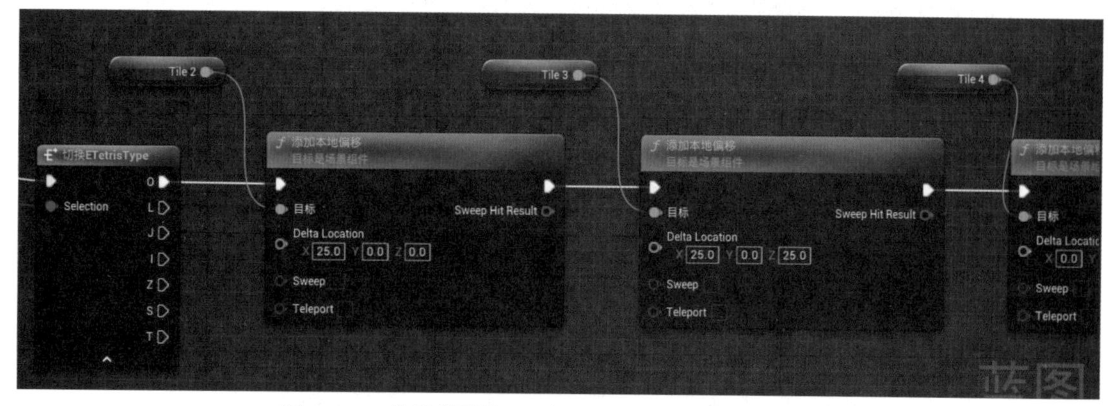

图 7-109　设置类型为 O 时，Tile2 ～ Tile4 角色的位置

使用“添加本地偏移”节点，修改不同的子 Actor 组件的位置。注意，第一个组件不用动，它作为其他方块的参考点和旋转时的中心点。

针对不同的 Tetris Type，做不同的位移（如图 7-110 所示）。

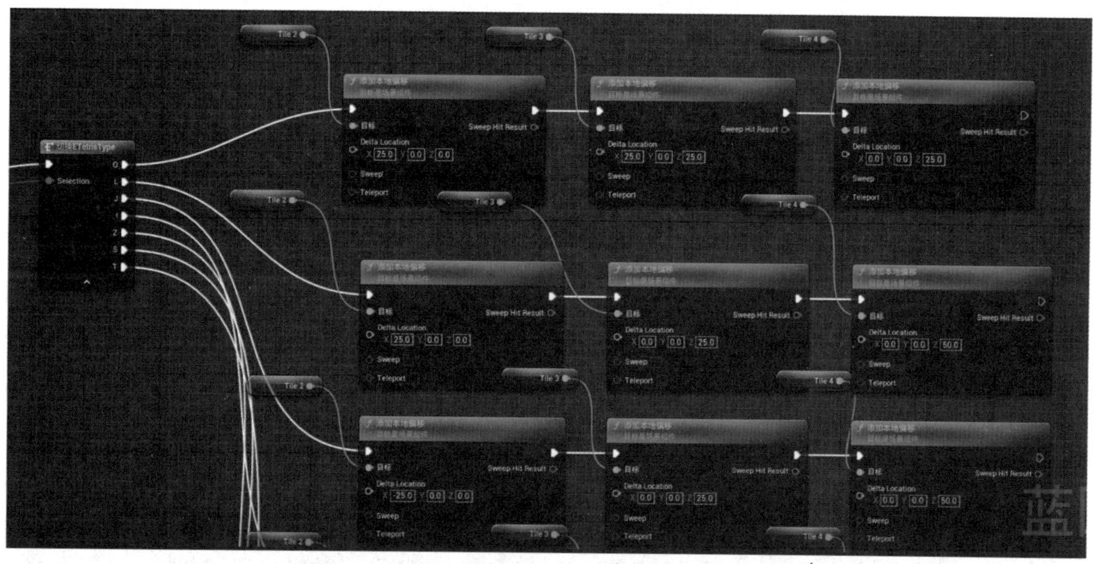

图 7-110　针对不同的类型，放置 Tile2 ～ Tile4

图 7-110 中设置的位移值分别都是 25 和 −25，沿 X 轴和 Z 轴位移子 Actor 组件。

设置 BP_Tile 的位置完成后，按照上一节的方法，把这部分内容也转换为一个函数，命名为 Set All Tile Location（如图 7-111 所示）。

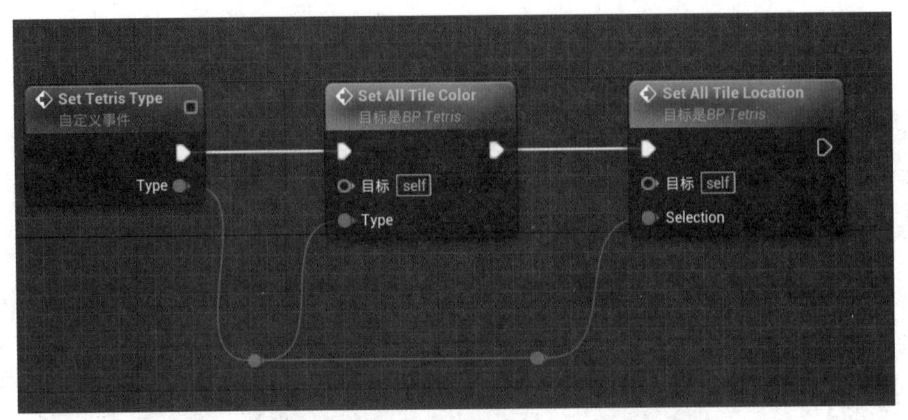

图 7-111　在 SetTetrisType 中调用 SetAllTileLocation

7.9.6　BP_Grid创建随机类型的BP_Tetris

BP_Tetris 根据类型设置不同的颜色和外观的功能都完成了，接着只需要在创建 BP_Tetris 时传入不同的类型就可以生成不同的 BP_Tetris。

生成 BP_Tetris 的代码在 BP_Grid 蓝图中，在蓝图编辑器中打开 BP_Grid，找到 Create Tetris 函数。首先整理一下获取生成 BP_Tetris 位置的代码。选择生成位置的代码块，右击，在弹出的快捷菜单中选择“折叠到函数”（如图 7-112 所示）。

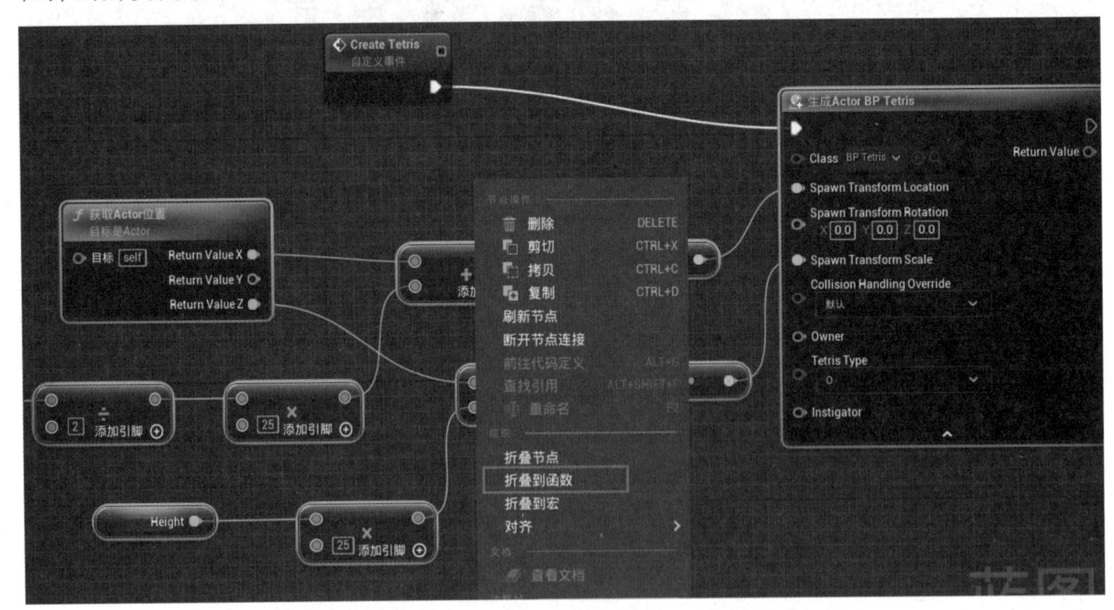

图 7-112　把寻找生成 BP_Tetris 位置的节点转换为函数

把转换生成的函数命名为 Get Spawn Tetris Location（如图 7-113 所示）。

图 7-113　命名函数为 Get Spawn Tetris Location

检查 Get Spawn Tetris Location 的逻辑，针对函数最后的返回值，只需要一个向量类型的 Location 就可以。所以，使用“创建向量”节点，把 *X*、*Y*、*Z* 的值都合并在一个向量中，为了把 BP_Tetris 放在 Grid 的前面，*Y* 轴的位置再加上 10，最后返回合并好的矢量（如图 7-114 所示）。

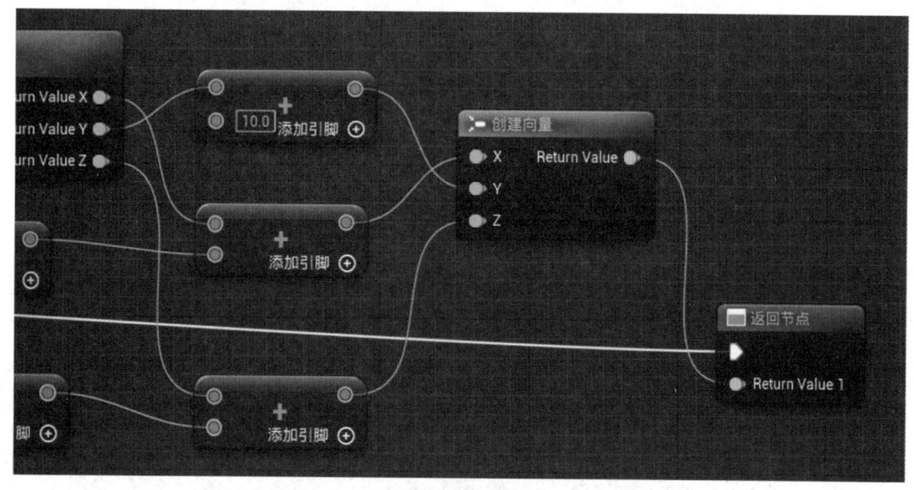

图 7-114　使用创建向量节点合成向量

这个函数只需要返回值，所以选择函数名节点，在右侧细节面板中把“纯函数”勾选上，它只有返回值，没有执行流（如图 7-115 所示）。

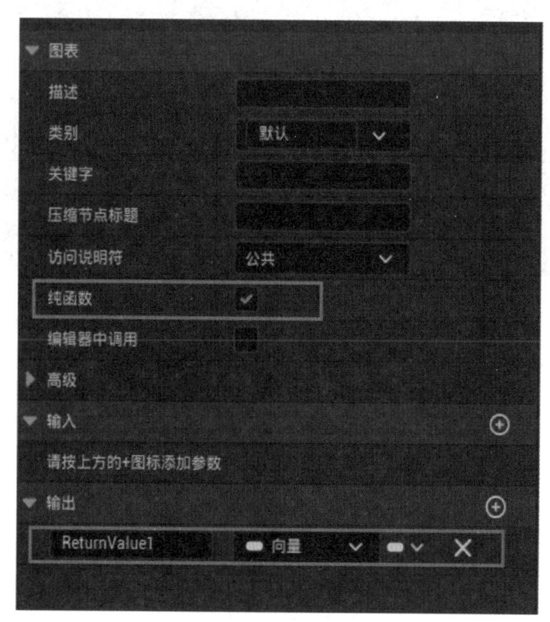

图 7-115　纯函数

把 Get Spawn Tetris Location 的返回值赋给“生成 Actor BP Tetris”的 Spawn Transform Location（如图 7-116 所示）。

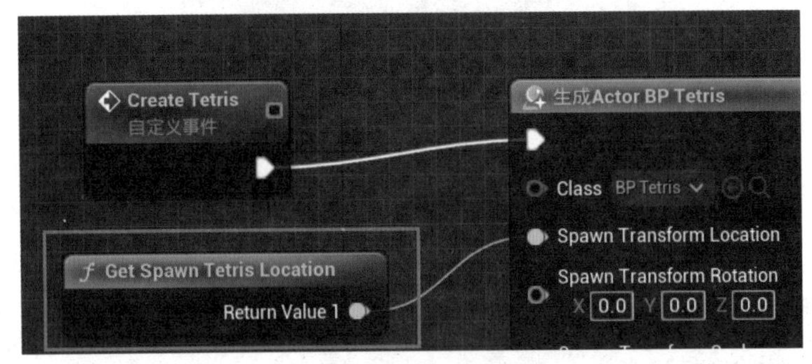

图 7-116　使用新创建的 Get Spawn Tetris Location 函数

前面已经修改了 BP_Tetris 的变量，把 Tetris Type 暴露给生成函数，在这里的生成 Actor 节点中，Tetris Type 应该显示在面板上。如果没有显示，可以试着右击，在弹出的快捷菜单中选择“刷新节点”，更换类为其他类再改回来，或者重新添加生成 Actor 节点（如图 7-117 所示）。

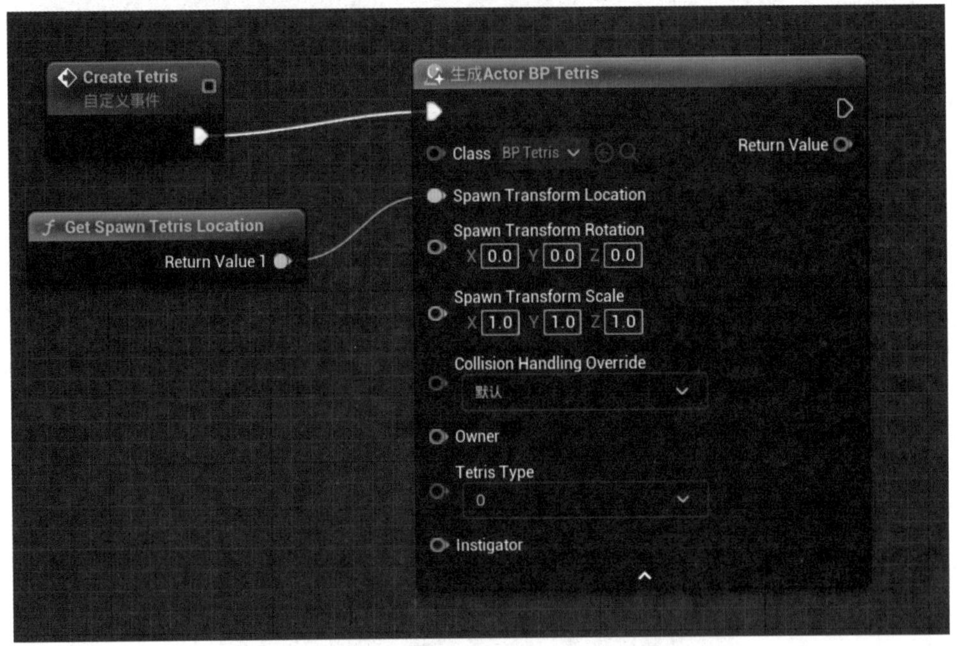

图 7-117　Tetris Type 显示在 Spawn Actor 节点中

要从 ETetris Type 中随机选择一个枚举类型，作为生成 BP_Tetris 的类型。在图表视图中，右击搜索“获取 ETetrisType 中的条目数量”，这个节点会返回 ETetris Type 中有多少个枚举值。把所有类型的数量减去 1，然后使用一个“范围内随机整数”节点，返回 Min 到 Max 之间的随机值。最后把得到的随机值转换为 ETetris Type 枚举值。因为整数无法直接转换为枚举值，需要先把整数转换为 Byte（字节）值。转换完成后，把 Byte（字节）值拖动到 Tetris Type 上，当鼠标指针停留在输入槽时，提示可以转换 Byte（字节）类型的值为 ETetris Type 的枚举值。转换完成后的图表如图 7-118 所示。

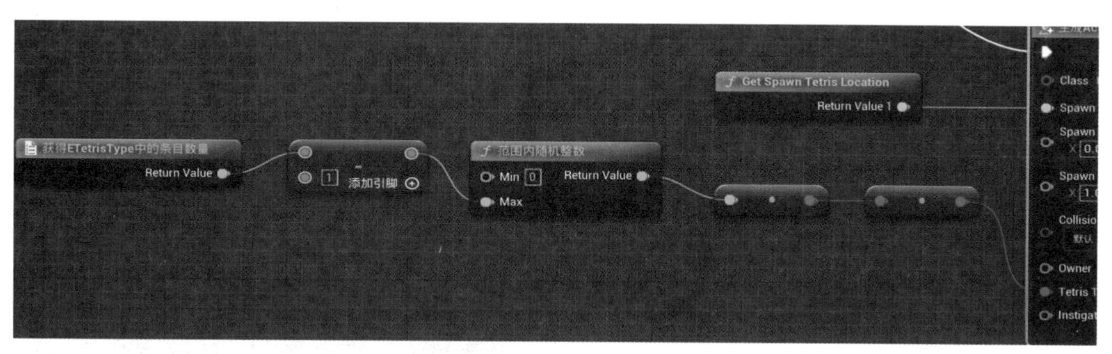

图 7-118　得到随机的枚举类型

选择所有和选择随机类型相关的图表节点，右击“折叠为函数”，把函数命名为 Get Random Tetris Type，双击打开函数蓝图，检查逻辑是否正确，把 Get Random Tetris Type 设置为纯函数，再回到事件图表中，就有一个干净的 Create Tetris 事件函数了。这个函数在 BeginPlay 中被调用过一次，用来生成一个方块（如图 7-119 所示）。

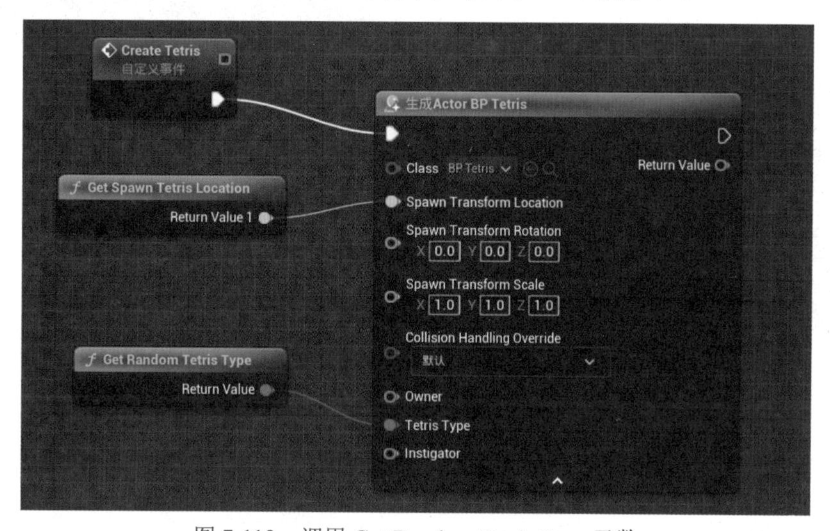

图 7-119　调用 Get Random Tetris Type 函数

编译保存所有的蓝图，回到关卡编辑器中，单击播放按钮开始播放，按 Esc 键停止播放，多次反复，观察是否创建了随机类型的 BP_Tetris（如图 7-120 所示）。

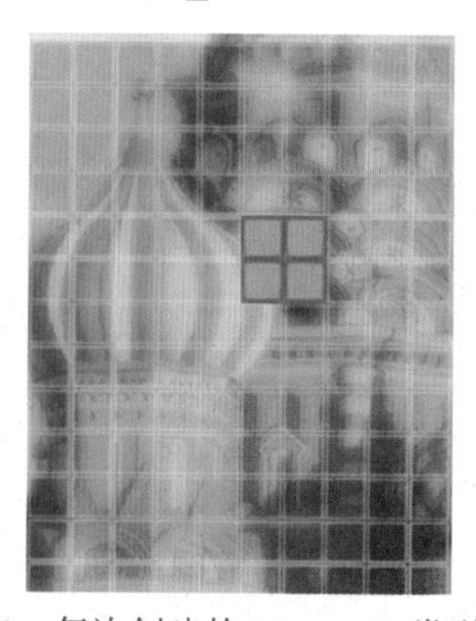

图 7-120　每次创建的 BP_Tetris 类型都不同

7.10 输入设置

当前的方块会持续地下落，玩家不能做任何操作。根据7.1节的分析，玩家需要能左右控制方块位置、旋转方块和加速方块下落。要响应这些操作，首先要让UE5识别这些动作。

7.10.1 设置“输入”

打开项目设置，在左侧找到“输入”类别，然后在“操作映射”中单击加号4次，分别设置为Left、Right、Down、Turn，对应键盘上的键分别为A、D、S、W（如图7-121所示）。

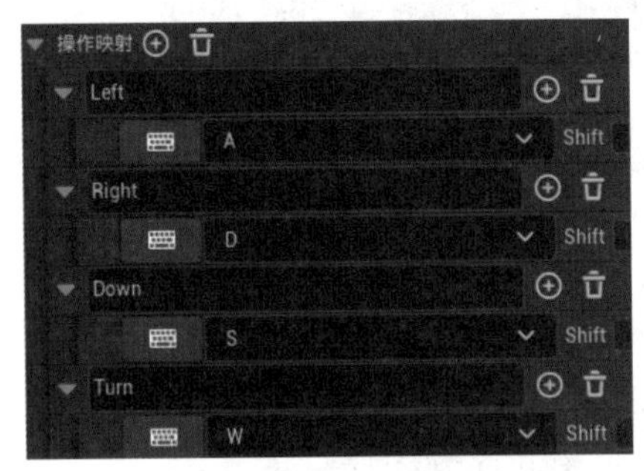

图7-121 添加输入操作映射

7.10.2 蓝图响应“输入”事件

输入绑定的含义是，当某个键按下时，UE5会触发在“输入”中绑定的事件。打开BP_Tetris的蓝图编辑器，在图表视图的空白部分，右击搜索Left事件。注意：这里的事件是输入类别下的“操作事件”，也就是刚刚添加的事件，不要添加成其他类别（如图7-122所示）。

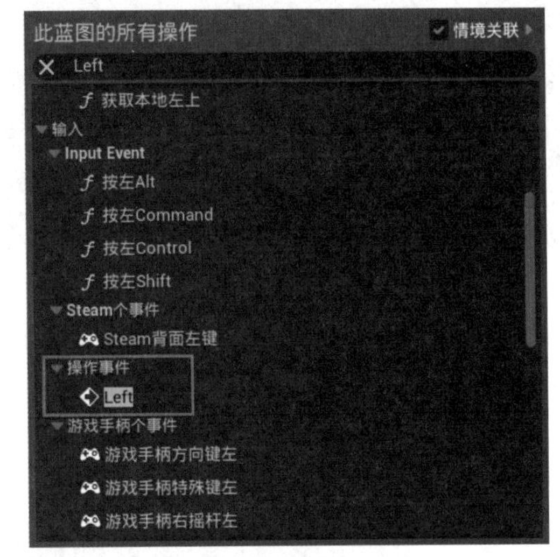

图7-122 调用输入类别下的自定义操作事件

添加完输入事件后，在后面添加一个“打印字符串”节点。这个节点的作用是打印一个字符串。把打印的字符串设置为Left button Pressed!!!（如图7-123所示）。

按照以上设置，在运行时按键盘上的A键，在游戏视图中会打印出设置的文字，以表示事件接收到了。运行游戏，按键盘上的A键，发现文本并没有被打印出发，这是为什么呢？

在BP_Tetris蓝图编辑器中，单击默认类，这是类的默认设置，找到输入类别，可以看到“自动接收输入”处于禁用状态。也就是说，普通的蓝图Actor，默认是不接受玩家输入的（如图7-124所示）。

图7-123 打印字符串会在屏幕和Log窗口中打印文本，通常用来测试

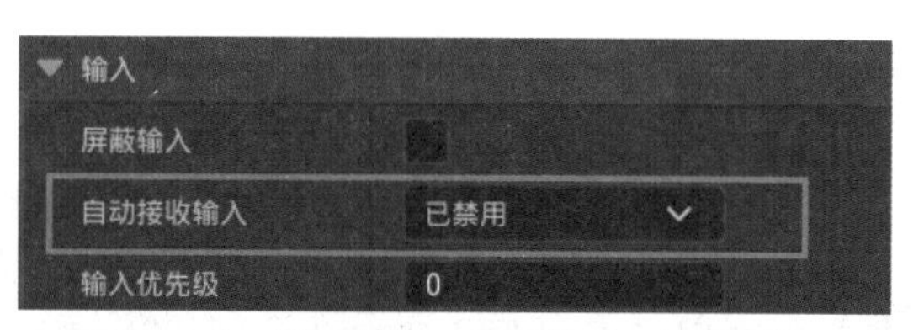

图 7-124　默认的 Actor 不接受玩家的输入

可以在这里设置自动接受输入。但是，除了 BP_Tetris 之外，关卡中还有其他的蓝图类。最常用的接受玩家输入的类是 Pawn 类和玩家控制类。找到关卡中的 BP_Tetris_PlayerPawn，查看它的 Pawn 设置（如图 7-125 所示）。

图 7-125　“自动控制玩家”设置

设置为“自动控制玩家”的 Pawn，就是玩家默认控制的 Pawn，它接受键盘输入事件。双击 BP_Tetris_PlayerPawn，打开蓝图编辑器，把刚才在 BP_Tetris 中处理 Left 输入动作事件拷贝到 BP_Tetris_PlayerPawn 中（如图 7-126 所示）。

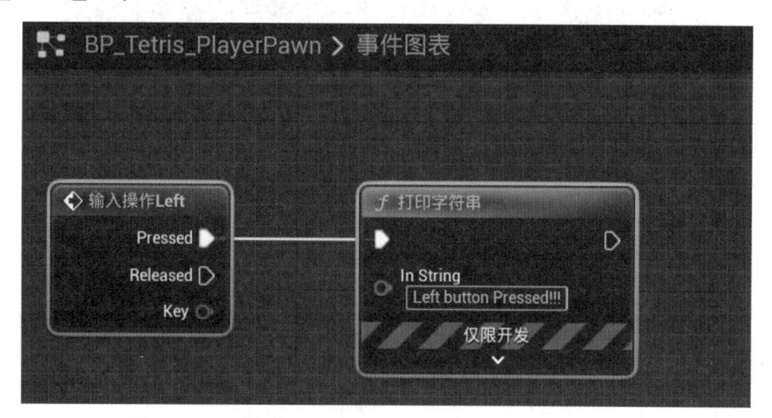

图 7-126　在 BP_Tetris_PlayerPawn 中调用 Left 事件

编译保存蓝图，回到关卡编辑中播放。按键盘上的 A 键，可以看到字符串顺利地打印在屏幕上了，说明接受输入事件成功（如图 7-127 所示）。

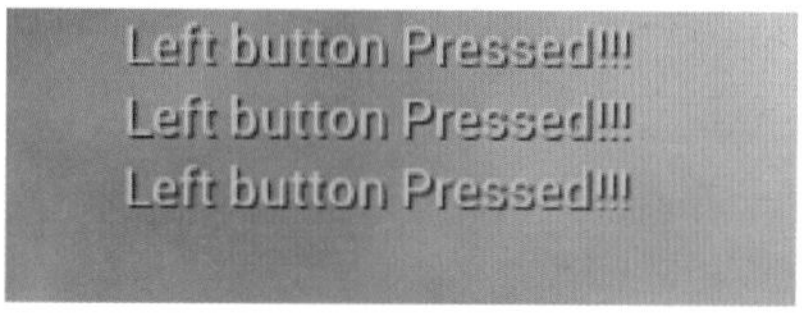

Left button Pressed!!!
Left button Pressed!!!
Left button Pressed!!!

图 7-127　事件被正确调用

按上述方式处理剩下的三个事件，所有的接受输入的逻辑，都放在 BP_Tetris_PlayerPawn 中处理（如图 7-128 所示）。

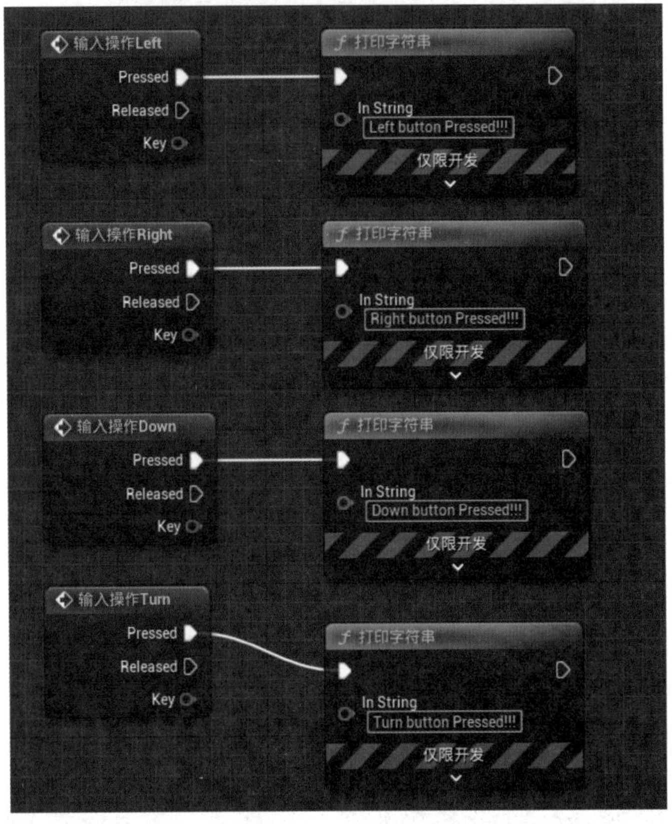

图 7-128　在 BP_Tetris_PlayerPaw 中处理所有玩家输入

7.10.3　通过BP_Tetris_PlayerPawn控制BP_Tetris

双击 BP_Tetris_PlayerPawn，在蓝图编辑器中打开，单击“变量”后面的 + 号，添加一个新的变量，命名为 CurrentTetris，类型是 BP_Tetris（如图 7-129 所示）。

图 7-129　BP_Tetris 类型的 CurrentTetris 变量

双击 BP_Tetris，在蓝图编辑器中打开，找到“事件开始运行”节点，如果图表中没有这个节点，可以在空白处右击创建一个。“事件开始运行”是 Actor 在渲染之前调用一次的事件，通常用来做初始化。要在 BP_Tetris 开始渲染时找到关卡中的 BP_Tetris_PlayPawn 角色，然后把自己指定给 BP_Tetris_PlayerPawn 中的 CurrentTetris，这样玩家控制的 Pawn 就能间接地控制场景中的方块了。

在事件图表的空白处右击，搜索“获取玩家 Pawn”节点，添加到图表中。拖出返回值，搜索“类型转换为 BP_Tetris_PlayerPawn”节点，添加到图表中（如图 7-130 所示）。

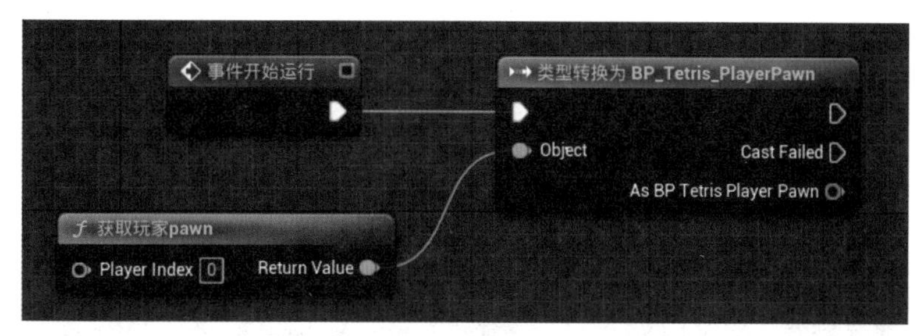

图 7-130 找到当前的玩家 Pawn

“获取玩家 Pawn”能返回当前玩家所使用的 Pawn，但是返回的值是 Pawn 类型的。当前已经明确地知道，在关卡中获得的 Pawn 的类型为 BP_Tetris_PlayerPawn，通过类型转换节点，把 Pawn 类型转换为 BP_Tetris_PlayerPawn 类型。在“类型转换为 BP_Tetris_PlayerPawn”节点的返回值上右击，在弹出的快捷菜单中选择“提升到变量”，UE5 会自动创建一个变量，并把类型转换的返回值赋给这个变量。把新创建的变量命名为 Ref_BP_Tetris_PlayerPawn。以 Ref 开头也是一种习惯做法，使用这种命名方式一眼就能看出，这个变量是引用的其他变量（如图 7-131 所示）。

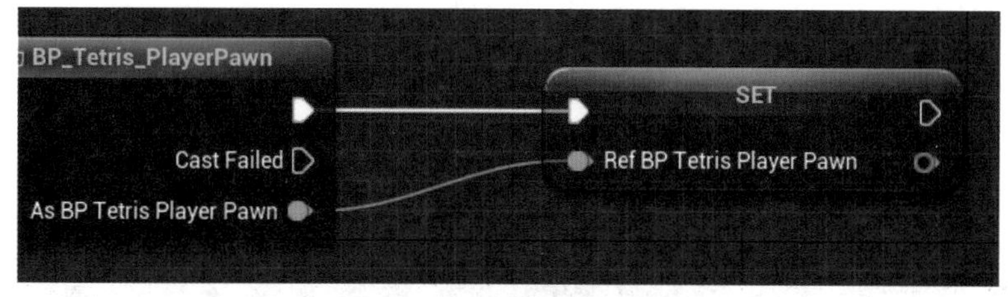

图 7-131 命名自动创建的变量

找到玩家正在使用的 BP_Tetris_PlayerPawn 后，从数据流拖出数据线，搜索 CurrentTetris，添加“SET Current Tetris”节点到图表中（如图 7-132 所示）。在空白处右击，搜索添加 Self 节点，赋值给 Current Tetris。

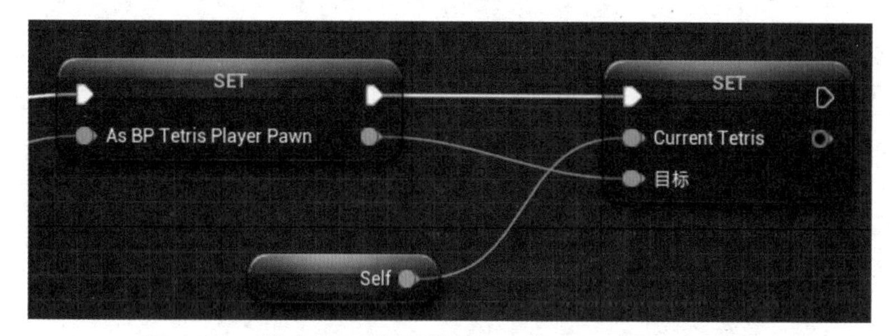

图 7-132 指定 Self 给当前 Pawn 的 Current Tetris 变量

Self 代表运行时的对象本身。这里把运行时场景中 BP_Tetris 赋值给了 BP_TetrisPlayerPawn 中的 Current Tetris 变量。BP_TetrisPlayerPawn 就可以通过 Current Tetris 控制场景中的方块了。

在事件图表下方的空白处添加两个事件。当玩家按下相应的键，将执行这两个事件（如图 7-133 所示）。

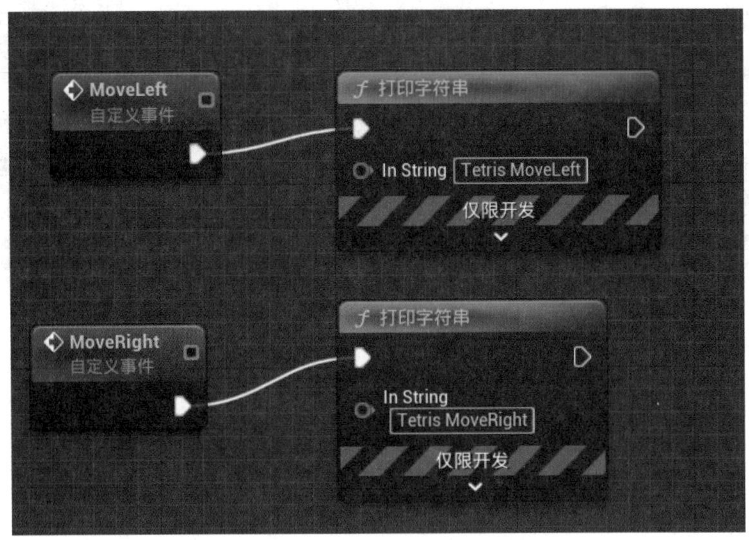

图 7-133　添加自定义的左右移动事件

回到 BP_TetrisPlayerPawn 的蓝图编辑器，找到“输入操作 Left”事件，删除原先的打印字符串节点。把 Current Tetris 添加到图表中，在使用 Current Tetris 之前，一定要使用 Is Valid 节点来看一下这个变量中的对象是否有效。当没有给 Current Tetris 赋值或者赋值之后方块被删除的情况下，直接调用 Current Tetris 会报错。如果 Current Tetris 里的值是有效的，那么就调用它的 Move Left 事件函数。对“输入操作 Right”事件也做类似的操作（如图 7-134 所示）。

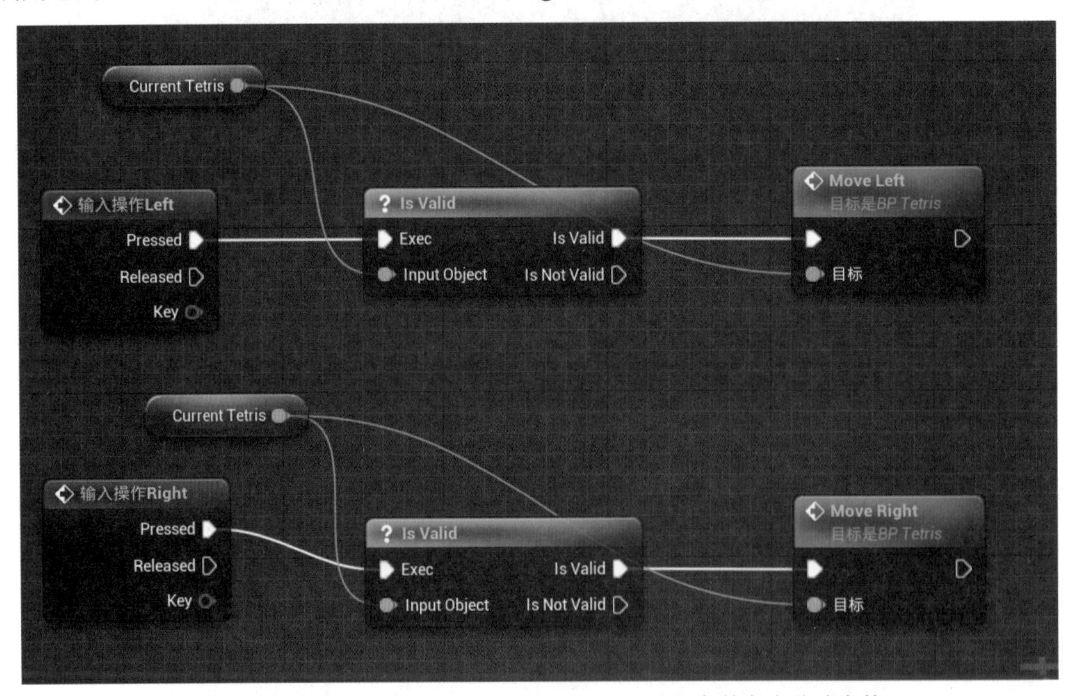

图 7-134　在玩家 Pawn 中，调用 Current Tetris 对象的左右移动事件

编译保存蓝图。回到关卡编辑器中运行游戏，然后在键盘上按 A 键和 D 键，可以看到 BP_Tetris 中的左右事件都被正确调用了（如图 7-135 所示）。

图 7-135　测试左右移动事件正常运行

Turn 动作是按下 W 键方块会旋转，这里和左右移动的区别不大。在 BP_Tetris 中添加 Turn 事件，实现如图 7-136 所示。

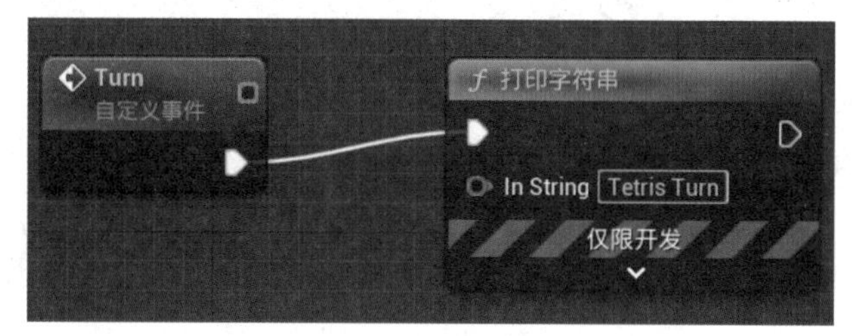

图 7-136　BP_Tetris 中实现 Turn 事件

然后回到 BP_Tetris_PlayerPawn 蓝图中，在“输入操作 Turn”事件中调用 Current Tetris 的 Turn 函数（如图 7-137 所示）。

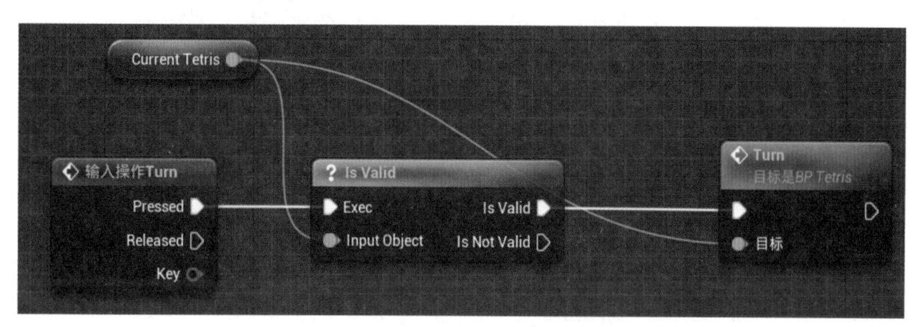

图 7-137　调用 Current Tetris 的 Turn 事件

对“输入操作 Down”事件的操作有些不同。因为 Down 键按下去的时候，方块下落速度会加快，当抬起 Down 键，方块下落速度就会恢原。

在 BP_Tetris 蓝图中，先创建一个自定义事件名为 DownSpeed，这个事件接受一个布尔类型的参数 Press Down，代表 Down 键是否按下（如图 7-138 所示）。

图 7-138　DownSpeed 事件的测试代码

回到 BP_Tetris_PlayerPawn 中，按住“输入操作 Down”下面的 Released 旁边的箭头，当玩家松开按键的时候会触发，Down Speed 事件的参数 Press Down 为 False（如图 7-139 所示）。

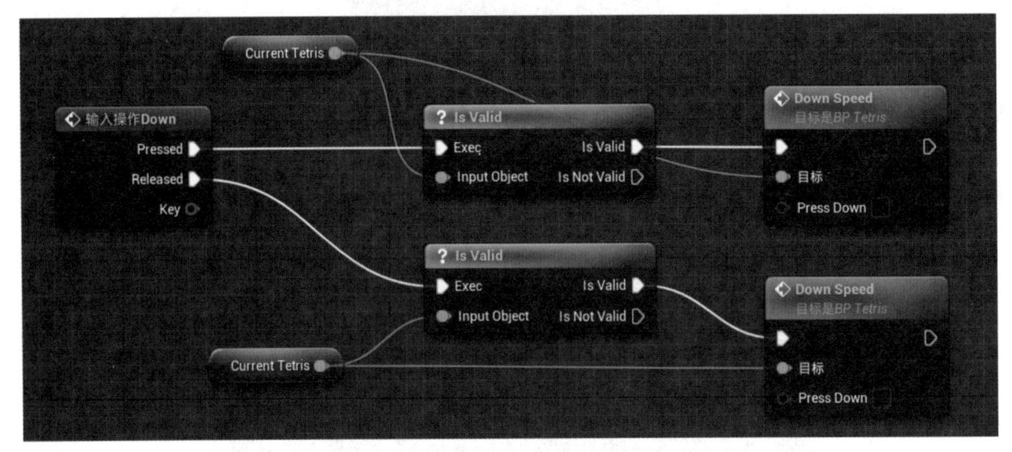

图 7-139　在玩家 Pawn 中调用 BP_Tetris 的 Down Speed 事件

编译保存所有的蓝图和播放关卡，检查所有的按键事件是否正确调用了。

7.11　控制 Tetris 移动旋转和加速

上一节添加了输入事件，这一节通过实现 BP_Tetris 相应的事件函数，来完成 BP_Tetris 的移动旋转和加速。

7.11.1　控制Tetris加速下落

因为现在的 Tetris 已经有了下落功能，加速下落只需要改变下落的时间间隔就可以，所以先设置按下 S 键，方块加速下落。

打开 BP_Tetris，找到 Down Speed 事件，把除了事件节点之外的其他代码都删除，然后按住 B 键单击空白处，添加“分支”节点（如图 7-140 所示）；当 S 键按下时，设置 Move Time Count 变量的值为 0.05 秒。这样下落的逻辑会 0.05 秒执行一次。当 S 键抬起，Move Time Count 设置为默认的 0.5 秒执行一次。

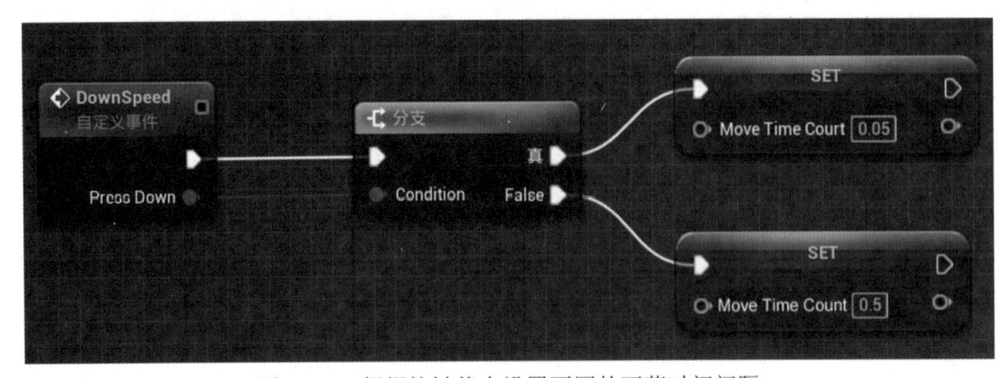

图 7-140　根据按键状态设置不同的下落时间间隔

编译保存运行关卡，测试向下加速功能是否正常。

7.11.2　判断Tetris是否结束

为了能够判断 Tetris 是否降落到最后一行，是否能够左右移动和旋转，需要 Grid 提供一系列的功能来辅助判断。

双击 BP_Grid，在蓝图编辑器中打开。单击“我的蓝图”中函数后面的 + 号按钮添加一个函数并命名为 GetBound。这个函数要完成的功能是返回 BP_Grid 背景网格上、下、左、右 4 个边框位置的坐标。在右侧细节面板中，把“纯函数”设置为勾选状态，然后添加 Top、Down、Left、Right 4 个浮点类型的输出变量（如图 7-141 所示）。

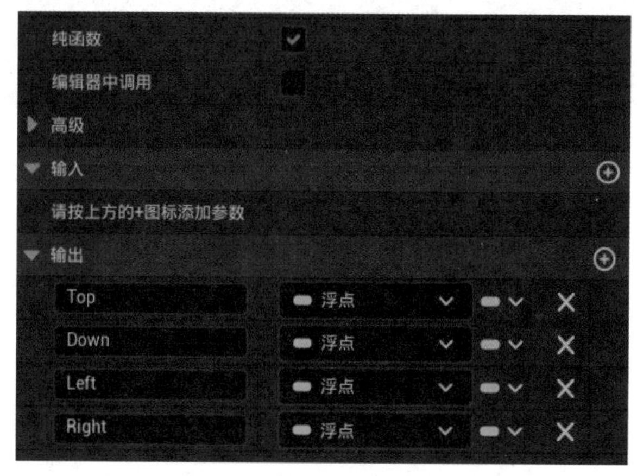

图 7-141　GetBound 函数的细节设置

Top（顶部）的坐标是 BP_Grid 的 Height−1，再乘以 25，加上 Actor 本身的 *Z* 轴坐标，最后再加上 25/2。这样得到的是 BP_Grid 最顶部的边缘位置的 *Z* 轴坐标，也就是最顶部的位置（如图 7-142 所示）。

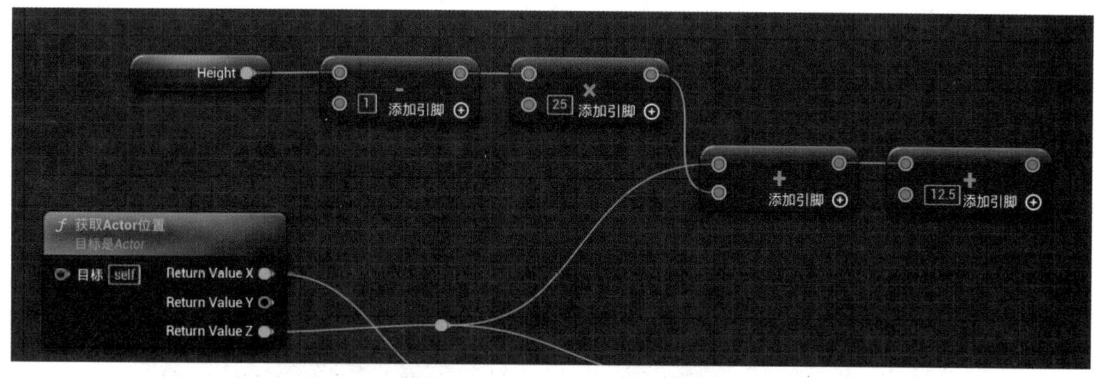

图 7-142　BP_Grid 的 Top 位置

对其他三个边框分别继续计算，Down（底部）是 BP_Grid 的 *Z* 轴再减去 25 除以 2，Left（左侧）是 BP_Grid 的 *X* 轴位置减去 25 除以 2，Right（右侧）是 BP_Grid 的 Width−1 乘以 25，加上 BP_Grid 的 *X* 轴，再加 25/2（如图 7-143 所示）。

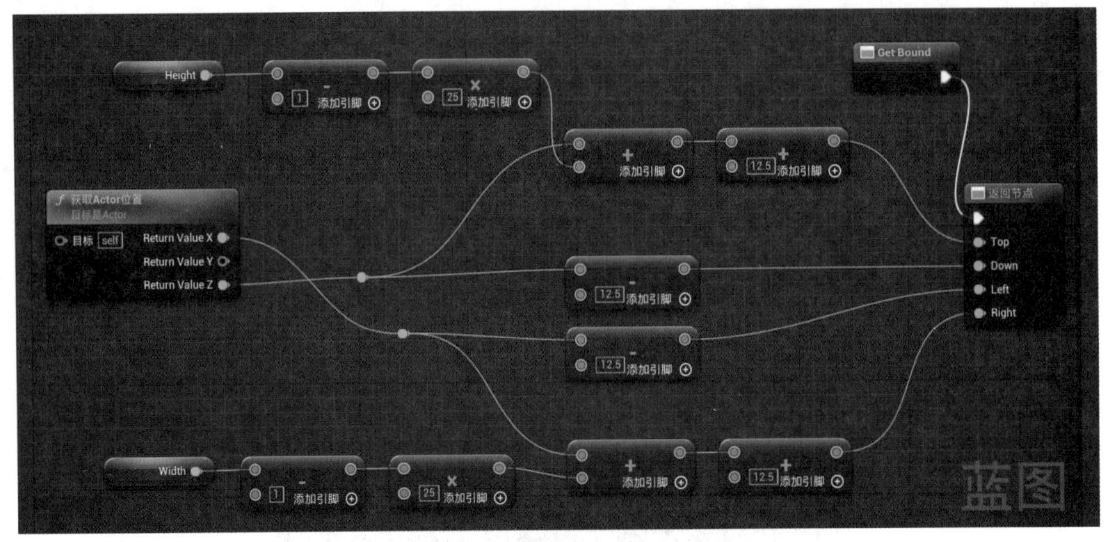

图 7-143　所有的 Bound 位置

把找到的 4 个边框的值，分别指定给 Get Bound 函数的 4 个返回值，就完成了这个函数的功能。之后只需要调用 Get Bound 函数，就能知道 BP_Grid 背景网格 4 个方向边框的坐标位置了。

有了 Get Bound 函数后，再创建一个工具函数。这个函数接收一个向量类型的 3D 坐标，判断这个 3D 点是否在网格的边框之内。

创建一个新的函数，命名为 Is in Bound Except Top，设置函数为纯函数，添加一个布尔类型的返回变量 Is in Bound 和一个名为 Location 的类型为向量的输入变量。这个函数根据传入的 Location，判断这个点是否在 BP_Grid 的网格里面。因为永远不需要向上移动，所以 Bound 的 Top 值不需要判断。从输入的 Location 中拖出数据流，选择“拆分向量”。把向量分割为 X、Y、Z 三个分量，然后分别和 BP_Grid 边框的 Left、Right、Down 进行比较（如图 7-144 所示）。

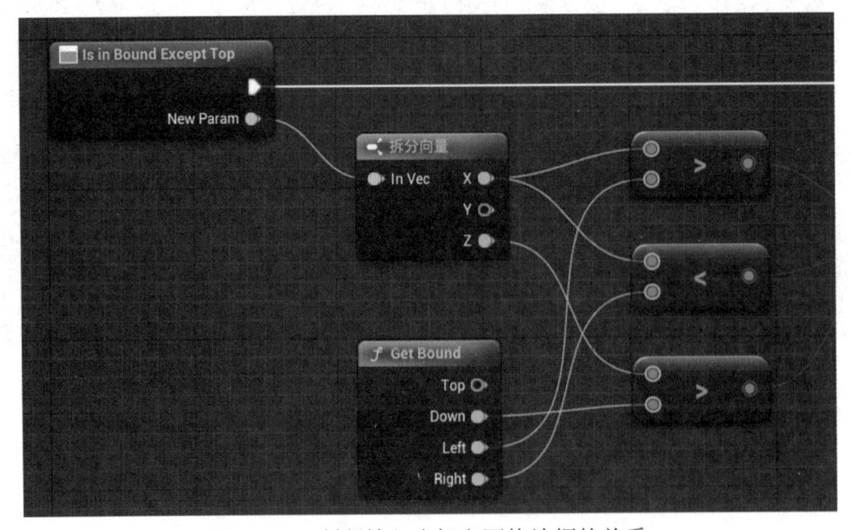

图 7-144　判断输入坐标和网格边框的关系

在空白处添加一个 AND 节点，单击“添加引脚”后面的 + 号，添加一个新的输入，当 Location 的 X 大于网格的左侧，且小于网格的右侧和 Z 大于网格的底部的坐标时，这个点就在 BP_Grid 的范围内，将结果返回给 Is in Bound（如图 7-145 所示）。

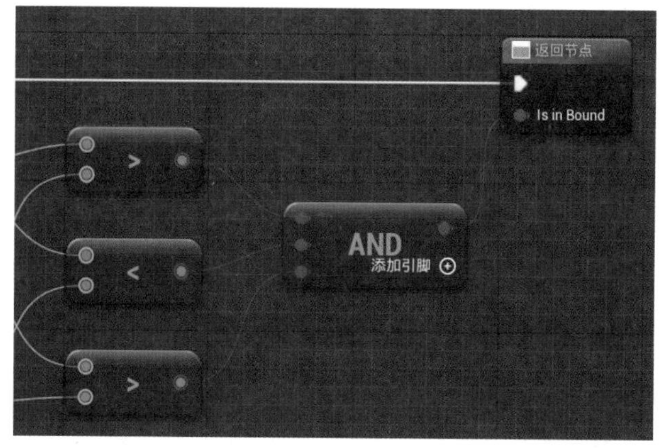

图 7-145　如果所有条件都正确则 Location 在网格中

7.11.3　BP_Tetris降落到底部

现在已经能判断某个向量 Location 是否在网格内。所以对 BP_Tetris 的所有 BP_Tile 的位置判断是否在网格内，就能判断 BP_Tetris 的移动是否能够成功。

回到 BP_Tetris 的蓝图编辑器。当要在 BP_Tetris 中调用 BP_Grid 的函数时，需要一个 BP_Grid 的引用。有很多方法可以获得这个引用，这里使用生成变量的方式。在“变量”中添加一个新变量，命名为 Ref_Grid，类型为 BP_Grid，设置“可编辑实例” 和“生成时公开”为勾选状态。每次生成 BP_Tetris 时，都给这个变量赋值了。回到 BP_Grid 中生成 BP_Tetris 的 Create Tetris 事件函数，刷新“生成 Actor BP Tetris”节点，Ref Grid 变量就能够显示出来了。设置值为 Self。如果没有显示，参考前面章节的处理方法（如图 7-146 所示）。

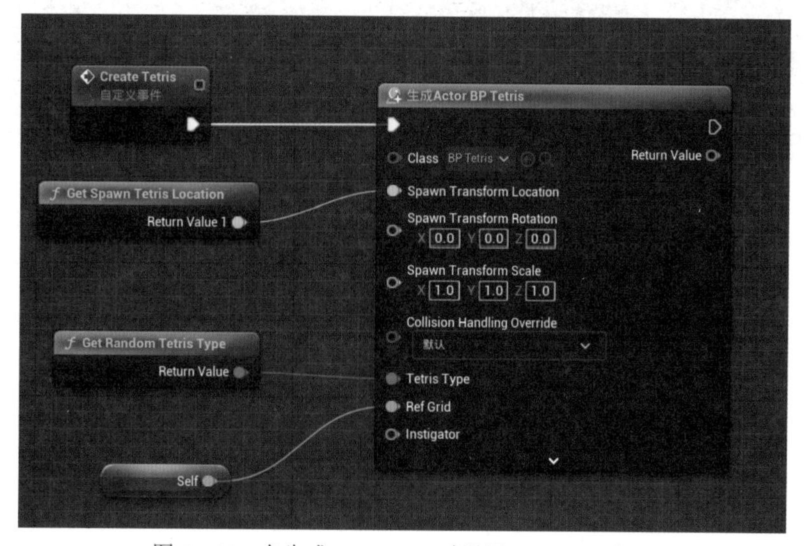

图 7-146　在生成 BP_Tetris 时设置 Ref_Grid 变量

如此每个 BP_Tetris 中都有一个关卡中的 BP_Grid 实例，通过 Ref_Grid 变量访问 BP_Grid 中的功能。回到 BP_Tetris 的蓝图编辑器，在“变量”中添加一个新的变量，命名为 Child_Tiles，类型为“子 Actor 组件”，在变量类型的后面单击下拉列表，选择“数组”将变量设置为数组（如图 7-147 所示）。

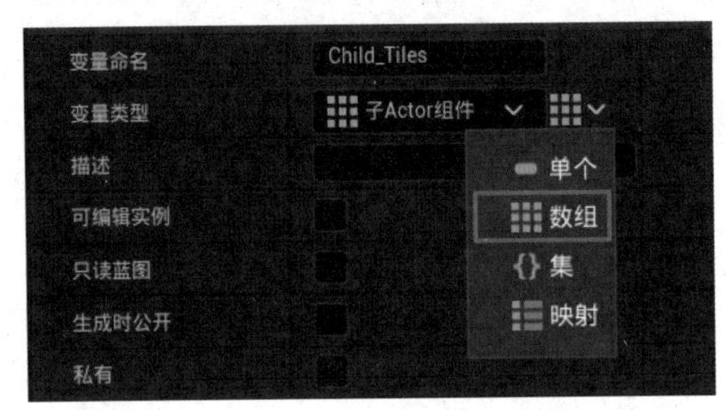

图 7-147　改变变量为数据类型

数组是一系列相同类型实例的集合。把 4 个子 Actor 组件添加到一个数组中，方便使用 For 循环依次访问。

找到“事件开始运行”函数，在最前面使用“创建数组”节点，把 4 个子 Actor 组件先组合成一个数组，然后使用 Child Tiles 的 APPEND 方法，把新合成的数组添加到 Child Tiles 中（如图 7-148 所示）。

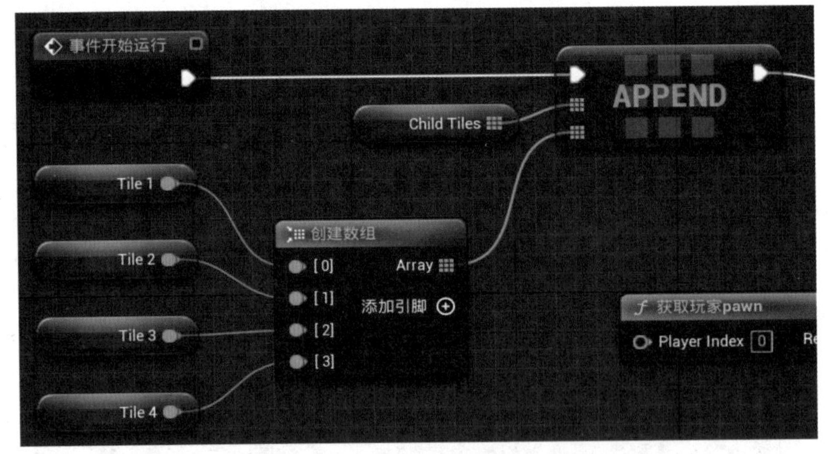

图 7-148　把 4 个子 Actor 组件添加到 Child Tiles 数组中

所有的准备工作完成之后，就可以开始实现移动功能了。

在 BP_Tetris 中创建一个新的函数，命名为 Try Move Tetris。这个函数会移动 Tetris，添加 MoveOffset 输入参数，设置 Tetris 要移动的位移，然后添加 MoveSuccessed 返回值，代表本次移动是否成功（如图 7-149 所示）。

图 7-149　Try Move Tetris 函数的细节设置

当函数开始执行时，首先使用“添加 Actor 世界偏移”，移动 BP_Tetris，当位移之后，对 BP_Tetris 中的每一个 BP_Tile 进行判断。前面已经把 BP_Tiles 添加到了 Child Tileds 数组中了，这里可以直接使用 For Each Loop 进行遍历（如图 7-150 所示）。

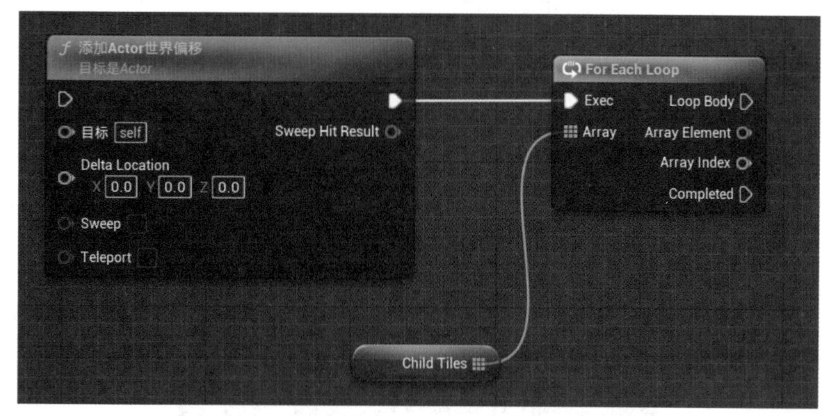

图 7-150　遍历所有 BP_Tile

数组中的每一个元素，都是一个子 Actor 组件，使用“获取世界位置”节点，找到这个组件在世界中的位置，然后通过 Ref_Grid 的 Is in Bound Except Top 函数进行判断（如图 7-151 所示）。

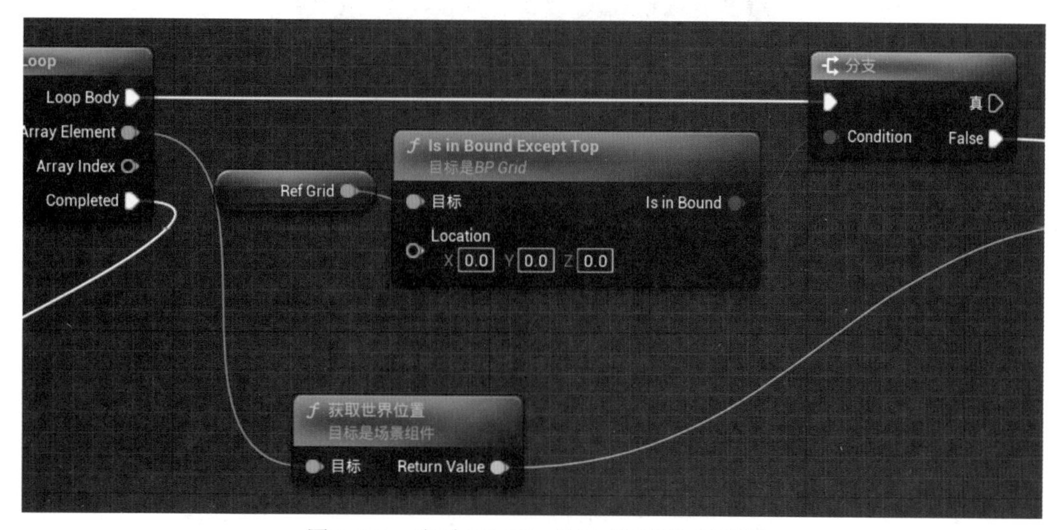

图 7-151　查看 BP_Tile 是否在网格边框里面

如果有任何 Tiles 不在网格中，那么使用“添加 Actor 世界偏移”对 BT_Tetris 添加反方向的位移，让它看起来没有动过，并返回 False（如图 7-152 所示）。

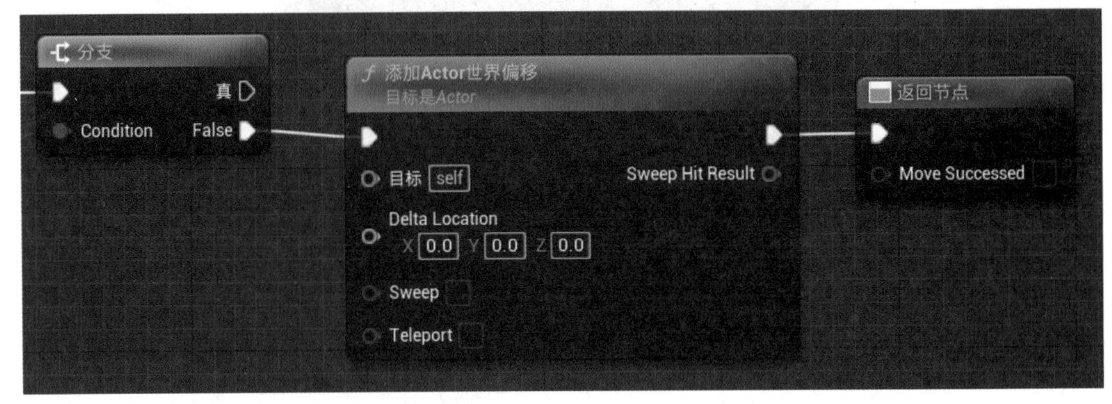

图 7-152　复位 BP_Tetris Actor 位置

反方向是通过 MoveOffset * -1 得到的。UE5 的“乘法”节点经过优化，如果要把一个向量和浮点相乘，需要在输入槽上右击，在弹出的快捷菜单中选择 ConvertPin（改变输入针）。

如果 For 循环运行完成并没有返回，代表所有 Tiles 都在边框中，这时直接返回移动成功（如图 7-153 所示）。

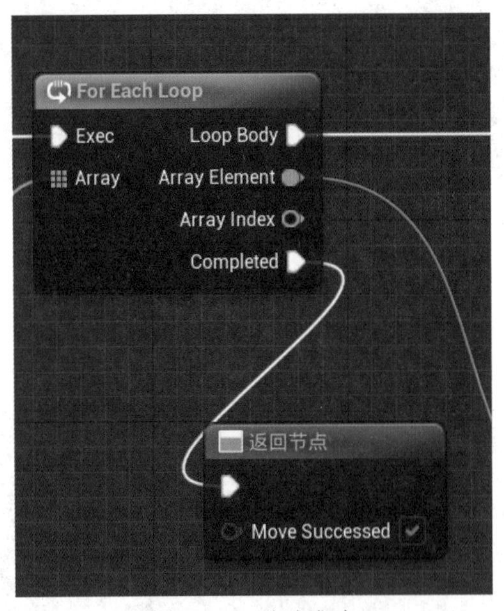

图 7-153　移动成功

Try Move Tetris 函数完成后。回到 BP_Tetris 的 Tick 事件中，把原先往下移动的代码删除，然后添加一个 Do Once 节点。Do Once 节点执行一次，除非明确地给它设置 Reset，否则这个节点不会再次执行。把 Try Move Tetris 节点放在 Do Once 后面，设置 Move Offset 的 Z 轴为 -25，就是往下落一个网格。如果移动成功，则设置 Do Once 节点 Reset，下次往下落的时候继续正常执行；如果 Move Successed 返回 False，则代表移动时，触碰了 Grid 边框，这个 BP_Tetris 需要冻结在 Grid 中（如图 7-154 所示）。

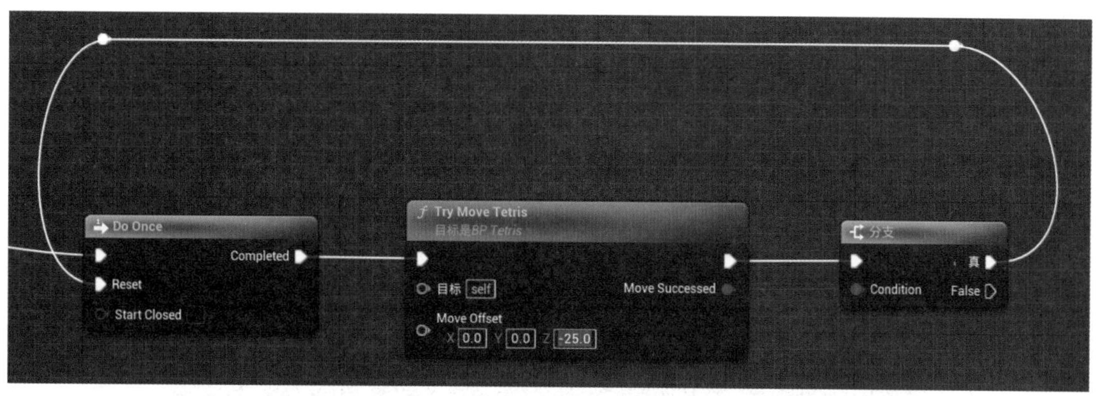

图 7-154　移动成功后 Reset Do Once 节点

编译运行游戏，BP_Tetris 在下落到网格最下面一个的时候应该是卡住的（如图 7-155 所示）。

图 7-155　BP_Tetris 落在 BP_Grid 的最后一行

7.11.4　控制BP_Tetris左右移动

Try Move Tetris 函数可以向各个方向移动 Tetris。把 MoveLeft 之后的“打印字符串”节点删除，和向下移动一样，添加 Do Once 节点，并尝试向左移动一个格，Move Offset 的 *X* 轴为 −25。不管成功与否，0.25 秒后，玩家可以再次移动（如图 7-156 所示）。

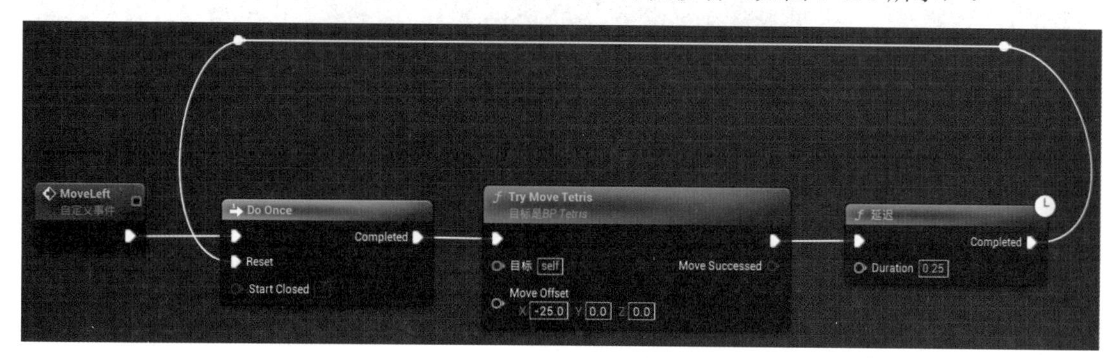

图 7-156　向左移动 BP_Tetris

向右移动也是一样的，只不过 Try Move Tetris 的 Move Offset 的 *X* 为 25.0。注意：左

右移动不需要判定 BP_Tetris 是否还能继续向下移动，所以 Move Successed 的返回值在左右移动时不重要。

7.11.5 控制BP_Tetris旋转

下面接着实现控制 BP_Tetris 旋转。先创建一个新的函数，叫作 Try Turn Tetris，这个函数和 Try Move Tetris 几乎一样，只不过把“添加 Actor 世界偏移”，替换为“添加 Actor 世界旋转”（如图 7-157 所示）。

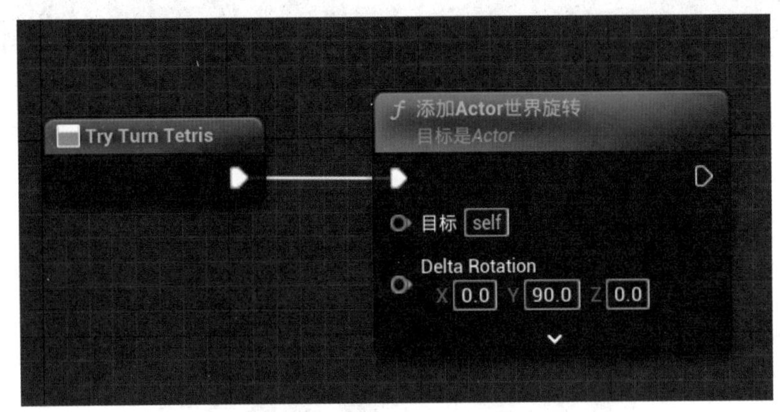

图 7-157 添加 Actor 世界旋转

因为每次的旋转都是 90 度，所以不再需要添加输入参数了，也不用考虑旋转完是否落地的逻辑，同时也不用返回这次旋转是否成功。只要在旋转过程中，有任何超过边界的情况就反方向转回来就可以了。和移动是一样的逻辑，这里就不再赘述了。具体实现参考图 7-158。

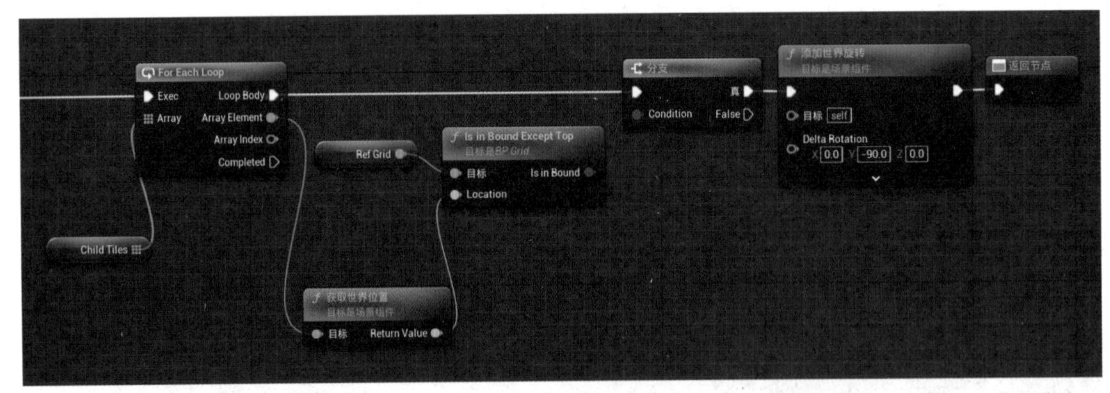

图 7-158 旋转是否成功

Try Turn Tetris 功能完成后，回到事件图表，找到 Turn 事件，把逻辑修改为旋转的逻辑（如图 7-159 所示）。

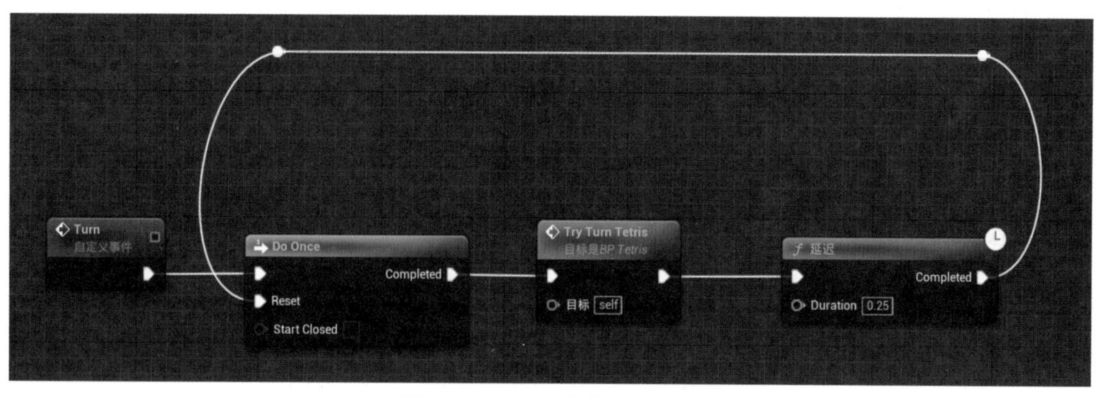

图 7-159　Turn 事件处理旋转

设置完成后，编译保存蓝图，运行关卡。如果设置正确，BP_Tertis 应该能够跟着玩家左右移动、旋转和向下加速了。

7.12　BP_Tetris 落地后的相关逻辑

前面实现了 BP_Tetris 的运动。当一个 BP_Tetris 落到最下面一行后，程序就结束了。下面分析一下 BP_Tetris 落地后，会触发哪些逻辑，并实现这些逻辑，让游戏继续运行下去。

首先，当一个 Tetris 落地后，它会把自己的所有 BP_Tile 都拷贝给 BP_Grid，然后销毁自己。

BP_Grid 接收到 BP_Tetris 拷贝给自己的 BP_Tile 之后，首先要查看这些新添加进来的 BP_Tile，位置是否超过了自己的 Top 边框。如果超过了则游戏结束；如果没超过，则查看全部的行有没有已满的。如果有满行的，就删除这些行中的 BP_Tile，然后把上面行中的 BP_Tile 向下移动。如果在 BP_Grid 中没有满行的，则 BP_Grid 重新生成一个 BP_Tetris，游戏继续运行。

图 7-160 所示是这个过程的流程图。

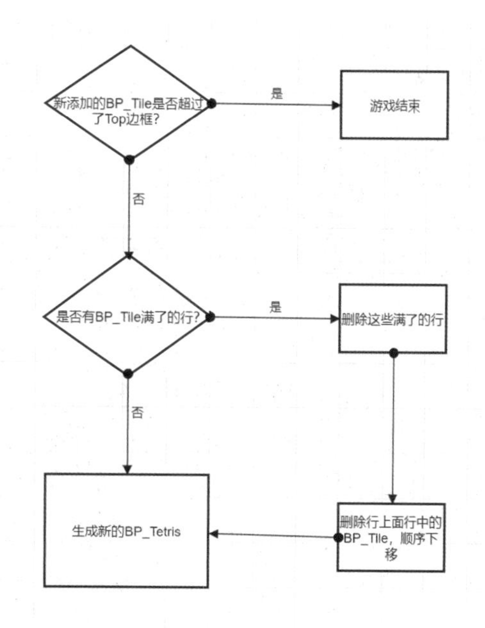

图 7-160　BP_Tile 放置中 BP_Grid 后的流程

接下来一步一步地实现这些功能。

7.12.1　管理BP_Grid中的BP_Tile

为了把落到最后一行的方块的 BP_Tile 添加到 BP_Grid 网格中，需要一个地方能存储这些 BP_Tile。在 BP_Grid 中添加一个名为 Tiles、类型为 BP_Tile 的数组结构，用来存放 BP_Grid 中的 BP_Tile（如图 7-161 所示）。

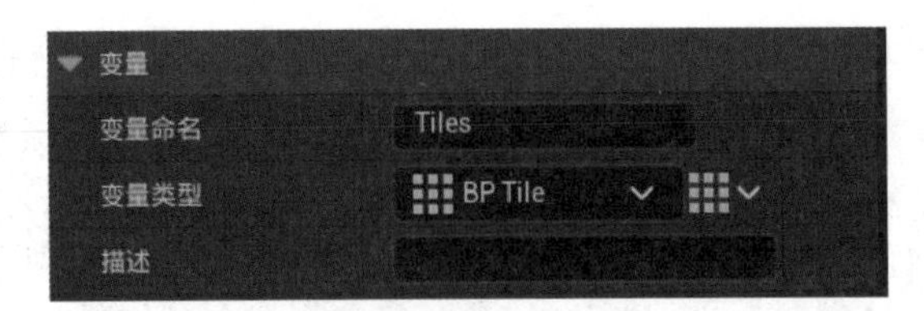

图 7-161　创建 Tiles 数据变量用来保存所有 BP_Tile

7.12.2　往BP_Grid中添加BP_Tile

有了保存对象的数组，还需要一个方法，把 BP_Tile 添加到 Tiles 数组中。在图表编辑器中，添加新的自定义事件，命名为 AddTile。每次调用都会创建一个新的 BP_Tile，并添加到 Tiles 数组中（如图 7-162 所示）。

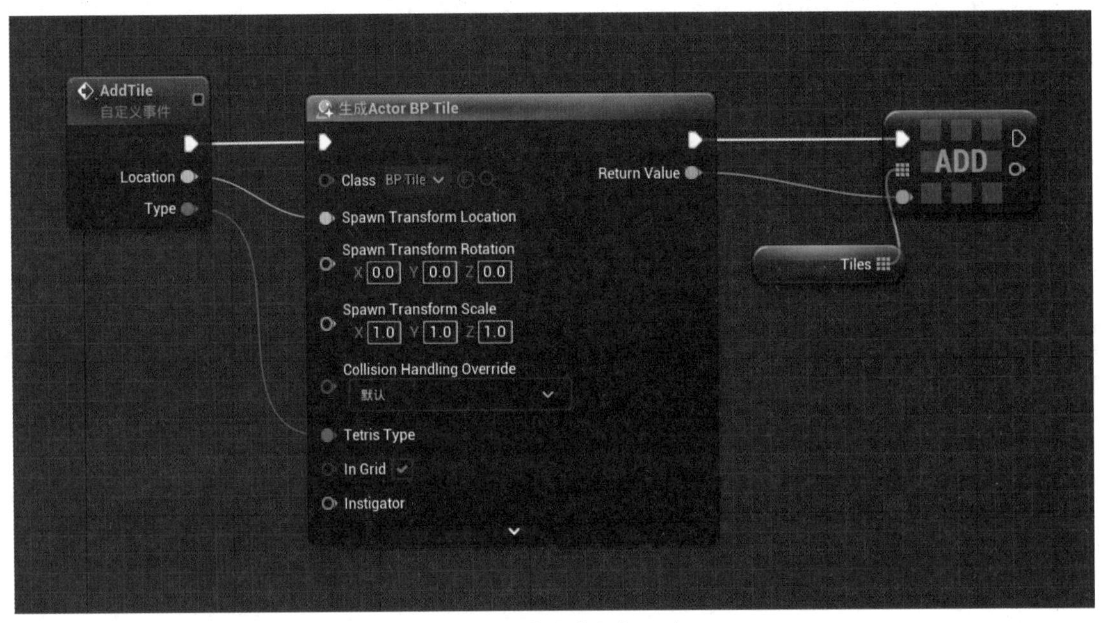

图 7-162　在 Tiles 数组中添加一个 BP_Tile

7.12.3　检查游戏是否结束

继续添加一个新的函数，命名为 Check Game Over，这个函数用来检查游戏是否结束。结束的条件就是 BP_Grid 中的 Tiles 中，有位置大于 BP_Grid 的 Top 边界的 BP_Tile。如果有则游戏结束，否则继续（如图 7-163 所示）。

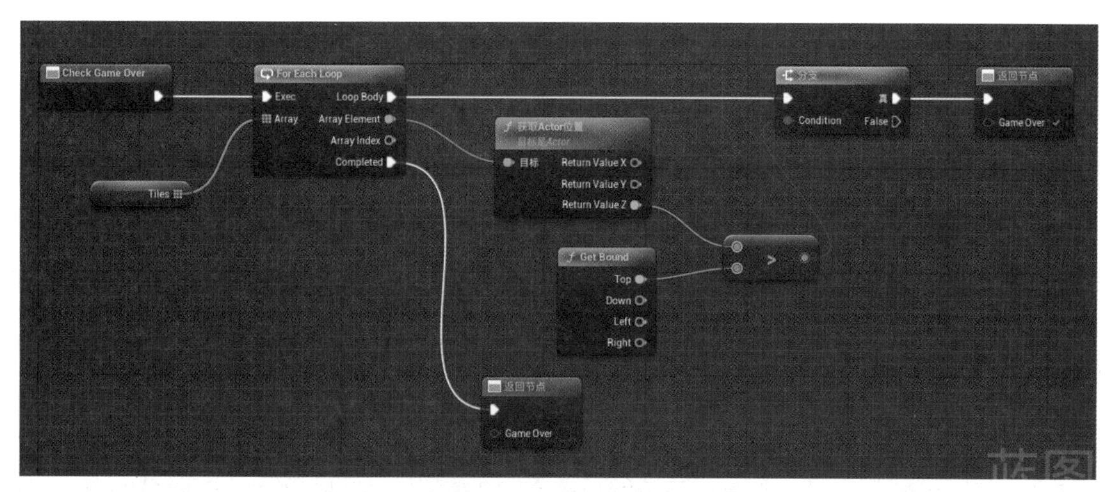

图 7-163 判断游戏结束

7.12.4 查找BP_Grid中BP_Tile满了的行

添加新的函数，命名为 Get Full Row Index，这个函数会检查当前所有的行中的 BP_Tiles。把每行中 BP_Tiles 数量等于 Width 的行的索引找出来，添加到一个临时数组中，最终把找到的临时数组返回（如图 7-164 所示）。

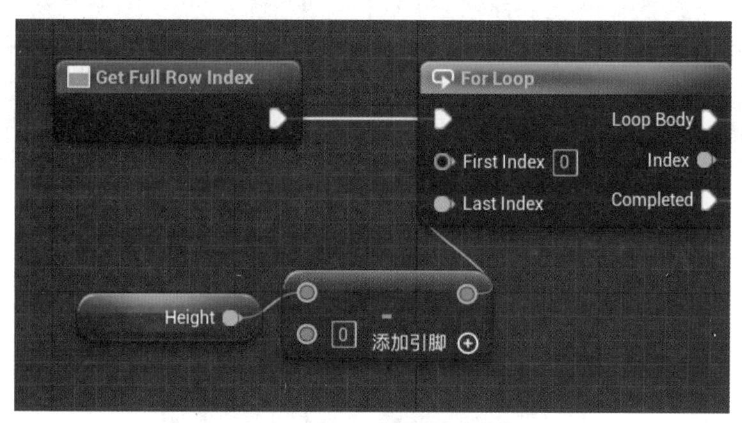

图 7-164 循环编译每一行

在遍历每一行之前，先创建两个局部变量。这是第一次使用局部变量，局部变量即变量只在当前函数中有效。当函数执行完毕，函数的临时变量也就无法访问了。创建一个 temp_TileCount（会被优化显示为 Temp Tile Count），用来计算每一行中找到的 BP_Tile 实例数量。Loc_RowIndex（会被优化显示为 Loc Row Index）用来保存找到的 BP_Tile 满了的行的索引（如图 7-165 所示）。

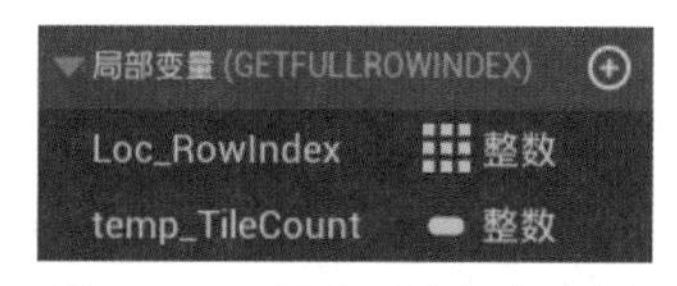

图 7-165 创建两个局部变量

函数的逻辑非常简单，对每一个 Tile 对比 Z 轴的值，如果 Z 轴相等，代表在同一个行上，把 Temp Tile Count 加 1（如图 7-166 所示）。注意：比较两个浮点是否相等，应该使用“近相等（浮点）”节点。

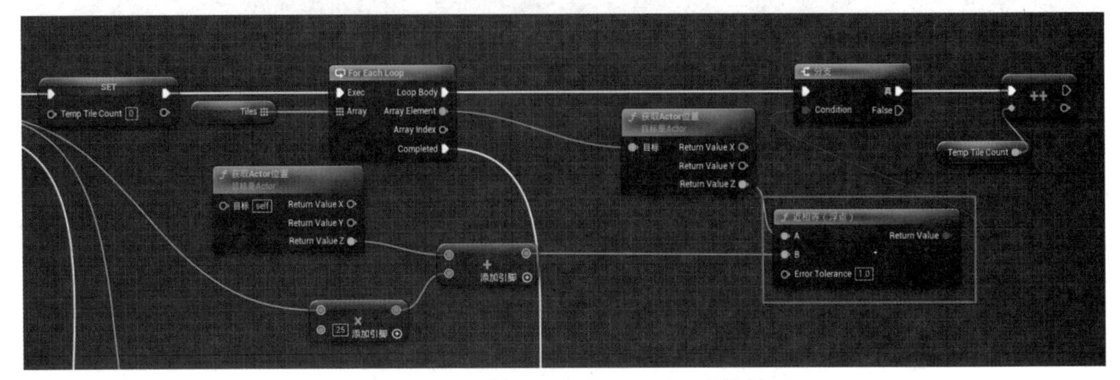

图 7-166　计算同一行上 BP_Tile 的数量

当循环完成后，查看 Temp Tile Count 的大小是否和 Width 相当。如果相等，代表当前行已经满了，把当前行的索引添加到 Loc Row Index 数组中（如图 7-167 所示）。

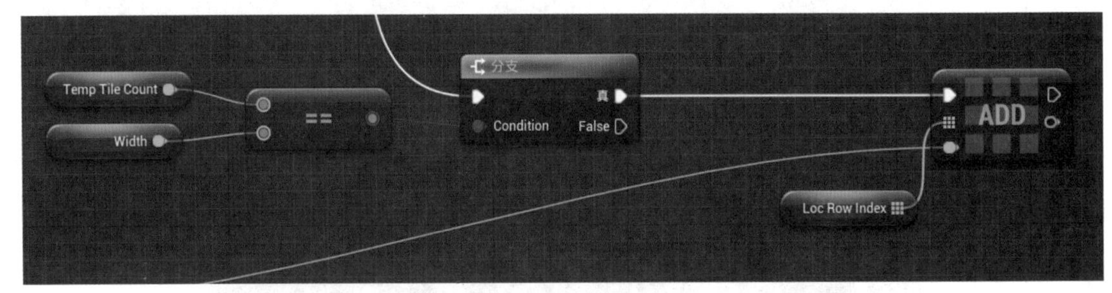

图 7-167　如果 BP_Tile 的数量和列数相等，则当前行是满的

最终把局部变量 Loc Row Index 返回，注意这个数组中包含了满了的行的索引，也可能为空（如图 7-168 所示）。

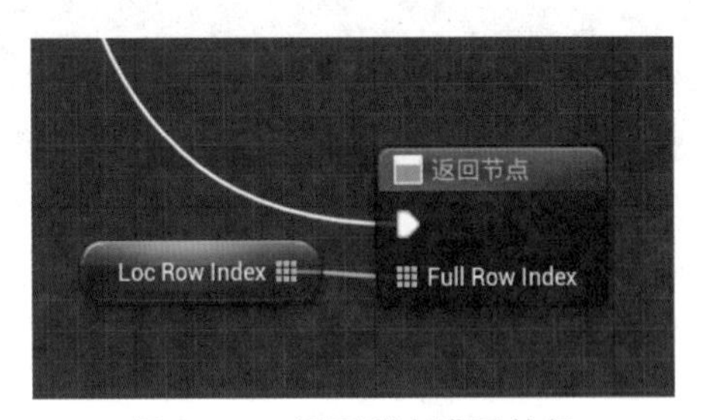

图 7-168　返回所有满了的行

7.12.5　移除满行的行中所有BP_Tile

找到满了的行之后，就可以移除这些满了的行中的 Tile 了。新建函数并命名为 Remove Full Row。创建一个 Array 输入参数，作为要移除的行的索引。对数组执行 For Each Loop 循环，遍历每一个行（如图 7-169 所示）。

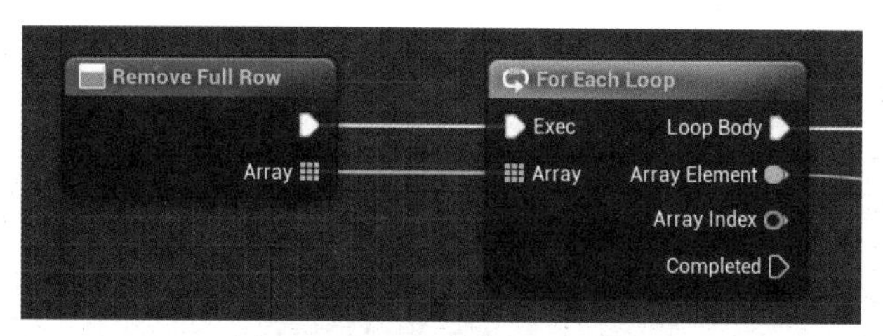

图 7-169　遍历每一满了的行

在每一行中，遍历 Tiles 数组中的所有 Tile，查看它们的位置是否相等。这里使用“近相等（浮点）”节点（如图 7-170 所示）。

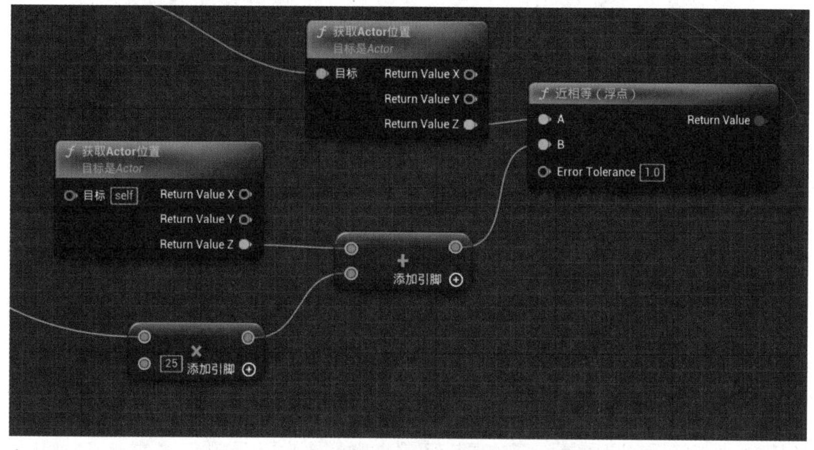

图 7-170　找到满了的行中的 BP_Tile

当找到在要移除的行上的BP_Tile实例之后，添加“销毁Actor”节点，把找到的实例删除，然后从 Tiles 数组中使用 REMOVE INDEX，从数组中移除这个元素（如图 7-171 所示）。

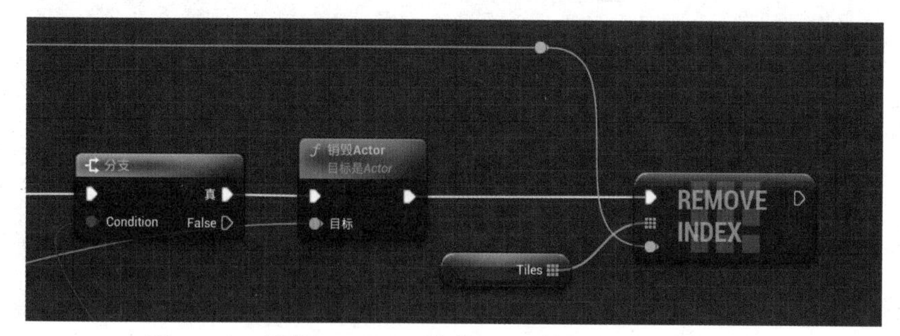

图 7-171　销毁 BP_Tile，并从 Tiles 数组中移除这个实例

注意：在遍历 Tiles 数组时，同时要删除数组中的元素，这时使用 For Each Loop 会有问题。因为每一次删除数组中的元素，数组中元素的索引都会发生变化，For Each Loop 依然按照索引来遍历后面的元素，所以当要在遍历数组的同时要对数组进行修改的时候，不能使用 For Each Loop 循环，而要使用 Reverse for Each Loop 循环。这个循环节点从数组最后一个元素开始遍历，这样在后面删除数组元素时，对前面的数组索引不会产生影响（如图 7-172 所示）。

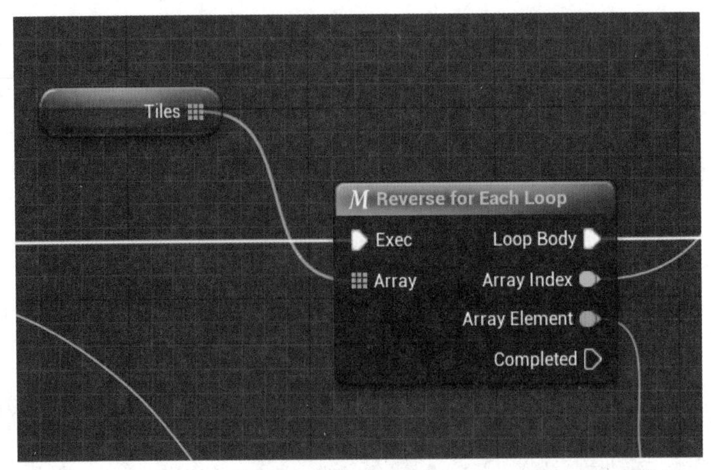

图 7-172　对数组进行修改时应使用 Reverse for Each Loop 遍历

7.12.6　把删除行之上的Tile顺序下移

当删除掉满行的 Tile 之后，BP_Grid 中在删除行上面的 Tile 要往下移动，否则这些 Tile 会漂浮在空中。创建新函数并命名为 Move Tiles Down。根据传入的移除行的数组，可以知道移除了几行和最高行的行号。在这个函数中，把所有高于最高行高度的 Tile 找出来，然后往下移动删除的行的数量就可以了（如图 7-173 所示）。

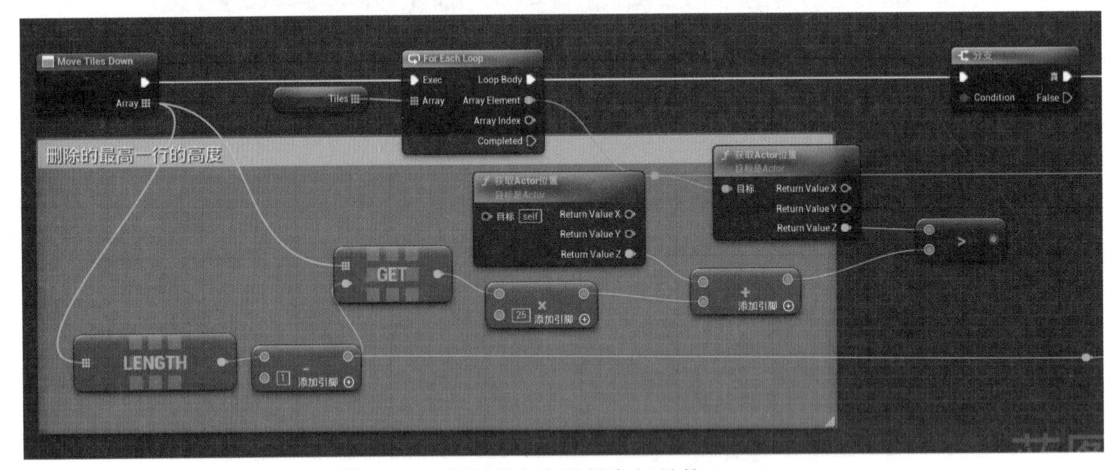

图 7-173　找到所有高于最高行号的 BP_Tile

使用 For Loop 遍历，删除了几行就调用几次“添加 Actor 世界偏移”（如图 7-174 所示）。

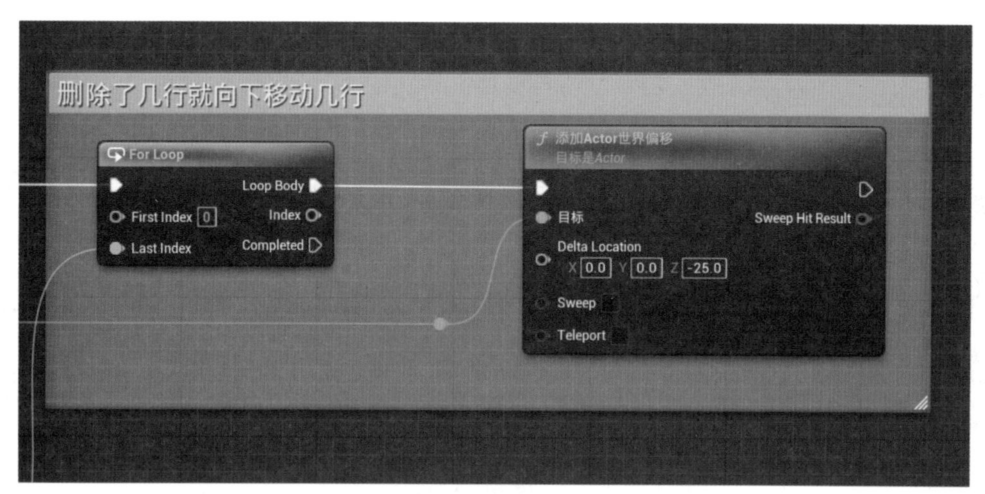

图 7-174 向下移动 BP_Tile

7.12.7 实现方块落下之后的所有逻辑

当所有的功能代码实现之后，就可以实现所有的方块落下之后的流程了。在 BP_Tetris 蓝图中，创建一个新的函数，命名为 Move Tile To Grid。这个函数根据自己的 BP_Tile 的位置和类型，在 BP_Grid 中调用 Add Tile 方法，然后把自己的 BP_Tile 删除。看起来就像 BP_Tetris 中的 BP_Tile 添加到 BP_Grid 中。实现如图 7-175 所示。

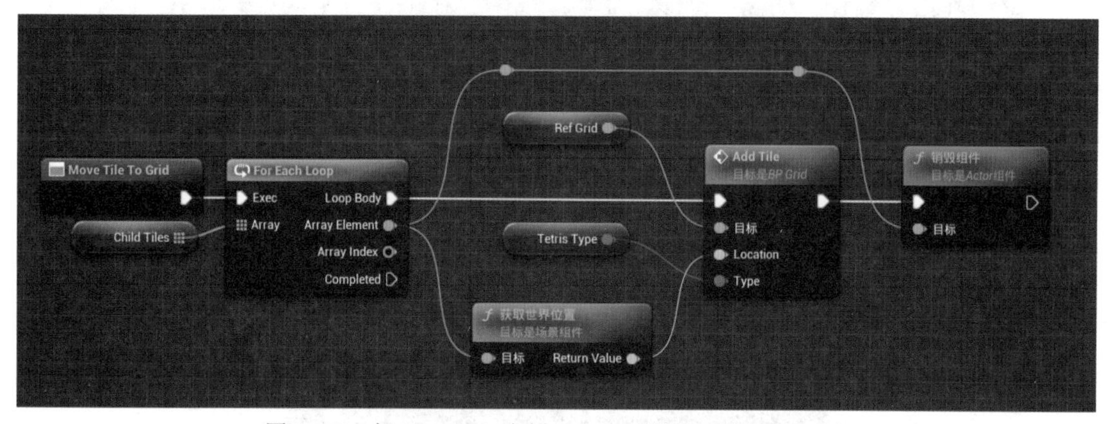

图 7-175 把 BP_Tetris 中的 BP_Tile 都添加到 BP_Grid 中

回到 BP_Tetris 的 Tick 事件中，当往下移动失败后，就说明方块落到最后一行了。这时可以在这里开始一系列的逻辑设置，首先延迟一小会，然后执行 Move Tile To Grid，把 BP_Grid 中的 BP_Tile 先创建好（如图 7-176 所示）。

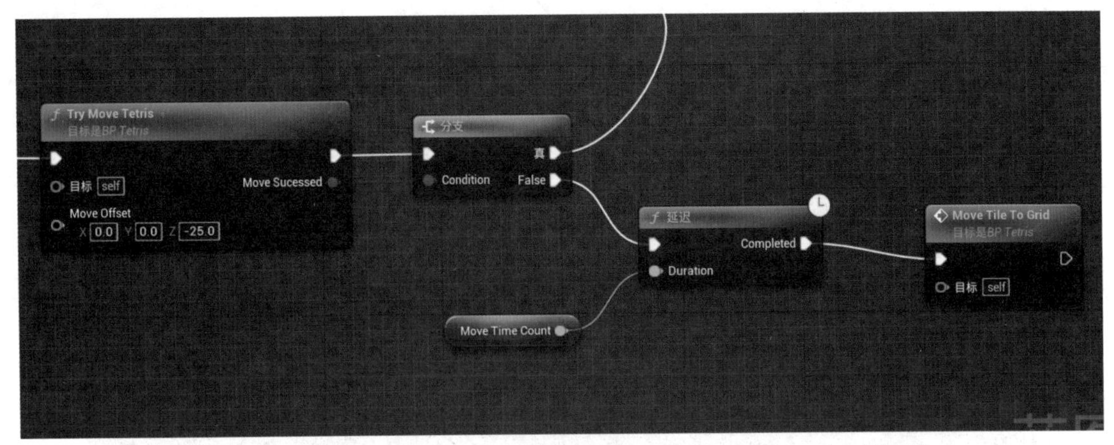

图 7-176　往下掉落失败后，进入拷贝当前 BP_Tile 到 BP_Grid 中的逻辑

然后把 PlayerPawn 中的 Current Tetris 设置为空。设置为空之后，所有玩家的操作就无效了（如图 7-177 所示）。

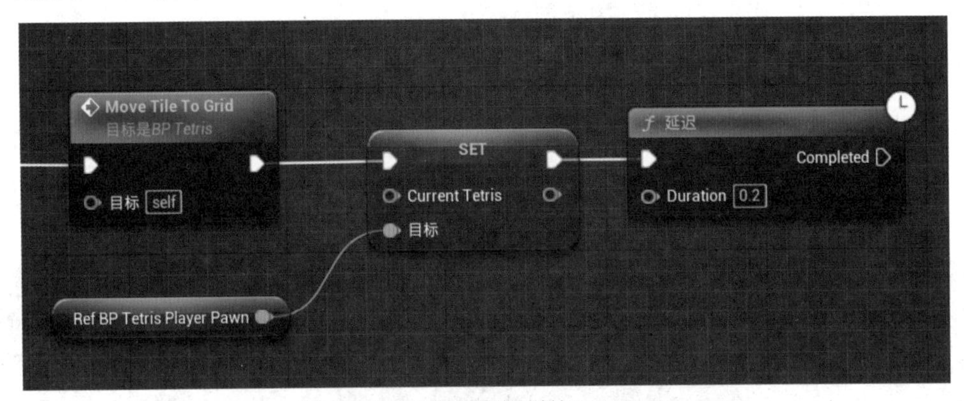

图 7-177　移除玩家控制的 BP_Tetris

继续在 BP_Grid 对象上，寻找所有的已经满了的行（如图 7-178 所示）。

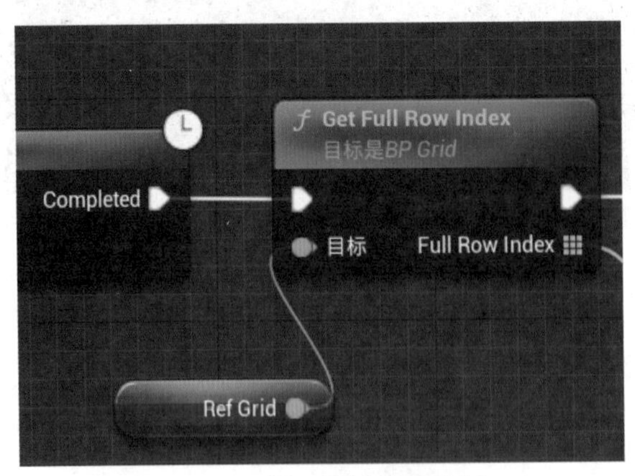

图 7-178　找到所有满了的行

对满了的行进行移除（如图 7-179 所示）。

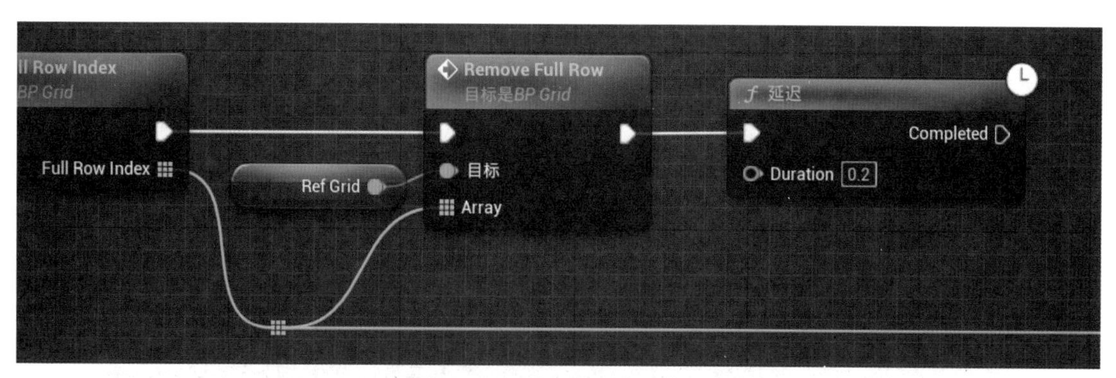

图 7-179　移除所有满了的行

删除行上面的 Tile 往下落到地面上（如图 7-180 所示）。

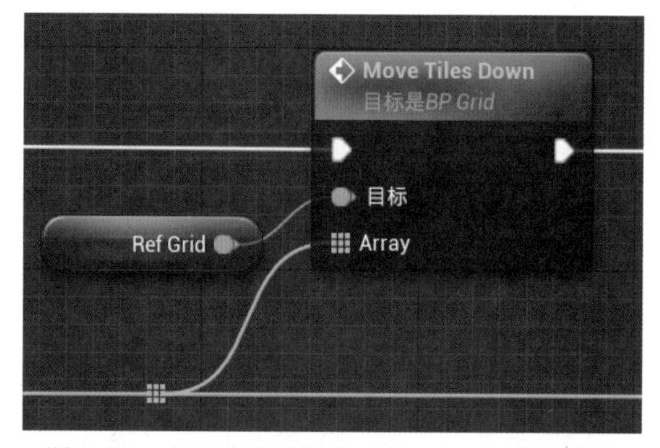

图 7-180　把所有移除行之上的 BP_Tile 向下移动

当删除 Tile 结束后，开始检查游戏是否结束（如图 7-181 所示）。

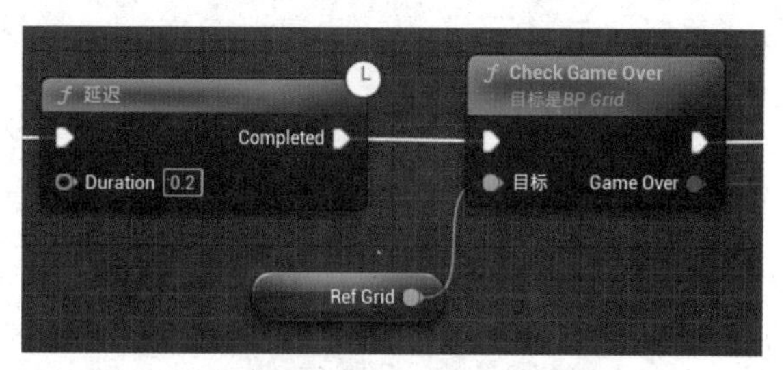

图 7-181　向下移动后，检查游戏是否结束

如果游戏结束了，就销毁当前的 BP_Tetris，进入结束流程。当前先不处理，下一节会回到这里，添加结束界面（如图 7-182 所示）。

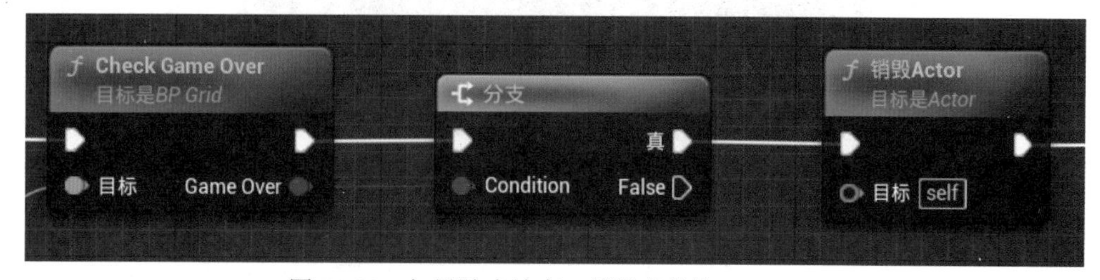

图 7-182　如果游戏结束，销毁当前的 BP_Tetris

如果游戏没有结束，就再次创建一个新的 BP_Tetris，继续游戏（如图 7-183 所示）。

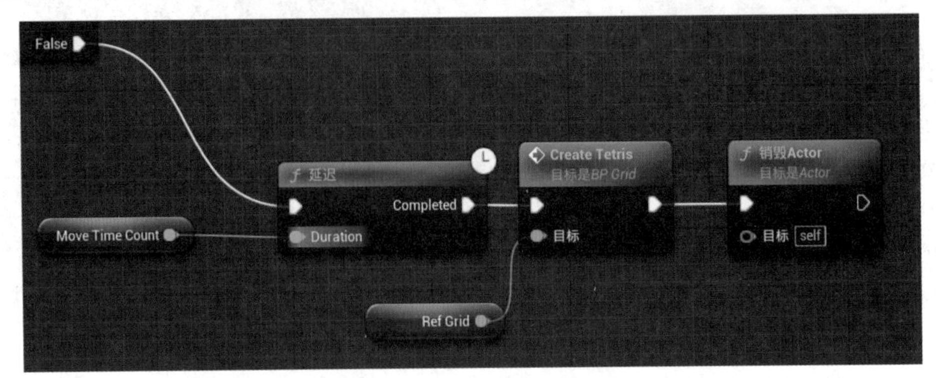

图 7-183　如果游戏没有结束，继续创建新的 BP_Tetris

到这里，方块落下的逻辑就完成了。编译并保存蓝图，回到关卡编辑器中播放，应该能看到所有的方块都只能落到最后一行上，这是不对的。当方块往下落的时候，方块除了考虑是否超出网格边界之外，还应该考虑网格中现有的 BP_Tile。

7.12.8　完善方块移动旋转

当前方块的移动旋转都没有考虑网格中现有的 BP_Tile。下面把这部分逻辑添加上，首先打开 BP_Grid 的蓝图编辑器，添加一个新的函数，命名为 Location Has Tile，该函数的作用是，给定一个 3D 矢量的位置，检查这个位置上是否有 BP_Tile。设置函数配置如图 7-184 所示。

图 7-184　Location Has Tile 函数的详细设置

函数的实现非常简单，检查每一个 BP_Grid 中的 BP_Tile，看是否位置重合，如果重合，代表当前位置在 BP_Grid 中有 BP_Tile（如图 7-185 所示）。

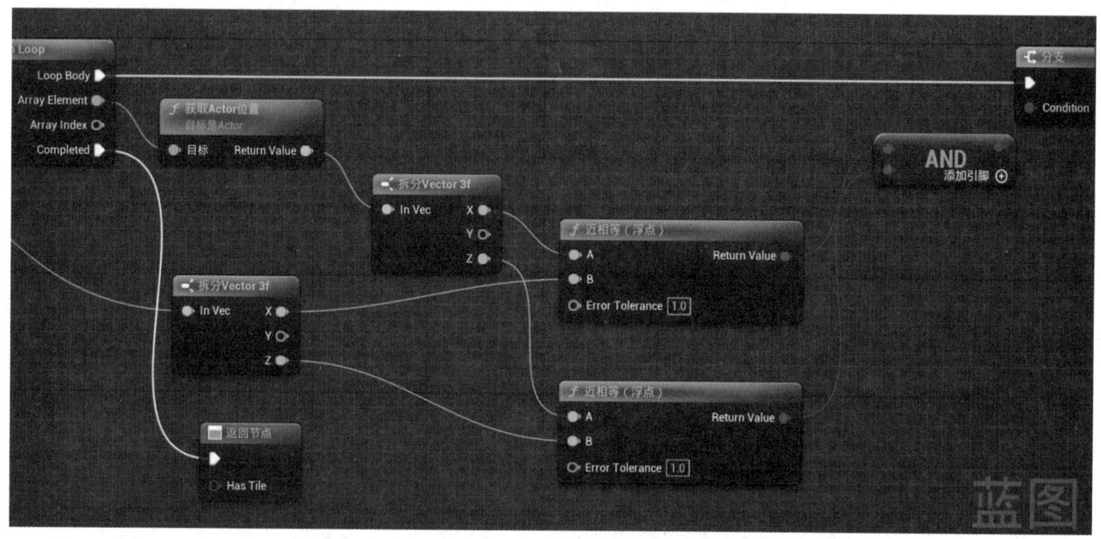

图 7-185 查看 Tiles 中当前位置是否有 BP_Tile

打开 BP_Tetris 的蓝图编辑器，找到 Try Move Tetris 函数。在判断 BP_Tile 在 BP_Grid 的边框中之后，判断是否有 Tile（如图 7-186 所示）。

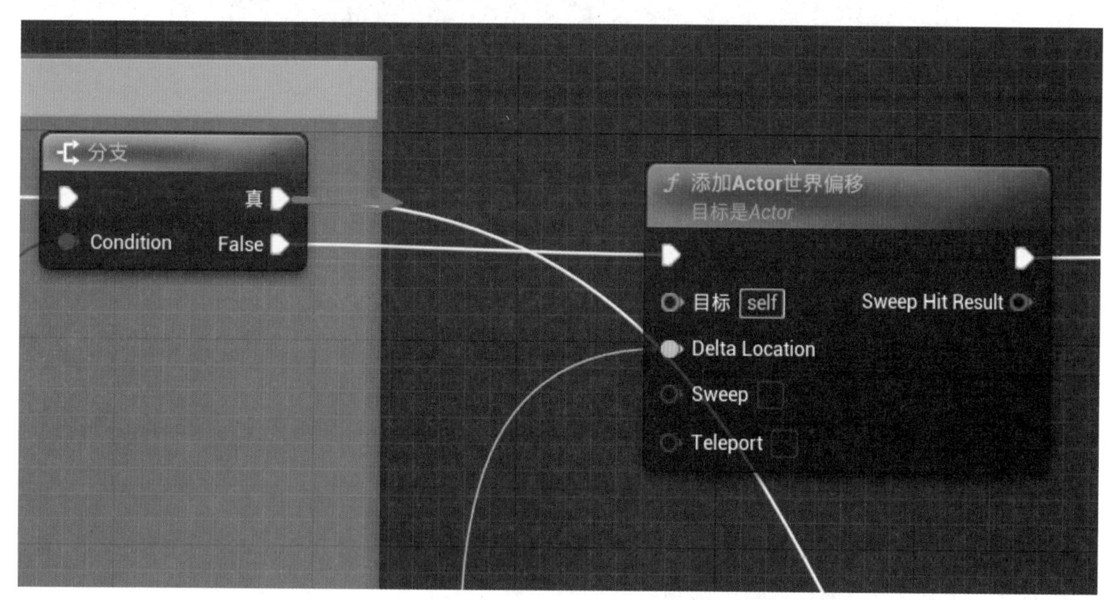

图 7-186 当移动到网格中时继续判断 BP_Grid 中是否有 BP_Tile

如果在当前 Tile 的位置，在 BP_Grid 中已经有 BP_Tile 了，就代表这次移动不成功，需要把位置再移动回来，并返回 False（如图 7-187 所示）。

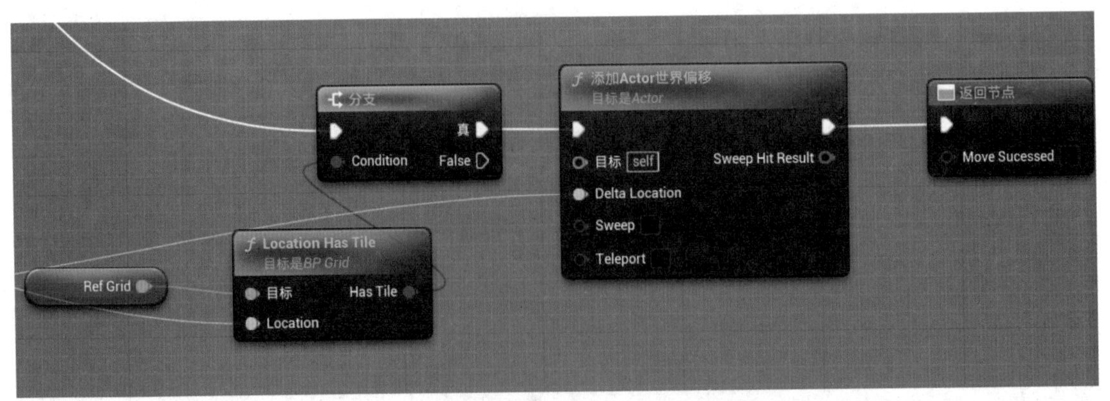

图 7-187　如果网格中已有 BP_Tile 则移动失败

打开 Try Turn Tetris 函数，同样检测加上旋转之后的 BP_Tile 是否和 BP_Grid 中的 BP_Tile 重合（如图 7-188 所示）。

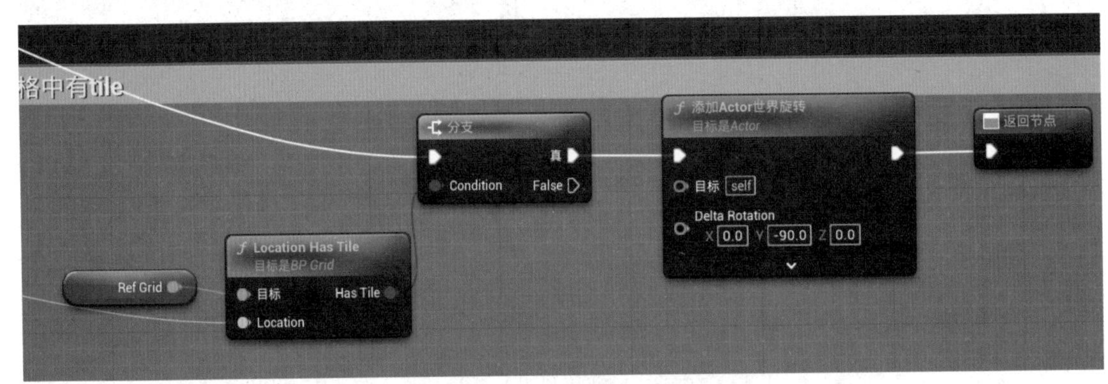

图 7-188　旋转函数同样查看旋转后是否与网格内的 BP_Tile 重叠

修改完这两个函数后，编译保存，并回到关卡编辑器中播放，BP_Tetris 的下落、旋转、移动和消除应该都正常了。

因为使用了函数，分离了各个功能，所以在添加其他逻辑的时候，是非常方便的（如图 7-189 所示）。

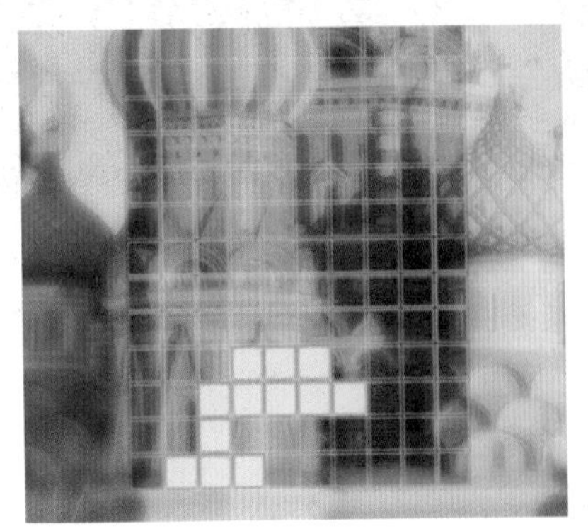

图 7-189　方块成功落在网格中已有的方块上面

7.13　细化完成游戏

前面几节，已经完成了《俄罗斯方块》游戏的大多数功能，距离游戏完成还需要做一些微小的修改。这一节分别从几个方面来对游戏进行抛光打磨，让它更接近一款完整的游戏。

7.13.1　添加得分记录

大多数游戏都会有得分系统，像《俄罗斯方块》这种小游戏也不例外。这一小节将简单地添加一个得分系统，来记录玩家当前取得的分数和最高分数。

双击 BP_Grid，打开蓝图编辑器，在组件面板中，单击“+添加”按钮，添加一个TextRender（文本渲染）组件。这个组件能够在3D空间中显示文本，选择新添加的文本渲染组件，查看细节面板，设置Text类别下的“文本”为Scores，“水平对齐”为“右”（如图7-190所示）。

图7-190 设置文本渲染组件细节

单击“视口”标签，切换到视口中，调整Text Render组件的位置，把它放在网格的左上角（如图7-191所示）。

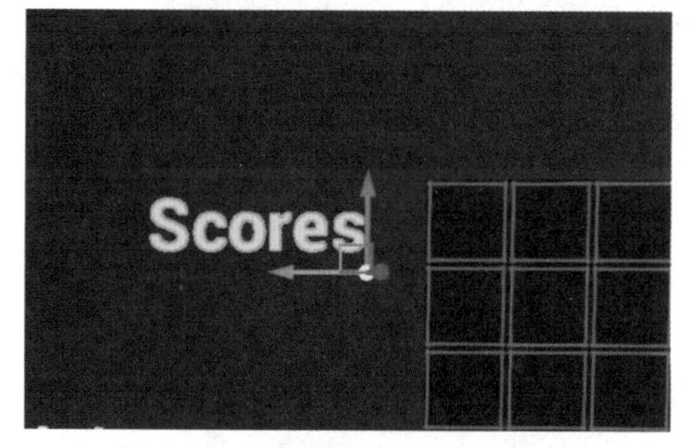

图7-191 设置文本渲染组件位置

在组件面板中，选择Text Render，按快捷键Ctrl+D三次，分别把新复制出来的三个Text Render组件设置为如图7-192所示的样子。

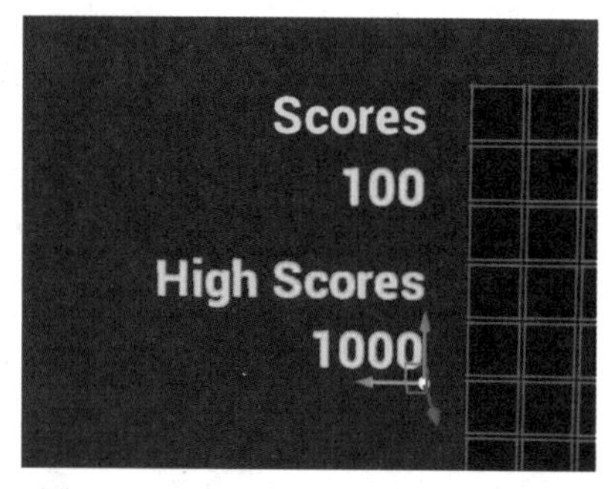

图7-192 设置更多的文本渲染组件

在“我的蓝图”面板中，添加两个整数类型的变量，分别命名为Scores和HightestScores，它们分别用来保存当前玩家的得分记录和最高的得分记录(如图7-193所示)。

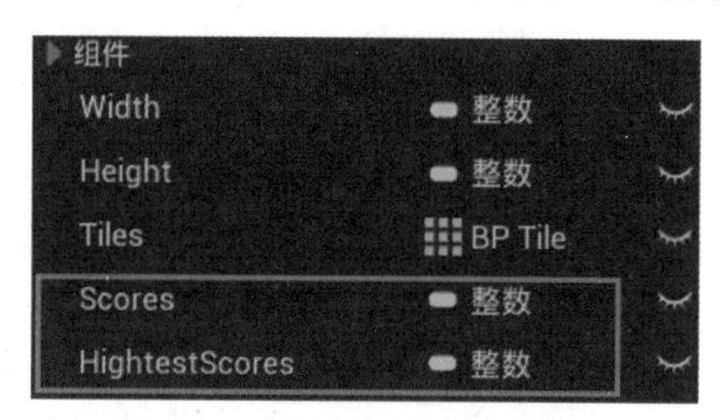

图7-193 添加记录得分的变量

在“我的蓝图”面板中，找到“函数”类别，单击后面的加号按钮创建一个新的函数。命名为Set Scores，这个函数用来更新文本组件以显示得分记录。函数的实现非常简单，根据传入的Scores分数来更新显示分数（如图7-194所示）。

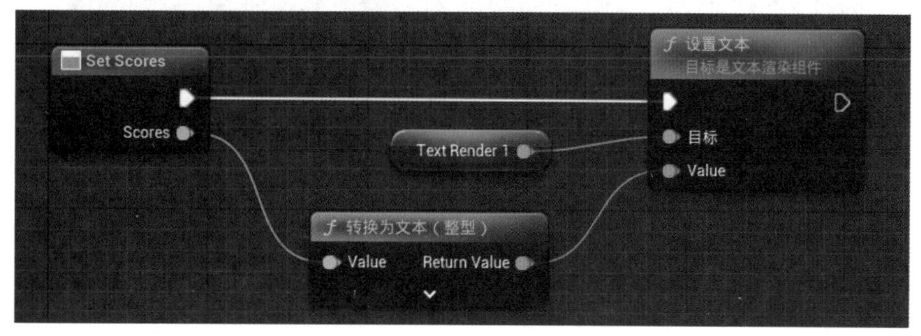

图7-194 设置得分显示

再创建一个新的函数，命名为 Set Hightest Scores，该函数和 Set Scores 几乎一样，只不过这次是设置最高得分纪录的文本组件的显示文本（如图 7-195 所示）。

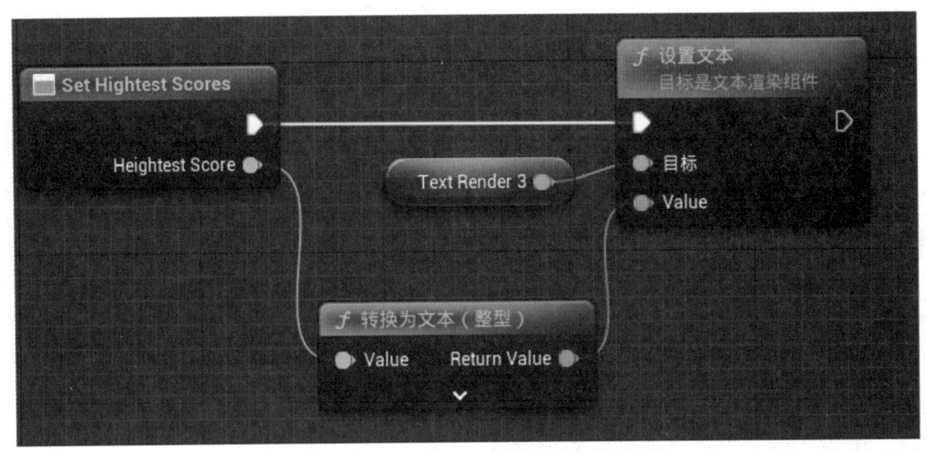

图 7-195　设置最高得分记录显示

找到 BeginGame 事件函数，在开始时先调用一下这两个函数，更新一下分数的显示（如图 7-196 所示）。

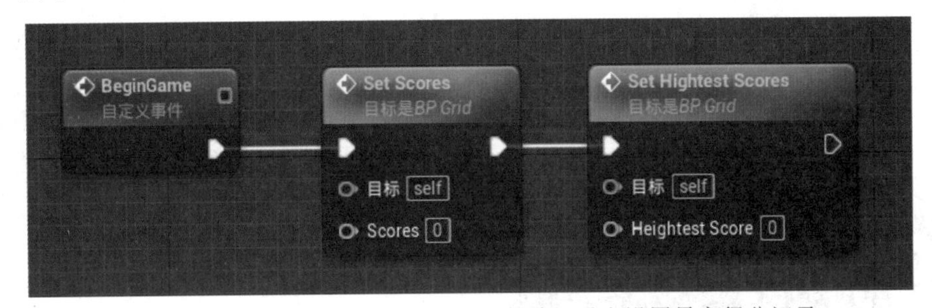

图 7-196　在 BeginGame 中调用设置得分记录和设置最高得分记录

在“我的蓝图”面板中，添加一个新的函数，命名为 Add Scores。它接收一个数组，这个数组代表已经删除的行的索引。根据这个数组来计算本次玩家得分（如图 7-197 所示）。

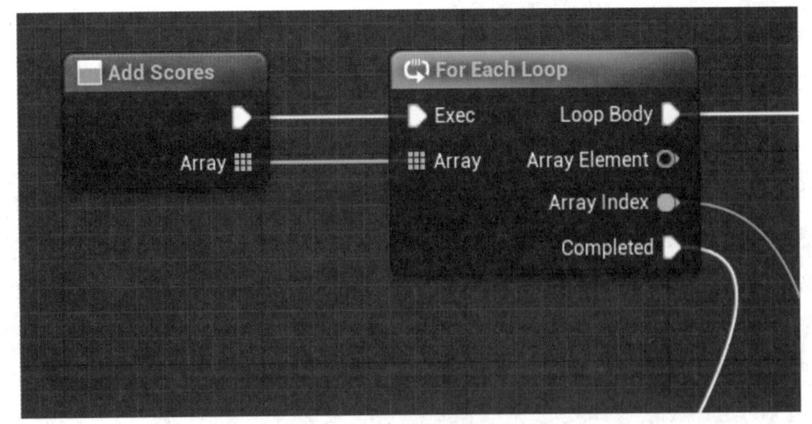

图 7-197　Add Scores 根据删除的行添加得分

对每一个删除的行进行遍历，然后修改玩家本地的分数。这里可以根据删除的行数做一些得分上的变化，如每多删除一行，得分增加100。所以，这里是设置得分规则的地方（如图7-198所示）。

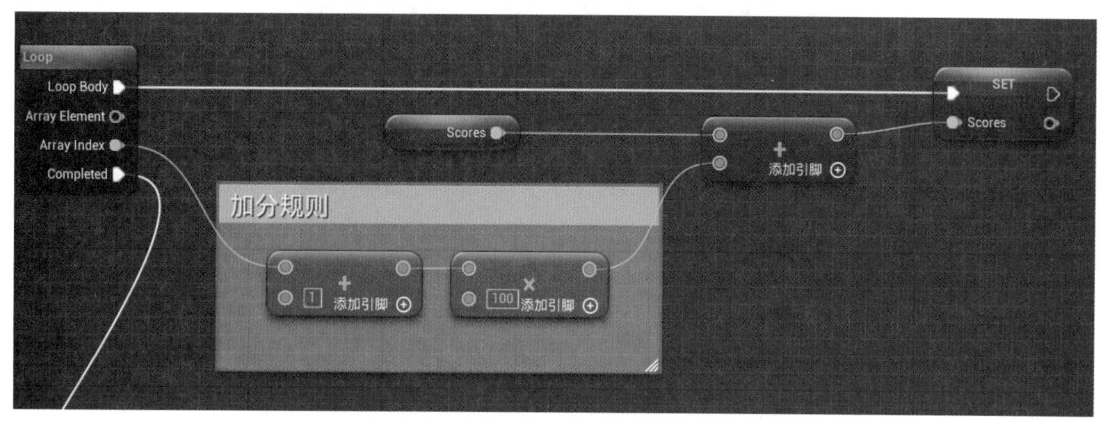

图7-198　得分规则

当修改完本地的Scores变量后，使用Set Scores更新得分的显示（如图7-199所示）。

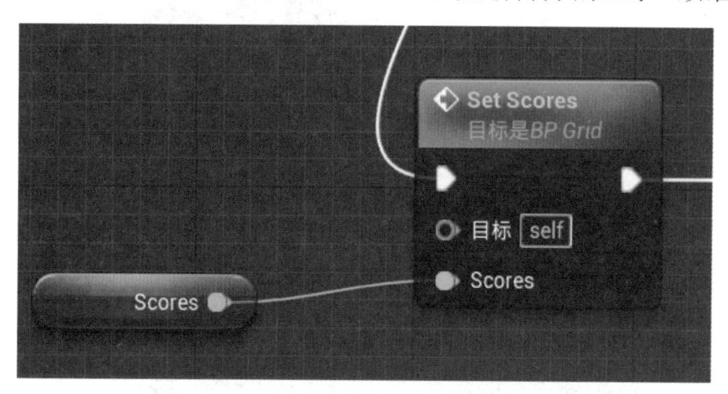

图7-199　设置完变量后更新得分显示

最后，判断当前玩家的得分是否超过了最高得分。如果超过了最高得分，则更新Hightest Scores为当前Scores，并更新最高得分的显示（如图7-200所示）。

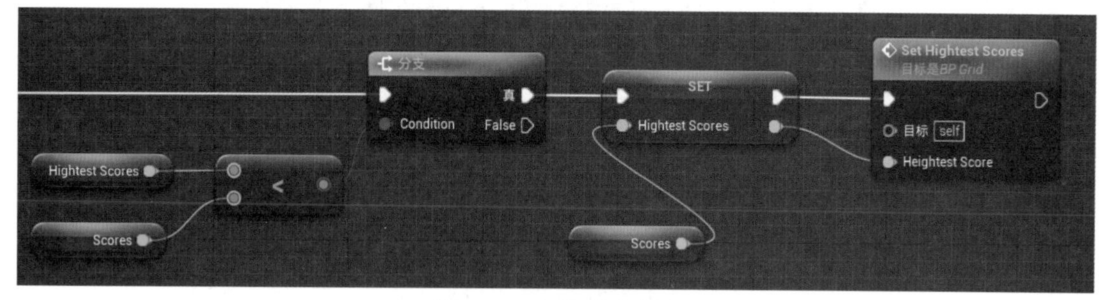

图7-200　更新最高得分

关于得分记录的功能到现在都已经完成了，最后需要找到一个位置来调用Add Scores函数，这个函数会更新Scores变量，并更新游戏中分数的显示。检查现有逻辑，只有当BP_Tetris落在BP_Grid上之后，才会进行一系列的判断，所以，最好的调用Add Scores的方法，是在BP_Tetris函数的Tick中，调用RefGrid的MoveTilesDown函数（如图7-201所示）。

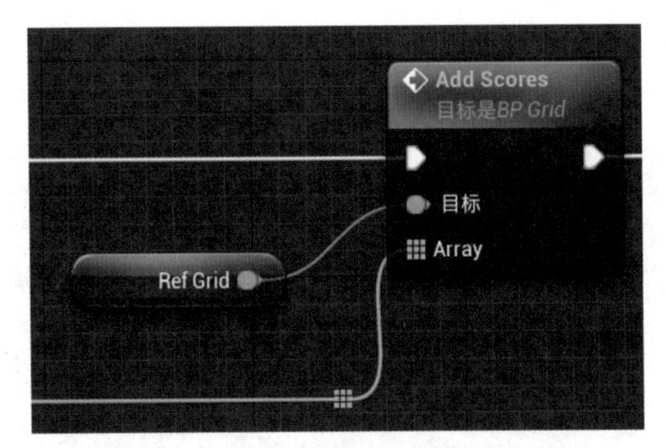

图 7-201 调用 Add Scores 更新得分显示

编译保存蓝图，返回到关卡编辑器中，单击播放运行游戏，玩一会儿游戏，尝试消除几行后，注意观察 Scores 的变化是否正确（如图 7-202 所示）。

图 7-202 查看消除行后的 Scores 变化

7.13.2 添加UI

接下来为游戏添加 UI 界面。通常游戏在刚开始的时候，会出现一个主菜单。在主菜单中，玩家可以选择“开始游戏”“游戏选项”等设置。直到玩家选择“开始游戏”，游戏才正式开始。

1. 创建 MainMenu

在这一节中会为《俄罗斯方块》游戏添加一个主菜单和一个游戏结束菜单。首先在“内容”目录中，创建一个新的文件夹，叫作 Widgets。这个文件夹专门用来存放 UI。进入 Widgets 目录，在空白处右击，在弹出的快捷菜单中选择“用户界面”类别下的“控件蓝图”，系统会弹出新创建的蓝图类的父类选项。这里和普通的蓝图非常相似，因为 UI Widget 事实上就是蓝图。这里一般选择默认的“用户控件”作为父类（如图 7-203 所示）。

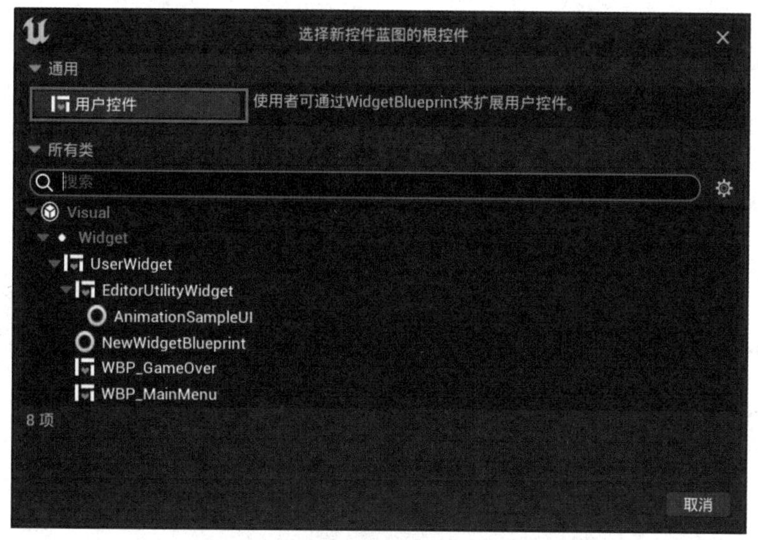

图 7-203　选择控件蓝图的根 Widget

将新创建的 UI 蓝图类命名为 WBP_Main Menu，如图 7-204 所示。前缀“WBP”是一种命名规则，代表这个资源是一个“控件蓝图”类型。双击新创建的 WBP_Main Menu 文件，打开 Widget 编辑器。在 UE5 中，几乎所有的资产类型都有特定的资产编辑器，UI 也不例外。可以看一下 Widget 编辑器，与普通的蓝图编辑器非常像。在默认状态下处于“设计器”模式，这里可以随意地添加 UI 界面元素到画布中，视图中间的画布代表了 2D 的屏幕。

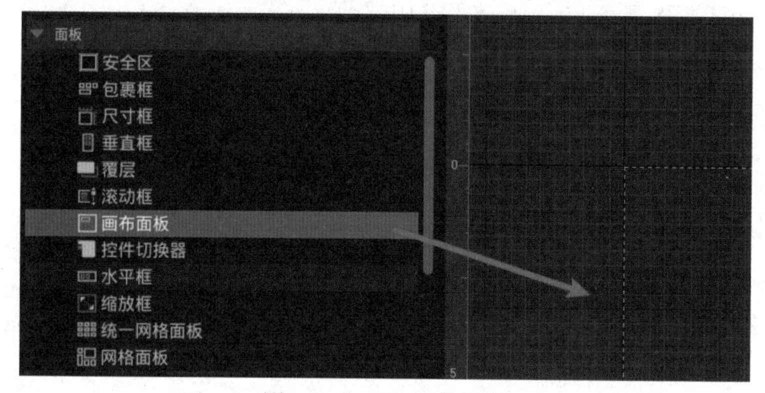

图 7-204　添加画布面板

从左侧的“控制板”中找到“画布面板”组件，并拖动到中间的画布面板中（如图 7-204 所示）。

“画布面板”代表默认的屏幕，可以在上面放置、布局任意的 UI 组件，这对自由放置 UI 界面非常有帮助。如图 7-205 所示，绿色的框代表画布的边界，意味着屏幕的边界。

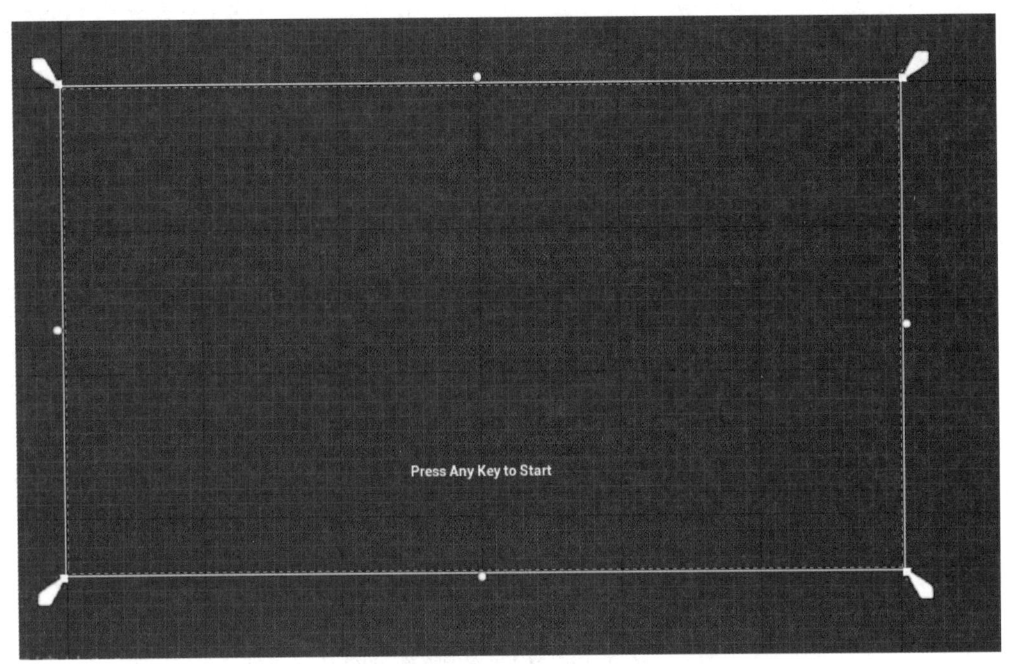

图 7-205　画布边界

我们要实现的主菜单的功能是，单击屏幕中的任意一点，自动进入游戏。要响应单击屏幕事件，需要一个“按钮”。在左上方“控制板”面板中，拖动一个“按钮”到画布上，（如图 7-206 所示）。

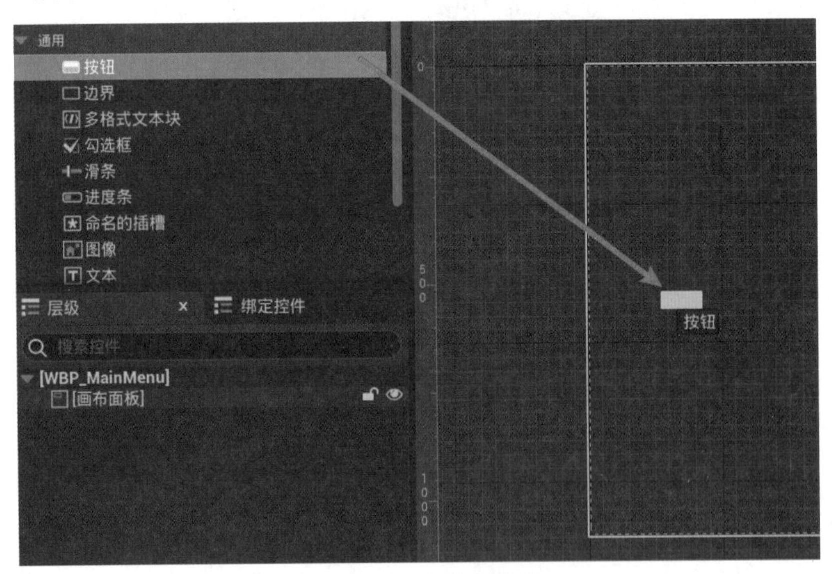

图 7-206　添加按钮控件

每一个节点都有一个锚点。当画布缩放的时候，节点依据锚点的位置进行相应的缩放。按钮创建后，默认的锚点在左上角的位置。在保持按钮在选择的状态下观察右侧的细节面板，单击锚点，可以快速地设置节点的锚点。长按 Shift 键和 Ctrl 键，然后单击右下角的上下和左右都拉伸的锚点选项（如图 7-207 所示）。

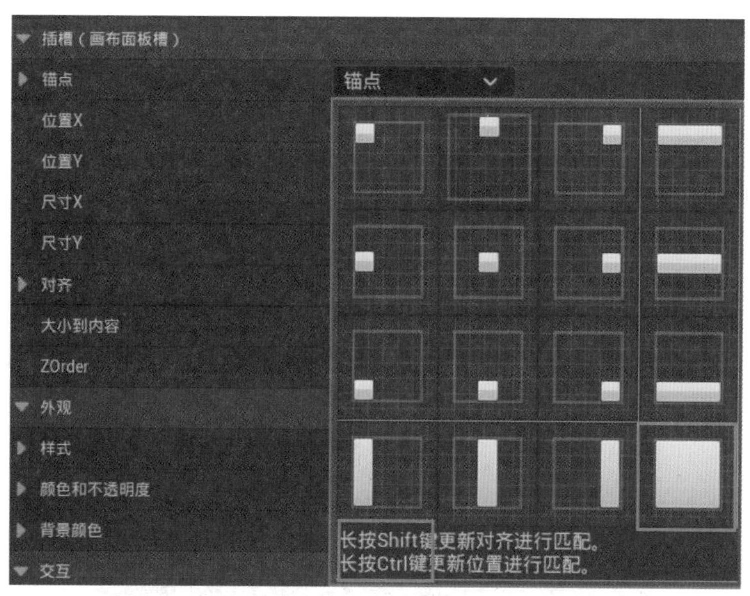

图 7-207　快速设置锚点

单击设置好的锚点，按钮就被拉伸到和画布一样大，并且 4 个角的描点分别是画布的 4 个角。所以当画布变化大小时，按钮也会跟着变化（如图 7-208 所示）。

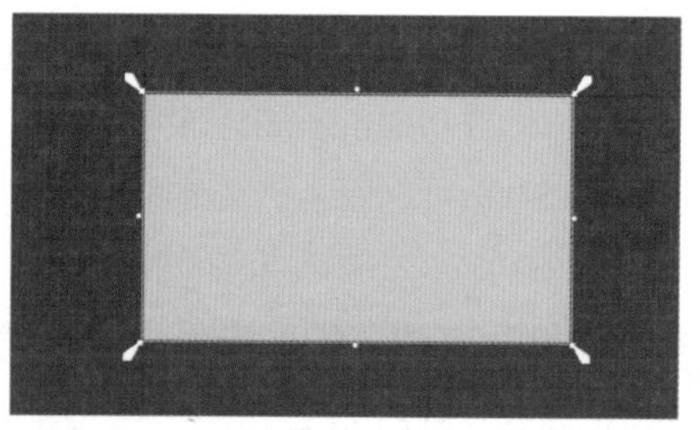

图 7-208　按钮的 4 个角的锚点位于画布的 4 个角上

继续设置按钮的属性，在外观类别下，找到“背景颜色”属性，单击设置“背景颜色”的“A”的值为 0。Alpha 通道代表透明度，设置“A”的值为 0，即表示按钮是全透明的、不可见的（如图 7-209 所示）。

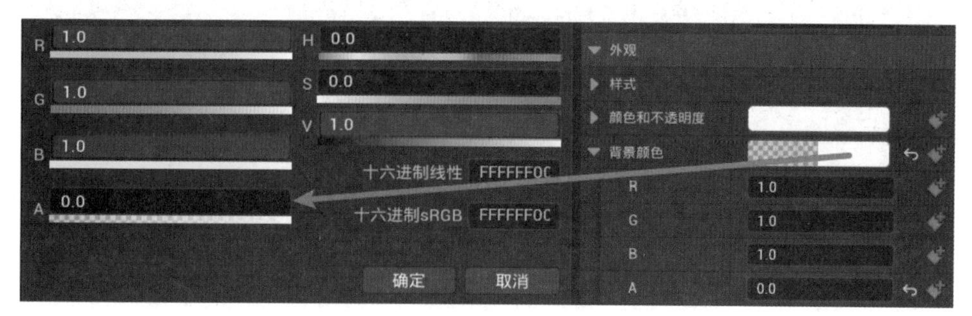

图 7-209　设置按钮背景颜色的透明度

设置完背景颜色后，按钮在画布中就完全透明了。虽然不可见，但是按钮还是在的，并且能正常响应单击事件（如图 7-210 所示）。

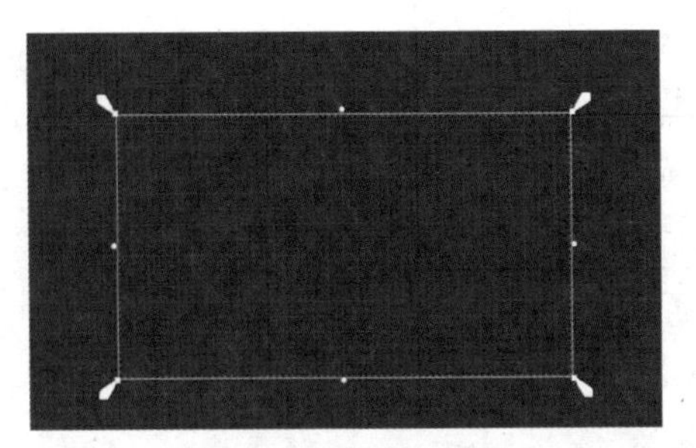

图 7-210　透明的按钮

继续添加一个 Text 部件到按钮上，设置新添加的“文本”的属性，显示文本为“Press Any Key to Start”（如图 7-211 所示）。

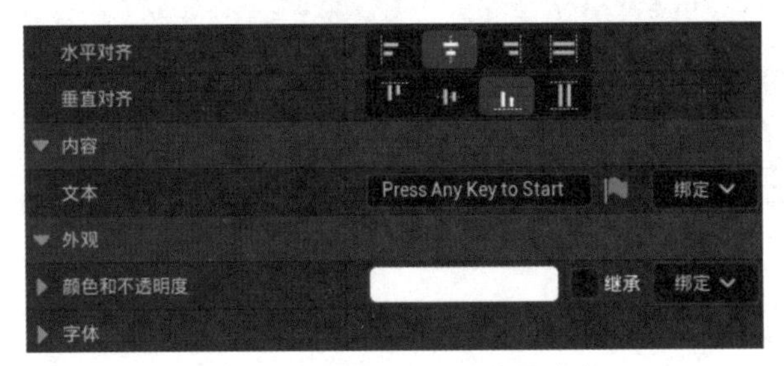

图 7-211　设置 Text 组件的内容

Text 是 Button 节点的子节点，所以 Text 的位置受 Button 位置所限制，默认在 Button 节点的居中位置，可以通过设置文本的 Padding 属性来控制 Text 在 Button 中的相对位置。设置 Top（顶部）的 Padding 值为 300，代表这个文本以 Button 的中间位置锚点为准，在和按钮锚点对齐的时候顶部有 300 个单位的距离（如图 7-212 所示）。

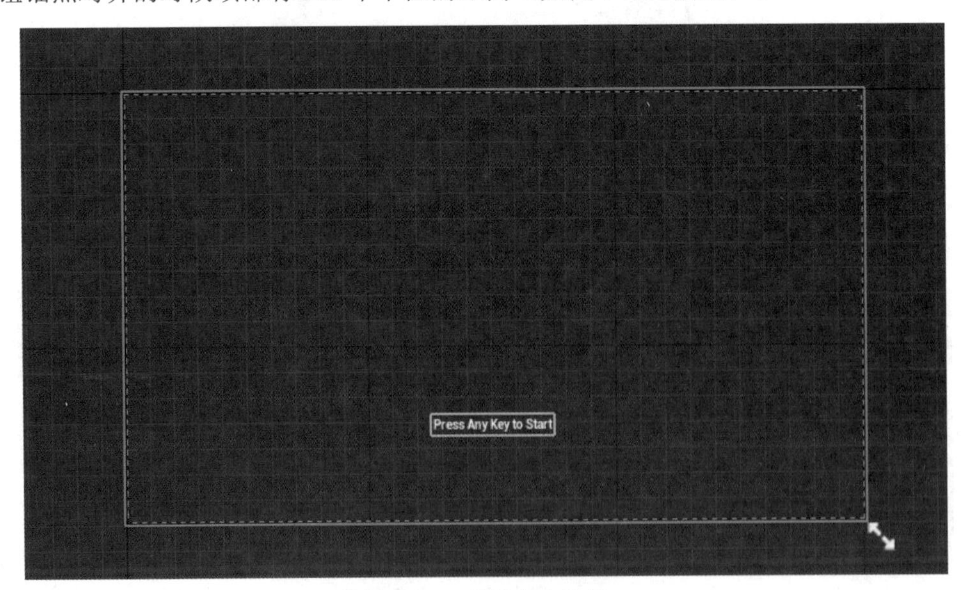

图 7-212　最终文本位置

按钮和文本都添加完后，就可以为按钮设置单击时要触发的事件了。选择按钮节点，在右侧的细节面板中往下拖动，找到“事件”类别，这里有按钮所有的可绑定的事件。单击“点击时”后面绿色的 + 号按钮，添加当按钮被单击时要触发的事件函数，系统会自动地跳转到 Widget 编辑器的图表视图，并显示新创建的事件（如图 7-213 所示）。

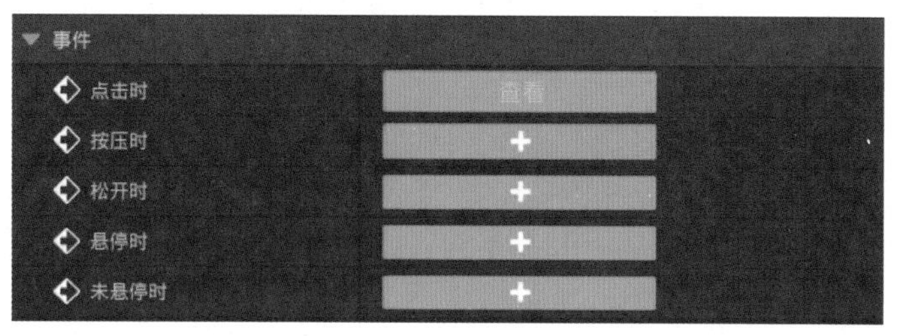

图 7-213　按钮事件

为了确认这个事件能够触发，先添加一个“打印字符串”的节点用来测试。当在游戏中单击按钮的时候，会先打印一个“ButtonClick!!!!”的字符串（如图 7-214 所示）。

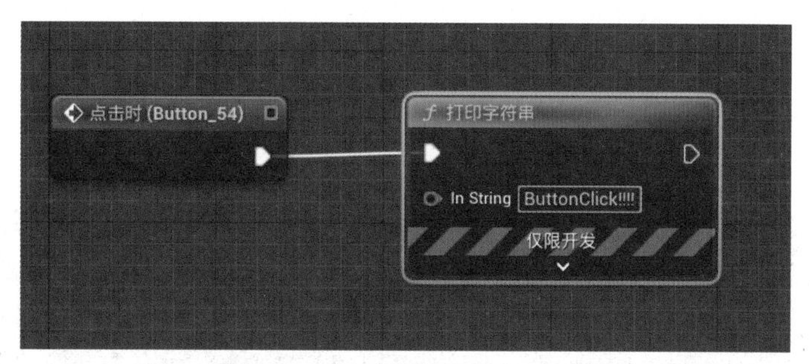

图 7-214　测试按钮事件能否触发

WBP_Main Menu 到这里就创建完了，现在需要找一个地方把它显示出来，最合理的地方就是 BP_Grid 的“事件开始运行”事件。当游戏开始播放的时候，运行到 BP_Grid 的 BeginPlay 方法，先创建一个 WBP_Main Menu 的 UI 控件，然后把它添加到游戏视图中（如图 7-215 所示）。

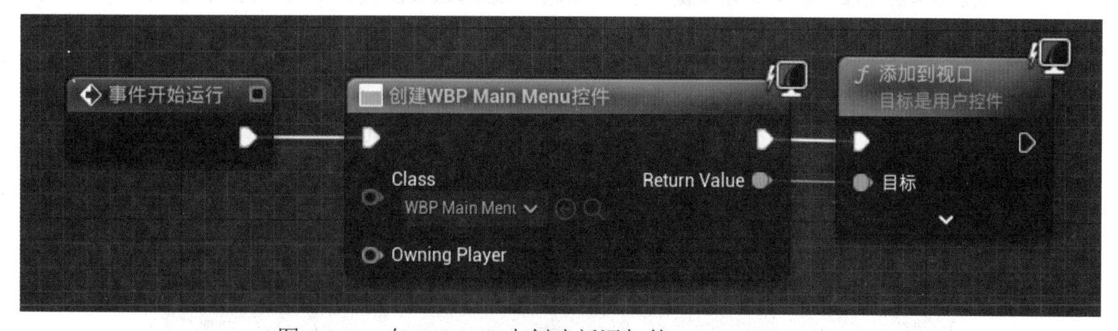

图 7-215　在 BP_Grid 中创建新添加的 WBP_Main Menu

目前暂时删除了原先 BP_Grid 内 Begin Play 事件中 Create Tetris 事件的调用，直接创建并显示 WBP_Main Menu，当 UI 显示成功后，在视图中单击界面的任意位置都会输出“ButtonClick!!!”的文本，代表按钮事件触发成功（如图 7-216 所示）。

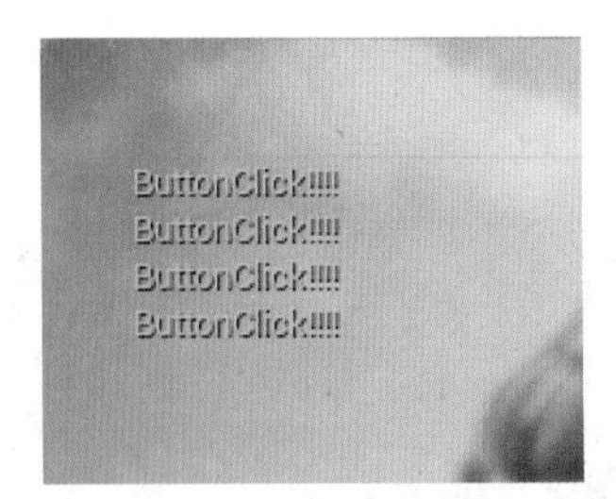

图 7-216　单击透明按钮打印显示

2. 添加 UI 动画

UI 动画是常见的 UI 功能。UE5 的 UI 系统的全称，叫作 Unreal Motion Graph（Unreal 运动图像），简称 UMG，说明这套系统天生就支持动画。这一小节会创建开始菜单字体闪动的动画，并反复播放，在 UE5 中制作实现 UI 动画是非常方便的。

在 Widget 编辑器中，单击最下面的“动画”标签，会弹出动画面板，动画面板是创建编辑动画的专用面板。单击右上角的“停靠在布局中”，把它固定在界面布局中（如图 7-217 所示）。

图 7-217　停靠动画面板到布局中

在动画面板中单击“+ 动画”按钮，创建一个新的 UI 动画，并命名为 FadeText。

在动画面板中。选择新创建的动画。然后单击“+ 轨道”按钮添加一个新的动画轨道。选择“Text”节点（如图 7-218 所示）。

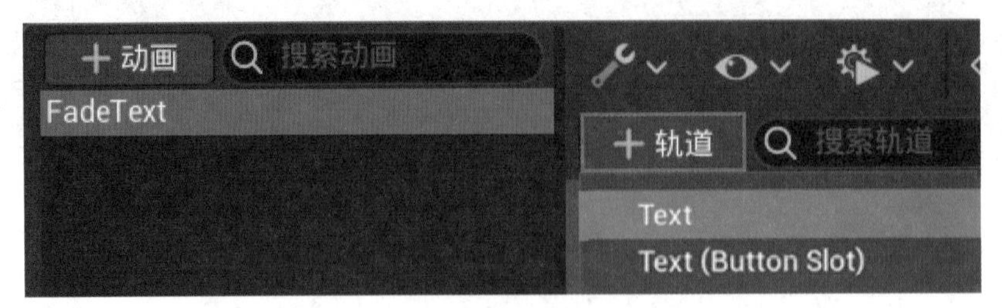

图 7-218　把 Text 元素添加到动画轨道中

在新添加的“TextBlock”后面单击“+ 轨道”按钮。选择 Render Opacity，对 Text 的渲染透明度，添加一个动画轨道（如图 7-219 所示）。

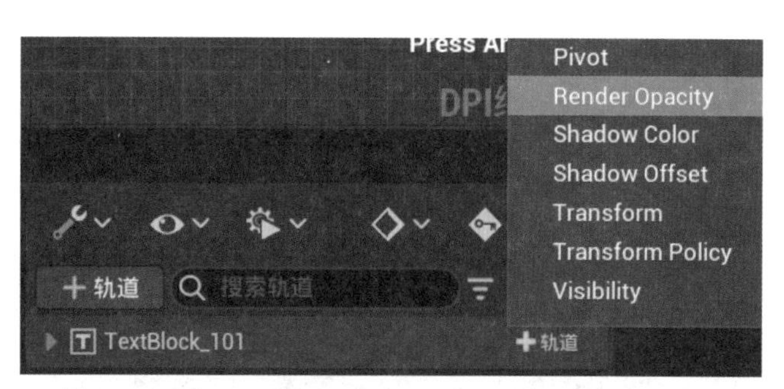

图 7-219 把 Text 的 Render Opacity 添加到动画轨道中

在第 0 帧的时候，设置新添加的渲染透明度为 0，单击 + 按钮，创建一个新的关键帧。拖动当前帧到 0.50 的位置。再次设置渲染透明度为 1，并单击 + 号按钮添加关键帧。可以看到轨迹视图中有两个关键帧，并且动画的长度也自动被设置到了第一个关键帧和第二个关键帧开始结束的位置（如图 7-220 所示）。

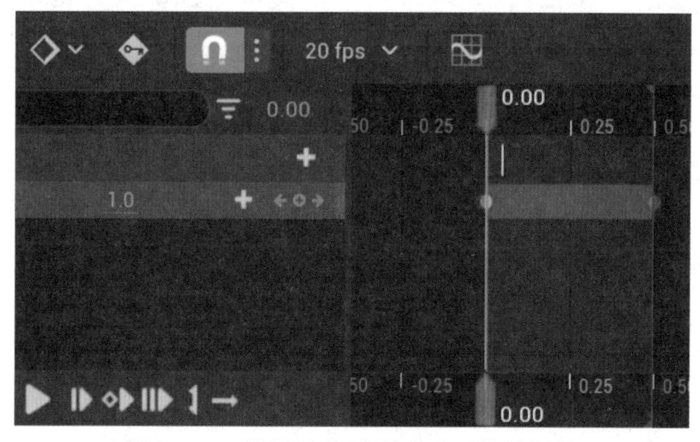

图 7-220 设置渲染透明度动画的关键帧

在动画的播放控制区中，单击最后一个按钮，把播放模式设置为循环播放，然后单击播放按钮，可查看这段动画的最终效果（如图 7-221 所示）。

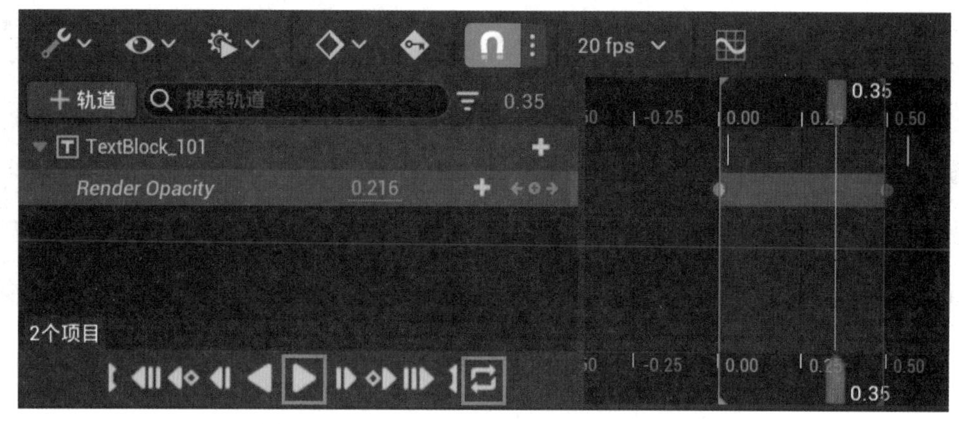

图 7-221 设置动画播放方式为 Loop 并播放

动画制作完成后，接下来将要在 UI 显示的时候播放这段动画，切换到图表视图，把新创建的 Fade Text 动画变量，拖动到事件构造附近，从 Fade Text 中拖出数据流，搜索 Play

Animation。添加 Play Animation 节点到图表当中。连接事件构造和 Play Animation 节点。设置 Play Animation 节点的 Number Loops to Play 为 0。设置循环为 0，动画会无限循环地播放。另外，设置 Play Mode 为“乒乓”模式。“乒乓”模式会从头播到尾，然后再从尾播到头，如此反复地播放动画（如图 7-222 所示）。

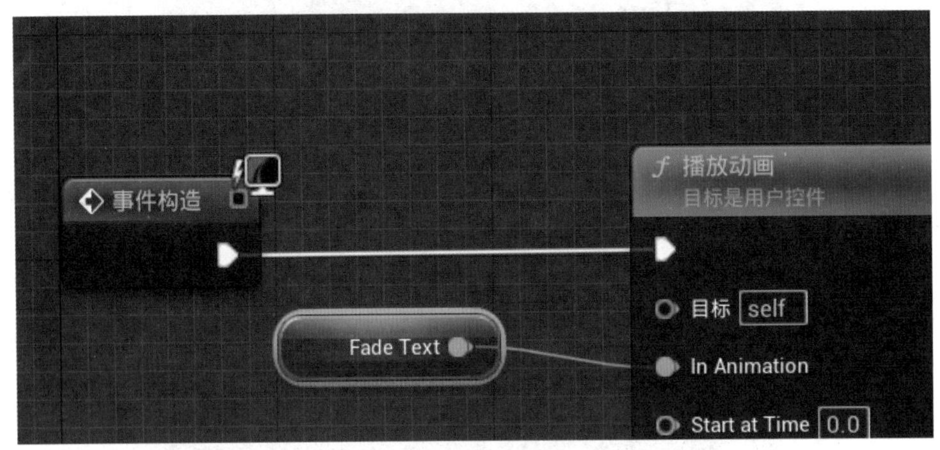

图 7-222　在事件构造中播放动画

编译保存所有的蓝图并回到关卡编辑中，播放当前关卡，查看制作的动画是否正确播放。

3. UI 控制游戏

现在已经有了主界面，主界面中会闪动一个提示，接下来要整理一下 BP_Grid 的逻辑，把 UI 和游戏关联起来。

双击 BP_Grid，打开蓝图编辑器，在空白处创建一个新的事件，命名为 BeginGame。这个事件要承担原先 BeginPlay 的功能。首先使用 Set Scores 和 Set Hightest Scores 来设置分数，然后使用 Create Tetris 创建一个方块。一旦调用这个事件，游戏就开始了（如图 7-223 所示）。

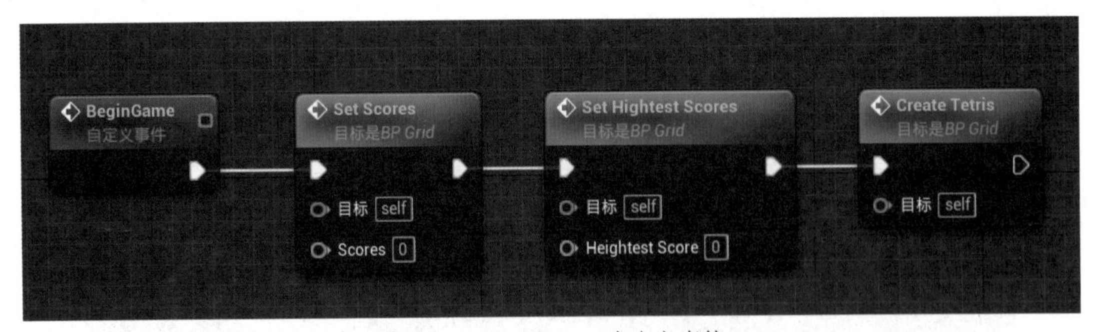

图 7-223　Begin Game 自定义事件

回到 WBP_MainMenu 的 Graphs 面板中，找到 OnClicked 事件，把测试的“打印字符串”节点删除。然后使用 Stop Animation 节点，先把播放的动画停掉，接着使用 Get Actor Of Class 节点，寻找到 BP_Grid 实例，然后调用 BP_Grid 的 Begin Game 事件，开始游戏（如图 7-224 所示）。

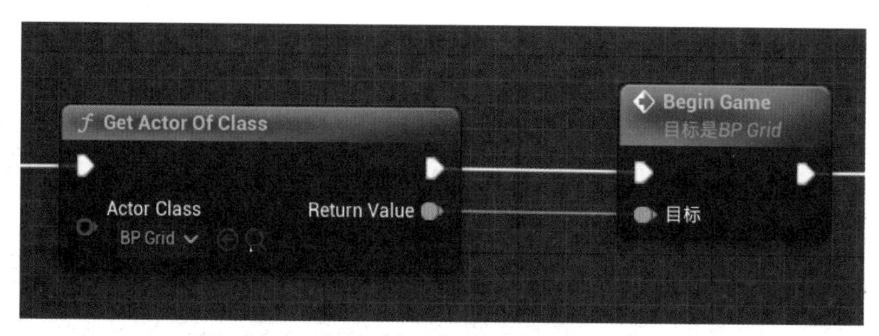

图 7-224　调用 BP_Grid 的 Begin Game 事件

最后一步，使用Remove from Parent节点，把WPB_Main Menu从视口中移除（如图7-225所示）。

图 7-225　在视口中移除自己

编译保存所有的蓝图并回到关卡编辑中，播放当前关卡，单击屏幕上任何位置，都会开始游戏。

但是当前不希望显示主菜单的时候出现 BP_Grid。回到 BP_Grid 的蓝图编辑器，找到“事件 BeginPlay”时，先把 BP_Grid 角色向前移动 200 个单位，这样 BP_Grid 就处在背景图像的后面了，这样间接实现了开始时 BP_Grid 不可见的目的（如图 7-226 所示）。

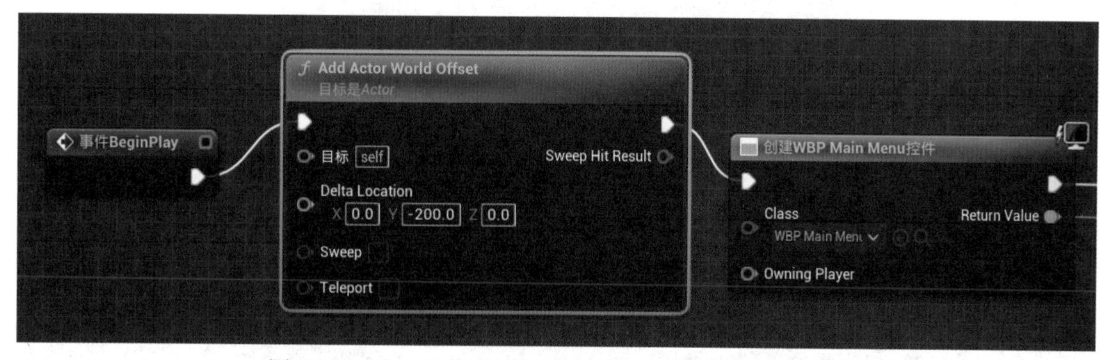

图 7-226　在开始播放时，把 BP_Grid 移动到背景的后面

当 BeginGame 调用时，游戏开始了，再把 BP_Grid 中 Y 轴向后移动 200 个单位，这样 BP_Grid 又可见了（如图 7-227 所示）。

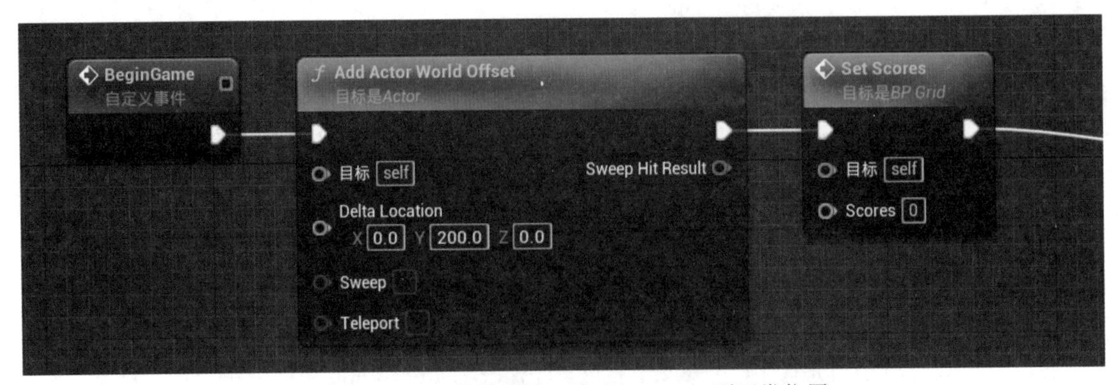

图 7-227　再开始游戏时，移动 BP_Grid 到正常位置

编译保存并回到关卡编辑中播放，查看结果是否正确。

4. 添加结束 UI

添加完主界面之后结束界面的添加就非常简单了，这里不再详细地介绍每一个步骤，只简单说一下大体的实现。

创建一个控件蓝图，并且命名为 WBP_GameOver，双击打开编辑器，编辑界面布局（如图 7-228 所示）。

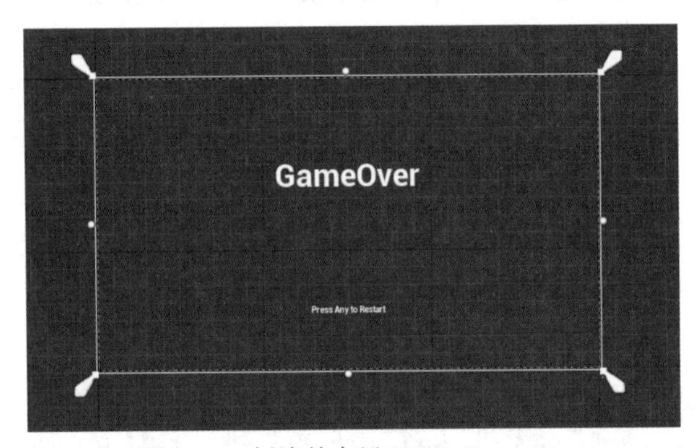

图 7-228　创建并布局 WBP_GameOver

动画制作和播放同主菜单一样，也是在“事件构造”中播放动画。当单击透明按钮的时候，首先停止动画，然后通过 Open Level 节点，加载 Game 关卡，也就是唯一的关卡。这里通过 Open Level，就相当于重新加载了这个地图，一切就都重新开始了（如图 7-229 所示）。

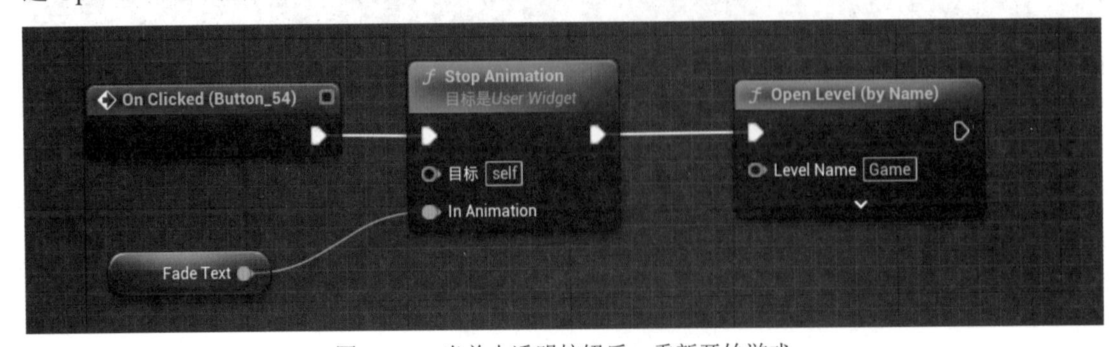

图 7-229　当单击透明按钮后，重新开始游戏

蓝图完成后要找到合适的地方显示 WBP_GameOver。很明显在 BP_Grid 中有 Check Game Over 函数，该函数在 BP_Tetris 的 Tick 事件中调用，在这之前并没有处理 Game Over 的情况（如图 7-230 所示）。

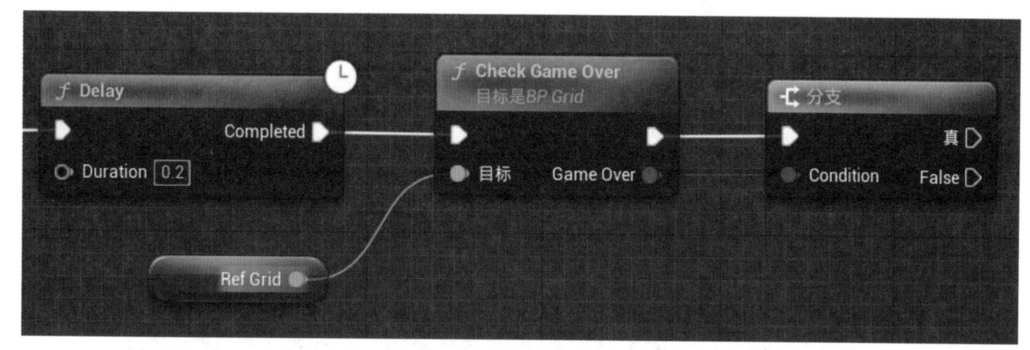

图 7-230 检查游戏结束节点

在 Game Over 为“真”时，就可以显示游戏结束界面了（如图 7-231 所示），使用“添加控件”节点添加 WBP_Game Over 控件到视口中。

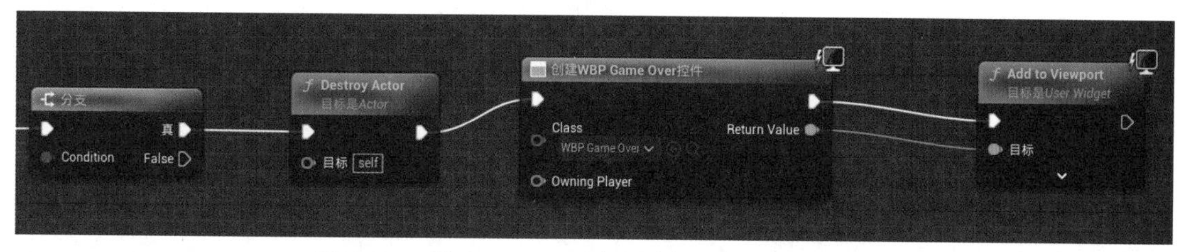

图 7-231 当 Game Over 时，创建 WBP_Game Over

编译保存所有的蓝图并回到关卡编辑中，播放当前关卡，持续游戏直到结束。查看结束界面是否正常显示，如图 7-232 所示，游戏逻辑是否正确。

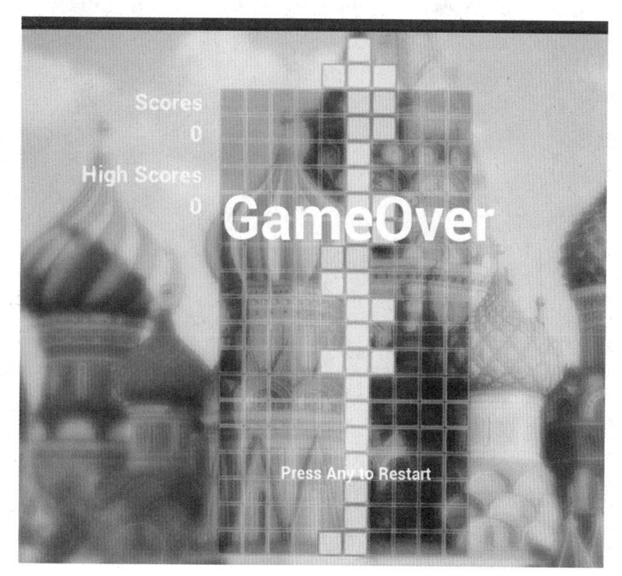

图 7-232 正常触发游戏结束界面

7.13.3 添加音效

最后需要添加一下游戏的音效。当前游戏中已经有了背景音乐，现在需要给各个动作添加不同的音效。例如，方块往下掉落的声音、方块碰到地板的声音等。

打开 Arts → Sound 文件夹，进行播放预览，如图 7-233 所示，仔细地听一下这三个文件的声音，自行判断它们应该分别使用在什么地方。

图 7-233　导入的音效

因为之前蓝图的逻辑很清晰，所以在添加音效的时候，只需要找到对应的逻辑位置，直接添加播放声音节点就可以了。如要添加方块下落的声音，只需要找到 BP_Tetris 蓝图中 Tick 事件函数中的判断方块下落是否成功的节点，当方块下落成功时，播放方块下落成功的音效，当方块下落不成功时，代表方块已经落到了地面，这时播放另外一个方块落地的音效就可以了（如图 7-234 所示）。

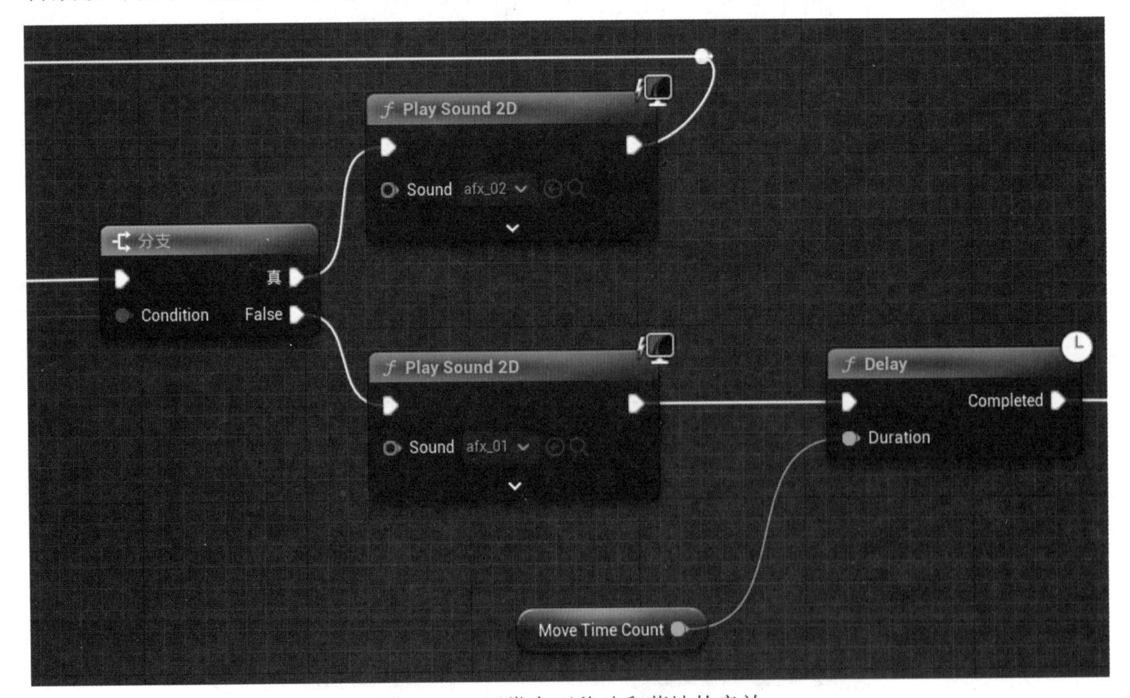

图 7-234　正常向下移动和落地的音效

针对左右移动的代码，也是使用这种方式播放音效。移动之后，直接使用 Play Sound 2D 节点播放音效，左右移动和下落的音效使用的都是 afx_02 的音效（如图 7-235 所示）。

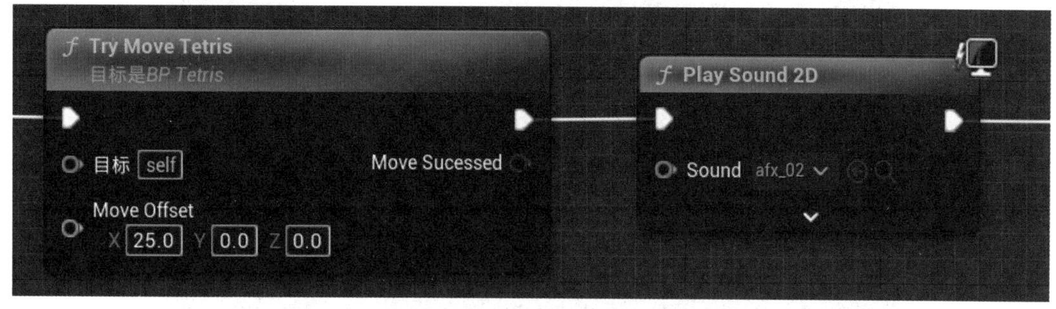

图 7-235　左右移动的音效

针对旋转则使用 afx_03 的音效。播放音效的方法和之前是一样的，只不过这个播放音效节点要添加在 Turn 事件函数中的 Try Turn Tetris 节点之后（如图 7-236 所示）。

图 7-236　旋转的音效

添加完音效之后，编译保存蓝图回到关卡蓝图播放游戏，听一下新添加的音效的效果是否正确。

7.14　打包为 Windows 平台可执行文件

前面章节的所有步骤完成之后，游戏开发就完成了。可以把整个的项目目录拷贝给朋友、家人，让他们来试玩你的游戏。但是如果把整个项目全部拷贝给客户的话，客户要打开项目，首先需要安装 UE5 引擎，并学习一些引擎的基础使用方法，这不是一个好的解决方案。

UE5 的项目称作工程文件，是给开发人员使用的。如果要把做完的游戏分发给其他玩家，可以对游戏项目进行打包。打包过程包括很多的步骤，但总的来说，就是把在制作过程中的资源制作为实际运行的资源，让玩家能够直接运行制作好的游戏。

这一节就来看一下 UE5 打包成 Windows 平台上面的可执行文件的过程。

7.14.1　设置Windows平台打包环境

主工具栏上的“平台”菜单按钮，是 UE5 支持的不同平台打包的地方。单击“平台”下拉菜单，可以看到 Windows 平台的子菜单中，有一个“打包项目”菜单项，这个菜单项就是把整个项目打包为 Windows 平台的可执行文件的按钮（如图 7-237 所示）。

图 7-237　Windows 平台打包项目按钮

仔细观察，Windows 菜单项前面有一个叹号，表明了这个平台当前配置并不正确，不能够正常打包。如果直接选择“打包项目”，UE5 会弹出下面的对话框，提示 SDK 没有正确安装设置（如图 7-238 所示）。

图 7-238　环境配置不正确

如果强行单击“继续”按钮继续打包，UE5 会强行编译项目直到出现错误。打开 Log 面板，就能够看到 UE5 在编译过程中出现的错误（如图 7-239 所示）。Log 输出中显示，dotnet 并没有被识别为一个内部或者外部的命令，这是因为 UE5 在打包时，会调用一些编译工具，dotnet 是其中之一。

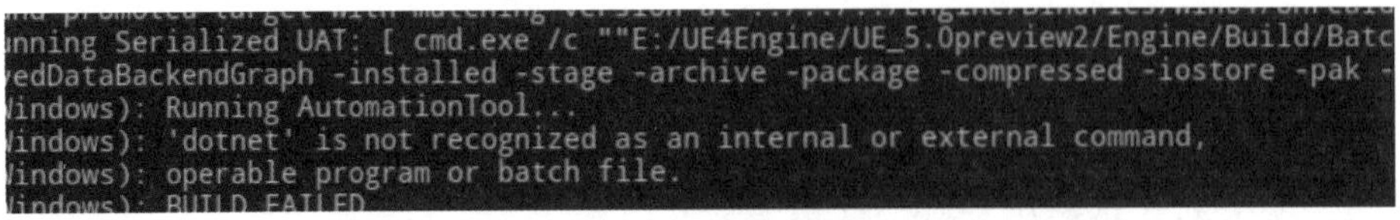

```
unning Serialized UAT: [ cmd.exe /c ""E:/UE4Engine/UE_5.0preview2/Engine/Build/Batc
edDataBackendGraph -installed -stage -archive -package -compressed -iostore -pak -
Windows): Running AutomationTool...
Windows): 'dotnet' is not recognized as an internal or external command,
Windows): operable program or batch file.
Windows): BUILD FAILED
```

图 7-239　打包错误输出

UE5 的打包工具会使用到 dotnet 命令，dotnet 命令是微软的 .net 平台的一部分。如果系统上面没有安装 dotnet SDK，就会出现图 7-239 所示错误，使得打包无法正常进行。下面解决 dotnet 平台没有安装的问题。

有很多方法可以安装 dotnet 平台，如果在系统上已经安装了 Visual Studio 2019 或者 Visual Studio 2022，可以通过 Visual Studio Installer 继续安装缺失的组件，在安装组件面板中，选择 .NET SDK，然后单击“安装”，就会把 .NET SDK 安装在系统上，并配置环境变量（如图 7-240 所示）。

.NET Framework 4.8 SDK
.NET Framework 4.8 目标包
.NET Native
.NET SDK
.NET 可移植库目标包
Development Tools plus .NET Core 2.1 (out of support)
ML.NET Model Builder (预览)
Web Development Tools plus .NET Core 2.1 (out of support)
高级 ASP.NET 功能
Compilers, build tools, and runtimes

图 7-240　在 Visual Studio Installer 中安装 .NET SDK

当 Visual Studio Installer 安装组件完成后，打开一个命令提示符，在里面输入 dotnet，并按 Enter 键执行，如果出现如图 7-241 所示的帮助文本，说明 .NET SDK 已经安装完成。

```
Microsoft Windows [Version 10.0.19044.1645]
(c) Microsoft Corporation. All rights reserved.

C:\Users\zhongjh>dotnet

Usage: dotnet [options]
Usage: dotnet [path-to-application]

Options:
  -h|--help         Display help.
  --info            Display .NET information.
  --list-sdks       Display the installed SDKs.
  --list-runtimes   Display the installed runtimes.

path-to-application:
  The path to an application .dll file to execute.

C:\Users\zhongjh>
```

图 7-241　说明 .NET SDK 安装成功的帮助文本

如果不知道 Visual Studio 是什么，可以直接在微软的官方网站中下载 .NET 平台的安装文件。输入下面的网址，进入到 .NET 5.0 的下载页面。

https://dotnet.microsoft.com/zh-cn/download/dotnet/5.0

在打开的页面中选择 X64 的安装文件进行下载（如图 7-242 所示）。

5.0.16

发行说明　最新发布日期 2022年4月12日

生成应用 - SDK

SDK 5.0.407

OS	安装程序	二进制文件
Linux	包管理器说明	Arm32 | Arm32 Alpine | Arm64 | Arm64 Alpine | x64 | x64 Alpine
macOS	x64	x64
Windows	Arm64 | x64 | x86	Arm64 | x64 | x86
全部	dotnet-install scripts	

图 7-242　在网页上下载 .NET SDK

下载完成后，双击下载的文件，按照提示一步一步安装完成就可以了。

安装完成后和前面一样，打开一个命令提示符，输入 dotnet 并按 Enter 键执行，如果出现（如图 7-241 所示）帮助文本，说明 .NET SDK 已经安装完成。

当系统能够找到 dotnet 命令后，重启 UE5 项目，单击“平台”下拉箭头，在弹出的下拉列表中已经显示了一个 Windows 图标，代表当前的平台配置正确，可以进行打包了（如图 7-243 所示）。

图 7-243　Windows 平台打包设置正常

7.14.2　Windows平台打包

当平台配置正确后，单击“打包项目”，会弹出一个对话框，选择打包完成的文件的存放位置。通常情况下，会单独为这个打包完成的文件创建一个文件夹。多数人习惯在项目目录下面新建一个 Bin 目录来存放打包好的文件，但这不是强制需求。可以把打包好的文件放入任意的文件夹中，只要自己能够记得就好（如图 7-244 所示）。

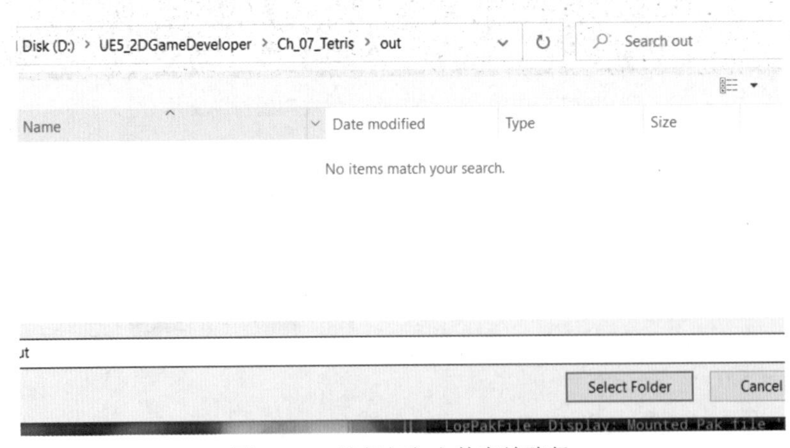

图 7-244　选择打包文件存放路径

选择好文件夹后，单击 Select Folder 按钮开始打包，UE5 编辑器右下角会弹出“Windows 的任务 正在打包项目 ......”的提示，代表当前正在打包。在打包过程中依然可以对 UE5 的项目进行修改，但不建议这么做，打包时对项目进行修改通常会造成一些不必要的麻烦（如图 7-245 所示）。

图 7-245 正在打包提示窗

在打包的过程中，可以单击“显示输出日志”来显示打包过程输出的日志。单击后，会出现“输出日志”面板，在“输出日志”面板中，打包的每一个过程都会输出打印出来，能看到当前的打包进行到了哪里。

当打包完成之后，UE5 会发出提示音，表明打包完成。同时在“输出日志”面板中会出现 BUILD SUCCESSFUL 的成功提示（如图 7-246 所示），代表打包成功。

```
过滤器
UATHelper: 打包 (Windows): LogIoStore: Display:
UATHelper: 打包 (Windows): LogIoStore: Display:
UATHelper: 打包 (Windows): LogIoStore: Display: Input:     57.10 MB UExp
UATHelper: 打包 (Windows): LogIoStore: Display: Input:      0.32 MB UAsset
UATHelper: 打包 (Windows): LogIoStore: Display: Input:       273 Packages
UATHelper: 打包 (Windows): LogIoStore: Display: Input:      3.69 MB for 382 Global shaders
UATHelper: 打包 (Windows): LogIoStore: Display: Input:      0.14 MB for 39 Shared shaders
UATHelper: 打包 (Windows): LogIoStore: Display: Input:      0.00 MB for 0 Unique shaders
UATHelper: 打包 (Windows): LogIoStore: Display: Input:      0.75 MB for 44 Inline shaders
UATHelper: 打包 (Windows): LogIoStore: Display:
UATHelper: 打包 (Windows): LogIoStore: Display: Output:     1232 Export bundle entries
UATHelper: 打包 (Windows): LogIoStore: Display: Output:      279 Export bundles
UATHelper: 打包 (Windows): LogIoStore: Display: Output:       33 Internal export bundle arcs
UATHelper: 打包 (Windows): LogIoStore: Display: Output:      235 External export bundle arcs
UATHelper: 打包 (Windows): LogIoStore: Display: Output:     2081 Name map entries
UATHelper: 打包 (Windows): LogIoStore: Display: Output:      216 Imported package entries
UATHelper: 打包 (Windows): LogIoStore: Display: Output:      149 Packages without imports
UATHelper: 打包 (Windows): LogIoStore: Display: Output:        0 Public runtime script objects
UATHelper: 打包 (Windows): LogIoStore: Display: Output:     1.55 MB InitialLoadData
UATHelper: 打包 (Windows): LogPakFile: Display: UnrealPak executed in 2.107969 seconds
UATHelper: 打包 (Windows): Took 3.9431034s to run UnrealPak.exe, ExitCode=0
UATHelper: 打包 (Windows): Copying NonUFSFiles to staging directory: C:\Users\Administrator\Desktop\Ch_07_Tetris\Saved\StagedBuilds\Windows
UATHelper: 打包 (Windows): Copying DebugFiles to staging directory: C:\Users\Administrator\Desktop\Ch_07_Tetris\Saved\StagedBuilds\Windows
UATHelper: 打包 (Windows): ********** STAGE COMMAND COMPLETED **********
UATHelper: 打包 (Windows): ********** PACKAGE COMMAND STARTED **********
UATHelper: 打包 (Windows): ********** PACKAGE COMMAND COMPLETED **********
UATHelper: 打包 (Windows): ********** ARCHIVE COMMAND STARTED **********
UATHelper: 打包 (Windows): Archiving to C:/Users/Administrator/Desktop/Ch_07_Tetris/out
UATHelper: 打包 (Windows): ********** ARCHIVE COMMAND COMPLETED **********
UATHelper: 打包 (Windows): BUILD SUCCESSFUL
UATHelper: 打包 (Windows): AutomationTool executed for 0h 0m 27s
UATHelper: 打包 (Windows): AutomationTool exiting with ExitCode=0 (Success)
```

图 7-246 打包成功

打包完成后，在文件管理器中，找到打包开始前选择的输出目录，可以看到里面有一个 Windows 目录，这是 UE5 针对打包平台自动创建的。Windows 目录中，就是打包输出的内容（如图 7-247 所示）。如果要拷贝给其他的人来试玩游戏，只要把 Windows 目录打包，拷贝过去就可以了，不需要再拷贝其他的内容。

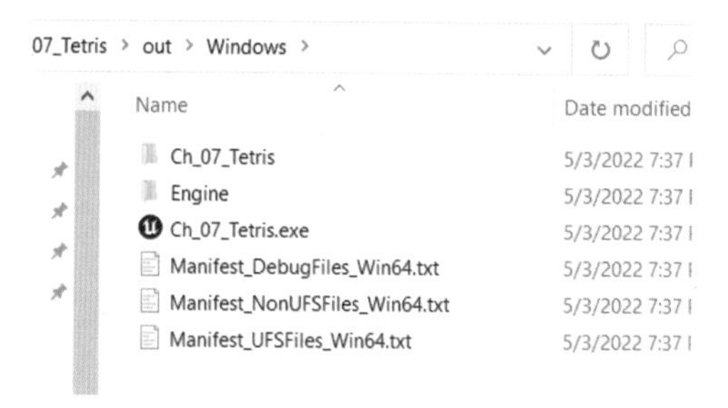

图 7-247 打包成功后的文件

Ch_07_Tetris.exe 是打包生成的可执行文件，这个文件名和项目名一致。双击 Ch_07_Tetris.exe 可以运行游戏（如图 7-248 所示），游戏默认以全屏的方式运行。

图 7-248　游戏以全屏方式正常运行

总结

这一章终于完成了，在本章中，先从分析一个简单的游戏开始，到最终实现了这个游戏的所有功能，并打包输出成了可执行的 exe 文件，每个步骤都详细说明了为什么这么做以及可能会出现的一些问题。这一章中，还大量使用了 UE5 的蓝图功能，相信读者已经了解了蓝图的强大之处，并在相应的情况下能够合理使用蓝图了。然后创建了游戏的 UI，UE5 的 UI 功能也非常强大，并且可以毫不费力地做出 UI 的动画效果。最后为游戏添加了音效，并把整个项目打包为二进制文件。读者读完本章之后，对一些简单的游戏逻辑和游戏玩法，应该能够独立设计实现了。

问答

（1）在开始写代码之前需要做什么工作？

（2）蓝图中的枚举一般有什么作用？

（3）在 UE5 中如何制作 UI？

思考

（1）当前所有的游戏逻辑都是在一个地图里实现的。可以在多个地图里实现吗？划分地图的依据是什么？

（2）其他类型的游戏是否也能像本章所介绍的这种方法，对它一步一步分析，然后逐步实现呢？

练习

（1）本章并没有完全实现《俄罗斯方块》的功能。例如，方块在下落的时候，通常能看到下一块方块是什么。随着玩家等级的提升，方块下落的速度也会越来越快。当积累到一定分数的时候，系统会判定玩家过关，等等。按照本章提供的分析逻辑的方法，完成这些功能都不是很困难了，试着把这些功能添加进去。

（2）除了《俄罗斯方块》本来的功能之外，还可以在这种游戏机制的基础上，添加更多的玩法。例如，当方块落在地面网格上之后，有一定的概率出现宝物，在规定时间内消除这个方块就会取得宝物。再比如有一定的概率可以触发一些特殊的方块，这些方块有的会反方向响应玩家控制，有的会发射子弹，消除掉关卡网格中已有的方块，等等。这些功能属于在原始的俄罗斯方块的玩法机制上面进行的扩展。也非常有意思。试试看，你能够添加多少扩展的玩法，而且对游戏本身的玩法没有负面的影响。

（3）网上搜索《太空侵略者》这个游戏。自己试着看能不能实现这个游戏的核心玩法。

第 8 章　用 UE5 开发 2D 平台游戏

从本章开始，将会介绍 2D 平台类游戏。2D 平台类游戏是一种出现较早的游戏类型，从大家比较熟悉的 FC 平台上的《超级马里奥》开始，经过了近四十年的发展，一直都在不断进步。到今天为止，2D 平台类游戏也是一种主流游戏类型。在本章中，将从为什么 2D 平台类游戏能够经久不衰，到如何制作一个完整的 2D 平台类游戏的全过程，来介绍 UE5 开发 2D 平台类游戏的方法。

本章重点

- 2D 平台类游戏的特点
- 使用 Flipbooks（翻书）动画
- 为玩家 Pawn 使用 Flipbooks 显示精灵动画
- 使用瓦片贴图创建关卡
- 添加各种交互道具
- Android 平台打包

8.1　2D 平台游戏介绍

虽然 2D 平台类游戏还是以 2D 的方式呈现给玩家，但是这种游戏方式流行了这么多年，一定是具有非常多的优点的。下面来看一下 2D 平台类游戏都有什么样的优点。

8.1.1　2D平台类游戏的优点

1. 2D 画面受众范围广

2D 平面化的显示方式适合绝大多数人，不会像 3D 使人产生头晕感也不会在 3D 空间中导致玩家辨别不清方向。而且很多玩家之前就接触过 2D 平台类游戏，不需要花费学习时间就能上手。另外，对硬核玩家来说，平台类游戏接受程度也非常高。

2. 平台类布局目标明确，无干扰

平台类游戏所呈现的游戏元素特别明显，没有其他游戏类型中的视觉干扰，可以将设计者想要表达的内容完整直接地表达出来。在开发过程中所有的技巧都可以很方便地实现，是一种非常成熟的游戏类型。

3. 系统资源占用率低，硬件覆盖面广

2D 类游戏通常使用瓦片或者像素化的方式制作，占用系统资源较少，适合绝大多数的游戏硬件（便于移植）。覆盖游戏玩家范围更广，对于个人开发以及小型开发团队等预算有限的开发人员来说是非常好的选择。

8.1.2　2D平台类游戏代表作品

2D 平台类游戏经过了多年的发展，直

至今日仍然受到玩家的欢迎，这里介绍一下这些今天依然流行的2D平台游戏。

1.《蔚蓝》

《蔚蓝》融入了超高的操作技巧，让玩家反复尝试，乐此不疲（如图8-1所示）。

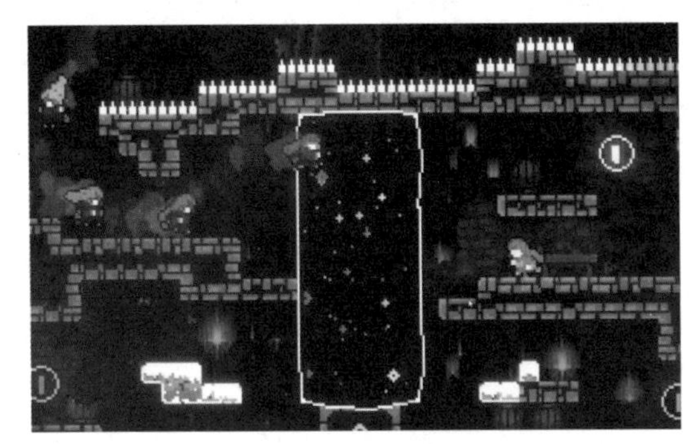

图8-1　2D平台游戏《蔚蓝》截图

2.《铲子骑士》

《铲子骑士》完美呈现了20世纪80年代FC游戏风格，画面干净利落，包括画面的抖动都刻意模仿了FC平台的效果，使玩家有怀旧的感觉，同时在游戏性上也达到了极致（如图8-2所示）。

图8-2　2D复古平台游戏《铲子骑士》

3.《空洞骑士》

《空洞骑士》最近几年深受玩家欢迎，它不再使用像素瓦片的方式，而是使用位图元素来制作画面（如图8-3所示）。

图8-3　《空洞骑士》截图

4.《奥日与黑暗森林》

《奥日与黑暗森林》采用了3D的制作手法，以2D的方式给玩家呈现唯美世界，是近几年画面非常出色的一款平台类游戏。它虽然使用了3D技术，但是仍属于2D平台类游戏（如图8-4所示）。

图8-4　3D技术2D表现的《奥日与黑暗森林》

以上提到的几款游戏，只是平台类游戏中的冰山一角。2D平台游戏可能是世界上游戏数最多的游戏类型。大家可以多体验一些2D平台类的游戏，多总结归纳2D平台类游戏的特点。

8.2　创建2D平台游戏项目

因为UE5删除了之前版本中的2D侧卷轴游戏模板，所以没有办法从模板中直接创建2D平台游戏。这一章中将从空白项目开始，创建一个2D侧卷轴的平台游戏项目。

8.2.1 创建项目

在项目浏览器中选择游戏类别，选择空白游戏模板，在项目的设置中保存默认设置，指定项目的保存目录，并把项目名称命名为Ch_08_2DPlatform。单击“创建”按钮。

8.2.2 项目配置

单击“创建”按钮之后，经过一段时间的等待，UE5会创建好项目并打开一个临时的关卡。这个默认的临时关卡是针对3D开放世界的，并不适合2D平台游戏。所以需要创建一个新的关卡，选择“文件”菜单，选择“新建关卡”，在弹出的页面中选择“空白关卡”，单击“创建”按钮之后UE5会创建一个新的空白关卡。

在内容浏览器中，创建名为Maps的新文件夹，然后按Ctrl+S快捷键保存新创建的关卡。在弹出的保存关卡对话框中，选择新创建的Maps文件夹，然后把新关卡命名为Game，单击“保存”按钮。

选择“编辑”菜单，选择“项目设置”，找到“地图和模式”子菜单，把“默认地图”全部设置为刚刚保存的Game地图（如图8-5所示）。

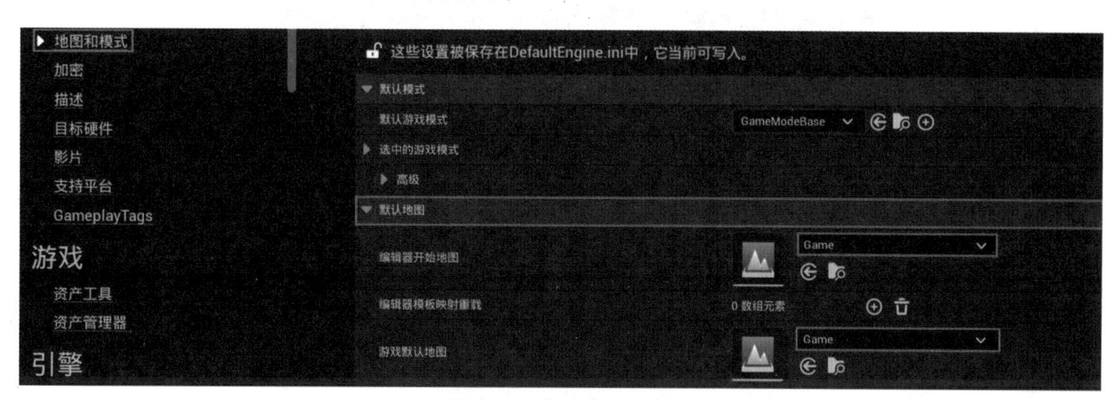

图 8-5 设置默认地图

8.2.3 创建基础游戏玩法类

因为当前的项目是一个空项目，为了让项目正确运行，需要创建几个基础的游戏玩法类。当前不需要创建太多类，只需要一个游戏模式类和一个玩家character类就可以了。

在“内容”目录下新建一个Blueprints文件夹，在Blueprints文件夹当中，右击，在弹出的快捷菜单中选择“蓝图类”。在弹出的“选取父类”面板中选择“游戏模式基础”，创建一个游戏模式蓝图类，命名为BP_2DPlatform_GameMode。BP代表蓝图，2DPlatform代表项目名称，Game Mode代表蓝图类型。这种命名方式比较直观。

在“内容”的Blueprints文件夹中右击。在弹出的“选取父类”面板中单击“所有类”前面的下三角按钮，然后在弹出的搜索框中输入Paper，搜索PaperCharacter角色类。单击“选择”按钮使用它作为新蓝图的父类，把新创建的蓝图命名为BP_2DPlatform_Character（如图8-6所示）。

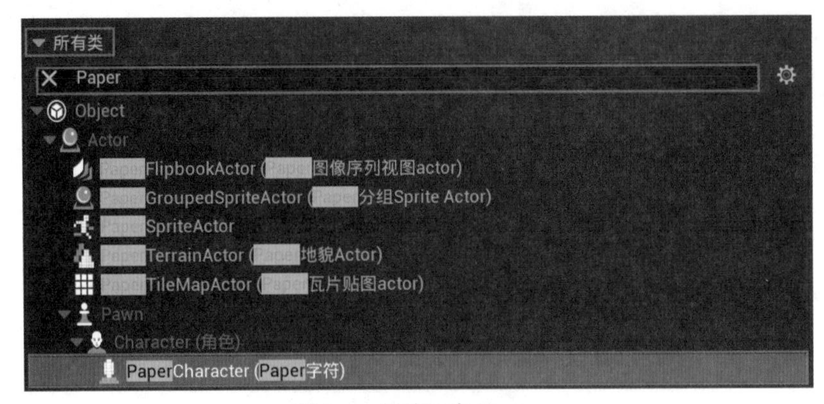

图 8-6　创建玩家 Player

双击 BP_2DPlatform_GameMode 打开蓝图编辑器。在右侧的“默认 pawn 类”中，设置为新创建的 BP_2DPlatform_Character（如图 8-7 所示）。

图 8-7　指定默认 Pawn

回到“项目设置”面板中，找到“地图和模式”子菜单，把最上面的“默认游戏模式”设置为新创建的 BP_2DPlatform_GameMode 类（如图 8-8 所示）。

图 8-8　指定默认游戏模式

一切设置完成后，返回到关卡编辑器，单击播放按钮，运行游戏，在大纲视图中，查看是否正确创建了 BP_2DPlatform_GameMode 和 BP_2DPlatform_Character 两个类的实例（如图 8-9 所示）。

图 8-9 自定义游戏模式生效

8.3 实现 2D 平台游戏角色

当前创建的 BP_2DPlatform_Character 还没有任何内容，这一节将完成它的基础功能。在实现功能之前，需要先把 2D 平台游戏角色的资源准备好。

8.3.1 导入资源

在 Content 目录下，右击空白处，在弹出的快捷菜单中选择“新建文件夹”，创建一个新的项目文件夹，命名为 Assets。然后打开随书附带的资源文件夹，其中有 background（背景图片）、Ground（背景）、HUD（UI）、Items（道具）、Players、Tiles（障碍），将资源文件夹内所有文件拖动到 Assets 文件夹，即可一次性导入所有资源（如图 8-10 所示）。

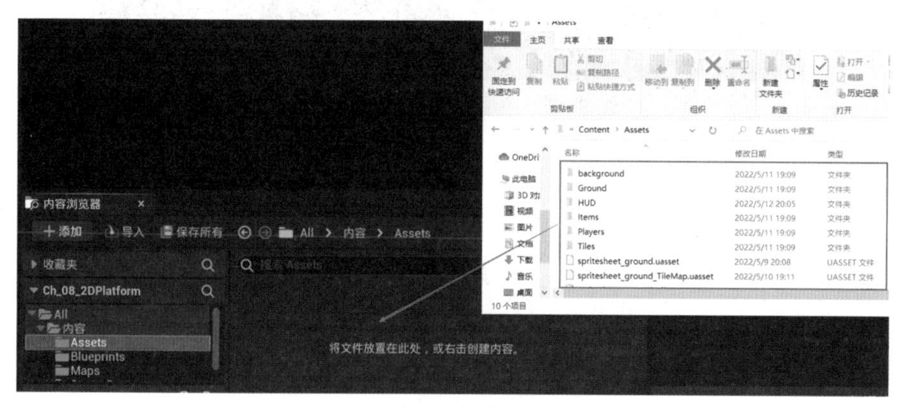

图 8-10 导入美术资源

仔细查看新导入的资源。除了纹理文件之外，在导入的时候选择的文件夹也一并被创建了出来，并保留了导入之前的目录结构，这是一种快速的导入多个资源的方法。

导入的资源是普通的纹理资源，需要为它们应用 Paper2D 的精灵设置，才能够更好地使用它们创建清晰的精灵。每次选择一张纹理，并应用 2D 设置，实在太麻烦了，这里介绍一种快速的方法。

选择 Assets 文件夹后，再单击“过滤器”→“纹理”（如图 8-11 所示）。

图 8-11　设置过滤类型为纹理

这时，Assets 目录下就显示了其所包含的所有的纹理文件。

在 Assets 目录下按 Ctrl+A 快捷键，选择所有的纹理。然后右击，在弹出的快捷菜单中选择“Sprite 操作”→“应用 Paper2D 纹理设置”即可（如图 8-12 所示）。

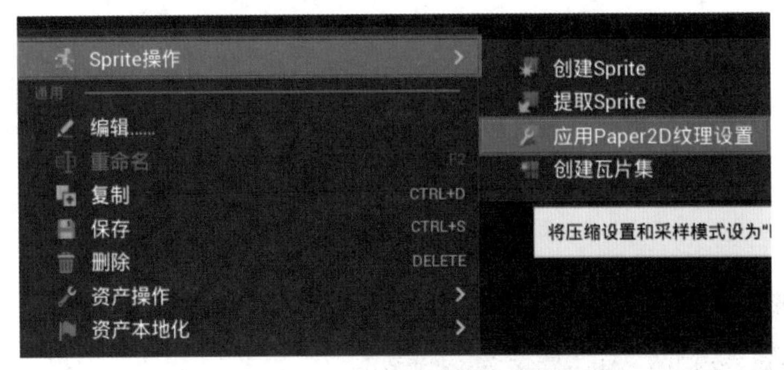

图 8-12　应用 Paper2D 纹理设置

应用 Paper2D 纹理设置之后，原先不透明的背景就都显示为透明了，纹理也更清晰了一些。

接下来创建精灵。Player 目录是关于 2D 角色纹理的。找到 Player 目录，下面 Pink 目录下所有的纹理就是要使用的玩家角色的纹理。全部选择之后，右击，在弹出的快捷菜单中选择“Sprite 操作”→“创建 Sprite”。

当创建完所有的玩家精灵后，在“内容”目录下创建一个新的 Sprites 文件夹，在里面创建 Player 文件夹，这里放置玩家的精灵资源。选择所有新创建出来的玩家精灵，拖动到新创建的 Player 目录中，在弹出的选项菜单中，选择“移动到这里”，移动新创建的精灵资源到 Sprites 文件夹中（如图 8-13 所示）。

图 8-13　移动精灵资源到 Sprites 文件夹

8.3.2　创建Flipbooks动画

当前已经创建了玩家的精灵，接下来用新创建的精灵来创建图像序列。

在精灵 alienPink_stand_Sprite 上右击，在弹出的快捷菜单中选择“创建图像序列”，创建一个新的图像序列（如图 8-14 所示）。

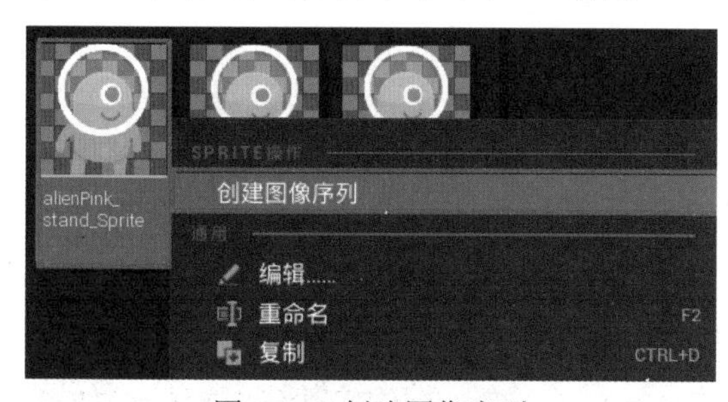

图 8-14　创建图像序列

UE5 会自动创建一个单张精灵为 alienPink_stand_Sprite 的图像序列。在“内容”目录中创建新的 Flipbooks 文件夹，在 Flipbooks 文件夹下面创建 Player 文件夹，选择新创建的图像序列，移动到 FlipBooks 的 Player 文件夹中。这样就创建了第一个站立的图像序列。

在内容浏览器中，选择 alienPink_walk 和 alienPink_walk1_Sprite 这两个精灵。这两个精灵连续播放就是走路的动画。选择这两个精灵之后。右击，在弹出的快捷菜单中选择“创建 Flipbook”。因为选择了两个精灵，这次新创建的图像序列会自动包含这两个精灵，并组成一段动画。在内容浏览器中，如果光标放在了图像序列上方，动画就会在缩略图中播放（如图 8-15 所示）。

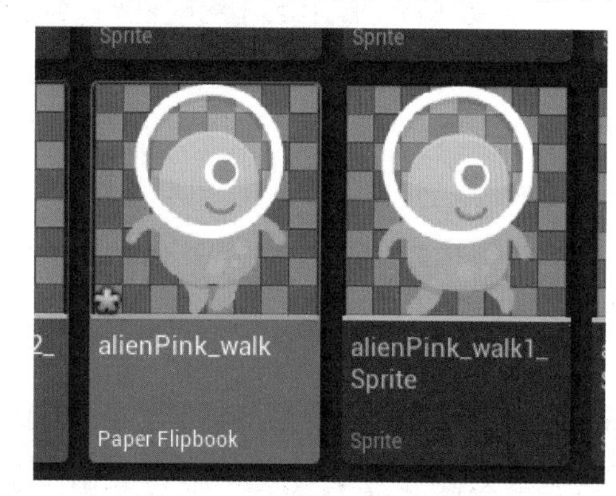

图 8-15　预览走路动画

双击新创建的 alienPink_walk 图像序列。在图像序列编辑器中有很多内容可以进行设置，但是当前只需要设置一下“每秒帧数”。这个参数是设置每秒播放多少张画面。默认 15 帧率太高，会显得动画非常快，将其修改为 7，保存并关闭图像序列编辑器（如图 8-16 所示）。

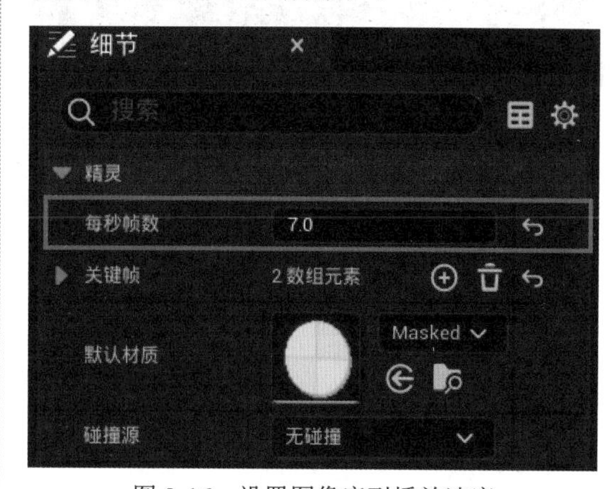

图 8-16　设置图像序列播放速度

8.3.3 设置玩家图像序列

当前已经有了两个图像序列，先把这些图像序列设置给玩家角色。双击 BP_2DPlatform_Character 打开蓝图编辑器，选择 Sprite 精灵组件后，在右侧的细节面板中设置精灵的图像序列为创建的 alienPink_stand_Flipbook 动画（如图 8-17 所示）。

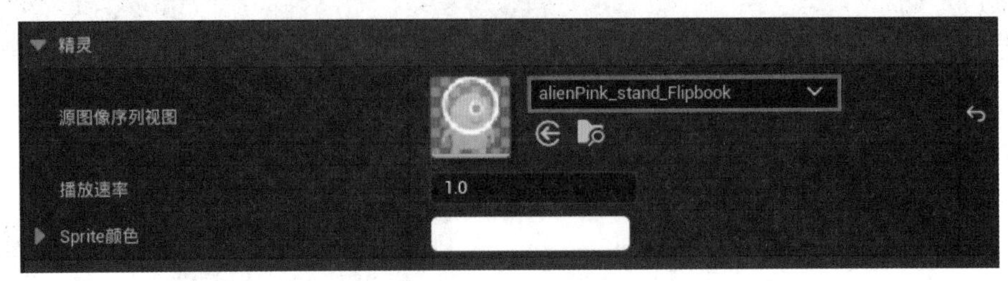

图 8-17 角色使用图像序列

切换到“视口”面板，拖动精灵向上移动，直到精灵中胶囊体内部包围精灵，并且精灵底部和胶囊体底部对齐为止（如图 8-18 所示）。

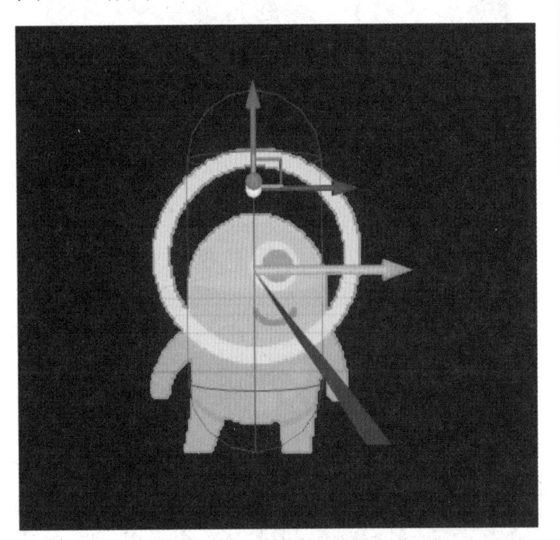

图 8-18 调整精灵位置与胶囊体匹配

8.3.4 添加玩家摄影机

添加完玩家的图像序列后。当前的 BP_2DPlatform_Character 还没有摄影机组件。接下来设置一个摄影机组件，以便能够在运行时正确观察到精灵的动画。在“组件”面板中，单击“添加”按钮，搜索添加 SpringArm 组件。

SpringArm 是弹力臂组件，通常在弹力臂组件下添加摄影机组件，利用弹力臂组件来控制摄影机组件。选中弹力臂组件，然后再单击“添加”按钮，搜索并添加 Camera 组件（如图 8-19 所示）。

图 8-19 在弹力臂组件下添加摄影机组件

旋转弹力臂 Z 轴 −90 度，让摄影机的方向冲向 Y 轴负方向（如图 8-20 所示）。

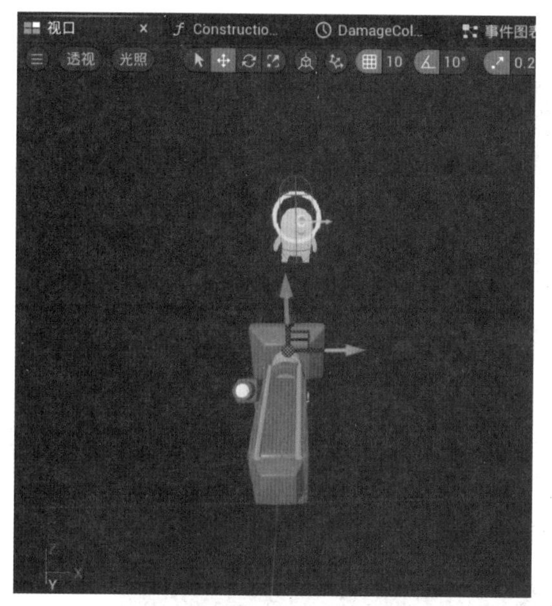

图 8-20　调整摄影机方向

选择弹力臂组件，在右侧的细节面板中设置弹力臂的属性，首先设置TargetArmLength的长度为500。然后设置Do Collision Test为未勾选状态。这样摄影机不会与场景中的其他物体发生碰撞。

选择摄影机组件，在右侧的细节面板中，设置投影模式为正交投影，正交的宽度为2048（如图8-21所示）。

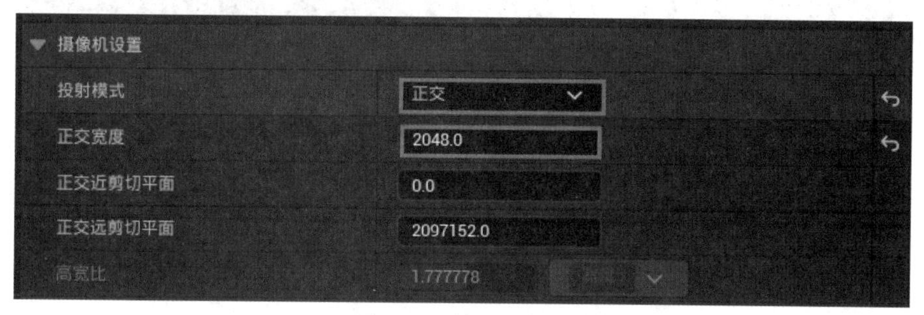

图 8-21　摄影机设置

编译保存蓝图，回到关卡编辑器，单击播放按钮。观察待机的图像序列是否正确显示了（如图8-22所示）。

图 8-22　摄影机视图

8.3.5　添加玩家基础移动

2D平台类游戏的基础移动比较简单，一般是基础的左右移动和跳跃。这一节先实现这两种基本的动作。

1. 配置输入事件

选择“编辑”菜单，单击“项目设置”菜单项，打开“项目设置”面板。在左侧的类别中选择“输入”类别。在“轴映射”后面单击“+”号，添加一个新的输入轴，命名为MoveRight。这是控制玩家左右移动的输入轴。分别设置键盘上的A键和D键，向左键和向右键为输入轴的两个方向。通过设置“缩放”值来区分玩家是按了哪个方向。−1.0 代表 A 或者向左键被按下，1.0 代表 D 或者向右键被按下（如图 8-23 所示）。

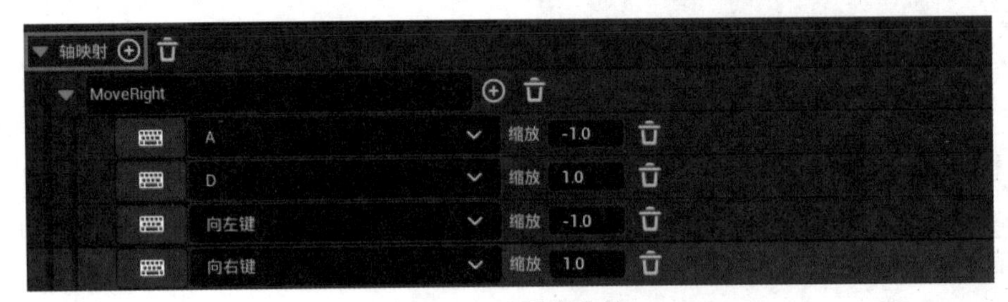

图 8-23　配置方向轴

找到“操作映射”，在后面单击“+”号添加一个新的“操作映射”。动作名称为“跳跃”，输入 W 键搜索 Keyboard 类别下的 W，当玩家按下 W 键时，“跳跃”动作触发。同时设置向上键和空格键，也能触发“跳跃”事件（如图 8-24 所示）。

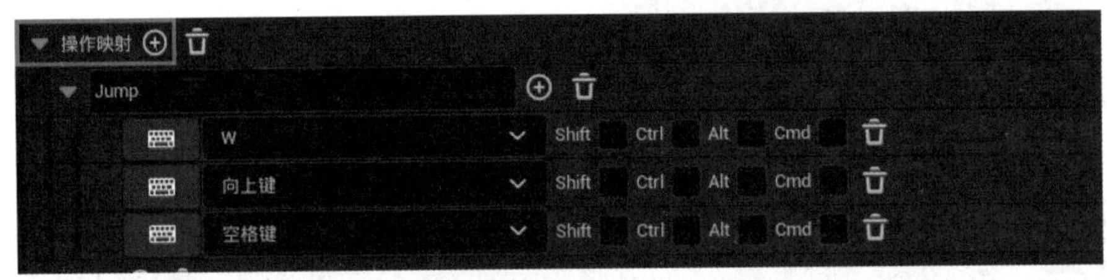

图 8-24　多个按键触发一个动作

这里分别设置了“轴映射”和“操作映射”。这两个有什么区别呢？一般操作映射是单次触发的，类似按钮一样的动作，按下时触发一次，松开时也触发一次。而轴映射是持续不断地触发的，默认触发的值为 0，当响应的方向被按下后，输出成硬件对应的值乘以设置的缩放值。这里因为配置的是键盘按键，所以 MoveRight 的轴映射值为 −1～1。

2. 响应输入动作

双击 BP_2DPlatform_Character 打开蓝图编辑器。在图表视图的空白处右击，输入“跳跃”进行搜索，添加“事件跳跃时”动作事件（如图 8-25 所示）。

图 8-25　添加输入动作事件

添加“事件跳跃时”后，再继续在空白处右击，搜索“跳跃”事件。注意，这里有两个“跳跃”。第一次搜索的时候，要确保添加的事件是“添加事件”里“角色”下的“事件跳跃时”。另外一个添加的是“角色”类别下的“跳跃”，这是 Character 基类里的方法，可以控制玩家向上跳跃（如图 8-26 所示）。

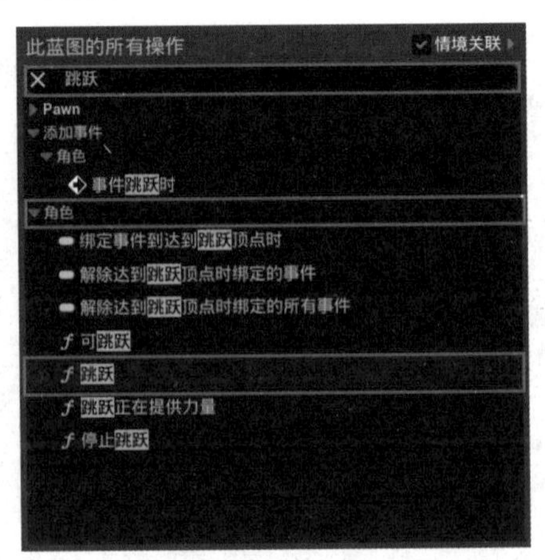

图 8-26　添加“跳跃”节点

最后，添加一个“停止跳跃”节点，控制玩家结束跳跃。把这两个节点分别链接到“输入操作 jump”节点的 Pressed 和 Released 上完成跳跃的控制（如图 8-27 所示）。

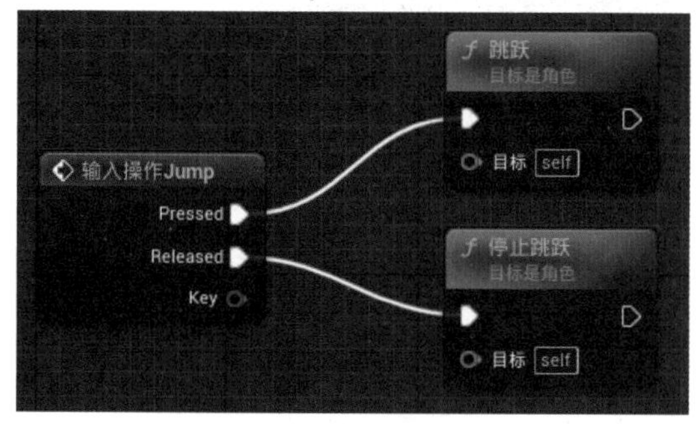

图 8-27　完成跳跃设置

继续在事件图表的空白处添加“输入轴 MoveRight”事件（如图 8-28 所示）。

图 8-28　添加“输入轴 MoveRight”事件

单击左侧“变量”后面的“+”号按钮，添加一个新的“布尔”（布尔是计算机科学中的逻辑数据类型）类型的变量，命名为 bIsMovingRight。这个变量用来记录当前玩家的朝向（如图 8-29 所示）。

图 8-29　添加记录玩家朝向的变量

在 MoveRight 轴事件的后面右击，输入 Compare Float，搜索 Compare Float 节点（如图 8-30 所示）。

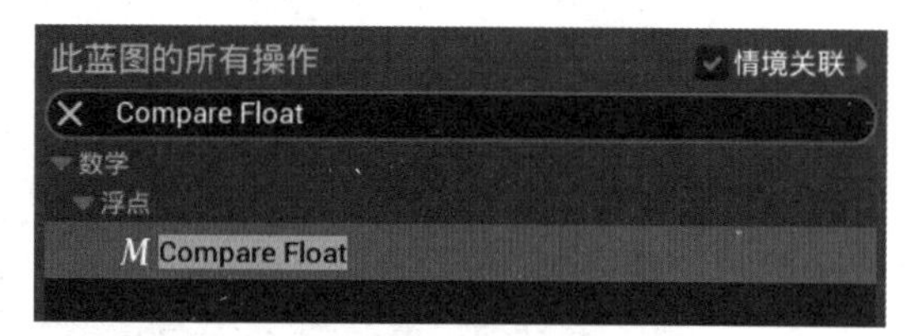

图 8-30　添加 Compare Float 节点比较浮点数

把 Axis Value 拖动给 Compare Float 节点的 input。Compare Float 将使用这个数值与下面 Compare With 的值进行比较（如图 8-31 所示）。

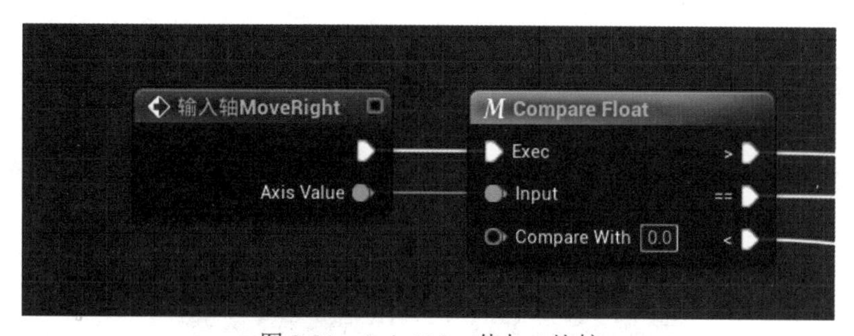

图 8-31　Axis Value 值与 0 比较

当 Axis Value>0 时，设置 Is Moving Right 为 True；当 Axis Value<0 时，设置 Is Moving Right 为 False；当 Axis Value==0 时，什么都不做（如图 8-32 所示）。

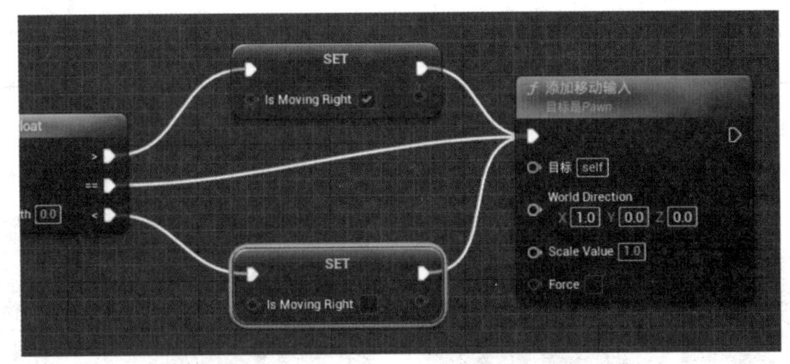

图 8-32　设置玩家移动和状态

使用“添加移动输入”节点来控制角色的移动。移动的方向设置为世界空间的 *X* 轴，而大小则是 Axis Value。所以当 Axis Value 为 −1 时，角色会向 −*X* 轴移动。

编译保存蓝图，回到关卡编辑器中，把 BP_2DPlatform_Character 拖到关卡中，并把它的 location 设置为（0,0,0）。

在细节面板中，设置 BP_2DPlatform_Character 的“自动控制玩家” 为玩家 0，这样游戏模式就不会生成默认的 Pawn，而是为第一个登录的玩家使用这个关卡中的 Pawn（如图 8-33 所示）。

图 8-33　配置第一个玩家使用关卡中的角色

当前，游戏角色的背景是黑色的，所以看不到任何移动，要看到移动的效果，需要一些参照物，下面添加几块参照用的地板。

在“内容 → Assets → Ground → Grass 文件”目录中，选择 grassLeft、grassMid、grassRight 三个纹理，右击，在弹出的快捷菜单中选择“创建 Sprite”，创建三个精灵。把新创建的精灵放到关卡中角色下面并水平排列，保证这三个地面精灵的 *Y* 轴与角色对齐（如图 8-34 所示）。

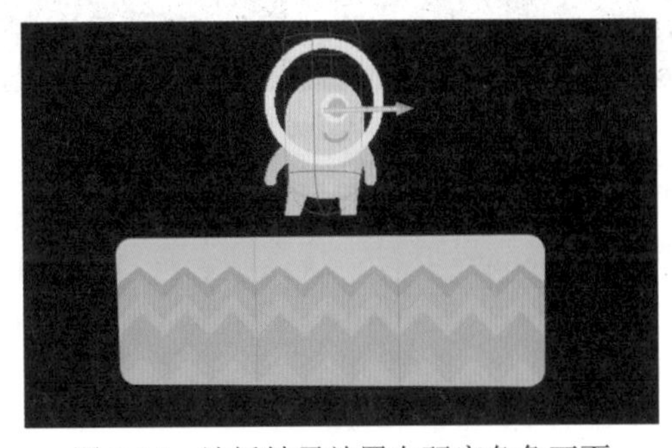

图 8-34　地板精灵放置在玩家角色下面

保存关卡。单击播放按钮，使用键盘的A、D键移动角色，按W键让角色跳动（如图8-35所示）。

图 8-35　控制玩家角色移动

3. 设置动作状态

当前已经制作好了两个动作的图像序列，一个是已经设置在Sprite上的stand动作，另一个是walk。下面根据玩家角色的移动速度不同设置这两个动作之间切换。

双击“BP_2DPlat_form_Character”打开蓝图，在Tick事件的后面空白处，拖动Sprite组件到事件图表中，然后拖出数据流，搜索添加“设置图像序列视图”节点，这个节点可以动态的改变Sprite组件使用的图像序列视图（如图8-36所示）。

图 8-36　设置图像序列节点

现在需要知道Character当前的速度。在空白处右击，搜索添加“获取速度”节点，这个节点可以得到当前Actor的速度。因为返回值是3D向量，所以可以通过“向量长度”节点得到返回值的大小。这个大小就是当前移动速度的大小。判断当前的移动速度是否大于0，如果大于0，代表当前Actor在运动。否则Actor就是静止的（如图8-37所示）。

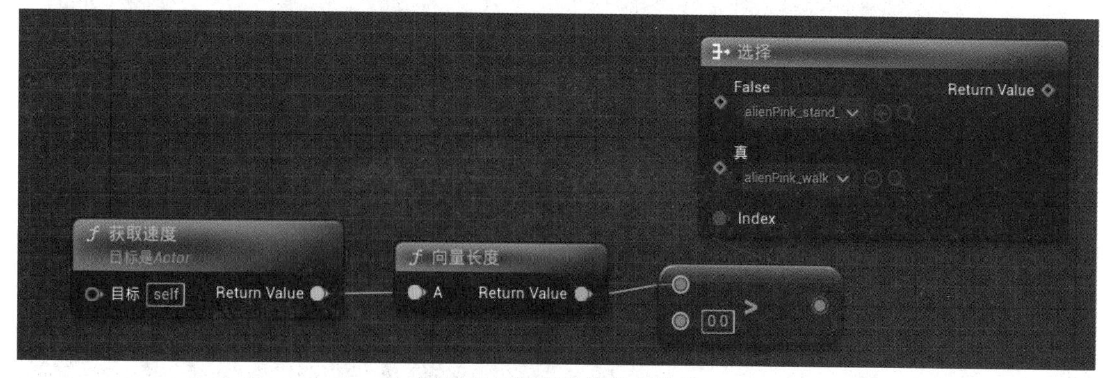

图 8-37　得到当前角色速度

把“选择”的返回值拖入到“设置图像序列视图”的NewFlipbook槽中，Select节点会自动改变两个选项的类型。单击下三角按钮，会显示所有可以设置的图像序列，分别把False设置为Stand动画，把“真”设置为walk动画（如图8-38所示）。

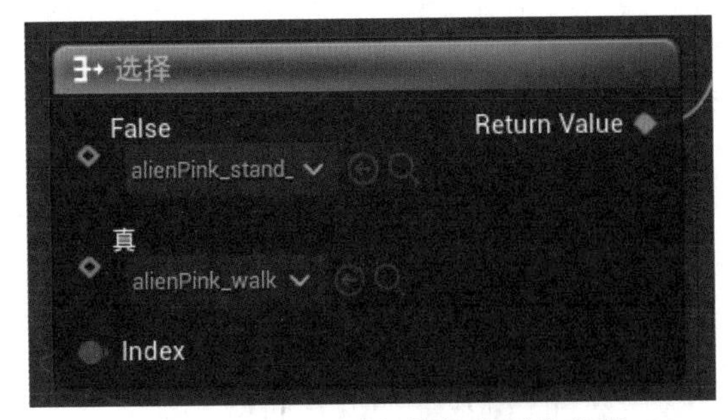

图 8-38　配置走路与待机的图像序列

编译保存蓝图，回到关卡编辑器中，运行游戏。角色已经能在待机和行走的动画之间切换了（如图 8-39 所示）。

图 8-39　角色动作切换

4. 控制角色方向

虽然当前角色能够正确播放动画了，但是角色的方向还是不正确的。当前只能朝向右侧，可以通过设置 Sprite 组件的 Scale 值，来控制精灵角色是向左还是向右。

在 MoveRight 事件后面的空白处右击，搜索“设置相对范围 3D”（Sprite）并添加到事件图表中。

所有 Transformation 的设置，都分为世界变换和本地变换。世界变换是相对于世界的，本地变换是相对于自身的父物体的。这里不需要变换整个 BP_2DPlatform_Character，只要缩放 Sprite 组件就可以了。当 BP_2DPlatform_Character 朝向右时，保持缩放值为 (1,1,1)（如图 8-40 所示）。

当 BP_2DPlatform_Character 朝向左时，设置缩放值的 X 轴为 −1，这意味着在 X 方向反转精灵组件（如图 8-41 所示）。

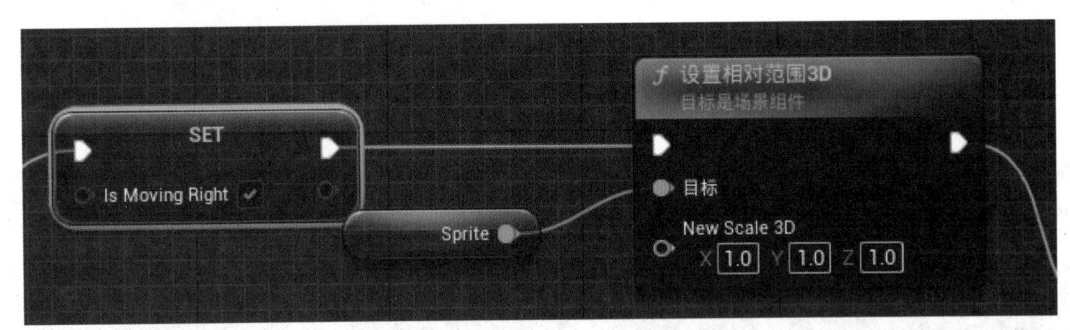

图 8-40　当角色向右，X 轴为 1

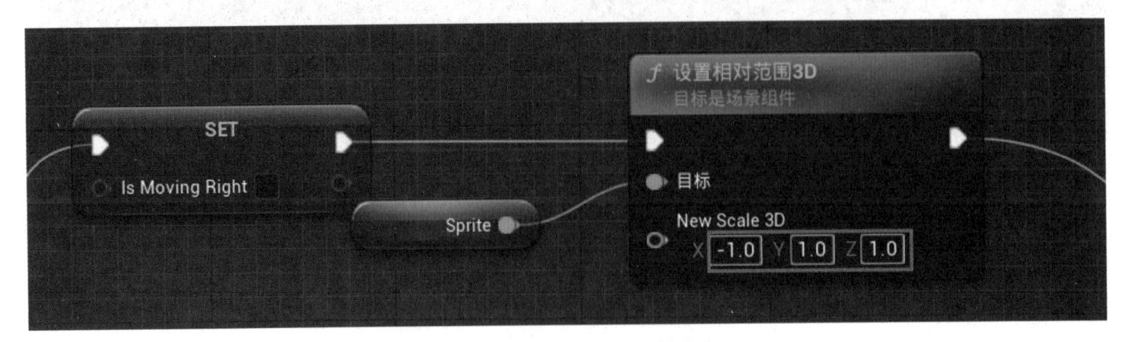

图 8-41　当角色向左，X 轴为 −1

编译保存蓝图，回到关卡编辑器，运行游戏，按下 A 键向左行走，可以看到，精灵已经改变了朝向（如图 8-42 所示）。

图 8-42 玩家角色朝向正确

8.4 使用精灵创建关卡

这一节将使用精灵创建整个关卡，其实有很多方式来创建关卡，包括之前讲过的 2D 捕捉层，但是在这里只使用简单的精灵来布置关卡。

8.4.1 自定义捕捉间距

在往关卡中放置精灵之前，通过双击要放置的精灵，可以看到精灵的大小是 128 个单位（如图 8-43 所示）。

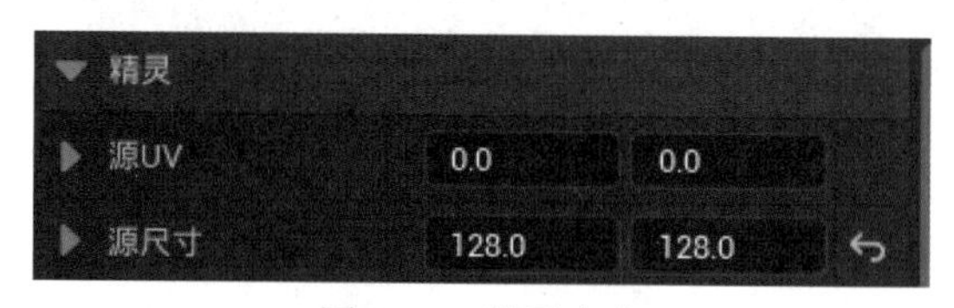

图 8-43 精灵大小

单击捕捉设置。可以看到捕捉的大小并没有 128 这个选项。

现在需要自定义一下 UE5 编辑器，让它支持以 128 个单位进行捕捉。回到游戏主页面，在视口的左上角，单击“视口菜单”按钮，选择“高级设置”菜单项，会打开编辑器设置并导航到视口设置（如图 8-44 所示）。

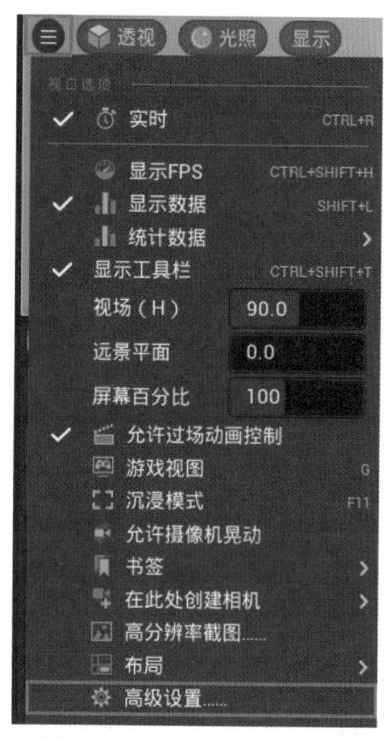

图 8-44 快速打开视口设置

在“视口”类别中，单击“高级”选项，展开“小数网格大小”，这里是现有的编辑器的捕捉大小。

单击后面的 + 号按钮，添加一个新的元素，并设置为 128（如图 8-45 所示）。

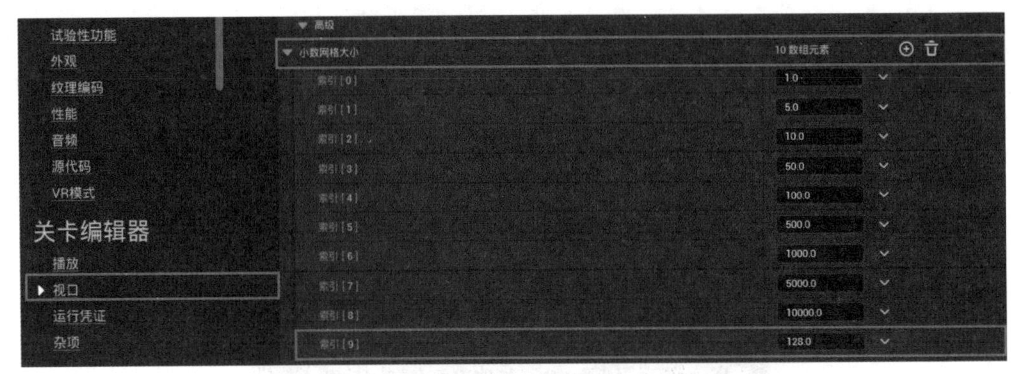

图 8-45　添加新的间距

回到视口中，单击捕捉选项可以看到设置的 128 在这里出现了。选择这个选项，就能以每 128 个单位的捕捉间距进行捕捉了（如图 8-46 所示）。

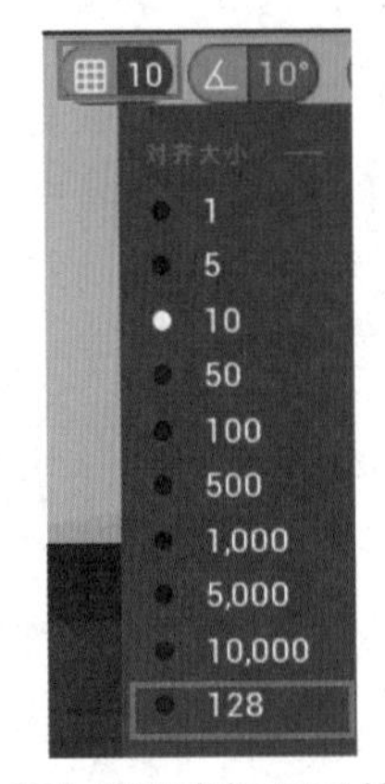

图 8-46　添加间距在视口工具栏上显示

注意，关卡现存的精灵可能不是以 128 为单位放置的。可以把这些精灵位置重新归零，然后再重新以 128 为单位放置一次（如图 8-47 所示）。

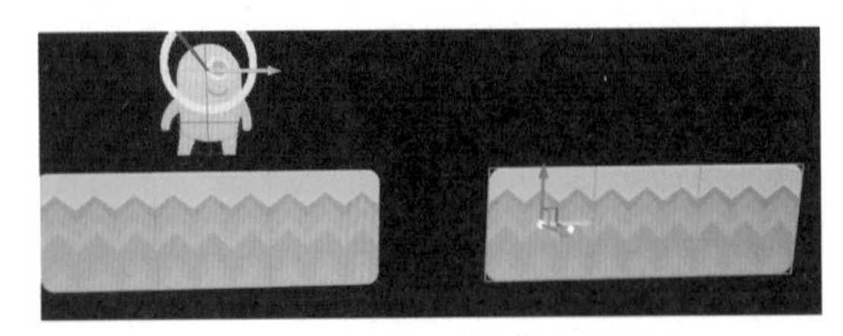

图 8-47　使用 128 间距移动精灵

8.4.2　设置精灵碰撞形状

当精灵是正方形的时候，默认的碰撞是合适的，但是当精灵是不规则图形的时候，正方形的碰撞就不合适了（如图 8-48 所示）。

图 8-48　三角形精灵

双击打开精灵编辑器，选择“编辑碰撞”标签。默认的碰撞形状是正方形的（如图 8-49 所示）。

选择左上角的点，然后按 Delete 键删除，剩下的图形自动组成了一个三角的形状（如图 8-50 所示）。

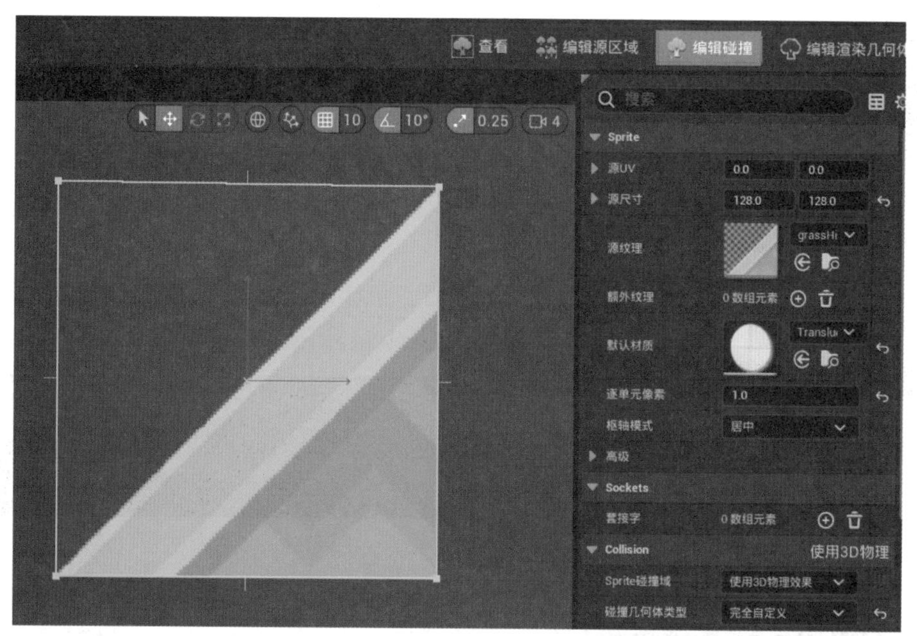

图 8-49　进入精灵的编辑碰撞模式

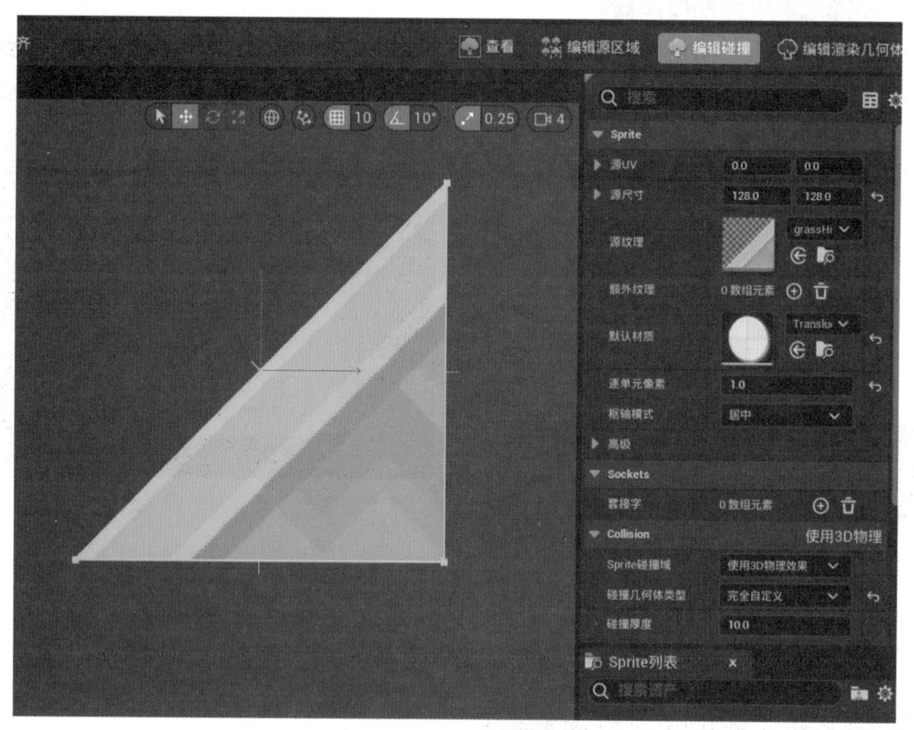

图 8-50　自定义精灵碰撞

把左右两个三角形精灵分别布局在关卡中（如图 8-51 所示），其中左边的三角形并没有编辑碰撞，右边的三角形是刚才编辑完碰撞的精灵。

图 8-51　两个精灵，不同的碰撞

在视口“显示”菜单中，单击“碰撞”选项，在视图中显示碰撞体（如图 8-52 所示）。

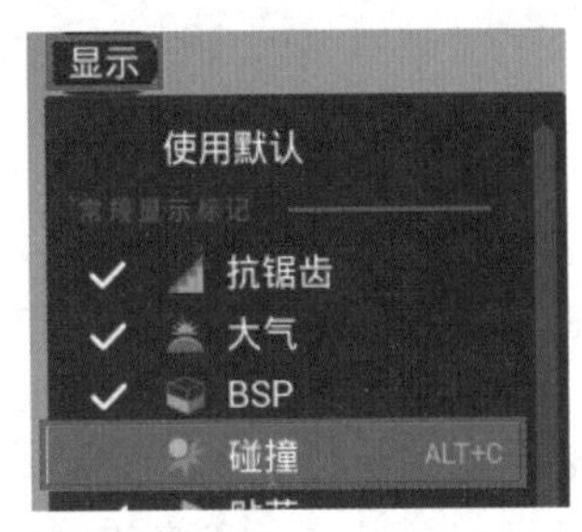

图 8-52　在视口中显示碰撞体

在视口中显示碰撞体之后，可以看到，左侧的三角形的碰撞完全阻挡了玩家，而右侧的三角形，玩家似乎可以走上去（如图 8-53 所示）。

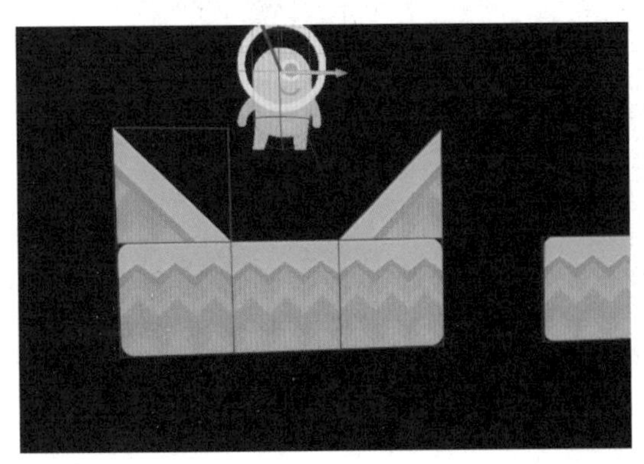

图 8-53　碰撞体显示

运行游戏测试一下，发现不管是左侧还是右侧玩家都无法走过去，这是因为玩家 Character 的运动控制器会接受一个最大斜坡的设置，如果玩家脚下的斜坡大于这个斜坡设置，玩家就无法走上去。

打开 BP_2DPlatform_Character，在组件面板中，选择“角色移动”组件，这是控制玩家移动的组件。在细节面板中，找到“可行走地面角度”将其数值设置为 50（如图 8-54 所示）。

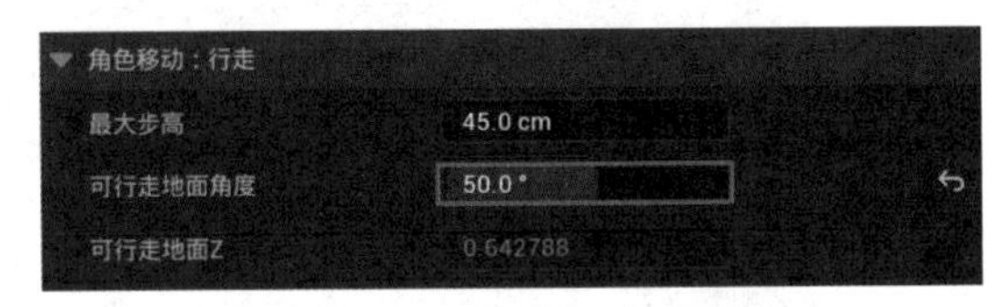

图 8-54　设置最大可以走路的角度

编译保存蓝图，回到关卡编辑器中，运行游戏，再次走上右侧的斜坡，发现这次玩家已经可以站在斜坡上了（如图 8-55 所示）。

图 8-55　玩家爬坡

按住 A 键往左侧行走，可以看到玩家还是被阻挡的，无法穿过或者站立。

8.4.3　创建完整关卡

再继续下面的操作之前，最好设置好每个精灵的碰撞体，设置完后就可以快速地把整个场景搭建完成，可以根据自己的喜好来搭建，如图 8-56 所示是搭建完成的演示效果。

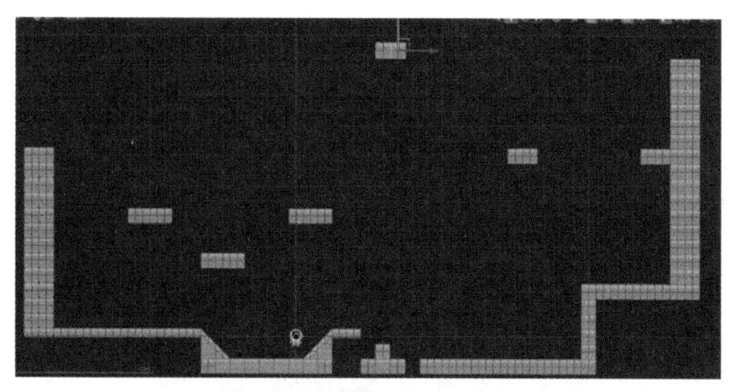

图 8-56　使用精灵布置一个完整的关卡

8.4.4　添加背景

场景搭建完成之后，关卡的背景还是黑色的，下面快速地为场景添加一些背景。找到 Assets → background 目录，里面有几种背景纹理（如图 8-57 所示）。

图 8-57　背景纹理

选择这些背景纹理，转化为精灵，并移动到 Sprites → Background 文件夹当中。

按照之前的经验，默认创建的精灵是有一个正方形碰撞的，作为背景来说，不需要和玩家发生碰撞。可以一个精灵一个精灵地修改，删除它的碰撞体设置，这里介绍一种快速的方法。选择所有的背景精灵，然后右击，在弹出的快捷菜单中选择“资产操作”→“通过属性矩阵进行批量编辑”（如图 8-58 所示）。

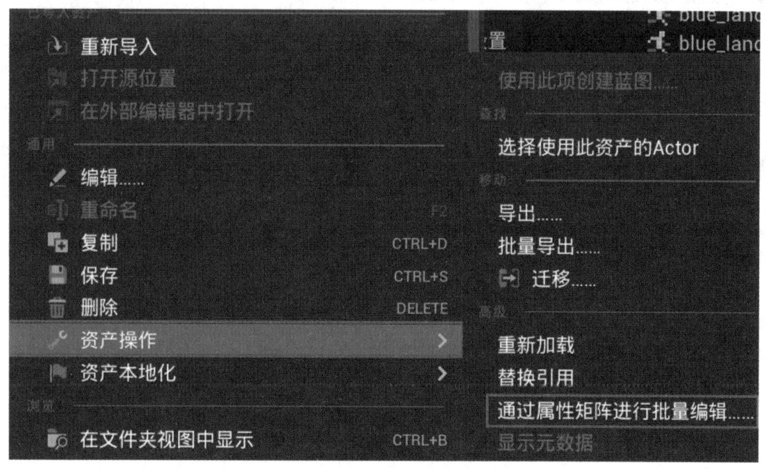

图 8-58　批量编辑属性矩阵

这个命令会打开一个属性矩阵，方便对多个资源进行属性的编辑。在右侧找到 Collision 类别，把 Sprite Collision Domain 设置为 None（如图 8-59 所示）。

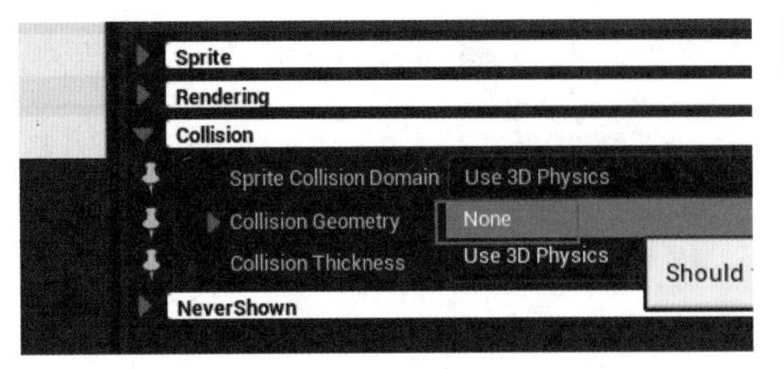

图 8-59　设置碰撞为 None

回到关卡编辑器，挑选一张背景精灵放在关卡视图中，并不断地复制，直到它覆盖整个背景为止（如图 8-60 所示）。

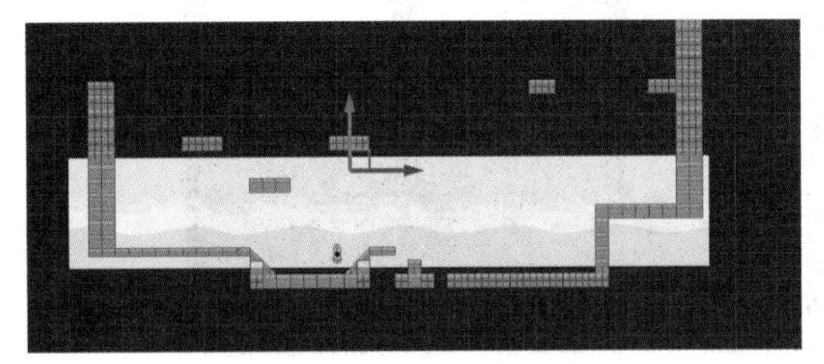

图 8-60　填充背景精灵

另外再复制出一个背景精灵，把它放大后放在第一次放置的背景精灵后面，这样背景的顶部和底部就填充了同样的颜色（如图 8-61 所示）。

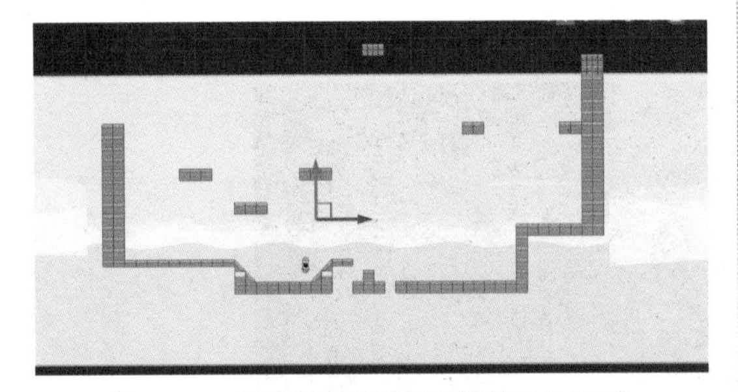

图 8-61　用复制出的精灵填充空白区域

仔细观察关卡中的精灵，有的精灵已经显示不完整了，这是因为精灵和背景精灵重叠在一起，发生了排序问题（如图 8-62 所示）。

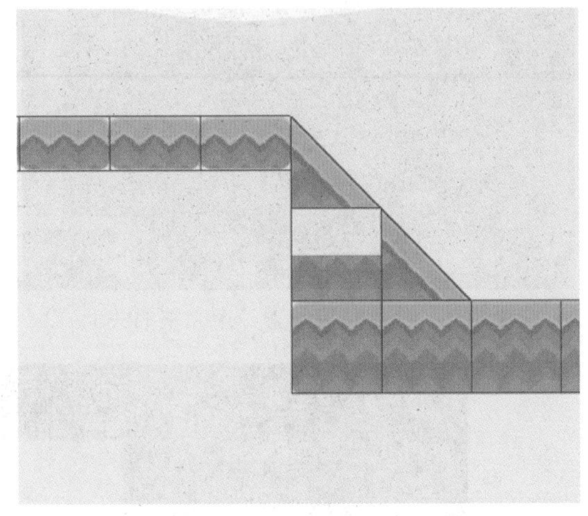

图 8-62　关卡平台与背景发生排序问题

选择所有的背景精灵，把它们的 *Y* 轴设置为 −200，使它们始终保持在后面。再次运行游戏，观察角色是否正常，关卡是否正常（如图 8-63 所示）。

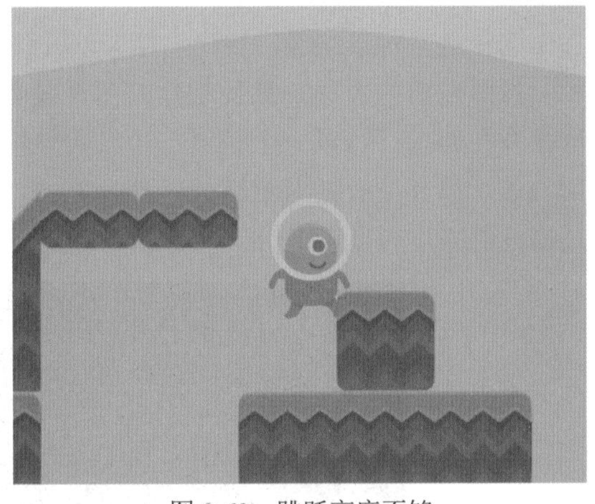

图 8-63　跳跃高度不够

8.4.5　设置跳跃高度

经过测试，发现在跳跃时精灵无法跳过一个地图块，这和玩家的跳跃高度设置有关。双击 BP_2DPlatform_Character，打开蓝图浏览器，选择“角色移动”组件。在细节面板中找到“跳跃 Z 速度 ”，这是玩家跳跃的速度，设置为 600.0cm/s （如图 8-64 所示）。

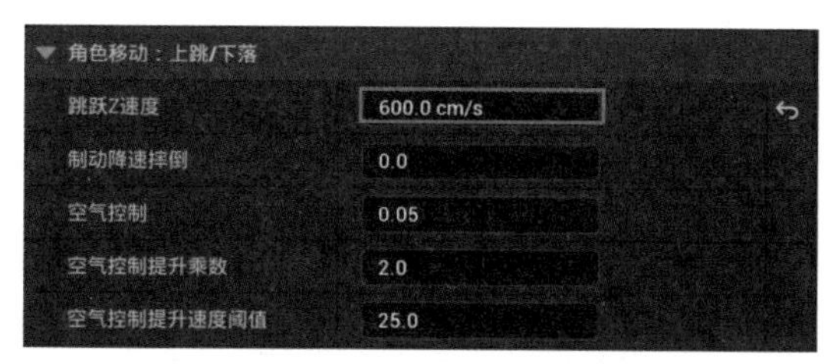

图 8-64　增大“跳跃 Z 速度”

回到关卡中继续运行测试，发现玩家已经可以跳过一般的精灵了。

8.5　使用瓦片地图创建关卡

8.4 节通过添加精灵的方式创建了第一个关卡，这种用精灵直接拼接关卡的方式比较灵活。但是由于缺乏对应的工具，导致这种方式不是很高效，尤其是在地形非常巨大复杂的情况下。

在 2D 游戏中还有一种创建关卡的方式更流行，就是使用瓦片不断组合成关卡的方法，把每一个精灵当作一个“瓦片”，然后在专用的编辑器中绘制关卡。

8.5.1　使用瓦片制作地图的优点

游戏制作者使用瓦片制作地图已经很长时间了。相对于其他方式，使用瓦片制作地图的方式，是把所有的精灵都放在一张图片上，可以节省图片本身的消耗。也方便制作管理，能够节省资源。另外一个瓦片可以使用在不同的关卡中，使用瓦片制作地图，复用性也比使用普通精灵要好。最后，一般的引擎通常会有瓦片地图编辑器器来方便编辑制作关卡，即使没有具备瓦片编辑器，也可以使用第三方的通用瓦片编辑器来制作关卡，非常方便。

Paper2D 内置了瓦片贴图编辑器。最常用的第三方瓦片编辑器叫作 Tiled。可以在下面的地址找到详细信息：

https://www.mapeditor.org

8.5.2　创建瓦片集

要使用瓦片制作关卡，首先要创建瓦片集资源。

在“内容”→ Assets 文件夹中有一个叫 sprites heet_ground 的文件，这个文件把所有的精灵图都集合在一张图片里。这种类型的文件叫作精灵图集。有专门的工具来制作精灵图集，最常用的工具叫作 Texture Packer，它可以把所有分散的精灵图片合并到一张图片里并且可以直接导出为 UE4 支持的格式，有兴趣的读者可以在官方网站下载该软件的试用版，这里不过多介绍如何制作精灵图集，而是介绍如何使用精灵图集。

在内容浏览器中选择 sprites heet_ground，右击，在弹出的快捷菜单中选择“Sprite 操作”→“创建瓦片集”（如图 8-65 所示）。

图 8-65　创建瓦片集

UE5 会自动的创建一个和纹理同名的瓦片集。

双击新创建的瓦片集，打开瓦片集编辑器，在右下方的面板中，设置瓦片大小为 128×128。然后单击左侧的瓦片，看每次选择的瓦片是否是一个完整的瓦片。选择的瓦片会在右上角显示（如图 8-66 所示）。

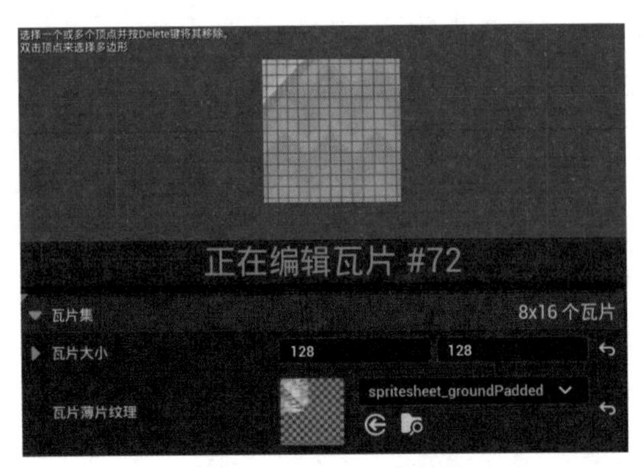

图 8-66　单个瓦片设置

在正确设置完瓦片的大小之后。为了避免瓦片放在地图中出现的接缝问题，在新创建的瓦片集的资源上面，右击，在弹出的快捷菜单中选择“限定瓦片薄片纹理”（如图8-67所示）。

图 8-67　处理瓦片接缝

命令执行之后，UE5 会根据瓦片集的设置和原始的纹理，创建一个新的纹理，这和第 6 章介绍的一致。如果不知道这一步的含义，可以返回到第 6 章查看。

继续双击打开瓦片集，再选择单个瓦片，观察这次的瓦片的四周都多了一个像素。这就是刚才的命令，用扩展像素方式重新创建的纹理贴图，来避免接缝的出现（如图 8-68 所示）。

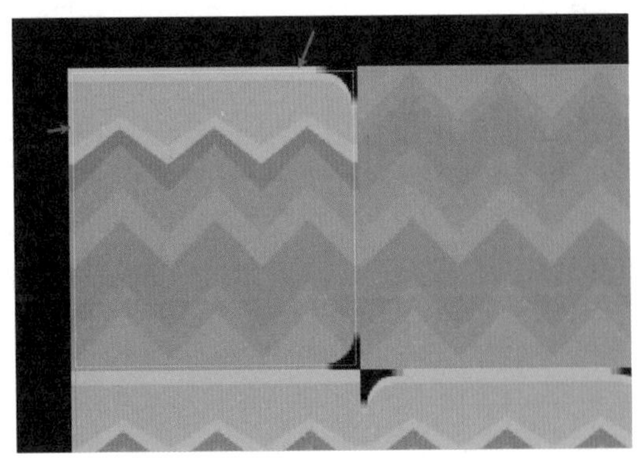

图 8-68　新的纹理中添加了边缘像素

8.5.3　创建瓦片贴图

瓦片集已经创建完成了。接下来要使用这个瓦片集创建 Tile 贴图资源了。在新创建的瓦片集资源上右击，在弹出的快捷菜单中选择“创建瓦片贴图”（如图 8-69 所示）。

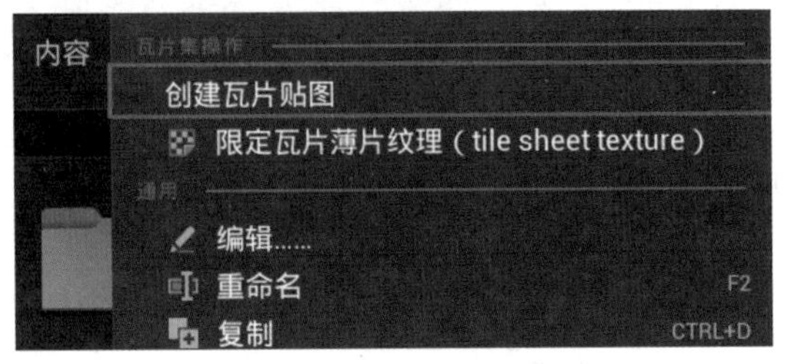

图 8-69　创建瓦片贴图

新创建的瓦片贴图使用了一下瓦片集的设置，并与瓦片集使用同样的前缀名称（如图 8-70 所示）。

图 8-70　瓦片贴图

8.5.4　编辑瓦片贴图

双击新创建的瓦片贴图文件，打开瓦片贴图地图编辑器（如图 8-71 所示）。

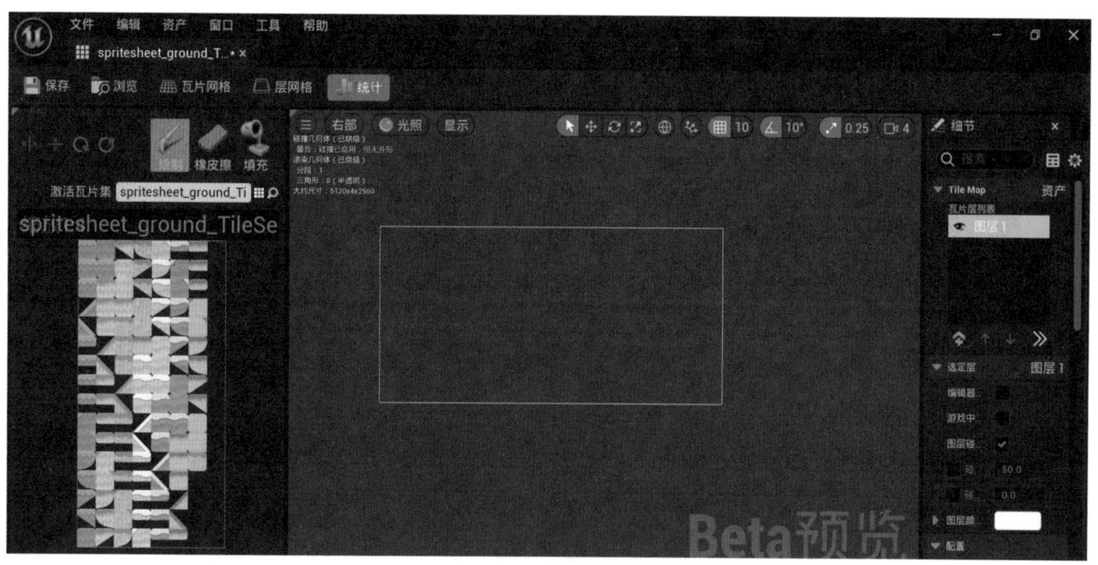

图 8-71 瓦片地图编辑器

瓦片贴图地图编辑器分为三个面板，左边是瓦片选择面板，中间是地图绘制面板，右侧是细节面板。在细节面板中，找到“贴图宽度”和“贴图高度”，分别设置为 40、20，这里的宽和高指的是有多少个瓦片（如图 8-72 所示）。

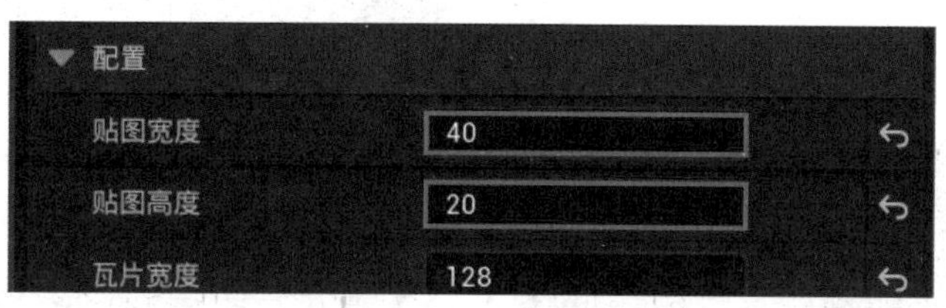

图 8-72 地图大小设置

在左侧的瓦片选择器中，选择一个需要的瓦片，然后在中间的地图绘制区，单击“开始绘制”按钮。使用绘制瓦片的方式比在场景中添加精灵的方式要快得多。随便拖动几下，就形成了一个完整的关卡（如图 8-73 所示）。这就是使用瓦片来制作地图最大的优点。

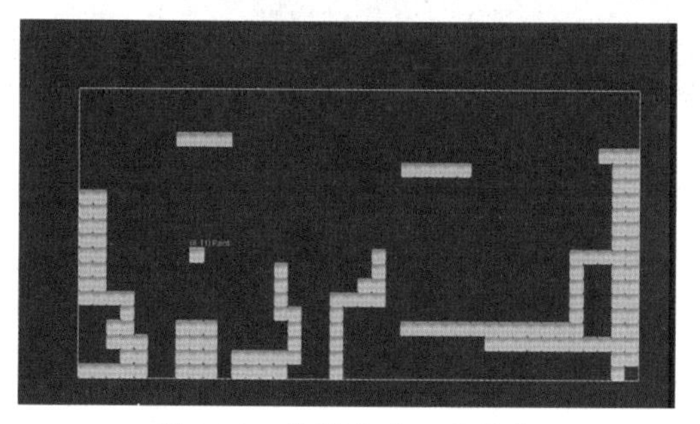

图 8-73 快速完成一个关卡

瓦片贴图编辑器还提供了很多方便编辑地图的工具。如按住 Shift 键单击鼠标，能选择画布上的瓦片。如果按住 Shift 键，拖动鼠标，拖出一个矩形，则可以复制出多个瓦片并当成画笔使用（如图 8-74 所示）。

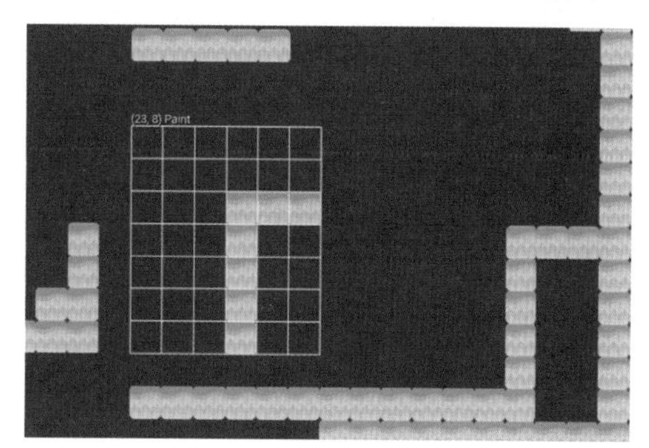

图 8-74 笔刷复制

在左侧的瓦片选择器上，还有垂直镜像 / 水平镜像画笔、旋转画笔等功能（如图 8-75 所示）。

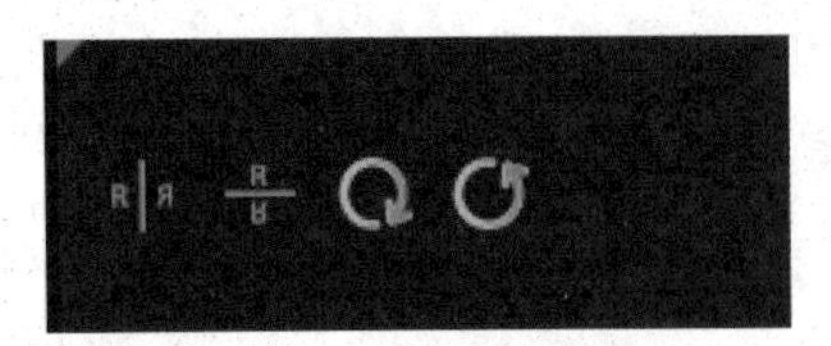

图 8-75　镜像旋转笔刷

8.5.5　在关卡中使用瓦片贴图

当绘制完瓦片贴图之后，回到关卡编辑器，新建一个空的关卡，保存为 Game02。把新编辑完成的瓦片贴图资源拖动到关卡中。

可以看到整个瓦片贴图资源作为一个 Actor 在关卡中显示，非常方便选择修改和编辑，不像使用精灵制作关卡那样，有很多的精灵资源（如图 8-76 所示）。

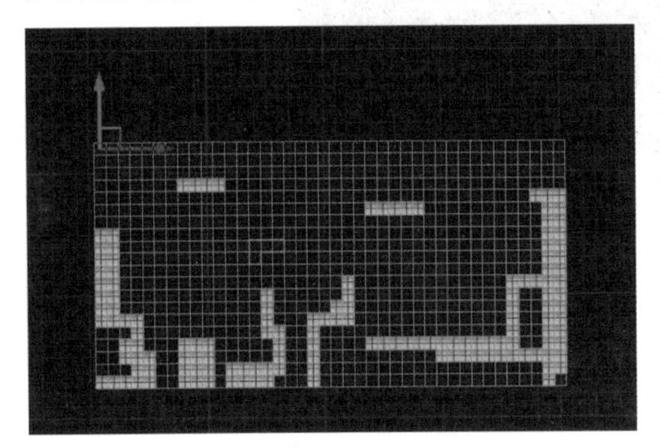

图 8-76　一个瓦片贴图是一个完整的角色

添加一个 PlayerStart 角色在关卡中，和瓦片贴图所在的 Y 轴对齐，也就是默认为 0。当运行游戏时，角色应该在这个点生成。单击“play”按钮运行游戏，可以看到玩家角色快速地往下掉，并没有与瓦片贴图中的地形发生碰撞（如图 8-77 所示）。

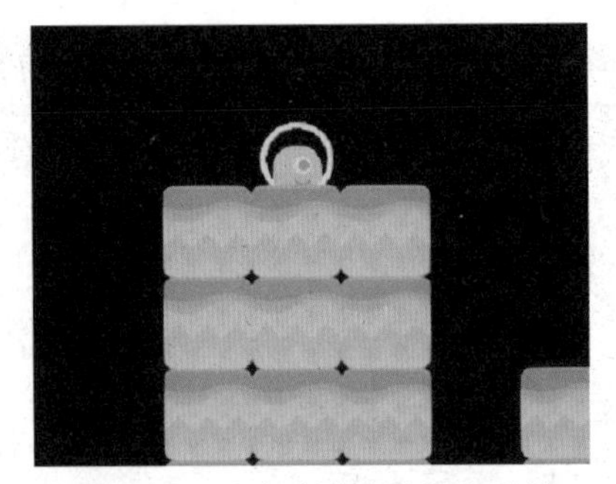

图 8-77　瓦片贴图默认没有碰撞

8.5.6　设置瓦片碰撞

双击瓦片集打开瓦片集编辑器，选择瓦片贴图中使用的瓦片。在工具栏上单击“添加盒体”（如图 8-78 所示）。

图 8-78　添加瓦片碰撞

观察右上角的瓦片预览，可以发现周围增加了一圈白色的形状（如图 8-79 所示）。

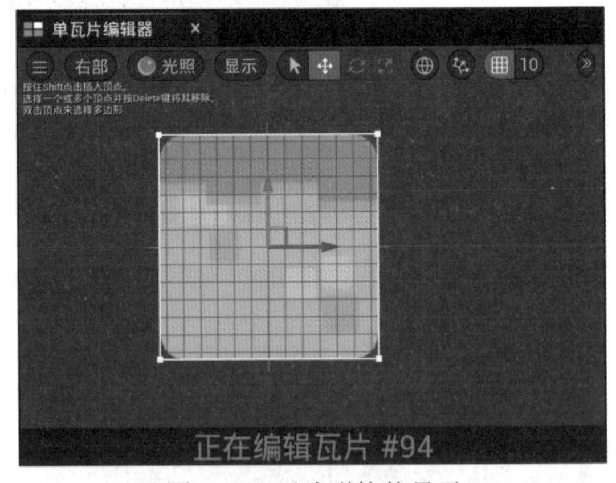

图 8-79　瓦片碰撞体显示

这说明碰撞体添加成功了，瓦片的碰撞和精灵的碰撞并没有什么不同，只不过精灵的碰撞是默认的。而默认情况下瓦片没有碰撞，需要使用碰撞的瓦片必须手动添加。

保存瓦片集，回到关卡编辑器。单击播放按钮运行游戏，这次玩家能够站在平台上了（如图 8-80 所示）。

图 8-80　玩家站在平台上

8.5.7　设置背景方法2

8.5.6 节通过复制精灵并放大的方式补齐了背景中天空和地面没有的部分。本节将使用另外一种方法来补齐天空和地面。首先复制一个要用作背景的精灵（如图 8-81 所示）。

图 8-81　赋值出新的背景精灵

双击复制出来的精灵，打开精灵编辑器，把"源尺寸"的 Y 设置为 100，这样这个精灵使用纹理上 *Y* 轴 0～100 的像素（如图 8-82 所示）。

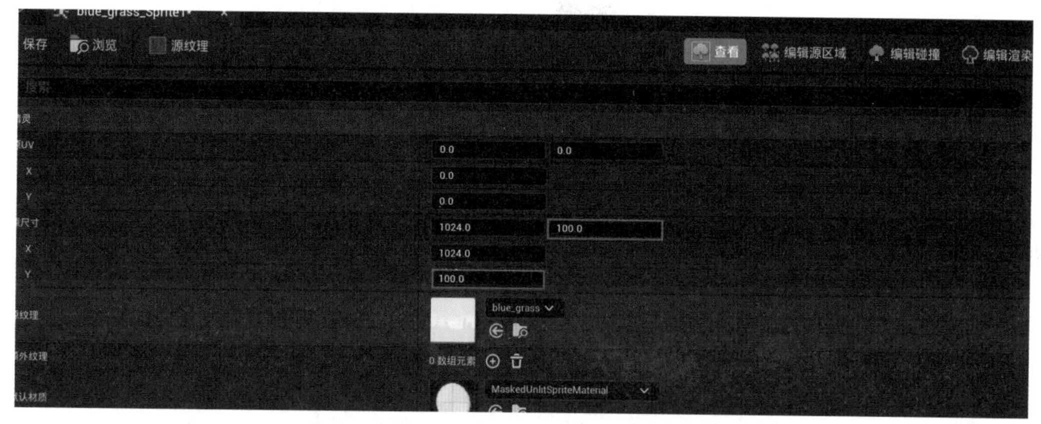

图 8-82　设置精灵只使用 *Y* 轴 0 ～ 100 个像素的纹理

回到内容浏览器，把新设置的使用 *Y* 轴前 100 个像素的精灵后缀改为 _Top，再复制一下这个精灵，修改后缀为 _Bottom（如图 8-83 所示）。

图 8-83　复制出底部精灵

双击新复制出来的后缀为 _Bottom 的精灵，打开精灵编辑器。在工具栏上选择“编辑源区域”选项（如图 8-84 所示）。

图 8-84　进入编辑源区域模式

在左侧的精灵预览器中，设置后缀为 _Bottom 的精灵使用的区域为底部区域（如图 8-85 所示）。

图 8-85　设置底部精灵使用纹理底部的像素

回到关卡编辑器，中间的背景还是并排放置，上部使用新创建的 _Top 后缀的精灵，下部使用新创建的 _Bottom 后缀的精灵，这样完整地延续了天空和地下的颜色（如图 8-86 所示）。

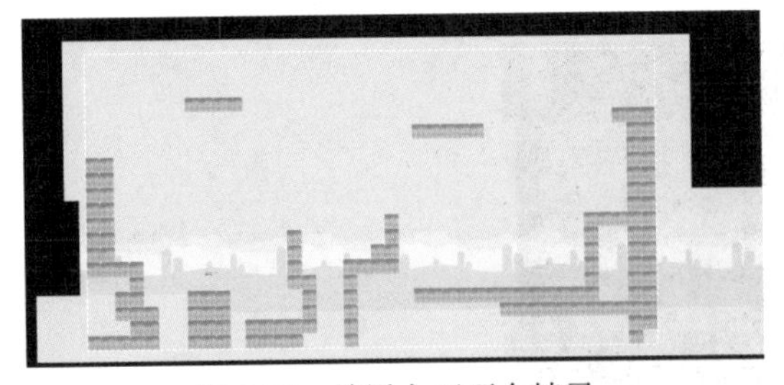

图 8-86　放置上下两个精灵

单击“Play”按钮运行游戏（如图 8-87 所示）。

图 8-87　测试关卡运行

8.6　创建可拾取金币

关卡创建完毕之后，从本节开始会为游戏添加一些可交互的道具。首先要添加的是可拾取的金币。

8.6.1　创建金币蓝图

在内容浏览器的 Blueprints 文件夹中，右击空白处，在弹出的快捷菜单中选择“蓝图类”，在蓝图父类选择器中，选择 Actor，单击创建一个新的角色蓝图命名为BP_Coin。

8.6.2　准备精灵资源

在“内容”→ Assets → Items 目录下，找到 coinGold 纹理，在上面右击，在弹出的快捷菜单中选择SpriteAction→CreateSpritec 创建金币精灵，然后在 Sprites 目录下创建 Items 目录，把新创建的金币精灵移动到这个目录下（如图 8-88 所示）。

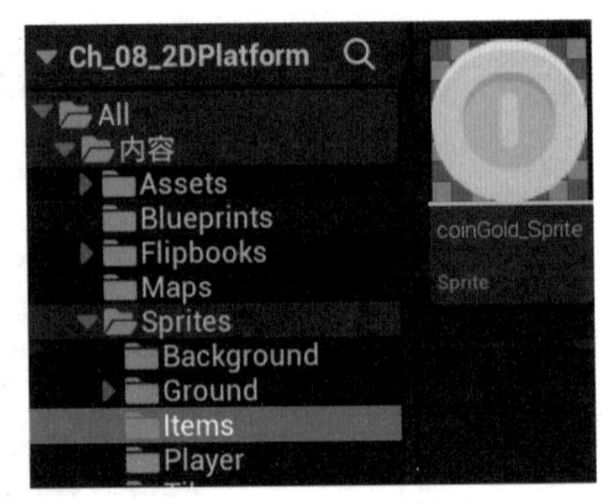

图 8-88　准备金币精灵

8.6.3　设置金币蓝图

双击 BP_Coin，在蓝图编辑器中打开，确保在内容浏览器中选中金币精灵，然后在“组件”面板中，单击“添加”按钮，添加 PaperSprite 组件。添加完后，确认金币精灵指定给了 PaperSprite 组件。如果没有自动指定，在细节面板中手动指定一次。

在组件面板中，继续单击“+ 添加”按钮，添加 InterpToMovement 组件，这个组件会自动移动 Actor（如图 8-89 所示）。

图 8-89　添加插值移动组件

添加完 InterpToMovement 组件后，保持这个组件在选择状态，在右侧的细节面板中，设置这个组建的参数。单击两次“控制点”后面的 + 号按钮，添加两个控制点。第一个控制点保持默认，第二个控制点设置 *Z* 轴为 64.0。InterpToMovement 组件在运行时，会自动从第一个控制点的位置插值到最后一个控制点的位置。

在“行为”中，设置组件的行为类型为 PingPong。这种方式当差值完成后，会从最后一个控制点再插值到第一个控制点，如此反复运行（如图 8-90 所示）。

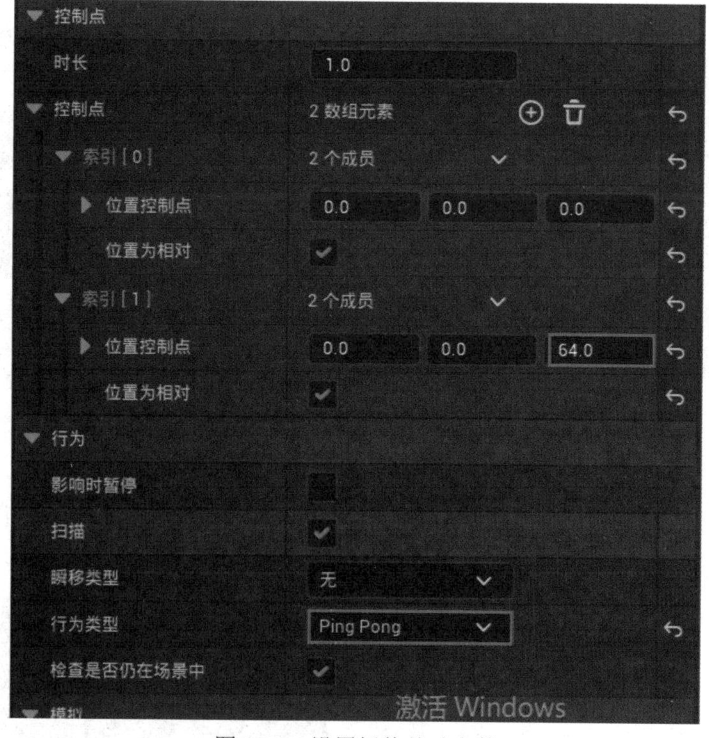

图 8-90　设置插值移动参数

把 BP_Coin 蓝图拖放在关卡上，放置在合适的位置，单击播放按钮运行关卡，观察金币蓝图，已经有了上下浮动的动画了（如图 8-91 所示）。

图 8-91　播放金币动画

金币蓝图的外观部分完成了，接下来要创建金币的逻辑。

8.6.4　创建金币逻辑

金币逻辑本身也非常简单，当金币被角色碰撞之后，首先给玩家添加相应的得分，然后金币消失。

回到 BP_Coin 的蓝图编辑器中，选择“组件开始重叠时”，搜索添加“类型转换为 BP_2DPlatform_Character”节点来确认碰撞到金币的是玩家角色（如图 8-92 所示）。

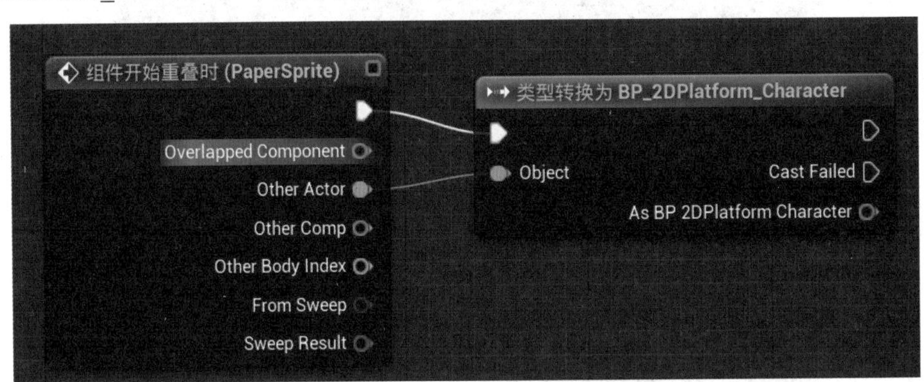

图 8-92　响应金币 BeginOverlap 事件

因为金币的数量与当前的关卡有关，所以需要把金币数量放在 BP_2DPlatform_GameMode 中。

在内容浏览器当中，双击 BP_2DPlatform_GameMode 打开蓝图编辑器，在“我的蓝图”面板中，单击“变量”后面的“+”号按钮，添加一个类型为“整数”的变量，命名为 Coin。

在事件图表视图中，添加一个新的自定义事件，命名为 AddCoin，供其他能够添加金币数量的蓝图调用。把 Coin 拖到图表中，拖出数据线，在键盘上输入“++”搜索添加自加节点，链接如图 8-93 所示。

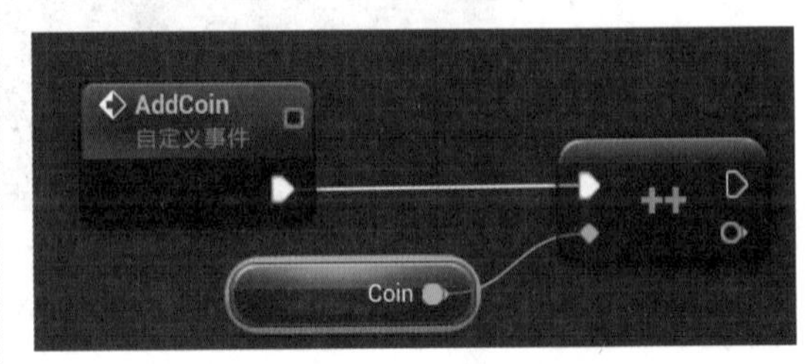

图 8-93　添加金币事件

“++”节点是一种快捷节点，它的作用是把变量+1，然后把加完的值赋值给变量，所以每次调用后，Coin的值都会+1。

回到BP_Coin蓝图编辑器中，搜索添加“获取游戏模式”节点。因为同一时刻只能有一个游戏模式节点，所以“获取游戏模式”节点会返回这个唯一的游戏模式节点。然后使用“类型转换为BP_2DPlatform_GameMode”节点把游戏模式节点转换为自己的BP_2DPlatform_GameMode节点，转换完成后调用AddCoin事件函数，添加金币的数量（如图8-94所示）。

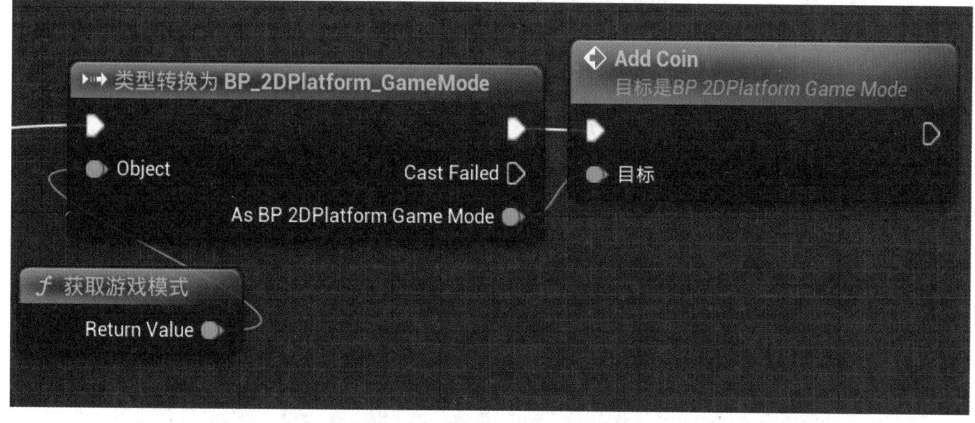

图8-94 调用添加金币事件

最后使用“销毁Actor”节点，把BP_Coin Actor（角色），从关卡中删除（如图8-95所示）。

图8-95 销毁金币角色

编译保存BP_Coin蓝图，回到关卡编辑器中。单击播放按钮运行游戏，按方向键控制玩家碰撞金币，可以看到金币并没有被玩家收走，而是把玩家挡住了。这是因为金币的精灵组件的默认碰撞设置是不正确的。打开BP_Coin的蓝图编辑器，选择PaperSprite（精灵组件），在细节面板的“碰撞”类别中查看精灵的碰撞设置，默认是BlockAllDynamic（阻挡所有动态物体），所以当玩家碰到金币之后才会被阻挡。设置碰撞预设为OverlapAll并检查与Pawn类型的角色是否Overlap。

编译保存蓝图回到关卡编辑器中运行游戏。控制玩家碰撞金币可以看到金币会被销毁（如图8-96所示）。

图8-96 测试金币蓝图功能

8.7 设置蓝图类图标

查看内容浏览器时，UE5 为不同类型的蓝图准备了不同类型的图标，例如游戏模式和 Character 类型的蓝图，能看到是完全不同的两个图标，新创建的 BP_Coin 继承自 Actor，图标也不一样（如图 8-97 所示）。

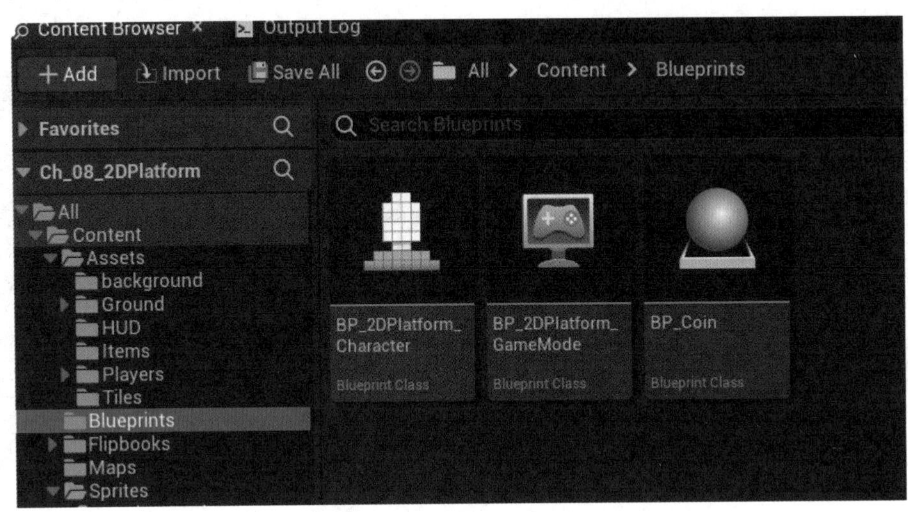

图 8-97 Actor 默认图标

不同类型的蓝图显示不同的图标，为的是方便辨识蓝图。但所有继承自 Actor 类型的蓝图都是一样的图标，当有非常多的继承自 Actor 的蓝图的时候，单一图标类型就不太方便了，很多时候需要通过图标判断这是一个什么样的蓝图。UE5 Editor 提供了自定义图标的功能，可以自定义内容浏览器中资源的图标。

8.7.1 自定义蓝图Icon

要使用自定义图标功能，关卡编辑器的视图必须处于透视状态。把视图的角度，调整到要捕捉的位置，一般是居中显示，然后在要设置自定义图标的资源上右击，在弹出的快捷菜单中选择“资产操作”→“捕捉缩略图”进行捕捉图标。捕捉完成后，内容浏览器中的资产就具有了自定义的图标。这样一眼就能够看出这个蓝图是金币的蓝图（如图 8-98 所示）。

对玩家角色也设置一下自定义的图标（如图 8-99 所示）。

图 8-98 设置金币图标

图 8-99 自定义玩家图标

8.7.2 自定义关卡文件图标

除了可以自定义蓝图资源的图标之外，还可以自定义关卡的图标。在有大量关卡的情况下非常有效。自定义图标不用再通过检查文件的名字，而是通过图标来确认需要编辑的关卡资源。

打开要自定义图标的关卡，把视口移动到最能够表现当前关卡的位置，和自定义蓝图图标一样在关卡文件上右击，在弹出的快捷菜单中选择“资产操作”→“捕捉缩略图”，设置完成后关卡图标如图8-100所示。

图8-100　自定义关卡图标

打开Game02地图，按照上面的方法，设置Game02的图（如图8-101所示）。

图8-101　自定义Game02图标

8.8　添加陷阱

本节来添加第二个道具陷阱。因为陷阱涉及玩家的健康值、死亡和受伤的表现，陷阱相对来说要稍微复杂一点。

8.8.1　创建设置陷阱蓝图

在内容浏览器的Blueprints文件夹中右击，在弹出的快捷菜单中选择“蓝图类”。在弹出的父类选择面板中，选择Actor，创建一个Actor类型的蓝图，命名为BP_Trap。

双击BP_Trap蓝图在蓝图编辑器中打开。在组件面板中，单击“+添加”按钮，添加一个PaperSprite组件，设置组件使用的精灵为Spikes_Sprite，可以在Assets目录中找到这个精灵的纹理。陷阱的精灵只有一半的高度，默认的位置在关卡中很难放置在合适的位置上，所以需要改变一下精灵的位置，让它的底部和蓝图的底部重合在一起（如图8-102所示）。

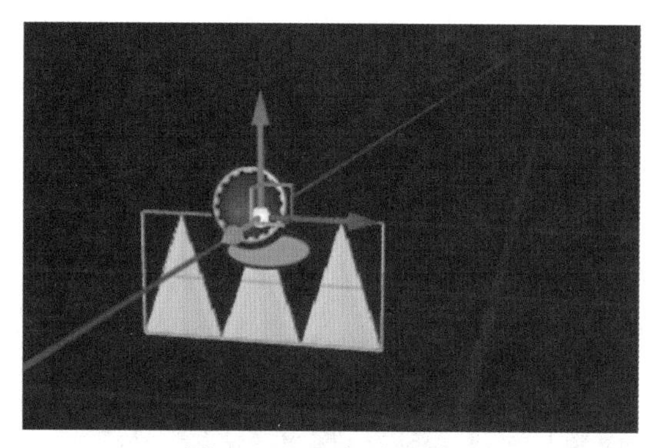

图8-102　添加陷阱精灵

可以手动设置PaperSprite组件的“位置”，在Z轴上设置为64，或者根据之前介绍的自定义捕捉间距设置可以再自定义一个64个单位的捕捉间距，使用64个单位的补充间距，设置精灵的位置（如图8-103所示）。

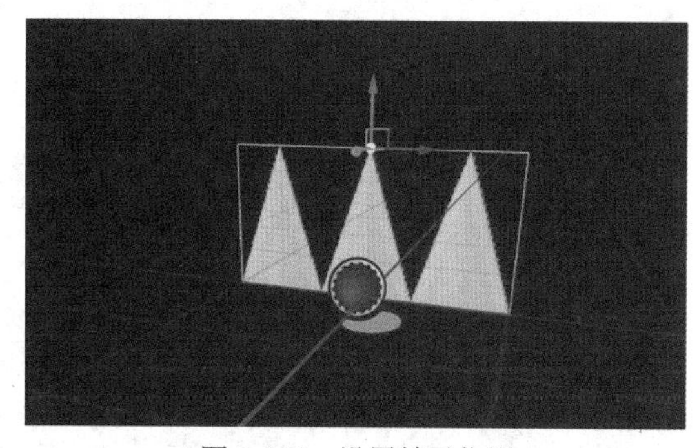

图8-103　设置精灵位置

8.8.2　添加玩家受伤逻辑

玩家碰到陷阱后，要减少相应的健康值。回到BP_2DPlatform_Character蓝图编辑器中，添加一个“整数”类型的变量，命名为Health，这个变量是用来存储玩家的健康值。编译蓝图后把Health的默认值设为3，代表默认情况下，玩家有三次被攻击的机会。

在事件图表中添加一个自定义的事件，命名为OnDamage。把新添加的Health变量拖到事件图表中，拖出数据流，然后输入“--”，搜索添加Decrement Int节点。这个节点和Increment Int节点相反，叫作自减一节点，它把输入的变量减去1，然后把结果值再赋给变量，变量经过这个节点之后，自身的值变为减1后的值（如图8-104所示）。

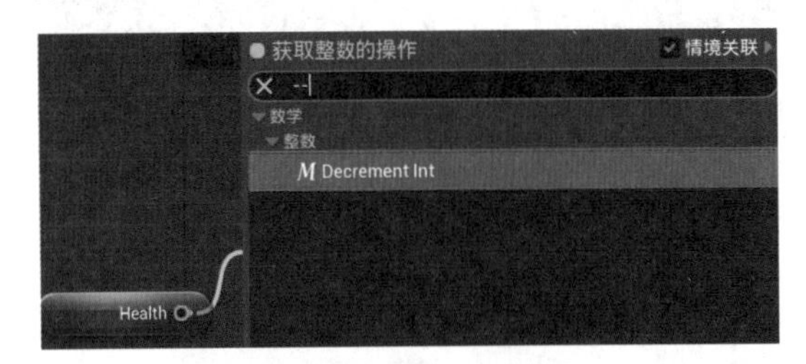

图8-104　添加自减节点

新创建一个“布尔”类型的变量，命名为bIsDead。这个变量表示当前的角色是否死亡。每次受攻击之后，Health值都会减1，然后根据减1后Health值的状态是否小于或等于0，来判断玩家当前的状态（如图8-105所示）。

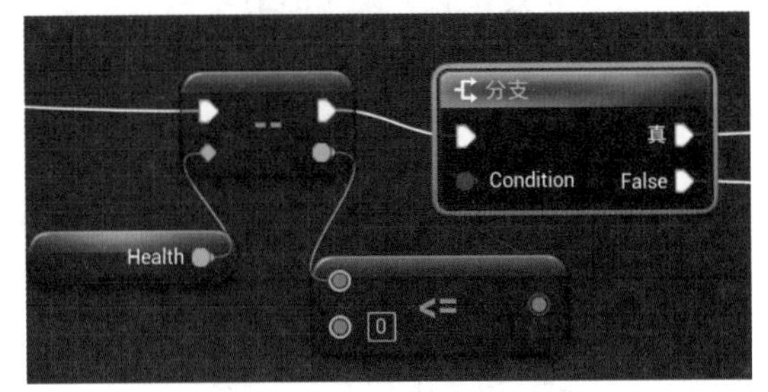

图8-105　判断当前状态

当Health确实小于或等于0时，设置bIsDead变量为“真”，代表玩家已经死亡（如图8-106所示）。这里暂时使用两个“打印字符串”节点来输出不同的信息。查看一下是否能够正确地打印玩家受伤或是。

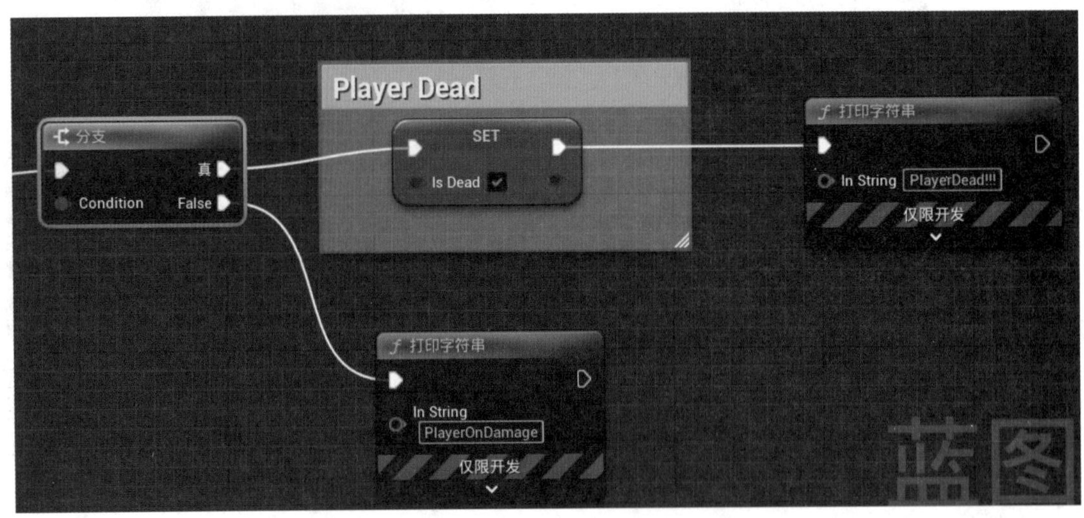

图8-106　死亡与扣血

8.8.3　陷阱触发玩家受伤

回到BP_Trap的蓝图编辑器，检查Paper Sprite组件的碰撞设置，把Collision Presets

设置为 OverlapAll。

添加 Paper Sprite 的 Begin Overlap 事件，当确认其他碰撞角色为玩家时，调用玩家的 On Damage 事件（如图 8-107 所示）。

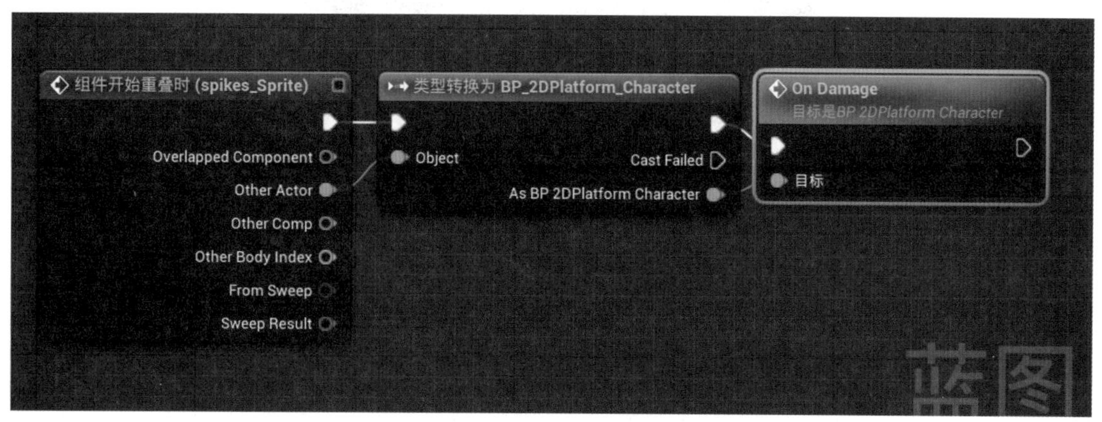

图 8-107　调用玩家伤害事件

编译保存所有蓝图，回到关卡编辑器中，把 BP_Trap 蓝图拖放到关卡中。在确保设置了捕捉的间距为 64 后，陷阱的放置就会变得非常容易。放置到如图 8-108 所示的位置上。

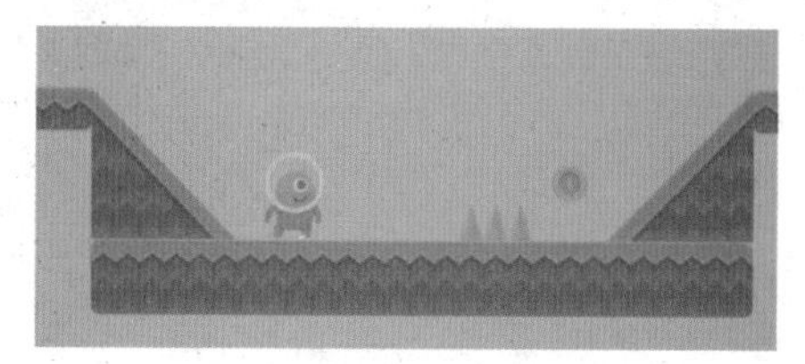

图 8-108　添加陷阱到关卡

单击播放按钮运行游戏，当第 1 次碰到陷阱后，屏幕显示 PlayerOnDamage，当第 3 次碰到陷阱时，Health 值被设为 0，屏幕显示“PlayerDead!!!”（如图 8-109 所示）。

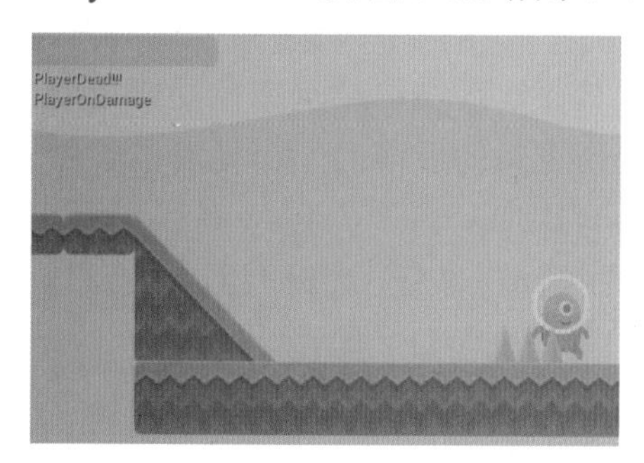

图 8-109　测试 On Damage 事件

到这里陷阱就制作完成了。最后为了方便，设置一下 BP_Trap 的 Icon（如图 8-110 所示）。

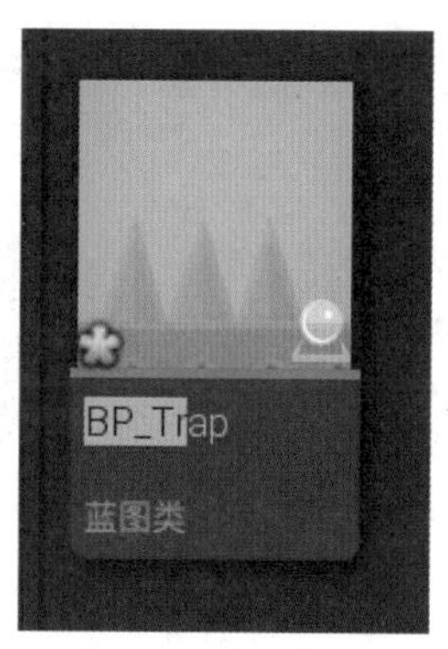

图 8-110　设置陷阱图标

8.8.4　处理玩家角色死亡

当前已经能够判断玩家角色是否死亡，回到 BP_2DPlatform_Character 蓝图编辑器中处理玩家角色死亡之后的逻辑。

首先，当玩家角色死亡之后玩家不能够再通过输入设备玩家角色的移动。所以添加“获取玩家控制器”节点，找到玩家控制器添加“禁止输入”节点来关闭当前角色接受玩家输入（如图 8-111 所示）。

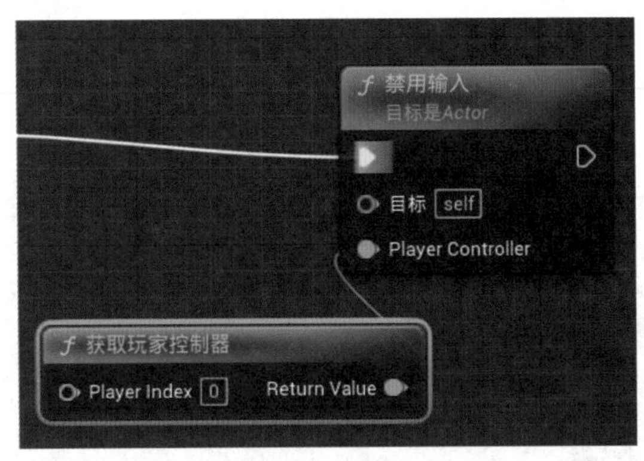

图 8-111　关闭玩家角色输入

当玩家不能控制自己的角色后，经过 2 秒钟时间，让关卡重新加载，这样相当于重新开始了游戏，注意不能以一个固定的名字来加载关卡。当在第 1 个关卡时，要重新加载的关卡是第 1 个关卡，当在 Game02 关卡中，玩家角色如果死亡，要重新加载的关卡就是 Game02。

UE5 提供了一个节点，叫作“获取当前关卡”，这个节点能够返回当前正在运行的关卡的名字。把这个节点添加到事件图表中，然后把它的返回值输入给“打开关卡（按名称）”的 LevelName 输入参数（如图 8-112 所示）。

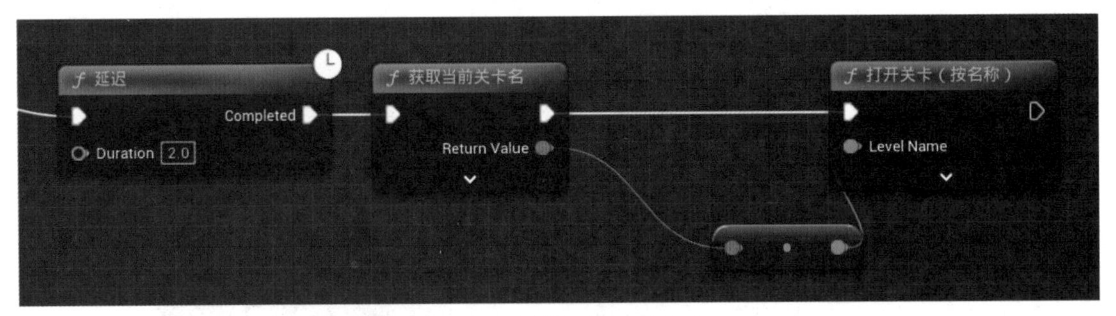

图 8-112　重新加载当前关卡

编译保存蓝图，然后回到关卡编辑器中，单击播放按钮运行游戏，角色反复在陷阱上面经过，触发玩家死亡条件。检查玩家输入是否被正确停止，并在 2 秒钟之后重新开始关卡。

8.8.5　实现玩家受伤效果

死亡的处理正确之后，下面来处理一下受伤的效果。现在需要玩家在受伤之后，角色精灵闪动一个红色。并在一段时间后消失。在受伤逻辑的后面的空白处右击添加一个 Timeline 节点，命名为 DamageColorChange（如图 8-113 所示）。

双击 Timeline 节点，打开 Timeline 编辑器。单击“+ 轨道”按钮，选择“添加浮点型轨道”添加一个动画轨道，命名为 Lerp 并设置动画长度为 1（如图 8-114 所示）。

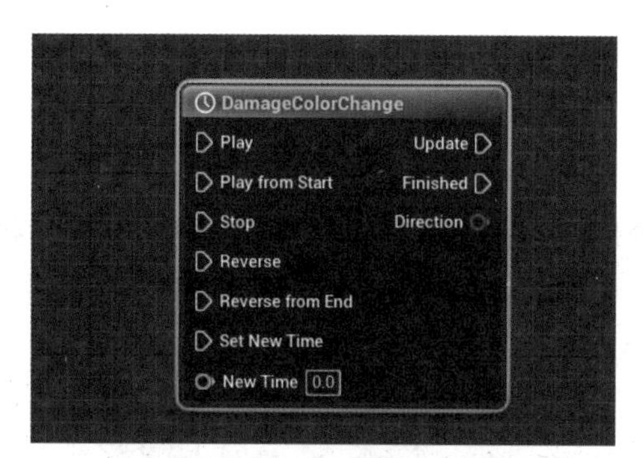

图 8-113　添加改变颜色时间线

图 8-114　设置轨道名称与动画长度

按住键盘上的 Shift 键，在轨道上单击，添加多个关键帧，（如图 8-115 所示）。

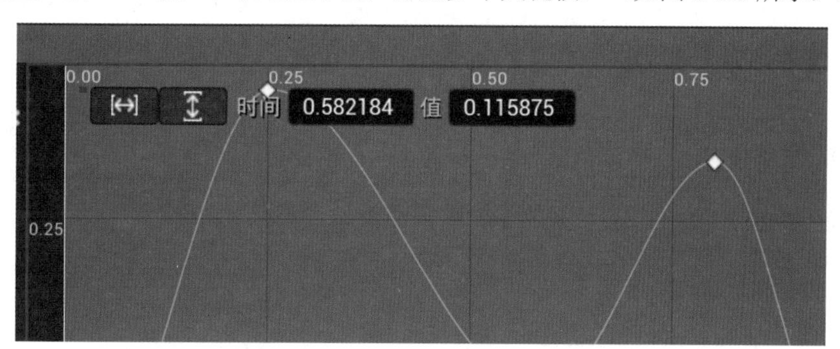

图 8-115　添加动画关键帧

当前需要的是角色精灵的颜色平滑地闪动，使用鼠标左键框选所有的关键帧，然后按键盘上的 1 键，快速设置关键帧为光滑模式。选择单个的关键帧，使用鼠标进行精细的调节，对第 1 个点和最后一个点，都要确定它们在 0 的位置上（如图 8-116 所示）。

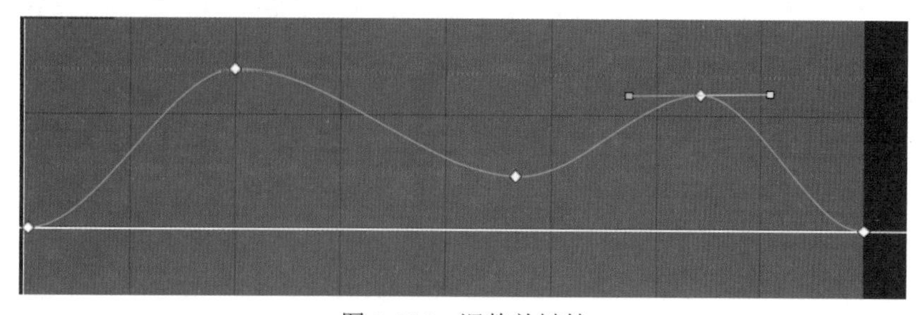

图 8-116　调整关键帧

回到事件图表中，当时间线更新的时候设置精灵的颜色，使用 Lerp 节点插值调整两个颜色，一个是白色，一个是红色。设置为白色代表精灵颜色不发生改变，设置为红色代表精灵的颜色会和红色进行混合，得出最终的颜色，最后把播放 DamageColorChange 和受伤的逻辑链接起来（如图 8-117 所示）。

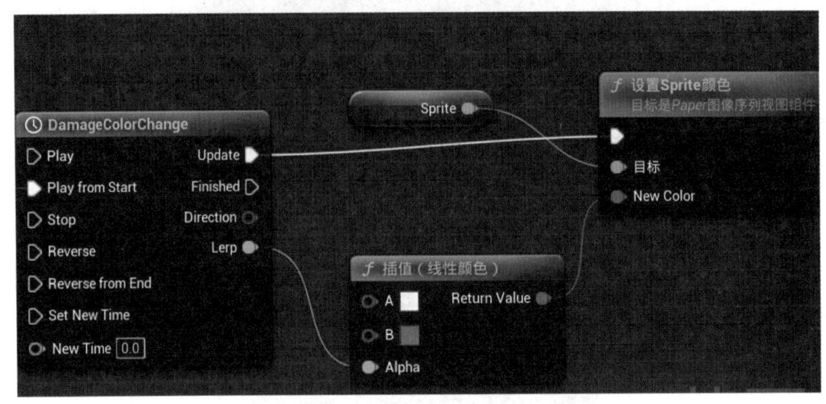

图 8-117　更新精灵颜色

编译保存蓝图，然后回到关卡编辑中，单击播放按钮运行游戏，控制玩家角色碰到陷阱，观察玩家精灵的色彩是否正确地闪动红色（如图 8-118 所示）。

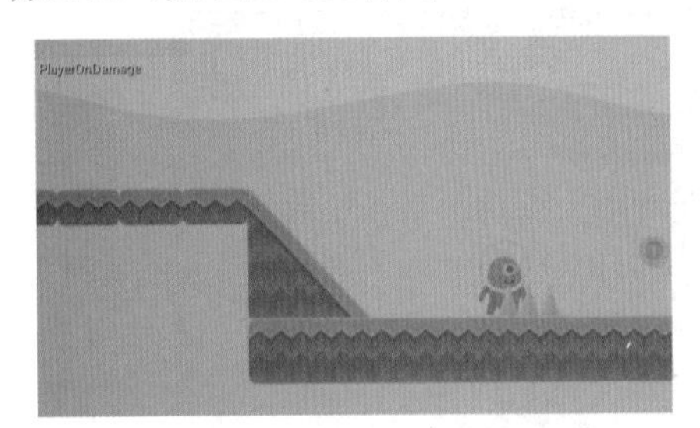
图 8-118　玩家掉血闪动红色

8.9　添加移动平台

下面添加平台类游戏当中最常见的移动平台。

8.9.1　创建设置平台蓝图

在内容浏览器的 Blueprints 文件夹中，在空白处右击，在弹出的快捷菜单中选择“蓝图类”，在蓝图父类选择器中选择 Actor，单击创建一个新的角色蓝图命名为 BP_Platform。

双击 BP_Platform，在蓝图编辑器中打开。在“组件”面板中，单击“添加”按钮搜索添加 Scene 组件。

Scene 是一个空的组件，它有一个 3D 空间的变换属性。一般会把 Scene 组件作为一个父组件，方便变换移动多个子组件，或者把 Scene 组件作为轴心点，旋转缩放组件。

有了 Scene 组件之后，接着为平台添加精灵组件。平台由两个精灵组成，所以需要选择对应的精灵，当需要选择的精灵比较多的时候，每一次从蓝图编辑器切换到内容浏览器中进行选择，然后再切换回蓝图编辑器非常不方便。这里介绍一种简单的方法——因为内容浏览器可以打开多个页面，所以可以在蓝图编辑中打开内容浏览器。在蓝图编辑器的菜单栏中，选择“窗口”菜单，然后选择“内容浏览器”，在子菜单中选择“内容浏览器 2”打开一个新的内容浏览器。

把打开的内容浏览器面板拖动到视口下方（如图 8-119 所示）这样就在蓝图编辑器里打开了一个跟关卡编辑器中一样的内容浏览器，之后可以直接在这个内容浏览器中选择需要的资源。

图 8-119　把内容浏览器放置蓝图编辑器界面中

在 Sprite → Ground → Grass 目录中，找到 grassCliff_left_Sprite 和 grassCliff_right_Sprite 两个精灵，拖动到新创建的 Sense 组件上。检查一下精灵是否 Scene 组件的子组件，如果没有，手动拖动新加入的两个精灵组件到 Scene 组件下面（如图 8-120 所示）。

图 8-120　快速添加两个精灵组件

移动新添加的两个精灵组件把这两个组件横向拼接在一起（如图 8-121 所示）。

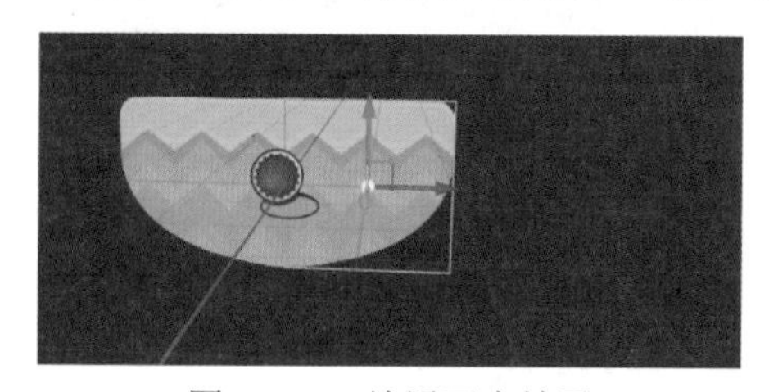

图 8-121　放置两个精灵

8.9.2 设置移动目标

添加一个向量类型的变量，命名为 TargetLocation。这个变量记录了平台要移动到的位置，再添加一个类型为浮点的变量，命名为 MoveSpeed，这个变量用来设置移动的速度（如图 8-122 所示）。

图 8-122 添加变量

为了能够在关卡编辑器中更方便地设置 3D 向量的位置，选择“设置相对位置”变量后，在细节面板设置中把“可编辑实例”以及“显示 3D 控件”打开。“显示 3D 控件”会把3D位置在关卡编辑器中以可视化的方式显示出来，方便在3D空间中选择移动（如图8-123 所示）。

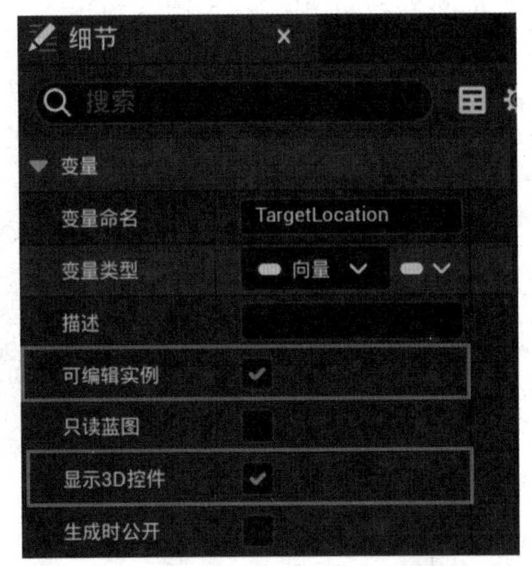

图 8-123 设置向量变量显示在 3D 视口中

对于 MoveSpeed，也把“可实时编辑”打开，再将默认值设置为 1。

8.9.3 移动平台

在事件图表中右击搜索添加 TimeLine 节点并命名为 MovePlatformTimeLine（如图 8-124 所示）。

双击 MovePlatformTimeLine 节点，打开 Timeline 编辑器。设置 TimeLine 的长度为 1。添加浮点类型的轨道并命名为 Lerp。并编辑轨道曲线如图 8-125 所示。

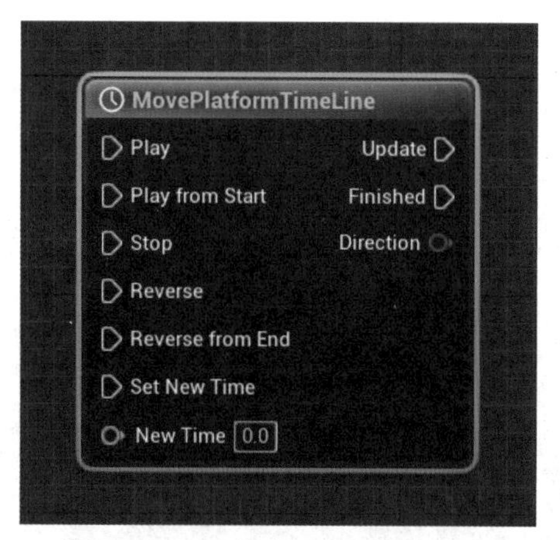

图 8-124 添加移动平台的时间线

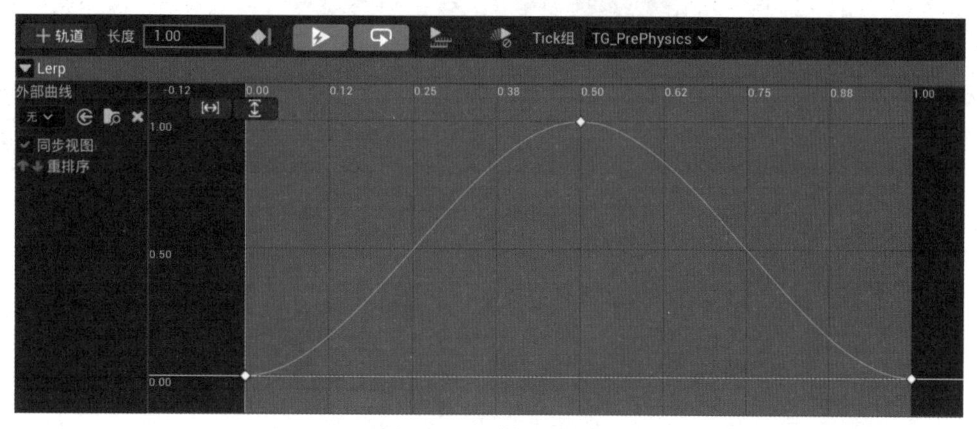

图 8-125 编辑时间线

曲线编辑完成后，在 Timeline 编辑器的上面，把“自动播放”和“循环”勾选。“自动播放”是设置 Timeline 在没有任何事件调用它的情况下直接开始播放，而 Loop 是设置 Timeline 在播放完成后循环播放（如图 8-126 所示）。

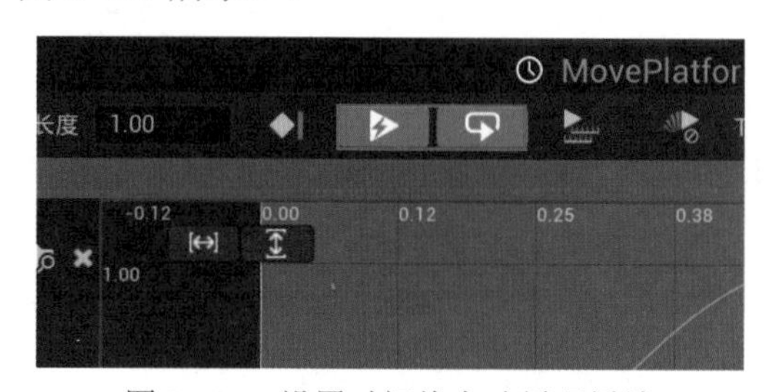

图 8-126 设置时间线自动循环播放

回到事件图表中，观察 MovePlatform TimeLine 节点，发现已经有循环和自动播放两个图标显示在节点上了（如图 8-127 所示）。

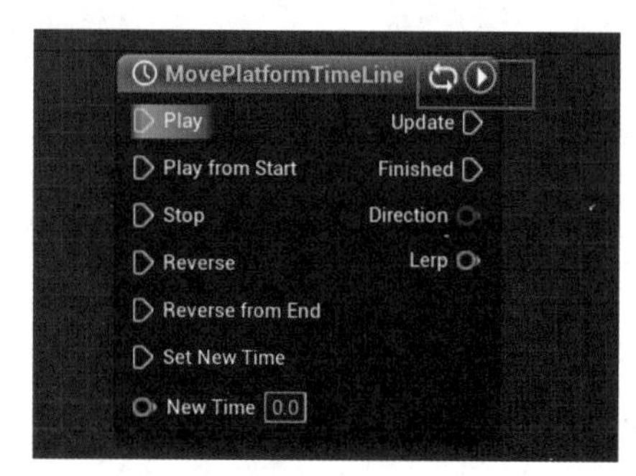

图 8-127 自动循环播放图标

把 Scene 节点拖动到事件图表中，在 TimeLine 更新的时候，设置 Scene 的相对位置。从（0,0,0）的位置到“设置相对位置”的位置，链接节点（如图 8-128 所示）。注意“设置相对位置”里记录的是相对位置，所以在设置 Scene 节点的位置的时候，也要使用“设置相对位置”节点。

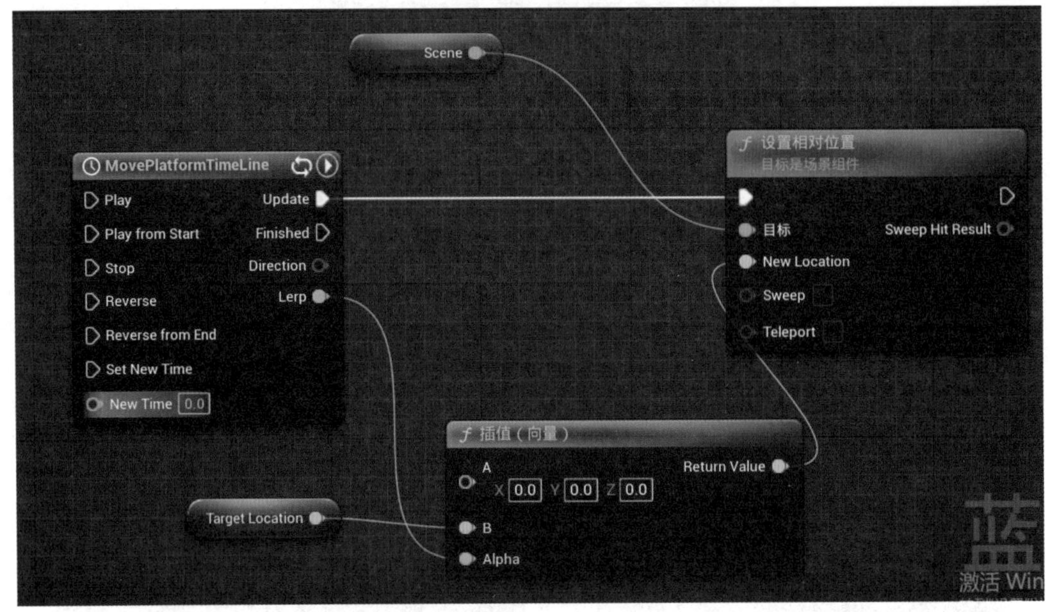

图 8-128 更新 Scene 组件位置

编译保存 BP_Platform 蓝图后回到关卡编辑器中，把 BP_Platform 蓝图添加到关卡中。可以看到在 BP_Platform 角色的中心位置有一个菱形的线框，这个线框就是“设置相对位置”的 3D 显示（如图 8-129 所示）。

图 8-129 3D 向量变量

在 BP_Platform 角色选择的状态下再次单击，选择菱形线框，当菱形线框变为白色代表已经选中。使用“移动工具”移动菱形线框到目标位置，同时观察细节面板中，当移动菱形线框时细节面板当中的“设置相对位置”值也会同步发生变化。使用这种方法设置目标位置比在细节面板当中手动输入位置坐标更加直观（如图 8-130 所示）。

图 8-130 通过拖动设置 3D 向量变量值

8.9.4 设置TimeLine播放时间

单击播放按钮运行游戏，观察 BP_Platform 角色，已经在开始点和目标位置之间来回移动了，但是当前移动的速度是在 TimeLine 当中设置的 1 秒钟，也就是说平台在开始位置和目标位置之间运动一个循环，要经过 1 秒钟的时间（如图 8-131 所示）。

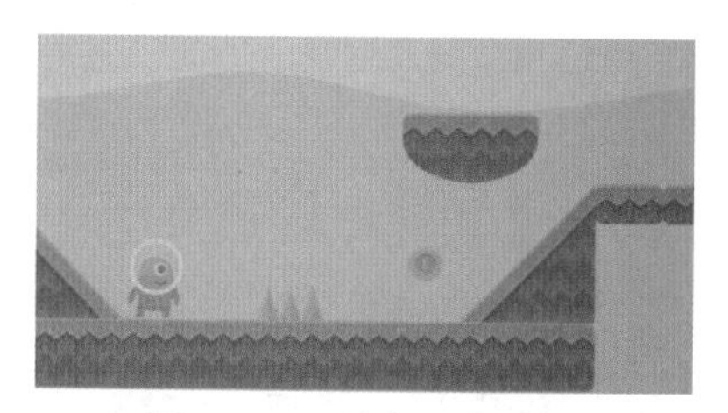

图 8-131　平台正常移动

下面来设置 TimeLine 的速度。当创建好了 TimeLine 之后，这个 TimeLine 就可以作为一个组件变量访问了。在变量面板中展开“组件”，拖动 MovePlatformTimeLine（UE5 对该名字优化后，会在单词之间加空格）组件到事件图表中（如图 8-132 所示）。

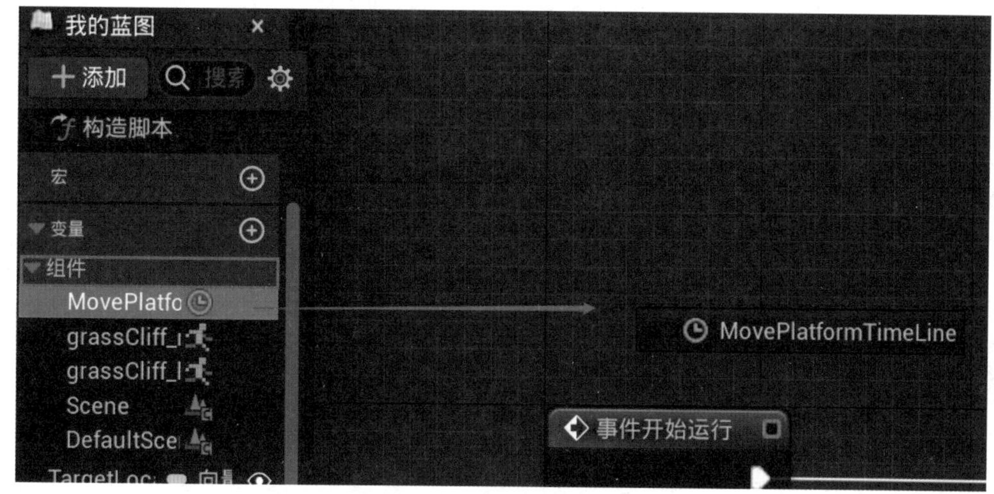

图 8-132　时间线节点创建了组件

有了组件变量之后，就可以为这个组件设置它的各种属性。拖动数据流到空白处，搜索添加“设置播放速率”，这个节点会设置 TimeLine 的播放速度。之前在 Move Platform Time Line 中，设置的动画长度是 1，所以对 Move Platform Time Line 设置播放速率，就可以改变 TimeLine 的播放速度，如要 TimeLine 播放的事件为 10 秒，就可以设置 New Rate 为 0.1。为了使 Move Speed 变量更方便地控制移动平台的速度，用 1 除以 Move Speed 后，就是新的播放速率。Move Speed 变量实际上是 TimeLine 动画播放一个循环所需要的总时间（如图 8-133 所示）。

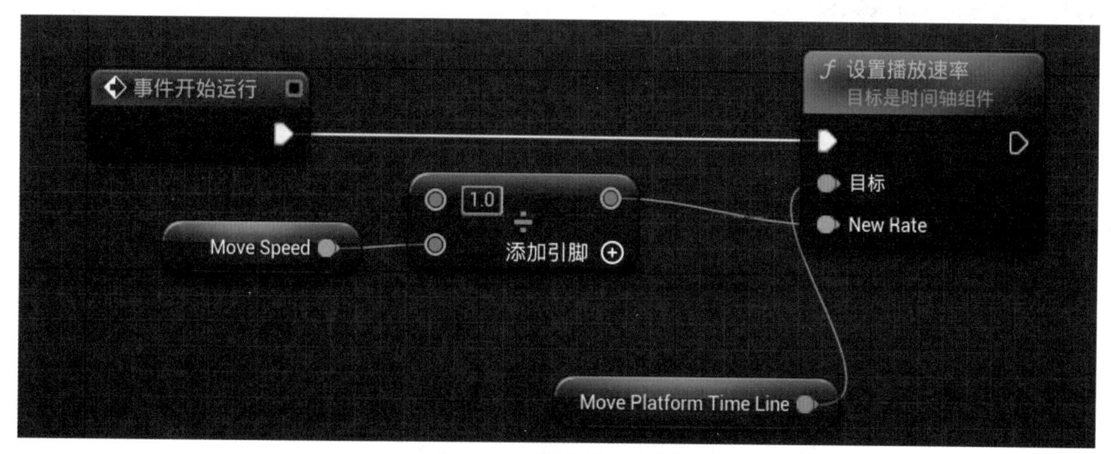

图 8-133　把速率修改为秒

编译保存 BP_Platform 蓝图，回到关卡编辑器中。可以按 Alt+S 键进入模拟运行模式，该运行模式下会执行所有的动画和物理运算，但并不会运行游戏的逻辑。这样方便在编辑场景下，检查动画和物理设置是否符合要求。模拟运行模式如图 8-134 所示。

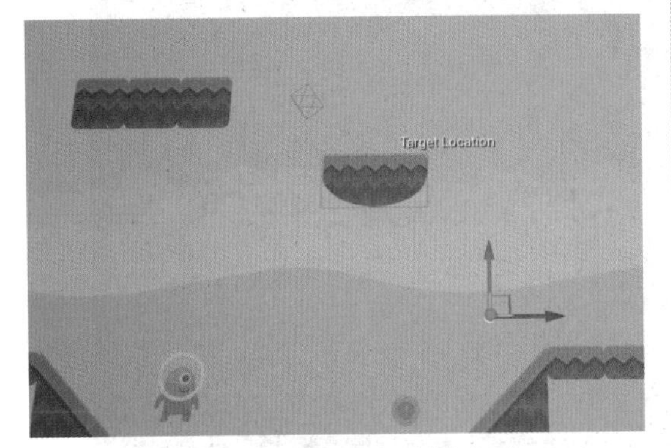

图 8-134　模拟运行查看动画

当模拟运行没有问题之后，按 Alt+P 键进入正常的游戏播放模式。移动玩家角色，跳到移动的平台上，检查平台的功能是否正确（如图 8-135 所示）。

图 8-135　玩家站在平台上运动

8.10　添加不可见死亡触发器

在 2D 平台游戏中，当角色移动到关卡平台外面会触发角色死亡。这是 2D 平台游戏最常见的一种游戏规则，本节来添加一个不可见的死亡触发器。

8.10.1　添加设置死亡触发器蓝图

在内容浏览器的 Blueprints 文件夹中右击空白处，在弹出的快捷菜单中选择“蓝图类”，在蓝图父类选择器中，选择 Actor，单击创建一个新的角色蓝图，命名为 BP_DeadTrigger。

双击打开 BP_DeadTrigger，搜索添加 Box 碰撞组件，然后添加 Box 碰撞组件的“组件开始重叠时”事件（如图 8-136 所示），当和 Box 碰撞组件发生碰撞的角色为玩家角色时，将触发玩家的 OnDead 事件。

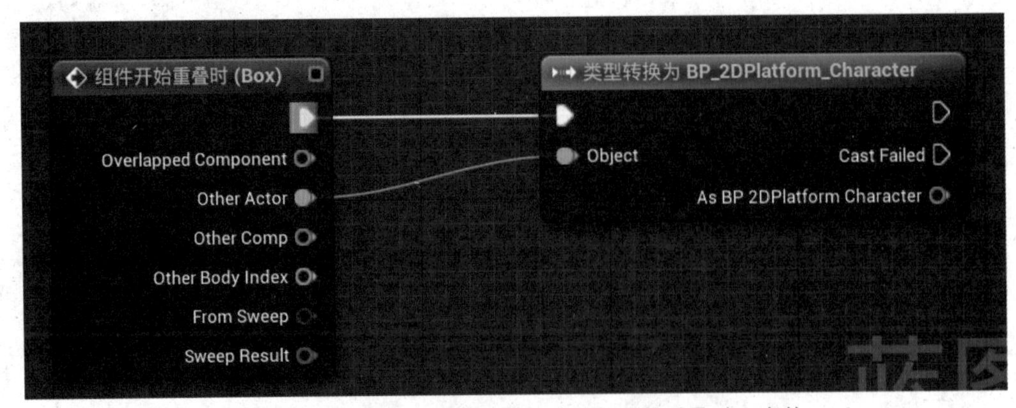

图 8-136　添加 Box 碰撞组件的“组件开始重叠时”事件

8.10.2 设置角色死亡事件

打开 BP_2DPlatform_Character 蓝图，在事件图表的空白处添加一个自定义事件，命名为 OnDead。

在之前添加陷阱的时候已经处理了判断玩家角色是否死亡，并且针对玩家角色死亡做了一系列的操作。找到之前处理玩家角色死亡的节点图，把它们连接到 On Dead（UE5 会把该名字优化为 On Dead）节点的后面（如图 8-137 所示）。

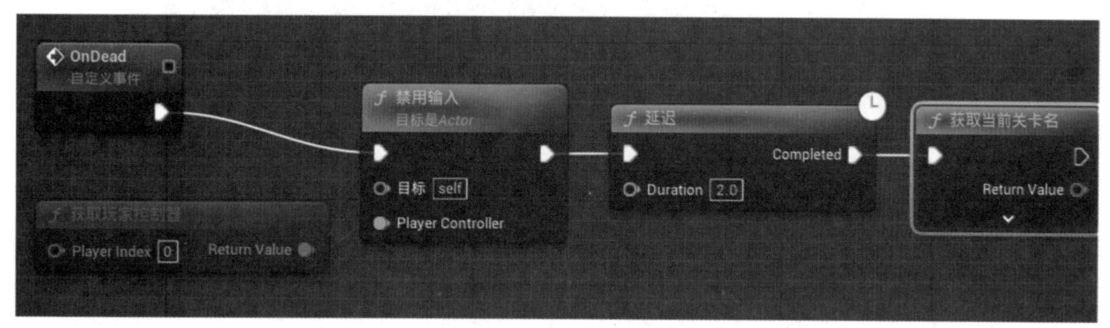

图 8-137　OnDead 事件逻辑

在原先处理玩家角色死亡的代码的地方，调用新添加的 On Dead 事件（如图 8-138 所示）。

图 8-138　调用 On Dead 事件

回到 BP_DeadTrigger 蓝图中，当确定其他的碰撞角色为玩家角色后，调用玩家角色的 On Dead 事件函数（如图 8-139 所示）。

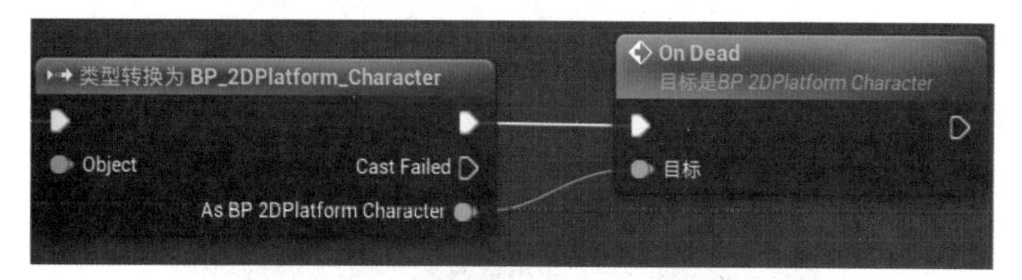

图 8-139　触发器调用 On Dead 事件

8.10.3 在关卡中配置死亡触发角色

回到关卡编辑器，把新创建的 BP_DeadTrigger 拖动到关卡中。默认触发器的触发区是 Box

碰撞体的边框，所以可以设置碰撞体的参数来设置触发器的触发区。选择BP_DeadTrigger，在细节面板中，选择Box组件，设置Box组件的“盒体范围”为1280×64×64（如图8-140所示）。

图8-140　关卡中选择设置Actor的组件

在视口中，把BP_DeadTrigger放在合适的位置，可以放置多个BP_DeadTrigger来自定义多个死亡出发区（如图8-141所示）。

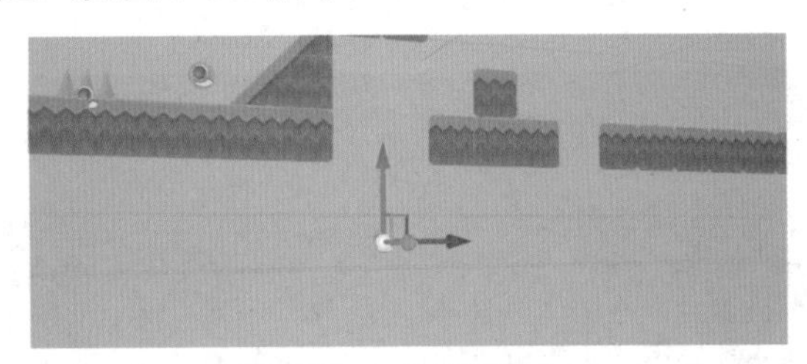

图8-141　放置死亡区

单击播放按钮运行关卡，找到一个合适的位置，让玩家触发刚刚添加的BP_DeadTrigger。观察玩家角色的动作会一直往下落，直到关卡重新加载位置（如图8-142所示）。

图8-142　玩家角色死亡

玩家不停地下落是由于在On Dead中关闭了用户的输入，但“角色移动”组件依然起作用。玩家的下落是“角色移动”组件在起作用所以就出现了用户不能控制角色，但角色依然在往下掉落的情况。这里需要修改OnDead事件的逻辑，一旦触发完成后，就关闭“角色移动”组件的激活状态（如图8-143所示）。

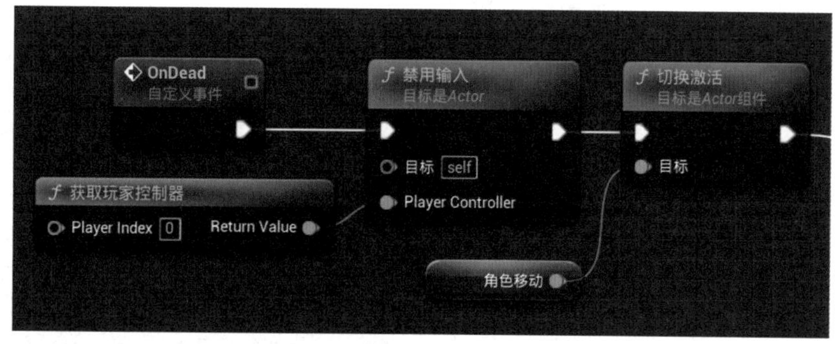

图8-143　关闭玩家角色移动组件

继续运行游戏，这次当玩家触发死亡区域之后，不会再一直往下掉落了（如图8-144所示）。

图8-144　死亡不会继续降落

提示：这里有多种处理方法，如玩家继续下落，但摄影机不再跟随角色，或者播放一个特效让玩家角色爆炸消失等。这些处理方法留给读者自己去扩展。

8.11　添加过关蓝图

当前有两个关卡，要在关卡之间跳转，需要一个跳转关卡的蓝图。这个蓝图会根据设置切换当前关卡到对应的关卡中。

8.11.1　创建过关蓝图

在内容浏览器的Blueprints文件夹中，右击空白处，在弹出的快捷菜单中选择“蓝图类”，在蓝图父类选择器中，选择Actor，单击创建一个新的角色蓝图，命名为BP_EndLevel。

8.11.2　准备过关蓝图图像序列

在内容/Assets/Items目录中，找到flagRed1、flagRed2和flagRed_down纹理，创建对应的精灵，并把创建好的精灵放在内容/Sprites/Items目录中。选择flagRed1_sprite和flagRed2_sprite两个精灵并右击，在弹出的快捷菜单中选择“创建图像序列”。在创建图像序列时，UE5会自动把选择的精灵添加到图像序列中，把鼠标放在图像序列资源上，预览图表就会播放这个图像序列（如图8-145所示）。

图8-145　预览旗子动画

默认的旗子飘动的动画有些快，双击新创建的图像序列，打开图像序列编辑器，在右侧细节面板中设置“每秒帧数”为5（如

图 8-146 所示）。

图 8-146　设置旗子动画速度

回到内容浏览器，用 FB_flagRed_Down_Sprite 精灵，创建一个新的图像序列。这个动画是旗子落下去的动画，由于只有一帧所以无须特别的设置。(如图 8-147 所示)。

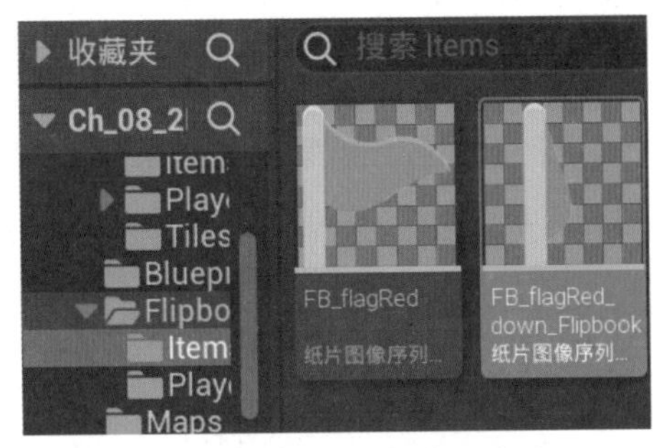

图 8-147　创建旗子落下动画

在“内容”目录下，新创建 Flipbooks/Items 目录，把新创建的两个图像序列移动到这个目录中。

8.11.3　设置过关蓝图

回到 BP_EndLevel 蓝图中，添加精灵的默认图像序列。移动精灵组件的位置，让精灵的底部与蓝图对齐（如图 8-148 所示）。

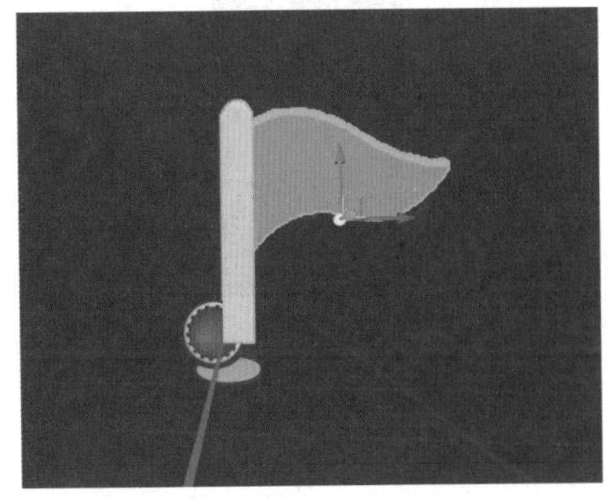
图 8-148　设置旗子位置

为了更明确碰撞，首先选择 Default SceneRoot 根组件，然后搜索添加 Box 碰撞体（如图 8-149 所示）。

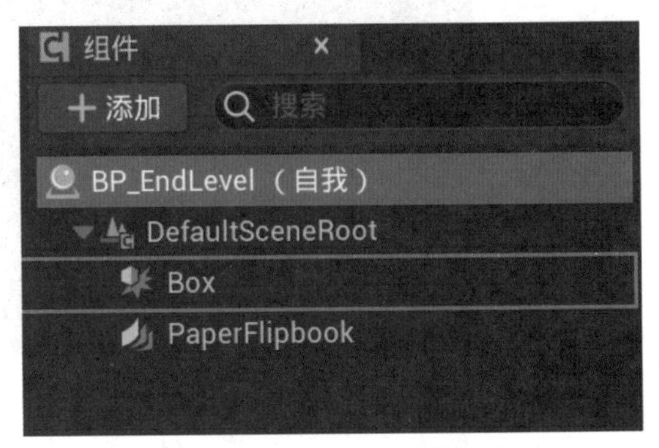

图 8-149　添加 Box 碰撞组建

添加了 Box 碰撞体后，所有的碰撞逻辑都准备使用 Box 碰撞体。选择 PaperFlipbook 组件，在细节面板中将“碰撞预设”设置为 NoCollision（无碰撞）。

选择 Box 碰撞组件移动到正好和图像序列对齐的位置，设置“盒体范围”使 Box 正好覆盖图像序列（如图 8-150 所示）。

切换到“事件图表”中，为 Box 碰撞组件添加“组件开始重叠时”事件，当玩家碰到时设置图像序列为旗子落下的动画（如图 8-151 所示）。

在“我的蓝图”面板中的“变量”类别后面，单击 + 号按钮，创建一个“字符串”类型的变量，命名为 Next Level Name。在细节面板中勾选“可编辑实例”。

在设置图像序列视图为旗子落下的动画后面，使用“延迟”节点添加一点延迟，然后添加“打开开关”节点，把要打开的关卡命名为 Next Level Name（如图 8-152 所示）。

图 8-150　设置 Box 大小

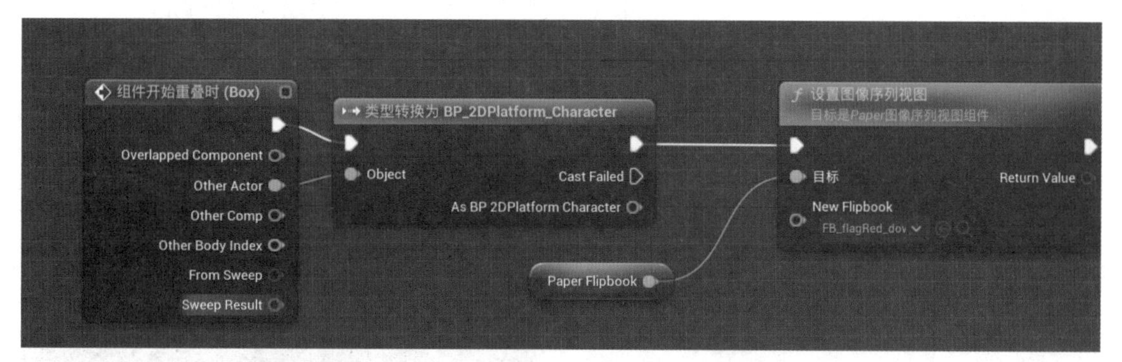

图 8-151　为 Box 碰撞组件添加“组件开始重叠时”事件

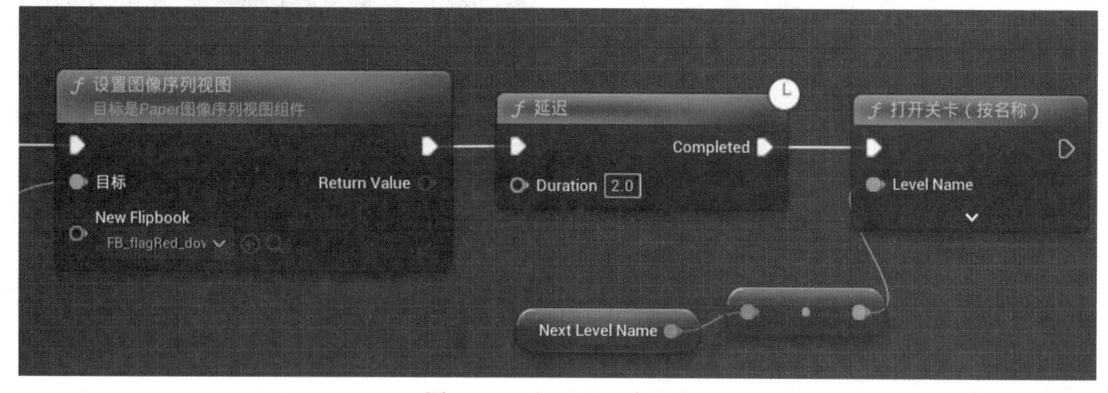

图 8-152　打开下一个关卡

编译保存 BP_EndLevel，回到关卡编辑器，把 BP_EndLevel 拖动添加到当前关卡中（如图 8-153 所示）。

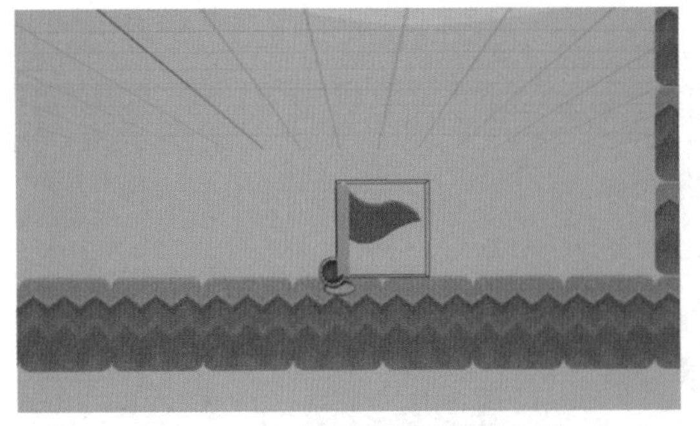

图 8-153　添加过关蓝图在关卡中

选择关卡中的 BP_EndLevel，在细节面板中设置 Next Level Name 为 Game02。

单击播放按钮运行游戏，控制玩家角色，碰撞到 BP_EndLevel 蓝图角色，BP_EndLevel 角色首先会切换到降旗状态（如图 8-154 所示）。

图 8-154　触发结束关卡

经过 2 秒钟之后，UE5 就会打开 Game02 关卡，这时所有的内容包括关卡、游戏模式、玩家角色都是在 Game02 中设置的（如图 8-155 所示）。

图 8-155　跳转到 Game02 关卡

8.12 Game HUD

8.12.1　创建UI蓝图

在“内容”目录下，创建一个新的文件夹，并命名为 Widgets，专门放置 UI 蓝图。在 Widgets 目录下右击，在弹出的快捷菜单中选择“用户界面”→“控件蓝图”，在弹出的根控件选择器中，选择 UserWidget，命名新创建的蓝图为 WBP_GameHUD。

8.12.2　创建生命栏

双击新创建的 UI 蓝图，打开 UMG 编辑器。在左侧找到“控件板”添加到视口中，这是代表屏幕的面板。继续在“控件板”面板下添加“尺寸框”面板（如图 8-156 所示）。

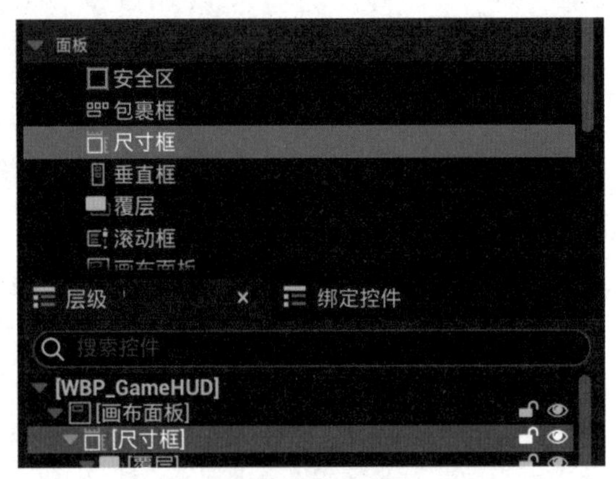

图 8-156　添加“尺寸框”面板

“尺寸框”面板能设置一个固定的面板大小。单击选择后在右侧的细节面板中设置“位置”和“尺寸”数值（如图 8-157 所示）。

继续为“尺寸框”添加一个“覆膜”子节点。“覆膜”节点会把所有的子节点以一定的顺序显示出来，再给“覆膜”添加两个“水平框”节点，这两个是放图片的容器节点（如图 8-158 所示）。

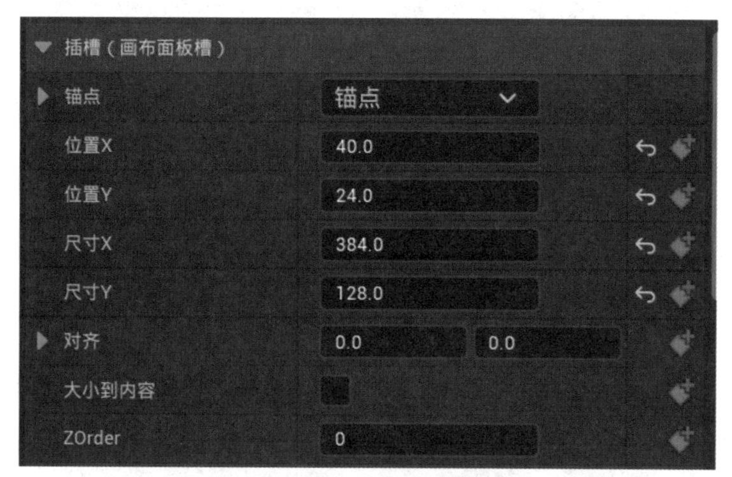

图 8-157　设置“尺寸框”的“位置”和“尺寸”

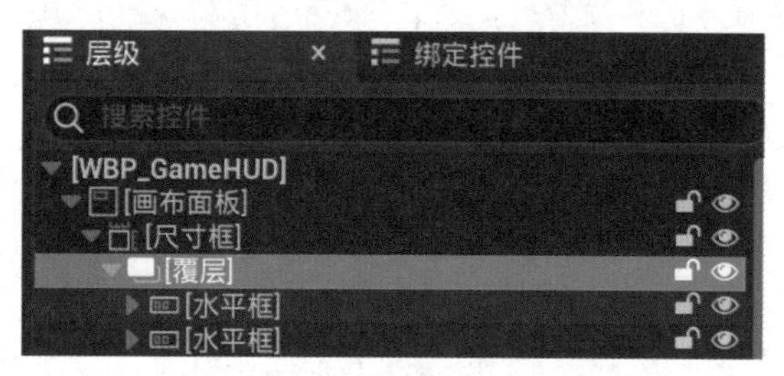

图 8-158　继续添加辅助元素

在第一个“水平框”面板下创建一个新的 Image 节点，设置 Image 节点的属性（如图 8-159 所示）。

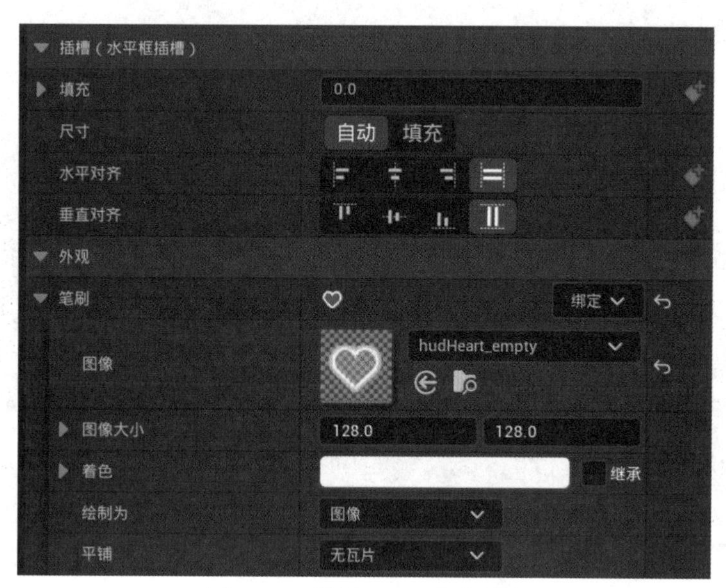

图 8-159　设置 Image 节点属性

检查画布中的 Image 节点，自动填充到了“尺寸框”的边缘（如图 8-160 所示）。

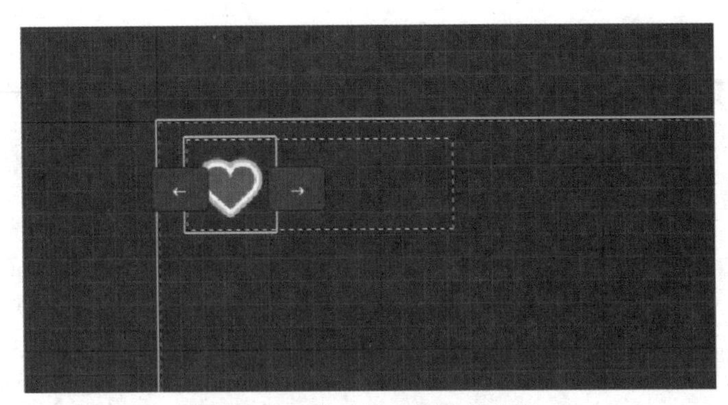

图 8-160　自动设置图像的位置

选择图像，连续复制出两个新的图像节点，新复制的图片与原先的图片自动排列在“水平框”中（如图 8-161 所示）。

图 8-161　自动水平排列三个图像节点

对第二个“水平框”添加图像组件。设置 Image 的图像为 hudHeart_full（如图 8-162 所示）。

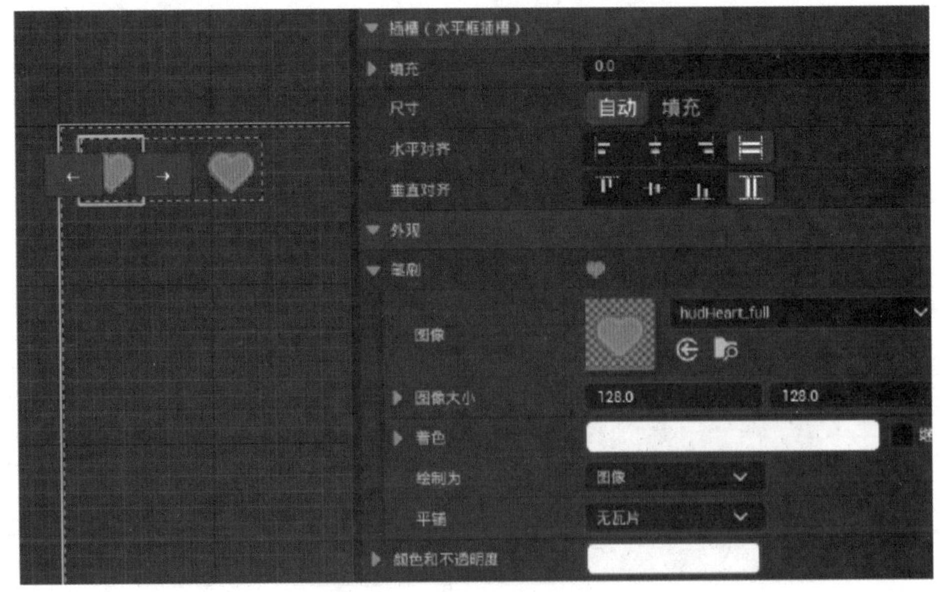

图 8-162　添加满血的 Image 节点

复制出另外的 Image，红色的心形图像会把空白心形覆盖住（如图 8-163 所示）。

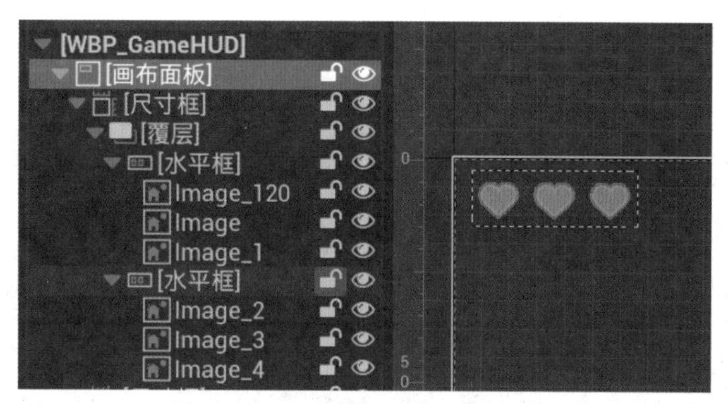

图 8-163 自动排列三个 Image 节点

为了表示出健康值有损失的情况，只要把红色的心形隐藏就行了。

8.12.3 完成生命栏逻辑

切换到图表视图，在“事件构造”上搜索添加“获取玩家 Pawn”节点，然后拖出 Return Value（返回值），搜索添加“类型转换为 BP_2DPlatform_Character”节点，得到蓝图玩家类实例，把返回值提升为变量进行保存，并命名为 Ref_Player（如图 8-164 所示）。

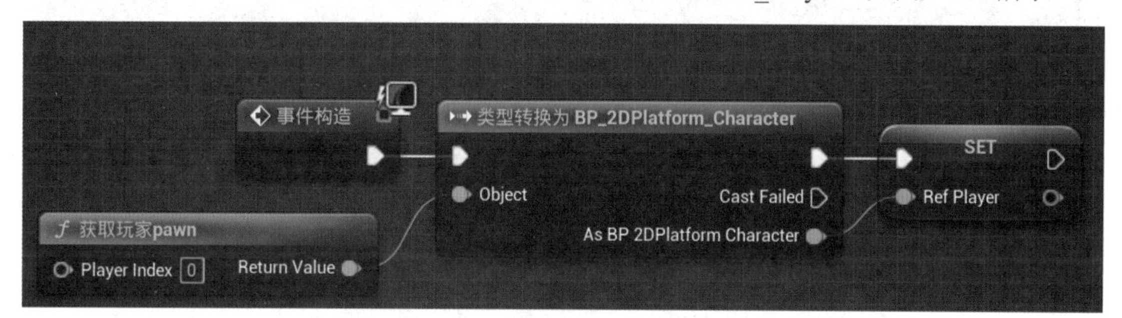

图 8-164 保存玩家引用

找到 Tick 节点，添加 Ref Player 引用，之前已经设置好了 Health 值，所以搜索 Health，选择“目标 Health”，然后拖出 Health 值，搜索添加 Switch 节点（如图 8-165 所示）。

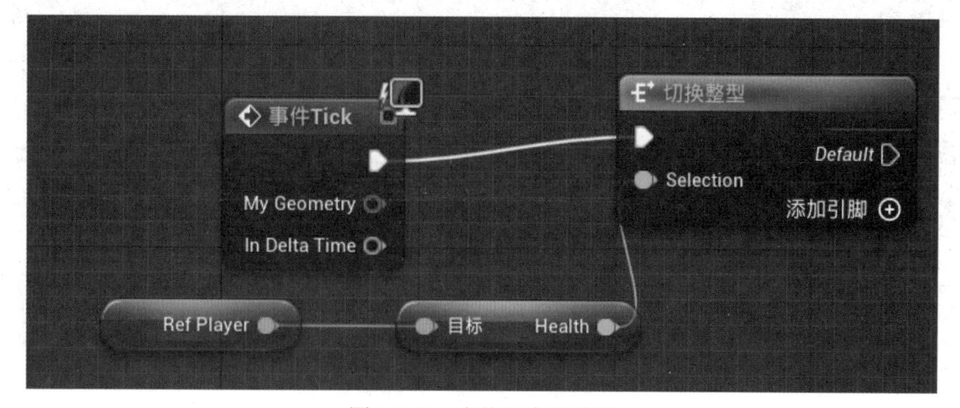

图 8-165 查找玩家健康值

因为 Health 值只有三种状态，所以只需要根据 Health 值切换红心图像的显示即可。如果 Health 为 0，则关闭三个 Image 的显示（如图 8-166 所示）。

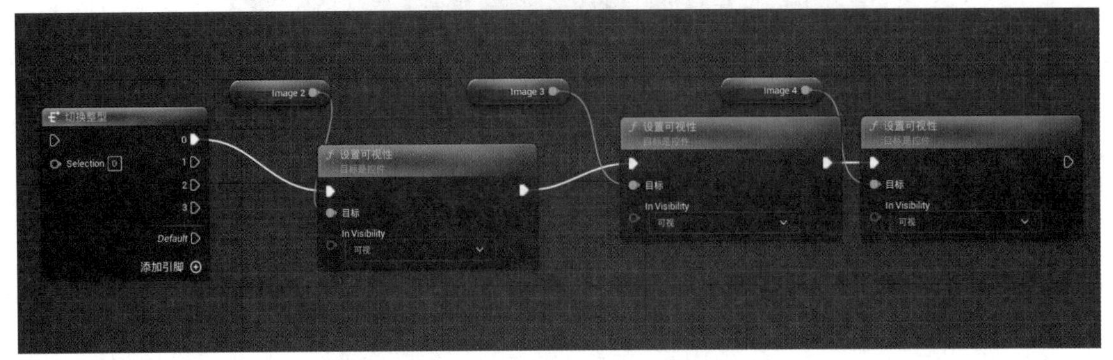

图 8-166　Health 为 0 时，关闭所有满血 Image

当 Health 值为 1 时，关闭除了左侧之外另外两个 Image 的显示（如图 8-167 所示）。

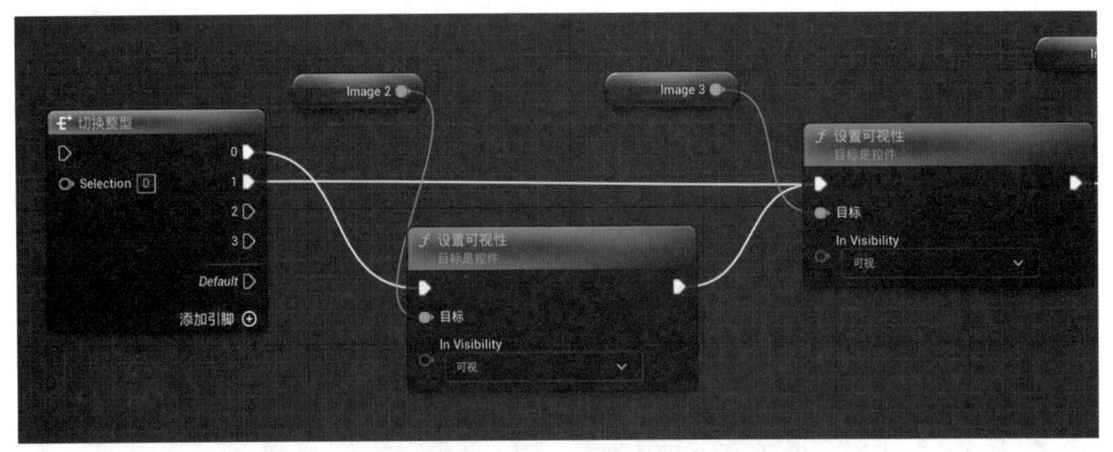

图 8-167　Health 为 1 时，关闭右侧两个满血 Image

当 Health 值为 2 时，关闭最右侧 Image 的显示（如图 8-168 所示）。

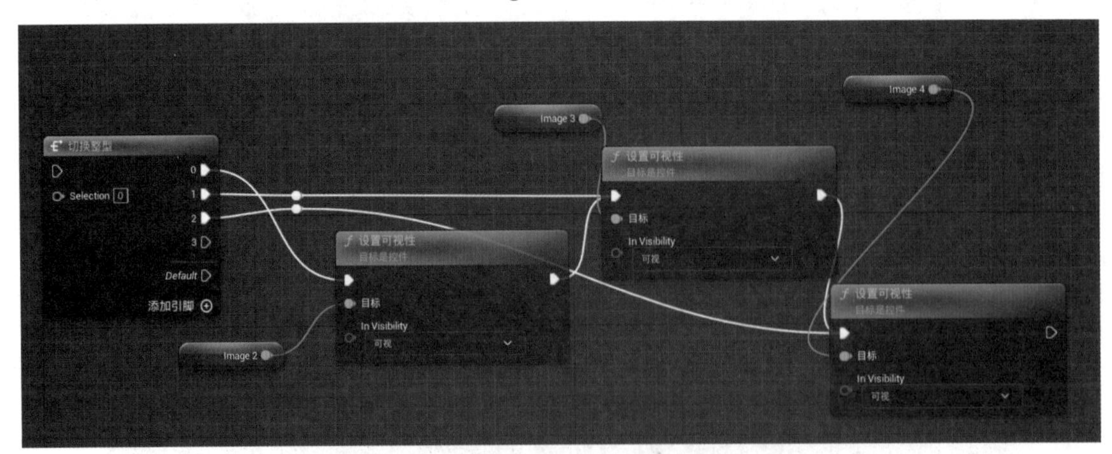

图 8-168　Health 值为 2 时，关闭最右侧 Image

8.12.4 显示游戏UI

回到BP_2DPlatform_Character蓝图，在“事件开始运行”节点后添加CreateWidget节点，选择要创建的节点为WBP_Game HUD，在创建完成后使用“添加到视口”节点把UI添加到视口上（如图8-169所示）。

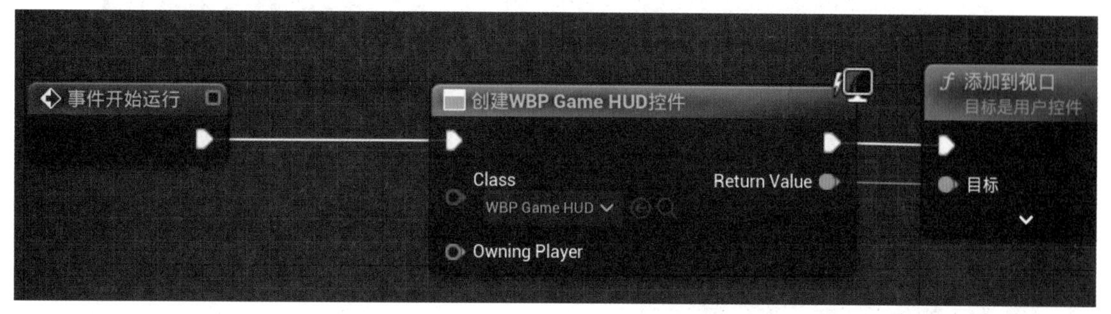

图8-169 添加UI到视口

编译保存所有蓝图，单击播放按钮运行游戏，代表Health值的心形应该出现在左上角了（如图8-170所示）。

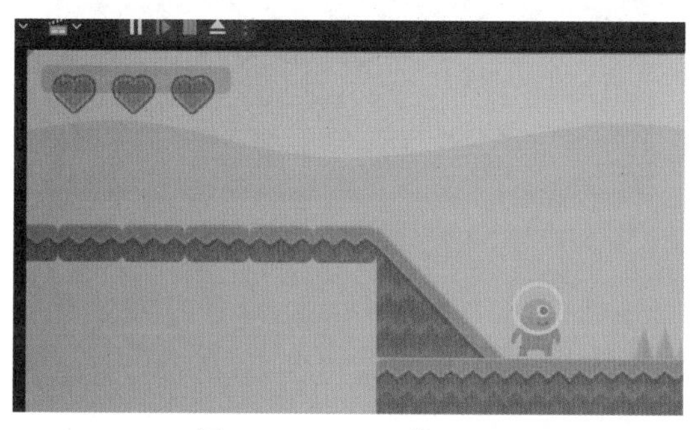

图8-170 UI正常显示

控制玩家角色移动，碰撞到陷阱观察Health值和心形UI的显示是否匹配（如图8-171所示）。

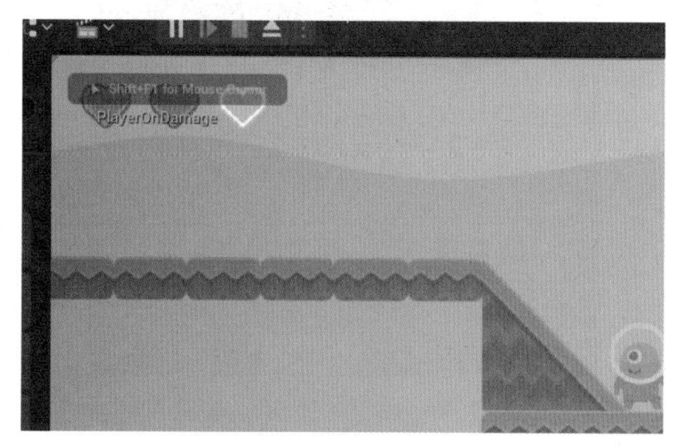

图8-171 血量正常显示

当玩家角色死亡后，心形显示为空才是正确的（如图8-172所示）。

图8-172 玩家角色死亡状态下的血条显示

8.12.5 添加金币UI

回到WBP_GameHud编辑器中，添加一个“尺寸框”组件，把锚点设置为右上角，然后设置“尺寸框”的位置为(−500,44.0)，尺寸为(384×128)（如图8-173所示）。

为“尺寸框”添加“水平框”子元素，然后添加一个Image元素，来显示金币图像（如图8-174所示）。

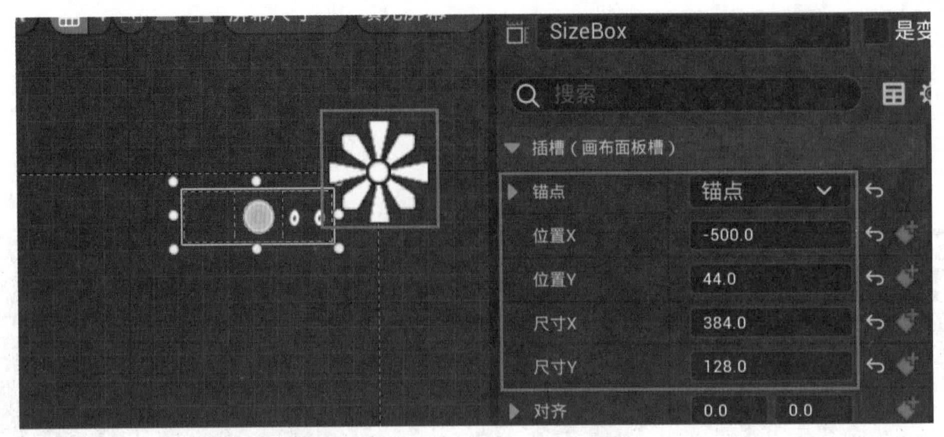

图 8-173　设置“尺寸框”属性

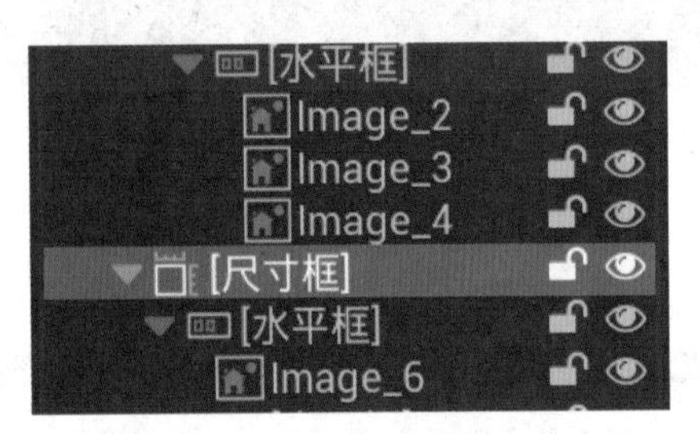

图 8-174　添加金币 Image 节点

继续为“水平框”添加一个“水平框”子组件，在这个子组件中添加两个 Image 组件，这两个 Image 分别是金币数量的十位数和个位数（如图 8-175 所示）。

图 8-175　添加两个 Image 组件

为新添加的三个图像设置对应的纹理（如图 8-176 所示）。

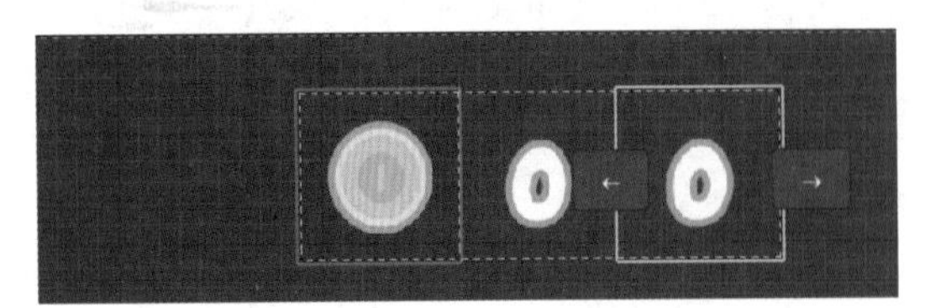
图 8-176　为三个图像设置纹理

选择“尺寸框”下的第一个“水平框”，设置它的“水平对齐”属性为右对齐（如图 8-177 所示）。

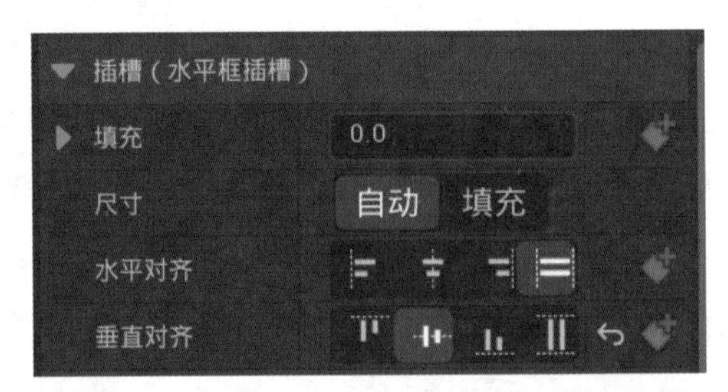

图 8-177　设置“水平对齐”属性为右对齐

设置两个数字 Image 的“垂直对齐”属性为居中对齐，“图像大小”为 64×80（如图 8-178 所示）。

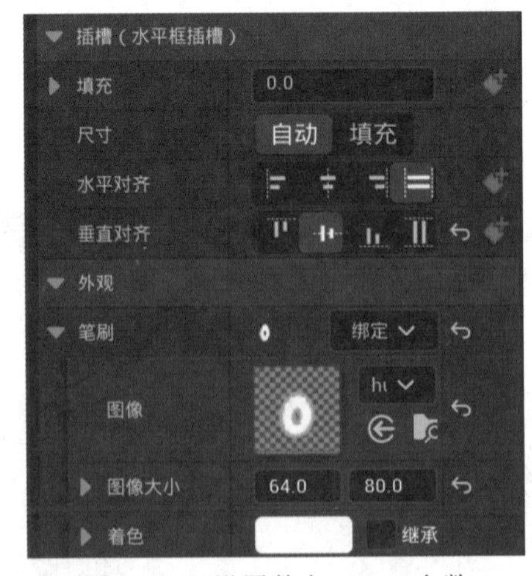

图 8-178　设置数字 Image 参数

查看视口，所有的元素都从右侧开始

对齐，并且数字比原来小了一些（如图 8-179 所示）。

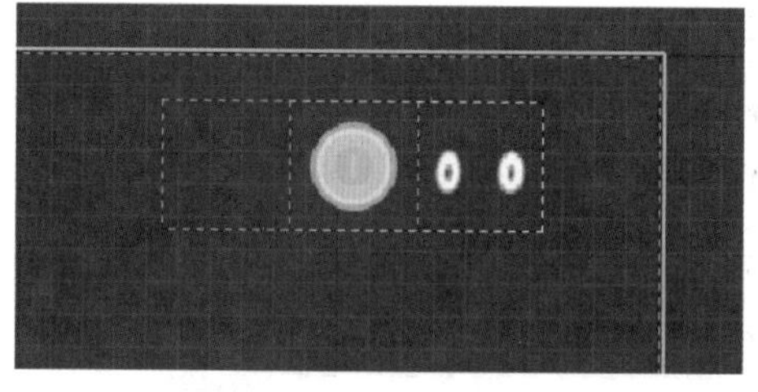

图 8-179　调整后的布局

8.12.6　完成金币显示

打开 WBP_GameHUD 蓝图，因为金币数量放在了 BP_2DPlatform_GameMode 中，所以要显示金币数量，首先要得到 BP_2DPlatform_GameMode 的实例，并保存为 Ref Game Mode（如图 8-180 所示）。

图 8-180　保存 Ref Game Mode

1. 现有节点图塌陷到子图

现在的 Tick 事件中，已经有了设置 Health 的一些代码，如果再添加更新金币的代码，看起来就会比较乱。使用子图的方式，可以把多个节点塌陷到一个节点图中，使视图看起来更清晰。选择 Tick 后面所有的节点，右击，在弹出的快捷菜单中选择“折叠节点”（如图 8-181 所示）。

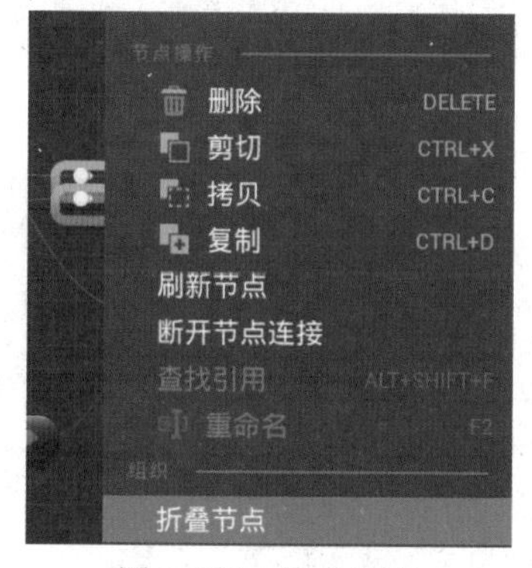

图 8-181　折叠节点

折叠完成后，给新创建出来的子图命名为 UpdateHealth（如图 8-182 所示）。

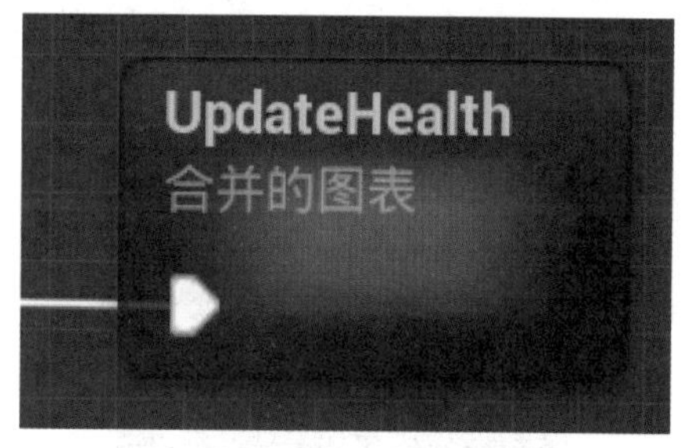

图 8-182　子图名称

检查右上角的“事件图表”，发现多了一个 Update Health。注意子图的图标与其他事件有区别（如图 8-183 所示）。

图 8-183　子图在“事件图表”中的显示

在 Tick 后面添加"序列"节点，把 Then 0 输出，链接到 UpdateHealth 子图上（如图 8-184 所示）。

图 8-184　添加"序列"节点

2. 金币数量的显示

拖动 Ref_GameMode 到事件图表中，搜索添加"获取 Coin"节点，就能够得到当前的 Coin 数量。拖出 Coin，输入 % 搜索，添加取余节点（如图 8-185 所示）。

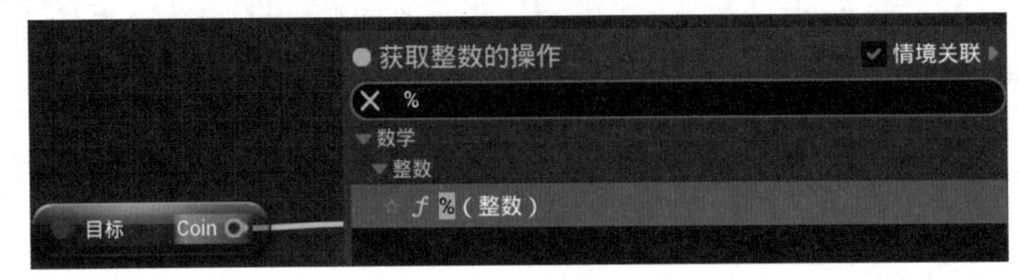

图 8-185　添加取余节点

取余节点会返回被除数除以除数后的余数，如果除数是 10，就能得到被除数的个位数（如图 8-186 所示）。

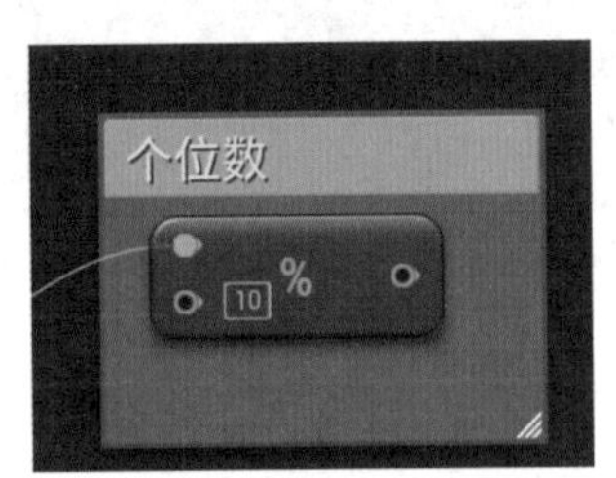

图 8-186　除数为 10 时，取余结果为个位数

再次拖出 Coin 的数据流，输入 / 搜索除法节点（如图 8-187 所示）。

除法节点和乘法节点一样，可以改变两个操作数的类型。用整数除以整数，例如 28 除以 10，在数学上会得到 2.8，因为除法节点需要返回整数，所以小数点后面会被删除，注意是直接丢弃而不是四舍五入。如果除以 10，得到的就是十位上的数字（如图 8-188 所示）。

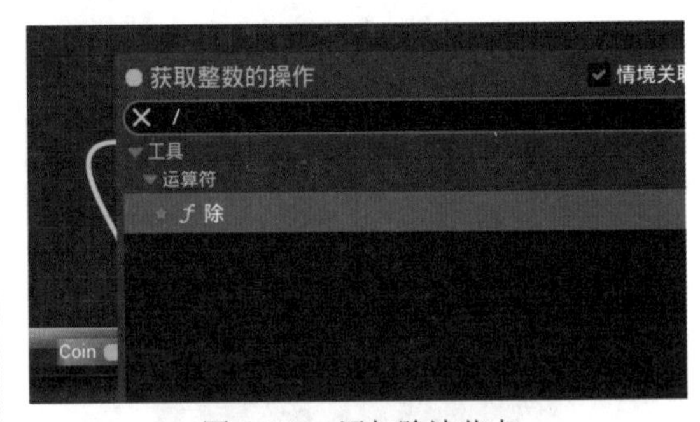

图 8-187　添加除法节点

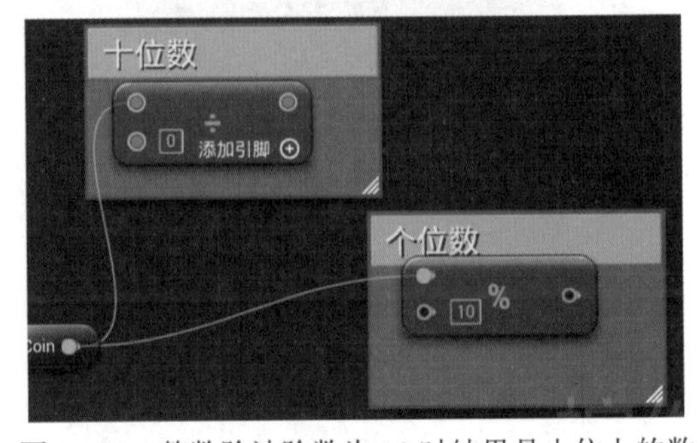

图 8-188　整数除法除数为 10 时结果是十位上的数

当有了个位数和十位数之后，就能通过替换图片来让两个Image组件显示Coin的数量。拖出代表十位数的Image组件变量，右击搜索添加“使用纹理设置笔刷”节点，这个节点可以改变Image组件使用的纹理（如图8-189所示）。

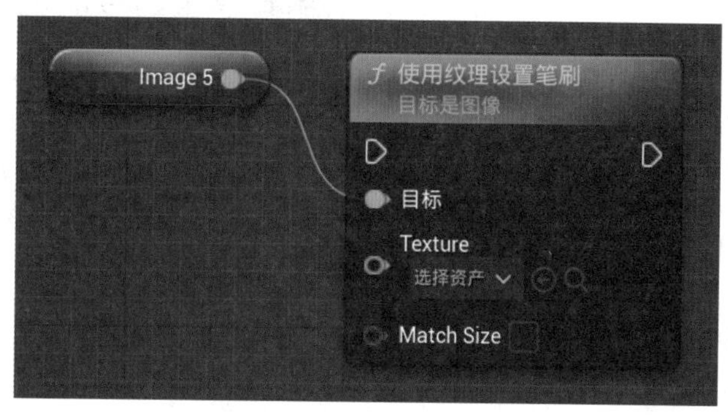

图8-189　设置纹理节点

把得到的十位数拖出，搜索添加“选择”节点，然后把“选择”节点的返回值和“使用纹理设置笔刷”节点的Texture链接。“选择”节点就会自动设置为Texture类型。单击“选择”节点的Addpin按钮添加到Option9，然后把对应的数字纹理指定给相应的选项（如图8-190所示）。

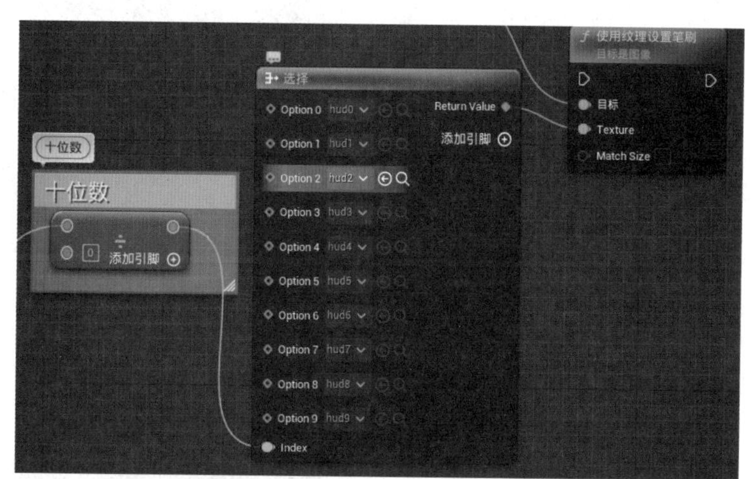

图8-190　把数字纹理指定给相应选项

对个位数进行同样的设置。最后选择所有新加入的显示金币的节点，右击，在弹出的快捷菜单中选择“折叠节点”折叠这些节点为子图，并命名为UpdateCoin（如图8-191所示）。

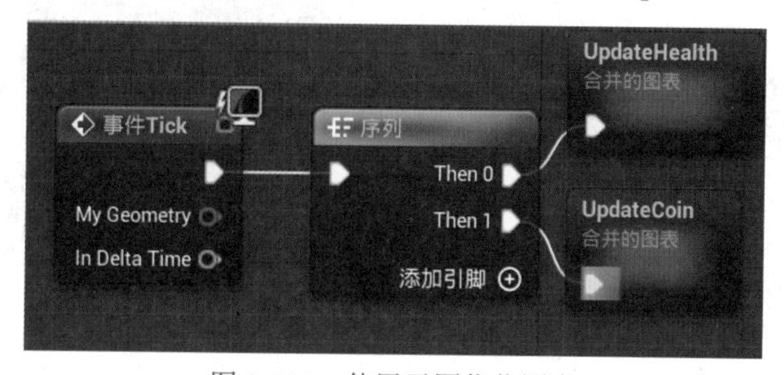

图8-191　使用子图优化图表

编译保存 WBP_GameHUD，回到关卡编辑器，在关卡中多放置一些金币，然后单击播放按钮运行游戏。控制玩家角色多接触一些金币，可以看到金币数量显示正确（如图 8-192 所示）。

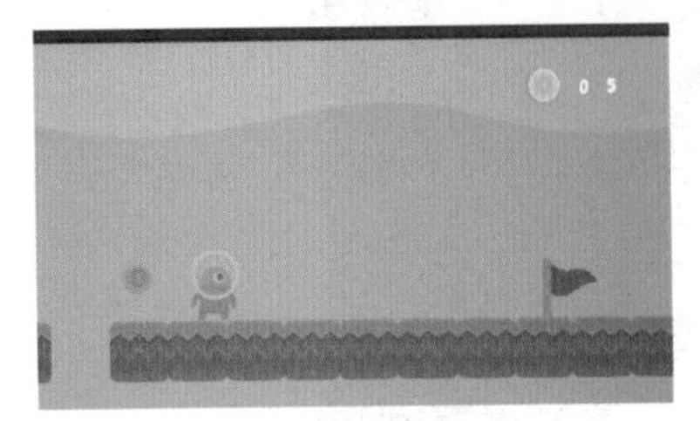

图 8-192　金币数量显示正确

8.13　移动平台输入

当前项目要在手机平台上运行，面临的一个重要的问题，就是手机没有键盘和鼠标，无法通过键盘鼠标控制角色移动。要在手机平台上控制玩家移动，需要一个在移动平台上使用的输入界面给玩家提供输入的方法。

8.13.1　添加布局输入控制器UI

输入界面的制作方式和普通的 UI 一样。在内容浏览器的 Widgets 文件夹下，右击，在弹出的快捷菜单中选择“用户界面”创建一个“控件蓝图”，命名为 WBP_TouchControler。

双击打开 WBP_TouchControler（如图 8-193 所示）添加组件。

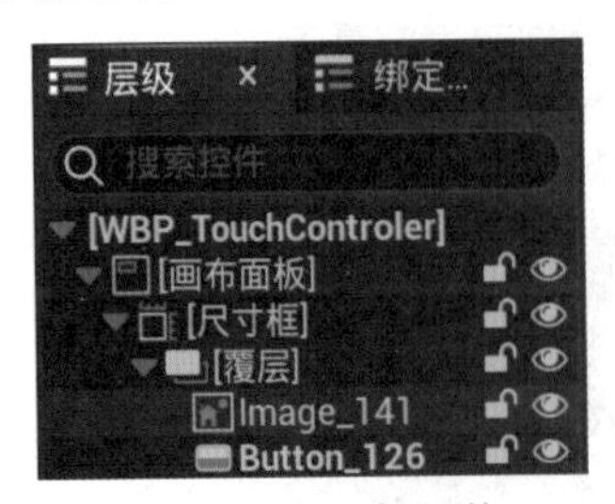

图 8-193　添加组件

设置“尺寸框”的锚点为左下角，这是控制器的向左按钮（如图 8-194 所示）。

图 8-194　设置“尺寸框”锚点

选择“尺寸框”，在细节面板中设置“位置”为 (180,−230)，尺寸为 128×128（如图 8-195 所示）。

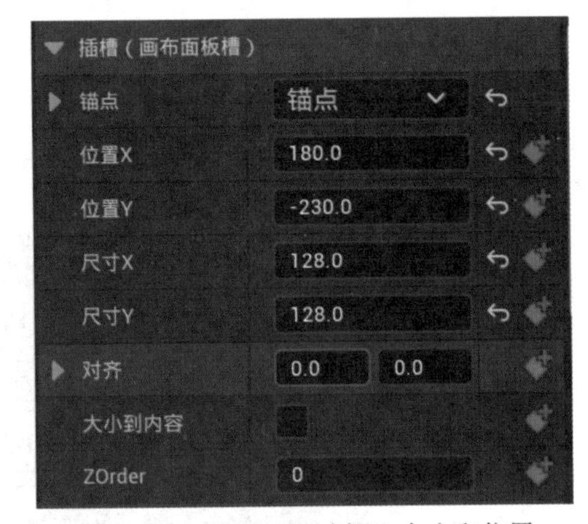

图 8-195　设置“尺寸框”大小和位置

选择“覆膜”组件，设置“水平对齐”方式为水平填充，“垂直对齐”方式为垂直填充（如图 8-196 所示）。

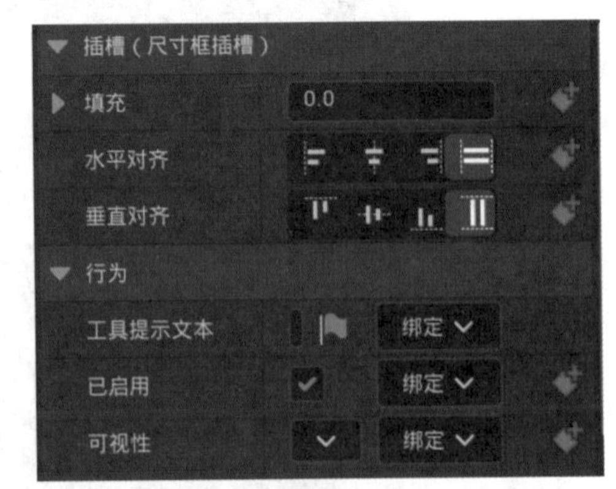

图 8-196　设置“覆膜”填充属性

对 Image 组件进行同样的设置。设置

Image 组件的纹理为 Mobile_Arrow（如图 8-197 所示）。

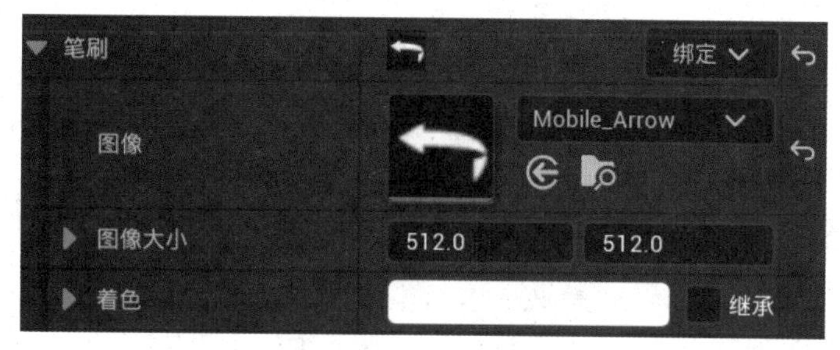

图 8-197 设置 Image 组件

选择 Button 组件，先设置组件的“水平对齐”和“垂直对齐”的方式分别为水平填充和垂直填充，让其填充整个“尺寸框”（如图 8-198 所示）。

图 8-198 设置 Button 填充属性

设置 Button 的“背景颜色”的 A 通道为 0.0，按钮会透明显示并且功能保持原样（如图 8-199 所示）。

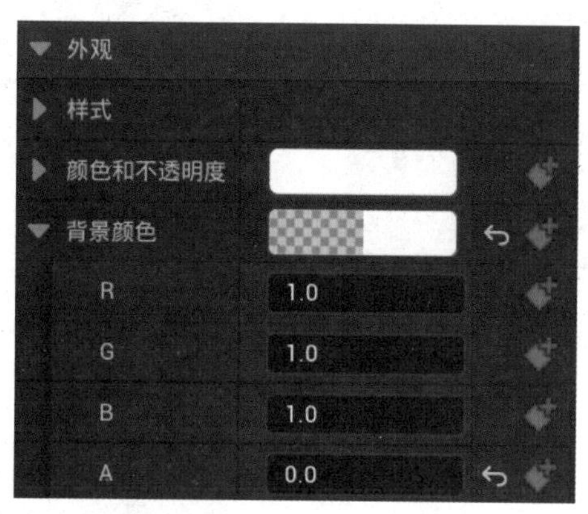

图 8-199 设置 Button 透明

复制出一个新的“尺寸框”作为向右移动按钮，所以把它放在第一个按钮的右边（如图 8-200 所示）。

选择第二个“尺寸框”中的 Image 组件，在细节面板的“变换”中，设置“缩放”的 X 为 −1.0（如图 8-201 所示）。

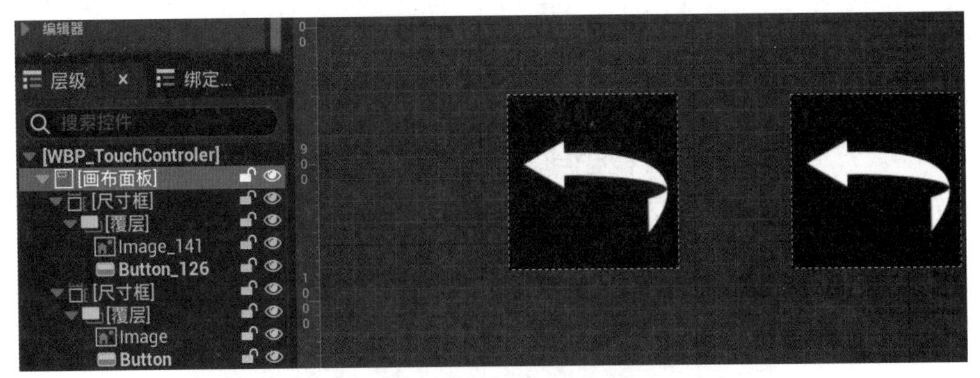

图 8-200　复制出另一个按钮

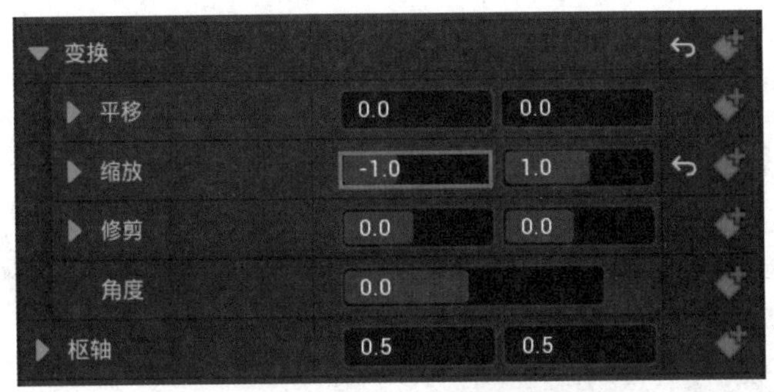

图 8-201　设置“缩放”属性

设置“缩放”的 X 为 -1 后，会在水平方向上反转图像（如图 8-202 所示）。

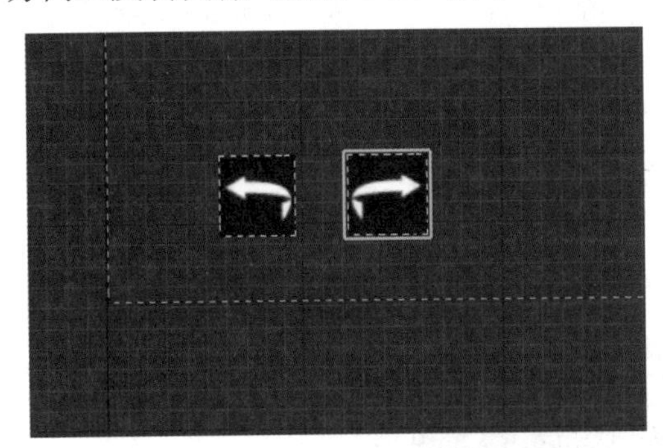

图 8-202　左右移动按钮

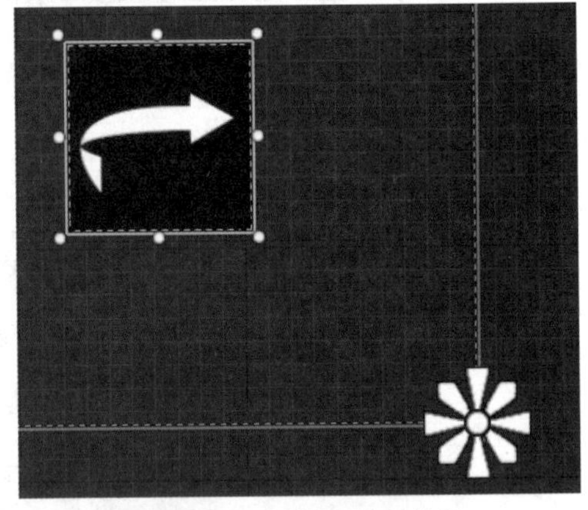

图 8-203　复制出跳跃按钮

最后再复制出一个“尺寸框”，这是跳跃按钮。设置锚点为右下角，并且把“尺寸框”放在右下角（如图 8-203 所示）。

修改跳跃按钮 Image 组件的纹理为 Mobile_Jump，完成设计制作后的控制器 UI 如图 8-204 所示。

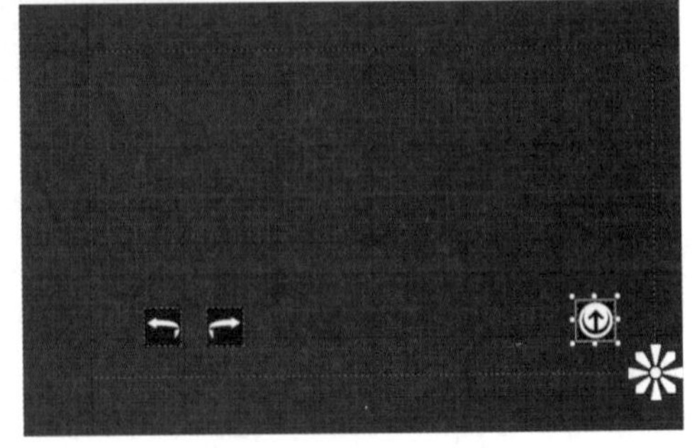

图 8-204　最终控制器 UI

8.13.2　添加控制器UI到视口

打开 BP_2DPlatform_Character 蓝图，在 BeginPlay 事件的后面，创建 WBP_TouchControlerUI。但是在添加 UI 之前，需要判断一下当前平台。只有平台为移动的情况下，才添加这个 UI。

UE5 提供了一个节点叫作“获取平台命名”，这个节点会返回当前运行时的平台，例如 Windows、Android 等。添加这个节点到事件图标中（如图 8-205 所示）。

图 8-205　将“获取平台命名”节点添加到事件图标中

拖出“获取平台命名”的返回值添加“开启字符串”节点（如图 8-206 所示）。单击“开启字符串”节点下的“添加引脚”增加两个新的输出槽，在右侧的细节面板中，设置这两个新加入的 Pin Name 分别为 Android 和 iOS。当节点返回这两个字符串时，游戏就运行在移动平台上。使用 CreateWidgets 创建 WBP_TouchController 界面，并添加到视口中（如图 8-207 所示）。

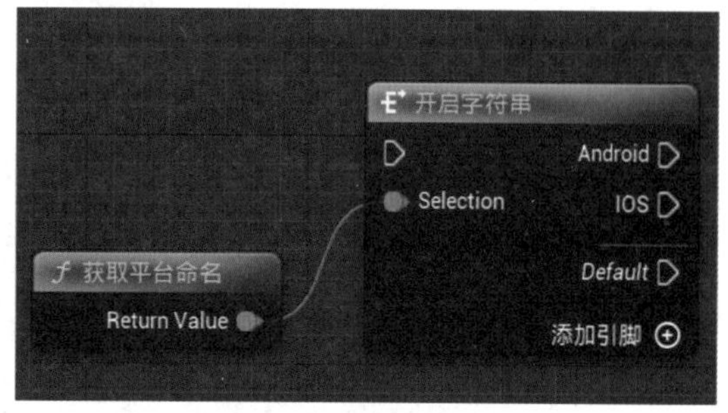

图 8-206　根据运行时平台名字使用 Switch 节点

单击“开启字符串”节点下的“添加引脚”，增加两个新的输出槽，在右侧的细节面板中，设置这两个新加入的 Pin Name 分别为 Android 和 iOS。当节点返回这两个字符串时，游戏就运行在移动平台上。使用 CreateWidgets 创建 WBP_TouchController 界面，并添加到视口中（如图 8-207 所示）。

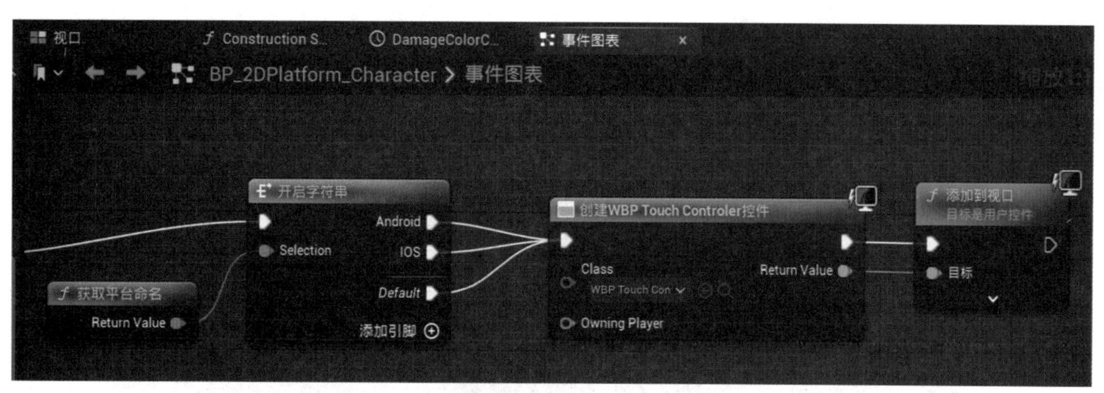

图 8-207　当平台名字为 Android 或 iOS 时，创建 Touch 控制界面

为了能够在 UE5 编辑器中查看并测试 WBP_TouchController 的功能，把 Default 的输出也链接到后面的节点中。记住，当打包为 PC 平台的可执行文件时，需要把这个执行流关掉，否则在 PC 上也会出现控制器的 UI。

编译保存蓝图，回到关卡视图，单击播放按钮播放关卡，可以看到控制器 UI 正常显示了（如图 8-208 所示）。

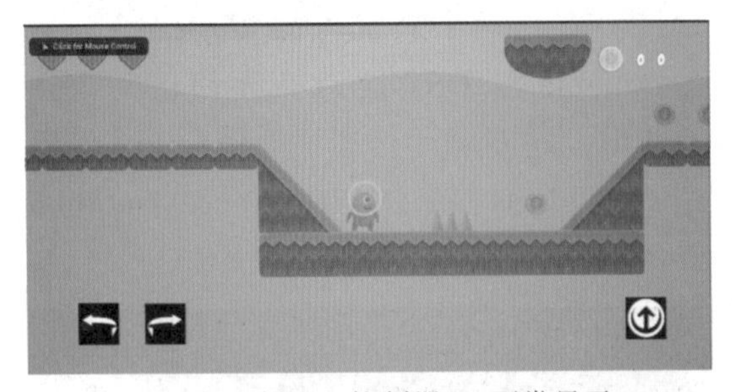

图 8-208　Touch 控制器 UI 正常显示

8.13.3　准备动作事件

UI 正常显示之后，若要让按钮执行正确的功能，则应该改造 BP_2DPlatform_Character。添加一个新的自定义事件，命名为 TouchButtonJump，然后根据输入参数的不同，分别调用“跳跃”事件和“停止跳跃”事件（如图 8-209 所示）。

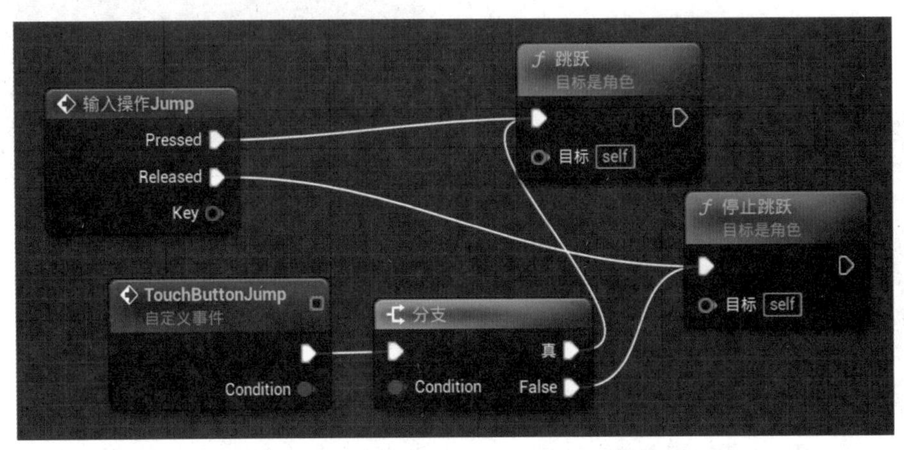

图 8-209　自定义 TouchButtonJump 事件

在“输入轴 MoveRight”事件附近，创建一个自定义的 MoveRight 事件，添加一个浮点类型的 AxisValue 输入参数。把之前“输入轴 MoveRight”后面的事件图表都链接到自定义的 MoveRight 事件上，然后让“输入轴 MoveRight”链接自定义的 MoveRight 事件，这样原先的移动还是之前的功能，UI 就可以调用 MoveRight 事件来执行移动角色的功能了（如图 8-210 所示）。

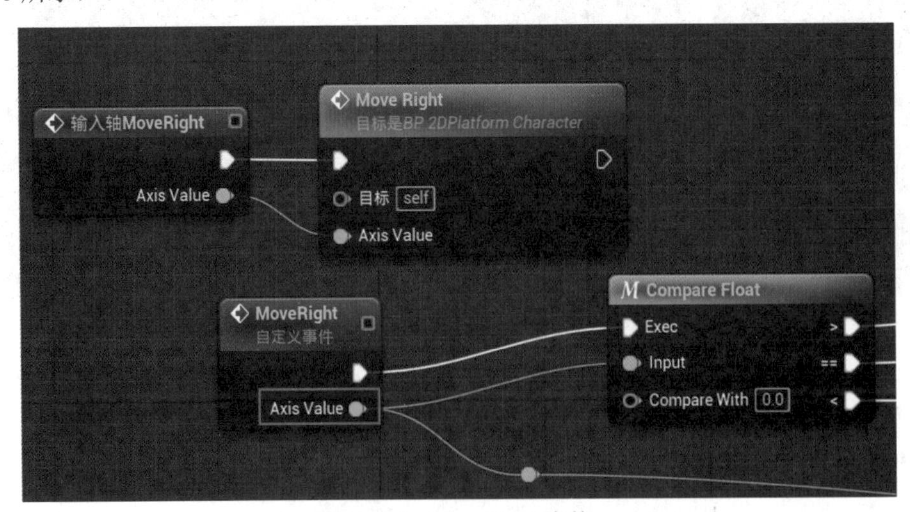

图 8-210　MoveRight 事件

8.13.4 UI触发事件

回到WBP_TouchControler蓝图中，为了看起来更准确清晰，先把按钮的名字进行重命名。命名左按钮为Left_Button，右按钮为Right_Button，跳按钮为Jump_Button（如图8-211所示）。

图8-211 按钮重命名

注意：在项目开发中，良好的命名能让制作过程更准确方便。所以在添加UI组件的过程中，就应该对UI组件进行正确的命名。

单击左上角“图表”进入蓝图页面，为Left_Button添加“按压时”和“松开时”事件，分别代表按钮按下和释放（如图8-212所示）。

图8-212 添加“按压时”和“松开时”事件

创建一个新的“布尔”类型的变量，命名为Left Button Pressed。当Left Button Pressed触发时，设置LeftButtonPressed为True，反之设置为False（如图8-213所示）。

添加一个Right Button Pressed变量，对右按钮进行同样的设置（如图8-214所示）。

添加一个浮点类型的变量，命名为AxisValue。这个值用来模拟输入系统中的MoveRight的Axis的值（如图8-215所示）。

在Tick事件中，首先检查Left Button Pressed是否为True，设置AxisValue为-1（如图8-216所示）。

如果左按钮没有按下，就检查右按钮是否按下。如果右按钮按下则设置AxisValue值为1.0；如果两个按钮都没有按下，则Axis值为0.0（如图8-217所示）。

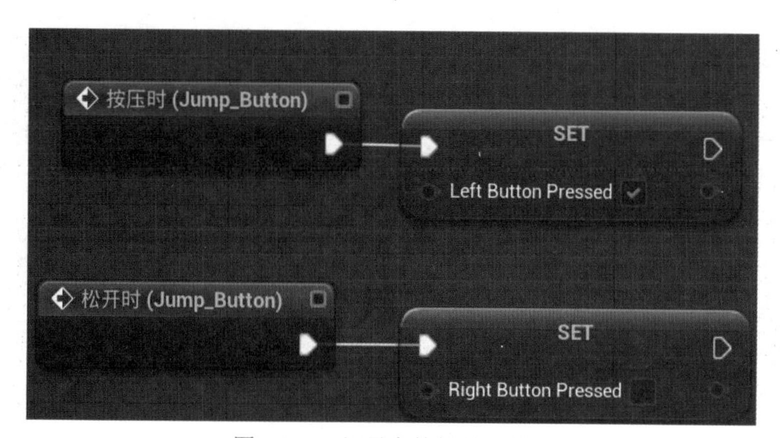

图8-213 记录左按钮是否按下

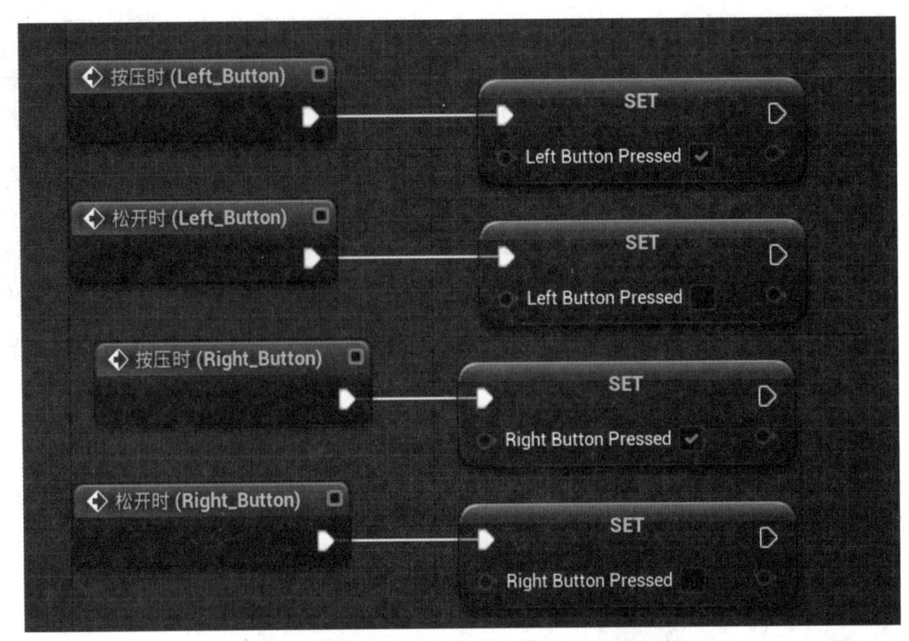

图 8-214　记录右按钮是否按下

图 8-215　Axis Value 变量

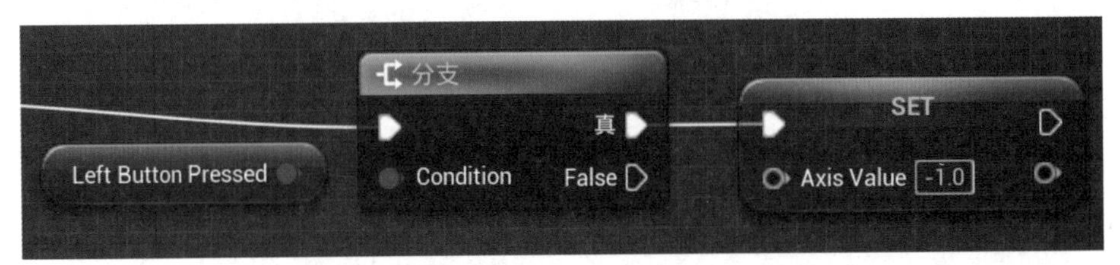

图 8-216　设置左按钮按下 Axis Value 的值

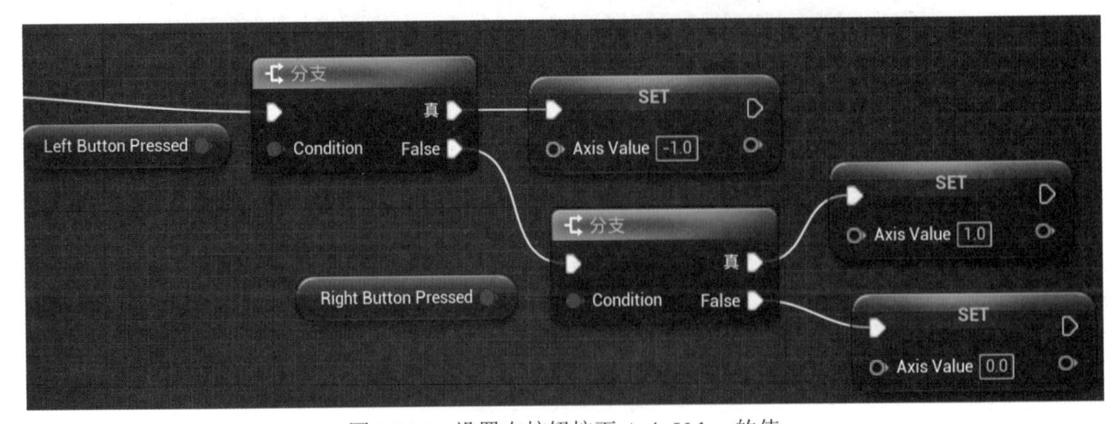

图 8-217　设置右按钮按下 Axis Value 的值

把 Axis Value 的节点全部选择，右键塌陷到子图中，命名为 GetDirAxisValue（如图 8-218 所示）。

图 8-218　得到 AxisValue 的值

找到“事件构造”，这里查找关卡中的 BP_2DPlatform_Character，并保存为 Ref Player 变量（如图 8-219 所示）。

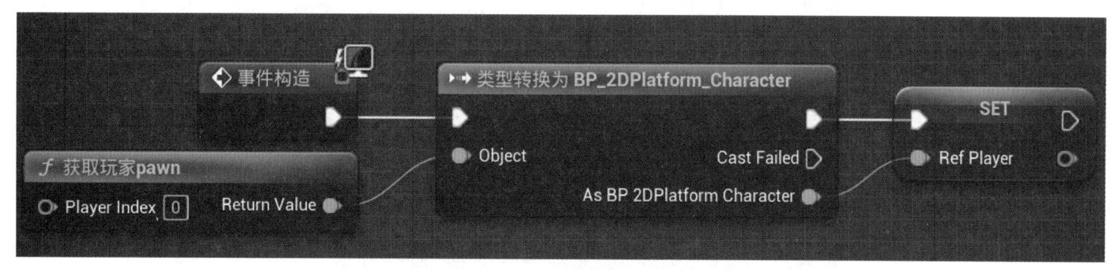

图 8-219　保存玩家 Pawn 引用

在 GetDirAxisValue 子图后面调用 Ref Player 中的事件。当前 GetDirAxisValue 没有输出流。双击子图，打开子图图表把 Set Axis Value 后面的执行流全部链接到“输出”上（如图 8-220 所示）。

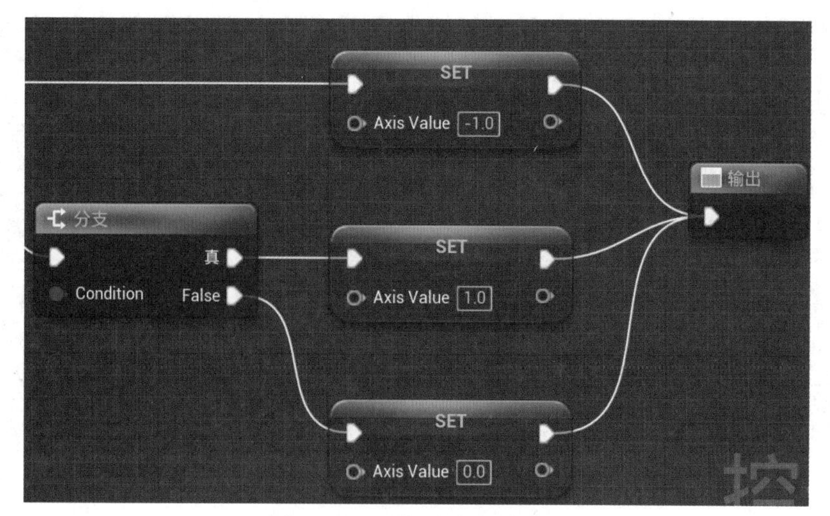

图 8-220　添加子图的输出流

回到主事件图表中，GetDirAxisValue 已经有了输出流。链接输出到 Ref Player 的 Move Right 事件上，并把 Axis Value 的值输入到 Move Right 事件中（如图 8-221 所示）。

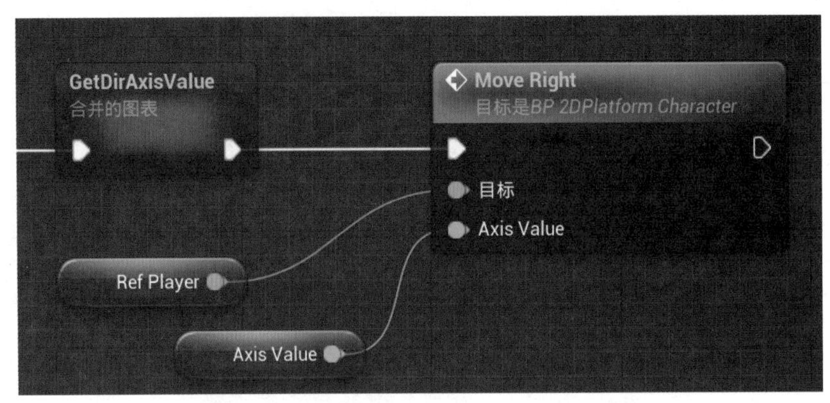

图 8-221　调用玩家角色的 Move Right 事件

回到关卡视图中，单击播放按钮运行游戏，单击左右箭头移动角色（如图 8-222 所示）。

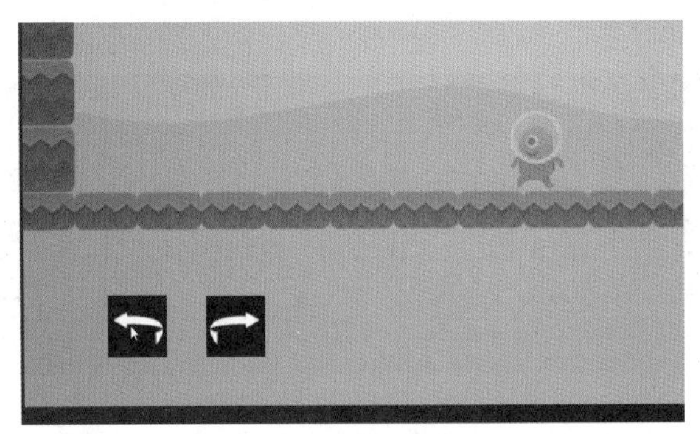
图 8-222　检查左右按钮功能

回到 WBP_TouchController 中，为 Jump_Button 添加“按压时”和“松开时”事件，直接调用 Ref Player 的 Touch Button Jump 事件就能触发角色的跳跃（如图 8-223 所示）。

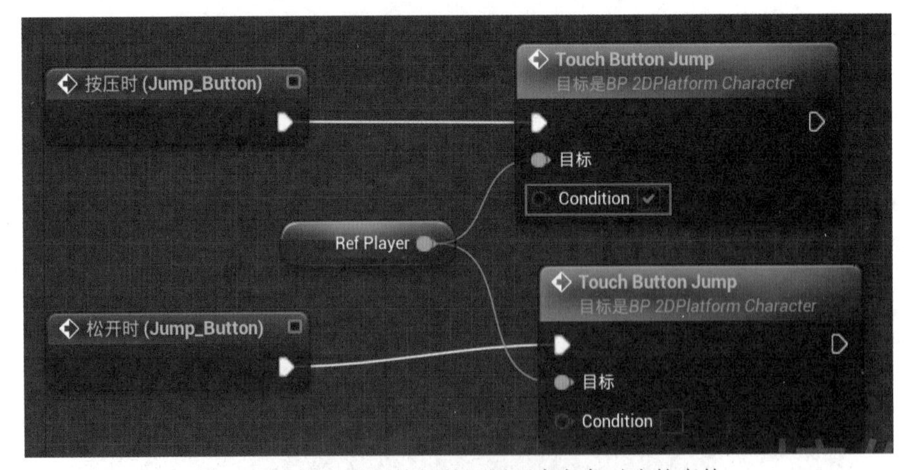

图 8-223　添加跳跃按钮并调用玩家角色对应的事件

回到关卡视图中，单击播放按钮运行游戏，单击跳跃按钮控制角色跳跃（如图 8-224 所示）。

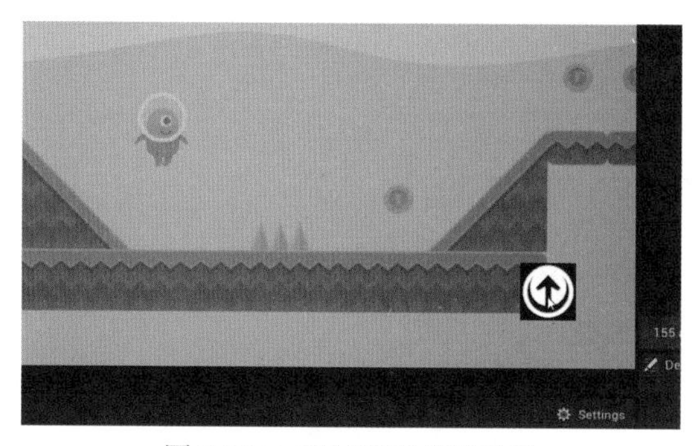

图 8-224 测试跳跃按钮功能

8.14 Android 平台游戏打包

UE5 引擎提供了跨平台的能力，可以把当前制作中的游戏，打包成多个平台的可执行文件。8.13 节已经为项目添加了控制器，下面就来一步一步配置 UE5，把项目打包为可以安装在 Android 手机系统上的 APK 文件。

8.14.1 安装Android Studio

打开项目，查看“平台”按钮菜单下的 Android 菜单，前面有一个三角形的感叹号，代表当前打包安装 APK 的环境没有正确安装（如图 8-225 所示）。

图 8-225 默认没有配置 Android 环境

这时单击 Android 子菜单下的“打包项目”会弹出错误信息，提示 SDK 没有正确设置（如图 8-226 所示）。

图 8-226 SDK 未设置提示

Android Studio 是谷歌为手机应用程序的开发者所提供的集成开发环境，它的作用类似于 Windows 上的 Visual Studio。要打包为 Android 手机系统上的 APK 文件，需要先安装 Android Studio。

打开浏览器，输入 https://developer.android.google.cn/studio/archive 进入历史版本的 Android Studio 下载页面（如图 8-227 所示）。向下滑动页面，单击“我同意这些条款”按钮，同意许可协议（如图 8-228 所示）。在弹出的页面中，找到 Android Studio 3.5.3 版本，下载 Windows 版（如图 8-229 所示）。注意：UE5 官方推荐使用 3.5.3 版本的 Android Studio。如果不是 Android 应用的开发人员，这里的版本最好和 UE5 官方保持一致（如图 8-230 所示）。

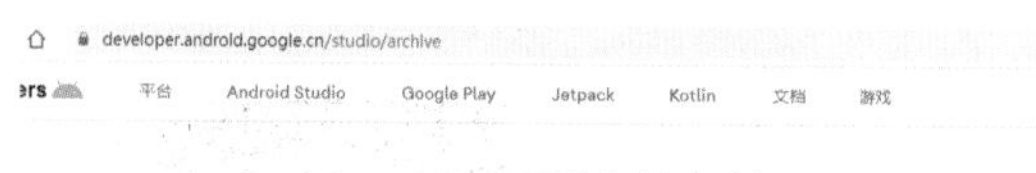

Android Studio 下载文件归档

本页提供了各个 Android Studio 版本的归档文件。

不过，我们还是建议您下载最新稳定版或最新预览版。

您必须先接受以下条款及条件才能下载。

条款及条件

以下是 Android 软件开发套件许可协议

1. 简介

2. 接受本许可协议

图 8-227 Android Studio 下载页面

14.4 您承认并同意，Google 集团旗下的每一个
何个人或公司均不得成为本许可协议的第三方
用户和最终用途的限制。14.6 未经另一方的事
他人。14.7 本许可协议以及您与 Google 依据
权，以此解决因本许可协议产生的任何法律事

我同意这些条款

图 8-228 同意授权协议

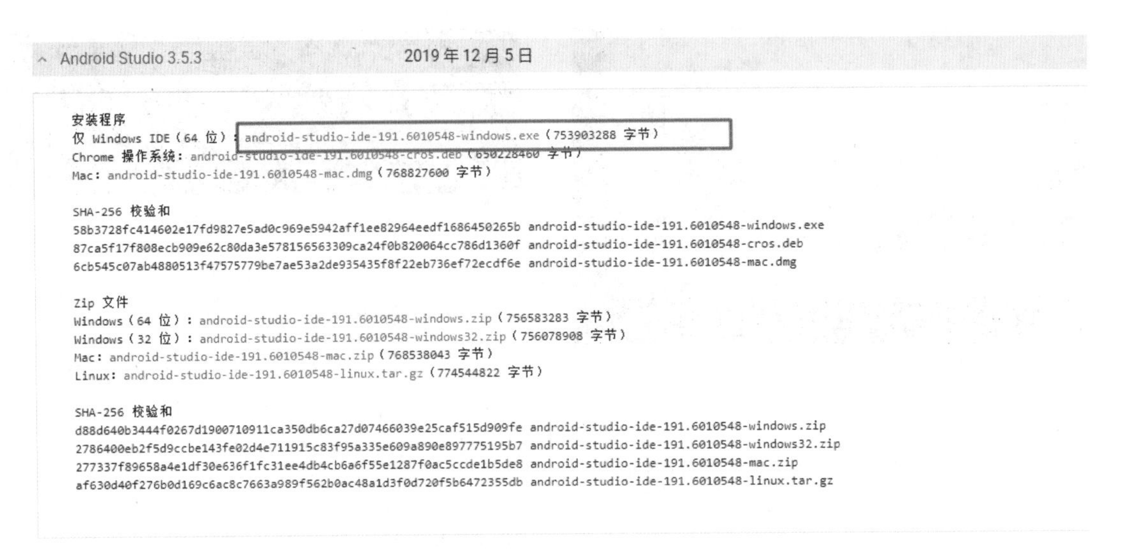

图 8-229　找到 Android Studio 3.5.3 版本

Android Studio 4.0 Canary 7　2019年12月23日
Android Studio 3.6 RC 1　2019年12月17日
Android Studio 4.0 Canary 6　2019年12月10日
Android Studio 3.5.3　2019年12月5日
Android Studio 3.6 Beta 5　2019年12月4日

图 8-230　下载 Android Studio 3.5.3 的 Windows 版本

下载完成之后，双击下载好的 android-studio-ide-191.6010548-windows.exe 进行安装（如图 8-231 所示）。

图 8-231　安装 Android Studio

在安装过程中不要修改安装选项，一直保持默认直到安装完成（如图 8-232 所示）。

安装完成后，单击 Next 按钮，在弹出的结束菜单中，保持 Start Android Studio 为勾选状态，安装完成后，Android Studio 会自动运行。单击 Finish 按钮完成安装（如图 8-233 所示）。

图 8-232　安装完成

图 8-233　完成后勾选 Start Android Studio

8.14.2　安装Android SDK

UE5 使用 Android Studio 是为了使用 Android Studio 提供的 Android SDK 和 NDK 这两个软件包。其中 Android SDK 是 Android 软件开发工具包，用这个包理论上就可以开发 Android 应用，Android Studio 只是提供的一堆便捷的图形化的工具，而 NDK 是 C++ 工具箱，让开发者能够使用 C++ 开发应用。Android SDK 是 UE5 开发的蓝图项目打包为 Android 应用必备的。如果项目用到了 C++ 代码或者 C++ 插件，则也需要 NDK。

安装完 Android Studio 后，其实并没有安装 Android SDK，这就是要在安装完后运行一次 Android Studio 的原因。注意：在安装 Android SDK 时，一定要保持网络通畅。

初次运行 Android Studio，会询问是否导入设置，选择 Do not import settings（如图 8-234 所示）。

图 8-234　是否导入配置对话框

之后 Android 会弹出设置向导，单击 Next 按钮继续设置（如图 8-235 所示）。

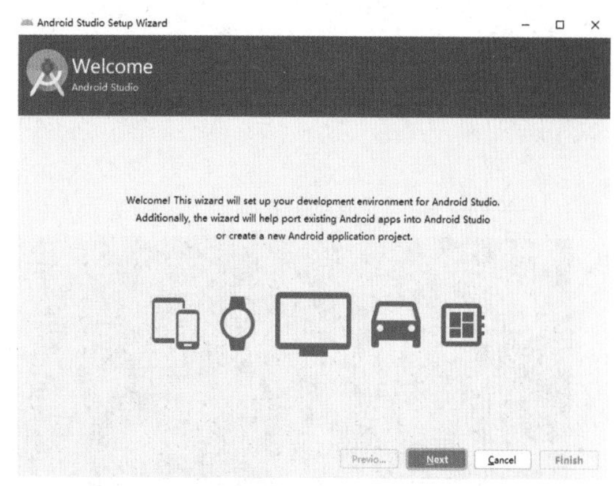

图 8-235　设置向导

Android Studio 的安装类型对话框中，选择 Standard 单击 Next 按钮继续（如图 8-236 所示）。

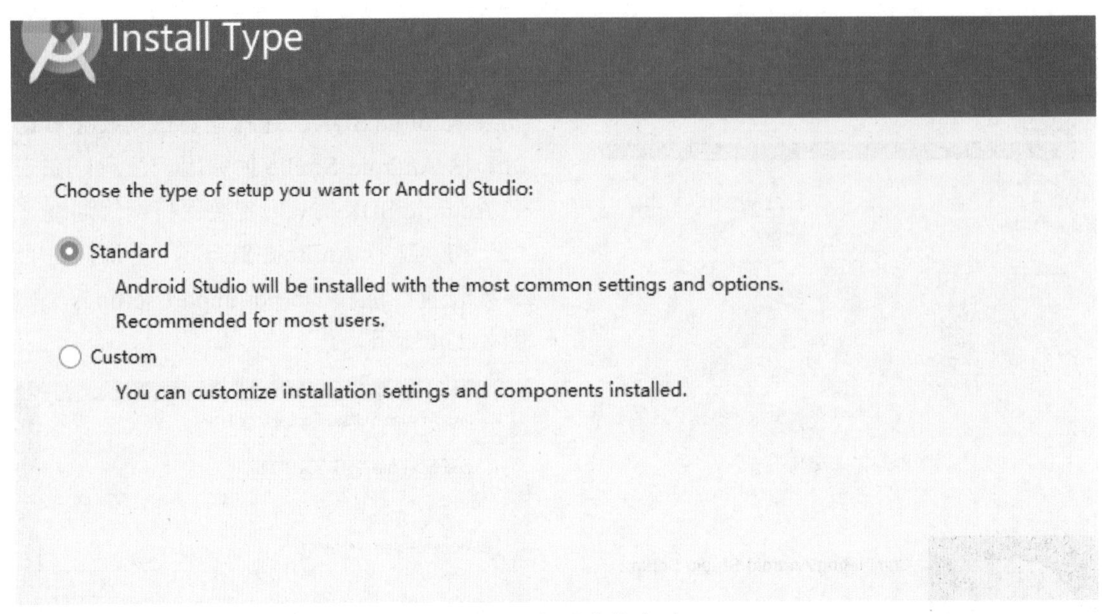

图 8-236　标准安装类型

在 UI 主题的选择界面中，可以随意选择自己喜欢的主题。这里选择 Darcula，单击 Next 按钮继续（如图 8-237 所示）。

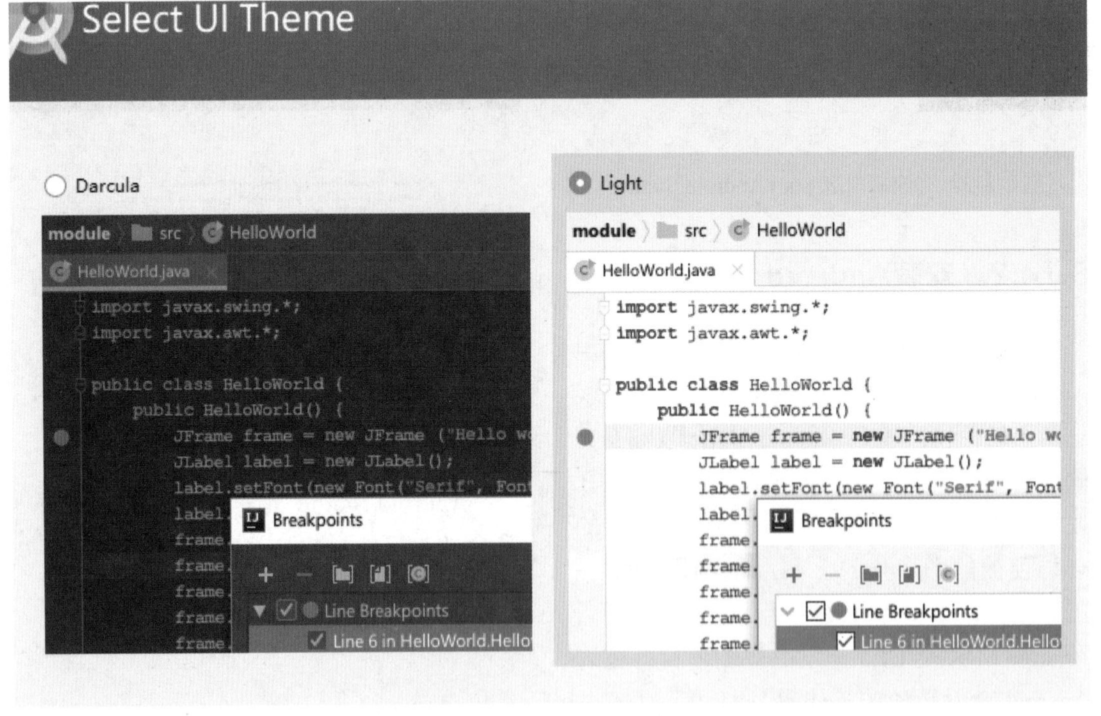

图 8-237　选择主题颜色

Android Studio 会弹出 Verify Settings 界面，这里列出了要下载的 SDK 的各个组件。单击 Finish 按钮，开始下载 SDK（如图 8-238 所示）。

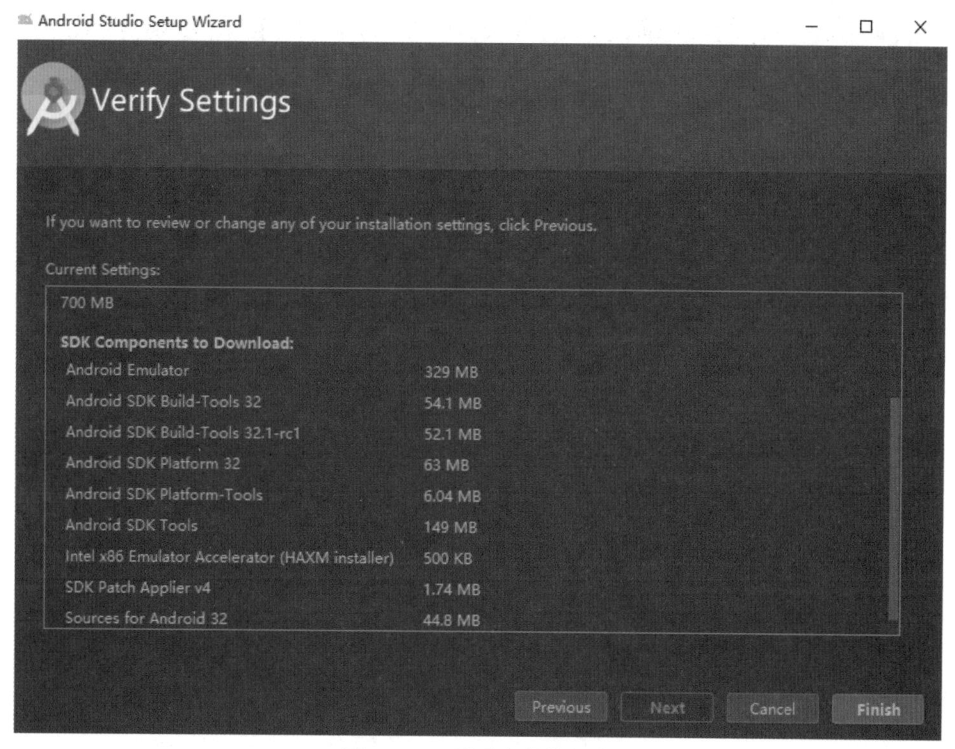

图 8-238　需要安装的组件

SDK 组件在下载过程中，会显示进度条提示当前的下载进度（如图 8-239 所示）。

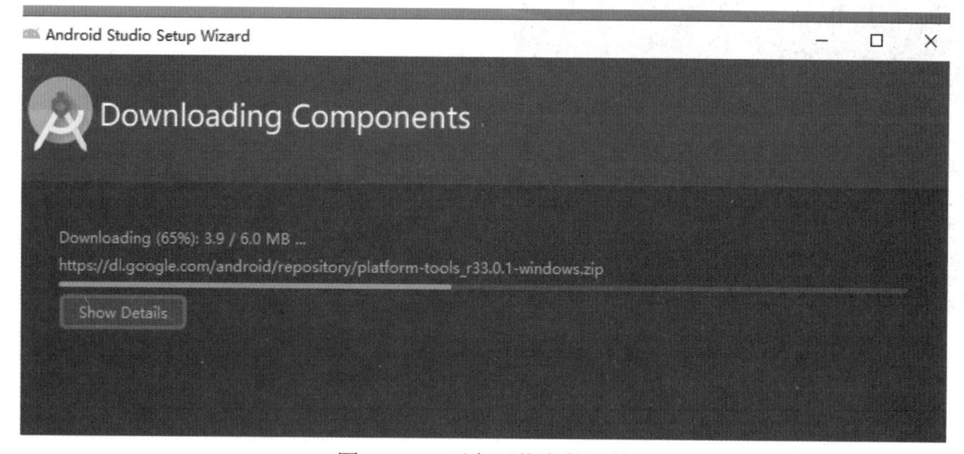

图 8-239　正在下载安装组件

SDK 下载完成后，单击“确定”结束安装向导（如图 8-240 所示）。

```
"Install Sources for Android 32 (revision: 1)" complete.
"Install Sources for Android 32 (revision: 1)" finished.
Preparing "Install Android SDK Build-Tools 32.1-rc1 (revision: 32.1.0 rc1)".
Downloading https://dl.google.com/android/repository/21014bc1a76d38d0dcb79b3b3f49f40ea5a53c10.build-tools_r32
  1-rc1-windows.zip
"Install Android SDK Build-Tools 32.1-rc1 (revision: 32.1.0 rc1)" ready.
Installing Android SDK Build-Tools 32.1-rc1 in C:\Users\Eric\AppData\Local\Android\Sdk\build-tools\32.1.0-rc1
"Install Android SDK Build-Tools 32.1-rc1 (revision: 32.1.0 rc1)" complete.
"Install Android SDK Build-Tools 32.1-rc1 (revision: 32.1.0 rc1)" finished.
Parsing C:\Users\Eric\AppData\Local\Android\Sdk\build-tools\32.0.0\package.xml
Parsing C:\Users\Eric\AppData\Local\Android\Sdk\build-tools\32.1.0-rc1\package.xml
Parsing C:\Users\Eric\AppData\Local\Android\Sdk\emulator\package.xml
Parsing C:\Users\Eric\AppData\Local\Android\Sdk\extras\intel\Hardware_Accelerated_Execution_Manager\package.xml
Parsing C:\Users\Eric\AppData\Local\Android\Sdk\patcher\v4\package.xml
Parsing C:\Users\Eric\AppData\Local\Android\Sdk\platform-tools\package.xml
Parsing C:\Users\Eric\AppData\Local\Android\Sdk\platforms\android-32\package.xml
Parsing C:\Users\Eric\AppData\Local\Android\Sdk\sources\android-32\package.xml
```

图 8-240　下载安装完成

Android Studio 会弹出欢迎界面。到这里，Android SDK 就安装完成了（如图 8-241 所示）。

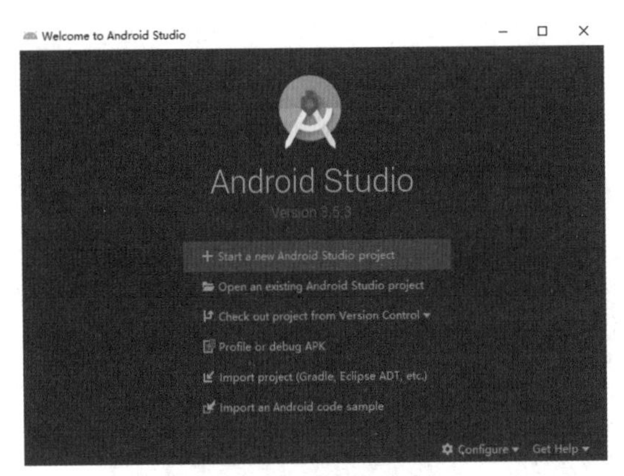

图 8-241　欢迎界面

8.14.3　UE5更新Android SDK版本

使用 Android Studio 安装完 SDK 后，只是安装了 Android Studio 默认使用的 SDK 组件。还有一些组件是 UE5 编译 Android 应用要使用的，但是默认并没有安装上。以前的版本中，这些内容必须手动安装非常麻烦。现在 UE5 提供了一键安装的脚本，来安装 UE5 需要的 Android SDK 组件，非常方便。

找到 UE5 引擎的安装目录，打开 Engine\Extras\Android 目录，这里存放了一键设置 Android 环境的脚本（如图 8-242 所示）。

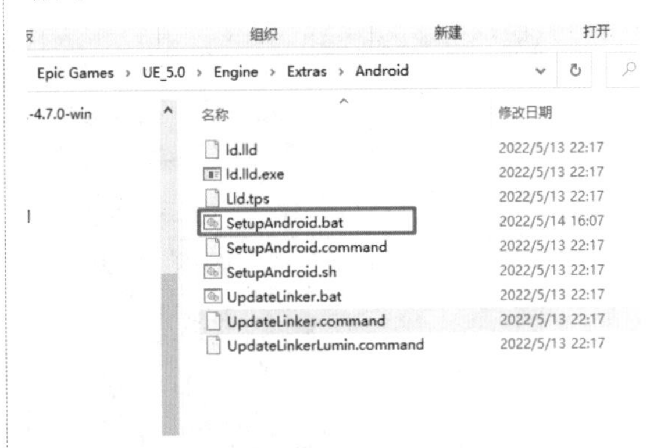

图 8-242　设置 Android 环境脚本

按住键盘上的 Shift 键，右击，选择在此处打开 Powershell 窗口打开一个命令窗口来执行脚本。在打开的 Powershell 窗口中，输入 .\SetupAndroid.bat 执行设置命令（如图 8-243 所示）。

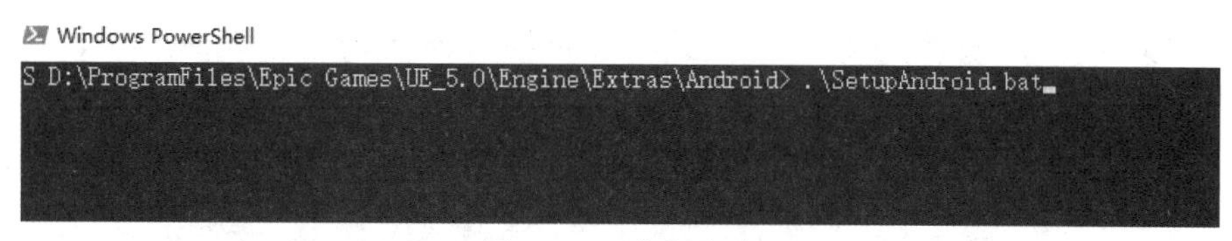

图 8-243　执行脚本

如果正确安装了 Android Studio 和 Android SDK，脚本就会自动更新一些需要的组件（如图 8-244 所示）。

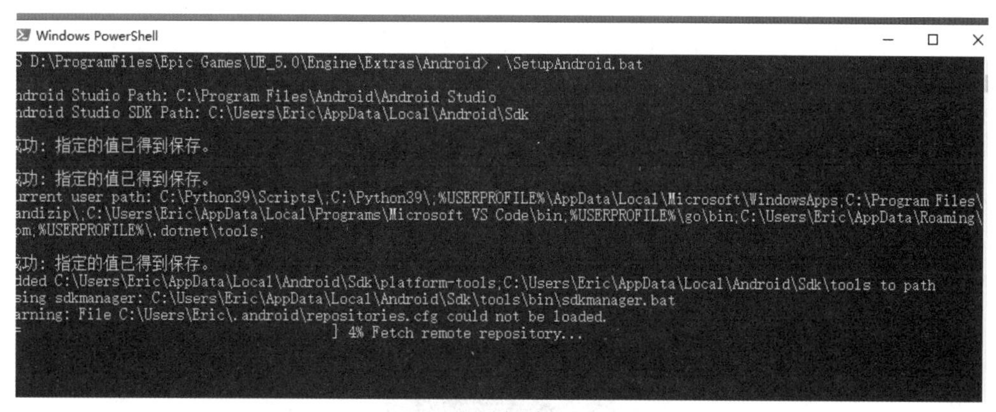

图 8-244　开始更新 SDK 组件

安装过程中，如果这是第一次使用 Android SDK，会弹出授权协议（如图 8-245 所示）。

```
Google s rights and that those rights or remedies will still be available
14.3 If any court of law, having the jurisdiction to decide on this matte
ement is invalid, then that provision will be removed from the License Ag
se Agreement. The remaining provisions of the License Agreement will cont
14.4 You acknowledge and agree that each member of the group of companies
arty beneficiaries to the License Agreement and that such other companies
y upon, any provision of the License Agreement that confers a benefit on
no other person or company shall be third party beneficiaries to the Lice
14.5 EXPORT RESTRICTIONS. THE SDK IS SUBJECT TO UNITED STATES EXPORT LAWS
STIC AND INTERNATIONAL EXPORT LAWS AND REGULATIONS THAT APPLY TO THE SDK.
S, END USERS AND END USE.
14.6 The rights granted in the License Agreement may not be assigned or t
prior written approval of the other party. Neither you nor Google shall b
or obligations under the License Agreement without the prior written appr
14.7 The License Agreement, and your relationship with Google under the L
 of the State of California without regard to its conflict of laws provis
lusive jurisdiction of the courts located within the county of Santa Clar
ng from the License Agreement. Notwithstanding this, you agree that Googl
e remedies (or an equivalent type of urgent legal relief) in any jurisdic
January 16, 2019
---------------------------------------
Accept? (y/N):
```

图 8-245　Android SDK 授权协议

键入 y，然后按 Enter 键，同意授权协议。Android 组件更新完成后，会出现图 8-245 所示的界面。按任意键退出。需要的 Android 环境就设置完成了（如图 8-246 所示）。

```
remedies (or an equivalent type of urgent legal relief) in any jurisdiction.

anuary 16, 2019
-----------------------------------------
ccept? (y/N): y
[=======================================] 100% Unzipping... android-11/framework
uccess
成功: 指定的值已得到保存。
成功: 指定的值已得到保存。
请按任意键继续. . .
```

图 8-246　更新完成

重启 UE5 编辑器，查看“平台”按钮菜单下的 Android 子菜单，前面的三角形感叹号图标已经变成了绿色的 Android 机器人图标，表示 Android 环境变量设置完成（如图 8-247 所示）。

图 8-247　环境配置完成

8.14.4　项目打包配置

Android 环境设置完成后，就可以配置项目进行打包了。这个项目和上一个项目相比，有两个地方需要设置。

1. 在打包地图列表中添加关卡

因为这个游戏使用了两个地图。为了所有地图都能正确打包到最终包中，需要把 Game02 添加到打包地图列表中。选择“编辑”菜单中的“项目设置”，打开项目设置面板，在左侧选择“打包”类别。单击右侧的“打包”类别下最后一行“高级”选项，打开高级设置，继续往下拖动，找到“打包版本中包括的地图列表”，单击后面的 + 号按钮，添加一个新的元素，然后设置元素的内容为 /Game/Maps/Game02，也可以单击“...”按钮，选择 Game02 关卡（如图 8-248 所示）。

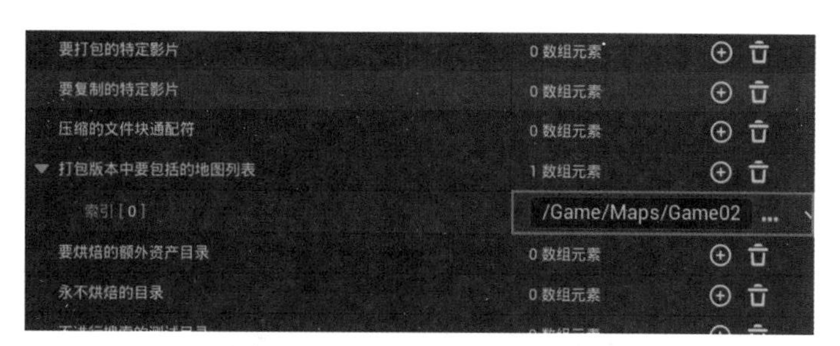

图 8-248　添加地图到地图列表

2. 关闭默认的 Touch 界面

UE5 默认为移动设备添加了默认的方向控制器。前面的章节已经添加了自定义的触摸控制器的界面，所以需要把 UE5 引擎提供的默认界面去掉。

在“项目设置”面板中找到“输入”类别，向下拖动，找到“移动平台”类别后选择“默认触控界面”，然后在后面的下拉菜单中选择“清除”，设置这个默认触摸界面为空（如图 8-249 所示）。

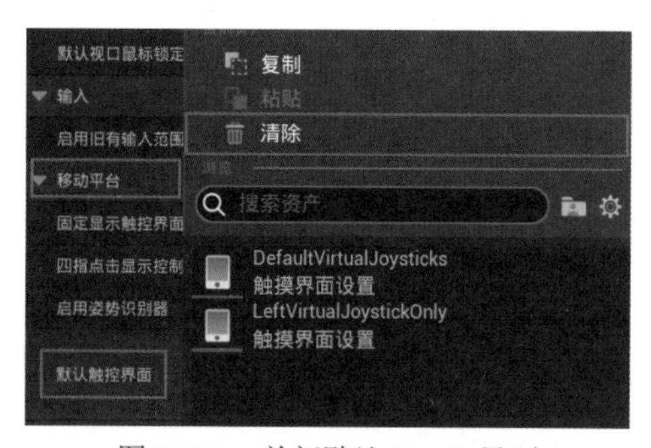

图 8-249　关闭默认 Touch 界面

设置完成后，就可以单击“平台”按钮，选择 Android → Packaging，打包 Android 项目。选择好输出目录之后，UE5 开始打包，单击 Show OutputLog，显示打包过程日志（如图 8-250 所示）。

图 8-250　开始打包

8.14.5 处理打包错误

打包理论上应该能够正确执行了，但是根据环境的不同，在第一次打包的时候，很可能遇到两个问题，导致打包出错。下面看一下这两个问题的处理方法。

1. repositories.cfg Could not be loaded

在OutputLog窗口中，会输出repositories.cfg Could not be loaded的提示（如图8-251所示）。

```
per: Packaging (Android (ASTC)): Repository https://jcenter.bintray.com/ replaced by http://maven.aliyun.com/nexus/content/grou
per: Packaging (Android (ASTC)): IOException: https://dl.google.com/android/repository/addons_list-3.xml
per: Packaging (Android (ASTC)): java.net.ConnectException: Connection refused: connect
per: Packaging (Android (ASTC)): IOException: https://dl.google.com/android/repository/addons_list-2.xml
per: Packaging (Android (ASTC)): java.net.ConnectException: Connection refused: connect
per: Packaging (Android (ASTC)): IOException: https://dl.google.com/android/repository/addons_list-1.xml
per: Packaging (Android (ASTC)): java.net.ConnectException: Connection refused: connect
per: Packaging (Android (ASTC)): Failed to download any source lists!
per: Packaging (Android (ASTC)): File C:\Users\Eric\.android\repositories.cfg could not be loaded.
per: Packaging (Android (ASTC)): IO exception while downloading manifest:
per: Packaging (Android (ASTC)): java.net.ConnectException: Connection refused: connect
per: Packaging (Android (ASTC)):     at java.net.DualStackPlainSocketImpl.connect0(Native Method)
per: Packaging (Android (ASTC)):     at java.net.DualStackPlainSocketImpl.socketConnect(DualStackPlainSocketImpl.java:79)
per: Packaging (Android (ASTC)):     at java.net.AbstractPlainSocketImpl.doConnect(AbstractPlainSocketImpl.java:350)
per: Packaging (Android (ASTC)):     at java.net.AbstractPlainSocketImpl.connectToAddress(AbstractPlainSocketImpl.java:206)
per: Packaging (Android (ASTC)):     at java.net.AbstractPlainSocketImpl.connect(AbstractPlainSocketImpl.java:188)
per: Packaging (Android (ASTC)):     at java.net.PlainSocketImpl.connect(PlainSocketImpl.java:172)
per: Packaging (Android (ASTC)):     at java.net.Socket.connect(Socket.java:589)
per: Packaging (Android (ASTC)):     at java.net.Socket.connect(Socket.java:538)
```

图8-251 未找到repositories.cfg文件

如果出现这个提示，找到用户目录，在用户目录下的.android文件夹中，新建一个文本文件，然后重命名为repositories.cfg即可（如图8-252所示）。

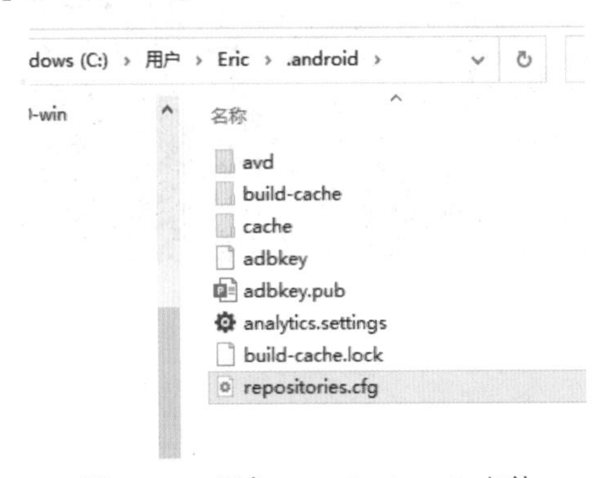

图8-252 添加repositories.cfg文件

2. Failed to find Build Tools revision 29.0.2

如果编译报错，并且OutputLog窗口中提示Failed to find Build Tools revision 29.0.2，是因为BuildTools的版本不对（如图8-253所示）。

```
Android (ASTC)):     at java.util.concurrent.ThreadPoolExecutor.runWorker(ThreadPoolExecutor.java:1149)
Android (ASTC)):     at java.util.concurrent.ThreadPoolExecutor$Worker.run(ThreadPoolExecutor.java:624)
Android (ASTC)):     at java.lang.Thread.run(Thread.java:748)
Android (ASTC)): Still waiting for package manifests to be fetched remotely.
Android (ASTC)): FAILURE: Build failed with an exception.
Android (ASTC)): * What went wrong:
Android (ASTC)): Could not determine the dependencies of task ':permission_library:compileDebugAidl'.
Android (ASTC)): > Failed to find Build Tools revision 29.0.2
Android (ASTC)): * Try:
Android (ASTC)): Run with --stacktrace option to get the stack trace. Run with --info or --debug option t
Android (ASTC)): * Get more help at https://help.gradle.org
Android (ASTC)): Deprecated Gradle features were used in this build, making it incompatible with Gradle 7
```

图8-253 未找到29.0.2版本的BuildTools

遇到这个问题，只要安装 OutputLog 中提示的 29.0.2 版本的 Build Tools 就可以了。

打开 Android Studio，在欢迎界面中选择 Configure，然后选择 SDK Manager（如图 8-254 所示）。

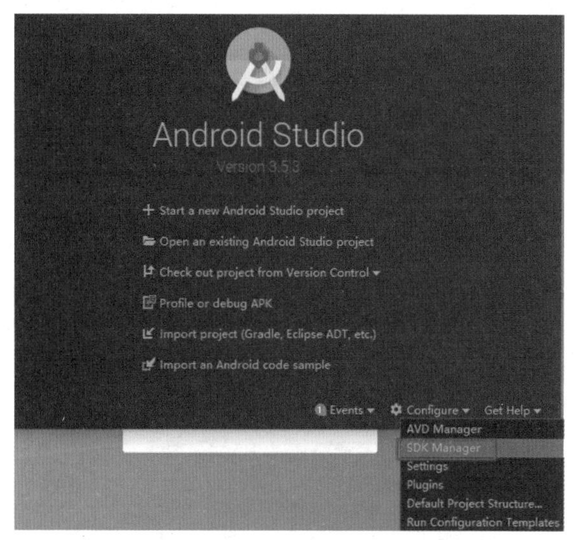

图 8-254　打开 SDK　Manager

在打开的 SDK Manager 窗口中，选择 SDK Tools，然后在右下方选择 Show Package Details 选项，这会显示详细的包信息。选择 Show Package Details 选项后，在上面查看 Android SDK Build-Tools 的版本，因为这个工具的更新非常快，所以有很多的版本。找到 29.0.2，可以看到确实没有安装，将它勾选上，然后单击 Apply（应用），SDK Manager 会自动更新下载 29.0.2 版本的 Build Tools（如图 8-255 所示）。

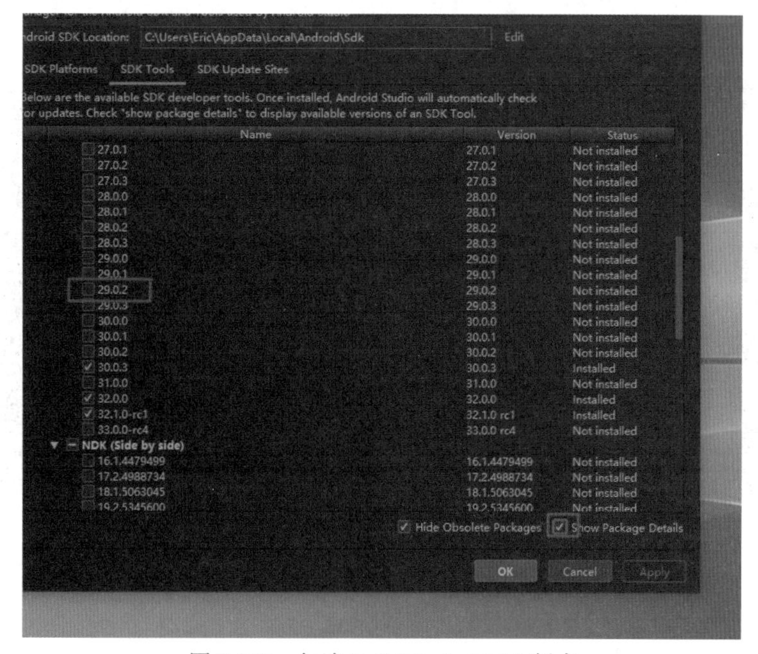

图 8-255　勾选 Build Tools 29.0.2 版本

单击 Apply，会弹出 Component Installer（组件安装）对话框（如图 8-256 所示），更新完成后，单击 Finished 完成安装。

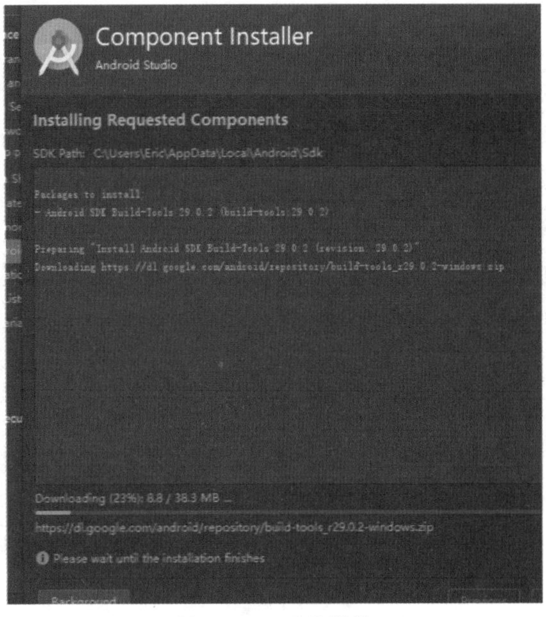

图 8-256　下载组件

安装完成后，退出 Android Studio 并重启 UE5 编辑器。继续打包，这个错误就会消失。

8.14.6　安装到真机

当 UE5 打包成功后，OutputLog 窗口会打印 BUILD SUCCESSFUL 的日志，代表打包成功（如图 8-257 所示）。

```
aging (Android (ASTC)): Using this aapt: C:\Users\Eric\AppData\Local\Android\Sdk\build-tools\32.1.0-rc1\aapt.exe
aging (Android (ASTC)): GetPackageInfo ReturnValue: com.YourCompany.Ch_08_2DPlatform
aging (Android (ASTC)): GetPackageInfo ReturnValue: 1
aging (Android (ASTC)): GetPackageInfo ReturnValue: com.YourCompany.Ch_08_2DPlatform
aging (Android (ASTC)): GetPackageInfo ReturnValue: com.YourCompany.Ch_08_2DPlatform
aging (Android (ASTC)): GetPackageInfo ReturnValue: 1
aging (Android (ASTC)): GetPackageInfo ReturnValue: com.YourCompany.Ch_08_2DPlatform
aging (Android (ASTC)): Writing bat for install with separate OBB
aging (Android (ASTC)): Writing bat for uninstall with separate OBB
aging (Android (ASTC)): ********** PACKAGE COMMAND COMPLETED **********
aging (Android (ASTC)): ********** ARCHIVE COMMAND STARTED **********
aging (Android (ASTC)): Archiving to E:/LinLaoShi/UE5/UE5_2DGameDeveloper/Ch_08_2DPlatform/Out
aging (Android (ASTC)): GetPackageInfo ReturnValue: com.YourCompany.Ch_08_2DPlatform
aging (Android (ASTC)): GetPackageInfo ReturnValue: 1
aging (Android (ASTC)): GetPackageInfo ReturnValue: com.YourCompany.Ch_08_2DPlatform
aging (Android (ASTC)): GetPackageInfo ReturnValue: 1
aging (Android (ASTC)): GetPackageInfo ReturnValue: com.YourCompany.Ch_08_2DPlatform
aging (Android (ASTC)): GetPackageInfo ReturnValue: 1
aging (Android (ASTC)): GetPackageInfo ReturnValue: com.YourCompany.Ch_08_2DPlatform
aging (Android (ASTC)): GetPackageInfo ReturnValue: 1
aging (Android (ASTC)): ********** ARCHIVE COMMAND COMPLETED **********
aging (Android (ASTC)): BUILD SUCCESSFUL
aging (Android (ASTC)): AutomationTool executed for 0h 3m 49s
aging (Android (ASTC)): AutomationTool exiting with ExitCode=0 (Success)
aging (Android (ASTC)): Updating environment variables set by a Turnkey sub-process
aging (Android (ASTC)): The system cannot find the path specified.
aging (Android (ASTC)): The system cannot find the path specified.
```

图 8-257　打包成功

找到开始打包前选择的输出目录，打包创建了一个新的 Android_ASTC 目录，这里存放了所有打包好的文件。其中扩展名为 apk 的是主程序文件，扩展名为 obb 的是数据文件扩展名为 bat 的有两个文件：一个是安装脚本；一个是卸载脚本（如图 8-258 所示）。

图 8-258　打包出的文件

要安装打包好的文件到手机上，首先要打开手机的开发者模式，打开方式每个品牌的手机都不同。可以在网上搜索“手机品牌+打开开发者模式”来查看如何打开相关品牌手机开发者模式。在继续下面的步骤之前，先确保手机打开了开发者模式。

用数据线连接手机和电脑，手机一般会提示PC设备连接手机，单击“确认”按钮。

在打包输出目录中，打开一个PowerShell窗口，输入adb devices，按Enter键执行查询设备的命令（如图8-259所示）。

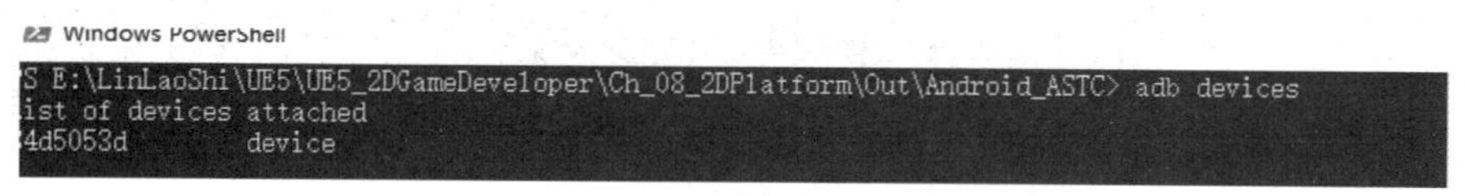

图 8-259　adb 命令查看链接的设备

只有输出设备id后面跟着device的才是正确配置好手机并正确连接的。如果这里没有显示响应的手机id或者attached不是显示的device，那么可能是上面的设置不对。应该继续设置手机，直到能正确和PC连接为止。

手机和PC正确连接后，在PowerShell窗口中输入\Install_Ch_08-2DPlatform-arm64.bat，执行安装脚本。注意：如果你的项目名称不同，这里的脚本名称也不同，需要修改为自己的脚本名称执行（如图8-260所示）。

```
PS E:\LinLaoShi\UE5\UE5_2DGameDeveloper\Ch_08_2DPlatform\Out\Android_ASTC> .\Install_Ch_08_2DPlatform-arm64.bat

E:\LinLaoShi\UE5\UE5_2DGameDeveloper\Ch_08_2DPlatform\Out\Android_ASTC>setlocal

E:\LinLaoShi\UE5\UE5_2DGameDeveloper\Ch_08_2DPlatform\Out\Android_ASTC>if NOT "" == "" (call \HostWin64\Android\SetupE
ironmentVars.bat )

E:\LinLaoShi\UE5\UE5_2DGameDeveloper\Ch_08_2DPlatform\Out\Android_ASTC>set ANDROIDHOME=C:\Users\Eric\AppData\Local\And
id\Sdk

E:\LinLaoShi\UE5\UE5_2DGameDeveloper\Ch_08_2DPlatform\Out\Android_ASTC>if "C:\Users\Eric\AppData\Local\Android\Sdk" ==
" set ANDROIDHOME=C:\Users\Eric\AppData\Local\Android\Sdk

E:\LinLaoShi\UE5\UE5_2DGameDeveloper\Ch_08_2DPlatform\Out\Android_ASTC>set ADB=C:\Users\Eric\AppData\Local\Android\Sdk
latform-tools\adb.exe

E:\LinLaoShi\UE5\UE5_2DGameDeveloper\Ch_08_2DPlatform\Out\Android_ASTC>set AFS=.\win-x64\UnrealAndroidFileTool.exe

E:\LinLaoShi\UE5\UE5_2DGameDeveloper\Ch_08_2DPlatform\Out\Android_ASTC>set DEVICE=
```

图 8-260　执行安装脚本

安装过程中，注意观察手机，会提示正通过USB安装软件，单击“继续安装”才能继续（如图8-261所示）。

图 8-261　手机上确认安装

当 APK 安装完成后，PowerShell 窗口会输出 Trying to start file server com. YourCompany.Ch_08_2DPlatform。提示：这是 UE5 新加入的功能，它在调用输出目录下的 .\win-x64\UnrealAndroidFileTool.exe 来安装 obb 文件。通常确保手机和 PC 在同一个 Wi-Fi 下，连接就能成功（如图 8-262 所示）。

```
E:\LinLaoShi\UE5\UE5_2DGameDeveloper\Ch_08_2DPlatform\Out\Android_ASTC>C:\Users\Eric\AppData\Local\Android\Sdk\platform-
tools\adb.exe  shell rm -r /sdcard/Android/obb/com.YourCompany.Ch_08_2DPlatform
rm: /sdcard/Android/obb/com.YourCompany.Ch_08_2DPlatform: No such file or directory

E:\LinLaoShi\UE5\UE5_2DGameDeveloper\Ch_08_2DPlatform\Out\Android_ASTC>C:\Users\Eric\AppData\Local\Android\Sdk\platform-
tools\adb.exe  shell rm -r /sdcard/Download/obb/com.YourCompany.Ch_08_2DPlatform
rm: /sdcard/Download/obb/com.YourCompany.Ch_08_2DPlatform: No such file or directory

Installing new data. Failures here indicate storage problems (missing SD card or bad permissions) and are fatal.

E:\LinLaoShi\UE5\UE5_2DGameDeveloper\Ch_08_2DPlatform\Out\Android_ASTC>.\win-x64\UnrealAndroidFileTool.exe  -p com.YourC
ompany.Ch_08_2DPlatform -k 256F26D44AA29F37FED2A6A9887E6EBC push main.1.com.YourCompany.Ch_08_2DPlatform.obb "^mainobb"
Trying to start file server com.YourCompany.Ch_08_2DPlatform
Connected to RemoteFileManager
Connected!
1> Writing ^mainobb
true
```

图 8-262　传输 obb 文件

当安装完成后，单击手机界面上新安装的项目，进入游戏。试着执行所有移动、跳跃等，所有的功能在手机上应该都能正常运行（如图 8-263 所示）。

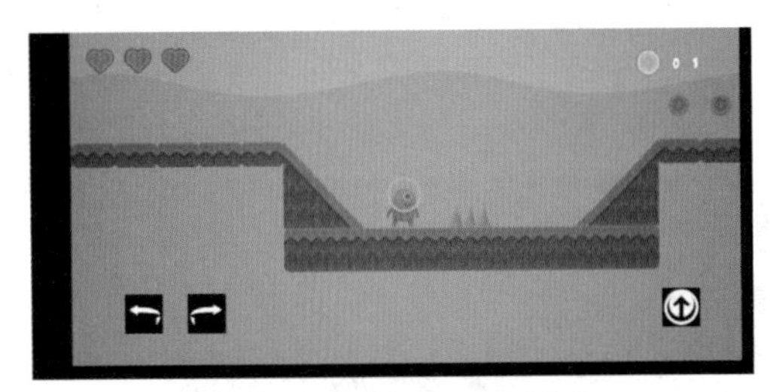

图 8-263　手机上运行游戏

总结

在本章中，实现了一个 2D 平台类型的游戏，介绍了使用 Flipbook 制作动画、使用瓦片贴图制作关卡等，2D 平台类游戏最常用的功能。制作了触摸屏下的玩家控制器，打包输出成了 Android 平台的 apk 文件。这里打包输出为 Android 平台比较复杂，在打包过程中应该保持全程网络通畅。另外本节没有添加音效，开始屏幕菜单等第 7 章已经介绍过。读者可以自行添加这些功能。

问答

（1）使用瓦片贴图制作关卡有什么优点？

（2）如何制作移动平台输入控制界面？

思考

（1）可以使用 Filpbook 实现粒子效果吗？

（2）本章中实现了两个关卡和几种道具，在一个完整的游戏中，各个关卡之间应该如何划分？

练习

（1）为游戏添加开始菜单，结束菜单。

（2）为游戏添加音效和背景音乐。

（3）创建更多的可交互对象，如梯子、会动的怪物等。

（4）继续丰富完成 Game02。

第 9 章　在 UE5 中用 2D 骨骼动画技术制作塔防游戏

在前面的章节中，已经学习了使用普通精灵的方式和用图像序列与瓦片贴图的方式来制作游戏。随着制作游戏的技术越来越进步，除 3D 游戏之外，现在在游戏行业普遍使用一种介于 2D 和 3D 之间的技术来制作 2D 游戏，这种技术叫作 2D 骨骼动画。2D 骨骼动画制作的游戏，通过使用骨骼来驱动或者变形图像，以达到非常流畅的动画视觉效果，这是通过图像序列所不能达到的。本章主要介绍 2D 骨骼动画技术，并使用 2D 骨骼动画技术制作一个小型的塔防游戏项目。

本章重点

- Spine 骨骼动画插件
- Spine 动画资源的使用
- 塔防游戏的制作
- 打包 iOS 项目

9.1　2D 骨骼动画简介及制作方法

使用 2D 骨骼动画和 3D 动画一样，都是使用骨骼来驱动角色动画。但是因为不需要考虑 3D 空间，2D 骨骼动画的制作难度要比 3D 游戏低很多。随着近些年移动游戏的流行，很多知名的 2D 游戏都使用了 2D 骨骼动画的技术，比如《小冰冰传奇》（原名为《刀塔传奇》），这款游戏在 2014 年是非常热门的，游戏里面角色动画也全部使用了 2D 骨骼动画来制作，这一类型的游戏都呈现出一种独特风格动画感（如图 9-1 所示）。

图 9-1　《小冰冰传奇》游戏截图

随着二次元游戏的流行，当前大多数 2D 手机游戏基本上都会或多或少地使用 2D 骨骼动画技术，例如《明日方舟》（如图 9-2 所示），虽然游戏场景是 3D 的但角色和立绘都使用了 2D 骨骼动画技术，呈现出一种独特的画面风格。

图 9-2　《明日方舟》游戏截图

当前如果要立项制作 2D 游戏，2D 骨骼动画技术是除前面两章讲的两种制作方式之外，最有价值的一种技术选型。

当确定要使用 2D 骨骼动画制作游戏后，制作 2D 骨骼动画，也有几种不同的技术方案。下面来看一下，可以使用什么类型的方法制作 2D 骨骼动画。

1. 使用引擎功能制作 2D 骨骼动画

直接使用引擎提供的默认的功能来模拟制作骨骼，优点是不用接触其他软件，一切都在引擎的环境下制作（如图 9-3 所示）；缺点是操作上比较困难，因为引擎并没有专门为动画制作而优化调整。

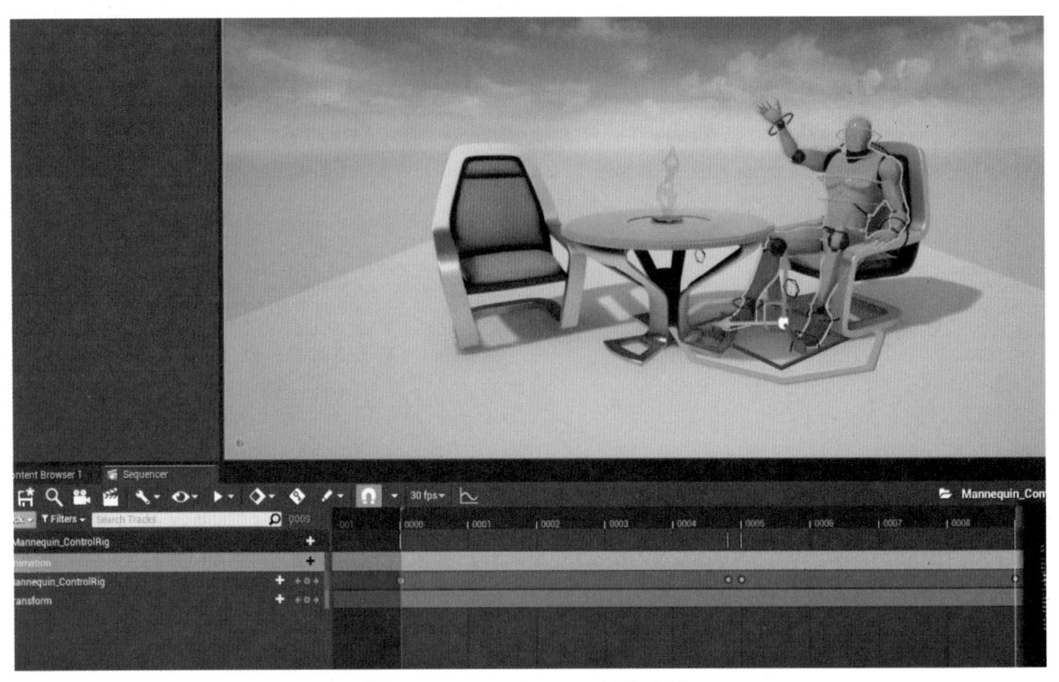

图 9-3　Unreal Engine 制作动画

一般技术人员会倾向于这种方法，因为无须切换很多的软件和导入 / 导出资源。但是动画制作人员非常反感这种方案，因为动画制作是非常消耗时间的任务。如果没有好用的工具，那简直就如同穿着铁靴参加长跑一样。

UE5 提供了绑定动画制作等一系列工具，足以在引擎中制作 2D 骨骼动画，大大减少了上述情况的发生，但是依然不推荐这种方式。

2. 通过 3D 软件来制作 2D 骨骼动画

3D 动画软件制作 2D 骨骼动画的方法，就是使用和 3D 动画制作同样的工具制作 2D 骨骼动画，只不过，模型是平面模型。

这种方法优点是 3D 动画制作人员不用学习，可以直接使用 3D 制作流程，上手制作，而技术人员也可以按照播放 3D 动画的方式直接使用这种资产；缺点是 3D 动画软件是为了制作 3D 动画而制作的，在制作 2D 骨骼动画的时候会有些不方便，有些 2D 骨骼动画中的特殊动画，用 3D 动画软件制作起来非常麻烦。

总的来说，使用 3D 软件比使用引擎自带功能更好一些，也能够完成制作 2D 骨骼动画的任务（如图 9-4 所示）。

图 9-4　Blender 制作动画

3. 使用 2D 骨骼动画软件

当前制作 2D 骨骼动画，最常用的方法是使用专门的 2D 骨骼动画制作软件。在 2D 骨骼动画制作软件里面，常用的有下面几款。

1）Spine

Spine（如图 9-5 所示）是一款针对游戏开发的 2D 骨骼动画编辑工具。它提供更高效和简洁的工作流程，以创建游戏所需的动画。Spine 具有体积小、美术资源少、动画流畅、可换装、可绑定装备等功能，是当前功能最为丰富的 2D 骨骼动画软件，官网是 http://esotericsoftware.com/。

图 9-5　Spine

2）Dragon Bones

Dragon Bones（龙骨）（如图 9-6 所示）是一款开源免费的游戏 2D 骨骼动画解决方案，主要用于创作 2D 游戏动画和富媒体内容，帮助设计师用更少的美术成本创造更生动的动画效果。支持多语言、一次制作、全平台发布。官方网站是：https://docs.egret.com/dragonbones/cn。

图 9-6 Dragon Bones

3）Creature 2D

Creature 2D（如图 9-7 所示）是顶尖的 2D 骨骼动画软件，旨在添加流畅的动画到 2D 数字内容中。利用 Creature 2D 的直接自动化动画引擎和强大的工作流程，以一种令人难以置信的简单和高效的方式产生令人惊讶的复杂动画。Creature 2D 是想要添加特殊的动画，使内容变得生动的游戏开发者、数字艺术家和网页设计师的理想的动画工具。官方网站为 https://www.kestrelmoon.com/creature/creature2D.html。

图 9-7 Creature 2D

以上软件都是专门用来制作2D骨骼动画的。在专业的2D骨骼动画软件中，Spine是当前2D骨骼动画制作软件中应用面最广、兼容性最好、支持的功能最多的一款软件。UE5可以通过插件，支持Spine制作的2D骨骼动画资产。下一节，将介绍如何安装Spine插件。

9.2 SpineUnrealEngine插件

UE5通过使用Spine提供的插件，在运行时能够很好地支持Spine制作的2D骨骼动画。但是，Spine的制作公司以源代码的方式提供了插件，要使用插件，首先要下载插件的源码，然后编译为UE5的版本。本节会讲解如何下载源码并编译插件。

9.2.1 下载Spine Runtime源代码

Spine是目前市面上最流行的2D骨骼动画软件，因为有太多的第三方软件需要支持，所以Esoteric公司把Spine Runtime的源代码放置在GitHub网站上，以开源的方式提供给使用者。使用者针对自己的引擎，需要自己编译源码。如果Spine官方没有支持客户所使用的引擎，客户还可以根据GitHub中的源代码，自行编写针对特定引擎的插件。

下载源代码的方式也非常简单，进入下面的页面https://github.com/esotericsoftware/spine-runtimes，这是spine-runtimes的主页面（如图9-8所示）。

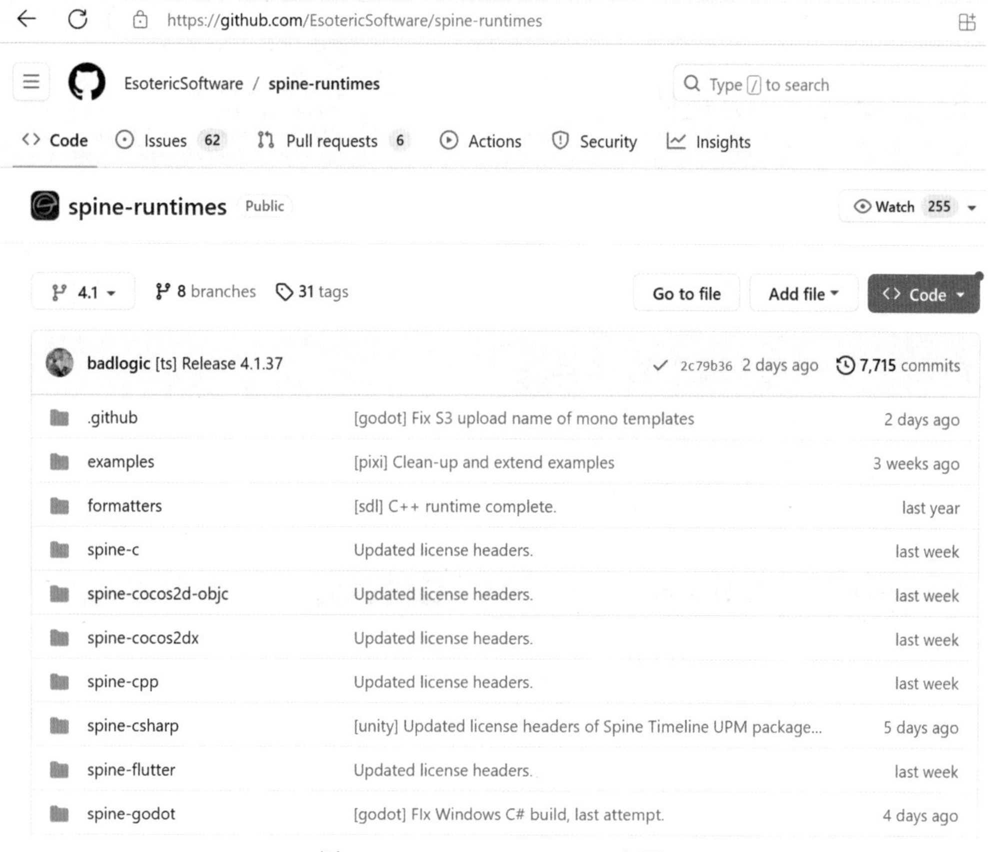

图9-8 spine-runtime GitHub主页

这里不详细讲解Git和GitHub的使用，而是下载一个zip包直接使用。选择绿色的Code按钮，在弹出的对话框中，选择最下方的Download ZIP选项（如图9-9所示）。

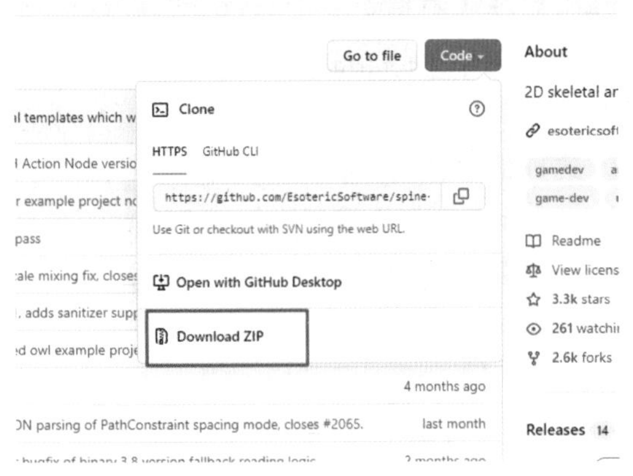

图9-9　选择Download ZIP选项

下载完成后，双击打开下载的spine-runtimes-4.1.zip，用任意的解压软件解压缩到磁盘上。

9.2.2　编译Spine UE插件

源码下载之后，要使用Spine UE插件，需要手动对源码中的spine-UE4插件进行编译。

注意：源码仓库中的目录是UE4，但是可以在UE5下使用，因为有源代码，而UE5的项目和UE4.27的是兼容的。也就是说，可以用UE5直接编译4.27的插件源码，有很大的概率是直接可以通过的。

UE5不再支持Visual Studio 2017。在继续下面的步骤之前，请确保系统安装了Visual Studio 2019。

在准备好Visual Studio 2019后，下面开始编译插件。

找到spine-runtimes目录下的spine-cpp文件夹，打开后，里面还有一个spine-cpp文件夹。按Ctrl+C快捷键，复制文件夹（如图9-10所示）。

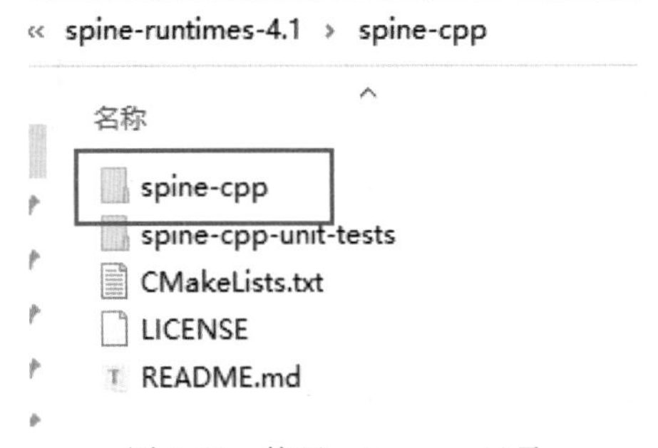

图9-10　拷贝spine-cpp目录

进入spine-runtimes-4.1\spine-ue4\Plugins\SpinePlugin\Source\SpinePlugin\Public目录，按Ctrl+V快捷键，把上一步拷贝的spine-cpp文件夹复制到这里（如图9-11所示）。

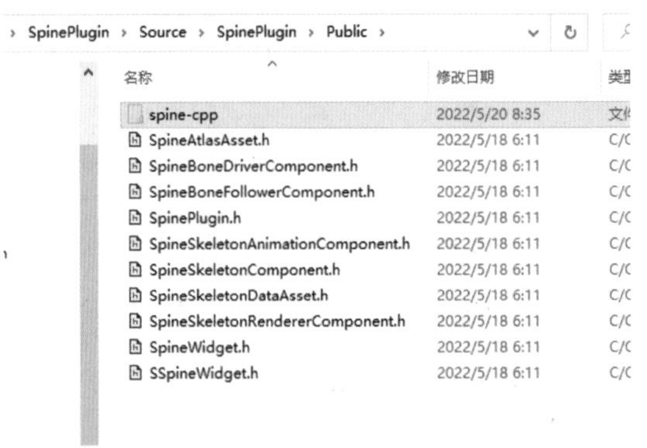

图9-11　粘贴spine-cpp目录到插件源码中

回到spine-runtimes-4.1\spine-ue4目录中，在SpineUE4.uproject文件上右击，在弹出的快捷菜单中选择Switch Unreal Engine version切换引擎版本。

在弹出的对话框中，选择5.2的版本，单击OK按钮开始转换（如图9-12所示）。

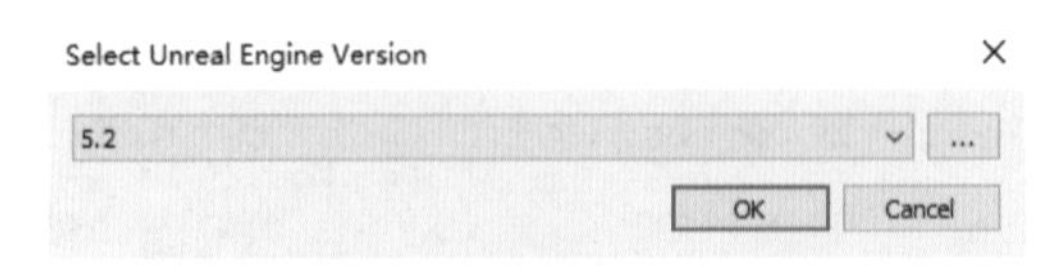

图9-12　选择切换为UE5版本

单击OK按钮后，系统会弹出一个进度对话框，提示转换的进度和阶段（如图9-13所示）。

图 9-13　生成项目文件

耐心等待一会，可以选择对话框中的ShowLog，这里会更详细地打印当前进度。如果出现错误，也会在log里提示（如图9-14所示）。

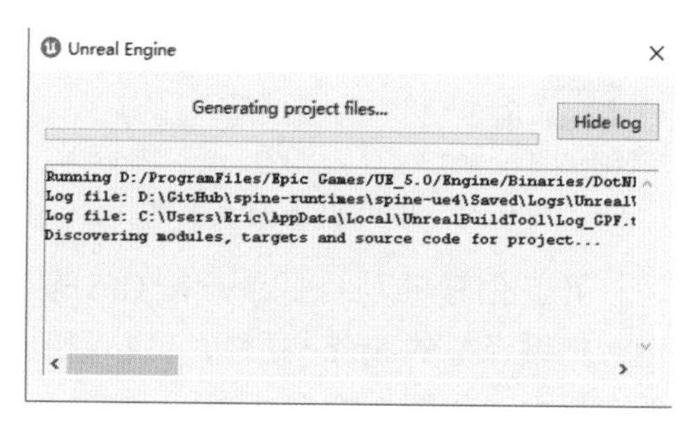

图 9-14　Log 提示

当生成过程没有错误，提示窗口会自动消失，在项目目录下会出现SpineUE4.sln项目文件，代表项目版本转换成功（如图9-15所示）。

Code › spine-runtimes-4.1 › spine-ue4 ›

名称	修改日期
.vs	2023/8/7 21
Config	2023/8/6 9:(
Content	2023/8/6 9:(
Intermediate	2023/8/7 21
Plugins	2023/8/6 9:(
Saved	2023/8/7 21
Source	2023/8/6 9:(
.vsconfig	2023/8/7 21
LICENSE	2023/8/6 9:(
README.md	2023/8/6 9:(
setup.bat	2023/8/6 9:(
setup.sh	2023/8/6 9:(
SpineUE4.sln	2023/8/7 21
SpineUE4.uproject	2023/8/6 9:(

图 9-15　生成的 sln 项目文件

如果生成.sln文件，这一步出现了任何错误，请检查生成Log窗口中的提示。大部分原因是Visual Studio版本不是2019以上版本，或者DotNet SDK没有安装导致的。在解决了问题后，继续重新切换版本，直到成功，无报错。

当版本切换成功后，接下来就进入到编译源码的阶段了。在spine-runtimes-4.1\spine-ue4目录中，双击SpineUE4.sln，在Visual Studio中打开。确保使用的Visual Studio版本是2019以上版本（如图9-16所示）。

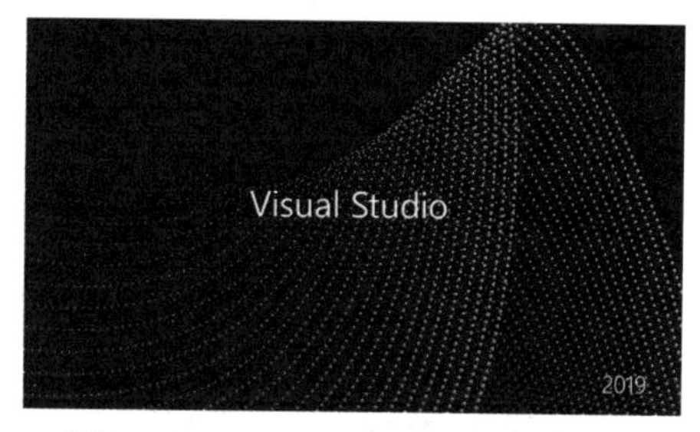

图 9-16　Visual Studio 2019 启动画面

如果系统上有多个Visual Studio版本，可以在sln上右击，选择打开方式，在里面选择需要使用的Visual Studio版本（如图9-17所示）。

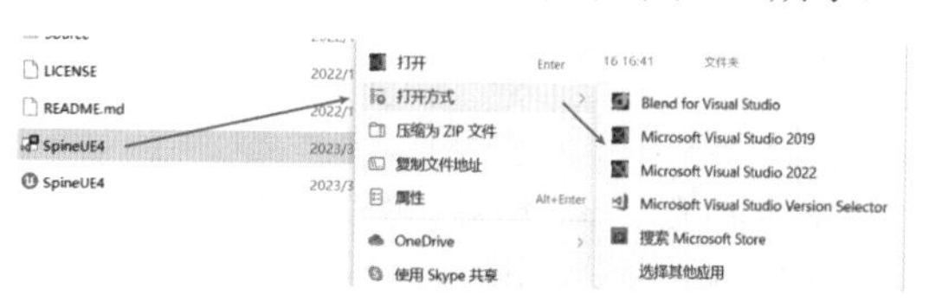

图 9-17　Visual Studio 2019 启动画面

项目在成功打开后，找到工具栏，确保项目配置为Development Editor，平台为Win64（如图9-18所示）。

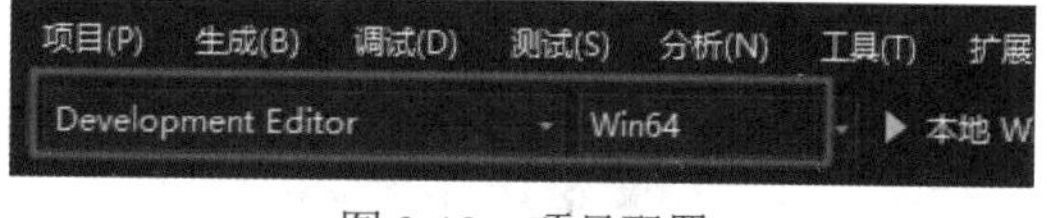

图 9-18　项目配置

选择生成菜单，选择生成解决方案命令（如图9-19所示）。

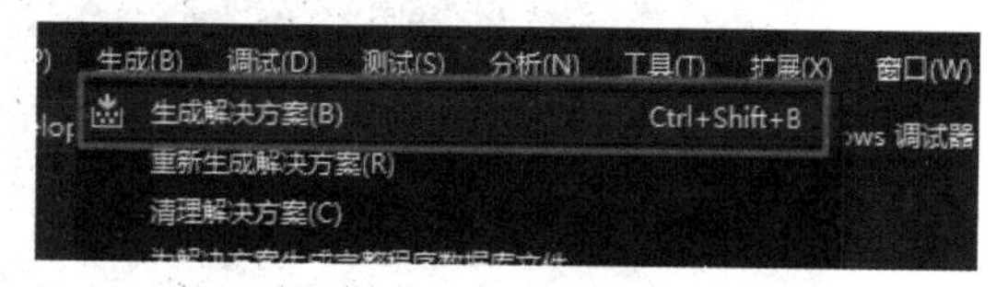

图 9-19　生成解决方案

在下面的输出窗口中，查看编译进度。

耐心等待系统编译。当编译完成后，会打印出生成成功的文本（如图 9-20 所示）。

```
>Using bundled DotNet SDK
>Log file: C:\Users\Eric\AppData\Local\UnrealBuildTool\Log
>Using 'git status' to determine working set for adaptive
>Creating makefile for SpineUE4Editor (no existing makefil
>Target is up to date
>Total execution time: 8.91 seconds
========== 生成: 成功 1 个，失败 0 个，最新 0 个，跳过 1 个
```

图 9-20　项目编译成功

当 Visual Studio 编译完成后，关闭 Visual Studio。然后双击 SpineUE4.uproject 打开项目。如果打开成功，代表项目编译成功。

9.2.3　安装spineUE4插件

插件编译成功后，就可以在其他的项目中启用插件了。这一节，首先创建一个新的项目，然后把编译好的插件安装到新项目中。

打开 UE5 引擎，在项目浏览器中，选择“游戏”类别下的“空白”模板，创建一个空的游戏项目。“项目默认设置”保持默认，把项目命名为 Ch_09_TowerDefence2D，单击“创建”，等待项目创建完成后退出 UE5 编辑器。

回到 Spine-runtime 文件夹中，打开 spine-ue4 文件夹，选择 Plugins 文件夹，按 Ctrl+C 快捷键拷贝。这个目录下是 9.1 节编译好的插件（如图 9-21 所示）。

Code › spine-runtimes-4.1 › spine-ue4

名称	修改日期
.vs	2023/8/7 21:19
Config	2023/8/6 9:09
Content	2023/8/6 9:09
Intermediate	2023/8/7 21:19
Plugins	2023/8/6 9:09
Saved	2023/8/7 21:18
Source	2023/8/6 9:09
.vsconfig	2023/8/7 21:19
LICENSE	2023/8/6 9:09
README.md	2023/8/6 9:09
setup.bat	2023/8/6 9:09
setup.sh	2023/8/6 9:09
SpineUE4.sln	2023/8/7 21:19
SpineUE4.uproject	2023/8/6 9:09

图 9-21　拷贝 Plugins 文件夹

打开新创建的项目目录，按 Ctrl+V 快捷键，把编译好的 Spine 插件，粘贴到新创建的项目中（如图 9-22 所示）。

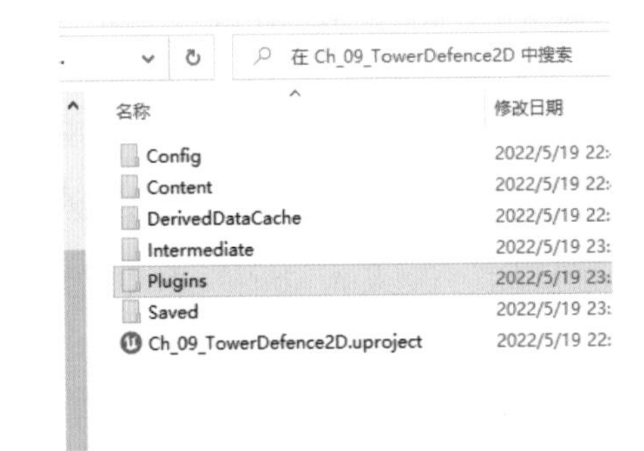

图 9-22　粘贴 Plugins 到项目目录

重新启动 UE5 编辑器，然后选择“编辑”菜单，“插件”命令，打开插件管理器。

在左侧的类别中，选择 2D，检查 Spine Plugin 是否正确加载了（如图 9-23 所示）。

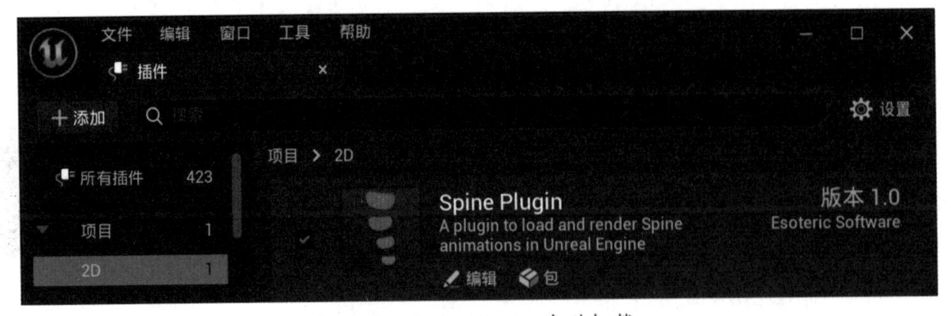

图 9-23　Spine Plugin 自动加载

9.3 准备项目资产

Spine UE 插件已经编译安装好了。本节将介绍如何把 Spine 制作的资源导入 UE5 中，并播放 Spine 制作好的动画。在成功地导入 Spine 动画后，本节还会介绍，通过 Migrate 功能，合并其他项目的资源到当前项目中。

9.3.1 Spine动画介绍

Spine 是 2D 制作软件，它编辑完成的 2D 骨骼动画，需要导出为运行时的格式，这样 Spine-runtime 插件才能够读取并使用。

在下载的 Spine-runtime 目录下的 Explames 目录下，有一些导出好的 Spine 动画，大家可以使用这些示例动画，来完成 2D 骨骼动画游戏（如图 9-24 所示）。

D:) › GitHub › spine-runtimes-4.0 › examples　　在 examples 中搜索

名称	修改日期	类型	大小
alien	2022/5/20 10:16	文件夹	
coin	2022/5/20 10:16	文件夹	
dragon	2022/5/20 10:16	文件夹	
export	2022/5/20 10:16	文件夹	
goblins	2022/5/20 10:16	文件夹	
hero	2022/5/20 10:16	文件夹	
mix-and-match	2022/5/20 10:16	文件夹	
owl	2022/5/20 10:16	文件夹	
powerup	2022/5/20 10:16	文件夹	
raptor	2022/5/20 10:16	文件夹	
speedy	2022/5/20 10:16	文件夹	
spineboy	2022/5/20 10:16	文件夹	
spine-unity	2022/5/20 10:16	文件夹	
spinosaurus	2022/5/20 10:16	文件夹	
stretchyman	2022/5/20 10:16	文件夹	
tank	2022/5/20 10:16	文件夹	
vine	2022/5/20 10:16	文件夹	
windmill	2022/5/20 10:16	文件夹	
readme.txt	2021/11/27 23:14	Text 源文件	2 KB

图 9-24　spine-runtime 提供的动画

打开 spine-runtimes\examples\spineboy\export 目录，这里是导出的 Spine 文件。文件的扩展名代表不同的文件类型，作用参考表 9-1 中的说明。

表 9-1　spine 导出文件作用

扩展名	作用
png	导出的图片类型
atlas	每个部位使用了贴图的哪个部分
skel	记录了 2D 骨骼动画中的骨骼
json	骨骼的文本化描述

要导入 Spine 动画，只需要导入 png、atlas 和 skel 这三个文件就可以了。Json 是文本化的 skel，本质上和 skel 文件一样，只是以文本存储，是人类可读的。而 skel 是二进制的。生产中通常使用二进制文件，以提高解析性能，减少磁盘空间。文本化的存储通常用来调试。

9.3.2 导入spine资产

接下来讲解怎样把 Spine 制作的 2D 骨骼动画文件导入 UE5 中。打开 Ch_09_TowerDefence2D 项目，在“内容”目录下，创建一个新的文件夹，命名为 2DAnimation。在 2DAnimation 文件夹下新建一个文件夹并命名为 spineboy（如图 9-25 所示）。

图 9-25　新建 2D 骨骼动画目录

技巧：导入 Spine 的 2D 骨骼动画时，如果导入的是 .skel 的文件，则 spine 插件会在同目录下，寻找同名的 png 和 atlas 文件，并一起导入。这能极大地减少导入资源的时间。

打开插件 examples\spineboy\export 目录，修改 spineboy-ess.skel 文件名为 spineboy.skel（如图 9-26 所示）。

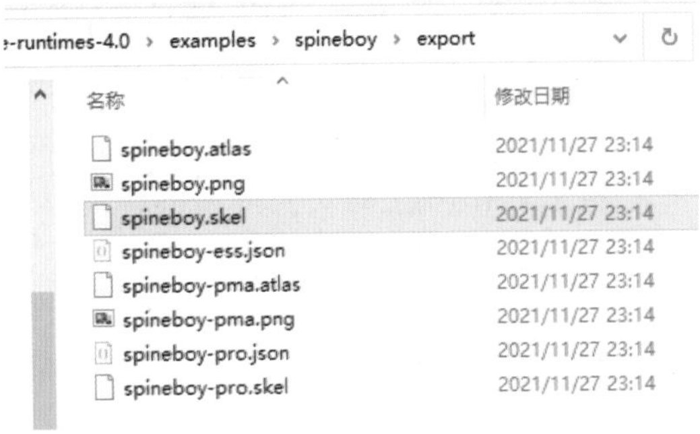

图 9-26　统一 2D 骨骼动画资产命名

注意：export 目录下有几个不同的 skel 文件，都是 spine 的不同授权版本。本章中，使用后缀为 ess 的 skel 文件就足够了，例如 spinebox-ess.skel。修改文件名的作用是让插件能寻找同名的其他文件。

回到 UE5 引擎，按住鼠标左键，把 spineboy.skel 拖入内容浏览器面板的 spineboy 目录下（如图 9-27 所示）。

松开鼠标后，Spine-runtimeUE 插件会自动导入这个 2D 骨骼动画，并导入另外两个同名文件（如图 9-28 所示）。

导入的文件中，Textures 用来放之前的 png 纹理。spineboy-atlas 就是原先的 atlas 文件，Spineboy-data 就是导入的 skel 文件。因为在 UE5 中，扩展名都是 .uasset，所以插件对不同的文件进行了重新命名。

双击 spineboy-data 文件，打开 Spine 编辑器，这个编辑器是 spine-runtime 添加的，用来查看 spine2D 导入的资产。选择 Animations 的下拉箭头，能够看到这个资源所包含的所有动画（如图 9-29 所示）。

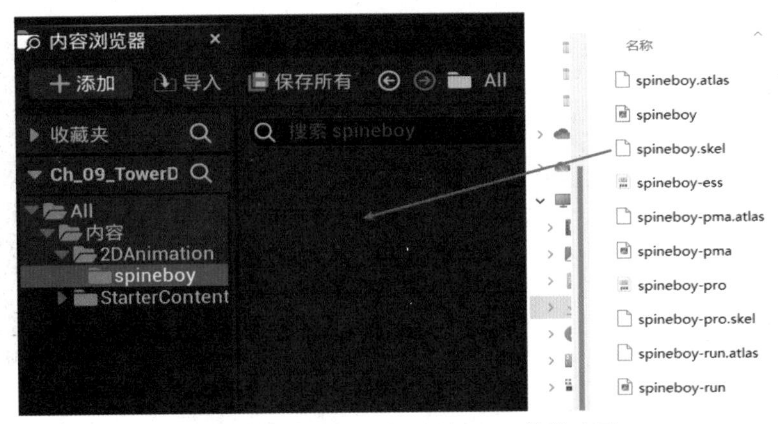

图 9-27　拖动导入 2D 骨骼动画

图 9-28　导入后的资产目录结构

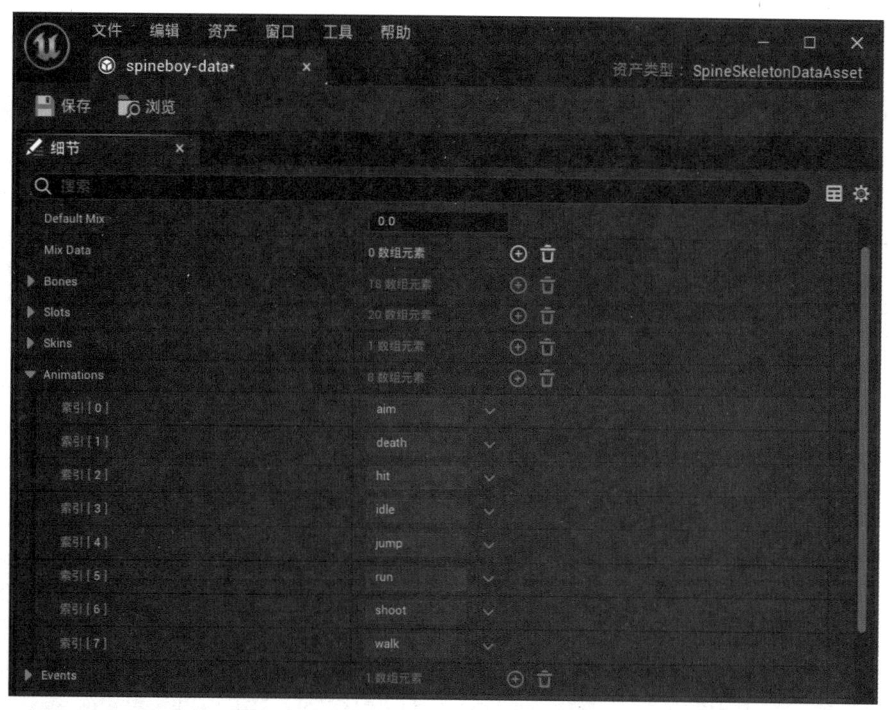

图 9-29　2D 骨骼数据查看器

用同样的方法，导入 hero、alien、speedy 三个 2D 骨骼动画角色（如图 9-30 所示）。

图 9-30　导入其他骨骼动画资源

9.3.3　播放Spine动画

9.2 节导入了 Spine 的动画资产，本节将介绍如何使用导入的资产播放 2D 骨骼动画。

新建一个空白关卡，保存在“内容”目录下的 Maps 文件夹中，命名为 PlaySpineAnimation。在“内容”文件夹下新建名为 Blueprints 的文件夹。右击选择创建蓝图类，创建父类为 Actor 的蓝图类，命名为 BP_SpineAnimation（如图 9-31 所示）。

图 9-31　创建 BP_SpineAnimation 蓝图

双击 BP_SpineAnimation，打开蓝图编辑器，在左上角的组件面板中选择“添加”添加“组件”，输入 Spine 搜索所有和 Spine 相关的组件。

为 BP_SpineAnimation 蓝图添加 SpineSkeletonAnimation 和 SpineSkeletonRenderer 两个组件。这两个组件是显示一个 Spine2D 骨骼动画所必需的。SpineSkeletonAnimation 用来读取导入的 Spine 资源，并控制动画的播放，SpineSkeletonRenderer 负责显示 Spine 资源（如图 9-32 所示）。

图 9-32　添加必需的 spine 组件

在“组件”面板中选择 SpineSkeletonAnimation 组件，然后在右侧细节面板中设置参数。设置 Skeleton Data 参数和 Atlas 参数为导入的 spineboy（如图 9-33 所示）。

图 9-33　设置骨骼数据和图集

当设置完 SpineSkeletonAnimation 的 Skeleton Data 和 Atlas 后，蓝图编辑器的视口中，会出现 Spine 资源的预览（如图 9-34 所示）。

图 9-34　蓝图编辑器视口更新

为了播放动作，必须知道要播放的动作的名字。在内容浏览器中双击 spineboy-data，打开编辑器，查看 Animations 中的动画。可以看到，这个资源有一个 idle 的动画。回到蓝图编辑器，把 Spine 栏的 Preview Animation 设置为 idle，蓝图编辑器中就立刻更新播放 idle 动作了（如图 9-35 所示）。

图 9-35　设置预览动作

编译保存 BP_SpineAnimation。回到关卡编辑器，把 BP_SpineAnimation 蓝图拖到关卡中，默认的实例持续地播放 idle 动作（如图 9-36 所示）。

图 9-36　添加到关卡中的 Spine 动画

单击播放按钮，播放关卡。观察 BP_SpineAnimation，动画并没有被播放。这是因为在 BP_SpineAnimation 蓝图中，设置的 idle 动画只是预览使用，而在游戏中并没有设置要播放的动画。

单击工具栏上的蓝图下拉菜单，选择“打开关卡蓝图”。关卡蓝图是一个特殊的蓝图，它与关卡紧密连接在一起。一个关卡只能有一个关卡蓝图，无法创建多个关卡蓝图。关卡蓝图随关卡播放一起运行。

在关卡蓝图中，先确保在关卡中选择了 SP_SpineAnimation 角色，然后右击，选择创建一个对 BP_SpineAnimation 的引用，做关卡蓝图中直接引用关卡中的其他角色。然后拖出数据线，选择 Set Animation 节点，这个节点是 Spin Skeleton Animation 组件，所以会自动连接这个组件到节点。设置 Set Animation 节点的 Animation Name 为 idle，Loop 为选中状态。然后把关卡蓝图的“事件开始运行”节点连接到这个

Set Animation 节点。这样，在关卡开始运行的第一帧前，就设置了 BP_SpineAnimation 的 Spine 要播放的动画（如图 9-37 所示）。

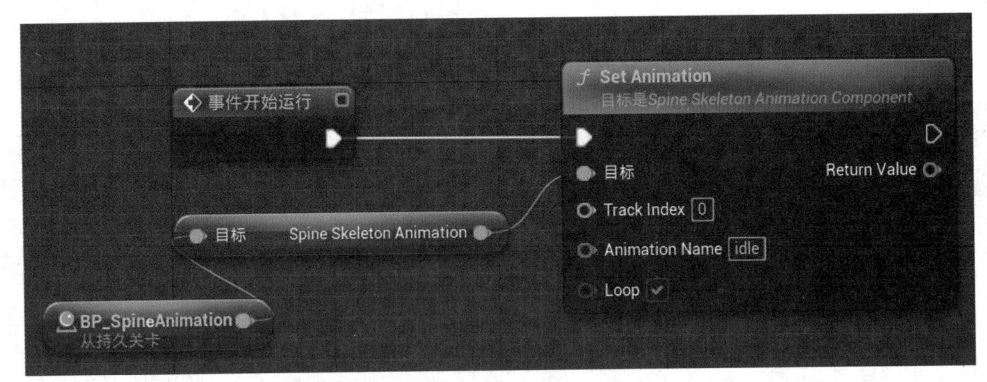

图 9-37　使用 Set Animation 播放 idle 动画

回到关卡编辑器，单击播放按钮运行关卡。关卡中的 BP_SpineAnimation 在开始运行时就自动切换到 idle 动画了（如图 9-38 所示）。

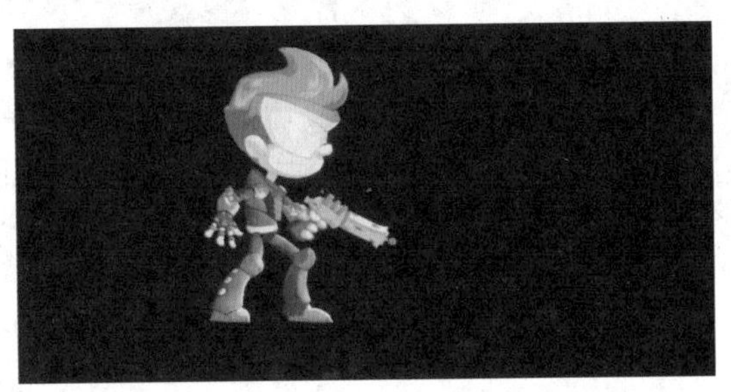

图 9-38　游戏运行时 Idle 动画正常运行

接下来设置使用键盘控制 Spine 角色的动画。添加一个“键盘 A”的事件在关卡蓝图中。当 A 键被按下时，Set Animation 为 run（如图 9-39 所示）。

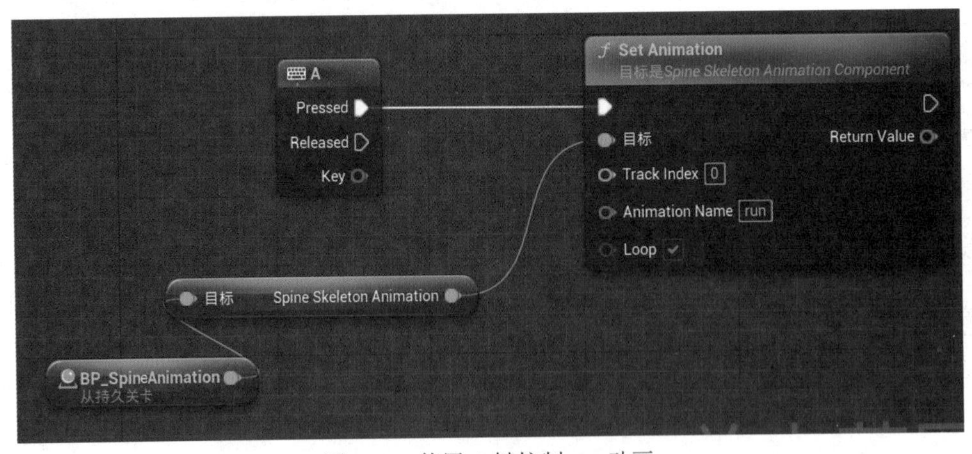

图 9-39　使用 A 键控制 run 动画

回到关卡编辑器，播放运行，按住 A 键，角色就从 idle 动画切换到了 run 动画（如图 9-40 所示），但是当前的跑步方向是错误的。

图 9-40　方向相反的 run 动画

当按住 A 键时，角色应该冲向左侧。在第 8 章是通过设置变换的 ScaleX 为 -1 来实现水平反转图像，这里也可以这样操作。但是，缩放的组件需要是 Spine Skeleton Renderer。因为这个组件，控制了 Spine 动画的渲染。另外，Spine Skeleton Animation 提供了一个 Set Scale X 方法，这个方法在逻辑上更统一。在 A 键按下时，先设置 Scale X 为 -1，然后再设置动画（如图 9-41 所示）。

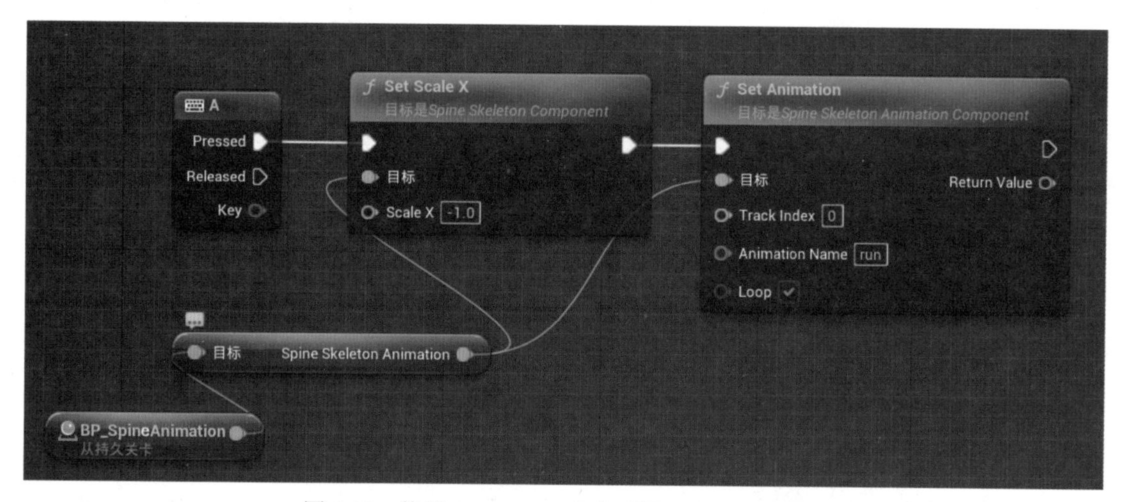

图 9-41　使用 Set Scale X 节点反转 Spine Animation

回到关卡编辑器，单击播放按钮运行关卡。按住 A 键，角色开始向左侧奔跑（如图 9-42 所示）。

图 9-42　A 键控制角色向左播放 run 动画

当玩家松开 A 键时，角色需要停止 run 动画，切换为 idle 动画。这非常简单，使用 Set Animation 直接设置动画为 idle 就可以（如图 9-43 所示）。

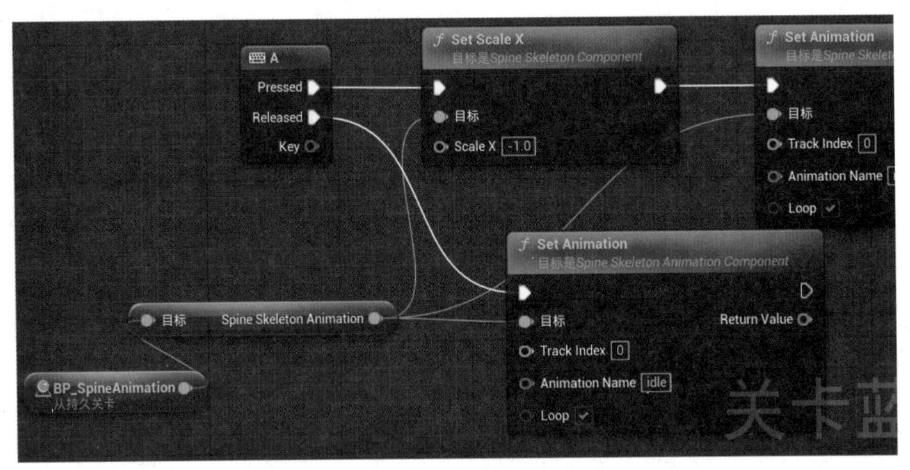

图 9-43　A 键松开后回到 idle 动画

复制所有的 A 键的逻辑，然后添加一个 D 键，除了按住 D 键，把 Set Scale X 设为 1.0 之外，其他的逻辑和 A 键一样（如图 9-44 所示）。

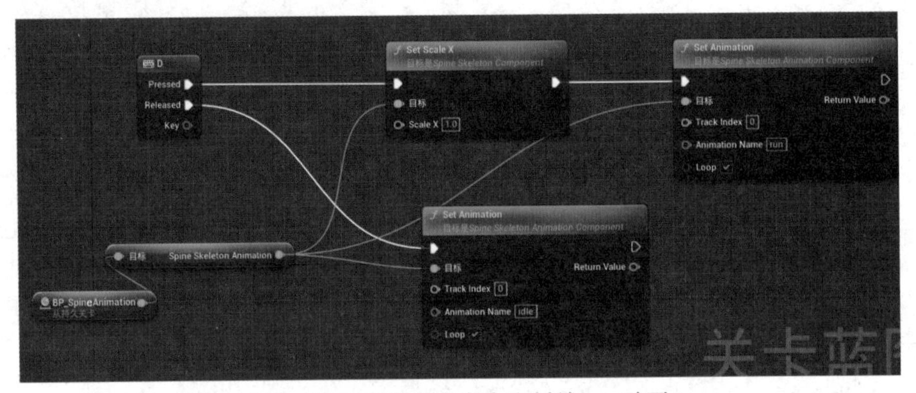

图 9-44　D 键控制角色向右播放 run 动画

回到关卡编辑器，单击播放按钮运行关卡，这时 A 键和 D 键应该能控制角色左右动作播放了。

下面添加射击动作。在关卡蓝图的空白区域右击，搜索添加“空格”键盘事件，当空格键按下时，切换动作为 shoot。这里和之前跑步是一致的，不同的是设置了 Track Index 为 1。这时，shoot 动画就能和 idle、run 动画混合在一起（如图 9-45 所示）。

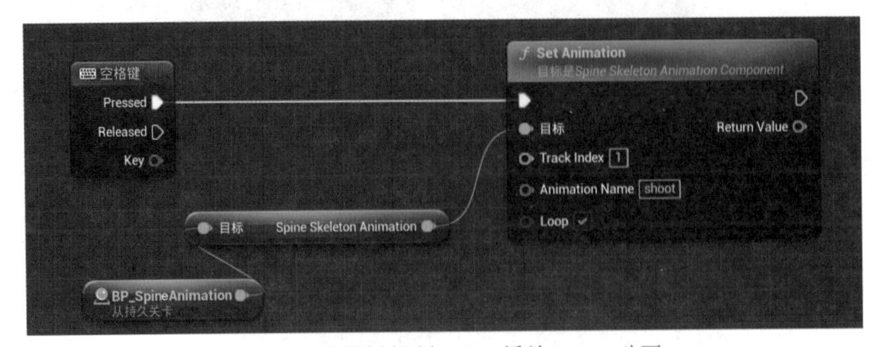

图 9-45　空格键控制 Spine 播放 Shoot 动画

回到关卡编辑器，单击播放按钮运行关卡，按住空格键播放 shoot 动作，可以看到这 idle 动画播放时，同时播放了 shoot 动画（如图 9-46 所示）。

图 9-46　idle 动画播放的同时播放 shoot 动画

按住键盘上的 D 键播放 run 动作，同时按下空格键播放 shoot 动作，效果如图 9-47 所示。

图 9-47　run 动画播放的同时播放 Shoot 动画

现在播放 shoot 动作后，动作都不能停止。和左右一样，需要检测空格键是否 Release，来设置动作为空。取消 shoot 动作的播放。在图表视图中添加 Spine Skeleton Animation 组件的 Set Empty Animation 节点，这个节点会移除 Track Index 上的所有动画。设置 Mix Duration 为 0.4，这样在设置动画为空时，会从当前动画慢慢过渡为空，不会太突兀（如图 9-48 所示）。

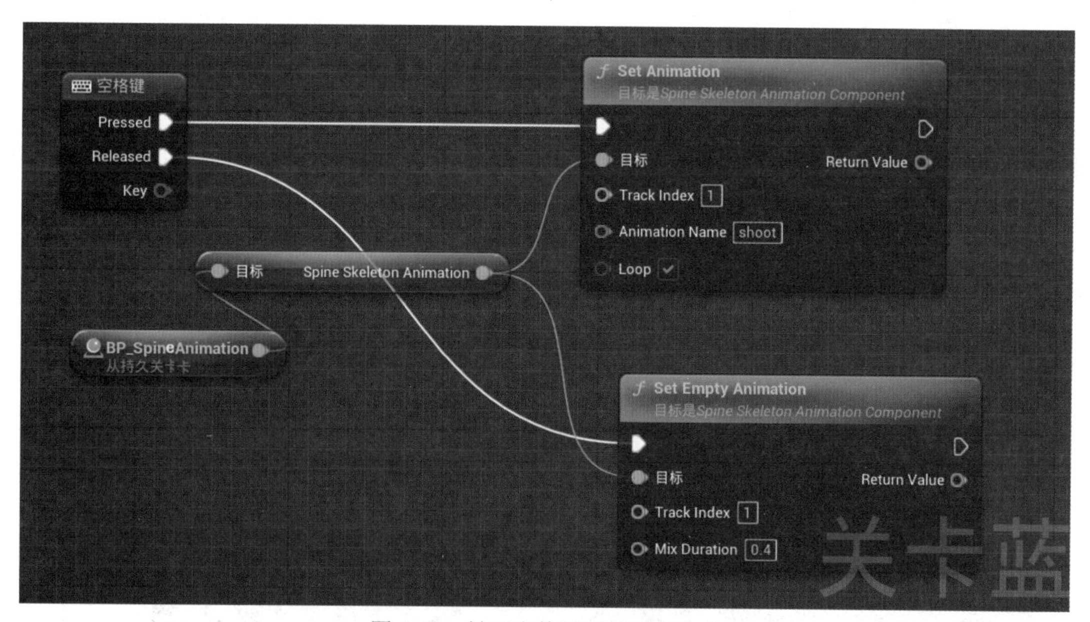

图 9-48　松开空格键设置动画为空

回到关卡编辑器，单击播放按钮运行关卡，按住空格键播放 shoot 动作，然后松开空格键结束 shoot 动作，可以看到，在结束动作的时候，有一个差值让动作之间衔接变得自然了，这就是 Mix Duration 参数的作用。

既然在 Set Empty Animation 时可以设置 Mix Duration 来混合两个动画，那么在播放

idle 和 run 这些动画的时候，可不可以设置 Mix 来让两个动画过渡更柔和呢？这答案可以的。在两个动画过渡的时候，可以在导入的 data 文件中，设置这些 Mix 值。双击 spineboy-data 打开 spine 骨架资源，Default Mix 就是设置默认的 Mix 值的地方。如果没有对动画的过渡进行特殊设置，那么在播放时就会使用 Default Mix 的值进行过渡（如图 9-49 所示）。

图 9-49　设置默认动画之间切换的混合时间

单击 Mix Data 后面的 + 号按钮可以对具体的过渡进行设置，如从 idle 到 run 动画的 Mix 时间。读者可以自行尝试一下。

9.3.4　准备游戏资源并搭建背景关卡

打开随书附带的资源文件夹（扫描封底“本书资源”二维码获取），找到 Ch_09_TowerDefence2D 目录，把 Textures 拖动到 UE5 编辑器的“内容”目录下。导入成功后，选择所有导入的纹理资源，右击，在弹出的快捷菜单中选择“应用 Paper2D 纹理设置”。然后在选择所有纹理资源的情况下，为所有纹理资源创建精灵，最终把创建好的精灵放在“内容”目录下的 Sprites 目录中（如图 9-50 所示）。

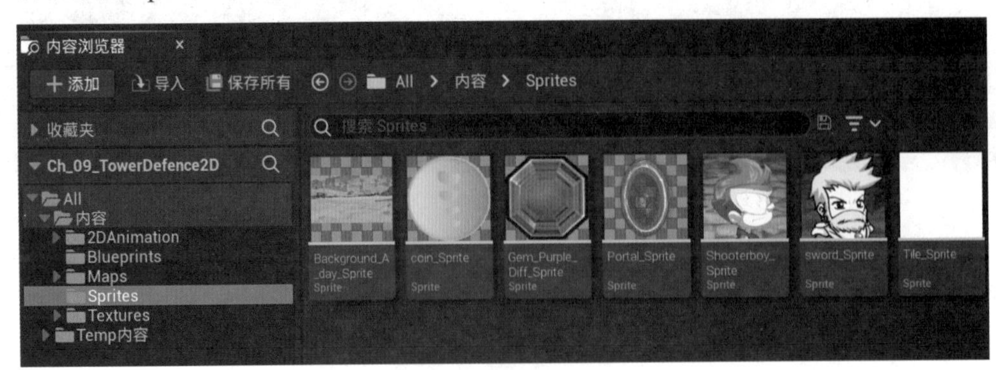

图 9-50　创建精灵

创建一个新的空白关卡，保存在Maps目录下，命名为Game。把导入的Background_A_day_Sprite精灵拖放到关卡中作为游戏的背景。把背景的“缩放”设置为x=4，y=4，z=4。可以把上一节创建的BP_SpineAnimation角色放到关卡中作为尺寸的参照（如图9-51所示）。

图9-51　调整背景精灵缩放

添加一个后处理体，设置无限范围（未限定）为勾选状态，然后设置Bloom的“强度”为0，Exposure的“最低亮度”和“最高亮度”都为2.0。保持视口和最终播放游戏视觉效果一致，设置关卡后处理的详细内容可查看第6章。

单击播放按钮运行关卡，观察当前关卡背景。此时，背景图像比角色要亮，而且纯度也更高，这是不对的。很多做关卡的人都会遇到这样的问题，把关卡做得非常漂亮，但是角色添加到关卡之后，角色的注意力都被关卡抢走了。在游戏中，主角永远都是角色，背景只是角色表现的一个舞台。

下面来处理一下背景纹理的亮度和纯度。双击Textures目录下的Background_A_day纹理打开纹理编辑器，在右侧的“调整”中，设置“亮度”为0.7，“饱和度”为0.8。这样既降低了纹理的亮度，也降低了纹理的饱和度。这是一种快速的方法，免去了导出图像进行编辑再导入的过程（如图9-52所示）。

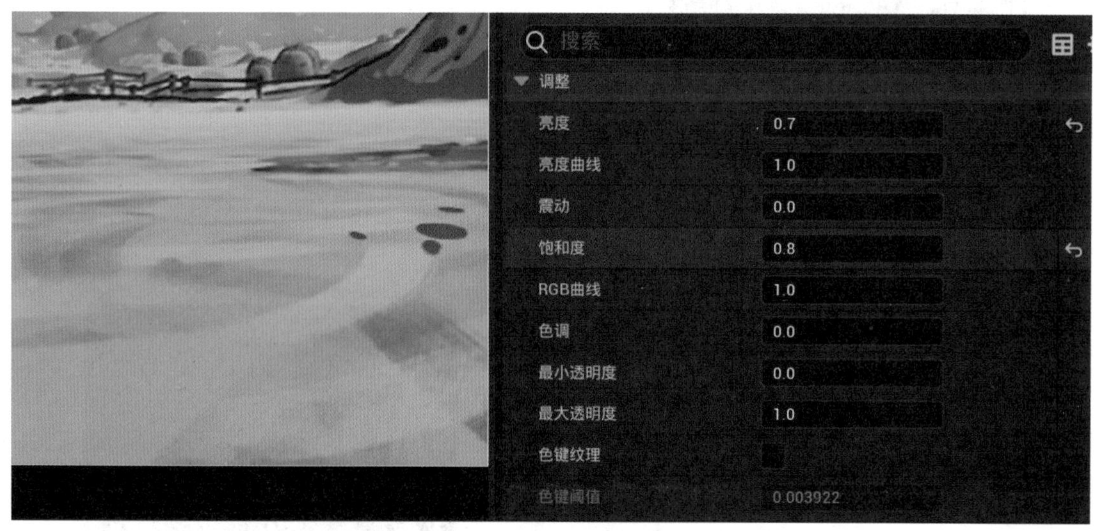

图9-52　调整背景纹理

保存纹理，回到关卡编辑器中，单击播放按钮运行关卡。可以看到关卡中的背景纹理已经变暗了（如图9-53所示）。

图 9-53　调整后的关卡效果

9.3.5　关闭流式纹理解决纹理模糊问题

设置好背景关卡后，关闭 UE5 引擎，重新启动计算机，然后再打开项目，就能够看到纹理模糊的问题（如图 9-54 所示）。

图 9-54　Spine 动画纹理模糊

选择“编辑”菜单，单击“项目设置”打开项目设置面板，左侧选择“渲染”类别，在“纹理”类别下，去掉“纹理流送”的勾选。关闭纹理流（如图 9-55 所示）。

图 9-55　关闭纹理流

回到关卡编辑器中，2D Spine 动画的纹理模糊就消失了（如图 9-56 所示）。注意一定要关闭纹理流，否则，不只编辑器中，打包为可执行文件后，纹理也是模糊的。

图 9-56　关闭纹理流模糊消失

9.4　创建角色类

准备好背景后，本节开始创建游戏中的重要蓝图类，包括玩家类和玩家控制的英雄和敌人角色。因为玩家控制的英雄和敌人角色都要使用 Spine 相关的组件显示角色，所以这里使用蓝图类的继承的特性来完成制作。

9.4.1　创建玩家摄影机角色

在 Blueprints 目录中右击，创建一个继承自 Pawn 的蓝图类，命名为 BP_Player。

BP_Player 蓝图是玩家 Pawn，主要负责显示视口和玩家输入处理。首先，为 BP_Player 添加 Camera 组件（如图 9-57 所示）。

图 9-57　添加 Camera 组件

在细节面板中，设置 Camera 组件的

“投射模式”为“正交”，“正交宽度”为5000.0（如图9-58所示）。

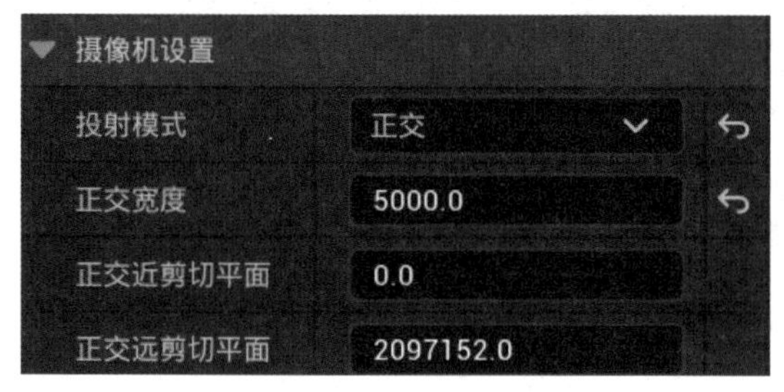

图9-58 设置Camera组件

回到关卡编辑器，拖放BP_Player到关卡中，在细节面板中，设置“位置”为x=0.0，y=2000.0，z=0，设置“旋转”为x=0，y=0，z=-90，并设置“自动控制玩家”为“玩家0”。

单击播放按钮运行游戏，游戏视口应该使用了BP_Player中设置的摄影机组件了。

9.4.2 设置角色基类

在9.3节中，已经创建了一个使用Spine资产的角色，本节中，将修改并复用这个蓝图，并把它作为英雄角色和敌人角色蓝图的父类。

在内容浏览器的Blueprints目录中，选择BP_SpineAnimation，按F2键，重命名BP_SpineAnimation为BP_SpineActorBase（如图9-59所示）。

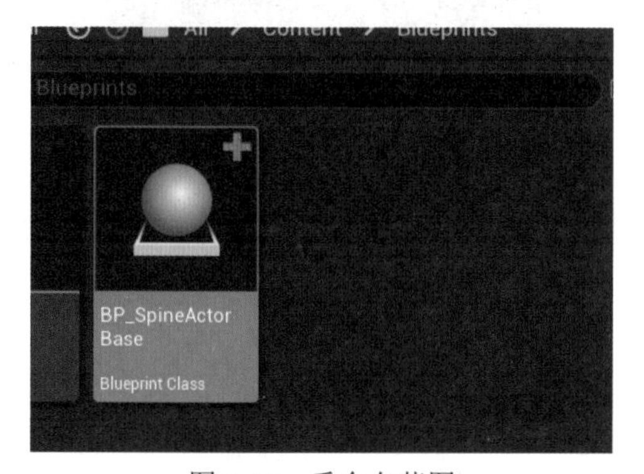

图9-59 重命名蓝图

双击BP_SpineActorBase打开蓝图编辑器，添加两个BoxCollison组件，并分别命名为BodyBox和AttackBox，这两个碰撞盒，一个代表角色的身体，一个代表攻击范围（如图9-60所示）。

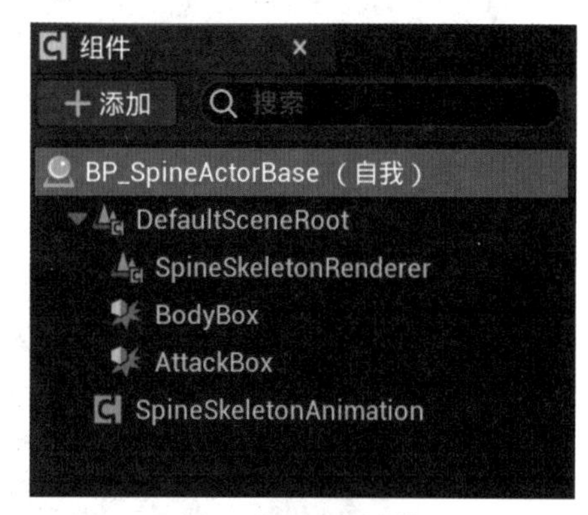

图9-60 添加碰撞

因为使用新添加的两个碰撞体作为碰撞的响应，所以原先SpineSkeletonRenderer的碰撞需要设置为关闭状态，选择SpineSkeletonRenderer，在右侧细节面板中，设置“碰撞预设”为NoCollision，关闭碰撞。

不论是玩家英雄角色，还是敌人角色，都会有血量，所以，Health变量可以添加在父类中，当子类继承这个父类之后，就同样继承了父类的Health变量，不用再次创建。

在“变量”后面，单击+按钮，添加Health变量，设置类型为“浮点”，编译蓝图后，设置“默认值”为100。

最后，无论是哪种角色，也都会被攻击。所以被攻击的逻辑，也适合放在父类中。添加一个自定义事件，命名为BeAttacked，来处理被攻击事件。默认的被攻击，就是把当前的Health减去攻击的Damage值（如图9-61所示）。

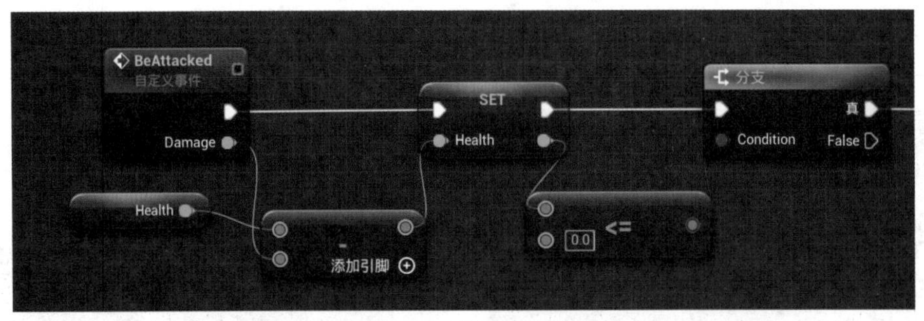

图 9-61　被攻击事件

当 Health 小于或者等于 0，就把自己销毁（如图 9-62 所示）。

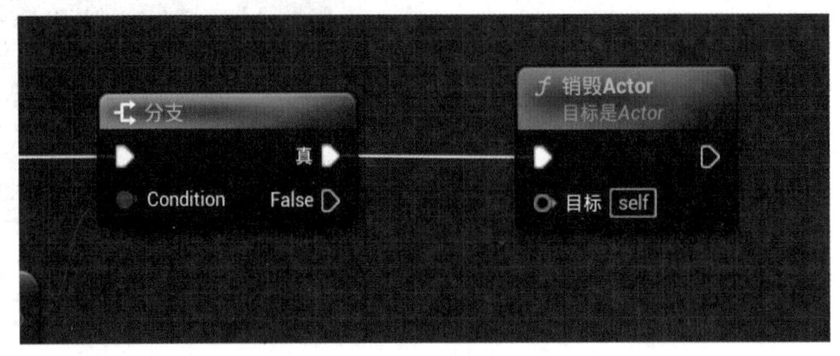

图 9-62　死亡后销毁自己

9.4.3　创建设置玩家英雄类

完成所有使用 Spine 骨骼动画资源的蓝图类的父类的时候，开始创建基于 BP_SpineActorBase 的子类。在父类的图标上右击，在弹出的快捷菜单中选择“创建子蓝图类”，UE5 会创建一个以所选择类为父类的蓝图类（如图 9-63 所示）。

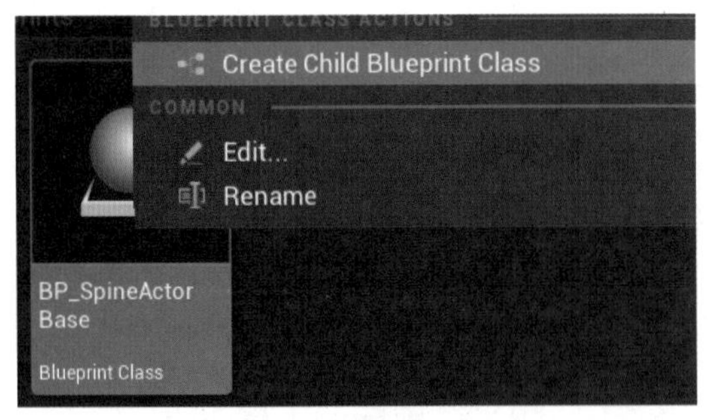

图 9-63　右击创建蓝图子类

重命名新创建的蓝图类为 BPC_Hero，BPC 前缀为 BlueprintChild 的缩写，这是习惯写法，能够看到这个蓝图类为子类。在继承关系不太复杂的情况下，这种命名方式会更直观一些。

双击 BPC_Hero 打开蓝图编辑器，调整 BodyBox 碰撞盒的大小接近角色大小（如图 9-64 所示）。

图 9-64　调整 BodyBox 大小

对于 AttackBox，因为当前英雄角色是用枪，属于远程攻击，所以 AttackBox 要足够大，一旦敌人进入攻击区域就开始远程攻击（如图 9-65 所示）。

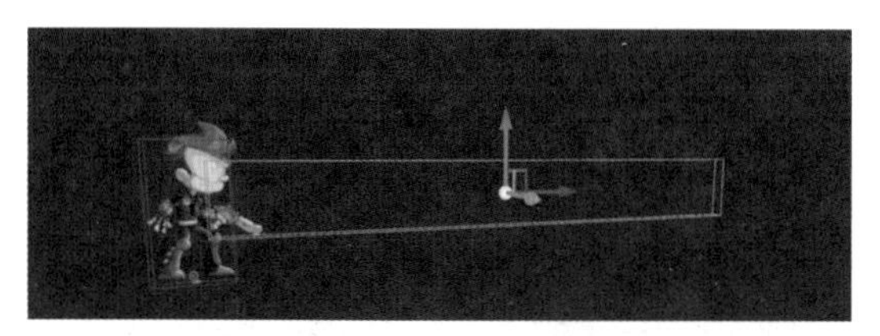

图 9-65　调整 AttackBox 大小

编译保存蓝图，回到关卡编辑器，当前关卡中的角色是父类，下面用一种快速的方法，替换关卡中的角色。在视口中选择要替换的角色，在内容浏览器中选择要替换关卡中的角色的蓝图，再回到视口中右击，在弹出的快捷菜单中选择“替换选中的 Actors ” → BPC_Hero。注意，这里的 BPC_Hero，只有这内容浏览器中选择，才会出现（如图 9-66 所示）。

图 9-66　替换关卡中的角色

在视口菜单中，打开碰撞体的显示，查看 AttackBox 是否符合攻击范围（如图 9-67 所示）。

图 9-67　显示碰撞体

回到 BPC_Hero 的蓝图编辑器，在“事件开始运行”节点后面，设置 Animation 为 idle（如图 9-68 所示）。注意，“父类：BeginPlay”节点代表会首先调用父类的 BeginPlay 节点。

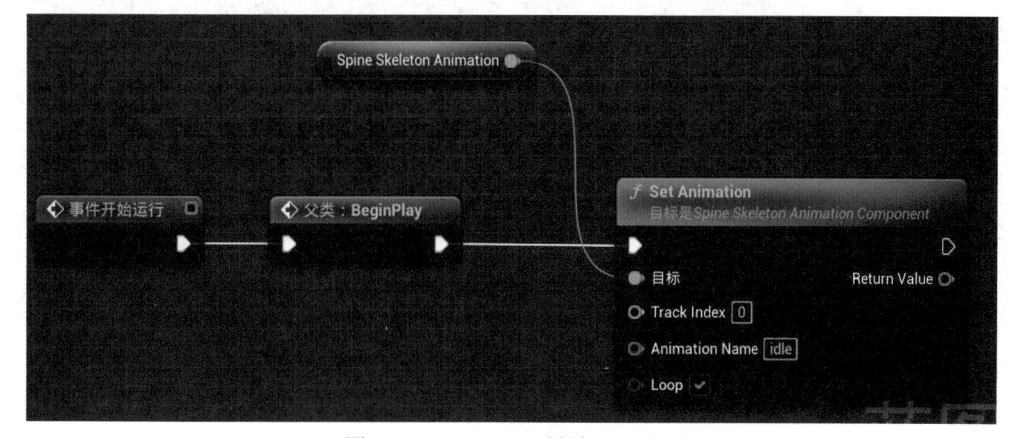

图 9-68　BeginPlay 播放 idle 动画

9.4.4 创建设置敌人类

玩家英雄创建完成后，可以通过复制玩家英雄角色蓝图，创建敌人蓝图。选择BPC_Hero，按Ctrl+D快捷键复制BPC_Hero，并重命名为BPC_Enemy。

双击BPC_Enemy，打开蓝图编辑器，首先改变敌人的外观，选择SpineSkeletonAnimation组件，在Spine中，设置Atlas和Skeleton Data为None。然后再设置Skeleton Data为alien-data和alien-atlas（如图9-69所示）。

图9-69　重新设置alien-data和alien-atlas

注意：这里先设置为None，是因为直接改变Skeleton Data，会导致UE5崩溃。

当修改完使用的资产后，蓝图“视口”视图中，马上就更新了显示（如图9-70所示）。

图9-70　Alien Spine角色

考虑到敌人是一直从右边往左边走的，所以直接把SpineSleletonRenderer的“缩放”属性，设置X=-1，Y=1，Z=1。让Spine角色在X轴反转（如图9-71所示）。

缩放BodyBox和AttackBox，使其符合敌人角色的需要（如图9-72所示）。

在“事件开始运行”节点中，设置敌人角色一开始播放的动画为run（如图9-73所示）。

图9-71　反转Spine动画角色

图 9-72 调整 BodyBox 和 AttackBox

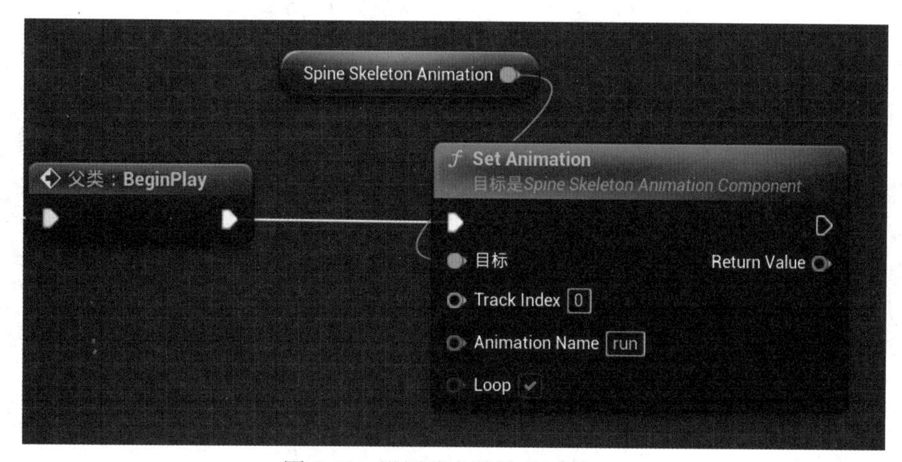

图 9-73 设置敌人默认动画为 run

编译保存蓝图，回到关卡编辑器，把BPC_Enemy 蓝图拖放到关卡中，并保持与BPC_Hero 在同一条直线上。单击播放按钮运行关卡（如图 9-74 所示）。

图 9-74 在关卡中放入敌人

9.4.5 敌人向前移动

敌人角色已经添加到关卡中了，接下来设置敌人的行走。

回到 BP_Enemy 的蓝图编辑器，添加两个变量，一个为“布尔”类型，命名为Move，用来控制敌人是否应该向前行走。另一个为“浮点”类型，命名为 Speed，用来控制敌人角色的行走速度。编译蓝图后，设置 Move 的默认值为 True，Speed 的默认值为 -200，并且勾选“可编辑实例”（如图 9-75 所示）。

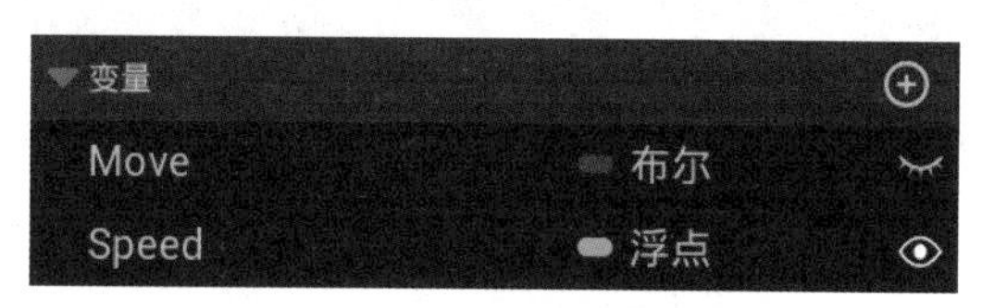

图 9-75 添加敌人移动变量

在事件图表中，找到 Tick 事件，每一帧，都检查当前是否为 Move 状态（如图 9-76 所示）。

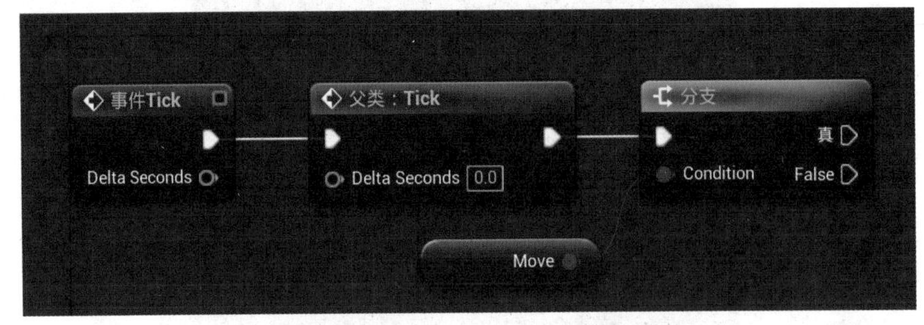

图 9-76　在 Tick 判断是否需要移动

如果当前是 Move 状态，那么对角色调用“添加 Actor 世界偏移”节点，把角色在世界坐标中平移，移动的距离为 Delta 时间 ×Speed（如图 9-77 所示）。

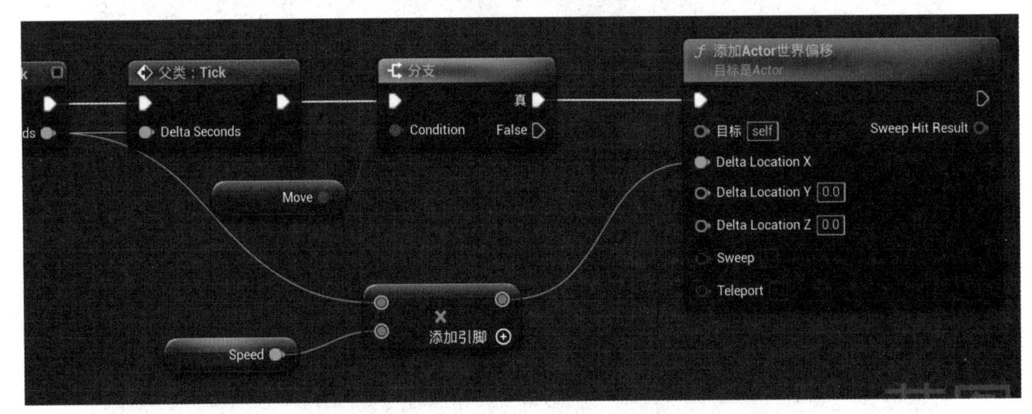

图 9-77　使用“添加 Actor 世界偏移”移动角色

编译保存蓝图，回到关卡编辑器，单击播放按钮运行关卡。可以看到，敌人角色已经往玩家英雄角色移动了（如图 9-78 所示）。

图 9-78　角色向前移动

9.5　实现游戏攻击逻辑

敌人向玩家英雄角色的方向行走后，当前会一直穿过英雄角色。本节就来实现英雄角色和敌人的互相攻击。

9.5.1　敌人攻击玩家英雄

双击 BPC_Enemy 打开蓝图编辑器，在“组件”面板中，选中 AttackBox，在细节面板的“事件”类别中，选择“组件开始重叠时”，添加“开始重叠”事件。然后添加“类型转换为 BPC_Hero”节点，判断碰撞到的角色是不是 BPC_Hero（如图 9-79 所示）。

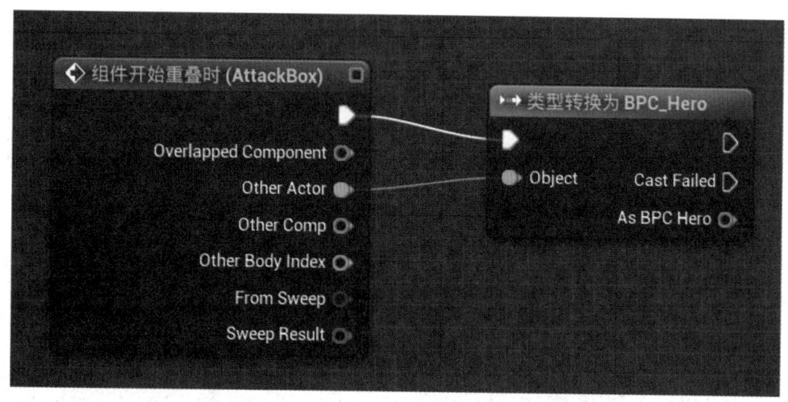

图 9-79　添加敌人 AttackBox 触发事件

如果碰到的角色是 BPC_Hero，则敌人停止前进，并切换为攻击动画（如图 9-80 所示）。

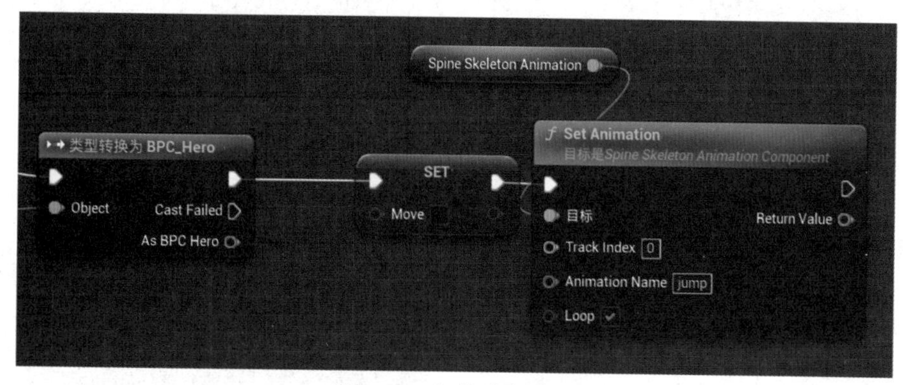

图 9-80　切换敌人动画

编译保存蓝图，回到关卡编辑器，单击播放按钮运行关卡。敌人在碰撞到玩家角色的时候就开始攻击了（如图 9-81 所示）。

图 9-81　敌人在碰到玩家 AttackBox 时开始攻击

因为给玩家角色设置了非常大的 AttackBox，所以当碰到 BPC_Hero 时，必然是先碰到 BPC_Hero 的 AttackBox，这是不对的，只有当敌人的 AttackBox 碰撞盒碰到了玩家的 BodyBox 碰撞盒才应该开始攻击，AttackBox 不做任何处理。

可以通过对 BoxCollision 组件设置自定义的 tag（标签）来区分组件。对某一类的碰撞体设置一个 tag，就可以区分同一个角色上的不同碰撞体了。

双击 BPC_Hero 打开蓝图编辑器，选择 BodyBox 组件，在细节面板中找到“标签”类别，单击 + 按钮，添加一个新的“标签”，叫作 HeroBody（如图 9-82 所示）。

回到 BPC_Enemy 的蓝图编辑器，把“类型转换”节点删除，搜索添加“组件拥有标签”节点，然后把 Other Comp 连接到目标，要检查的 Tag 设置为 HeroBody（如图 9-83 所示）。

图 9-82　添加组件 Tag

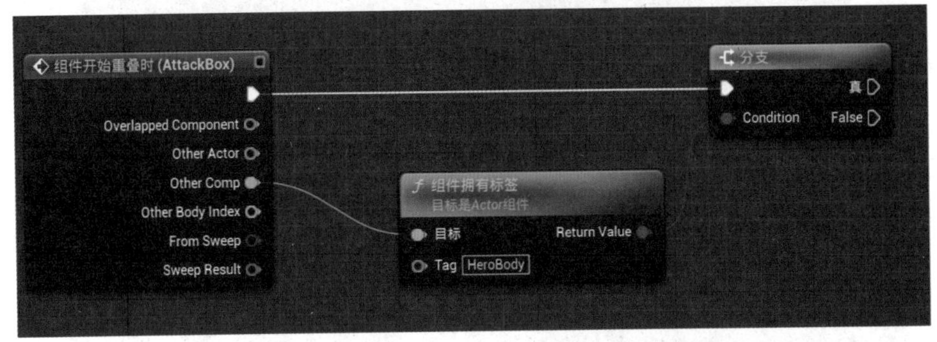

图 9-83　根据组件“标签”判定是否需要攻击

编译保存蓝图，回到关卡编辑器，单击播放按钮，这次敌人攻击英雄角色正常了（如图 9-84 所示）。

图 9-84　敌人攻击玩家英雄角色 BodyBox

敌人现在能够正常攻击英雄角色了。但是攻击的逻辑还没有，下面添加攻击的逻辑。

在设置完攻击动画的后面，添加“类型转换为 BPC_Hero 节点”，把正在攻击的英雄角色的引用保存下来（如图 9-85 所示）。

添加一个“浮点”类型的变量，命名为 Attack CD，这是攻击间隔时间。编译蓝图，然后设置默认值为 1.0，每一秒钟攻击一次。

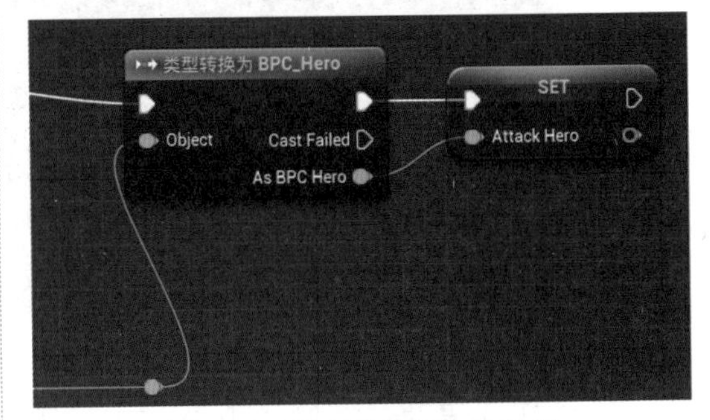

图 9-85　玩家英雄角色的引用

使用 Attack CD 作为 Time 开始一个 Timer，设置为循环调用事件，然后把 Timer 保存为 Attack Timer Handler 变量（如图 9-86 所示）。

接着实现攻击事件函数，新建一个自定义事件，把右上角的红色方框，连接到“以事件设置定时器”的 Event 方框上，让计时器调用这个自定义事件。

当 Attack 被自动调用时，先判断当前正在攻击的英雄是否还在，如果还在，则调用正在攻击英雄的 Be Attacked 事件。Damage 也是新加入的变量，默认值为 20.0。攻击一次，英雄角色掉血 20.0（如图 9-87 所示）。

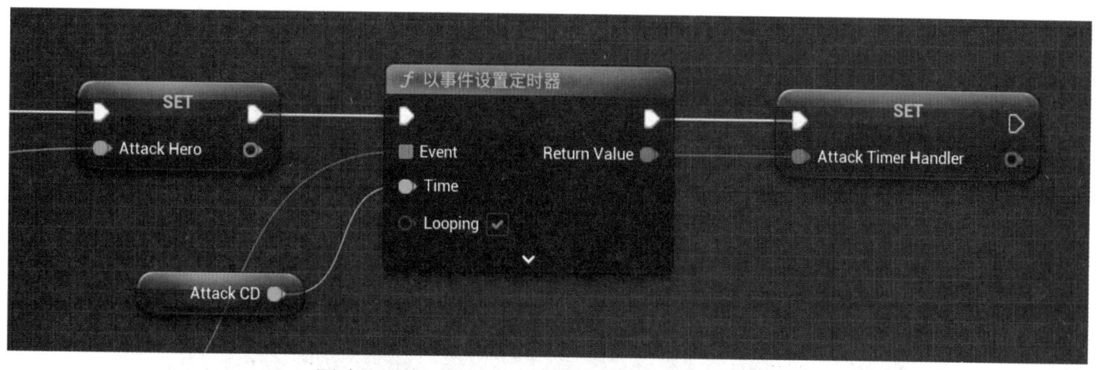

图 9-86　以 Attack CD 为循环时间设置计时器

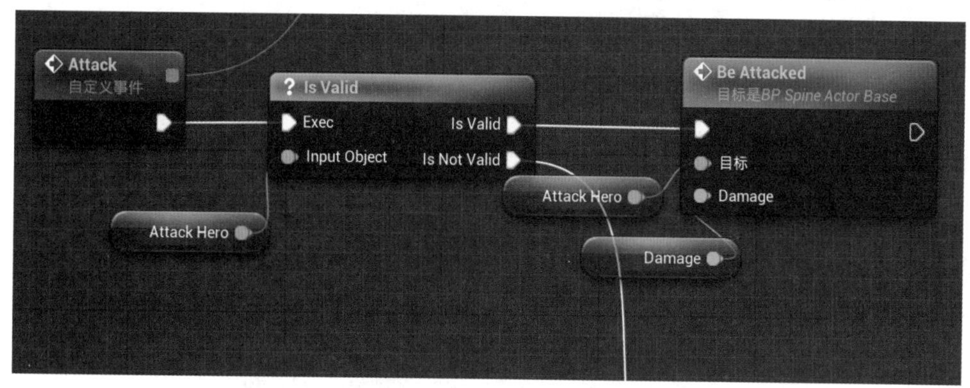

图 9-87　调用被攻击英雄的 Be Attacked 事件

当正在攻击的英雄的引用为 Is Not Valid 时，代表英雄角色已经被销毁了，接着就可以执行从攻击状态到向前移动状态的转换了。首先，把计时器停掉，添加“以句柄清除定时器并使之无效”节点，这个节点会停止计时器并删除它（如图 9-88 所示）。

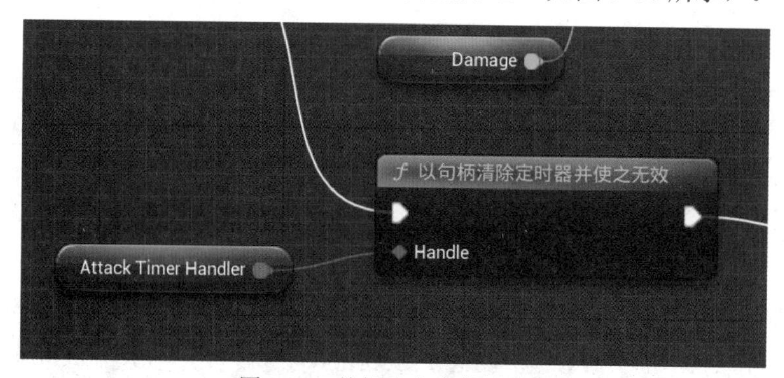

图 9-88　关闭攻击事件计时器

然后把 Move 变量设置为 true，并把 Spine 动画设置为 run（如图 9-89 所示）。

编译保存蓝图，回到关卡编辑器。单击播放按钮运行游戏。敌人会持续攻击玩家英雄角色。直到玩家英雄角色被销毁，敌人切换为跑步动作，继续往左边奔跑（如图 9-90 所示）。

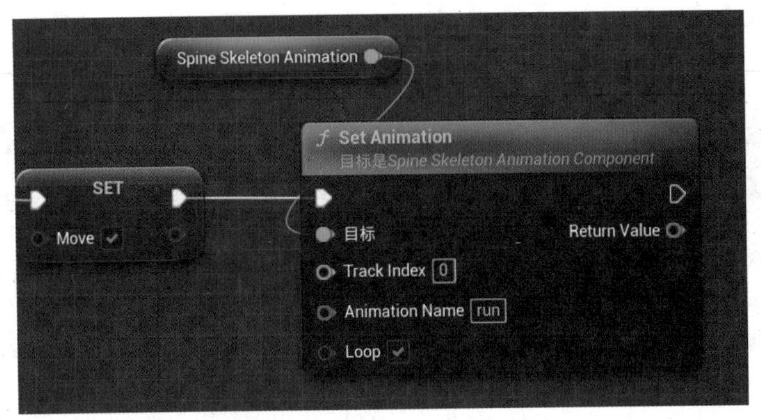

图 9-89　设置敌人继续往前走

图 9-90　敌人杀死英雄角色后继续前进

9.5.2　玩家英雄攻击敌人

敌人能够攻击玩家英雄角色，玩家英雄角色应该也能攻击敌人才对。幸运的是，玩家英雄角色攻击敌人的逻辑和敌人攻击的逻辑差不多。

打开 BPC_Enemy 的蓝图编辑器，在组件面板中选择 BodyBox，在“细节”面板中找到“类别”，单击“组件标签”后面的 + 号按钮，添加一个“标签”，命名为 EnemyBody（如图 9-91 所示）。

打卡 BPC_Hero 的蓝图编辑器，在“组件”面板中选择 AttackBox 组件，在“细节”面板中找到“事件”类别，选择 “组件开始重叠时” 添加“开始重叠”事件。然后检查碰撞到的组件是否包含 EnemyBody 标签，来判断是否需要攻击敌人（如图 9-92 所示）。

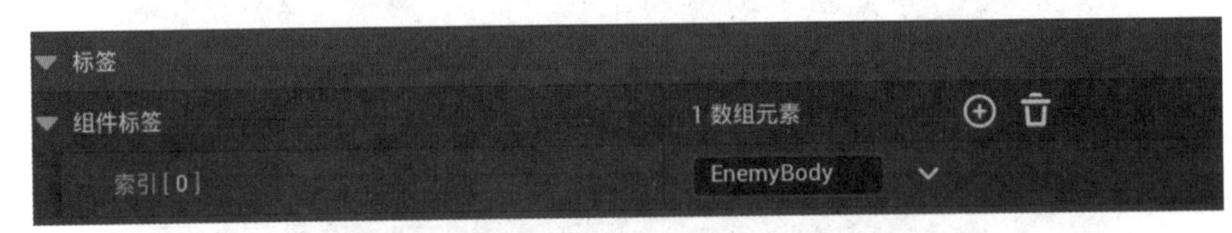

图 9-91　设置敌人 BodyBox 标签

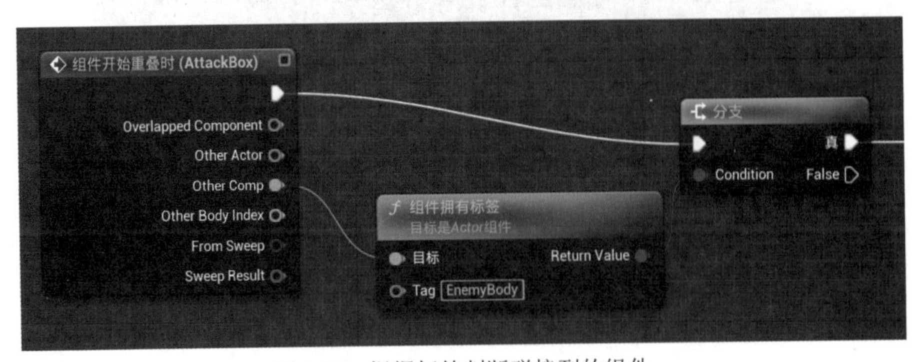

图 9-92　根据标签判断碰撞到的组件

如果和 AttackBox 发生重叠的组件带有 EnemyBody 标签，则代表碰到了敌人，首先设置玩家英雄角色的动画为 shoot（如图 9-93 所示）。

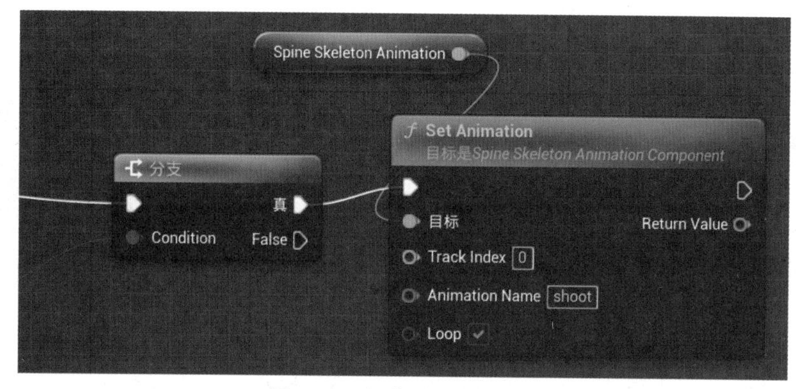

图 9-93 切换动画为 shoot

编译保存蓝图，回到关卡编辑器，播放关卡，当敌人角色向前移动，碰到英雄角色的 AttackBox 时，英雄角色就开始射击攻击了（如图 9-94 所示）。

图 9-94 玩家英雄角色攻击敌人

动画播放正确后，下面来添加攻击逻辑。首先，把碰撞到的敌人的引用保存下来，供之后使用（如图 9-95 所示）。

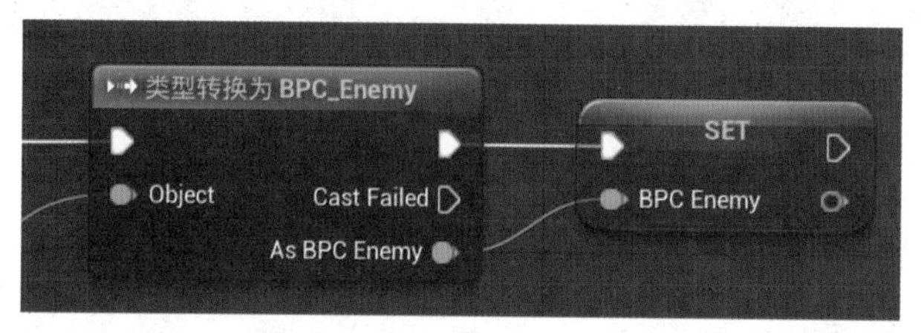

图 9-95 保存进入 AttackBox 的 Enemy 引用

其次，添加“浮点”类型的 Attack CD 变量，设置默认值为 1.0，然后开启计时器，调用攻击事件并保存计时器的引用（如图 9-96 所示）。

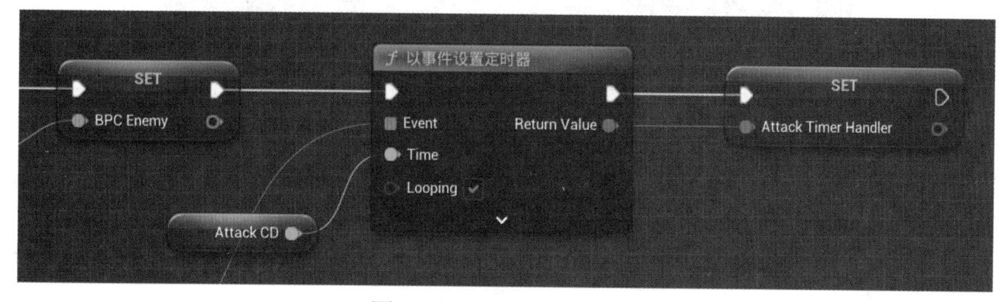

图 9-96 开始计时器函数

添加 Damage 变量，设置默认值为 20，创建自定义的 Attack 事件。通过判断攻击的敌人是否还在，来确定要不要攻击敌人。如果敌人依然存在，则调用敌人的 Be Attacked 事件，减少敌人的血量（如图 9-97 所示）。

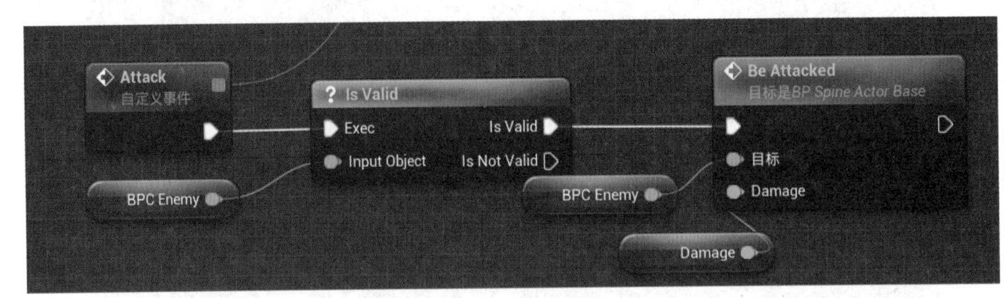

图 9-97　攻击敌人

如果敌人死亡，首先删除计时器，然后设置玩家英雄角色为 idle 动画（如图 9-98 所示）。

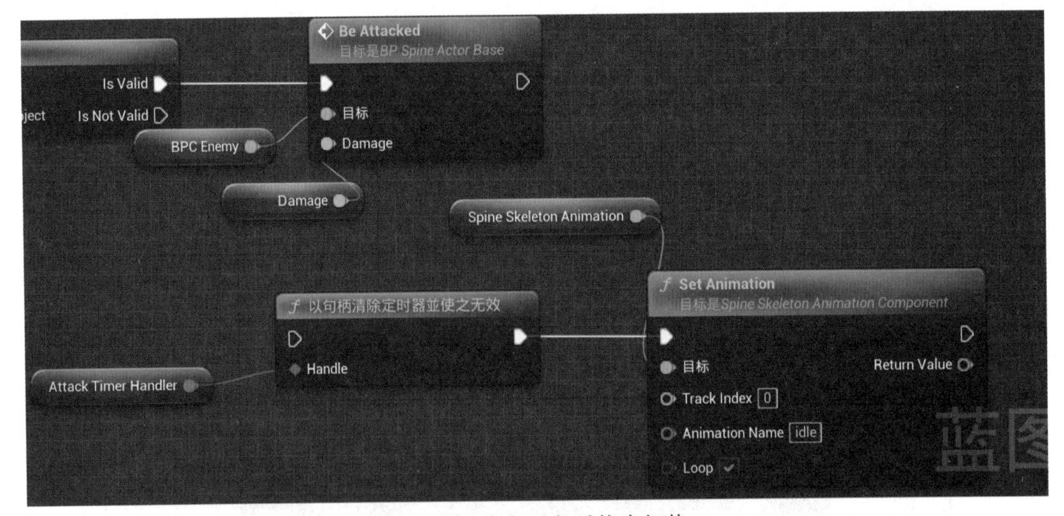

图 9-98　敌人死亡后状态切换

编译保存蓝图，回到关卡编辑器，单击播放按钮运行关卡。查看玩家英雄角色把敌人攻击删除的过程（如图 9-99 所示）。

图 9-99　玩家英雄角色干掉敌人

9.5.3　Enemy生成器

在塔防类游戏中，敌人总是按照设置好的规律一波一波地出现。本小节制作一个简单的敌人生成器来生成敌人。

在 Blueprints 目录中创建一个基于 Actor 的蓝图类，命名为 BP_Spawner_Enemy。双击 BP_Spawner_Enemy 在蓝图编辑器中打开，在空白处添加一个“时间轴”节点，命名为 SpawnEnemy（如图 9-100 所示）。

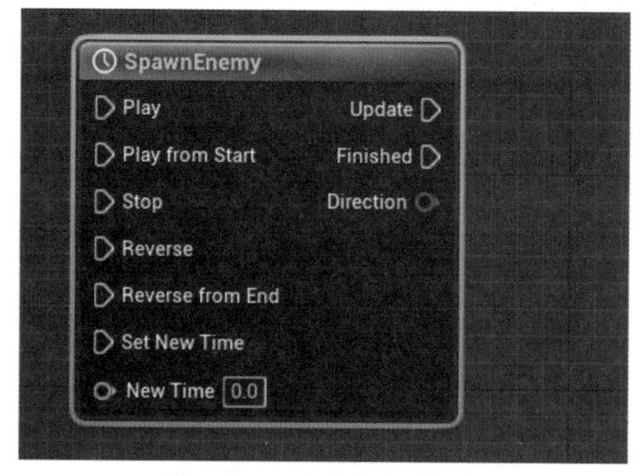

图 9-100 生成敌人时间轴

之前使用“时间轴”节点是添加浮点型轨道，用的是浮点型轨道的输出值。这次使用事件轨道，触发自定义的事件。双击 SpawnEnemy 时间线，勾选自动播放设置长度为 30 秒，然后单击“+ 轨道”按钮，添加一个事件轨道（如图 9-101 所示）。

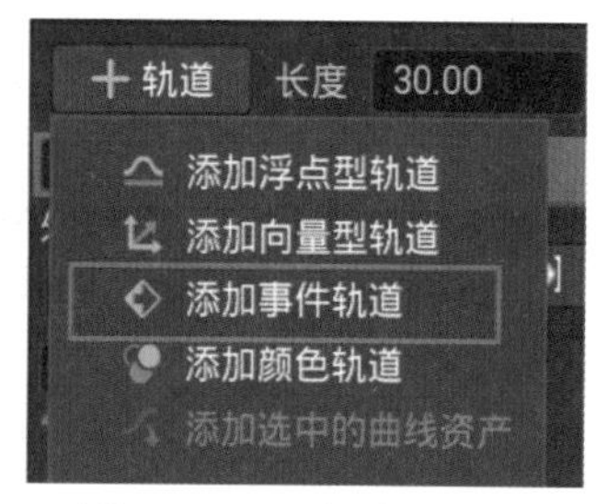

图 9-101 添加事件轨道

事件轨道会根据设置的关键帧调用事件。命名事件轨道为 SpawnEnemy，然后按住 Shift 键，在时间线上选择添加关键帧，每一个关键帧都会调用一次（如图 9-102 所示）。

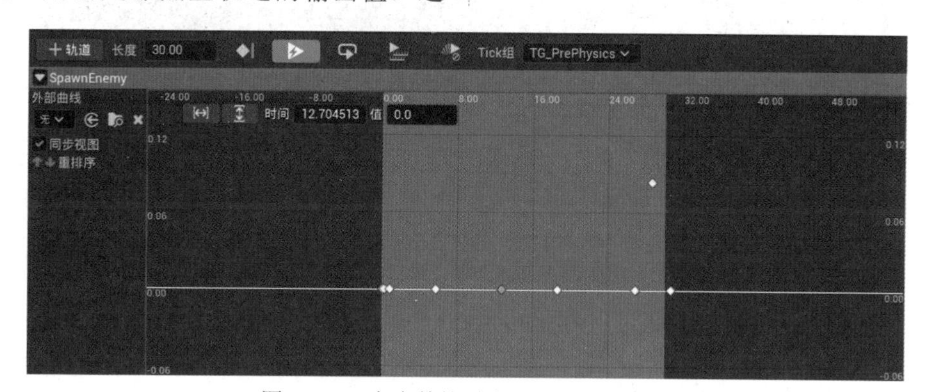

图 9-102 在事件轨道上添加事件出发点

回到事件图表，把 SpawnEnemy 输出连接到“打印字符串”节点，来测试 SpawnEnemy 是否被正确调用（如图 9-103 所示）。

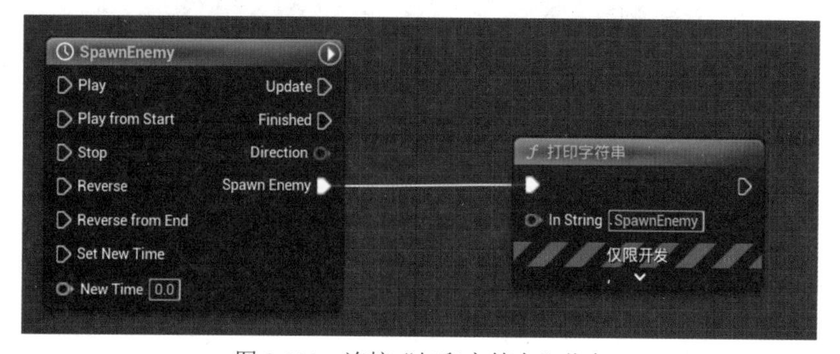

图 9-103 连接“打印字符串”节点

编译保存蓝图，回到关卡编辑器，把 BP_Spawner_Enemy 拖动添加到关卡中。单击播放按钮运行关卡，左上角会根据事件轨道的设置，打印出字符串（如图 9-104 所示）。

图 9-104　打印字符串

回到蓝图事件图表把“打印字符串”节点删除并替换为 SpawnActor 节点，搜索“从类生成 Actor”事件，选择“生成 Actor BPC Enemy”，使用“获取 Actor 变换”节点设置要生成的敌人的 Transform（如图 9-105 所示）。

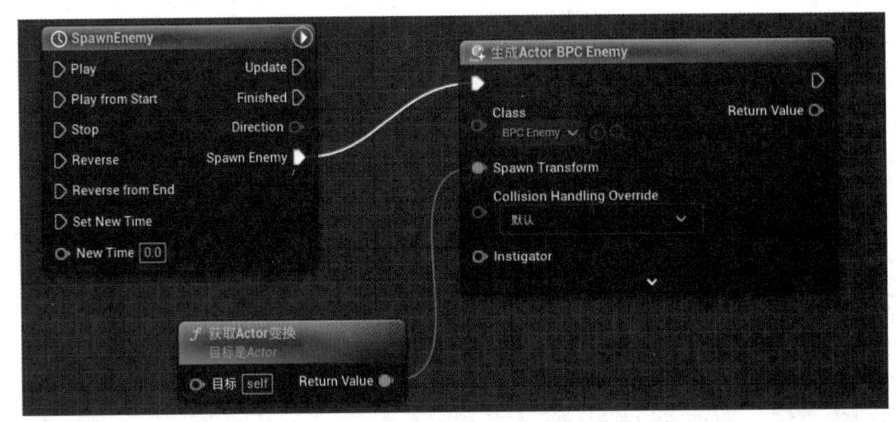

图 9-105　事件触发后生成新的敌人

编译保存蓝图，回到关卡编辑器。单击播放按钮运行关卡，查看敌人根据轨道的设置依次生成（如图 9-106 所示）。

图 9-106　生成多个敌人

BP_Spawner_Enemy 在关卡中没有显示，这有些不方便。下面装饰一下 BP_Spawner_Enemy，在组件面板中添加一个“箭头组件”，这个组件在编辑器时显示一个箭头。设置箭头的旋转 Z 轴为 180 度，因为敌人的移动方向是 $-X$ 轴，设置为 180 度之后箭头的方向就与敌人角色移动的方向统一了（如图 9-107 所示）。

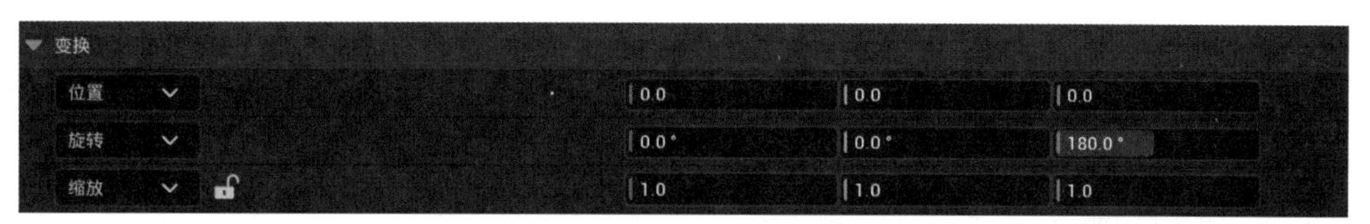

图 9-107　反转 180 度与敌人移动方向统一

编译保存蓝图回到关卡编辑器，把 BP_Spawner_Enemy 移动到游戏运行时窗口的外面，并复制出另外两个 BP_Spawner_Enemy，放在另外两条轨道上。单击播放按钮运行关卡，三个轨道同时生成了敌人（如图 9-108 所示）。

图 9-108　生成多行敌人

这里演示了使用“时间轴”的“事件”轨道生成敌人的方法。“事件”轨道可以设置多个，要生成的敌人也可以是不同的类型。通过一个“时间轴”，就实现了可配置的敌人生成器。

9.6　添加金币系统

当前已经能够动态地创建敌人了，接下来要处理玩家创建英雄角色。在处理玩家创建英雄角色之前，需要先把金币系统添加上，因为玩家创建英雄角色需要有足够的金币。

9.6.1　在BP_Player中添加金币

在蓝图编辑器中打开 BP_Player 蓝图，创建一个“整数”类型的变量，命名为 Coins。

在事件图表中创建一个自定义事件，命名为 AddCoins。这个事件用来添加金币数量（如图 9-109 所示）。

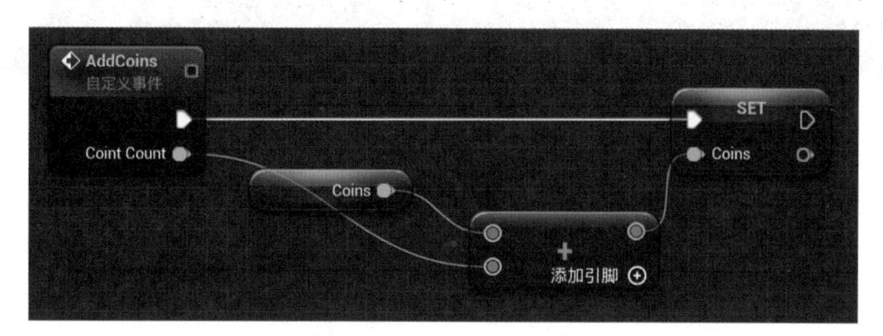

图 9-109　添加金币事件

9.6.2　创建BP_Coin金币蓝图类

回到内容浏览器中，在蓝图目录下，创建一个基于 Actor 的蓝图类，命名为 BP_Coin。双击在蓝图编辑器中打开，然后添加一个 Sprite 的组件。设置 Sprite 组件使用 Sprites 目录下的 coin_Sprite，然后设置 Sprite 组件的“缩放”值为 0.5。

回到关卡编辑器，查看金币 Sprite 的尺寸是否正确。注意，无法通过在蓝图编辑器中单个 Sprite 确定大小尺寸是否合适。要确定尺寸是否合适，必须要有参照物，如把玩家英雄角色作为参照物来设置金币的尺寸（如图 9-110 所示）。

图 9-110 通过参照物确定金币大小

9.6.3 设置金币响应单击事件

选择 Sprite 组件，在右侧的“细节”面板中，单击“点击时（coin_Sprite）”后面的“+”号，添加“点击时（coin_Sprite）”事件。

“点击时”事件与之前使用的“组件开始重叠时”事件不同，它在玩家鼠标指针或者触摸屏上的手指点击到 Sprite 组件时触发（如图 9-111 所示）。

图 9-111 “点击时”事件

“点击时”的逻辑很简单，通过“获取玩家 pawn”找到 BP_Player 的实例，然后调用 Add Coins 方法，添加 10 个金币，最后把自己销毁（如图 9-112 所示）。

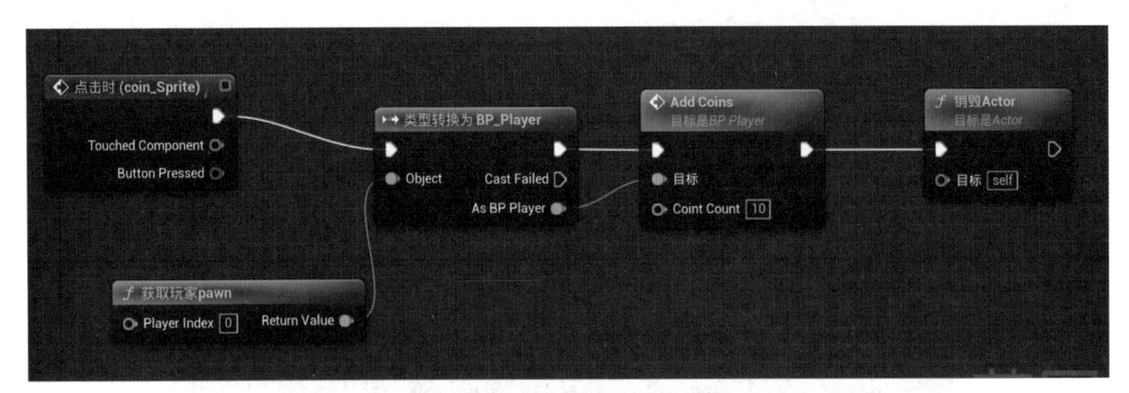

图 9-112 金币被单击后的逻辑

编译保存 BP_Coin 蓝图。回到关卡编辑器把 BP_Coin 拖动到关卡中，然后单击播放按钮，单击金币，会发现金币并没有被单击到，并且单击一次后，屏幕上也看不到鼠标指针了。

要实现金币响应单击事件，还有几个步骤需要做。首先回到 BP_Player 的蓝图中，在“事件开始运行”事件中设置“获取玩家控制器”的“显示鼠标光标”为显示状态（如图 9-113 所示）。

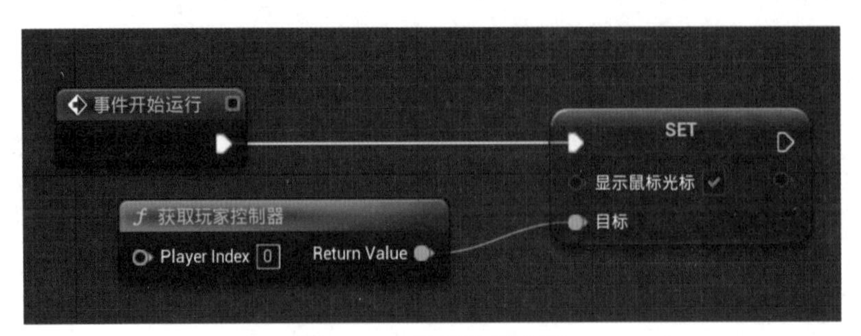

图 9-113 显示鼠标光标

回到关卡编辑器运行游戏，可以看到鼠标指针显示在游戏界面中，能够确定是在金币上单击的（如图 9-114 所示）。

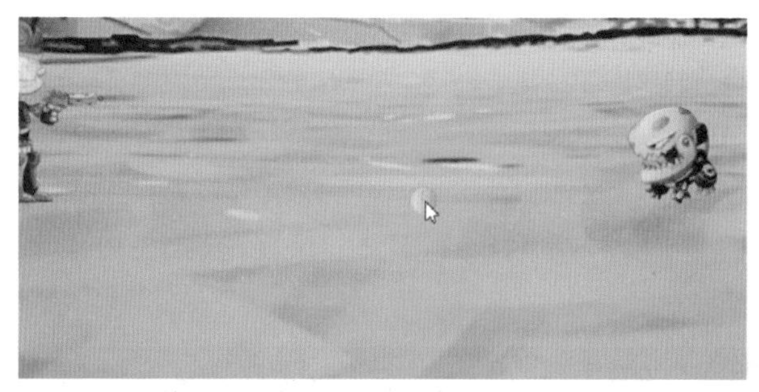

图 9-114　鼠标指针显示在界面中

但是当前还是不能单击，这是因为默认情况下单击事件是不触发的。要让 Actor 接收到单击事件，必须手动打开“获取玩家控制器”的“启用点击事件”（如图 9-115 所示）。

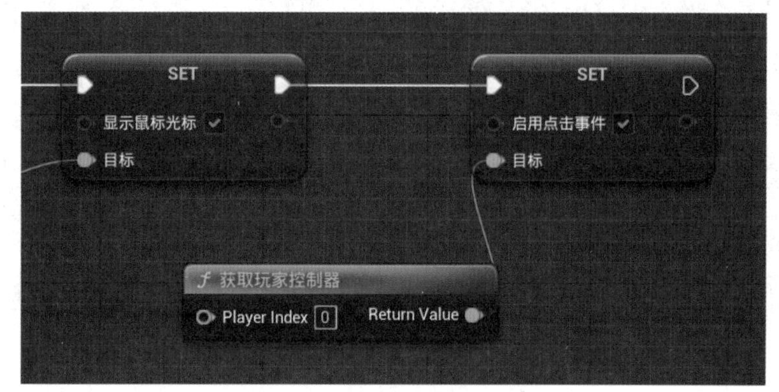

图 9-115　打开“启用点击事件”

回到 BP_Player 的 AddCoins 事件，添加“打印字符串”节点，方便观察金币数量的变化。记得成功后把“打印字符串”节点删除（如图 9-116 所示）。回到关卡编辑器播放游戏，单击金币，金币可以被拾取到了。

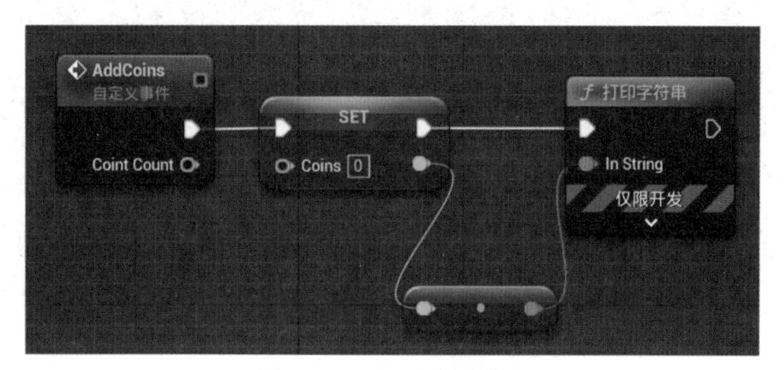

图 9-116　打印金币数量

9.6.4　设置金币掉落

当前金币只能在原地。下面为金币添加掉落的逻辑。

打开 BP_Coin 的蓝图编辑器，添加一个向量类型的变量，命名为 Target Location。这个变量是金币要掉落的位置。在细节面板中把“可编辑实例”和“生成时公开”设为打开状态，当使用 Spawn Actor 生成金币时，就可以同时设置金币要掉落的位置了。

再添加一个“浮点”类型的变量，命名为 MoveSpeed，代表金币掉落的速度。编译蓝图后设置默认值为 −200。

添加“事件 Tick”，每一帧都判断一下当前金币的位置是否已经比目标位置更低了。只需要判断 Z 轴的位置即可，因为金币的 X、Y 轴的位置，在出生时就设置好了，不会改变（如图 9-117 所示）。

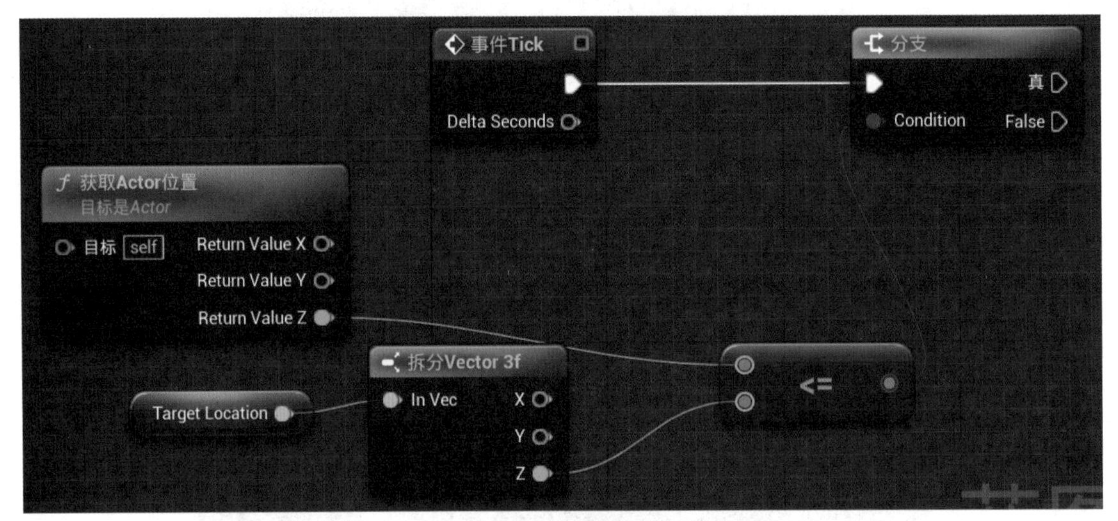

图 9-117　判断金币位置

如果掉落已经完成，金币会在地上静止一段时间，然后消失。因为是在 Tick 函数中，所以需要加上 Do Once 节点（如图 9-118 所示）。

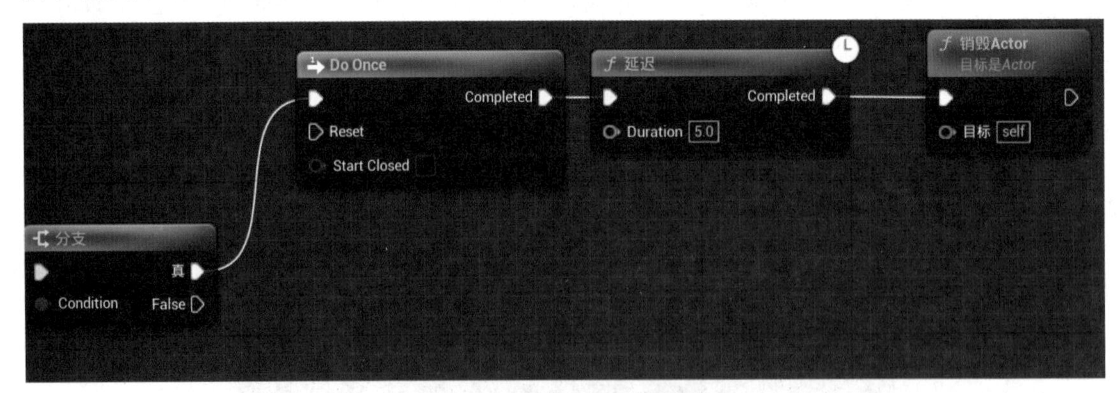

图 9-118　添加 Do Once 节点

如果金币还没有降落到目标点，则使用“添加 Actor 世界偏移”节点，继续在 Z 轴上位移金币角色（如图 9-119 所示）。

编译保存蓝图，回到关卡编辑器。在关卡中选择金币设置一个 TargetLocation。单击播放按钮运行关卡，观察金币的掉落和销毁逻辑是否正确（如图 9-120 所示）。

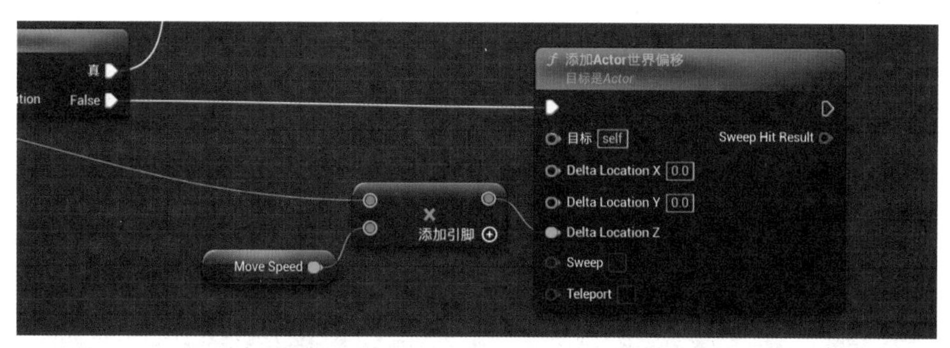

图 9-119　“添加 Actor 世界偏移”节点

图 9-120　金币掉落销毁

9.6.5　金币生成器

单个金币生成成功后，接着创建金币生成器。在 Blueprints 目录中创建一个父类为 Actor 的蓝图类，命名为 BP_CoinSpawner。双击打开，在组件面板中添加两个 BoxCollision 组件，重命名为 TargetBox 和 SpawnBox，这两个碰撞盒限定了金币的目标位置和生成位置（如图 9-121 所示）。

图 9-121　目标位置和生成位置

在“事件开始运行”事件后面延迟一段时间后，使用“以函数名设置定时器”开始一个计时器，要开始的函数命名为 SpawnCoin。使用“范围内随机浮点”节点选择一个随机时间（如图 9-122 所示）。

在事件图表的空白区域创建一个新的自定义事件，命名为 SpawnCoin。这里的事件名称，一定要和“以函数名设置定时器”中设置的一致。这个函数首先使用 SpawnActor 节点生成 BP_Coin，然后继续重复调用自己（如图 9-123 所示）。

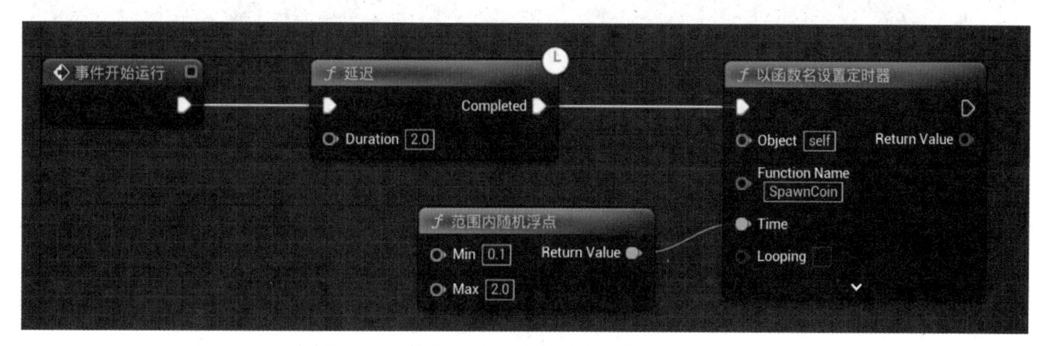

图 9-122　使用“以函数名设置定时器”节点

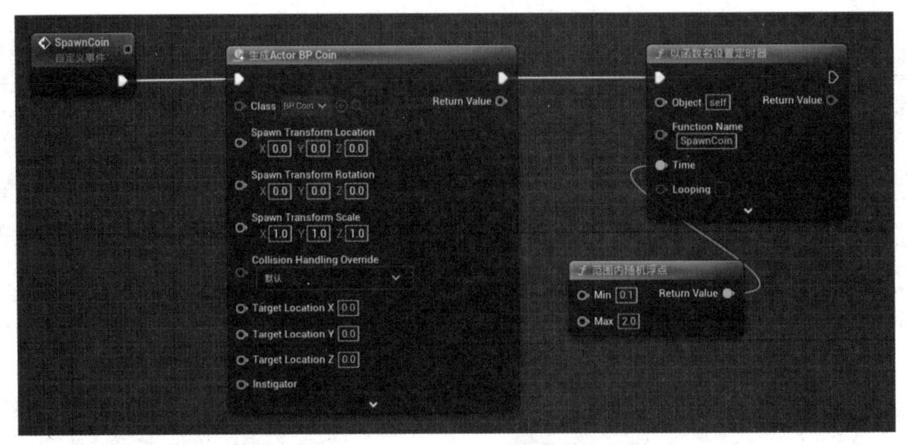

图 9-123　事件重复调用自己

接下来就是设置 BP_Coin 生成位置了。把 SpawnBox 组件拖到事件图表中，使用“获取组件边界”节点得到组件的原点和边界框的信息，接着用“边界框中随机点”节点，获取在边界盒中的任意一个位置（如图 9-124 所示）。

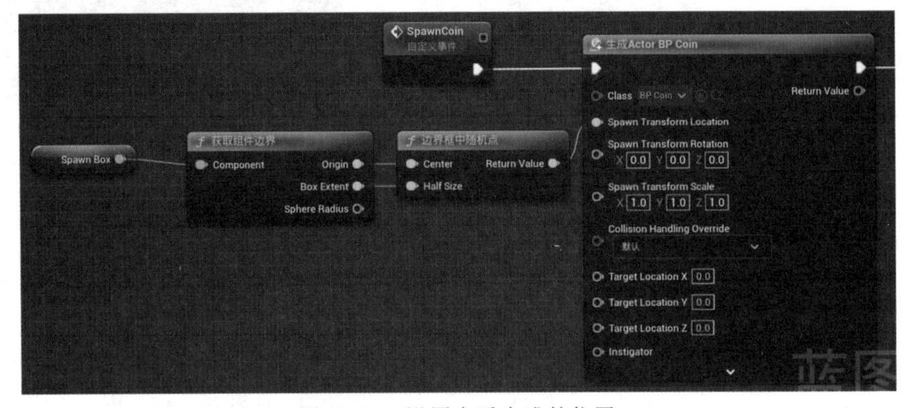

图 9-124　设置金币生成的位置

接着找出 BP_Coin 的目标位置。得到目标位置的方法和生成位置一样，只是最后使用“拆分 Vector 3f”节点，分离矢量，只使用 Z 轴的位置（如图 9-125 所示）。

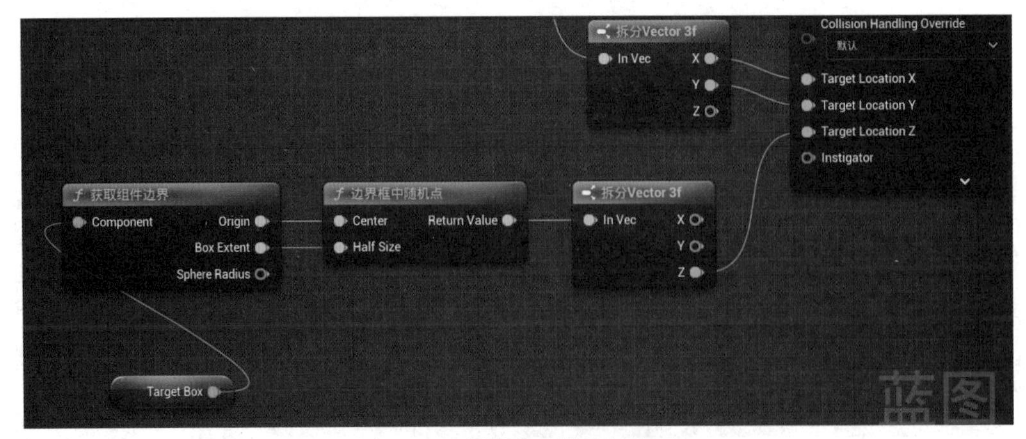

图 9-125　设置金币的目标位置

编译保存蓝图，回到关卡编辑器中把 BP_CoinSpawner 拖放到关卡中。BP_CoinSpawner 本身的位置对生成金币没有关系，金币是在 BP_CoinSpawner 的 SpawnBox 和 TargetBox 中生成和移动的。在细节面板中选择 BP_CoinSpawner 的 SpawnBox，调整为 Box 覆盖整个关卡上方。然后选择 TargetBox 组件，调整为金币可能掉落的范围（如图 9-126 所示）。

图 9-126　在关卡中设置开始位置和目标位置

调整完成后单击播放按钮运行游戏，检查金币掉落的功能是否正常（如图 9-127 所示）。

图 9-127　金币掉落功能正常

9.7　购买放置英雄

9.6 节金币系统已经完成可以在场景中拾取金币设置，角色的金币也会增加，有了金币可以购买英雄。

9.7.1　HUD显示金币

首先要把当前的金币数量用 UI 显示出来。在 Widgets 目录下创建一个新的 Widget，命名为 WBP_GameHUD。显示金币的 UI 在第 8 章详细讲解过，这里就不再赘述了，最终金币的布局如图 9-128 所示。

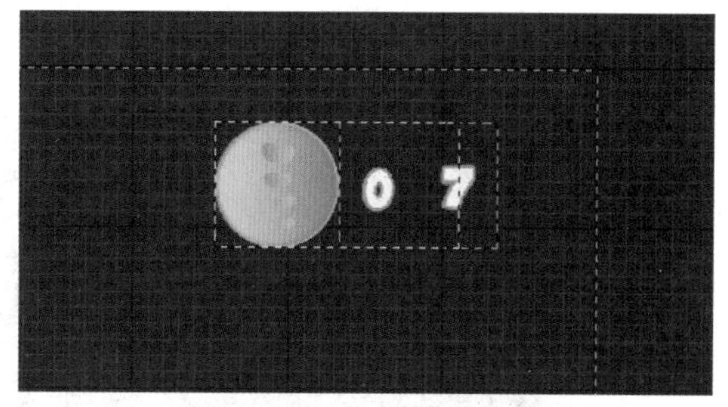

图 9-128　金币显示效果

接着添加显示金币数量的逻辑。在“事件构造”中保存一个 BP_Player 的引用（如图 9-129 所示）。

和第 8 章的金币数量显示一样把金币数量拆成个位数和十位数，然后设置纹理（如图 9-130 所示）。

图 9-129　保存玩家 Pawn 引用

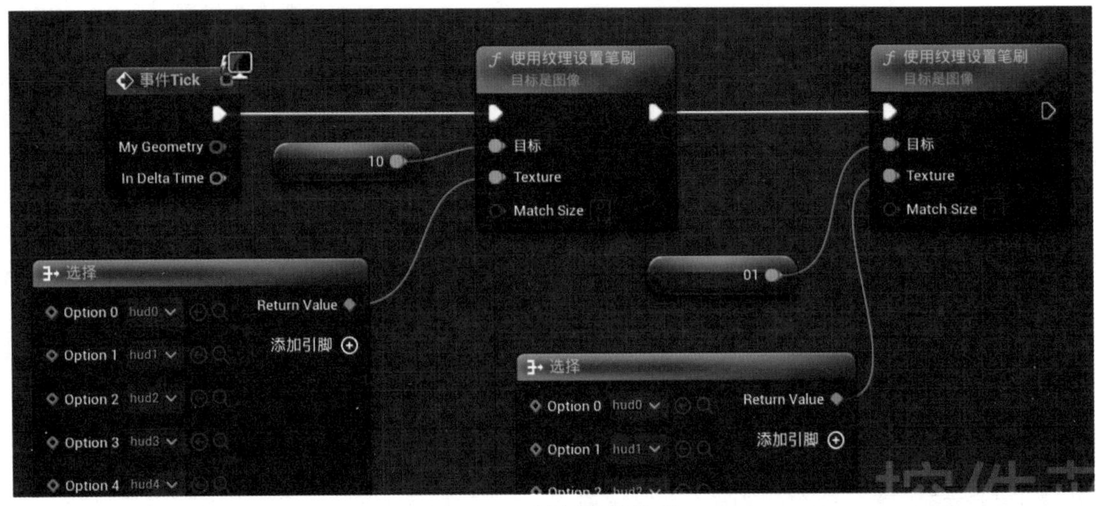

图 9-130 设置数字纹理

回到 BP_Player 蓝图中，在“事件开始”事件的最后，添加“创建 WBP Game HUD 控件”节点，创建 WBP GameHUD UI，并添加到视口中（如图 9-131 所示）。

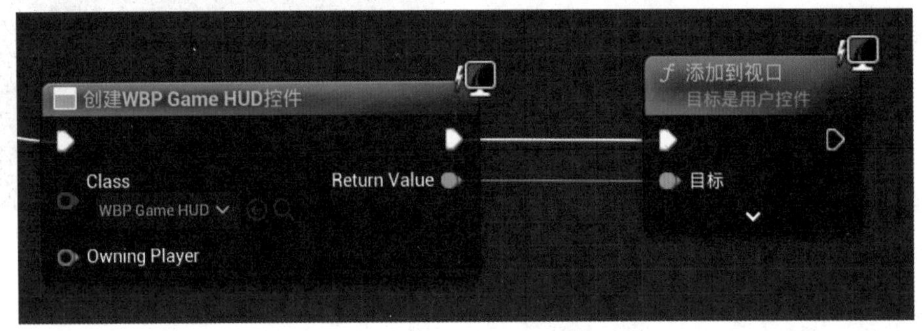

图 9-131 添加 WBP Game HUD 到视口

编译保存蓝图，并回到关卡编辑器。运行游戏单击金币收集，查看右上角金币的数量显示是否正确（如图 9-132 所示）。

图 9-132 显示金币数量

当前的金币显示没有问题，但是很快就会发现两位数的金币数量不够使用。回到 WBP Game HUD 中，把数字改为三位（如图 9-133 所示）。

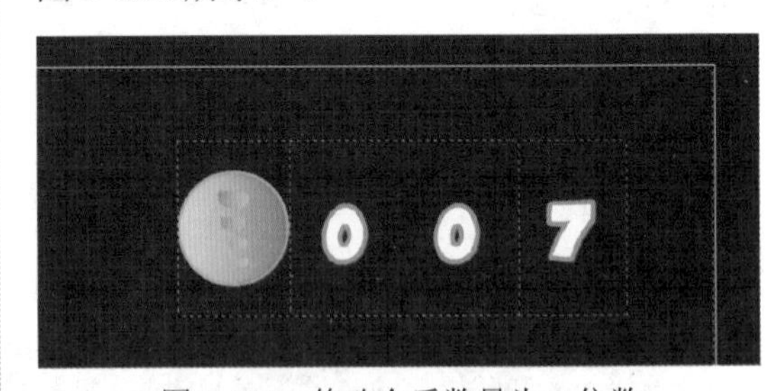

图 9-133 修改金币数量为 3 位数

三位数的数字更新要注意，之前的十位数显示会出错，原因是大于 100 的数除以 10 后，可能结果是 10 以上的数字，如 120 除以 10 结果是 12。这个数字显示就会出错。所以这 10 位数显示之前，先做一个取余 100 的操作，舍弃百位数，如 120 取余100，结果为20，再除以10，结果就是2了（如图9-134所示）。

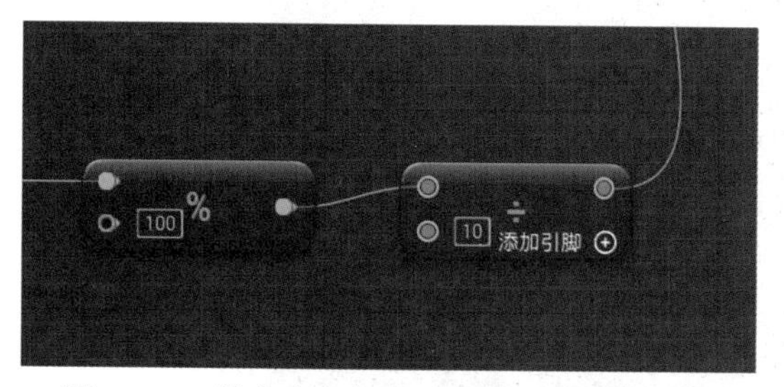

图9-134 数字为三位数时找到十位数的数字

最后把所有更新金币的节点都塌陷到一个函数中，命名为Update Coin（如图9-135所示）。

图9-135 Update Coin 函数

回到关卡编辑器运行游戏，单击金币拾取，检查三位数的金币数量显示是否正确（如图9-136所示）。

图9-136 三位数金币显示

9.7.2 创建购买英雄图标

金币功能显示完整后，继续在GameHUD的左上角，添加英雄图标的布局（如图9-137所示）。

设置"图像"组件的纹理为Hero的头像，"按钮"默认为透明显示（如图9-138所示）。

针对进度条，为了能够看到进度条的显示，将"百分比"设置为0.424。然后把"背景图"的"着色"设置为灰色，并且设置透明度为0.4，"填充图"的"着色"的A通道为0.5。设置完进度条后，在视口中检查颜色是否正常（如图9-139所示）。

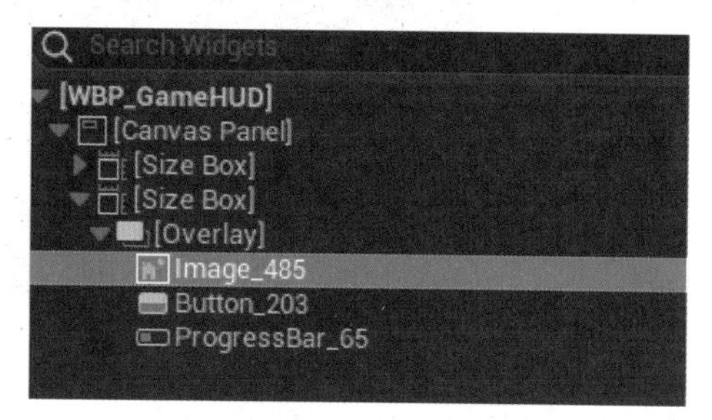

图9-137 创建头像布局

图9-138 确保头像大小合适

图9-139 进度条预览

上面的进度条占据了所有的空间，而图像并没有，这不是需要的效果。需要的效果是进度条完全覆盖头像，头像下面是购买英雄所需要的金币数量。根据图9-140所示的布局，把头像作为子元素放在"垂直框"中。另一个"尺寸框"中放置金币图像和金币数量文本（如图9-140所示）。

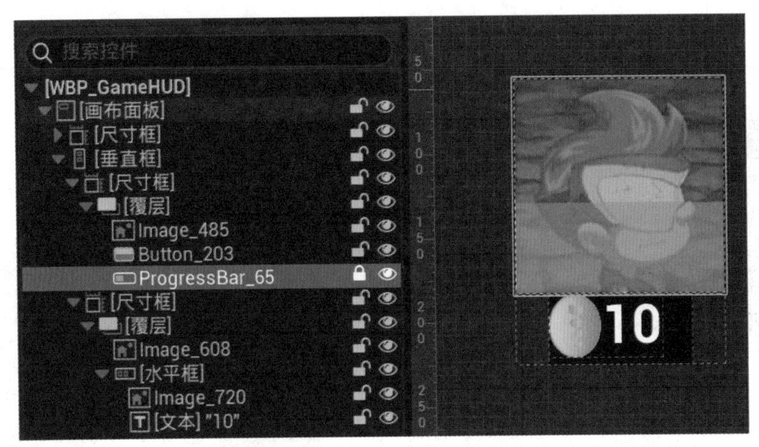

图 9-140　重新布局英雄头像

记得把ProgressBar放在Button的下面，当ProgressBar显示的时候，就覆盖住了Button，使Button不能触发事件。利用这个特性，来控制Button按钮是否可以单击。选择按钮，添加“点击时”事件，打印一个字符串来测试Button事件是否生效（如图9-141所示）。

图 9-141　按钮单击事件

回到关卡视图，单击播放按钮运行游戏，可以发现，当进度条显示时，按钮的“点击时”事件并没有作用。回到WBP_GameHUD，在“层级”中选择ProgressBar，然后在细节面板“行为”类别中，设置“可视性”为“隐藏”，隐藏进度条。

回到关卡编辑器，单击播放按钮运行游戏，然后单击玩家头像，字符串就打印出来了。所以当“进度条”不显示时，按钮可以单击；当“进度条”显示时按钮不能单击。这刚好是这个英雄购买按钮需要的行为（如图9-142所示）。

图 9-142　隐藏进度条后按钮事件执行

回到WBP_GameHUD中在Update Coin后面检查Player的金币数量是否足够。如果不够，则设置“进度条”为可见状态并且“百分比”为0.0，这样就只显示进度条的背景（如图 9-143 所示）。

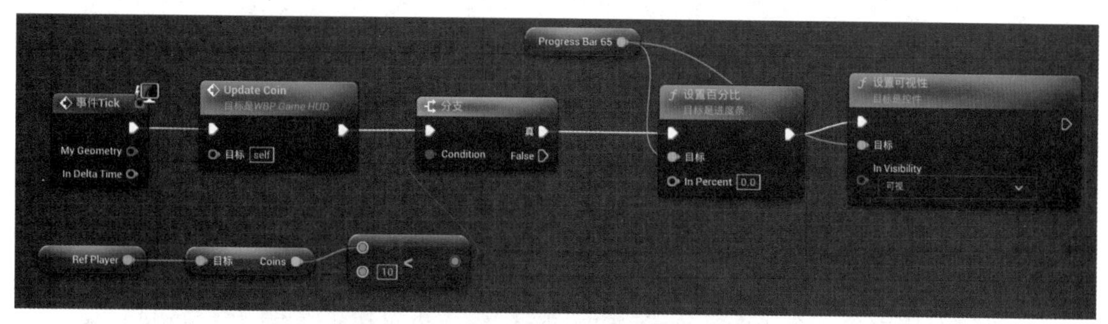

图 9-143 当金币不足时打开进度条显示背景

当金币满足条件时，则检查当前的购买按钮是否处于 CD 状态，如果没有处于 CD 状态，则把进度条的显示关掉让按钮可以单击（如图 9-144 所示）。

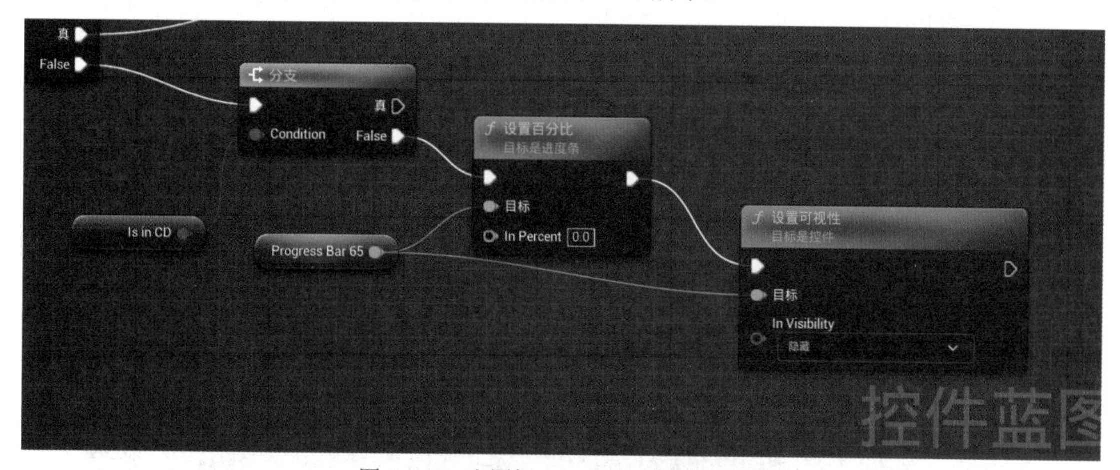

图 9-144 当图标 CD 完成时隐藏进度条

回到关卡，测试当金币数量足够时按钮处于可单击状态（如图 9-145 所示）。

图 9-145 金币满足才能单击图标

回到按钮的“点击时”事件，首先调用 BP_Player 的 Add Coins，Coint Count 设置为−10，把金币减掉，然后设置 Is in CD 为 True，开始进度条的更新（如图 9-146 所示）。

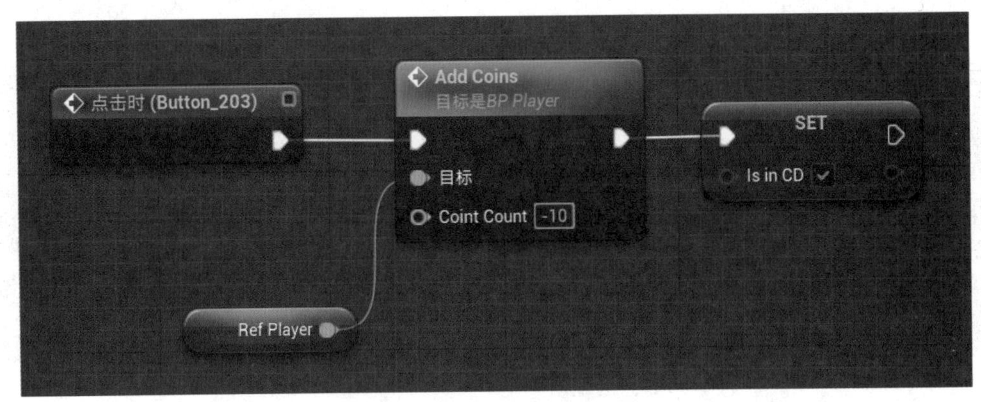

图 9-146　单击图标后进入 CD

在变量面板中添加两个浮点类型的变量，一个变量命名为 CDTime，这个变量控制按钮单击一次后过多长时间才能再次单击，默认设为 5.0 秒；另一个变量命名为 Pressed Time，记录当按钮按下后过去的时间。

当按钮按下后 Is in CDTime 被设置为 True，Tick 事件中就开始更新 Presed Time。当 Pressed Time 大于或等于 CDTime 时，进度条就更新完成了（如图 9-147 所示）。

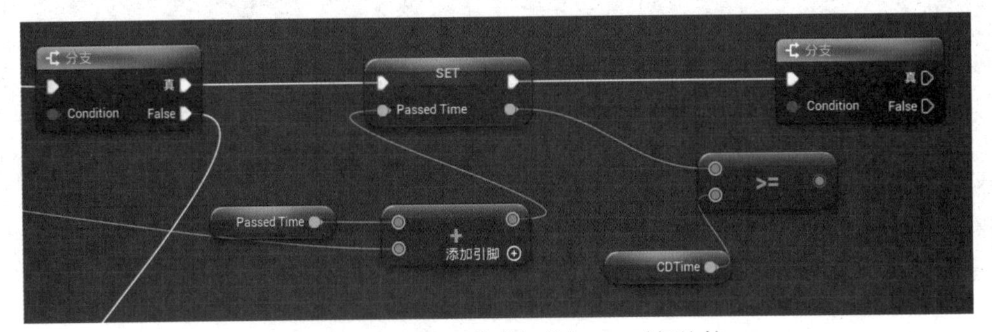

图 9-147　更新流逝的时间并与 CD 时间比较

当更新完成后，把 Pressed Time 设置为 0.0，Is in CD 设置为 False（如图 9-148 所示）。

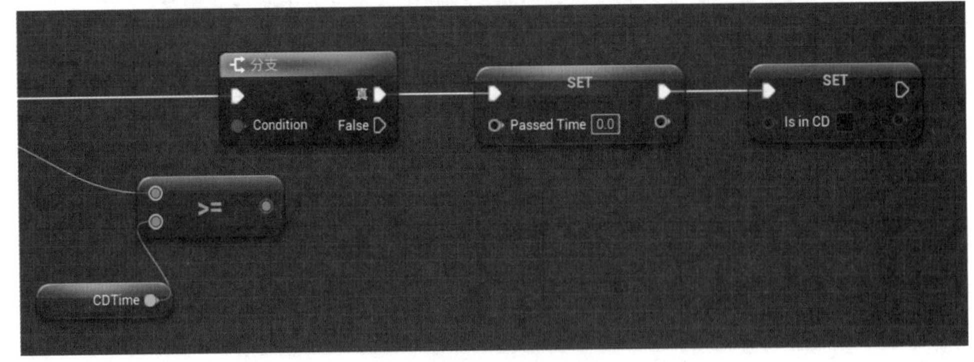

图 9-148　退出 CD

当进度条没有更新完成，就用 Pressed Time 除以 CDTime，得到的结果就是进度条的百分比（如图 9-149 所示）。

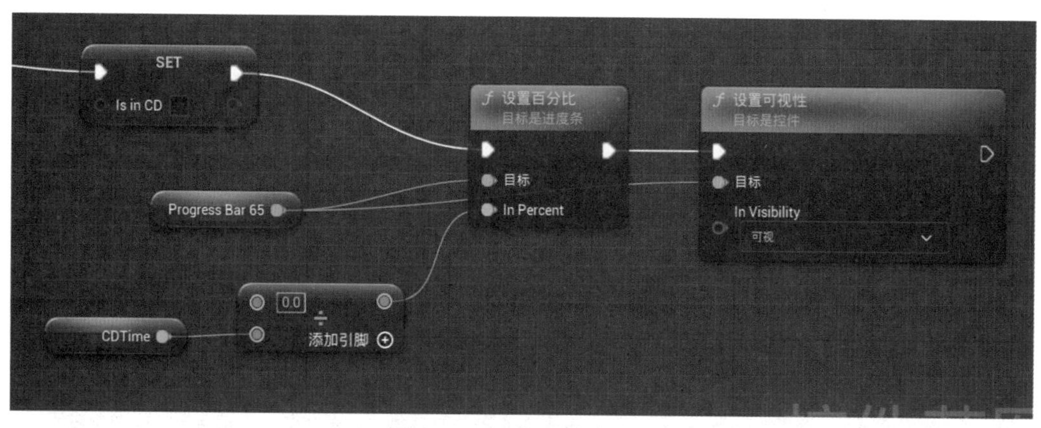

图 9-149　更新进度条进度

编译保存 Widget，回到关卡编辑器运行游戏，单击按钮查看进度条的行为是否正常（如图 9-150 所示）。

图 9-150　进度条功能正常

9.7.3　英雄角色生成点

完成英雄图标的进度条和按钮功能后，下一步就是单击战场上的某一点，创建英雄角色了。在 Blueprint 目录下，创建一个父类为 Actor 的蓝图类，命名为 BP_HeroSlot。

双击 BP_HeroSlot，打开蓝图编辑器，添加一个 Paper Sprite 组件，然后设置使用的“源 Sprite”为 Tile_Sprite，并设置“缩放”为 (2,2,2)（如图 9-151 所示）。

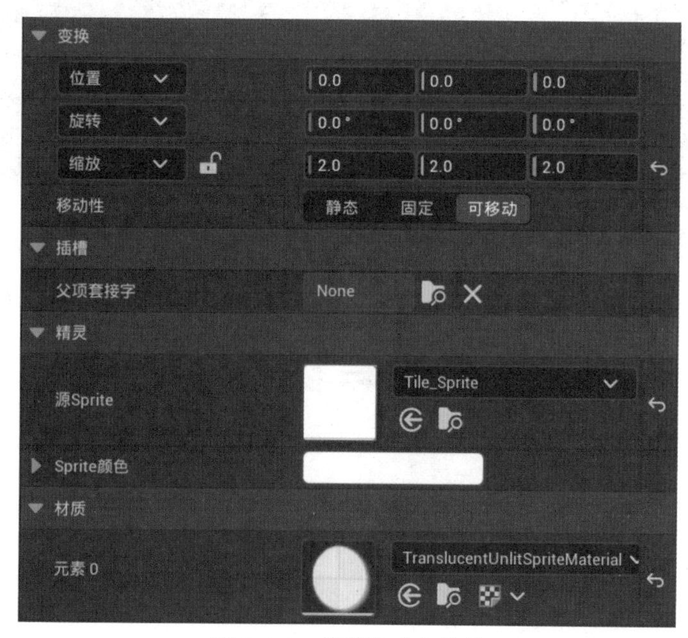

图 9-151　调整生成点外观

为 PaperSprite 添加“点击时”事件，监测 Sprite 是否被单击，如果被单击，首先查看当前的 BP_HeroSlot 上是否有英雄角色了，如果没有则设置为 Has Hero，下一次就不会在这个 Sprite 位置重复创建英雄角色了（如图 9-152 所示）。

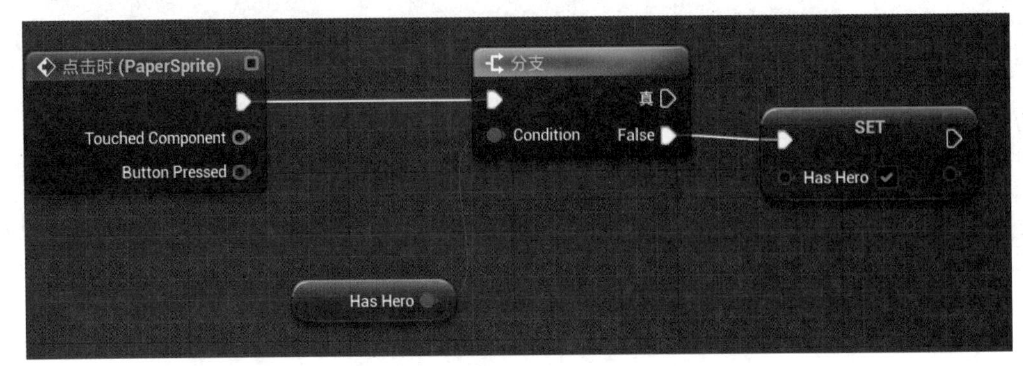

图 9-152　判断是否已有英雄角色

当没有角色在这个角色点上时，使用 SpawnActor 创建一个新的 BPC_Hero。这里的位置，添加一个 Arrow 组件，并使用 Arrow 组件的位置。这样英雄的生成位置就可以使用 Arrow 组件的位置进行调整了（如图 9-153 所示）。

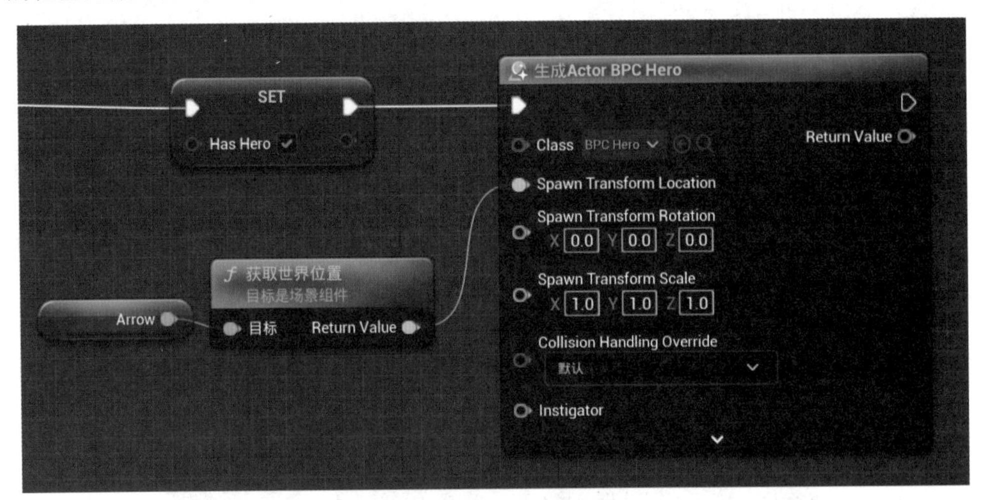

图 9-153　添加 Arrow 组件

编译保存蓝图，回到关卡编辑器中把 BP_HeroSlot 拖放到关卡中（如图 9-154 所示）。

图 9-154　添加 BP_HeroSlot 到关卡中

单击播放按钮运行关卡，单击BP_HeroSlot，新的英雄角色在Arrow组件处生成（如图9-155所示）。

图9-155 生成新的英雄角色

9.7.4 购买后显示英雄图标

为了响应“购买英雄”按钮，当“购买英雄”按钮被单击后，通常光标会变为英雄的样子，提示玩家当前要放置的英雄。本小节就来实现这个功能。

在Widgets目录中创建一个新的Widget，命名为WBP_Hero，双击在Widget编辑器中打开，首先设置Widget的尺寸为“自定义”，“宽度”和“高度”都为200（如图9-156所示）。

图9-156 自定义Widget大小

为WBP_Hero添加两个组件，一个是“画布面板”，另一个是SpineWidget_75（如图9-157所示）。

图9-157 添加两个组件

通过SpineWidget_75组件，Spine资源可以直接显示在UI中，选择SpineWidget，在细节面板中选择要使用的Spine角色资源（如图9-158所示）。

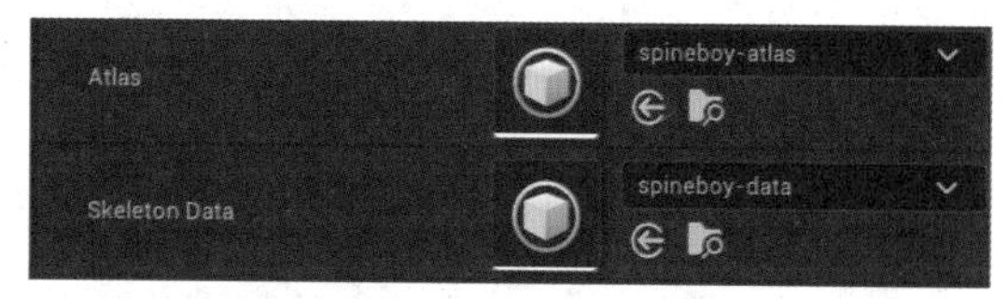

图9-158 设置Spine组件使用的Spine资源

指定完资产之后，视口中立刻就更新了Spine资源的效果（如图9-159所示）。

图9-159 在视口中更新Spine资源

在图表中找一个空白的地方，创建一个自定义的事件，命名为Set Position。添加“获取视口上的鼠标位置”节点，该节点会返回当前鼠标指针的位置，再添加一个“设置视口中的位置”节点，该节点会设置当前的Widget在视口中的位置。鼠标的位置可以经过一些修改（如图9-160所示）。

在“事件构造”中调用Set Position事件，Widget一生成，位置就是鼠标指针位置。在Tick中，每一帧也调用Set Position，每一帧都会更新自己位置为鼠标指针位置（如图9-161所示）。

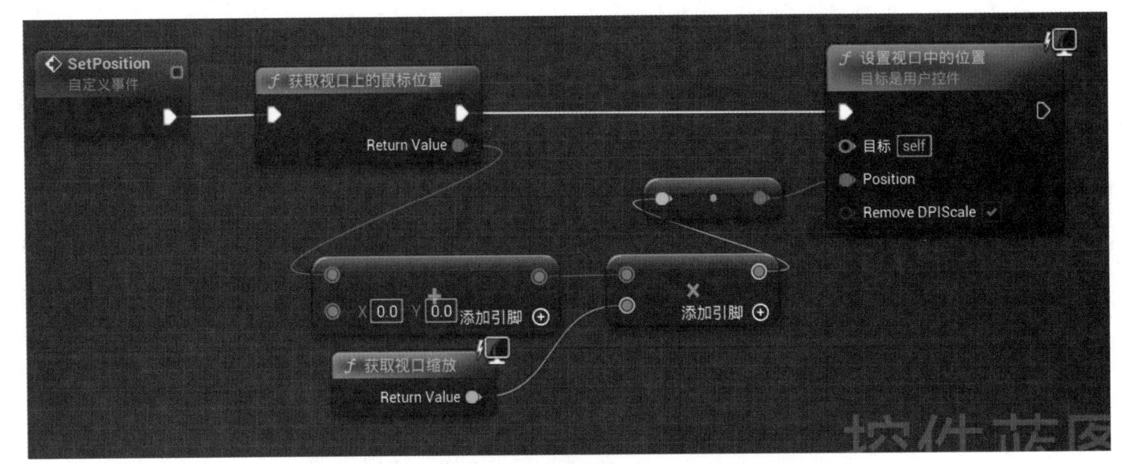

图 9-160 跟随鼠标指针移动

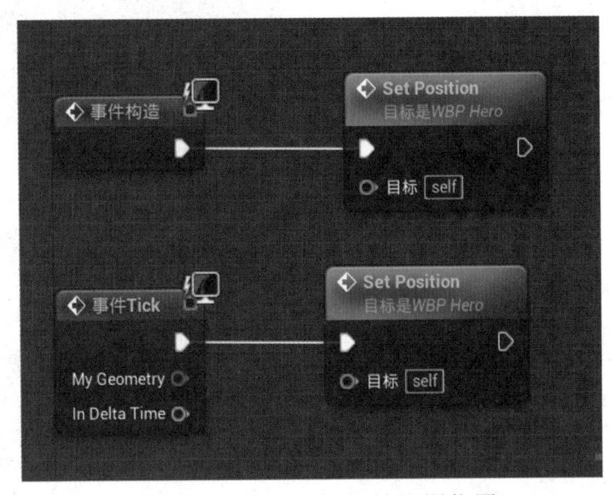

图 9-161 跟随鼠标指针设置位置

回到 WBP_GameHUD，当创建英雄的按钮被单击时，创建一个 WBP_Hero，然后添加到视口中（如图 9-162 所示）。

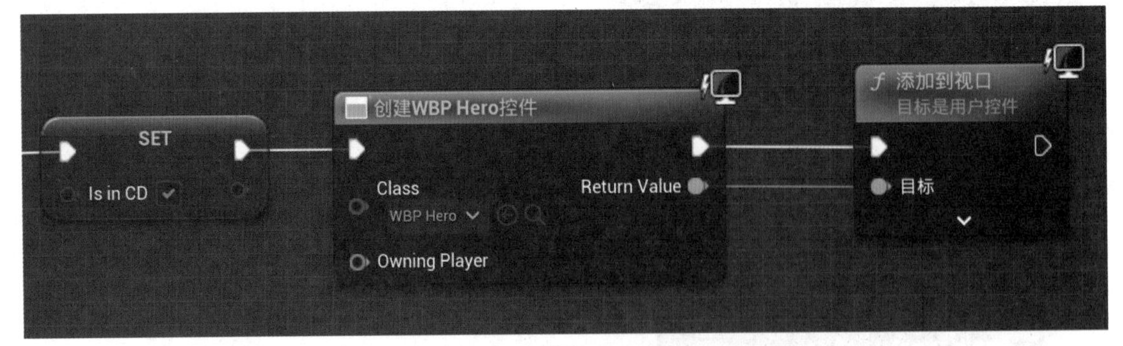

图 9-162 创建 WBP_Hero

回到关卡编辑器，单击播放按钮运行游戏。然后单击购买英雄图标，刚刚设置的 WBP_Hero 就跟随鼠标指针运动了（如图 9-163 所示）。

图 9-163　Spine 角色跟随鼠标指针运动

当前 WBP_Hero 的位置是左上角和鼠标指针的位置对齐的。可以通过在设置位置时，修改一下鼠标指针返回的位置，设置 X 偏移 -50，Y 偏移 -200，来偏移 WBP_Hero 和鼠标指针的位置（如图 9-164 所示）。

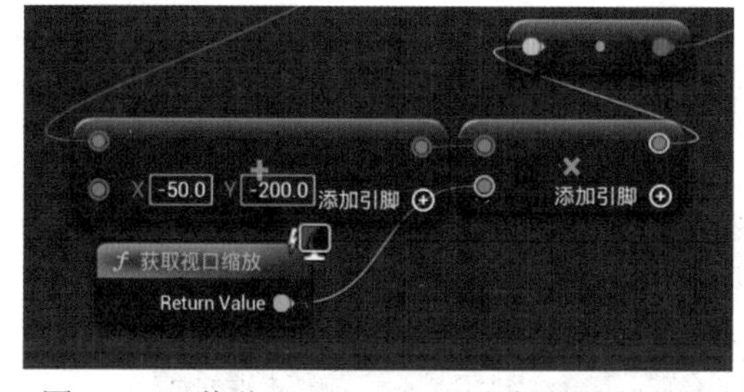

图 9-164　偏移 WBP_Hero 和鼠标指针的位置

回到关卡编辑器，播放当前关卡，单击“购买英雄”，这次 WBP_Hero 的位置相对于鼠标的位置更合适（如图 9-165 所示）。

图 9-165　WBP_Hero 角色位置正常

9.7.5　管理角色生成点

当前的 BP_HeroSlot 是单独放在关卡中的，所有的 BP_HeroSlot 默认都应该是隐藏的。当单击“购买英雄”，英雄图标显示在鼠标指针处，地上的 BP_HeroSlot 都显示出来。当单击任意一个 BP_HeroSlot，创建好英雄角色后，所有的 BP_HeroSlot 继续进入隐藏状态。

要处理所有 BP_HeroSlot 的显示隐藏，需要使用另外一个管理类。在 Blueprints 文件夹中，创建一个父类为 Actor 的新蓝图，命名为 BP_HeroSlotManager。双击在蓝图编辑器中打开，在“事件开始运行”中，使用“获取类的所有 actor”节点，找到关卡中所有的 BP_HeroSlot 角色，这个节点会返回一个找到的所有 Actor 的数组。把这个数组保存为变量，命名为 Ref All Hero Slot（如图 9-166 所示）。

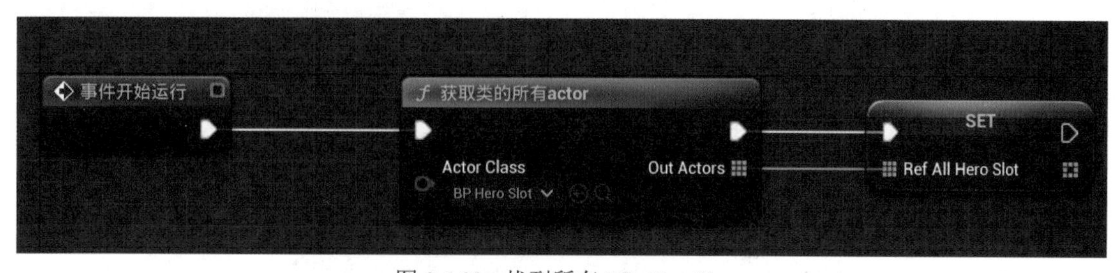

图 9-166　找到所有 BP_HeroSlot

在事件图表的空白处添加新的自定义事件，命名为 HideAllTile，通过 For Each Loop 节点，循环所有的 Actor，隐藏每一个 Actor（如图 9-167 所示）。

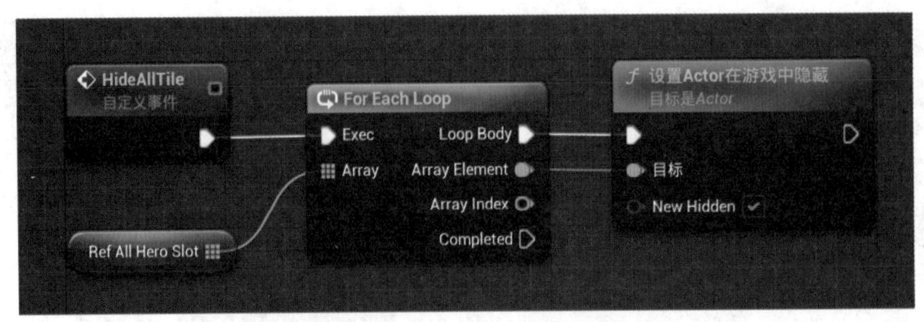

图 9-167　隐藏所有 BP_HeroSlot

回到“事件开始运行”中调用 Hide All Tile 事件，这将在游戏开始时首先隐藏所有 BP_HeroSlot（如图 9-168 所示）。

图 9-168　游戏开始隐藏 BP_HeroSlot

继续创建一个自定义事件，命名为 DisplayAllTile，显示所有的 BP_HeroSlot。同样使用 For Each Loop，对每一个 BP_HeroSlot 执行“设置 Actor 在游戏中隐藏”函数（如图 9-169 所示）。

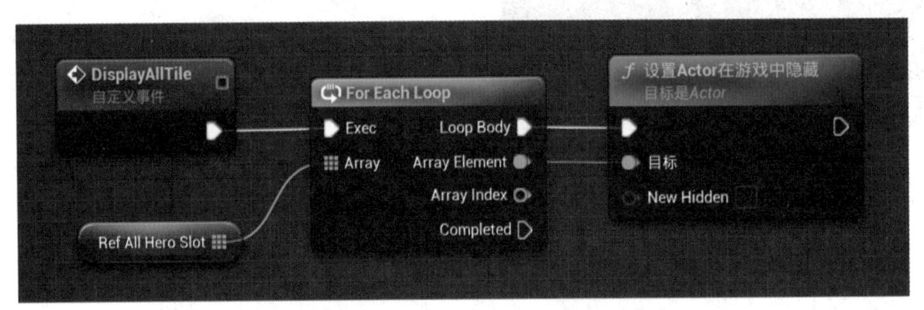

图 9-169　显示所有 BP_HeroSlot

编译保存蓝图。回到关卡编辑器，在关卡中通过复制，添加多个 BP_HeroSlot（如图 9-170 所示）。

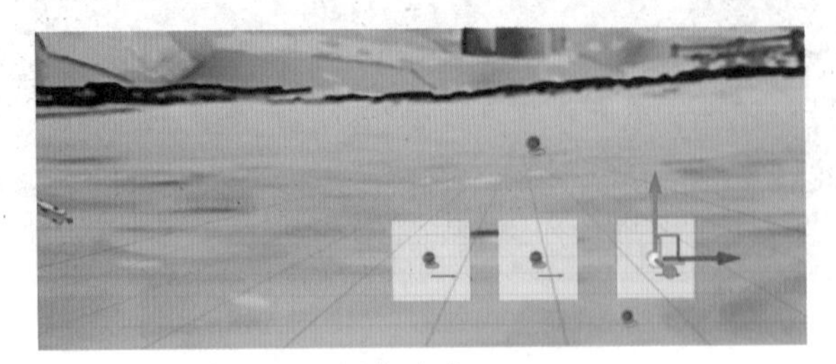

图 9-170　添加多个 BP_HeroSlot

把 BP_HeroSlotManager 蓝图拖动到关卡中，单击播放按钮运行关卡，在关卡运行时的第一帧，BP_HeroSlotManager 就把所有的 BP_HeroSlot 隐藏了（如图 9-171 所示）。

图 9-171　开始时隐藏所有 BP_HeroSlot

当单击“购买英雄”按钮后，要将所有的 BP_HeroSlot 显示出来。打开 WBP_GameHUD，找到 Button 的“点击时”事件，在后面添加 WBP_Hero，首先保存 WBP_Hero 的引用，以便以后能将图标移除，然后通过“获取类的 actor”找到 BP_Hero Slot Manager 类型的角色，在关卡中有且只有一个 BP_Hero Slot Manager，调用它的 Display All Tile 事件，显示所有的 BP_Hero Slot 角色（如图 9-172 所示）。

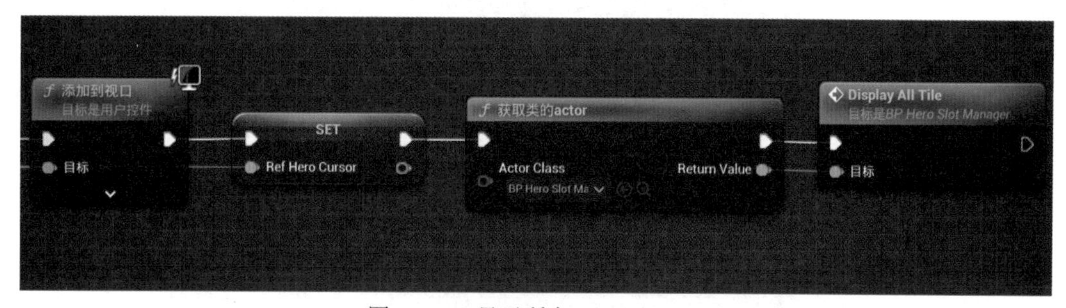

图 9-172　显示所有 BP_Hero Slot

编译保存，回到关卡编辑器。播放关卡，单击“购买英雄”按钮，BP_Hero Slot 全部显示并且英雄图标也正常显示，单击任意的 BP_Hero Slot，都可以创建英雄角色（如图 9-173 所示）。

图 9-173　在 BP_Hero Slot 上创建角色

BP_Hero Slot 在 SpawnActor 节点生成新英雄后，使用“获取类的 actor”找到 BP_Hero Slot Manager 类型的角色，调用 Hide All Tile。这样，无论哪一个 BP_Hero Slot 被单击，创建完一个玩家英雄角色后，所有的 BP_Hero Slot 都会被隐藏（如图 9-174 所示）。

回到关卡编辑器，运行一下游戏，当创建完一个角色后，所有的 BP_Hero Slot 都隐藏，也不能再继续创建新角色了（如图 9-175 所示）。

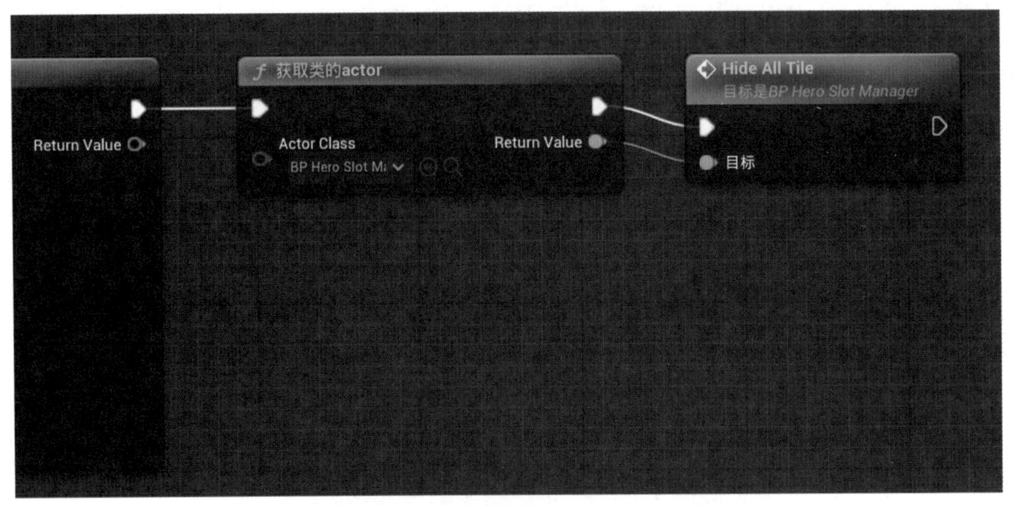

图 9-174　创建角色后隐藏所有 BP_Hero Slot

图 9-175　运行游戏的效果

现在还剩下最后一个问题，当创建出一个角色后，需要把光标位置的英雄图标删除。之前在创建图标时，把创建出来的图标引用保存在了 Ref Hero Cursor 中。回到 WBP_Game HUD 的图表视图中，创建一个新的事件，命名为 RemoveHeroCursor。在这个事件中，首先判断 Ref Hero Cursor 是否有引用的对象，如果有，则使用“从父项中移除”把英雄图标 Widget 从父窗口中移除（如图 9-176 所示）。

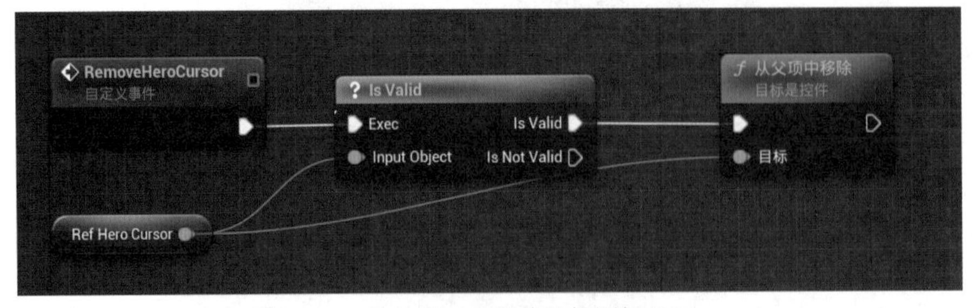

图 9-176　从父窗口中移除英雄图标 Widget

有了移除英雄图标的事件，接下来就是调用这个事件了。找到 BP_Player 蓝图，在编辑器中打开，在“事件开始运行”的后面，把创建的 WBP Game HUD 保存为一个变量，命名为 Ref Game HUD（如图 9-177 所示）。

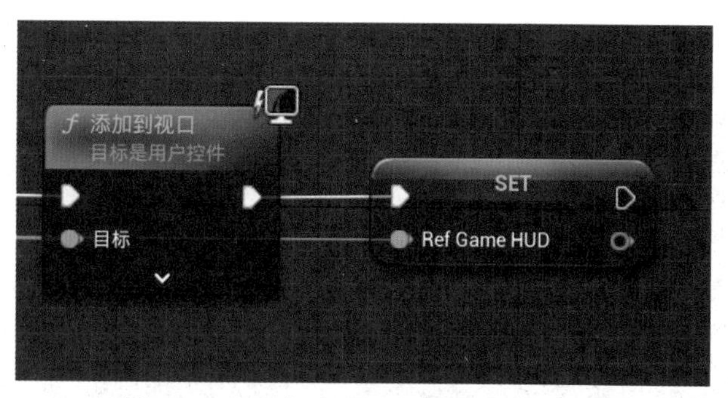

图 9-177　保存 WBP Game HUD 的引用

回到 BP_HeroSlot 的蓝图编辑器，在 Hide All Tile 的后面，使用“获取玩家 pawn”和“类型转换为 BP_Player”查找当前的 BP_Player，然后使用 Get Ref_Game HUD 就可以调用 WBP Game HUD 事件了，搜索添加 Remove Hero Cursor 节点，移除跟随光标移动的英雄图标（如图 9-178 所示）。

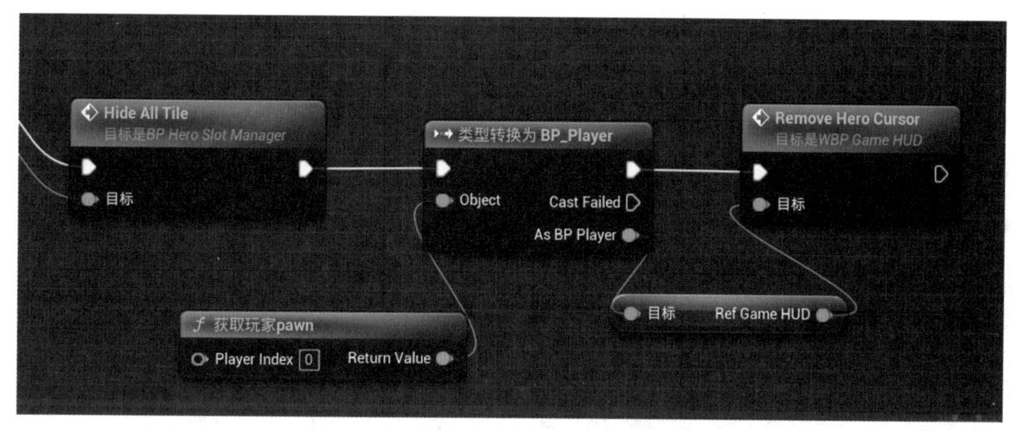

图 9-178　移除跟随光标移动的英雄图标

编译保存所有蓝图，回到关卡编辑器，单击播放按钮，测试当前的英雄购买功能是否完整（如图 9-179 所示）。

图 9-179　测试英雄购买功能是否完整

9.8　添加守护入口

塔防类游戏一般都会有一个守护点，当一定数量的敌人涌入守护点，游戏就失败了。这一节添加一个守护点蓝图，来判断游戏是否失败。

在内容浏览器的 Blueprints 目录中，创建一个以 Actor 为父类的蓝图类，命名为 BP_Portal。在蓝图编辑器中双击打开新创建的蓝图类，添加一个 Paper Sprite 的组件。把组件的精灵设置为 Portal_Sprite，并修改 Paper Sprite 组件的“缩放”属性为 X=3，Y=3，Z=3（如图 9-180 所示）。

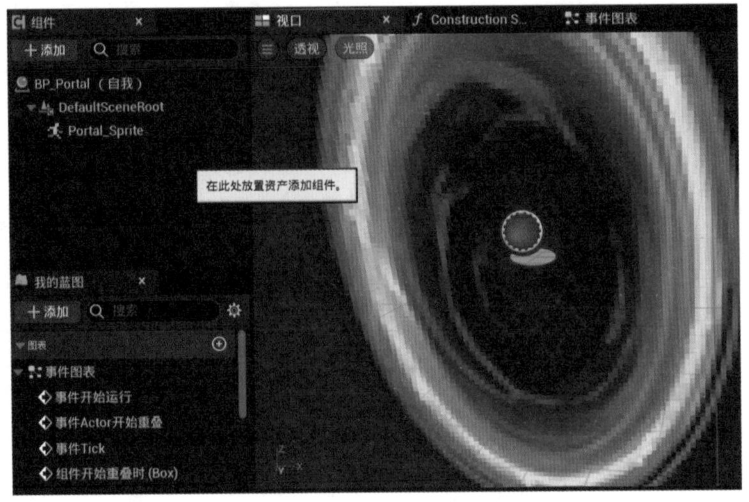

图 9-180　添加 Paper Sprite 组件

回到关卡编辑器，把 BP_Portal 拖动到关卡中，放在关卡中测试英雄的后面（如图 9-181 所示）。

图 9-181　添加 BP_Portal 到关卡中

守护关卡需要处理和敌人的碰撞。碰撞不能使用 Sprite，因为碰撞体的形状和 Sprite 不同，如果要使用 Sprite 的碰撞，需要修改碰撞体，操作比较麻烦，可以直接选择 Sprite 组件在“碰撞预设”中设置为 NoCollision，关闭碰撞。

在组件面板中，添加一个新的 BoxCollision 组件，调节碰撞体的大小（如图 9-182 所示），注意碰撞体往后移动一些让敌人走进入口再发生碰撞。

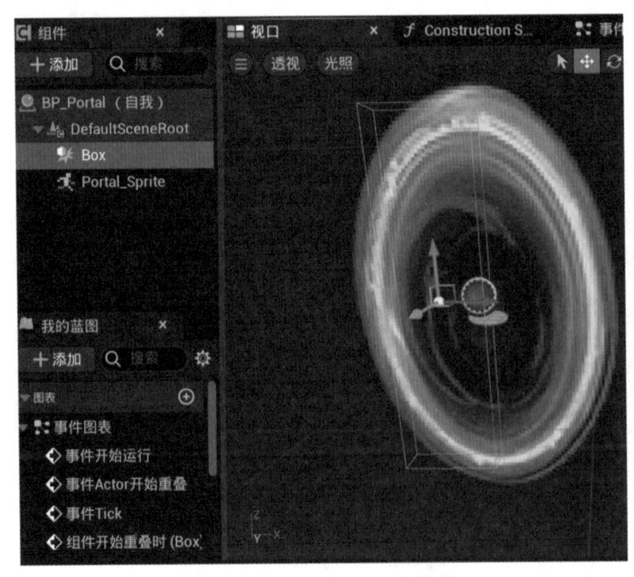

图 9-182　调整 Box 碰撞体

选择 Box 碰撞体组件添加一个“组件开始重叠时”。因为敌人的 BodyBox 之前添加过标签，所以这里可以直接查询碰到的组件是否包含 EnemyBody 标签（如图 9-183 所示）。

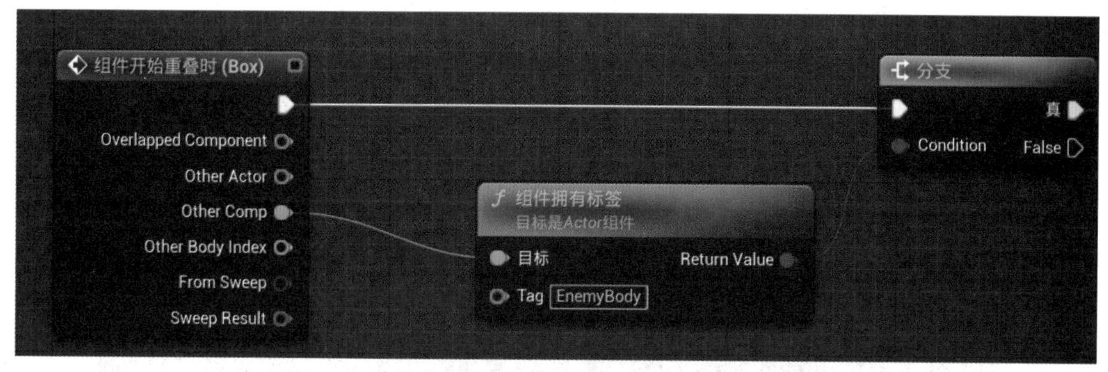

图 9-183　检查碰撞到的组件是否有 EnemyBody 标签

当能够检查入口是否碰到了敌人后，下面要做的就是把自己销毁然后检查当前游戏是否结束了。

双击 BP_Player，在蓝图编辑器中打开 BP_Player。在事件图表的空白处，创建一个新的自定义事件，命名为 CheckGameOver，这个事件用来检查游戏是否结束了。而判断游戏结束的条件是关卡中是否还有 BP_Portal 角色。使用“获取类的所有 actor”节点来找到当前关卡中所有的 BP_Portal（如图 9-184 所示）。

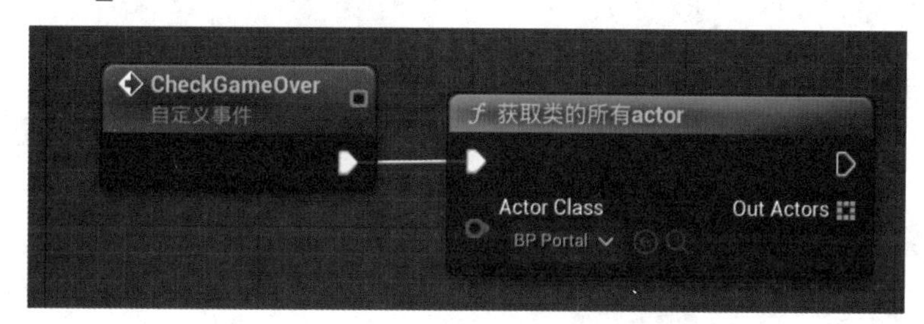

图 9-184　找到所有 BP_Portal 角色

使用数组的 LENGTH 节点获取数组中元素的个数。如果找到的元素数量等于 0，则证明关卡中已经没有 BP_Portal 的 Actor，这时游戏应该结束。使用“分支”节点，在条件为“真”时，暂时使用“打印字符串”节点，打印出 GameOver 字符串，代表游戏结束（如图 9-185 所示）。

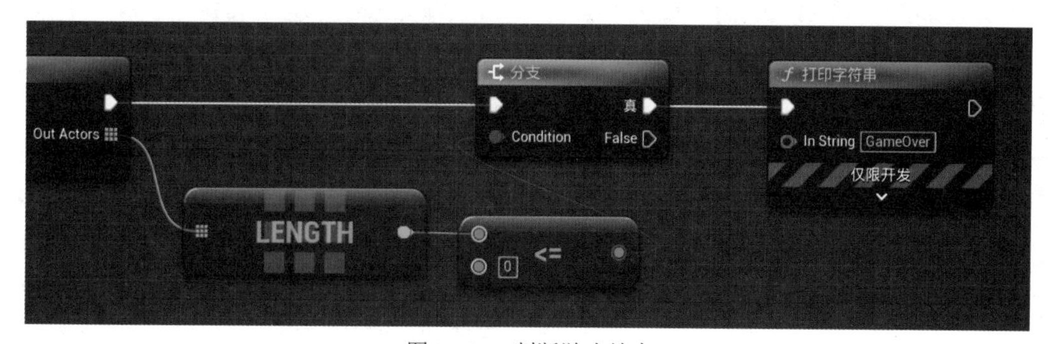

图 9-185　判断游戏结束

回到 BP_Portal 的蓝图编辑器，继续 Box 的“开始重叠事件”，当碰撞到敌人后，首先要做的就是销毁自己，然后使用“获取玩家 pawn”节点，找到 BP_Player，调用 Check Game Over，检查游戏是否结束（如图 9-186 所示）。

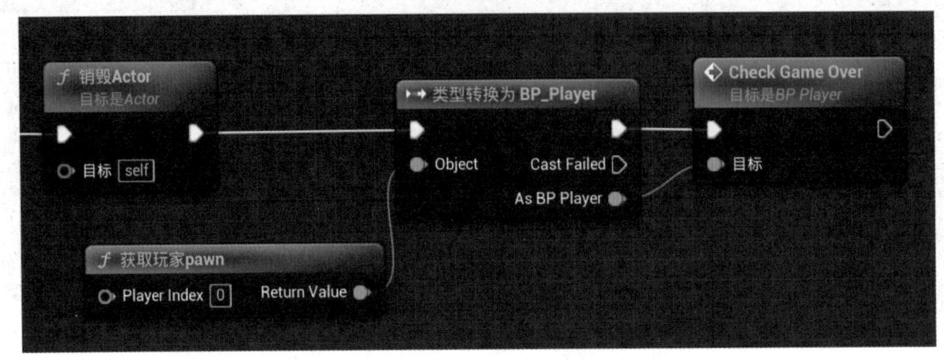

图 9-186　BP_Portal 销毁后检查游戏是否结束

编译保存所有蓝图回到关卡编辑器，运行关卡。观察当 BP_Portal 被销毁后，左上角打印出的 GameOver 证明游戏结束逻辑正确（如图 9-187 所示）。

图 9-187　入口销毁后游戏结束

最终删除关卡中的角色，布局一下关卡中的 BP_HeroSlot 和 BP_Portal（如图 9-188 所示）。

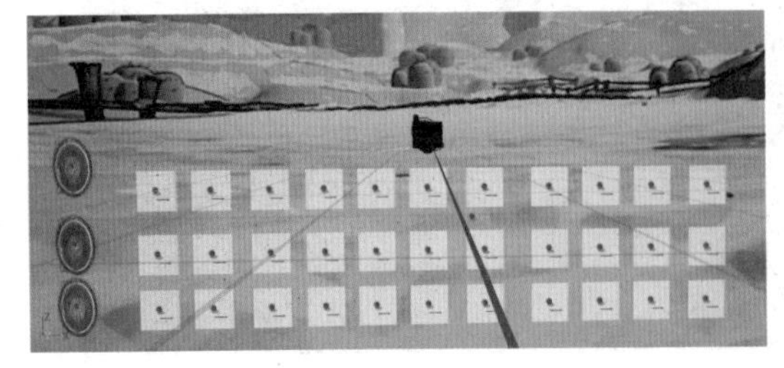

图 9-188　布局英雄出生点和守护入口

单击播放按钮运行关卡，一个简易的塔防游戏的主要功能就完成了（如图 9-199 所示）。

图 9-189　最终游戏

总结

在本章中实现了一个 2D 塔防游戏，介绍了使用 Spine 资源制作游戏的方法。2D 塔防核心的功能都介绍到了，但是游戏体验并没有细化调整。例如，英雄和敌人的血量、攻击力、敌人的出生顺序、金币的生成时间灯，这些可调节的数值体验部分都没有仔细的配置，留给读者自行设置。另外，关于游戏流程性和修饰性的内容，在前面的章节也都讲过，本节也没有详细介绍。如主菜单、结束菜单。关卡之间的跳转、音效、背景音乐等，读者现在应该也有能力自行添加了。

问答

（1）2D骨骼动画有什么优点？

（2）UE5能直接使用2D骨骼动画吗？为什么？

思考

（1）2D骨骼动画本质上和精灵动画有什么区别？

（2）为什么2D骨骼动画能减少制作成本？

（3）2D骨骼动画可以和3D骨骼动画混合使用吗？

练习

（1）为游戏添加开始菜单、结束菜单。

（2）为游戏添加音效和背景音乐。

（3）创建第二个英雄角色hero（资源已导入）。

（4）添加第二个敌人speedy（资源已导入）。

（5）添加敌人分拨出现功能。

（6）为游戏添加多个关卡，并且关卡难度逐渐提高（通过敌人数量和攻击力）。

第 10 章　基于 UE5 的数字二维交互艺术设计

前面讲了基于 UE5 的二维游戏设计，而游戏设计的核心是数字交互艺术设计。数字交互艺术设计有很多不同的形式和表现方式，比如计算机艺术、数字装置艺术、生成艺术等。数字交互艺术设计可以应用到软件界面设计、信息系统设计、网络设计、产品设计、环境设计、服务设计以及综合性的系统设计等领域。数字交互艺术设计包括数字二维交互艺术设计和数字三维交互艺术设计，本章介绍基于 UE5 引擎去设计和制作数字二维交互艺术设计作品。

本章重点

- 什么是数字二维交互艺术设计?
- 常见的数字交互艺术设计形式。
- 基于 UE5 设计和制作简单的数字二维交互艺术设计作品。

数字交互艺术设计是一门综合的、交叉的学科方向，它涉及心理学、计算机科学、多媒体技术、人机交互、人工智能等技术领域，以及视觉表达、空间构成、艺术设计等艺术领域。数字交互艺术设计的目的是创造出能够与使用者产生互动和沟通的作品，让观众参与到作品的创造和演变中，体验不同的感知和情感。

随着科技的发展，许多之前需要机械或者人力驱动的互动艺术作品，都开始使用数字技术驱动，并且诞生了全新的数字交互艺术设计。UE5 作为一个功能丰富的 3D 引擎，当然也在数字交互艺术设计领域发挥了重要的作用。

10.1　数字二维交互艺术设计的概念

数字交互艺术设计，是定义并设计所有可以反馈人与系统之间的输入和反馈的设计领域。它在使用者与被使用系统之间的输入 / 输出的基础上，定义设计了用户的输入体验和交互反馈表现。

交互设计是定义、设计人造系统的行为方式的设计领域。人造系统即人造物、人工制成物品（人工制品在特定场景下的反应方式），诸如软件、移动设备、人造环境、服务、可佩戴装置以及系统的组织结构和相关的界面。交互设计定义人与人、人与设备、人与环境甚至延伸到设备与设备之间的行为以及关系，是在人与产品、系统或服务之间建立的对话。这种对话本质上既是身体上的，也是情感上的，表现在形式、功能和技术之间的相互作用中，是审美与文化、技术以及人类科学的融合。进入数字时代，交互设计的设计与研究显得更加多元化，多学科各角度的剖析让交互设计理论显得更加丰富。基于交互设计的产品已经越来越多地投入市场，而很多新的产品也大量地吸收了交互设计的理论。

交互系统的设计，要从用户的需求出发，从可用性和用户体验两个层面进行设计制作。因为当前几乎所有的交互艺术，都是计算机程序驱动的，所以从计算机程序设计层面看，又可以分为输入和输出两部分。所有用户可以触摸、点击或者输入的部分，都是交互设计中的输入；而所有图像、动画、声音、震动、灯光等反馈，都是交互设计中的输出。

数字二维交互艺术设计主要指的是，在使用网站、网页、软件和相关电子产品时，通过对产品的界面和交互操作行为进行设计，以数字形式进行制作、存储和专门呈现，并且充分利用数字艺术设计的交互和共享特征，让产品和它的使用者之间建立一种有机的交互关系，从而可以有效地达到使用者的使用目的和使用体验的过程和结果。

接下来讲一下交互设计的起源。交互是一个很大的范围，人类生活就是一种互动的生活。从出生开始，我们就使用我们的感官、想象、情感及知识和其他人以及我们所处的环境，直接或间接地进行互动。互动设计早于数字时代，在机械时代就存在了，例如我们与电器设备、机械设备的许多关系都是设计出来的互动关系。

而数字交互设计起源于计算机技术的产生，包括键盘输入和鼠标输入等，特别是基于网页的计算机界面的出现。在网页流行的时代，数字交互设计有了长足的发展。到移动互联网时代，各类计算机应用的出现和发展，数字交互设计现在已经是一个独立的领域，并且细化为了UI（用户界面设计）和UE（用户体验设计）两个部分。在数字艺术领域，交互设计也有了很大的发展，并产生了多种不同的艺术设计形式。这些新型的交互设计，不再局限于传统计算机、手机等电子设备，而是综合利用所有可以用的艺术形式，把交互设计扩展到不同的领域。通过对产品和作品的交互界面和反馈进行设计，让产品和使用者之间建立联系，达到有效沟通的目标，就是交互设计的目标。

10.2　当代常见的交互艺术形式

数字二维交互艺术设计涉及的内容包括电子书、电子杂志和电子报纸的版面的交互设计，基于网络的网站、网页设计，以及手机、计算机和其他电子设备界面的静态和动态交互设计。除了消费类电子设备之外，当代日常生活中，还有很多交互设计的艺术形式。这里简单整理归类一下这些艺术形式。

1. 装置艺术

装置艺术是20世纪60年代出现的，是通过在特定时空，用特定的艺术品与观众互动的形式来达成艺术表现的方式方法。装置艺术通过创造新奇的环境，制造平行世界，让观众产生沉浸感并触发观众思考。观众借助自己的理解，又进一步加强了对装置艺术的理解的艺术类型。

早期装置艺术主要使用机械、灯光等固定的材料驱动，表现相对静态。当代的装置艺术融合了声光电、机械、投影、传感器等多种表现方法，变成了声光电装置艺术，是一种结合了声音、光线和电子技术的前卫艺术形式，不仅仅是单纯的视觉艺术表现，还包含听觉和感性的元素以及多种反馈方式。声光电装置艺术作品可以利用各种创新的技术手段来呈现声光与电子的交互关系，营造出非常奇妙的环境氛围，极富感染力。如图 10-1 所示为《森林里的焰粒子世界》作品的画面。

图 10-1 《森林里的焰粒子世界》画面

2. 交互投影艺术

交互投影是指，在一个空间中主要使用投影，营造出身临其境的沉浸感。其他配合的方法还有气味、风力、音乐等。主要通过雷达感应、红外感应等作为输入，投影的内容随输入方式的不同而发生变化，给观察者全方位的互动的感官体验和心灵触动。如图 10-2 所示为《花舞森林》的画面。

图 10-2 《花舞森林》

《花舞森林》是日本 TeamLab 公司的一个投影互动装置，它将程序设计、投影、感应设备结合起来，随着人的走动和触摸，可以实现花开花落、花聚花散。作品中的花儿不断重复着从含苞待放，到盛开、枯萎、散落、最终死去的过程，表现了超脱生死的物哀哲学。

3. 城市建筑巨幕全息投影

巨幕全息投影一般是城市的中心或者巨型广场的标志性建筑。在建筑外墙制作一定规格的 LED 显示屏。使用视差的原理，让观看者可以看到空间感极强的 3D 画面。有些投影可以与投影内容进行交互（如图 10-3 所示）。

图 10-3 3D 裸眼巨幕

4. 城市巨幅水幕广场

通过制造水雾，再把交互影像投影到水幕上，来播放视频画面和声音。通常观众会有几种交互方式，如按钮、肢体动作识别、声音等来改变影像的内容（如图 10-4 所示）。

图 10-4 水幕交互电影

5. 互动游乐园

利用声光电技术，当前的游乐场也发生了巨大的变化。其中，利用投影播放年轻人喜欢的动态交互内容，使用雷达或者红外线感应来做出交互反应的互动投影，深受年轻人的喜爱。此外，AR投影、手势感应等也常用在这种游乐设备上（如图10-5所示）。

图10-5 互动沙滩投影

10.3 UE5如何制作交互艺术

UE引擎可以用来制作交互艺术作品，利用其丰富的功能和系统，如行为树、寻路系统、场景查询系统、AI感知、物理模拟、UMG UI设计器等，把所有的输入和输出串联在一起。不只是图像显示的内容，包括各种机械设备、灯光设备，都可以由UE5作为控制端来进行控制，而控制这些外部设备，大部分只需要使用蓝图就可以了。

UE5提供了很多的扩展插件，来完成制作交互艺术的功能，常用的有下面几种。

1. 串口通信插件

通常交互设备的外部设备都是通过某种协议进行通信的。相比常用的USB或者蓝牙，串口是更常用的通信协议。社区为UE5提供了串口通信插件，可以直接使用蓝图进行串口读写（如图10-6所示）。

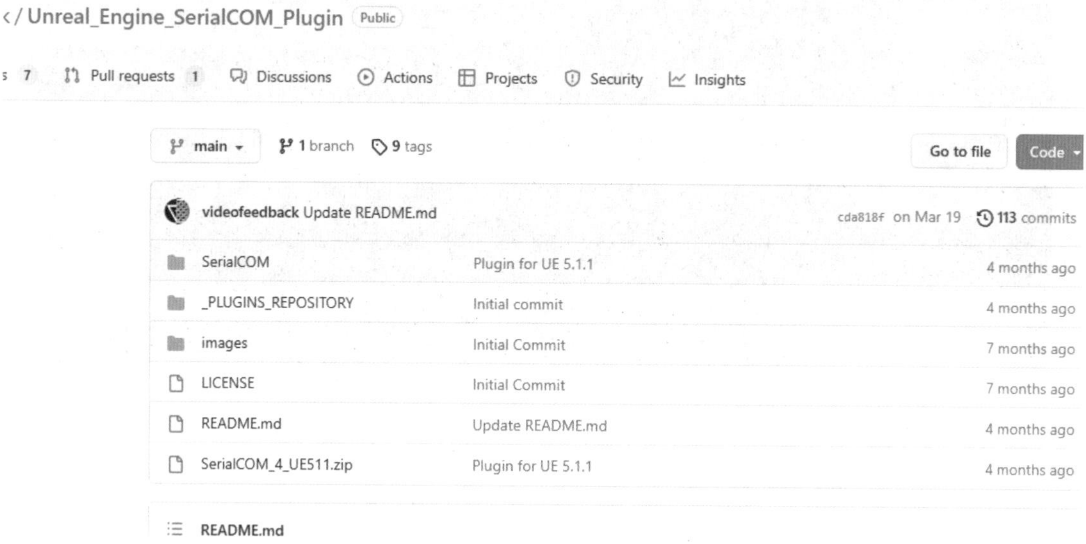

/ Unreal_Engine_SerialCOM_Plugin Public

7 Pull requests 1 Discussions Actions Projects Security Insights

main 1 branch 9 tags Go to file Code

videofeedback Update README.md cda818f on Mar 19 113 commits

SerialCOM	Plugin for UE 5.1.1	4 months ago
_PLUGINS_REPOSITORY	Initial commit	4 months ago
images	Initial Commit	7 months ago
LICENSE	Initial Commit	7 months ago
README.md	Update README.md	4 months ago
SerialCOM_4_UE511.zip	Plugin for UE 5.1.1	4 months ago

README.md

图10-6 串口通信插件

这个串口通信插件是开源的，可以在下面的网址中下载插件的最新版本：

https://github.com/videofeedback/Unreal_Engine_SerialCOM_Plugin

2. nDisplay多屏幕显示插件

nDisplay是UE5内置的插件，可以在插件管理器中开启（如图10-7所示）。

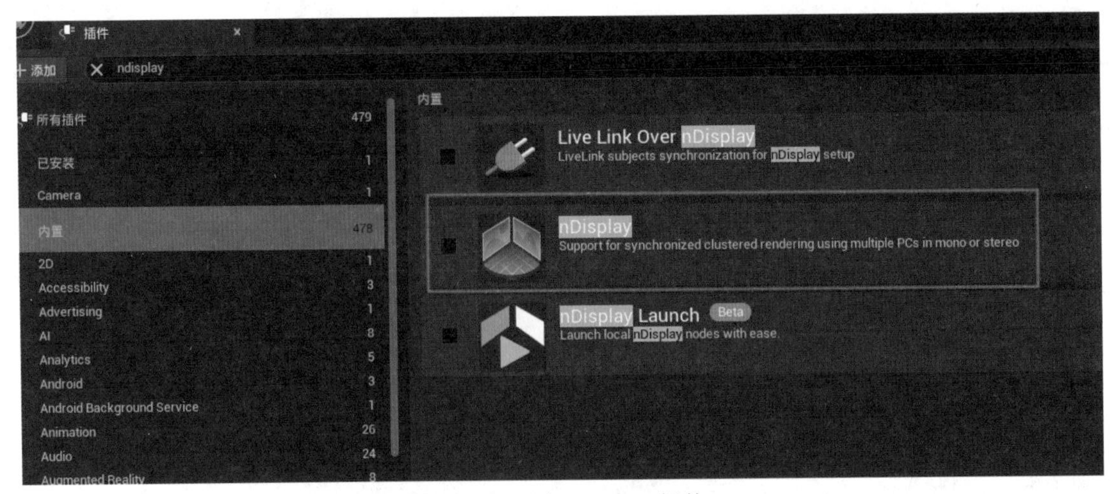

图 10-7　开启 nDisplay 插件

也可以在创建项目时选择影视与现场活动类别中的nDisplay模板，会自动开启nDisplay插件（如图10-8所示）。

图 10-8　nDiaplay 模板

大多数的交互内容不仅限于显示在一个屏幕上。如10.2节提到的多种交互投影艺术就是使用多个投影仪将3D环境投影到穹顶、倾斜幕墙、曲面屏等物理表面，如Cave虚拟环境。nDisplay可以实现将3D内容同时渲染到多个显示屏中。具体的使用方法，可以在以下地址中查看nDisplay的使用手册：https://docs.unrealengine.com/5.0/en-US/rendering-to-multiple-displays-with-ndisplay-in-unreal-engine/

3. 其他输入输出设备

如果一个交互设备，如感应器，支持直接使用UE5开发，则在官方的网站上通常会提供这个硬件和UE5的插件。如果没有对UE5的直接支持，那么就需要使用C++编写插件来间接地使用需要使用的硬件了。但基本上，多数的硬件设备，都可以使用UE5驱动。

10.4　基于 UE5 的数字二维交互艺术设计案例

之前的章节已经开发过几个不同类型的游戏。数字交互艺术和数字交互艺术设计在交互技术上和游戏开发没有什么不同。不过在开发目标上，还是有很大的差别。如数字交互艺术设计通常有明确的功能需求和要实现的目标。如吸引路人关注，表达某种思想，或者解决某个具体问题。涵盖的范围非常广，也不限制使用其他的软件或硬件设备。为了达到作品要实现的目标，可以使用任何技术和手段。例如，某些交互艺术展览，为了表达作品要表达的理念，通常会自己设计制作某种硬件或者自行编写代码，这在游戏开发中是不常见的。可以说，数字游戏设计是数字交互艺术设计的一个分类。数字交互艺术设计覆盖的范围要更加宽广。

现实生活中对于交互设计应用的需求非常巨大，几乎无处不在，这些需求可以用数字交互艺术设计来解决。例如，公司职员在中午时间，通常会去餐厅或者美食城吃午饭，但是吃什么就是一个非常难决定的问题。我们可以通过交互设计的方式，在美食城入口提供一个屏幕，有计算机随机决定中午吃什么。我们把这个程序叫作“美食记”（如图 10-9 所示）。

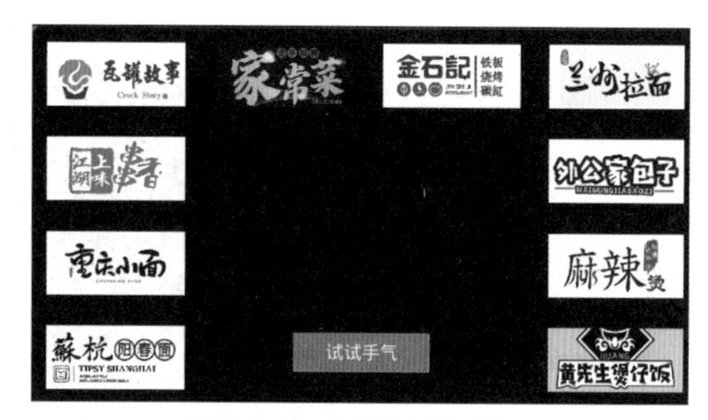

图 10-9　“美食记”界面

使用触控屏，当用户点击“试试手气”时，程序会随机的选择不同的餐厅，最终随机出一个今天中午要吃的美食。这个程序开发非常简单，但是在交互游戏中，解决了中午不知道吃什么的问题。它不是游戏，只是使用游戏的技术解决现实问题的一种交互设计。下面结合上述需求，简单地讲解一下实现这个程序的步骤和过程。

1. 可选择的图标 Logo

首先，创建一个 Widget，命名为 WBP_Logo，这个 Widget 是用来做不同美食的图标的，由美食图标和选择框组成（如图 10-10 所示）。

图 10-10　WBP_Logo

默认情况下，选择框是不可见的，所以在右侧，把选择框图像的“可视性”设置为“隐藏”（如图 10-11 所示）。

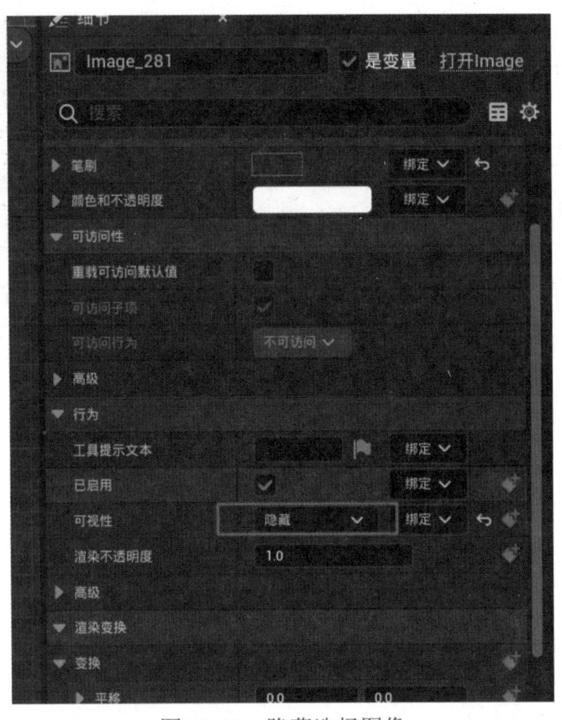

图 10-11　隐藏选择图像

切换到图表视图，创建一个函数，命名为SetType。回到内容浏览器，创建一个枚举蓝图，命名为E_Logo，把所有可以选择的美食类型都添加进去。再回到WBP_Logo的图表视图中，添加SetType函数的输入，类型为E_Logo（如图 10-12 所示）。

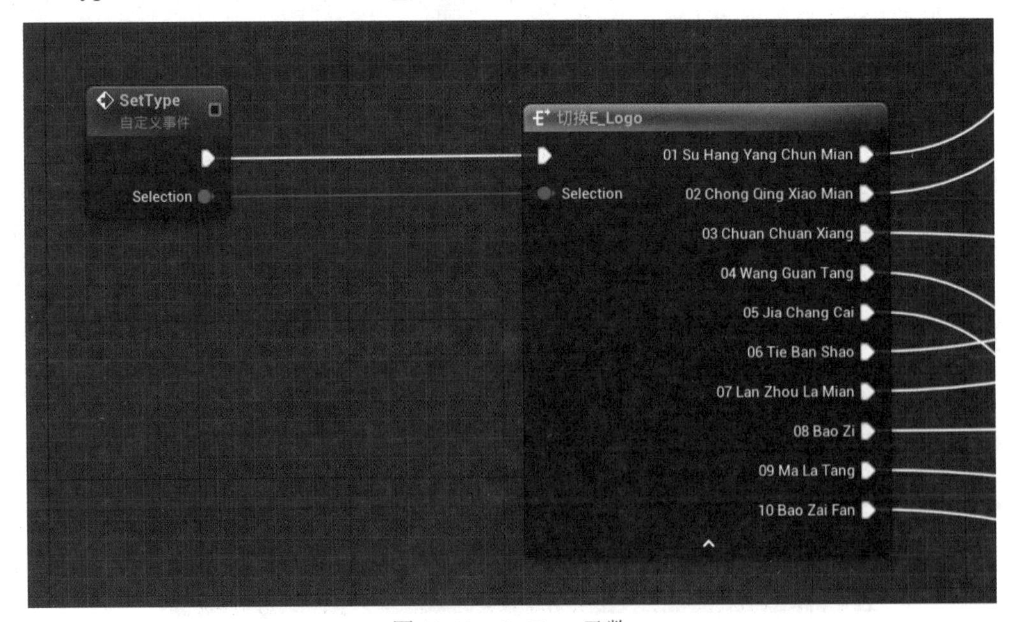

图 10-12　SetType 函数

根据不同的类型，切换不同的 Logo 图像（如图 10-13 所示）。

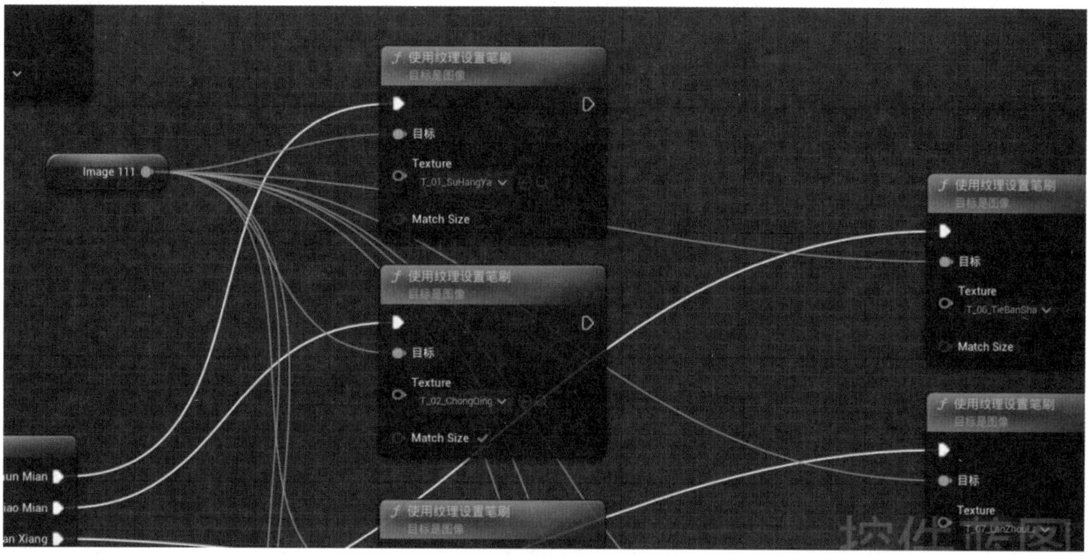

图 10-13　设置不同 Logo 图像

在“事件预构造”事件中，首先设置当前 Widget 的图片。然后隐藏掉选择框图片，最后看 IsEmpty 变量设置是否为空，如果是 true，则隐藏所有可视内容（如图 10-14 所示）。

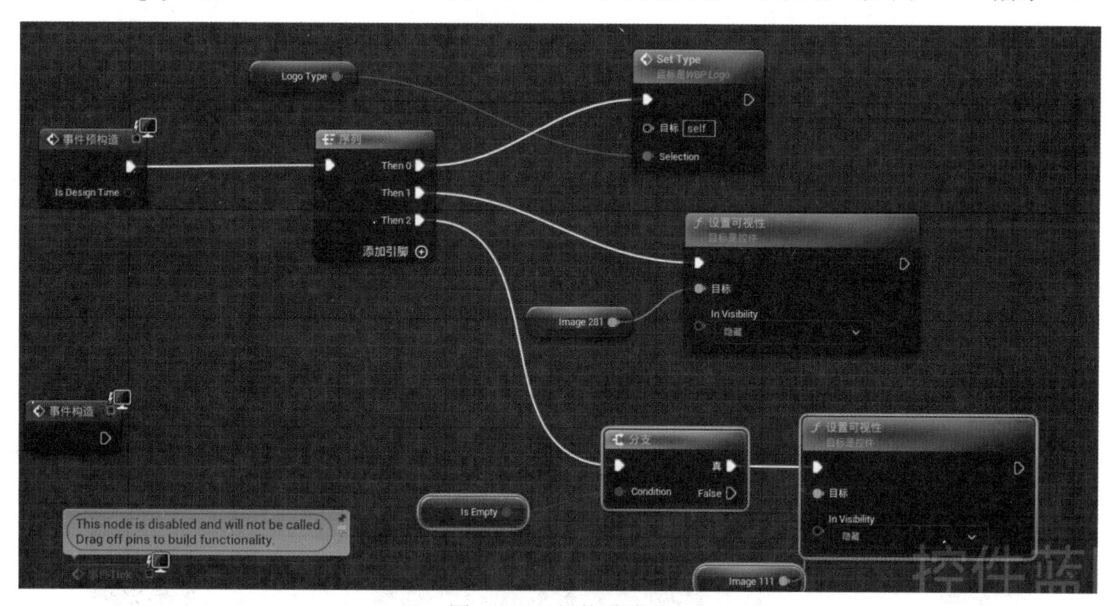

图 10-14　预构造事件

最后添加两个自定义事件 SetHightLight 和 SetNormal 来控制选择框的开关，如此 WBP_Logo 控件的功能就完成了（如图 10-15 所示）。

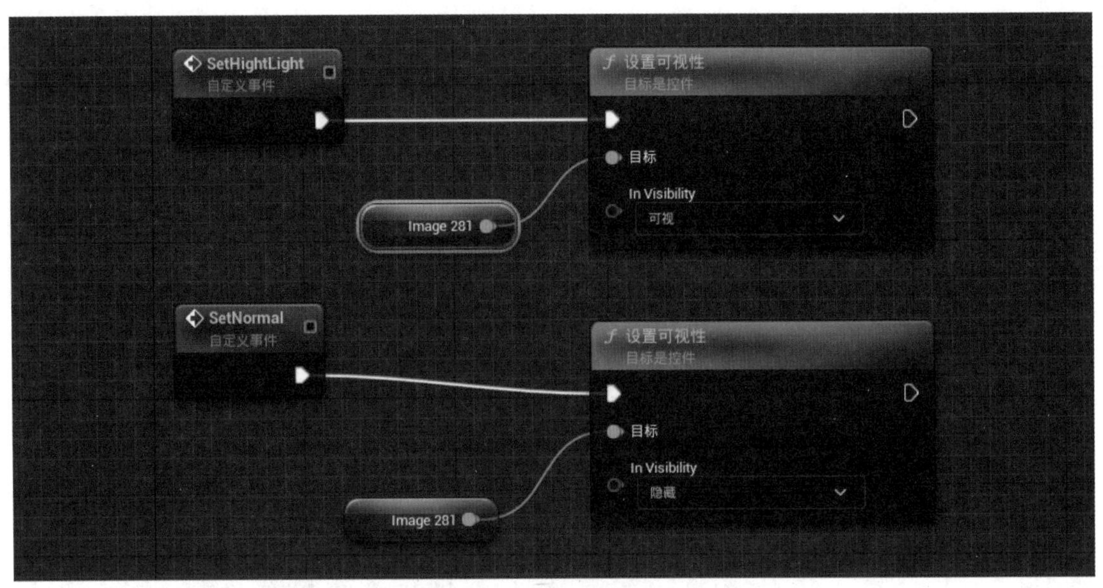

图 10-15　设置选择框可见性

2. 主界面设计

回到内容浏览器，创建一个控件蓝图，命名为 WBP_Main，然后把 WBP_Logo 在主界面中摆放好（如图 10-16 所示）。

图 10-16　WBP_Main 主界面

在主界面中添加一个“试试手气”按钮和放大的图像，代表最终的选择（如图 10-17 所示）。

图 10-17　最终选择界面

切换到图表视图，在构造事件中，把所有的 Logo 都添加到一个数组中，然后把中间的最终选择的图像隐藏掉（如图 10-18 所示）。

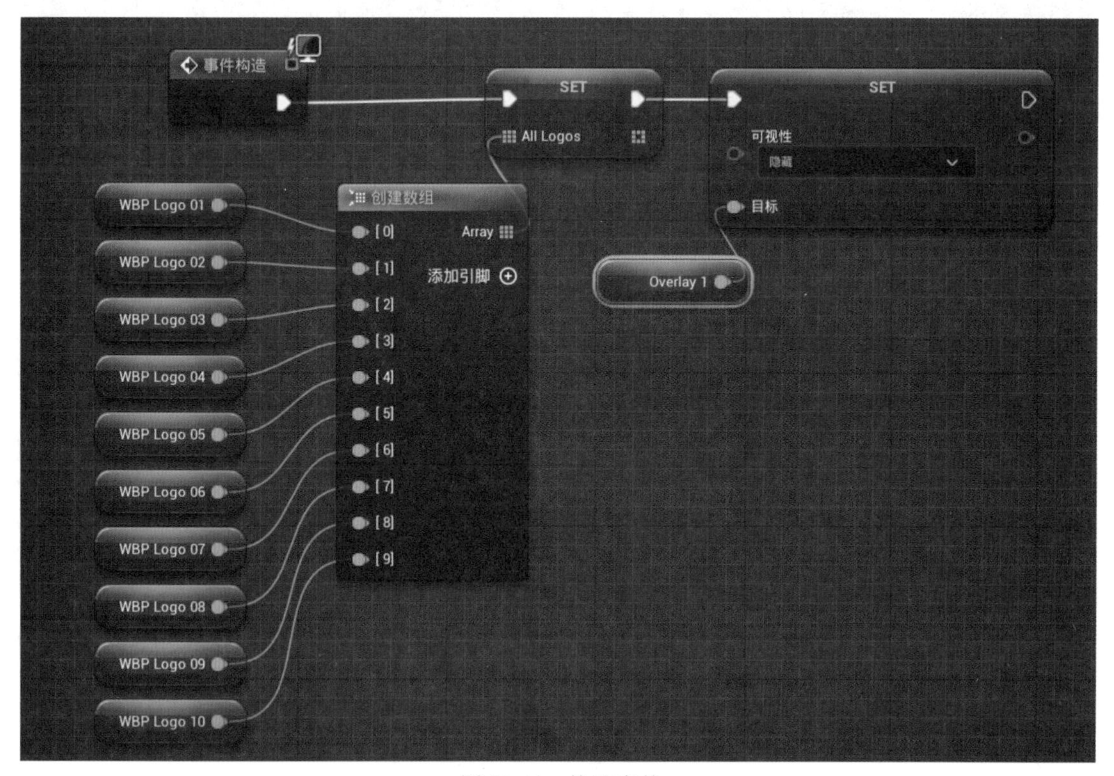

图 10-18　构造事件

创建一个“点击时”事件，当点击“试试手气”时，先把按钮关掉。然后在数组范围内，随机选择一个索引，这就是最终的选择。但是最终的选择不能立即展示给用户，我们还需要做一些类似随机选择的功能，让用户感觉是一步一步随机计算出来的，所以我们开启一个定时器（如图 10-19 所示）。

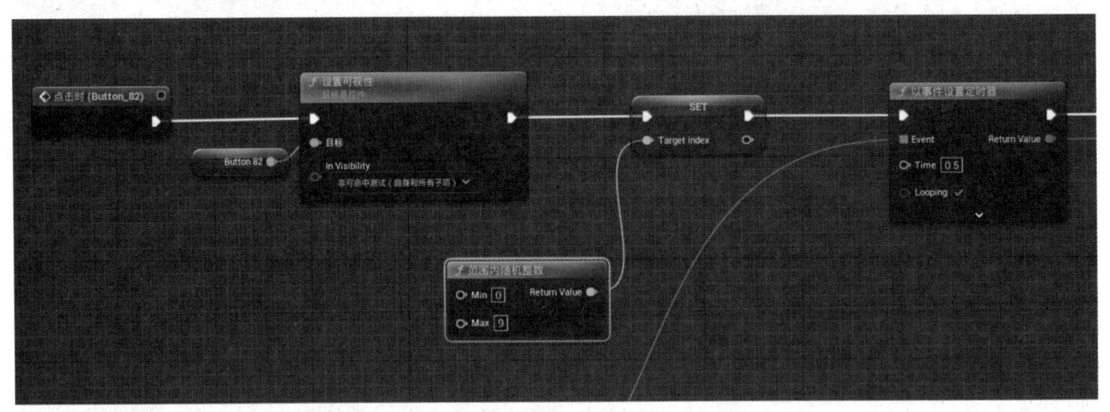

图 10-19　点击事件

定时器的功能就是计算时间，每0.5秒计算一次，看时间是否超过5秒(如图10-20所示)。

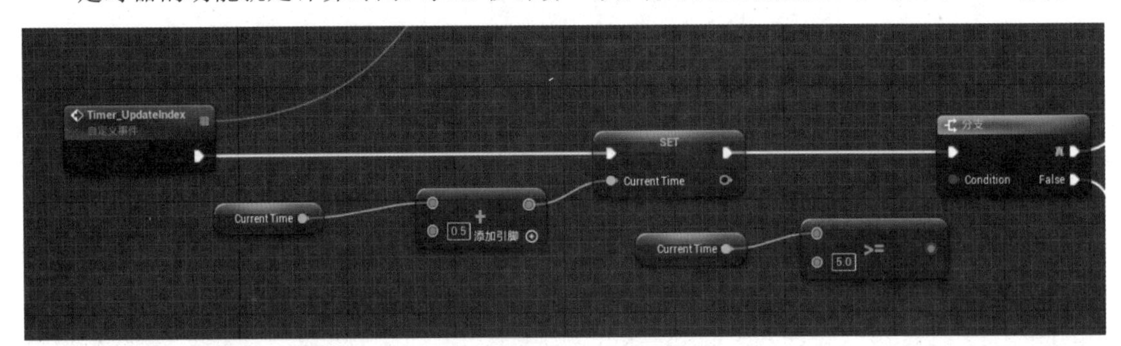

图 10-20　控制当前时间

如果时间没有超过 5 秒，则继续随机选择一个 Logo（如图 10-21 所示）。

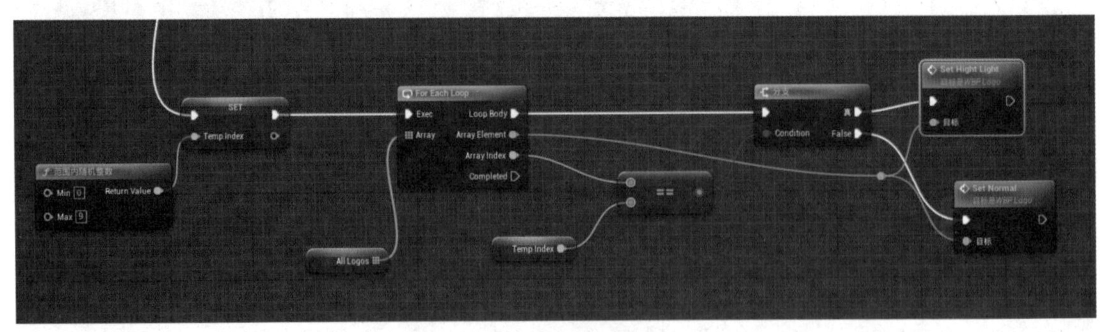

图 10-21　更新选择

如果超过 5 秒了，则把开始的 TargetIndex 显示为被选择的 Logo（如图 10-22 所示）。

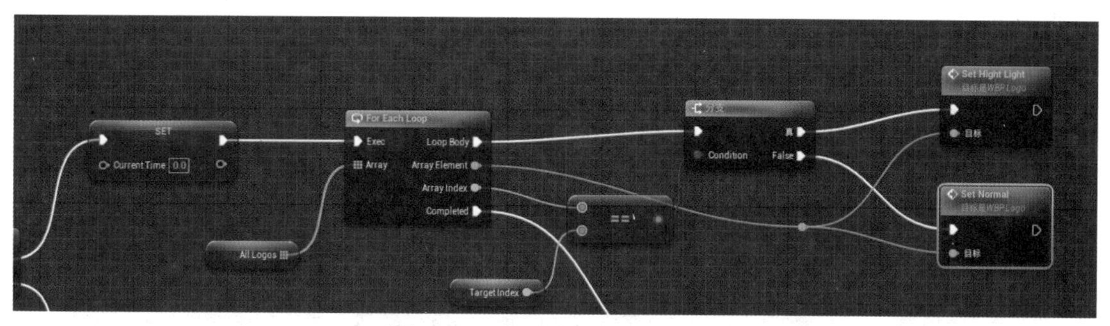

图 10-22　更新选择为最终 Logo

然后把计时器事件停止，1 秒后，显示中间选择的图像（如图 10-23 所示）。

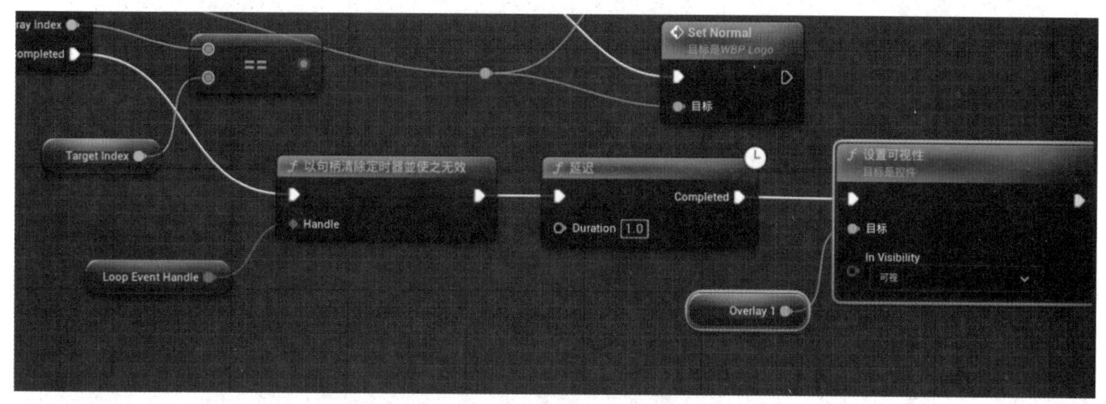

图 10-23　显示最终选择

把中间图像的 Logo 设置为选择的 Logo 就可以了。显示 5 秒后，一切恢复原先的状态（如图 10-24 所示）。

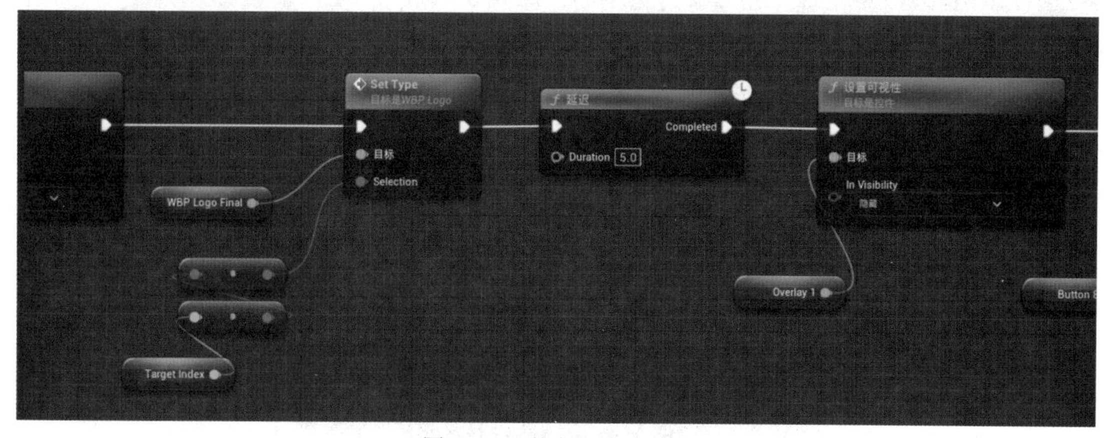

图 10-24　恢复可点击状态

3. 显示主界面

打开 main 关卡的关卡蓝图，在开始运行事件中，创建 WBP_Main 控件，并添加到视口（如图 10-25 所示）。

图 10-25　显示 WBP_Main 控件

然后把玩家的输入模式设置为 UI，并显示（如图 10-26 所示）。

图 10-26　设置输入模型并显示鼠标

设置完成后，点击“试试手气”按钮，过 5 秒钟，就能显示随机选择的美食了（如图 10-27 所示）。

图 10-27　最终选择效果

总结

本章简单介绍了UE5引擎在交互设计中的应用，并给出了一个简单的交互设计案例的应用教程。目前，无论在中国还是国际上，此类的数字交互艺术设计的需求很多，应用的范围很广，大大超出数字游戏设计的范围。读者可以借助我们这本书中，基于UE5引擎学到的数字游戏设计的方法，拓展应用到更大空间的数字交互艺术设计的领域中去，这样可以为自己找到更广大的就业空间。同时借助数字交互技术的软件和硬件，加之数字交互艺术设计的规律和方法，助推中国各个领域数字交互应用需求的满足和落地，为我国数字经济发展的推进做出贡献。

思考

（1）举例介绍和分析两个数字二维交互艺术设计作品案例。

（2）为什么UE5能够连接这么多的输入/输出设备来制作交互艺术作品？

（3）根据你的理解，说明数字二维交互艺术设计作品可以应用到哪些领域。

练习

（1）给“美食记”添加更多的可选择预置条件，如是否吃辣、几个人就餐等信息，用预置的信息来影像随机选择的概率。

（2）思考一下沙滩投影捕鱼是如何制作的，并制作出最小可行性版本。